動物用ワクチンとバイオ医薬品

―新たな潮流―

動物用ワクチン－バイオ医薬品研究会 監修

小沼　操、犬丸茂樹、濵岡隆文、平山紀夫 編

文永堂出版

「動物用ワクチンとバイオ医薬品－新たな潮流－」の序

2011 年に動物用ワクチン−バイオ医薬品研究会は「動物用ワクチン－その理論と実際－」を編集し，文永堂出版より発行しました．その当時繁用されていた動物用ワクチン 86 製剤の紹介に加えて，ワクチンの作用機序や感染症に対する生体防御などワクチンの効果を知るうえで重要な免疫学の知識を含め総括的なワクチンの書となりました．出版後それなりの評価をいただきましたが 4 年余りが経過し，その間に動物用ワクチンやバイオ医薬品分野での開発スピードは早く，新規製剤が数多く上市されています．また欧米では遺伝子組換え技術を用いた多くのワクチンが上市されています．それらの事情を踏まえ昨年春から編集委員会を組織し，臨床獣医師やメーカーの製品開発者がより必要とする書籍を企画しました．

本書の全面改訂にあたり多くの会員から貴重なご意見をいただきました．その中で「最近のワクチン研究−開発には遺伝子組換え手法が多用されており，従来のように病原体を動物や培養細胞等で継代して弱毒株や感染防御抗原を得ることは少なくなった，と同時にメーカーの若手研究者においては従来の方法を知らないで製造に携わっているのが現状であり，ぜひ従来のワクチン開発の方法を残しておいてほしい」との要望が寄せられました．そこで，若手研究者が興味をもつ，進展が著しい遺伝子組換え技術を用いた種々の新規ワクチン開発方法等を紹介する一方，豚コレラの GPE- ワクチンのように病原株を 10 年近く細胞継代し弱毒株を得た先人の経験も伝えることにしました．第 1 章の総論ではジェンナーやパスツールのワクチン製造法からその後の遺伝子組換え技術の進展までを俯瞰しました．加えてワクチン製造における実験スケールからマススケールにする際の留意点などを実際の製造者に記述してもらうと同時に，細菌（BCG），ウイルス（豚コレラ GPE-），原虫（鶏コクシジウム）病ワクチンなどを例にワクチン開発までの道のりとその苦労をたどりました．最近では，病原体ゲノム解析と遺伝子組換え技術の進展により病原体の遺伝子配列から作られる蛋白質をゲノム情報から予測し容易に知ることができ，これまでの方法に較べごく短時間でワクチン開発ができる，逆遺伝学や逆ワクチン学も盛んになっています．

本書の構成は「動物用ワクチン－その理論と実際－」を踏襲しました．第 1 章 総論，第 2 章 各論，第 3 章 将来展望，そして今回新たに，第 4 章 動物用医薬品開発のためのガイドラインと承認まで，を加えました．

本書の新たな掲載ならびに特徴は，以下のとおりです．

① 第 1 章の総論では，新たに抗体医薬，バイオ医薬品，プロバイオティクス製品の開発の現状も記述．
② 第 1 章では海外で使用されているが日本で使用されていない動物用ワクチン等も紹介．
③ 第 2 章では新規承認ワクチン 23 製剤を掲載し，「動物用ワクチン－その理論と実際－」に記載の製剤は動物種，症状別に簡潔にまとめて掲載．
④ 第 2 章にワクチン製剤に加えバイオ医薬品やプロバイオティクス製剤（生菌剤，飼料添加物）を新たに掲載．
⑤ 第 3 章の将来展望の各項を大幅に充実させ，特にワクチン開発の新しい手法を詳述．
⑥ 新しく加えた第 4 章では，動物用再生医療製品の開発状況とその法規制を含め記述．
⑦ 読者の理解を得やすくするため難しい語句には「脚注」を入れ，第 1 章と第 3 章の各項に要約を付けた．

本書は「動物用ワクチン－その理論と実際－」の姉妹版として，臨床現場の獣医師にとって必携の書となることを確信しています．またワクチン開発，販売に携わる製薬企業の方々にとっても必須の書となるでしょう．本書はワクチンやバイオ医薬品開発現場での利用のみならず，各種講演会や大学の講義などにも役立てて頂けるものと思います．

最後に，本書の出版のためにご尽力いただいた執筆者の皆様，さらには巻末の広告掲載にご支援いただいた各企業に厚く御礼を申し上げます．

2017 年 7 月

動物用ワクチン−バイオ医薬品研究会書籍出版編集委員会
編集者
小沼　操（代表編集者）
犬丸茂樹
濵岡隆文
平山紀夫

動物用ワクチン–バイオ医薬品研究会 監修

編集者（敬称略，＊は代表編集者）

＊小沼　操　　北海道大学名誉教授
犬丸茂樹　　農研機構 動物衛生研究部門
濵岡隆文　　一般財団法人 生物科学安全研究所
平山紀夫　　麻布大学客員教授

編集オブザーバー

宮﨑　茂　　一般財団法人 生物科学安全研究所

執筆者（五十音順）

青木恵美子　　ゾエティス・ジャパン株式会社
秋吉一成　　京都大学大学院工学研究科
浅井健一　　共立製薬株式会社
伊藤直人　　岐阜大学応用生物科学部
稲富太樹夫　　東亜薬品工業株式会社
犬丸茂樹　　前掲
岩隈昭裕　　ゾエティス・ジャパン株式会社
宇田友彦　　共立製薬株式会社
江口佳子　　共立製薬株式会社
大石弘司　　農林水産省動物医薬品検査所
大森崇司　　一般財団法人 日本生物科学研究所
岡川朋弘　　北海道大学大学院獣医学研究院
小沼　操　　前掲
小野恵理子　　株式会社食環境衛生研究所
片山茂二　　株式会社微生物化学研究所
加納里佳　　ベーリンガーインゲルハイム ベトメディカジャパン株式会社
川上和夫　　共立製薬株式会社
川原史也　　木鶏にわとり診療舎
北澤春樹　　東北大学大学院農学研究科
木ノ下千佳子　　日本全薬工業株式会社
久保田整　　株式会社微生物化学研究所
黒田　丹　　日生研株式会社
桑原正和　　松研薬品工業株式会社
國保健浩　　農研機構 動物衛生研究部門

小佐々隆志	農林水産省動物医薬品検査所
児島広枝	共立製薬株式会社
五反田亨	ホクサン株式会社
今内　覚	北海道大学大学院獣医学研究院
紺屋勝美	一般財団法人 化学及血清療法研究所
齊藤修治	セバ・ジャパン株式会社
佐藤朋子	日生研株式会社
新地英俊	株式会社微生物化学研究所
関口洋介	株式会社微生物化学研究所
平　修	一般財団法人 日本生物科学研究所
高岩文雄	農研機構 生物機能利用研究部門
高橋志達	ミヤリサン製薬株式会社
多田　潔	株式会社微生物化学研究所
田中　剛	東レ株式会社
田原義朗	九州大学大学院工学研究院
土屋耕太郎	日生研株式会社
堤　信幸	一般財団法人 日本生物科学研究所
出浦裕理	メリアル・ジャパン株式会社
登倉祐一	株式会社微生物化学研究所
中塚義春	共立製薬株式会社
永野哲司	日生研株式会社
濵岡隆文	前掲
林　智人	農研機構 動物衛生研究部門
平山紀夫	前掲
藤井　武	ゾエティス・ジャパン株式会社
掘井　智	株式会社目黒研究所
美馬一行	ワクチノーバ株式会社
宮﨑　茂	前掲
宗田吉広	農研機構 動物衛生研究部門
村上彩奈	共立製薬株式会社
村上賢二	岩手大学農学部
山本竜平	株式会社微生物化学研究所
横山絵里子	一般財団法人 化学及血清療法研究所
渡部　淳	農研機構 動物衛生研究部門
渡邉由子	三菱ケミカルフーズ株式会社

目　次

コラム目次

第1章　総　論

1. 動物用ワクチンの現状と疾病予防

要約

ワクチンは感染症の予防手段として Jenner によって発明され，Pasteur によってその基礎が作られた．病原体である細菌やウイルスの発見とワクチン作出技術の改革で次々と新しいワクチンが開発された．ワクチンの基本は，接種動物でその疾病に特異的な免疫が付与（免疫記憶）され，野外株の感染を防御することである．ワクチンには弱毒生ワクチン，不活化ワクチン，トキソイドなどがあるが，最近では遺伝子組換え技術を用いて多くのワクチンが開発されている．ワクチンの発見は，動物の体に備わる病原体に対する免疫について研究する免疫学という学問を生み出し，ワクチンの開発を通して疾病防御の免疫学が進展した．近年では感染症の予防ばかりでなく癌やアレルギーなどの疾病に対する治療用ワクチンも開発されている．

1-1. ワクチンの発見とその後の進展

1）ワクチンの発見と免疫学の始まり

a）Jenner の偉業

人は昔から，ある伝染病に 1 度罹って回復すると同じ伝染病には罹らないこと，いわゆる「二度なし」現象を経験的に知っていた．この「二度なし」現象を病気の予防に役立てようとしたのが，英国の医師 Edward Jenner（ジェンナー）である．天然痘（痘瘡）は有史以来，人類を最も苦しめた病気の 1 つであった．Jenner は，乳搾りの女性の，「牛痘に罹ったことがあるので，似ている天然痘には罹らない」という言葉に興味をいだき，牛痘と天然痘の関係を調べた．そして牛痘に感染した女性から採取した膿を 8 歳の少年に接種し，その後その少年を天然痘に曝露したが，少年は発症しなかった．これにより，あらかじめ牛痘を接種しておくと天然痘には罹らないことを実証した．1796 年のことであった．これは同属異種ウイルスを用いた自然の弱毒生ウイルスワクチンであった．この牛痘接種法は当時天然痘に苦しめられていた多くの人々を救っただけでなく，世界から天然痘を駆逐する手段ともなり，1980 年世界保健機関（WHO）から天然痘の根絶宣言が出された．天然痘が根絶できた大きな理由として，天然痘ウイルスが人にしか感染せず野生動物が天然痘ウイルスのキャリアー（運び屋）にならないこと，ならびに天然痘の有効なワクチンがあったことなどがあげられる．ポリオウイルスについても天然痘ウイルス同様，人にしか感染しないことから WHO は根絶を目指している．ところで，Jenner が牛痘接種法に用いたウイルスは，牛痘ウイルスとは性状を異にすることから，ワクチンに関連したウイルスということでワクチニアウイルスと呼ばれている．これがどのようなウイルスかは長い間不明であったが，最近の遺伝子解析から，Jenner が用いた種痘は牛痘ウイルスではなく馬痘ウイルスに近縁であることが明らかにされた[6)]．

b）Pasteur によるワクチンの作出

Jenner の種痘から約 100 年後，ワクチンの進展にとって画期的な研究が，フランスの生化学者の Louis Pasteur（パスツール）によりなされ，今日のワクチン開発の基礎が作られた．Pasteur は人や動物に病気を引き起こす病原性物質を何度も植え継ぐことで病気を引き起こす元（病原体）を単離し，その継代の過程で，もともとは病原性の強い病原体から人工的に病原性の弱い病原体を作り出すことに成功した．彼はこの方法で家禽コレラ，炭疽や狂犬病など多くの疾病のワクチンを作出した．家禽コレラでは病原菌〔彼の名前をとってパスツレラ-ムルトシダ（*Pasteurella multocida*）と呼ばれている〕を長期培養し，炭疽菌では高温（42℃）で長期培養して弱毒化に成功した．狂犬病については，感染犬の脊髄をウサギの脳に接種し継代を重ねると発症までの潜伏期が一定となることを確認し，固定毒と呼んだ．固定毒は野外の流行株（街上毒）に較べると末梢からの感染性が低下していたが，このままではまだ毒性が強いので水酸化カリウムを用いて減毒し，ワクチンとして用いた．Pasteur の開発した強毒株から弱毒株を作り出す培養法などは今日でも一部用いられている．Pasteur によってワクチンという言葉が使われたが，これは Jenner の功績である牛痘接種法に敬意を表してラテン語の雌牛を意味する vacca からワクチン（vaccine）と名付けられたものである．Jenner の方法は，天然痘に対する牛痘接種法であるが，Pasteur の方法は，人や動物に免疫を賦与できる病原体や物質（ワクチン）を接種する方法であり，より普遍性があるものであった．これが現在も行われている予防接種のはじまりである．Pasteur のワクチン開発の過程では，同時期にドイツの医師 Robert Koch（コッホ）が細菌培養法や細菌の単離同定法を確立したことも見逃せない．Jenner と Pasteur によって始まった「ワクチンによる予防接種法」は，同時に我々の体に備わる病原体に対する免疫，学問としての免疫学を生み出した．

2）Pasteur 以降のワクチンの製造法の進展と新しいタイプのワクチン

a）細菌病ワクチン

Pasteur が行った弱毒生菌ワクチンを作る方法は，病原性の強毒株を長期継代培養や高温で継代培養することで弱毒株（ワクチン株）を得るものであった．今日でも多くの病原微生物から弱毒株を作出する手法としてこれらの方法が用いられている．病原体によっては継代培養によっても弱毒化が得られない場合があるが，ホルマリンや β－プロピオラクトンなどで不活化しても抗原性が保たれることから，これらの薬剤で処理した不活化ワクチンが用いられた．一方，破傷風やジフテリアなどのように外毒素そのものが危険な感染症に対してもホルマリンなどで不活化したトキソイドがワクチンとして用いられた．

Pasteur が活躍していた当時，細菌の培養は主に肉エキスなどを用いた液体培養が行われていた．しかし液体培養では特定の菌を単離することは難しい．特定の菌を単離する方法として 1870 年代頃からジャガイモやゼラチンを利用した固形培地が用いられてきたが，Koch は固形培地に寒天を用いることを始めた．この寒天を用いた固形培地の普及により，1880 年から 1890 年にかけ，コレラ菌，破傷風菌，赤痢菌などが相次いで発見された．Koch の業績として忘れてならないものの 1 つに 1882 年に結核の病原体として結核菌を証明したことがあげられる．Koch はさらに結核のワクチンを作ることを試み，結核菌培養上清を熱処理後，グリセリン抽出物（ツベルクリン）を調製し結核菌に感染したモルモットに皮内注射したところ，注射部位に激しい壊死が起きた（これをコッホ現象[*1]と呼ぶ）．ツベルクリン中のこの遅延型過敏症を引き起こす物質を，彼は結核患者の治療に使用することを試みたが成功しなかった．しかし，このツベルクリンはその後，結核の診断法（ツベルクリン反応）として広く受け入れられた．結核のワクチンを作出したのは Pasteur の手法を用いたパスツール研究所の Albert Calmette（カルメット）と Camille Guerin（ゲラン）である．家禽コレラ菌や炭疽菌を何回も植え継ぐことで弱毒株が得られることから，Calmette と Guerin は牛型結核菌を牛胆汁加ジャガイモ培地に 13 年間，231 代も継代し，1919 年に弱毒生ワクチン株 BCG を得た．BCG という名前は「Calmette と Guerin の菌（Bacille de Calmette et Guerin）」に由来している．得られた菌株は元の牛型菌よりはるかに弱毒性で人に対してはほとんど病原性を示さない．BCG は，世界で実用化されている唯一の結核の予防ワクチンである．その予防効果は 1 歳未満の新生児に対しては高いが，1 歳以上の小児や青少年では期待したほどではなく，BCG ワクチンを実施していない国もある．BCG は弱毒生菌ワクチンであるので体内に生着して細胞内感染を起こし，細胞性免疫を誘導する．

Koch は多くの病原細菌の発見を通して，細菌の培養，単離同定法を確立し，有名な「コッホの 4 原則」を発表した．ある伝染病の原因となる病原体を特定しようとする場合，①その疾病からは常に特定の病原体が証明される，②その病原体は患者から分離され，純培養で増殖，継代される，③その純培養の病原体を感受性動物に接種するとその病気を起こす，④実験的に再現した病気から再びその病原体が分離される，と規定されている．これらを満たすことで，その疾病の病原体であると特定される．コッホの 4 原則は微生物学上の大原則となっているが，弱毒株による感染や混合感染，また日和見感染の発生などもあり，今日ではこの 4 条件に修飾を加えている．

近年ワクチンの種類も多くなり，混合ワクチンや多価ワクチンが多用されている．混合ワクチンは 2 種またはそれ以上のワクチンを混合したものをいう．多価ワクチンは同一の病原体で抗原性が異なる複数の株の有効成分を含むワクチンを指す．畜産分野では省力化が重要であり，そのため混合ワクチンや多価ワクチンが盛んに用いられている．

b）ウイルス病ワクチン

Pasteur や Koch が活躍した時代，ウイルスはまだ見つかっていない．寒天平板で増えず細菌濾過器を通過する病原体（濾過性病原体）の正体が明らかになるのは 19 世紀後半である．ウイルスの最初の発見は，1892 年タバコモザイク病の病原体であり，動物ウイルスでの最初の発見は 1895 年の口蹄疫ウイルスであった．20 世紀に入り多くの病原ウイルスの発

[*1] コッホ現象：遅延型過敏症の原型で，未感染モルモットに結核菌を皮下接種すると局所に硬結壊死を生じ死の機転をとる．しかし，結核既感染モルモットに菌を再接種すると 2 ～ 3 日後に硬結と軽度の潰瘍を作り間もなく治癒する．この再接種動物で見られる反応は遅延型過敏反応であり，感作 T 細胞が抗原の再接種で急速に局所に動員されたため生じた反応．生体の免疫能による結核菌排除をコッホ現象と呼ぶが，結核菌と抗原（ツベルクリン）以外の同様の現象もコッホ現象と呼ぶ．

見とともにウイルス学が進展しそれに伴い，新しい手法で多くのウイルスワクチンが作られてきた．

細菌と違ってウイルスの増殖には生きた細胞を必要とする．ウイルスの増殖には，当初，動物接種法が用いられていたが，孵化鶏卵接種法そして細胞培養法と次々に新しい方法が開発された．ウイルスが培養細胞で増殖すると，細胞変性効果（CPE）と呼ぶ細胞を死滅させる像が観察される．CPEを目印にすることで光学顕微鏡では見えないウイルスの増殖が確認できる．組織培養法は弱毒生ウイルスワクチンの開発には画期的手法となった．当初，培養細胞として牛，豚，サルなどの腎臓初代培養細胞が用いられていたが，初代培養細胞に含まれる（迷入する）病原体の問題が心配された．弱毒生ウイルスワクチンに迷入した微生物としてサル腎培養細胞を使って作っていた人のポリオウイルスワクチンにSV40[*2]などのサル由来ウイルスの汚染が見つかり大きな問題となった．それをきっかけにワクチンなどの製造には初代培養細胞ではなく由来のはっきりした株化細胞が使われるようになった．人のワクチン製造では，Vero細胞がよく使われている．この細胞は，日本で1960年代アフリカミドリザルから樹立された由来の明確な細胞株である．牛由来ウイルスの増殖やワクチン製造ではハムスター腎由来の株化細胞（BHK-21）がよく使われている．

日本で開発された弱毒生ウイルスワクチンで，効力と安全性に優れたワクチンとして家畜衛生試験場（現在の農研機構動物衛生研究部門）で作られた豚コレラの弱毒生ワクチンがある．豚コレラは1833年米国で初めて発生が報告され，日本では1888年（明治21年）北海道で発生し，それ以降全国に広がった．原因の豚コレラウイルスが発見されたのは，1903年米国である．原因ウイルスの発見後，日本では1929年にホルマリン不活化ウイルスワクチンが開発されたが，効力は十分でなかった．終戦後の1949年に米国でポリオウイルスが人胎児の培養細胞で増殖することが明らかとなった．この報告を受け，ポリオウイルスと同じ一本鎖RNAの豚コレラウイルスも培養細胞で増殖するのではないかと様々な試みがなされた．豚コレラウイルスは豚の腎臓および精巣由来細胞で増殖するが，ほとんどの株がポリオウイルスと異なりCPEを示さないため，ウイルスの増殖を知ることができなかった．これを打破したのが家畜衛生試験場の熊谷が1958年に発見したユニークな方法である．それは，CPEを示さない豚コレラウイルスを感染させた豚精巣細胞に，ニューカッスル病ウイルス（NDV）を重感染させると，NDVのCPEが増強されるというもので，これはEND（exaltation of Newcastle disease virus）現象[*3]と呼ばれた．この方法によって豚コレラウイルスの増殖を容易に知ることができるようになり，豚コレラ生ワクチン研究が進展した．家畜衛生試験場では10年近くかけ，強毒株を豚の精巣細胞で142代，牛精巣細胞で36代そしてモルモット腎細胞で32代継代を繰り返した．モルモット腎細胞継代中にEND現象を示さない，変異株が出現した．この変異株はNDVを重感染させても全くNDVのCPEを増強させない．この変異ウイルスをEND現象を示さない株（GPE$^-$）と呼び，親ウイルスをGPE$^+$と名付けた．GPE$^-$変異株は親株にも0.09%程度含まれており，継代を繰り返すうちに変異株が94%と優勢になったと考えられる．GPE$^-$株のワクチンとしての性状を調べたところ，安全性が高く，ワクチン接種3日目から防御が成立し，約3年間抗体価が低下することなく持続し，強毒株の攻撃に耐過した．加えてこの生ワクチンは，野外株との識別が可能なマーカーを有するマーカーワクチン[*4]であるという利点も有している．日本で1969年からこのGPE$^-$ワクチンが使用されると豚コレラは劇的に減少し，2007年に豚コレラの清浄化を達成した[4)]（撲滅については，後述）．この豚コレラワクチンの開発の成功には，END現象の発見もあるが，Pasteur以来の強毒株を培地（細胞）で継代し弱毒株を得るという地道な努力と継代培養中のGPE$^-$変異株の出現を見逃さなかった点が大きい．

c）原虫病ワクチン

原虫は単細胞の真核生物で原生動物の通称である．動物に寄生する原虫は宿主の防御反応に対してウイルスや細菌と比べるとより巧みな免疫回避機構を備えているので，原虫病に対する有効なワクチンは少ない．そんな中で原虫病に対する

[*2] SV40：アカゲザルなどの培養細胞に見出されたパポーバウイルス属のDNAウイルス．ハムスターに腫瘍を作ったことで，ポリオウイルスワクチン接種した人でも癌を誘発するのではないかと注目されたが，人に癌を引き起こすという証拠はない．この他，アカゲザルなどのサルは人獣共通感染症を起こすBウイルスを保持していることが知られている．Bウイルスはヘルペスウイルスでサルには症状を示さないが人に致死的感染を示す．

[*3] END法：豚精巣細胞で豚コレラウイルスがNDVの増殖を増強する現象を利用した豚コレラウイルス検出法で，豚精巣細胞に豚コレラウイルスを接種し，4～6日後にNDVを接種すると著明なCPEを生じる．

[*4] マーカーワクチン：ワクチン株や抗原にマーカーをつけ，産生抗体などの識別により自然感染動物とワクチン接種動物を区別するワクチンをいう．最近ではマーカーワクチンがいくつか市販されている．豚コレラウイルスの弱毒生ワクチン株はENDマイナスというENDマーカーをもっているため，野外株との識別ができる．また豚オーエスキー病ウイルスの生ワクチン株はgI遺伝子欠損マーカー（gI$^-$）を有しており，抗体識別キットを用いてgIに対する抗体の有無を調べることで野外株（gI$^+$）感染豚との識別ができる．

画期的なワクチンとして，鶏コクシジウム症生ワクチンが作られた．このワクチンの弱毒株作出法がユニークであり，他の動物のコクシジウム症ワクチンの参考になるかもしれない．

鶏コクシジウム感染症はアイメリア属のコクシジウム原虫によって引き起こされる鶏の腸炎を主徴とする疾病である．鶏コクシジウム原虫には7種類あるが，日本で問題となっているのは *Eimeria tenella*，*E. necatrix*，*E. acervulina* などの5種類である．鶏コクシジウム原虫は宿主特異性が極めて高く，ただ1種類の宿主（鶏）のみで生活環が完了し，中間宿主を必要としない．鶏の腸管粘膜体内で無性生殖および有性生殖を経てオーシストが産生され，糞便中に数日間にわたり排出される．排出されたオーシストは環境中で1～2日で成熟オーシスト（中にスポロゾイトが形成されている）となり感染性をもつ．

コクシジウム症の予防は，抗コクシジウム剤に頼っていたが，薬剤耐性株の出現，薬剤使用を望まない消費者動向や法規制などにより，抗コクシジウム剤によらないワクチンの開発が注目された．鶏コクシジウム原虫の弱毒化には鶏胚の漿尿膜接種継代，X線照射原虫，鶏継代の3方法が用いられたが，前2者は安定した弱毒株が得られないことから，鶏継代法が広く行われている．この鶏継代法による弱毒化は1975年Jeffersが報告[1)]したもので，オーシストを投与した鶏の糞から最初に排出される（初期の）オーシストを選抜し，鶏に十数代継代して弱毒化に成功したものである．この方法により得られる弱毒株は早熟株（precoucious line）とも呼ばれるもので，初期のオーシストを継代することで，プレパテント期[*5]の短い形質を示すものが人為的に選択されている．このようにして得られた早熟株は，プレパテント期の短縮と相関して増殖性（排出オーシスト数）と病原性（組織破壊性）の低下が見られる．これは早熟株の確立する過程で，シゾゴニーという無性生殖期のいくつかの世代が完全に消滅した原虫が選抜されてきたことによる．この性状は鶏継代を繰り返しても安定しており病原性の復帰は見られないため，たいへん優れた弱毒生ワクチンが開発される礎となった．日本でもこの方法で，我が国に分布する4種の鶏コクシジウムに対しての弱毒生ワクチンが開発され，現在でも製造販売されている．この他，原虫病ワクチンとして *Leucocytozoon caulleryi* のシゾント由来蛋白を大腸菌で作出した組換え型のサブユニットワクチンもある．

細菌やウイルス病ワクチンに比べて原虫病ワクチン開発の難しい点は，多くの原虫が節足動物を介して伝播するなど生活環が複雑であり，ステージによって発現する原虫抗原を異にすることがあげられる．その端的な例はマラリア原虫である．原因原虫は，人では熱帯熱マラリア，三日熱マラリアなど4種が知られている．マラリア原虫の生活環は，ハマダラカの吸血で注入（伝播）された感染型原虫のスポロゾイトが肝臓に侵入，肝内型原虫として増殖後，メロゾイトとなって血流中に放出され，赤血球に寄生，赤血球型原虫として増殖を繰り返す．その後原虫の一部は生殖母体となり，ハマダラカに吸血される．蚊体内で有性生殖を行い中腸で増殖してスポロゾイトとなり，唾液腺で次の感染機会を待つ．マラリア原虫は防御免疫の標的となる原虫抗原部位を多様に変化させることから，ワクチン開発は困難と言われている．これまでワクチン候補として，以下の試みがある．①蚊から人への感染型であるスポロゾイトの表面抗原（circum sporozoite protein：CSP）の部分配列を含むワクチン（RTS，S/AS01）が感染防御ワクチンとして欧米の大手製薬メーカーで開発された．CSPは抗原性が強く，$CD8^{+}$ T細胞エピトープも含まれるが，期待したほどの効果が見られていない．②感染防御というよりは発症防御のための，赤血球型原虫に対するワクチンが開発されている．これには阪大微生物病研究所のBK-SE36がある．これはSERA 5（serine repeat antigen 5）の一部を基にデザインされた抗原（SE36）である．SE36は抗原部位の多様性が低く抗SE36抗体は多くの原虫種とも反応し，アフリカでの臨床試験で若年層での効果が高く，期待がもたれている．③蚊での伝播を阻止するワクチンとして原虫表面抗原の利用も考えられている．人体内で誘導された原虫に対する抗体をハマダラカが吸血で摂取することにより，蚊体内での原虫の発育を阻害するためマラリア撲滅に有効と考えられている．この他，放射線照射弱毒原虫，肝型原虫の一部遺伝子を欠損させ赤血球に移行できないようにした改変原虫，など種々試みられているが，いまだ有望なマラリアワクチンは得られていない．

d）新しいタイプの遺伝子組換え技術を用いたワクチンなど

1970年代，遺伝子組換え技術が開発された．この技術開発により，これまでの培養細胞を用いたウイルスのワクチン作りだけでなく，培養細胞での増殖が難しいウイルスのワクチンも作られるようになった．1972年米国のベンチャー企業でB型肝炎ウイルスワクチンが作られた．B型肝炎ウイルスは，当初は献血者の血液から抗原を集めてワクチンとしていたが，遺伝子組換え技術を用いて酵母で大量に生産されるようになった．このワクチンは，これまでの生ワクチンや不活化ワクチンとは違ったサブユニットワクチンである．

遺伝子組換え技術の進展に伴い，画期的なリバースジェネ

[*5] プレパテント期：プレパテント期とはオーシストが鶏に摂取され，無性生殖，有性生殖を経て新生オーシストが糞便中に出現するまでの期間をいう．早熟化されたワクチン株では親株に較べプレパテント期が1日程度短縮される．

ティクス（逆遺伝学）法が開発された．この技術は核酸から変異ウイルスを作製する技術で，例えば，東京大学医科学研究所の河岡らはインフルエンザウイルスの 8 つの遺伝子と 4 つの蛋白質を発現するプラスミドのどれかに変異を入れこれらのプラスミドを細胞に接種して感染性の変異ウイルスを得た．プラスミドは自由に変異を導入することが可能であるため，人工的に変異を導入したウイルスを作ることができる．現在では他のウイルスでも目的とする変異ウイルス株の作出にこの技術は使われている．以下，市販されている遺伝子組換え技術等を用いたワクチンや抗原の製造について，①～⑦に紹介する．

①遺伝子欠損弱毒生ウイルスワクチン：人工的に遺伝子を欠損させたワクチンとして，豚オーエスキー病の生ワクチンがある．豚オーエスキー病のウイルスが属するヘルペスウイルスの病原性に関与する遺伝子としてチミジンキナーゼ（TK）遺伝子が知られている．この TK 遺伝子を人工的に欠損させたウイルスには病原性はないが免疫原性があり強毒株の感染を防御する．この遺伝子欠損ウイルスは，これまでの弱毒生ウイルスワクチンのような病原性の復帰という心配が少ない．

②遺伝子組換え（ベクター）ワクチン：弱毒が証明されたウイルスや細菌をベクター（運び屋）とし，遺伝子組換え技術を用い，このベクターに目的とする病原体の感染防御抗原をコードする遺伝子を導入して作出されたワクチンである．ベクターとしては，ワクチニアウイルスやアデノウイルス，結核菌（BCG）や経口投与も可能なサルモネラがある．日本でも猫白血病ウイルス抗原遺伝子導入カナリア痘ウイルスならびにニューカッスル病ウイルス遺伝子導入マレック病ウイルスなどの遺伝子組換え生ワクチンが承認されている．しかしベクターワクチンの日本での承認は欧米に比べて少ない．

③ DNA ワクチン：DNA ワクチンは，目的とする感染防御抗原 DNA をプロモーターと結合させ，皮下や筋肉内に投与する方法である．接種 DNA プラスミドは接種部位で蛋白質を発現し免疫を誘導する．日本ではまだ承認されたものはないが，欧米では 2005 年にサケの伝染性造血器壊死症に対するワクチンと馬のウエストナイル熱に対するワクチンが，2009 年に犬のメラノーマに対する治療用ワクチンなどが承認されている．

2010 年以降，上述のように遺伝子組換え技術を用いたワクチンは，日本でもいくつか承認されつつあるが欧米での開発スピードはたいへん早い．欧米での遺伝子組換えワクチン等の進展については，本章の「7．海外で使用されている動物用ワクチン」に，また組換え生ワクチンの承認申請までの道筋について第 4 章の「2．遺伝子組換え生ワクチン承認までのステップ」に紹介する．

④遺伝子組換え技術を用いたワクチン抗原の作出：大腸菌に目的病原体の抗原遺伝子を組み込み作製した抗原として，豚 *Actinobacillus pleuropneumoniae* 毒素，鶏大腸菌症 F11 線毛抗原，*L. caulleryi* 2 代シゾント蛋白質や猫白血病ウイルスエンベロープ糖蛋白質などが承認されている．

⑤組換え植物を使った薬やワクチンの生産：微生物で生産する場合と異なり，組換え植物（作物）で薬やワクチンを生産する場合は無菌培養施設がいらず，動物由来の病原体が混入するリスクも少ない利点がある．日本ではこれまでに犬インターフェロン－α 遺伝子を導入した組換えイチゴで作った犬の歯肉炎の薬が開発され，2013 年の承認を経て 2014 年より販売されている．薬によっては従来の方法で作った方が安くて早い場合もあり，植物で作るのに適しているのは何かを見極める必要がある．組換え植物の最近の進展についても「第 3 章　将来展望」で述べる．

⑥粘膜型ワクチン：病原体の多くは，インフルエンザウイルスなどのように粘膜面を介して感染する．そのため粘膜面における分泌型 IgA を誘導する粘膜ワクチンの期待は大きい．ただ，粘膜ワクチンは投与部位によって抗原の到達度が不安定であることや免疫寛容を誘導するリスクがあり，ワクチンのデリバリーの開発が重要である．

⑦ virus-like particle（VLP）ワクチン：人のワクチンでは VLP ワクチンが実用化されている．VLP はウイルスの外殻を有しているが，ウイルス遺伝子は含んでいないウイルス様の粒子である．VLP は宿主内で増殖できないので生ワクチンより安全性が高く，粒子状をしているので樹状細胞などの抗原提示細胞に取り込まれやすく免疫応答が誘導しやすいという利点がある．VLP の内部に DNA ワクチンや任意の抗原を入れることも可能である．市販の B 型肝炎ウイルスワクチンは VLP 様の構造を有している．また子宮頚癌ワクチン（サーバリックス）は人パピローマウイルスの VLP であり，効果が大きいことから欧米では定期接種とされているが，日本では副作用が指摘されており，積極的な接種奨励が一時的に差し控えられている．

Pasteur のワクチンから現在までのワクチン製造の大きな流れを見てきたが，次項（「2．ワクチン製造における留意点と課題」）に細菌やウイルスワクチンの製造に伴う留意点などについて製造担当者にふれてもらう．

1-2. 自然免疫と獲得免疫による免疫応答

Jenner と Pasteur に始まる予防接種法（ワクチネーション）の発見によって，動物はワクチンでどのように防御されるのか，どのような仕組みで感染を防御するのか，を解明する免疫学が進展した．動物に備わっている「免疫」という仕組みは，伝染病の原因である微生物を認識して排除し，同じ病気に罹らないように，その病気に対する特異的な備え（免疫学的記憶）を準備することである．病原微生物（細菌，ウイルス，真菌，原虫など）の侵入に対する防御として，生まれながらに生体に備わっていて，感染直後から誘導され数日間続く自然免疫（innate immunity）と，感染後数日から働く獲得免疫（acquired immunity）の2つがある．自然免疫は無脊椎動物にも広く見られるが，獲得免疫は脊椎動物になり確立された．哺乳類でも，自然免疫による防御は獲得免疫がまだ十分に成熟していない新生子だけでなく，成体においても感染直後の生体防御の中心となっている．なお，感染症に対する動物の生体防御については，『動物用ワクチン－その理論と実際－』の総論で詳述している[3]．

1）パターン認識による自然免疫

自然免疫は長い間，好中球やマクロファージの貪食作用と補体の活性化によって非特異的に病原体を排除するだけで，獲得免疫が活性化されるまでの繋ぎにすぎないと考えられていた．しかし，マクロファージや樹状細胞が，侵入した病原体を区別して認識し獲得免疫の活性化に重要な役割を果たしていることが分かってきた．微生物感染の早期（数時間～数日）に働く好中球やマクロファージによる貪食－除去，補体の活性化そして炎症反応などからなる非特異的な生体防御を自然免疫反応と呼んでいる．ワクチン接種の際に認められる発赤や発熱などの副作用の主体は自然免疫反応と考えられている．

自然免疫の第1段階は，微生物に共通な構造（pathogen associated molecular patterns：PAMPs）を認識することから始まる．マクロファージや樹状細胞は細胞表面の pattern-recognition receptors（PRRs）と呼ばれるレセプターを介して，宿主には存在しない微生物特有の分子構造や，種々の微生物に共通な構造（PAMPs）を認識する．PAMPsとしてはグラム陰性菌のLPS，グラム陽性菌のテイコ酸，マイコバクテリアのリポアラビノマンナン，菌体のペプチドグリカン，酵母のマンナンなどがある．マクロファージなどの食細胞の表面レセプター（PRRs）にはToll-like receptor（TLR），RIG-like receptorやC-type lectin receptorなどがある．一方，ウイルス感染で見られるウイルス由来の二本鎖RNAや一本鎖RNA，また細菌由来のCpG-DNAなども食細胞のエンドソーム内のTLRで認識される．マクロファージや樹状細胞による異物の認識方法は，TLRなどを用いPAMPsを認識する（図1-1）．これをパターン認識といい，獲得免疫のB細胞やT細胞がその表面レセプターで認識するような厳密（特異的）なものではない．パターン認識の特徴は，獲得免疫の反応に較べ特異性は低いが，微生物の共通分子を広く認識できるという利点があり，1つの食細胞が多くの微生物を認識できる．

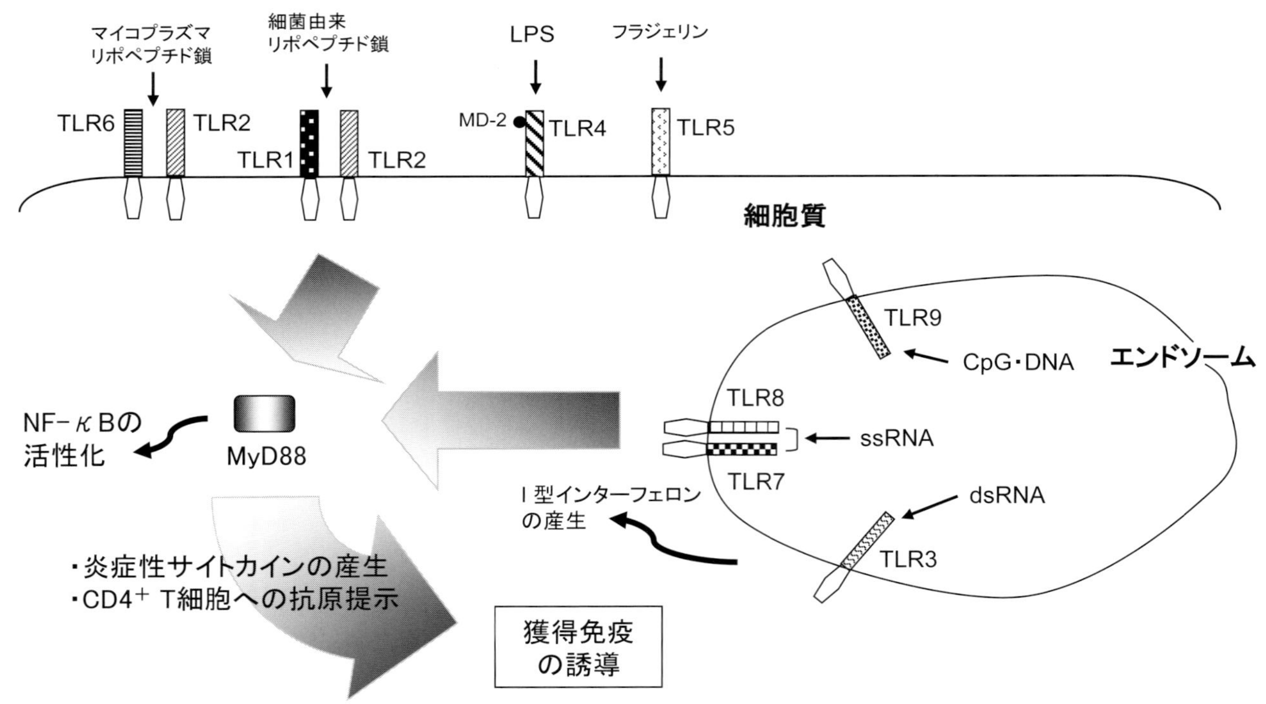

図1-1　TLR分子による病原体がもつ特徴的な構造（PAMPs）の認識と獲得免疫の誘導
TLR1，TLR2，TLR4，TLR5およびTLR6は，樹状細胞などの細胞膜に，TLR3，TLR7，TLR8およびTLR9はエンドゾームに発現している．TLRにより病原体に共通な構造（PAMPs）を認識するとMyD88などを介して炎症反応そして獲得免疫が誘導される．

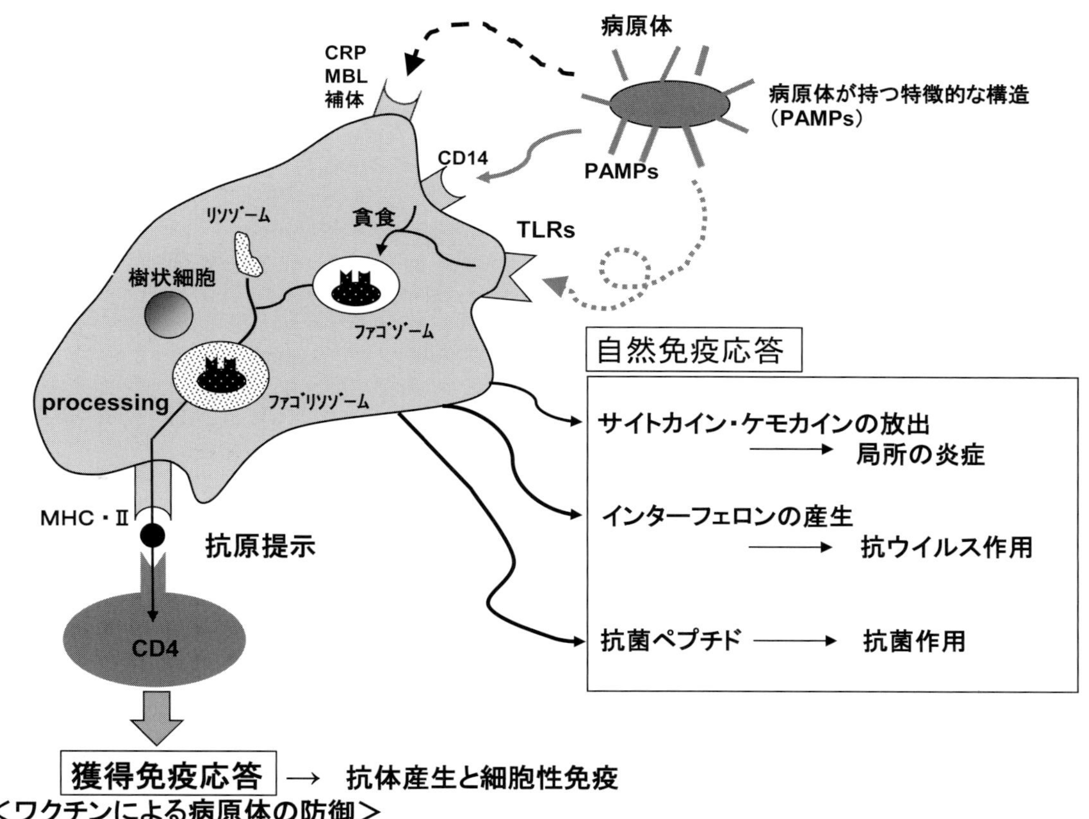

図 1-2 自然免疫から獲得免疫への橋わたし

マクロファージや樹状細胞のレセプターが PAMPs を認識すると，宿主細胞では細胞内のシグナルカスケードが進行し，IL-1, IL-6, TNF-α などの炎症性サイトカインや I 型インターフェロンの産生が起こる．これが炎症反応であり，炎症性サイトカインやインターフェロンの産生を通じて食細胞の感染局所への遊走，集積を促す．このような自然免疫は，単に病原体の貪食に留まらず次に続く獲得免疫を誘導するためにもたいへん重要である（図 1-2）[2]．

2）特異的認識による獲得免疫

自然免疫での炎症反応に続いて，マクロファージや樹状細胞などの抗原提示細胞（APC）から $CD4^+$ T 細胞へ抗原情報が提示され獲得免疫が誘導される．

獲得免疫の特徴として，病原体が再び体内に侵入してきた時，最初の感染に比べて素早くかつ強力な免疫応答が誘導されることがあげられる．この特異的な獲得免疫が「二度なし」現象の主体をなしている．獲得免疫を担う細胞には，T 細胞と B 細胞がある．T 細胞や B 細胞の抗原認識レセプターは，自然免疫のパターン認識とは異なり，病原体の非常に細かい部分も区別できるほど極めて特異性が高く，鍵と鍵穴の関係に例えられる．自然免疫を担う好中球のレセプターはどの好中球をとっても同じ抗原反応性のレセプターであるが，B 細胞レセプター（BCR）や T 細胞レセプター（TCR）は，骨髄や胸腺での成熟過程でレセプター遺伝子の再構成*6 が起こり，1 つ 1 つの細胞がもつレセプターが全て少しずつ異なっている．すなわち，ある B 細胞が認識する抗原とほかの B 細胞が認識する抗原は異なる．体内には膨大な数の B 細胞と T 細胞が存在し，多くの抗原に対応している．BCR は，抗原分子を直接認識できるが，TCR は抗原を直接認識できない．抗原分子は抗原提示細胞と呼ばれる樹状細胞やマクロファージによって取り込まれ，分解されて 8 ～ 15 アミノ酸からなる短いペプチド断片となる．さらにそのペプチド断片は主要組織適合抗原（major histocompatibility complex：MHC*7）と呼ばれる分子と複合体を作って樹状細胞やマクロファージの表面に提示される．TCR がこの断片化されたペプチドと MHC の複合体を同時に認識することで T 細胞が活性化して

*6 レセプター遺伝子の再構成：レセプター遺伝子内の塩基の再構成による遺伝子情報の組換えを言う．BCR の場合，可変領域をコードする遺伝子は，H 鎖では V，D，J 遺伝子，L 鎖では V，J 遺伝子によって構成されている．B 細胞は分化段階で H 鎖，L 鎖の可変領域遺伝子が再構成されレセプターの多様性が生み出される．TCR も同様の機序で多様性が生み出される．

表 1-1 弱毒生ワクチンと不活化ワクチンの特徴

	弱毒生ワクチン	不活化ワクチン[†]
利点	・自然感染に近い免疫が成立（液性免疫と細胞性免疫が誘導される）． ・局所免疫が誘導される． ・長期間免疫が持続する．	・安全性が高く幼若動物・免疫不全動物にも使用が可能． ・移行抗体の干渉を受けにくい． ・優れた液性免疫を誘導する．
欠点	・病原性の復帰や変異の可能性あり． ・移行抗体の影響を受けやすい． ・ワクチン株と野外強毒株を区別するマーカーワクチンが必要になる場合がある．	・細胞性免疫の誘導が悪い． ・アジュバントの添加が必要な場合が多い． ・投与抗原量が多く，副作用の原因になりやすい． ・局所・粘膜免疫の誘導が悪い．

[†]不活化ワクチンには全粒子ワクチン，サブユニットワクチン，トキソイドワクチンが含まれる．

エフェクター機能を発揮する．TCRは自己のMHCの溝に入ったペプチド複合体のみを認識する．このことを「MHC拘束性」という．動物各個体のMHCが異なるため，同じワクチンを接種してもワクチン効果が異なることがある．すなわち，ある個体のMHCの溝にワクチン抗原ペプチドがうまくはまり込むと，強い免疫応答（高い抗体産生）が見られるが，ペプチドがはまり込まないと抗体産生は弱いことになる．

MHC分子には，クラスⅠとクラスⅡがあり，クラスⅠ分子は宿主細胞内に存在する抗原由来のペプチド断片を提示し，クラスⅡ分子はファゴサイトーシスで取り込んだペプチド断片を結合してT細胞に提示する．つまり，ウイルスのように宿主細胞に感染してその細胞内で増殖しウイルス由来の蛋白質を産生する場合は，クラスⅠ分子によって抗原提示される．一方，細胞外で増殖する細菌，外毒素や不活化ワクチンなどの場合は，マクロファージなどの食細胞のファゴサイトーシスで取り込まれ，クラスⅡ分子によって抗原提示される．MHCクラスⅠ分子で抗原提示されるT細胞は$CD8^+$T細胞で，抗原提示を受け活性化されるとキラーT細胞となってパーフォリンやグランザイムを出し，ウイルス感染細胞に穴をあけて細胞死を誘導する．一方，MHCクラスⅡ分子で抗原提示されるT細胞は$CD4^+$T細胞で，抗原提示を受け活性化するとTh1，Th2，Th17[*8]などの細胞に分化し，それぞれ特徴的なサイトカインを分泌して抗体産生の補助や様々な免疫反応を引き起こす．

1-3. ワクチンの種類とアジュバント

市販されている動物用ワクチンは大きく弱毒生ワクチンと不活化ワクチンに分けられる．これら現行ワクチンの特徴を表1-1に示す．

1）弱毒生ワクチン

弱毒生ワクチンとは，毒性や病原性を弱めた微生物をそのまま用いるもので，牛のアカバネ病ワクチンや豚コレラワクチンなどがある．弱毒生ワクチンは継代などで弱毒化したウイルスや細菌を用いるもので，実際の感染で誘導されるのとほぼ同様の自然免疫が誘導される．そのためアジュバントの添加は必要ない．また，抗体産生ばかりでなく細胞性免疫も誘導される．しかし弱毒生ワクチンは病原体が生きているため，毒力が復帰する可能性や免疫が弱っている動物や幼弱動物に接種した場合にその病気を発症する可能性も否定できない．

2）不活化ワクチン

不活化ワクチンは，病原体をホルマリンなどの化学物質で処理し不活化したものであり感染性は全くない．不活化ワクチンはさらに，①全粒子ワクチン，②サブユニットワクチンならびに，③トキソイドワクチンに分けられる．

①全粒子ワクチン：病原体をまるごとホルマリンなどで不活化，固定したもので日本脳炎ワクチンがこれにあたる．全粒子不活化ワクチンは病原体のもつほぼ全ての成分が含まれているため，アジュバントの添加を必要としないことが多い．

[*7] MHC：MHC分子群は，臓器移植における拒絶反応の起こりやすさ（組織適合性，histocompatibility）を規定する分子の探求から見出された．人のMHC分子はHLA（human leukocyte antigen）と呼ばれる．MHCにはクラスⅠとⅡがあり，この分子が免疫応答を左右する中心的な役割を果たしている．MHC分子には多くの型があるため，同じ動物種でも個体によって発現しているMHCは多彩である．ワクチンなどの抗原ペプチドを収容する溝を取り囲む部分（例えばMHCクラスⅡ）のアミノ酸は変化に富んでいる．したがって，ある1つのペプチドがあるクラスⅡ分子の溝にうまくはまり込んで抗原として提示されても別の個体では，同じ抗原が溝にはまり込まず提示されないことがある．

[*8] Th1，Th2，Th17：T細胞は抗原と反応し活性化するとエフェクター細胞となり様々なサイトカインを産生して機能を発揮する．Th1は，IFN-γなどを産生し，主に細胞性免疫に，Th2はIL-4，IL-5などを産生して，主に液性免疫を促進する．Th17はTh1/Th2細胞とは異なる経路で分化する$CD4^+$T細胞サブセットの1つ．IL-17を産生し，好中球を集めて活性化し炎症反応をもたらす．Th17は，細胞外細菌，真菌の排除に関わる一方，行き過ぎた応答が自己免疫疾患の惹起にかかわっている．

免疫効果は弱毒生ワクチンには及ばないが比較的高い免疫を誘導する．ただ病原体はすでに死んでいるので宿主細胞に感染することがないため，細胞性免疫（$CD8^+$ T細胞の応答）はあまり誘導されない．

②サブユニットワクチン（コンポーネントワクチン）：病原体を不活化した後，防御免疫効果の高い病原体由来成分（これを感染防御抗原という）だけを高度に精製したワクチンである．このワクチンは感染防御抗原だけを精製しているため，全粒子ワクチンに較べ副作用が少ないという安全性に優れている．一方，このワクチンは本来病原体がもっている自然免疫レセプターを刺激するPAMPsが精製過程で失われていることが多く，効率よく免疫を誘導するためにはアジュバントの添加が必要となる．近年遺伝子組換えで感染防御抗原を作出している．遺伝子組換え技術を用いたサブユニットワクチンの例として，大腸菌の発現系を用いて作出した猫白血病ワクチンおよびロイコチトゾーン病ワクチンなどが承認されている．

サブユニットワクチンの免疫誘導の難しさの1例として，口蹄疫ワクチンの実験例を紹介する．口蹄疫ウイルスのカプシド抗原VP1は感染防御抗原であり，株間で多くのアミノ酸置換があり，多くの亜型を生み出している．このVP1領域の変異により口蹄疫ウイルスは生体の免疫を回避して感染を持続させている．口蹄疫ウイルスワクチンとしてVP1領域を用いると，流行ウイルスとワクチンウイルスの型，亜型が一致しないとワクチン効果が低い．また動物の個体間のMHC多型によりVP1ペプチドとの結合度合いが個体により異なり，免疫応答に差が生じる．すなわち，ワクチンペプチドが個体のMHCとよく結合すると高い抗体価が誘導され，結合しないと抗体価が低い，というペプチドワクチンの難しさがある．

③トキソイドワクチン：細菌の外毒素をホルマリンなどで不活化したものをワクチンとしたもので，破傷風やジフテリアのトキソイドワクチンがその例である．抗体産生を誘導するためにアジュバントの添加を必要とするものが多い．

不活化ワクチンは死んだ病原体がファゴサイトーシスにより取り込まれ，ファゴゾーム内でTLRを活性化して樹状細胞を刺激するのに対して，弱毒生ワクチンはそれ以外に細胞質内の病原体認識受容体によって認識される（図1-1）．このことが，生ワクチンの方がよりワクチン作用が強力であることの理由かもしれない．

3）アジュバントの作用

アジュバントとは，ラテン語の「助ける」という意味のadjuvareを語源にもち，ワクチンと一緒に投与してその免疫原性を高める目的で使用される物質を指す．アジュバントの効果としては，①アルミニウム化合物のような徐放効果，②抗原提示細胞による抗原提示の増強，③炎症性サイトカイン産生の誘導などが考えられる．2011年ノーベル医学生理学賞が樹状細胞の研究に授与され，それが引き金となって自然免疫やアジュバントの研究が活発になされるようになった．ワクチン抗原とアジュバントを動物に接種するとアジュバントの免疫賦活作用により，樹状細胞などの自然免疫レセプターによって抗原が認識され貪食されやすくなる．サブユニットワクチンのように精製過程で樹状細胞のレセプターを刺激するPAMPsを失った抗原の場合にはアジュバントの添加は必須である．アジュバントにはこれまでアルミニウム化合物，流動パラフィン，スクワランなどが知られていたが，最近の免疫学の進展によりアジュバントがワクチンの効果を制御していることが明らかになってきた．TLRsなどの自然免疫受容体はアジュバント成分を特異的に認識し，その結果，樹状細胞を中心とした抗原提示細胞が活性化されて自然免疫から獲得免疫が誘導される．このようにアジュバントとしてTLRsに刺激を入れるTLRリガンドが注目されている．例えば，樹状細胞を活性化するTLR4のアゴニストのmonophosphate lipid A（MPL）やTLR9のアゴニストのCpG-DNAならびにTLR7のアゴニストのイミダゾキノリンなどの臨床研究が進んでいる．細菌のゲノムDNAにはCpG配列と呼ばれる病原体特有のDNA配列が存在する．微生物ゲノムDNAではシトシン（C）とグアニン（G）の繰り返し配列が認められ，その配列のほとんどがメチル化を受けていない．哺乳類の場合，CpG配列はほとんどメチル化されており，メチル化されていない微生物特有のCpG配列は，強力な免疫賦活作用を示す．特に細胞内寄生細菌に対して強力な生体防御反応を発揮するTh1細胞の活性化を誘導する．CpG配列を有する合成DNA（CpG-DNA）も同様な免疫賦活作用があるため，CpG-DNAはTh1反応誘導のアジュバントとして期待される．Th1反応は感染症ばかりでなく，Th2反応が優位なアレルギー反応の抑制や抗腫瘍活性にも有効である．そのためCpG-DNAは，アレルギーの減感作療法や抗腫瘍免疫のアジュバントとしてもその効果が期待されている．

ワクチン接種後，半日程度で認められる発赤，腫脹などの副作用の多くは自然免疫（炎症）反応によることが多い．それゆえ，現状ではワクチン効果をそのまま保持して副作用を全て取り除くのは難しい．

1-4. ワクチンによって誘導される免疫反応（疾病予防）と副作用

1）弱毒生ワクチンの免疫応答

弱毒生ウイルスは感染細胞内で増殖するため，増殖に伴ってできたウイルス抗原はプロテアソームで酵素分解を受けた後粗面小胞体に運ばれ，クラスⅠ分子と結合して細胞表面

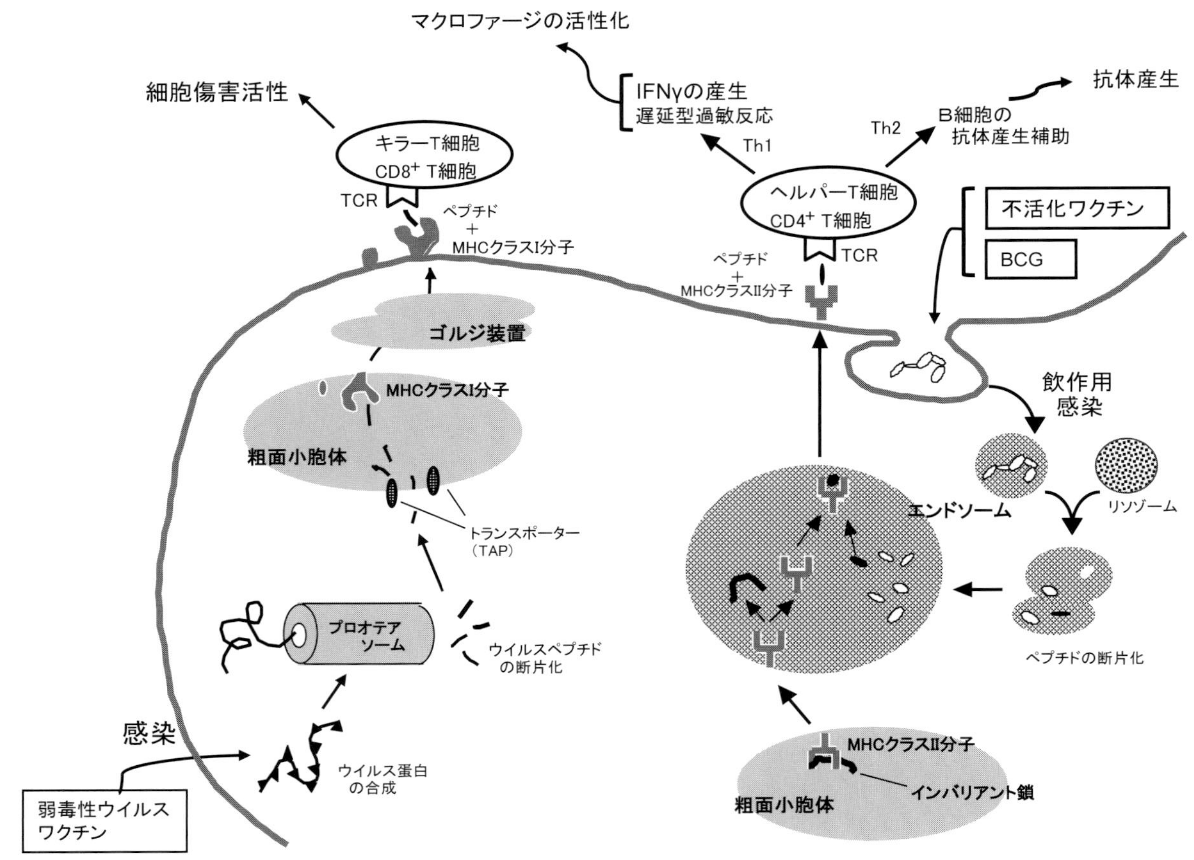

図 1-3　弱毒生ウイルスワクチン，BCG と不活化ワクチンの抗原の細胞内処理と抗原提示

に発現される．このクラスⅠとウイルスペプチドの複合体が CD8$^+$T 細胞に提示されキラー T 細胞が誘導される．弱毒生ウイルスワクチンは実際の感染と同様の免疫反応を誘導するので，キラー T 細胞の活性化と同時に抗体産生も見られ，非常に有効なワクチンである．一方，細菌の弱毒生ワクチンである結核菌の BCG の場合，細菌がマクロファージや樹状細胞内で増殖し，菌体抗原が細胞質内小胞体で処理される．ペプチド分解を受けた抗原ペプチドは小胞内でクラスⅡ分子と結合し，CD4$^+$T 細胞のうち Th1 細胞に抗原提示される．抗原提示により活性化した Th1 細胞は，インターフェロン-γなどを放出し，マクロファージを活性化して細胞内寄生細菌である結核菌の排除にあたる（図 1-3）．

2）不活化ワクチンによる免疫応答

不活化ワクチンはファゴサイトーシスで樹状細胞やマクロファージに取り込まれた後，エンドゾーム内で酵素分解を受け十数個のペプチドに分解される．この断片化されたペプチドが粗面小胞体で形成されるクラスⅡ分子の溝にはまり込み，細胞表面に輸送され CD4$^+$T 細胞に抗原提示される．この場合は抗原提示の相手は Th2 細胞であり，Th2 細胞が産生する各種サイトカイン（IL-4，IL-5，IL-10 など）により抗体産生の誘導ならびに好酸球やマスト細胞による病原体排除が見られる．前述したように不活化ワクチンは感染することがないため，CD8$^+$T 細胞の応答がほとんど見られず，抗体産生が主体となる．

3）生ワクチンと不活化ワクチンによる疾病予防の比較

弱毒生ワクチンや不活化ワクチンによって誘導される免疫応答がどのようにして発病を予防しているのか，1 つの疾病で両者のワクチンがあるポリオウイルス感染の場合を紹介する．ポリオのワクチンにはセービンの経口弱毒生ワクチンとソークの不活化ワクチンの 2 種類があり，これらは作用機序を異にするが共に発病予防効果がある．ポリオウイルスは運動神経を破壊して麻痺を生ずる急性灰白髄炎（ポリオ）を起こすウイルスで，1960 年代まで世界中で猛威をふるっていた．ポリオウイルスは患者の糞便から排出され，経口感染する．経口的に侵入したウイルスは口腔咽頭粘膜や腸管粘膜で増殖し，増殖したウイルスはリンパ系をたどって血中に入り，中枢神経系に感染してポリオを発症させる．また腸管で増殖したウイルスは糞便を介して排泄され，まわりの人に伝播する．経口投与の生ワクチンは免疫力が強く，血中に IgG 中和抗体を産生させてウイルスの中枢神経系への侵入を阻止

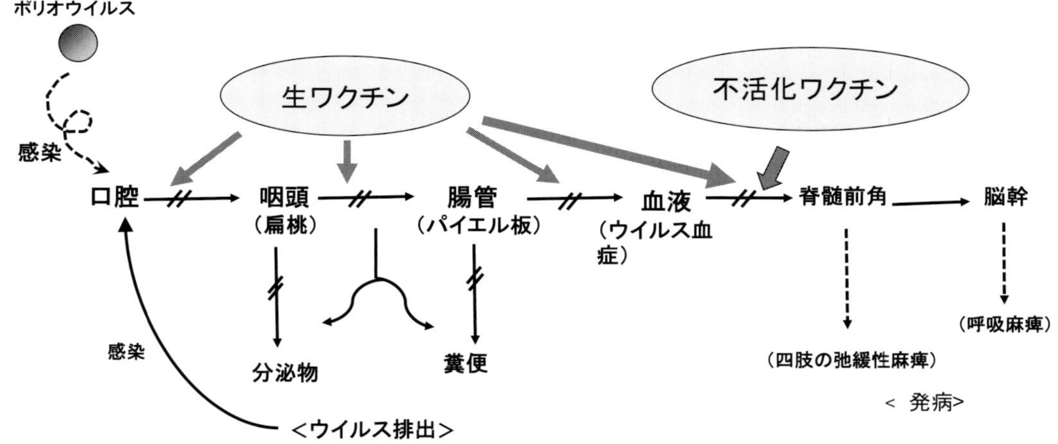

図 1-4　ポリオウイルスによる発病機序とワクチンによる発病阻止効果
ポリオウイルスは脊髄前角の運動神経根を破壊して麻痺を生じさせ，急性灰白髄炎（ポリオ）を起こす．生ワクチンは分泌型 IgA 産生により咽頭や腸管におけるウイルス増殖を抑える感染防御効果と血中 IgG による発病阻止効果の両方をもつ．一方，不活化ワクチンは，感染防御効果はないが，血中 IgG による発病阻止効果をもつ．

して発症を予防することができる．さらに分泌型 IgA を産生して咽頭や腸管壁でのウイルス増殖を抑えることで周りの人への伝播も抑えることができる．一方，皮下接種の不活化ワクチンは，血中に IgG 中和抗体を産生させるので，発症を予防することができるが，分泌型 IgA を産生しないので腸管や咽頭でのウイルス増殖は阻止できず，糞便に排出されるウイルスによる伝播は阻止できない（図 1-4）．ポリオの弱毒生ワクチンは発症も伝播も防御できるので，世界中に猛威をふるっていた 1960 年代には大いに貢献した．しかし，弱毒生ワクチンは変異による副作用が生じることもある．ポリオウイルスのような一本鎖 RNA 遺伝子は DNA 遺伝子に較べ遺伝子複製時の変異率が高く変異して病原性を示すウイルスが生まれやすい．ポリオ弱毒生ワクチン接種による発症がごくまれに見られることから，ほとんど患者のいなくなった現在，我が国でも 2012 年，弱毒生ワクチンから不活化ワクチンに切り替えられた．

4）ワクチン接種による副作用

ワクチン接種に伴う副作用には，免疫反応によるものと免疫反応によらないものがある．この他に弱毒生ウイルスワクチン製造過程で迷入したウイルスがワクチンに混入する問題も指摘されている．

a）免疫反応による副作用

ワクチンに含まれる自然免疫受容体を活性化する成分が副作用を引き起こしている場合が考えられる．不活化ワクチンの場合には，ワクチン抗原そのものやアルミニウムゲルなどのアジュバント成分により自然免疫レセプターが活性化して炎症反応が見られる．グラム陰性菌の細胞壁を構成するリポ多糖体（LPS）がワクチンの最終産物に微量に含まれていると，それによる発熱などの生体反応が見られ，これが亢進した際エンドトキシンショックに陥る．もう 1 つ重要なのが，ワクチン製造過程で使用され，最終ワクチンにもわずかに含まれる成分に対して生体がアレルギー反応を示す場合である．特に不活化ワクチンに含まれるアレルゲンによる IgE 抗体を介した I 型アレルギーにより，顔面浮腫や蕁麻疹様症状を主徴とする反応で，ひどい場合には，アナフィラキシーショックを起こす．人では卵アレルギーの人がワクチンに含まれる微量の鶏卵成分でアナフィラキシーショックを起こすことがある．

b）免疫反応を介さない副作用

免疫反応を介さない副作用としてワクチン接種後肉腫（vaccine-associated sarcoma）が猫で報告されている．これは狂犬病などの不活化ワクチンに含まれるアジュバントにより発生する悪性腫瘍である．猫では，1 万頭に数頭発生するとの報告があり，不活化ワクチンの接種回数を増やすことにより上昇する．猫での不活化ワクチンの頻回接種は注意が必要である．

c）弱毒生ウイルスワクチンの迷入病原体

生ワクチン製造に用いる培養細胞に含まれていた迷入ウイルスが生ワクチンに混入することがある．混入迷入ウイルス事故が，1974 年鶏ワクチンで起こった．これはマレック病生ワクチン接種ひなで羽の中抜けを特徴とする異常を示したものである．原因としてワクチン製造に用いたアヒル胎子培養細胞や鶏胎子培養細胞に細網内皮症ウイルス（reticuloendotheriosis virus：REV）が迷入していたものと推定された．それゆえ，最近では製造に用いる動物のSPF化などに注意が払われている．一方，犬や猫のウイルスの分離やワクチン製造過程で猫の培養細胞が多用される．猫の培養細胞にはRD114と呼ばれる内在性（endogenous）のレトロウイルスが存在する．内在性レトロウイルスとは，猫白血病ウイルスのように外から感染する（exogenous）レトロウイルスとは違い，猫の細胞DNAに組み込まれているウイルス遺伝子を指す．通常は内在性レトロウイルスの遺伝子発現は抑制されているが，何らかの刺激でウイルス粒子が産生される場合がある．RD114は猫の細胞のみならず人や犬の細胞にも感染し増殖する．今のところ市販の生ワクチンに含まれるRD114が犬や猫に病気を起こしたという例は報告されていないが，猫由来の細胞を用いず，RD114を含まない生ワクチンの製造への転換が求められる．

1-5. ワクチンの接種時期による効果の違い

ワクチンは接種時期によりその効果に違いがでる．弱毒生ワクチンを接種する際，ワクチン接種率を100%にしても抗体陽転率は100%にならない．ワクチンの効果は飼養状態の悪さ，ストレスなど種々の因子によって影響を受けるが，最大の要因は移行抗体である．移行抗体のレベルを知ってワクチン接種することが重要である．例えば，aという病原体に対して抗体を保有する母親から生まれた新生動物にはaに対する移行抗体を保有している．その新生動物にaの弱毒生ウイルスワクチンを接種してもワクチンウイルスは移行抗体で中和され無効であるので，移行抗体が消失するまで待つ必要がある．しかし，移行抗体のレベルが低下し，能動免疫が働き始める前の時期は，最も感染を受けやすい時期（immunity gapとも呼ばれる）でもあるので，この時期を乗り切るためのワクチン接種が重要である．実際には移行抗体のレベルは不明の場合が多いので，移行抗体の切れる時期（犬，猫では8〜14週）をはさんで2回以上ワクチンを接種することで確実に免疫賦与することができる．また最近では移行抗体の影響を受けにくい高力価の生ワクチンなども市販されている．

新生動物は成体に比べて免疫系がまだ未熟であり，ワクチンを接種してもワクチンが十分に働かないことがある．新生動物を感染症から守るために妊娠動物にワクチンを接種し，初乳に含まれる移行抗体による母子免疫を利用する方法がある．この例として牛ロタウイルス病や豚の伝染性胃腸炎などのワクチンを妊娠動物に接種して初乳により新生動物を防御する場合がある．また，鶏でのワクチン接種法の1つに卵内接種法がある．自動卵内接種機による卵内接種法は，ワクチン接種の省力化ばかりでなく孵化後の免疫成立までの期間を短縮することが可能となった．

1-6. ワクチンによる集団免疫

1）集団免疫の考え方

近年，産業動物の飼育形態は集約的となり，それに伴ってワクチン接種も個体レベルよりも群（集団）レベルで考えるようになってきている．集団免疫とは，個々の動物への免疫に加えて，集団の中で一定数の動物が免疫を獲得すると，集団の中に感染動物が出ても流行が阻止され，その結果として集団の中の免疫をもたない動物への感染が防げることを意味する．集団免疫を獲得できるレベルは，病原体の伝播力によって異なる．病原体の伝播力を示す指標として，基本再生産数（basic reproduction number：R_0）がある．基本再生産数とは，1頭の感染動物が完全な感受性集団に入ってきた時，その感染動物から平均で何頭が感染するかという数である．$R_0 < 1$であれば，流行は自然に消滅するのに対して，$R_0 > 1$であれば，流行は拡大する．ある集団でどのくらいの割合の動物がその感染症に対する免疫をもっていれば，集団の中での感染が阻止されるかを示す集団免疫率（H）は，$H = (1 - 1 / R_0) \times 100$で表される．例えば，$R_0 = 5$という強い感染力をもつ病原体に対しては，集団免疫率は$H = (1 - 1 / 5) \times 100 = 80\%$となり，集団免疫率が80%以上であれば，その感染は流行しないことになる（図1-5）．集団の中で流行を起こさないために，免疫をもたない動物にワクチン接種を行い，集団免疫率よりも高い免疫率を付与する必要がある．群レベルのワクチネーションプログラムはこれに基づいて設定される．

2）ワクチンの集団接種による感染拡大の抑制

a）産業動物用ワクチンの使用に際して考慮する点

産業動物用ワクチンの使用にあたっては，費用対効果（cost-benefit analysis）を考慮することが重要である．ワクチン接種の際の費用，ワクチンを接種しなかった場合の感染症の流行を念頭に，その感染症によるリスクがどの程度あるのか，また感染した場合の乳牛の泌乳量の低下や肉牛の増体量の低下，あるいは廃用などの損失がどの程度見込まれるかなどを考慮した上でワクチネーションプログラムを作成する．

b）広域における伝染病の防疫方法

口蹄疫などの重要疾病の広域を対象とする防疫方法として，常在地域の全ての動物に定期的にワクチン接種を行う全面接種（general vaccination），清浄地域における伝染病発生時の緊急措置として蔓延防止のための包囲接種（ring vaccination），清浄地域を汚染地域から守るために，境界地域の動物に接種を行う防壁接種（barrier vaccination）などがある．

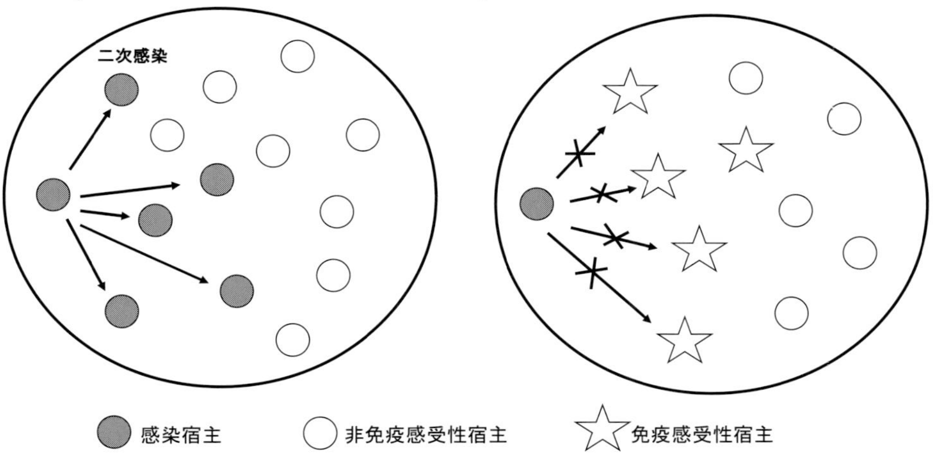

図 1-5 集団免疫率と基本再生産数
基本再生産数（R_0）とは集団の中で 1 人の感染者が免疫をもたない者に感染させる（＝再生産する）2 次感染者の数．R_0 ＜ 1 流行は自然に消滅，R_0 ＞ 1 流行は拡大．この例では，R_0 ＝ 5 でも集団免疫率 H ＝（1 － 1/ R_0）× 100% ＝ 80% 以上であれば流行は阻止される．

c）口蹄疫ワクチンの集団接種による感染拡大抑制の実例

2010 年 3 月，宮崎県で 10 年ぶりに口蹄疫が発生した．この時日本で初めての口蹄疫ワクチンの包囲接種により感染拡大の阻止が試みられた．2000 年の発生時にはなかった豚への感染が起こったこともあり，2000 年の発生を上回る大流行となった．殺処分と埋却が追いつかず，我が国初めての備蓄していた口蹄疫ワクチン[*9]の接種が行われ，疾病曼延を遅らせる措置がとられた．2010 年 5 月，発生牧場の周囲 10km 以内の家畜に曼延防止のため包囲接種が行われ，7 月に流行が終息した．流行終息の後，ワクチン接種動物の全てが殺処分され，最終的に患畜−疑似患畜とワクチン接種動物（約 7.7 万頭）を含む総計 30 万頭にも上る動物が殺処分－埋却された．

流行が終息した後，なぜ口蹄疫ワクチン接種動物を全頭殺処分しなければならないのか．口蹄疫が発生すると，汚染国として清浄国へ牛肉などの畜産品の輸出ができなくなる．また他の汚染国からの畜産品の輸入を拒否できず，国際貿易にとって大きな経済的損失を受ける恐れがある．清浄国の証明には口蹄疫ウイルスに対する抗体陽性の動物がいないことが求められる．しかし，現在は口蹄疫ワクチンのウイルス株と野外流行株の抗原性が同一であるため，抗体ではワクチン接種動物と自然感染動物の区別ができない．さらにワクチン接種動物が野外株に感染し咽頭部に野外株が長期間存続するキャリアーとなり，その後の感染源となることが否定できない．そのため流行が終息した後，ワクチン接種動物は全て淘汰しなければならない．淘汰により，翌年，日本は口蹄疫の清浄国に復帰した．

ワクチンに何らかのマーカーを付加あるいは欠如させて自然感染による抗体とワクチン接種による抗体とを区別できるようにしたものをマーカーワクチンという．口蹄疫ワクチンがマーカーワクチンであれば，上述のワクチン接種動物が持続感染する問題は残るが，ワクチン接種動物を殺処分する必要がないかもしない．現状の口蹄疫のワクチンはハムスター腎細胞や BHK21 細胞で増殖させたウイルスを不活化させたワクチンである．欧米では口蹄疫のマーカーワクチンの開発が進められている．口蹄疫ウイルスの遺伝子が産生する蛋白質にはウイルス粒子の構造蛋白質（VP1-4）とウイルス粒子には含まれない非構造蛋白質（NSP）がある．感染防御を担っているのは構造蛋白質であるので，従来の不活化口蹄疫ワクチンから NSP を除去し，構造蛋白質（VP）のみを残したワクチンが作出されている．自然感染動物では構造蛋白質と非構造蛋白質の両方に対する抗体が産生されるが，NSP 欠損ワクチン接種動物では NSP 抗体は陰性であるので，ワクチン接種動物と自然感染動物の区別が可能である．新しいワクチンの試みとして，合成ペプチドや組換え蛋白質を用いるペプチドワクチンやベクターウイルスを用いる生ワクチンや

[*9] 備蓄ワクチン：我が国では，防疫上重要な疾病について備蓄ワクチンが準備されている．口蹄疫不活化ワクチンについては 1975 年から国家備蓄しており，2010 年の発生で初めて使用された．日本では鳥インフルエンザについてはワクチンを使用しないが，緊急備蓄ワクチンがある．この他備蓄ワクチンとしては，牛疫ワクチン，豚コレラワクチンや馬ウイルス性動脈炎ワクチンなどがある．

DNAワクチンなどが試みられている．米国ではアデノウイルスベクターを使った口蹄疫ワクチンも検討されている[8)]．

3）感染環を考慮したワクチネーションプログラム（狂犬病ワクチンの例）

野生動物から家畜，伴侶動物から人へと伝播するような伝染病，例えばヨーロッパや北米の狂犬病の場合，人や家畜，伴侶動物だけにワクチンを接種しても野生動物を介した狂犬病ウイルスの循環阻止には役立たない．ヨーロッパでは狂犬病を予防する目的で遺伝子組換えワクチンをペレットに封入した,餌ワクチン（bait vaccine）を森林に散布している．ヨーロッパにおける狂犬病の主たる感染野生動物はアカギツネであり，アカギツネにペレットを食べさせて経口免疫することで野生動物間での感染を遮断した．その結果，野生動物から犬，猫や家畜への感染が減少し最終的に人への狂犬病の伝播を劇的に減少させた．これは病原体の感染環を考慮したワクチネーションの成功例である．

1-7. 感染症の撲滅（日本での豚コレラ撲滅の例）

感染症の防疫の究極の目的は撲滅であり，ワクチンはその過程で使われる.世界的に撲滅が達成された伝染病としては，1980年の人の天然痘と2011年の牛疫[*10]がある．豚コレラについては，北米，英国，オーストラリアなどで撲滅が達成されているが，東ヨーロッパやアジアの国々ではいまだに流行が見られている．日本では，1969年からGPE⁻ワクチンが実用化されたことで豚コレラの発生は激減し，ほとんど問題がなくなった.人の天然痘と同様に豚コレラウイルスは，病原体の抗原性が単一であり，不顕性感染がほとんどない．加えて有効な診断法があり，安全性の高いGPE⁻ワクチンがあることから，豚コレラは撲滅できるものと考えられた．そこで当時の農林水産省の畜産局と家畜衛生試験場の担当者らは，「ワクチンを使用しない防疫体制を確立する」ため「まずワクチン接種率を向上させる」こととした．撲滅計画は3段階に分け，第1段階はワクチン接種の徹底と抗体調査による確認（1996年），第2段階では清浄度が確認された道府県からワクチン接種の中止（1998年），第3段階では全国的にワクチン接種の中止と確認調査（2000年）とされた．しかし，この撲滅計画の推進途中，ワクチン接種を中止したオランダで豚コレラの大発生があり，ワクチン接種中止に対する不安が生じた．そのため，当初2000年までにワクチン接種の全面中止を計画していたが，2006年までずれ込んで全面中止とした．翌年の2007年にOIEの規定に従い，豚コレラフリーを宣言した．明治20年の初発生以降，日本各地の養豚農家に恐れられていた豚コレラはGPE⁻ワクチンの開発と相まって，国をあげての撲滅作戦により2007年に撲滅が達成された．撲滅後の豚コレラの防疫はワクチン接種による予防から病原体の侵入を防ぐバイオセキュリティ[*11]に転換することになり，国，地域（県），農家（閉鎖飼育など）の各レベルでバイオセキュリティを脅かすリスクの排除に努めている．

1-8. 感染症以外のワクチンの研究開発

ワクチンと言えば本来感染症に対するものであるが，感染症以外のワクチンとして，癌ワクチンやアレルギーに対するワクチンなどがある．癌ウイルスによる疾病については，ウイルスを用いた癌予防ワクチンがある．その例として鶏マレック病（MD）に対する生ワクチンがあげられる．これはMDウイルスによるT細胞腫瘍の形成を阻止するワクチンである．人では子宮頸癌ワクチン，B型肝炎ワクチンなど癌ウイルスを予防するワクチンが種々開発されている．ここで触れる癌ワクチンは，癌ウイルスに対する予防ワクチンではなく，メラノーマや固形癌などに対する治療用の癌ワクチンである．

1）癌の免疫療法，癌ワクチン

a）犬メラノーマDNAワクチン

メラノーマ（悪性黒色腫）はメラニン細胞に由来する腫瘍で，犬の口腔内や粘膜，皮膚に発生する悪性度の高い腫瘍で治療としては外科的切除が第一選択である．2009年，米国で犬の口腔内メラノーマに対するDNAワクチンが承認された．これは人のチロシナーゼの遺伝子を犬用のDNAワクチンとしたものである．チロシナーゼはチロシンをメラニンに変換する酵素で，メラノーマの細胞表面には大量のチロシナーゼが存在してメラノーマの増殖に関与している．チロシナーゼの作用を阻害することで，メラノーマの増殖を抑えることができる．犬チロシナーゼDNAワクチンを犬に接種しても免疫寛容が働き，抗体は産生されないが，このDNAワクチンを接種すると人チロシナーゼに対する抗体が産生され

[*10] 牛疫の撲滅：牛疫は紀元前から人々の生活を脅かしてきた伝播力，致死率の高い伝染病であり，FAOは1993年に集団ワクチン接種を行うことによる牛疫根絶計画を発足させた．牛疫ワクチンとしては，1922年の蠣崎千晴のトリオール不活化ワクチンと1938年の中村⿰⺡享治の家兎化ワクチンがあった．後者は中国大陸での野外試験でその有効性が証明されていた．1960年代にはVero細胞を用いた弱毒生ワクチンが作られ根絶計画に用いられた．アジア，アフリカ各国での牛疫は2000年頃までにほぼ制圧され，OIEでは2011年の牛疫が根絶されたことを宣言した．

[*11] バイオセキュリティ：バイオセキュリティとは，外来の病原体の侵入，散布を防ぐ施設の管理手法を指し，農場のバイオセキュリティでは農場への病原体の侵入と蔓延を防止すると同時に，農場から外部への病原体拡散を阻止することを目的としている．

る．人と犬のチロシナーゼには差異があるものの，人チロシナーゼ抗体は犬チロシナーゼも攻撃するという．現在，日本では野外臨床試験（治験）の段階で，大学など6施設で評価が行われているが効果を疑問視する報告もある．

b）癌ペプチドワクチン（樹状細胞ワクチン）

癌の治療法としては手術，抗癌剤，放射線照射があるが，近年免疫療法も注目されている．癌免疫に働く細胞には樹状細胞，B細胞とT細胞，LAK細胞やNK細胞などが知られており，癌細胞表面に発現する癌関連抗原[*12]に反応する．治療用の癌ワクチンとして，樹状細胞ワクチンのプロベンジが2010年米国で初めて承認された．これは前立腺癌のほとんどで発現している癌関連抗原の前立腺酸性ホスファターゼ（PAP）抗原を用いるものである．患者から採取した樹状細胞を培養してこれにPAP抗原を取り込ませ，もとの患者にもどすと，患者体内では，癌関連抗原を貪食した自己樹状細胞により特異免疫が誘導され生存期間が平均4か月延命したとのことである．このPAPは前立腺癌の腫瘍マーカーの1つでもある．

癌ペプチドワクチンでは，日本でも大阪大学の杉山らが「WT1ペプチド」を用いた免疫療法を開発した．WT1蛋白質を作るウィルムス腫瘍遺伝子（WT1）は，もともと小児の腎癌の原因遺伝子として単離された．その後，検査するとWT1蛋白質ほぼ全ての種類の固形癌に発現する一般的な腫瘍関連抗原であることが明らかとなった．したがって，WT1蛋白質を攻撃する免疫反応を誘導できると全ての癌に応用できる利点がある．WT1蛋白質は患者の組織適合抗原（HLA）型によって結合部位が異なる．そこで日本人の約6割がもつHLA型[*13]に結合するようにペプチドを一部改変しアジュバントと一緒に投与した．投与ペプチドは，患者の樹状細胞に取り込まれ樹状細胞表面でHLAと結合して$CD4^+$のヘルパーT細胞ならびに$CD8^+$T細胞に提示され，ヘルパーT細胞で刺激された$CD8^+$のキラーT細胞が活性化するものと想定される．投与ペプチドによりWT1に対するキラーT細胞が誘導され良好な治療効果が見られており期待されている[5)]．癌ペプチドワクチンを小動物で応用する場合，癌関連抗原（ペプチド）の解析に加え何より難しいのは，小動物の場合には白血球抗原（MHC）の解析が進んでいないことから各個体に合わせたペプチドを準備するのが難しい．こうした状況から小動物での癌ペプチドワクチン療法にはまだ時間がかかる．

c）免疫阻害を解除する癌治療法

癌免疫療法を難しくしているものに「自分の体の成分に対しては免疫反応が起こらないようにする仕組み」，免疫寛容[*14]が働いていることが考えられる．癌細胞は自分の体の成分であるから，自己抗原への反応が抑制されている．癌免疫療法を考える上では，この免疫寛容をどう解除させるかが重要である．自己への攻撃を抑制するため，活性化T細胞の表面にCTLA-4（cytotoxic T lymphocyte antigen-4）やPD-1（programmed cell death-1，CD279）分子が発現する．CTLA-4やPD-1分子は免疫グロブリンスーパーファミリーに属する糖蛋白質であり活性化T細胞の表面に発現しT細胞の免疫応答を抑制し自己免疫疾患などを抑制している．遺伝子操作でCTLA-4分子ができないようにしたマウスは，過剰な免疫応答を止めるものがないので，活性化T細胞が体内の正常組織を破壊してしまい，生後3～4週間で死んでしまう．このように，CTLA-4やPD-1はT細胞がむやみに体細胞を攻撃しないように調整する役割を担っている．しかし，癌細胞の場合はそれが逆効果となっている．癌細胞に発現する正常細胞と同じリガンド（CD80/86やPD-L1/-L2など）がCTLA-4やPD-1と結合して活性化T細胞に抑制シグナルが入ってしまい，T細胞の機能が抑制されて癌を攻撃できなくなる．そのため，癌患者では癌細胞に対するキラーT

[*12] 癌関連抗原，腫瘍マーカー：発癌ウイルスに由来する癌では正常細胞には存在しない抗原が発現されている場合があり，これを癌特異抗原と呼ぶ．一方，多くの癌組織に発現する抗原は正常細胞にも微量に存在していて，癌化に伴って発現量が異常に亢進する場合が多いのでこれを癌関連抗原と呼ぶ．また，悪性腫瘍の細胞から遊離した物質が血清中や尿中に検出され，腫瘍の診断に有用である場合に，その物質を腫瘍マーカーと呼ぶ．

[*13] HLA型：人白血球抗原型でMHCクラスⅠ分子にはHLA-A，HLA-B，HLA-Cの3種類があり，ほとんどの有核細胞に発現している．一方，MHCクラスⅡ分子にはHLA-DR，HLA-DQ，HLA-DPの3種類があり，その発現は樹状細胞やマクロファージなどの抗原提示細胞に限られている．このHLA型は臓器移植の際に重要である一方，疾患感受性（特定のHLA型が例えば関節リウマチになりやすいなど）ならびに免疫応答に深く関わっていることが明らかになっている．

[*14] 免疫寛容：免疫系は，原則として自己の細胞や成分に対しては反応せず，非自己である病原体などにのみ反応する．これを免疫寛容という．免疫寛容には骨髄や胸腺で分化中に形成される中枢性の寛容と成熟後末梢組織で自己抗原と出会う時に形成される末梢性の寛容がある．末梢性T細胞寛容には次の2つがある．①アネルギーによる機能的なT細胞の非活性化：十分な副刺激分子（CD80/86）がない場合に起こる．②制御性T細胞による抑制：自己抗原に反応する制御性T細胞（regulatory T cell）は，TGF-βやIL-10といったリンパ球の活性化を抑制するサイトカインを分泌することで，自己に反応するT細胞の機能を抑制し，抗腫瘍免疫も抑制する．そのため，制御性T細胞に発現するCTLA-4やPD-1の抑制機能を阻害薬により解除することで癌や慢性感染の免疫応答が増強される．末梢性B細胞寛容については，成熟B細胞が末梢組織で自己抗原と結合してもその自己抗原を認識するヘルパーT細胞がないため，次に進めずアネルギーとなる．

細胞が存在していても多くは無力化されており，反応できる細胞は少ない．これを解消しようとするのが抗体医薬の項で詳述される免疫チェックポイント阻害薬である．免疫チェックポイント阻害薬とはCTLA-4やPD-1等の分子に対する抗体で，末梢性の免疫寛容を解除してキラーT細胞が働くようにすることができる．抗CTLA-4抗体や抗PD-1抗体でT細胞と癌細胞の結合を阻害することにより，T細胞の抑制は解除され，本来の抗腫瘍活性が発揮できるというものである[9]．この方法は癌のみならず慢性感染症の治療にも有効であることが報告されているが，免疫チェックポイント阻害薬を投与することで自己免疫疾患を発症する場合があることも報告されている．

d）iPS細胞を用いた癌免疫療法

末梢性免疫寛容を乗り越えるもう1つの方法としてiPS細胞[*15]を用いる方法がある．iPS細胞とは，ノーベル生理学・医学賞を受賞した京都大学の山中教授が発見した細胞である．これは山中因子と呼ばれる4因子を作用させ体細胞を初期化し，ES細胞と同様の状態まで戻した人工多能性幹細胞である．理研の河本らは，患者の癌抗原特異的T細胞からiPS細胞を作製し，そのiPS細胞から，もとのT細胞と同じ抗原反応性のT細胞を再生することを試みた．実験に用いた悪性黒色腫はMART-1という特有の蛋白質を発現している．患者体内にはこのMART-1を認識し攻撃するT細胞が存在するが，末梢性の免疫寛容で十分には機能していない．そこでまずこのMART-1抗原を認識した特異的キラーT細胞からiPS細胞（MART-1-iPS細胞）を作製する．このMART-1-iPS細胞から新たにT細胞に分化誘導させて得られた大量のT細胞は，興味深いことに，ほぼ全てが元のキラーT細胞と同じMART-1抗原を認識するT細胞レセプターを出していた．そしてMART-1-iPS細胞から分化誘導されたT細胞は，悪性黒色腫を特異的に攻撃することができた．この方法は癌免疫療法が十分機能できていない部分を補充するという，前述の抗体医薬とならんで癌治療に期待されている[7]．これは，難治性の慢性感染症の治療にも有効な方法と思われる．

2）アレルギーに対する減感作ワクチン

アレルギーの原因物質はアレルゲンと呼ばれる．アレルギー患者・患畜ではアレルゲンに特異的なIgE抗体が産生され，この抗体が肥満細胞表面にあるIgE受容体に結合している．再度アレルゲンが体内に取り込まれると肥満細胞に付着したIgE抗体と反応して，肥満細胞からヒスタミンなどのケミカルメディエーターが放出され血管透過性の亢進や気管支の収縮などを起こす．時には，重篤なアナフィラキシーショックを起こすこともある．アレルゲン免疫療法，いわゆる減感作療法は，人ではスギ花粉症やハウスダストなどを対象とした減感作ワクチンの皮下ないしは舌下免疫法が注目され，国内でも治療薬が市販されている．これは適量の原因アレルゲンを濃度の薄いものから濃いものへ増量して継続して投与することにより免疫学的な耐性の獲得を目的とした治療法である．これによりアレルギー疾患の過剰反応が起こりやすいTh2型サイトカインの過剰な反応を抑制し，Th1とTh2型のバランスを直すこと，ならびに制御性T細胞が誘導され，IgG抗体の増加とIgE抗体の減少が起きるのを目指す．そして特異抗原によるアネルギー（免疫不応答）の誘導など免疫システムを変化させてアレルギー反応が過剰に起こるのを抑える治療法である．舌下の粘膜組織は制御性T細胞が誘導されやすく，舌下から抗原が体内に取り込まれると，制御性T細胞が誘導されIgG抗体の増加とIgE抗体の減少が起こり治療効果を発揮するという．

犬のアトピー性皮膚炎は近年増加傾向にあり，原因としてコナヒョウダニの主要アレルゲンの1つであるDer f2が同定されている．アレルギーの発症にはTh2型の免疫反応が関係しており，免疫系をTh1型にすることで改善するといわれている．組換えDer f2アレルゲンを作製，精製しアジュバントであるプルランと結合させワクチンとする試みがなされた．プルランは中性単純多糖体で食品添加物としても用いられており，Th1型免疫反応を誘導することが知られている．プルランによりTh2型の免疫を弱めることがアレルギー反応の抑制に作用すると期待される．実際にDer f2＋プルランを投与したところ治療効果が認められたため，アレルミューンHDMとして2014年に承認され販売を開始した．この他，スギ花粉の主要なアレルゲンとしてCryj 1とCryj 2と呼ばれる2種類の蛋白質が知られている．麻布大学の坂口らは，Cryj 1のDNAをプラスミドに組み込んだDNAワクチンを作出して犬に投与したところ，アレルギーの原因となるIgE産生が抑制され症状も軽減したことを報告しており，伴侶動物のアトピー治療には朗報である．

*15 iPS細胞（人工多能性幹細胞）：未分化な細胞（初期胚）から体の様々な組織に分化する能力をもつ細胞をES細胞（胚性幹細胞）という．ES細胞を作るには初期胚という分裂すれば1個の生命となる細胞を壊さなければならず，論理的な問題を抱えている．山中教授は皮膚からとった線維芽細胞に4遺伝子を入れ，成熟した細胞を初期化して身体の様々な細胞になり得る万能細胞を作出した．これがiPS細胞であり，再生医療や創薬の分野で大いに注目されている．

引用文献

1）Jeffers, T.K.（1975）：*J. Parasitol.* 61，1083-1090.
2）國吉加奈子ら（2010）：臨床と微生物 37, 449–453.
3）小沼　操（2011）：動物用ワクチン－その理論と実際－，10-

23，文永堂出版.
4）清水悠紀臣（2013）：動衛研研究報告 119, 1-9.
5）杉山治夫（2000）：*Biotherapy* 14，789-795.
6）Tulman, E.R. et al.（2006）：*J. Virol.* 80, 9244-9258.
7）Vizcardo, R. et al.（2013）：*Cell Stem Cell* 12, 31–36.
8）山内一也ら（2014）：ワクチン学，205-209，岩波書店.
9）山崎直也（2015）：最新医学 70, 399-407.

コラム　「腸内細菌と癌免疫療法」

人をはじめ動物は膨大な数の微生物と共生している．人に定着している細菌の 90% は消化管に生息し，腸内細菌叢と呼ばれている．腸内細菌叢は腸内フローラ，近年は microbiome（マイクロバイオーム）とも呼ばれている．消化管に定着する細菌は，小腸下部に向かって菌数が上昇し，大腸では菌数が急激に上昇して 10^{11}/g 以上にものぼりその構成もほぼ糞便の細菌叢と同様になる．特に *Bacteroidaceae*, *Bifidobacterium*（ビフィズス菌），*Eubacterium*，*Clostridium* などの偏性嫌気性細菌が著しく増加している．*Enterococcus* や *Lactobachillus*（乳酸桿菌）などの通性嫌気性菌群は 10^7 ～ 10^8/g 程度の菌数にとどまる．人では生後 3 日目頃から腸内に偏性嫌気性菌が登場し，なかでも *Bifidobacterium* は急速にその菌数を増やし，乳児の腸内の重要菌種となる．離乳期，大人になるに従って *Bifidobacterium* はやや減少し，*Clostridium* や *Eubacterium* が増加し，老人になると *Bifidobacterium* は著しく減少し *Clostridium* や大腸菌のような腸内腐敗のもととなる菌群が増加してくる．疫学データから，これら腸内腐敗菌群の増殖を抑えて *Bifidobacterium* が優勢な菌叢を保つことが老化を防ぎ健康を維持するのに重要であることが示唆されている．

腸内に共生している腸内細菌叢の働きには，①病原体の侵入を防ぎ排除する，②食物繊維を消化して短鎖脂肪酸を産生する，③ビタミン B_2，B_6，B_{12}，葉酸，パントテン酸などの生産，④ドーパミンやセロトニンの合成がある．これらに加え重要な作用として ⑤免疫活性（力）の維持がある．免疫力が低下すると，感染症や癌になりやすくなる．作用の 1 つとして乳酸菌を中心とした腸内細菌によりマクロファージの活性化や IgA 産生の促進が知られている．それに加え最近では，発癌予防における発酵乳の作用や，乳酸菌投与マウスでは T 細胞機能が対照に比べ増強しており移植癌の増殖抑制に作用していることなどが報告されている．ある種の腸内細菌が免疫を強化し癌治療に効果がありそうだという 2015 年 11 月の「*Science*」の報告を紹介する．この実験は遺伝的に同一なマウスの系統を異なる環境で育てて，異なるマイクロバイオームをもたせて比較した．これら両群に黒色腫（メラノーマ）を接種したところ腫瘍の成長速度に差が出て，増殖の遅かったマウスでは腫瘍に対する免疫応答も強かった．腫瘍成長の遅かったマウスのマイクロバイオームを一方のマウスに移植したところそれらのマウスでも腫瘍の増殖が抑制され遅くなった．両群の糞便に含まれていた DNA の解析から，抗腫瘍活性を高めたのは *Bifidobacterium longum* と *Bifidobacterium breve* と推定された．これらの抗腫瘍活性をもつ菌を免疫チェックポイント阻害薬投与時に共存させておくと腫瘍が完全に消失したが，この菌をもたないマウスでは免疫チェックポイント阻害薬の効果は部分的であった．これらはマウスの実験結果であり，人でのマイクロバイオームに存在する細菌とその抗腫瘍効果を調べる必要があるが，興味ある結果である．

2. ワクチン製造における留意点と課題

要約

ワクチン製造では病原体を実験室レベルから大量培養にする際，多くの条件設定が必要となる．ウイルス性ワクチンでは，野外の疾病よりウイルスを特定し継代，順化して性状を解析する．原因ウイルスを継代等することで弱毒化をはかり弱毒株にマーカーを付与し野外株と区別する．弱毒生ワクチンは，ワクチン効果，接種動物での安全性の確認をへて大量培養に移行する．不活化ウイルスワクチンでは培養後不活化剤，アジュバントを添加し小分けする．細菌性製剤の多くは不活化全菌体かトキソイドでありアジュバント添加が多い．今日ワクチンの改良は進んでおり，ワクチンの有効性，免疫持続，副作用等については盛んに検討されている．原因菌で対象動物を発症させることが難しい病原体については，ワクチン開発は長期間を有し困難を極めてきた．ウイルス製剤も細菌製剤も実験室レベルからスケールアップした場合，実験室レベルで得られた条件と大規模培養での条件が適合しないことが多い．そのため大規模培養での最適化が重要である．

2-A．ウイルス製剤

動物用ウイルス病ワクチンには牛，馬，豚，犬および猫といった哺乳類や，鶏，カナリア等の鳥類の他，ブリ，マダイ，マハタ等の魚類を対象にしたものが承認されている．ワクチンの主成分となるウイルス抗原を得るためには，ウイルスを大量に培養する必要があり，非常に多くの製造工程において厳重な管理が要求される．対象とする製剤によって機器，施設等に若干の差異はあるが，基本的にその製造方法は組織培養を用いる方法と発育鶏卵を用いる方法に大別される．

ここでは動物用ワクチンの承認申請に必要となる各種資料（表1-2）に沿って，実験室での小規模培養から，製造における大規模培養までの過程で，考慮すべき留意点と課題に関して論じる．

ワクチン開発は，野外で発生した疾病よりウイルスを分離・単離し，増殖性・抗原性などの性状を把握（物理的，化学的試験に関する資料）することから始まり，大量培養における各種条件の設定（製造方法に関する資料），さらには長期保存可能な剤形の設定（安定性に関する資料）等，多岐にわたる工程からなり，作成される申請資料は科学的知見に裏付けされたものでなければならない．

なお，現行の主なウイルス製剤を表1-3に示した．

表1-2　動物用ワクチンの承認申請に要求される資料例

資料区分	資料内容例
1．起源または開発の経緯に関する資料	・起源または開発の経緯 ・外国での使用状況 ・製造用株の人に対する安全性 ・類似承認製剤との比較表
2．物理的，化学的試験に関する資料	・製造用株の由来および作出過程 ・製造用株の物理，化学および生物学的性状並びに標準的な株との性状比較 ・製造用株の抗原性 ・製造用株の増殖性 ・製造用株の弱毒および株マーカーならびにその安定性 ・ワクチン株の排泄の有無 ・バックミューテーションの否定 ・規格および検査方法設定資料 ・試作品の自家検査成績
3．製造方法に関する資料	・製造工程に関するフローチャート ・培養，不活化，精製等の検討および成績
5．安定性に関する資料	・試作品の経時変化（長期安定性試験）
9．安全性に関する資料	・高用量投与による対象動物での安全性
10．薬理試験に関する資料	・最小有効抗原量 ・免疫成立の時期 ・移行抗体の影響 ・免疫持続期間
14．臨床試験に関する資料	・野外でのワクチン投与群と非投与群との効果の比較 ・ワクチン投与群の安全性および有効性

2-A-1．ウイルスの性状解析

1）ウイルスの分離

開発初期の段階で最も考慮すべき点は，対象ウイルスの物理化学的性状を解析することであり，長期間を要する場合もある．通常，野外で発生した疾病からウイルスを分離する場合，既知の常法等を参考にし，対象ウイルスを分離培養する方法が用いられるが，組織培養では細胞の種類，培地組成，培養温度および培養方法（回転培養，静置培養等），発育鶏卵では接種方法（尿膜腔内接種，漿尿膜上接種，卵黄嚢内接種等）に左右されることが多く，分離に至るまで複数代の継代作業が必要となる．従来は臨床症状等から原因ウイルスを推測する手段が用いられていたが，近年ではPCR等の遺伝子診断技術を用い，原因ウイルスを特定した後に，分離作業に取りかかることが多くなっている．

2）ウイルスの継代

通常，培養細胞あるいは発育鶏卵を用いて分離されたウイルスは，当該細胞で順化継代をさらに数代行うことがある．細胞変性効果（CPE）を伴うウイルスに関しては，不明瞭であったCPE像が強く明瞭になることが一般的であり，そのウイルス含有量に関しても高い生産量となってくる．しかし，分離に用いた細胞株が効率上，実際の製造工程にそぐわない場合もあり，継代の過程で他の細胞株を選択する場合もある．製剤化に当たっては，さらにポリクローナルな集団から限界希釈法，プラッククローニング法等を複数回用いて，単一なウイルス株を得ることが必要となる．

3）ウイルスの弱毒化

弱毒化とはウイルスの生存能力を欠くことなく，本来の宿主に対する病原性を減弱させる工程を指し，生ワクチン開発において必須の工程である．弱毒化へは生物学的手法，物理的手法，ならびに化学的手法を用いる方法がある．生物学的な手法は，分離に用いた細胞株（発育鶏卵）で数十～数百代の継代を繰り返す方法の他，異種細胞での継代等が用いられる．物理学的な手法は，培養温度条件（高温・低温）を変化させる等がある．化学的手法としては紫外線照射，ヒドロキシルアミンなどの突然変異誘発物質を用いる方法がある．

弱毒化のメカニズムに関しては未明な部分が多いが，病原性に関連する遺伝子の変異などが考えられている．

弱毒化ウイルスは病原性が極めて低く，宿主に対しても野外株同様の抗体反応を惹起させることができる．一方，製造上の観点から考えると，弱毒化工程によってウイルス粒子の生産量が著しく低下，不完全粒子の産生等の問題点を考慮する必要がある.

4）ウイルスの不活化

一般的にはホルマリン，β－プロピオラクトン，バイナリーエチレンアミン，ならびにチメロサール等の化学的手法を用いるほか，紫外線照射等の物理的手法を用いて不活化する．不活化剤の濃度，感作時間，温度等の条件検討を行い，ウイルスが完全に不活化される，かつワクチン製剤化に当たり毒性が最小限に抑えられる条件を検討する必要がある.

5）ウイルスの抗原性

前述のウイルスの弱毒化あるいは不活化の過程は，ウイルスの抗原性に影響を及ぼす可能性があり，その結果ワクチンの免疫原性が低下する恐れがある．ワクチン株の選定には弱毒の程度，あるいは不活化条件等と免疫原性との相互関係を考慮する必要がある．また，分離に用いるウイルス株は一般的に病原性の強い株を選択する場合が多いが，製剤化および製造工程上の理由から病原性の弱い株がワクチン候補株となり得ることもある.

6）マーカー

弱毒化された株で製造された生ワクチンを使用した場合において，ワクチンの対象となる当該疾病が発生する場合がある．その際に，その原因が野外株由来なのか，ワクチン接種由来なのかを判別するために，生ワクチン株には野外株と異なる何らかの特徴（マーカー）を付与することが必要である．これらマーカーとしては，増殖温度の異なる温度マーカー，各種細胞株の感受性の違い，トリプシン感受性の違い，ならびに発育鶏卵ではポック形状の違いなどがあげられる．近年では遺伝子欠損ワクチン等も知られており，当該遺伝子配列の欠損確認等も用いられる.

表 1-3 主な現行のウイルス製剤（対象とする疾病名または製剤名を記載）

		牛	豚	鶏	馬	犬・猫	魚
生ワクチン		アカバネ病	日本脳炎	ニューカッスル病	馬鼻肺炎	犬伝染性肝炎	
		牛ウイルス性下痢・粘膜病	豚コレラ	鶏伝染性気管支炎		ジステンパー	
		牛伝染性鼻気管炎	豚伝染性胃腸炎	伝染性ファブリキウス嚢病		犬パルボウイルス感染症	
		牛 RS ウイルス感染症	豚流行性下痢	鶏痘		猫カリシウイルス感染症	
		牛パラインフルエンザ	豚繁殖・呼吸障害症候群	鶏脳脊髄炎			
				マレック病			
不活化		アカバネ病	豚パルボウイルス感染症	ニューカッスル病	馬インフルエンザ	狂犬病	ウイルス性神経壊死症
		チュウザン病	豚インフルエンザ	鶏伝染性気管支炎	日本脳炎	猫汎白血球減少症	イリドウイルス病
		アイノウイルス感染症	豚サーコウイルス感染症	産卵低下症候群-1976	ゲタウイルス	猫ウイルス性鼻気管炎	
		牛コロナウイルス感染症		鶏インフルエンザ	馬鼻肺炎	猫カリシウイルス感染症	
		牛ロタウイルス感染症			馬ロタウイルス	猫エイズ	
		牛流行熱				猫白血病	
		イバラキ病					
アジュバント	アルミニウムゲル	牛異常産3種混合ワクチン	豚インフルエンザ	産卵低下症候群-1976	馬鼻肺炎		
	油性アジュバント	牛コロナウイルス感染症	豚サーコウイルス感染症	産卵低下症候群-1976			
	酢酸トコフェロール		豚サーコウイルス感染症				
	カルボキシビニルポリマー		豚サーコウイルス感染症				
	サポニン	牛5種混合不活化ワクチン					
	デキストリン誘導体		豚サーコウイルス感染症				
	スクワラン					猫カリシウイルス感染症	

7）ワクチン株の干渉

複数のウイルスが同時に感染をした場合，ウイルス間で干渉作用が生じることが知られており，増殖の抑制や免疫原性の低下を引き起こす可能性がある．よって，多種混合生ワクチンの開発時には各ウイルスの含有量，安定剤との混合比等を検討し，有効性の確認を行う．

8）安全性

生ワクチン株は接種された個体内で一過性の増殖をたどるが，その際に病原性のみならず，臨床的に有意な影響を与えないことが重要である．よって，性状確認の段階では接種後の体内分布，排泄等の確認を行い，増殖はするものの排泄を起こさない株を選定することが要求される．一方，ワクチンの種類によっては排泄を起こし，同居感染によって免疫を成立させることを目的とするものもある．いずれにしても，排泄，再感染後のワクチン株が強毒の性質を復帰あるいは獲得しないことを確認するための継代試験（バックミューテーション否定試験）を行う必要がある．

9）添加物

ワクチンの製造には主成分であるウイルス抗原の他，製造工程中に添加される不活化剤，保存剤，安定剤，アジュバント等が使用される．

生ワクチンの多くは，ワクチン株を長期間その活性を保持させることを目的として凍結乾燥が行われる．凍結乾燥によるウイルスの損傷を防ぐ目的で使用される安定剤はソルビトール，乳糖等の糖類の他，アミノ酸，ポリビニルピロリドンなどが用いられるが，対象となるウイルスの性質によって，免疫原性を損なわない条件検討を行い，混合比を求める必要がある．

不活化ワクチンでは水酸化アルミニウムゲル，リン酸アルミニウムゲルの他，マイクロエマルジョンやミネラルオイル等のオイルアジュバントが添加されている．これらのアジュバントに対する不活化ウイルス抗原の吸着効率等も免疫原性に影響を与える因子であるため，添加条件や混合比も検討しなければならない．

2-A-2．ワクチンの製造

1）大量培養法

ワクチン株の各種性状解析の過程では，実験室内の小規模スケールで実施されることが多いため，試作ワクチンの製造時には実際の製造ロット量を想定した，大規模培養の検討を行う必要がある．

一般的に組織培養によるウイルス製剤の製造には，ローラーボトル，バイオリアクターを用いた接着あるいは浮遊細胞培養等が用いられる場合が多く，各種培養条件の最適化が求められる．一方，発育鶏卵によるウイルス製剤の製造では，大量の発育鶏卵を処理する必要があるため，ウイルスの接種およびウイルス液の採取を自動化した鶏卵自動接種・採液装置等が用いられる．特に，生ワクチンの製造にはSPF鶏群由来の発育鶏卵を使用する必要がある．何れの施設・機器においても，実験室内で検討したワクチン株の性状が保持されるように，培養条件の最適化とバリデーションを行う必要がある．

2）生ワクチンの製造

生ワクチンの製造工程例を図1-6に示す．

製造用株を培養細胞あるいは発育鶏卵に接種し，一定の期間ウイルスを増殖させた後（最も生産量が高い時期）に回収する．採取されたウイルス培養液は，細胞片等を取り除かれた後に，原液としてプールされる．ワクチンの種類によっては限外濾過装置等を用いて，ウイルス液を濃縮精製する場合もある．原液を得るための組織培養方法にはローラーボトルやバイオリアクター等を用いるが，個体別細胞培養量や回転数等によってウイルス含有量に影響を与えることがあるので，十分な条件検討が必要となる．

得られた原液プールは保護剤，安定剤等の添加後に，バイアル瓶に小分け分注され，凍結乾燥される．凍結乾燥の条件も，温度の下降速度，真空条件等，ワクチンの種類に適応した条件設定を検討しなければならない．

3）不活化ワクチンの製造

不活化ワクチンの製造工程例を図1-7に示す．

ウイルス培養液を得るまでの工程は，生ワクチンと同様の工程を踏むが，これに不活化剤を添加し，一定期間感作させたものを原液としてプールする．ワクチンの種類によっては濃縮精製の工程を挟む場合もある．不活化後の原液はア

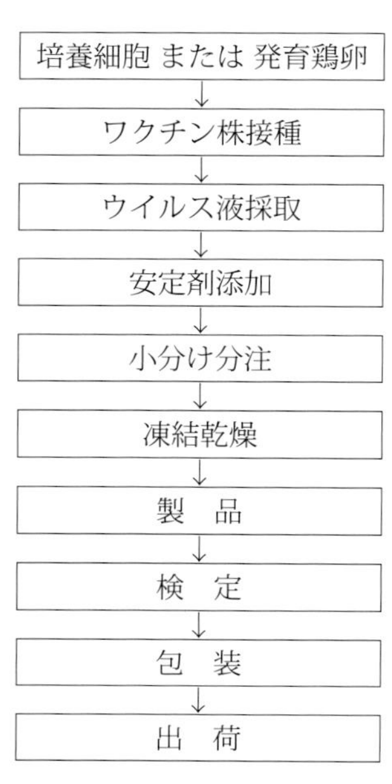

図1-6　生ワクチンの製造

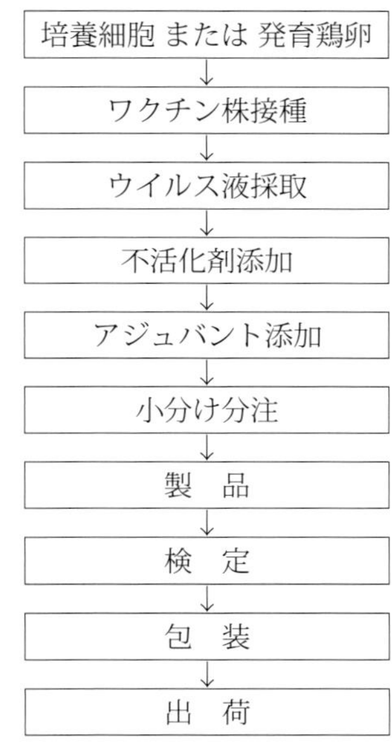

図 1-7　不活化ワクチンの製造

ジュバントと混合，抗原吸着した後にバイアル瓶に小分け分注される．

2-A-3. ワクチン製造における留意点と今後の課題

上述のように，ワクチンの開発は，基礎研究段階から実験室レベルでの製剤化，そして大規模培養での試作製造等に至るまでに，種々の条件検討，改良を必要とされる．実験室レベルで得られた条件と，大規模培養での条件が適合しない事柄も多く見受けられ，そのウイルスの性状を根本から見直さなければならない必要が生じる場合もある．

このような問題を回避するために，試作製造の前段階から大規模培養施設や機器を想定した条件検討を綿密に行うことが必要不可欠である．

ここでは記載はしなかったが，現在では組換えウイルスワクチン，昆虫ウイルスを利用したサブユニットワクチン等の技術を用いたワクチンも開発・製造されてきており，それらの新しい技術を現行の製造施設，製造方法に則すシステム作りが求められている．

2-B. 細菌製剤

細菌製剤の製造は，小スケールの培養容器を多数用いた方法から培養容器 1 台の容量増大の道をたどってきた．これはワクチン製造の工業化であり，省力化の歴史である．この間，細菌製剤の新規開発および既製品の改良には，有効抗原の検索・大量発現，有効性および安全性の向上が行われてきた．

2-B-1. 現行の細菌製剤

細菌製剤について，剤型・抗原の形態・アジュバントの種類から分類し（表 1-4），さらに改良されている製品については若干ではあるがその変遷を紹介する．

1）剤　型

細菌の生ワクチン製剤は数製品に限られ，ウイルスとは異なり開発が難しいことが伺われる．細菌製剤は不活化であるが，ウイルス製剤が生ワクチンという組合せが，牛および犬用ワクチンに見られる．これはワクチン接種の省力化とういう観点から開発されたものと思われる．大多数の細菌製剤は不活化ワクチンである．

2）抗原の形態

細菌製剤の多くは，ホルマリン不活化全菌体あるいは毒素を無毒化したトキソイドが出発と思われる．ワクチンの有効成分に関する研究が進み，例えば，豚 *Actinobacillus pleuropneumoniae*（1・2・5 型）感染症に対するワクチンは，不活化全菌体から菌体外毒素 Apx を含有する培養菌液の遠心上清であるセルフリー抗原或いは Apx を遺伝子操作で無毒化した組換え抗原が使用されるように変化している．また，有効成分を多く含むように，豚ボルデテラ感染症に対するワクチンは有効成分をクロマトグラフィーで精製し，豚丹毒に対するワクチンではアルカリで菌体表面抗原を抽出して使用している．

3）アジュバント

細菌製剤はほとんどが不活化ワクチンであり，アジュバントと切り離して考えることはできない．その多くは，水酸化アルミニウムゲルあるいはリン酸アルミニウムゲルが用いられている．これは歴史的に有効性および安全性が確認されているためであろう．しかし，免疫の持続期間が短い，液性免疫を誘導するが細胞性免疫を誘導しないという問題があげられ，種々のアジュバントが開発・使用されるに至っている．免疫の持続期間を解決するため，まず軽質流動パラフィンを含んだ油性アジュバントが導入された．w/o 型と o/w 型が動物種または年齢などで使い分けられ使用されている．次に酢酸トコフェロールやカルボキシビニルポリマーが登場している．その他にリポソームである脂質アジュバントやモズクから抽出されたフコイダンである多糖アジュバントなどが使用されている．

4）ワクチンの変遷

昭和 30 年代に「気しゅそ予防液」，40 年代に「豚丹毒乾燥ワクチン」「コリーザワクチン」，50 年代に「MG 生ワクチン」，60 年代に「牛クロストリジウム病 3 種不活化ワクチン」「豚ヘモフィルスワクチン」「豚大腸菌ワクチン」「アユ・ビブリオ病ワクチン」などが承認されている．平成に入ってから承認されているワクチンを含め主に牛ではクロストリジウム，*Histophilus sommi*（旧名：*Haemophilus somnus*），サルモネラ，マンヘミア，大腸菌，豚では豚丹毒，アクチノバ

表 1-4 主な現行の細菌製剤（対象とする疾病名を記載）

		牛	豚	鶏	犬・猫	魚
剤型	生	炭疽	豚丹毒 豚ボルデテラ感染症	*Mycoplasma gallisepticum* 感染症，*M. synoviae* 感染症		
	生＋不活化	IBR・BVD・PI3・RS・AD・牛 *Histophilus somni* 感染症[a]			ジステンパー・犬アデノウイルス（2 型）感染症・犬パラインフルエンザ・犬パルボウイルス感染症・犬レプトスピラ病	
	不活化	牛サルモネラ症	豚丹毒	鶏サルモネラ症	犬レプトスピラ病	ひらめエドワジエラ症
抗原の形態	全菌体	牛 *H. sommi* 感染症 牛サルモネラ症	豚 *Actinobacillus pleuropneumoniae*（1・2・5 型）感染症	鶏サルモネラ症 鶏伝染性コリーザ	犬レプトスピラ病	
	トキソイド	牛クロストリジウム感染症				
	セルフリー抗原	*H. sommi* 感染症・*Pasteurella multocida* 感染症・<u>*Mannheimia haemolytica* 感染症</u>[c]	豚 *A. pleuropneumoniae*（1・2・5 型）感染症			
	精製抗原		豚ボルデテラ感染症			
	組換え型抗原		豚丹毒 豚 *A. pleuropneumoniae*（1・2・5 型）感染症	ND・IB2 価・EDS・<u>AC（A・C 型組換え融合抗原）</u>・MG[b]		
	菌体抽出・破砕抗原		豚丹毒	鶏大腸菌症		
アジュバント	アルミニウムゲル	牛 *H. sommi* 感染症 牛サルモネラ症 牛クロストリジウム感染症	豚 *A. pleuropneumoniae*（1・2・5 型）感染症	鶏サルモネラ症		
	油性アジュバント	乳房炎	豚 *A. pleuropneumoniae*（1・2・5 型）感染症	鶏サルモネラ症 ND・IB3 価・EDS・AC（A・C 型）・MG		ぶり α 溶血性レンサ球菌症・類結節症
	酢酸トコフェロール		豚 *A. pleuropneumoniae*（1・2・5 型）感染症			
	カルボキシビニルポリマー		*Mycoplasma hyopneumoniae* 感染症			
	カルボキシビニルポリマー＋油性アジュバント		*M. hyopneumoniae* 感染症			
	脂質アジュバント			鶏大腸菌症		
	多糖アジュバント					ひらめエドワジエラ症

[a] IBR：牛伝染性鼻気管炎，BVD：牛ウイルス性下痢-粘膜病，PI3：牛パラインフルエンザ，RS：牛 RS ウイルス感染症，AD：牛アデノウイルス感染症
[b] ND：ニューカッスル病，IB：鶏伝染性気管支炎，EDS：産卵低下症候群-1976，AC：鶏伝染性コリーザ，MG：*Mycoplasma gallisepticum* 感染症
[c] 下線部が該当抗原

シラス（旧名：ヘモフィルス），大腸菌，ボルデテラ，パスツレラ，鶏ではコリーザ，マイコプラズマ，サルモネラ，大腸菌，魚ではビブリオ，が開発・改良されてきたといえる．ワクチンの改良（抗原の形態，アジュバントの種類等）が多いのは豚製剤で，①有効性，②免疫の持続，③副反応，等の見直しが盛んに行われたことによる．例えば，豚 *A. pleuropneumoniae* 感染症の不活化ワクチンは，不活化培養菌液を集菌しアルミニウムゲルと混合したものが始まりであった．その後，有効抗原の検索が進み菌体外毒素 Apx を含有する培養菌液またはその遠心上清を抗原としたワクチンが開発された．この頃から油性アジュバント，酢酸トコフェロール等のアルミニウムゲル以外のアジュバントが使用されている．

2-B-2. ワクチン開発

動物用ワクチンの開発は，有効性および安全性の評価を対象動物または実験小動物を用いて行われている．したがって菌を動物に投与して病気を再現するあるいは発症死させることができれば，ワクチンの有効性の評価は可能である．このことは対象動物を発症させることが難しいマイコプラズマ，原因菌・血清型・遺伝型等が多様である乳房炎または細胞内寄生細菌であるサルモネラなどは開発に長期間を有し困難を極めてきたといえる．

不活化ワクチンの場合，全菌体，培養上清またはこれらの混合物とアジュバントを混合してワクチンを試作し評価する．抗原は菌株，培地，培養条件によってその種類・発現量に違いが認められるので種々の組合せで比較検討する必要がある．しかし，この方法ではワクチン抗原の種類，作製方法等を決定するには困難と思われ，菌の生体への定着因子や侵入因子など病原性にかかわる抗原を特定して評価する．次に抗原のみでは免疫原性は低いのでアジュバントについて，有効性，免疫の持続期間，接種反応，副作用等，様々な内容を考慮に入れ評価する．

2-B-3. ワクチン製造における細菌の培養方法

1）ガラス容器

数リットルの容積をもったガラス容器に培地を入れ滅菌した後，種菌を接種して培養していたのが，最初のスタイルと思われる．1 仕込みの液量は，ウォークイン型インキュベーター，振盪培養機，遠心機等に影響を受けていた．当時は今のように粉末培地やブイヨン等を全て購入できるわけでもなく，自ら作製し使用していた．例えば，気腫疽菌（*Clostridium chauvoei*）の培養には牛肝片加肝臓浸出液を使用しているが，これは新鮮な牛肝臓を約 4cm^3 に切り水洗で血液を除くなどしてから等量の精製水を加え約 2 時間煮沸して濾過したものである．

種菌の接種後は，嫌気性菌はインキュベーター内に培養容器を静置して培養し，好気性菌の場合は大型の振盪培養機に設置して行っていた．好気性菌の培養では，容器内の気相の容量や振盪の条件などが重要な要因であったと思われる．不活化ワクチンでは培養後の数十本とある容器の菌液に不活化剤を添加し均一にしなければならない．この均一にする操作は数日間，数十本の培養液の入った容器を人手で行っていた．

全菌体不活化抗原を用いるワクチンでは，不活化菌液をアングルローターまたは連続ローターを用いて集菌する．アングルローターでは遠心管容量が 500mL で，一度に 6 本の処理が可能で集菌効率は高いが，1 仕込みの処理は長時間を要した．一方，連続ローターでは，アングルローターの使用より労力は少ないが，ローターへの送液速度，遠心回転数等の条件が不適切な場合，菌の回収率は低い傾向にある．

このようにガラス容器を用いた細菌原液の作製には大変な労力が必要とされた．

2）小型培養装置

1 ～数十リットルの培養装置で培養温度，撹拌速度，培養液の pH，溶存酸素（DO），消泡等を自動制御するものである．ワクチン原液の製造を行うには容量が小さく不向きな面があるが，中・大型培養装置で培養することを前提とした条件検討用として利用できる．培養槽，各種センサーは，高圧蒸気滅菌に対応可能で，実験室レベルの培養に応用される．

撹拌翼の撹拌方式は撹拌モーターを装置上部に設置した上部撹拌方式と装置下部に設置した下部撹拌方式がある．メカニカルシール方式の上部撹拌は撹拌翼の軸が直結しておりモーターの回転力を直接伝え高粘性の培養液に対応可能となっている．（図 1-8）．下部撹拌方式はマグネット回転子の上に撹拌翼の軸を付け，モーターに直接つけた強力マグネットを回転させることで撹拌させることを特徴としている（図 1-9）．

細菌の培養で制御すべき項目は，培養温度，pH，消泡，

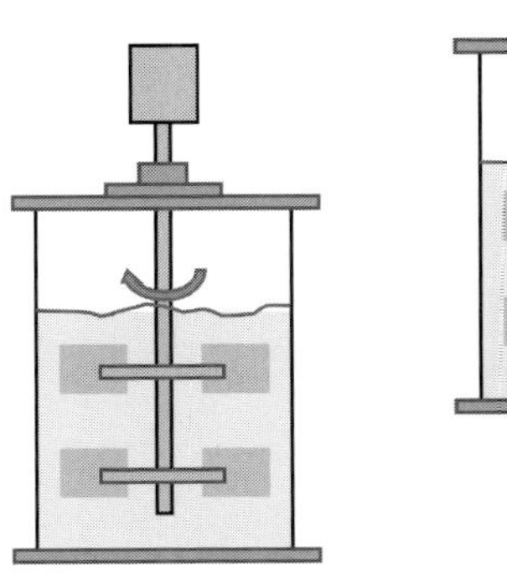

図 1-8　上部撹拌方式

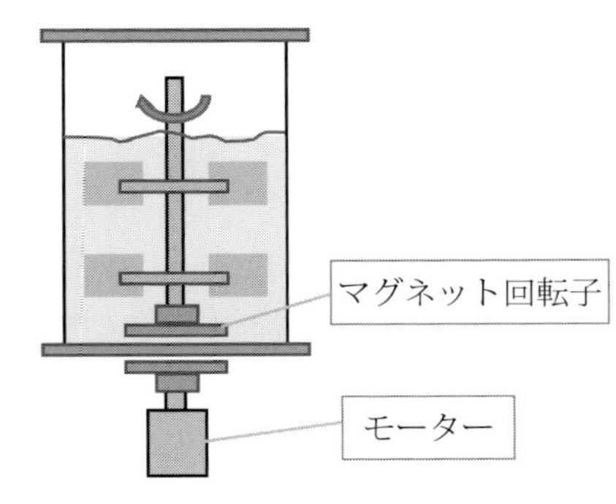

図 1-9　下部撹拌方式

DO 等がある．これらを自動制御するために各種センサーが用いられ，培養槽の容量が少ないものでは上面のポートから設置され，容量が大きいものでは培養槽の壁面に設置される．消泡センサーは培養液の発泡を感知するため上部に取り付けられる．温度の調節はホットプレートを用いた乾熱式や培養槽周囲に取り付けたジャケットに温水・冷水を通水する温水循環方式などがある．pH の調節は酸・アルカリを，消泡の制御は消泡剤をセンサーが得た情報を基にそれぞれが添加される．

3）中・大型培養装置

このサイズの培養装置およびその周辺機器は構成，構造，滅菌方法，洗浄方法，産物の回収方法等が大きく異なる．

a）構　成

菌体自身，その抽出物・破砕物または精製物を抗原とする製剤に用いる培養装置は，培養装置（培養槽および温調）と遠心機から構成される．また，培養上清，その濃縮液または精製物を用いる場合は，培養装置，遠心機，保存槽および濃縮装置からなる．これらは配管で連結している（図 1-10）．

b）構　造

①培養装置

攪拌翼の駆動方式は，小型培養装置と同じで上部撹拌方式と下部撹拌方式がある．撹拌翼には櫂（かい）型，プロペラ型，タービン型などがある．培養温度，液面，pH，消泡センサー等のセンサー類は培養槽の横または上部に取り付けられる．植菌口，酸・アルカリの投入口，無菌エアーの送気口，通気口等は培養槽上部にある．また，好気性菌の培養のために培養槽下部にスパージャーを設置し滅菌空気を送る．

培養液の温度は，培養槽周囲のジャケットに温水・冷水を温度調節センサーの制御下で循環させて調節する．また，撹拌機の損耗防止のために液面レベルを感知するセンサーを取り付けている．培養液の pH 調節は，指定の pH になるように酸またはアルカリを投入するように制御される．培養時に菌が産出するガスによって発泡すると排気がスムーズにいかなくなるので，消泡剤の投入を消泡センサーが制御する．培養装置は滅菌後無菌エアーを培養槽内に入れ気相を陽圧に保ち，装置外環境からの雑菌等の混入を防ぐ．

②遠心機

数百リットルの培養液から菌を集めるにはアングルローター式遠心機および実験室レベルの連続遠心機では限界がある．製造に使用される連続遠心機は 1 時間当たり数百リットルの処理能力を必要とする．

③保存槽

培養液から菌体を遠心機で除去し，その上清を一旦保存するためのものである．濃縮操作が必要な場合は，ここから濃縮装置に送液される．

④濃縮装置

濃縮には一般的に限外濾過装置が使用されている．濾過膜は，中空糸膜・平膜・チューブラー膜・スパイラル膜に分かれる．前 2 者が多くの製造に利用されている．

（参考：Wikipedia, https://ja.wikipedia.org/wiki/ 限外濾過膜）

中空糸膜：直径 0.5mm 程度の太さで中が空胴の糸状に成型し，通常は糸の内側から外側へ濾過する（図 1-11）．

平膜：平らな膜で，クロスフロー方式で使用する．膜の清掃がしやすい利点がある．

チューブラー膜：中空円筒状で中空糸膜より太いもの．直径は最大 10cm 程度のものまである．濃縮水の流速を高くで

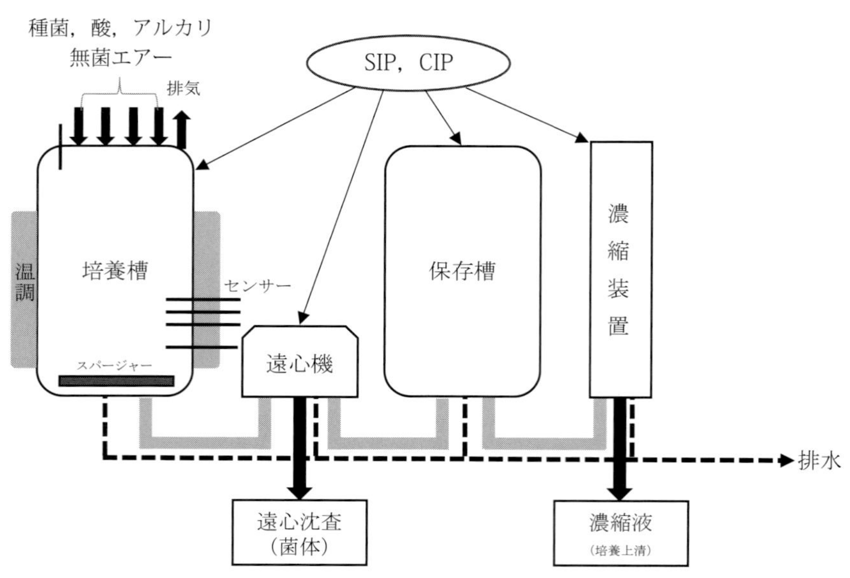

図 1-10　培養装置の構成（概略図）

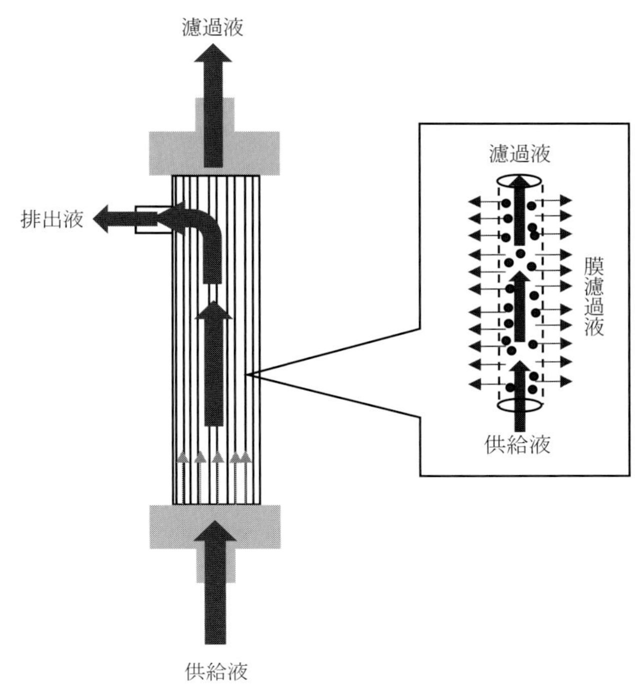

図 1-11　中空糸膜（モジュール）

き不純物の膜表面への付着を防ぎやすい．

スパイラル膜：1 枚の濾過膜を，強度を保つための網など（サポートと呼ぶ）と重ね合わせ，2 つ折りにして袋状に接着した後，縦一直線に切れ目を入れた集水管で袋の口を挟み，これを芯にして伊達巻き状に巻く．伊達巻きの断面方向から加圧し，反対側の断面から濃縮水を，集水管から透過水を得る．

c）滅菌方法

実験室レベルで使用する培養槽や濃縮装置等は，高圧蒸気滅菌，乾熱滅菌，エチレンオキサイドガス滅菌等が使用できるが，大型化すると機器，配管類を製造時の状態から分解せずに蒸気による定置滅菌（sterilizing in place：SIP）を行う．蒸気滅菌は機器の隅々まで行き届かない場合や凝縮水の滞留による部分的な温度低下が生じる場合があるため注意を要する．

d）洗浄方法

最も基本的な洗浄方法は機器を分解して行う分解洗浄（cleaning out of place：COP）だが，大型機器および配管等の洗浄には，分解せずに行う定置洗浄（cleaning in place：CIP）を行う．CIP，COP を効果的に行うために装置の構造と材質，洗剤・薬品と洗浄温度，洗浄プログラム等を総合的に考えなければならない．

e）産物の回収方法

菌の回収はアングルローターを用いた遠心による方法が確実であるが，大容量の処理には連続遠心機を用いる．数百リットルの培養液から数リットルの濃縮菌液が得られる．毒素をワクチン抗原にするような場合，連続遠心した上清を限外濾過濃縮して濃縮抗原を得る．この時，大型濃縮装置を用い数百リットルから数リットルの濃縮液を得る．

2-B-4. 製造規模による差異

1）装置・培地の滅菌

実験室レベルで使用する装置・備品はこれらが入るサイズの釜をもった高圧蒸気滅菌装置あるいは乾熱滅菌装置を用いるので，滅菌の不備はないと思われる．一方，数百リットル以上を培養するための装置には SIP を行う．培養槽，遠心機，保存槽およびこれらを繋ぐ配管，バルブ等に蒸気を通して滅菌する．滅菌条件は菌数の減少が 10^6 以上の菌数を 10^{-6} 以下までに減少させるオーバーキル・アプローチを使用している．配管・バルブ等の滅菌には空気や凝縮液の存在が滅菌不良を起こす原因となり注意が必要である．また，滅菌後の無菌状態の維持には内部を陽圧に保つ．滅菌の証明には物理的測定とバイオロジカルインジケーターを用いている．

培地の滅菌は大容量になれば時間を延長することになるが，長時間滅菌により培地成分の変性による性能への影響が見られる．例として，炭水化物を多く含む培地では炭水化物が分解し，培地 pH を低下させる．また肉由来ペプトンおよびエキスを含む培地では酸化物質の産生による培地の変色，発育低下が懸念される．培地の滅菌条件が菌の増殖または最終製品の色に影響を及ぼすので最適条件を検討する必要がある．また，滅菌後は培養槽内を陽圧に保ち外部からの菌等の侵入を防ぐ．

2）培養条件

好気性菌の小スケールの培養では容器自体の振盪や撹拌によって行われるが，大容量になると培養装置に取り付けられた撹拌翼による撹拌培養になる．好気性を生み出すには水平方向の液流の回転に培養槽内側に取り付けられた 2 ～ 6 枚の「じゃま板（バッフル）」により上下の回転を加える．また，培養槽底部に取り付けたスパージャーから無菌エアーを供給して好気状態を作る．嫌気性については培地の滅菌時以降撹拌しないようにする．培地の pH は設定した値になるようにアルカリまたは酸を自動で添加する．菌の増殖曲線は培養装置毎に異なる場合があり検討を要する．

3）装置の取扱い

製造には培養槽，遠心機，濃縮装置などを配管で繋げ，多くのバルブで送液，蒸気の通蒸等を制御している．ダイアフラムバルブが使用され流体を汚染させない，洗浄性に優れていることが重要である．接触面の傷によって気密性が損なわれたり，CIP，SIP が不十分で汚染源になることもある．

菌の回収は小スケールではアングルローターを使用すれば

時間と労力はかかるものの効率よく回収できる．一方，大容量の場合は大型連続遠心機を用いるが，送液の流速と遠心機の回転数が回収率に影響を及ぼし，遠心機の構造，菌種によっては菌体が潰れることもある．また，遠心により機械が発熱するので冷却 が必要であるが，冷却水を機械周囲に流し冷却を行っている．

遠心上清中の抗原を濃縮するために限外濾過膜を使用するが，膜のポアサイズの選択が重要である．サイズの表記にμm，kD とあり，例えば毒素の濃縮には数十 kD のサイズの限外濾過膜を選択する．限外濾過はポンプで圧力を加えて送液し分離する技術であるが，上限の圧力を超えないように注意しなければならない．

4）洗　浄

大型の培養装置の洗浄は CIP が基本であり，洗剤の選択，洗浄温度，流速などの条件を検討する必要がある．最終洗液中の洗剤や培養液の残留を伝導率や全有機炭素量（TOC）で測定し，次回の培養に備える．洗浄に不備があるとバイオフィルムを形成することもあり，注意を要する．

2-B-5．おわりに

大型装置を用いた細菌ワクチンの製造の場合，培地の滅菌条件，菌の増殖性など実験室レベルの条件とは異なり培養条件の最適化が重要である．細菌学の知識だけではワクチン製造の工業化は成功しない．

3．ワクチネーションプログラム

要約

ワクチネーションプログラムとは，予想される感染症に対してその被害を最小限にとどめるために種々の状況を考慮して，ワクチン投与を定期的に実施するための計画的なワクチン接種スケジュールをいう．牛での基本的なワクチネーションプログラムは，呼吸器病予防，下痢症予防，急性死予防，季節性疾病予防と乳房炎予防のプログラムからなる．繁殖雌豚では，群の免疫と子豚の免疫付与からなり，肉豚では哺乳期，離乳期，肥育期および繁殖期と各ステージで問題となる疾病が異なることから，各ステージに合ったワクチンプログラムが組まれている．鶏のワクチネーションプログラムは年代と共に変化してきた．ワクチネーションプログラム作成にあたり移行抗体の影響，投与経路，鶏種（採卵用，種鶏，肉用鶏）による要因等を留意する．馬については，育成段階の基本プログラムでインフルエンザ，日本脳炎，破傷風等の混合ワクチンが接種される．犬，猫については，世界小動物獣医師会のガイドラインでコアワクチン，ノンコアワクチンと分け推奨プログラムが提示されている．

3-A．牛

3-A-1．牛のワクチネーションプログラム

牛用ワクチンが対象とする疾病は呼吸器病・下痢症・急性死・季節性疾病・その他があり，ワクチネーションの対象年齢は子牛・成牛・妊娠牛に区別され，プログラムは各々で異なってくる．また，牛の場合，市場取引や種付けのための移動があり，これらの前後にワクチネーションされることもある．

ワクチネーションの基本は，動物種を問わず疾病が発生する前にワクチンを接種して免疫を付与することである．ワクチネーションは疾病が発生する年齢や季節を考え適切な時期に行わなければならない．

妊娠牛に接種できないものやグラム陰性菌製剤のように副反応が出やすいものもあり取扱いに注意が必要である．

3-A-2．牛疾病別ワクチネーションプログラム

本文に述べる牛用ワクチンの名称は表 1-5 の略称を用いて記述する．また，基本的なワクチネーションプログラムは図 1-12 に示した．

1）呼吸器病予防プログラム

a）子牛期の呼吸器病予防プログラム

呼吸器病は，ウイルスや細菌など単独での発生が少なく複合感染の場合が多く，移行抗体の消失時期や導入後数日～数か月に発症する．これらに対応したプログラムは，単独感染，複合感染，移行抗体のレベル・個体間のばらつき等様々な要因を考慮するため設定が難しい．移行抗体の消失時期にワクチンを接種するのは経済的に有効であるが，複合感染の場合，各病原体の移行抗体が同時期に消失することはなく複数回の接種が必要となる．近年，ウイルスワクチンにおいて同一疾病に対する 5 種混合生（BVDV1 価）・6 種混合生（BVDV2 価）ワクチン（L）と 5 種混合不活化（BVDV2 価）ワクチン（K）が揃い，L-L，L-K，K-L，K-K の順番で接種するプログラムが試されるようになった．また，移行抗体のレベルは母牛の免疫状態に影響を受けるので，分娩の約 1 か月前にワクチンを接種すると移行抗体の個体間のばらつきが緩和され 0 か月齢時の感染防止に効果がある上に，若齢期のプログラムを決めやすくなる利点がある．これには 6 種混合生 / 不活化や 5 種混合不活化ワクチンを用いる．

F1 ならびに乳用雄子牛の導入後の発症への対応は，農場の状況に合わせてウイルス性あるいは細菌性ワクチンを導入後早期に接種し感染に遅れないプログラムの設定が必要である．

表 1-5　わが国で市販されている牛用ワクチン

区　分[a)]		ワクチンの種類と略称	含有成分	備　考
呼吸器病予防		IBR 生	牛伝染性鼻気管炎ウイルス（IBR）	
		RS 生	牛 RS ウイルス（RS）	
		3 種混合生	IBR，牛ウイルス性下痢ウイルス 1 型（BVD1），牛パラインフルエンザウイルス 3 型（PI3）	妊娠牛接種不可
		4 種混合生	IBR，BVD1，PI3，RS	妊娠牛接種不可
		5 種混合生	IBR, BVD1, PI3, RS, 牛アデノウイルス 7 型（AD7）	妊娠牛接種不可
		5 種混合不活化	IBR，BVD1，BVD2，PI3，RS	
		6 種混合生 / 不活化	IBR，BVD1，BVD2，PI3，RS，AD7，*Histophilus sommi*（Hs）	
		5 種混合生 /Hs	IBR，BVD1，PI3，RS，AD7，HS	
		マンヘミア・ヘモリチカ不活化	*Mannheimia haemolytica*（Mh）	
		細菌 3 種混合不活化	Mh，*Pasteurella multocida*（Pm），Hs	
下痢症予防		コロナ不活化	牛コロナウイルス	9 月，10 月接種多い
		大腸菌不活化	大腸菌	妊娠末期接種
		サルモネラ 2 価不活化	*Salmonella* Typhimurium，*S.* Dublin	
		5 種混合不活化	ロタ 3 価，コロナ，大腸菌	妊娠末期接種
急性死予防		クロスト 3 種混合トキソイド	*Clostridium chauvoei*，*C. novyi*，*C. septicum*	
		クロスト 5 種混合トキソイド	*C. chauvoei, C. novyi, C. septicum, C. perfringens, C. sordellii*	
		ボツリヌス症トキソイド	毒素 C 型，D 型	キメラ毒素対応
		破傷風トキソイド	破傷風毒素	
		炭疽生	炭疽菌	
		ヒストフィルス・ソムニ不活化	*H. sommi*	
季節性疾病予防	異常産	アカバネ生	アカバネウイルス（AK）	
		異常産 3 種混合不活化	AK, アイノウイルス（AN）, カスバウイルス（KB）	
		異常産 4 種混合不活化	AK，AN，KB，ピートンウイルス	
		異常産 4 種混合不活化	AK，AN，KB，イバラキウイルス	
	流行性感冒	イバラキ生	イバラキウイルス	
		流行熱不活化	牛流行熱ウイルス	
		流行熱・イバラキ混合不活化	牛流行熱ウイルス，イバラキウイルス	
乳房炎予防		乳房炎	黄色ブドウ球菌，大腸菌	妊娠末期および分娩後接種

a) 区分は厳格なものではない．2 つの区分にまたがるものは比重の大きい区分に入れた．

b）子牛期以外の呼吸器病予防プログラム

市場出荷，放牧，群の組替え等，新しく集団飼育を開始する時期には呼吸器病の発生が多いことは周知の通りで，輸送や新しい環境での飼養は多くのストレスを伴い病気の誘因となる．ワクチンは移動の 2 か月前から少なくとも 2 週間前までに完了することが望ましいが，できない場合は導入後できるだけ早期に接種することが必要である．基本プログラムに優先して設定されるのが望ましい．

図 1-12 に示した肉用牛の 16 か月齢時のワクチンの接種は子牛期のワクチンに対する補強が目的である．また，繁殖用牛および乳用牛の 14 か月齢時の接種は先と同様の補強および BVD 予防が目的である．さらに毎分娩前に接種することで移行抗体による子牛の呼吸器病予防と母牛の呼吸器病および BVD 予防に効果がある．

2）下痢症予防プログラム

a）新生子の下痢症予防プログラム

新生子の下痢症はロタウイルス，コロナウイルスおよび病原性大腸菌などにより生後 3 週齢以内の発生が多く脱水症状を起こし死亡率も高い．生後のワクチン接種では予防ができないことから妊娠末期の母牛に接種する母子免疫用ワクチンが使用され，大腸菌不活化とロタ 3 株を含む 5 種混合不活化ワクチンが市販されている．用法・用量に従い接種すれば母牛とほぼ同等レベルの抗体が初乳を介して子牛に移行し，生後間もない子牛の下痢症を予防できる．一般に腸管感

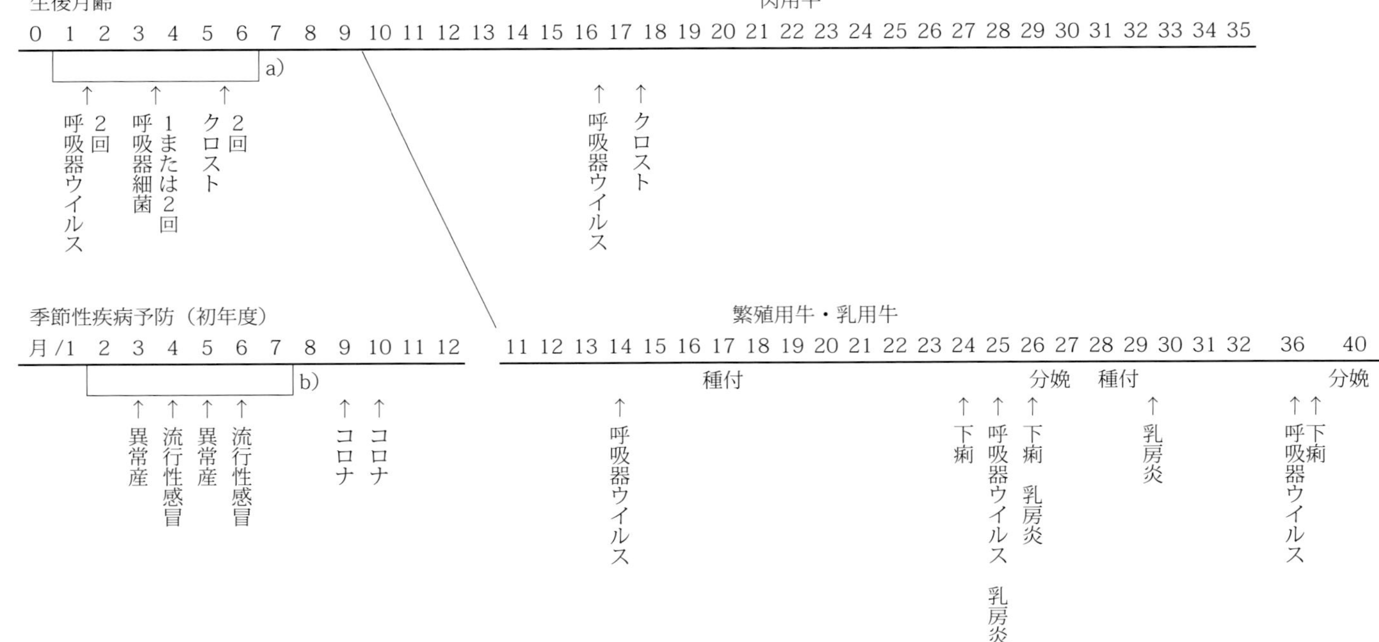

図の対象ワクチン

呼吸器ウイルス：IBR 生，RS 生，3 種混合生，4 種混合生，5 種混合生，5 種混合不活化，6 種混合生 / 不活化（妊娠後期の呼吸器ウイルスは 3 種混合生，4 種混合生，5 種混合生を除く）

呼吸器細菌：マンヘミア・ヘモリティカ不活化，細菌 3 種混合不活化

下痢：コロナウイルス不活化，大腸菌不活化，5 種混合不活化

クロスト：クロストリジウム 3 種混合トキソイド，クロストリジウム 5 種混合トキソイド

異常産：アカバネ病生，異常産 3 種混合不活化，異常産 4 種混合不活化

流行性感冒：イバラキ病生，流行熱不活化，流行熱・イバラキ病混合不活化

乳房炎：乳房炎

図に組み込まれないワクチン：サルモネラ 2 価不活化，炭疽生，破傷風トキソイド，ボツリヌス症トキソイド

[a] 生後 1 ～ 5 か月齢時のプログラムはワクチンの順序，時期等は病気の発生，飼養規模，導入等を考慮して適宜判断する．

[b] 季節性疾病予防ワクチンのプログラムは，病気の発生時期，ワクチン効果の持続期間等を考慮して適宜判断する．

図 1-12　基本ワクチンネーションプログラム

染症の予防効果は他のワクチンに比べ実感されにくい場合もあるが，環境から常在病原体量を減らす対策とワクチンの継続使用が大切である．

b）成牛の下痢症予防プログラム

コロナウイルスによる成牛の下痢症，ことに搾乳牛の下痢症は深刻な乳量の減少を引起し，毎年繰り返し被害を受ける農場が多い．初秋から翌年の晩春までが主な流行期であることからコロナ不活化ワクチンを毎年 9 月～10 月に接種する．初年度は 2 回接種だが翌年度からは 1 回である．

3）クロストリジウム感染症予防プログラム

クロストリジウム感染症は気腫疽，悪性水腫，壊死性腸炎を起こす致死率の高い疾病である．肥育後期の飼料給与の変更が原因と考えられる *Clostridium perfringens* による壊死性腸炎は出荷間際の急死を起こし深刻である．これらのクロストリジウム感染症にはクロスト 3 種混合トキソイドまたは 5 種混合トキソイドを子牛期と肥育開始期に使用するのが効果的だが汚染地域では突発的な発生もありその対応にも使用される．

4）季節性疾病予防プログラム

季節性疾病は流行性異常産を起こすものと，発熱，呼吸器症状および咽喉頭麻痺等を主徴とする流行性感冒を起こすものに分かれる．流行性異常産には原因となるウイルスの流行に地域差があり東北地方ではアカバネウイルスが多く，西日本ではアカバネ，アイノ，カスバウイルスが中心であるが，近年，ピートンウイルスが疑われる異常産事例もある．また，2006 年ごろからアカバネ病は新生子が感染する生後感染が発生している．

流行性異常産にはアカバネ生，異常産 3 種混合不活化または異常産4種混合不活化，流行性感冒には流行熱不活化，イバラキ生または流行熱・イバラキ混合不活化の各ワクチンを使用する．

ワクチンの接種はその地域の吸血昆虫が活動し始める前に済ませる．初年度は不活化ワクチンの場合，2回の接種が必要であるのでワクチン効果の持続期間（7か月）を考慮しプログラムを決定する．翌年度からは1回の接種である．

5）乳房炎予防プログラム

乳房炎は乳頭口から乳房内へ侵入した細菌などの微生物が定着，増殖することにより引き起こされる牛の乳管系や乳腺組織の炎症である．乳房炎の発生原因は気候，牛舎施設などの環境要因や牛の栄養状態，泌乳ステージ，乳量，ストレス，代謝病・感染症の罹患の有無，搾乳手技・システムなど多岐にわたる．その発生様式により伝染性乳房炎と環境性乳房炎に大別できる．特に伝染性の強い黄色ブドウ球菌による乳房炎および環境性乳房炎の主要な原因菌であり，深刻な臨床症状を伴う大腸菌や大腸菌群およびコアグラーゼ陰性ブドウ球菌による乳房炎には，乳房炎用ワクチンの使用が有効と考えられる．乳房炎用ワクチンは健康な妊娠牛の分娩予定日の45日前（±4日），10日前（±4日）および分娩予定日の52日後（±4日）の計3回，1用量（2mL）ずつを牛の頚部筋肉内に左右交互に注射する．

6）基本プログラムから外れるワクチン

破傷風トキソイド，炭疽生，サルモネラ2価不活化およびボツリヌス症トキソイドの各ワクチンは月齢を問わず発生し，その時期も明確でないため図1-12に組み込まれないグループとして扱った．発生すると被害が大きいことから発生経験のある地域では周囲の状況を判断し基本ワクチネーションプログラムに適宜挿入される必要がある．

3-A-3. おわりに

疾病対策は治療から予防に変わりつつあり，特に大規模農場ではワクチンなしに疾病予防は不可能な状況になってきている．ワクチンは絶対的なものではなく，ワクチンの効果を最大限に高めるためには，農場ごとの疾病発生状況の把握，飼養環境，飼料給与および衛生管理の改善，密飼防止など総合的に取り組む必要がある．

現在市販されていない牛白血病，マイコプラズマ，コクシジウム，クリプトストリジウムなどのワクチン開発が望まれる．

3-B. 豚のワクチネーションプログラム

一般的に豚では，肉豚の哺乳期，離乳期，肥育期および繁殖豚と，各ステージで問題となる疾病は異なる．また，農場の経営形態，飼養管理技術，地域，季節等の要因によっても疾病状況は大きく変化する．現在，表1-6に示すように，多くの種類の豚用ワクチン製剤が日本国内で承認・販売されている．農場の生産成績改善のためには，上述の様々な要因や各病原体の特色を踏まえ，管理獣医師と十分相談をし，農場ごとに適したワクチネーションプログラムを選択することが重要である．

表1-6 主な豚のワクチン一覧

対象疾病または病原体名	生	不活化	繁殖雌豚	肉豚
日本脳炎	○	○	○	
豚インフルエンザ		○		○
豚オーエスキー病	○		○	○
豚サーコウイルス感染症		○	○	○
Mycoplasma hyopneumoniae 感染症		○	○	○
豚伝染性胃腸炎		○	○	
豚パルボウイルス感染症	○	○	○	
豚繁殖・呼吸障害症候群	○		○	○
豚流行性下痢	○		○	
豚ゲタウイルス感染症	○		○	
豚丹毒	○	○	○	○
豚 *Actinobacillus pleuropneumoniae* 感染症		○		○
豚 *Streptococcus suis*（2型）感染症		○		○
豚大腸菌性下痢症		○	○	
Clostridium perfringens		○	○	
Haemophilus parasuis 感染症		○		○
豚 *Lawsonia intracellularis* 感染症	○			○
Pasteurella multocida		○	○	○
Bordetella bronchiseptica		○	○	○

3-B-1. 繁殖雌豚

繁殖雌豚へのワクチネーションプログラムを目的別に紹介する．いずれのプログラムにおいても，ワクチン投与による病原体の機械的伝播を避けるため，1頭1針の使用を遵守することが重要である．

1）繁殖雌豚群の免疫を安定させるためのワクチネーション

繁殖雌豚群にワクチンを投与する目的の1つとして，繁殖雌豚の群としての免疫を安定させることがあげられる．繁殖雌豚群の免疫を安定化することにより，特定の病原体による繁殖障害の予防や，病原体の子豚への感染伝播の防御が期待される．いずれの場合も，各製品の用法・用量や注意事項を確認のうえ，「群」として免疫のバラツキが生じないよう，定期的なワクチン投与を実施する．

a）繁殖障害防止のためのプログラム

繁殖雌豚に感染し，繁殖障害を引き起こす病原体が標的となる．例として，パルボウイルス，日本脳炎ウイルス，ゲタウイルス，豚繁殖・呼吸障害症候群（PRRS）ウイルスがあげられる．

ゲタウイルスや日本脳炎ウイルスは蚊によって媒介されるため，蚊が出現する季節を迎える前に免疫が付与されるよう，ワクチンの最終投与を完了する．日本脳炎に対するワクチネーションについては，L-K法やL-L法による1か月間隔の2回投与が一般的である．秋以降も蚊が発生し，問題が継続する場合は，さらに1回投与を追加することもある．

パルボウイルスによる繁殖障害は通年発生するため，このような季節性のプログラムとは異なる．一般的に，初回交配前に1～2回，3週間間隔で投与し，以降，追加免疫をする場合は交配前に1回ずつ投与するプログラムや，定期的なワクチン投与による追加免疫が行われている．パルボウイルスに対する移行抗体は比較的長期間持続することから，特に生ワクチンを用いて初回投与する際は，干渉を避けるため抗体の保有状況を確認することも重要である．

b）子豚への感染伝播を防ぐためのプログラム

PRRSやオーエスキー病（AD）は繁殖障害を引き起こすが，垂直感染による問題も重要である．子豚が早期にウイルス感染を受けてしまっていると，肉豚で対策を講じても効果を上げることは難しい．したがって，子豚への感染伝播を防ぐことを目的として，繁殖雌豚へワクチン投与を実施することがある．

これらのウイルスに対するワクチン投与の重要なポイントは，繁殖雌豚群が全体として均一な免疫状態を有している状態を実現することである．例えばPRRSの場合，繁殖雌豚群内に免疫レベルが異なる個体が混在する，サブポピュレーションと呼ばれる不安定な免疫状態では，PRRSウイルスが豚群内で活性化しやすくなる．サブポピュレーションは，繁殖障害やウイルスの垂直感染を招く．これを防ぐためには，ワクチン投与間隔が大きく空いてしまう個体が出現しないよう，全ての繁殖雌豚が均一に，定期的にワクチン投与されるようにプログラムを組むことが重要である．繁殖雌豚群の免疫を安定化させ，離乳前の子豚へのウイルス伝播を防ぐことが，肉豚におけるPRRSコントロールの第1歩となる．

2）受動免疫で子豚を防御するためのプログラム

豚の胎盤を抗体は通過することができない．初乳および常乳を介し母豚から子豚に移行する抗体や免疫細胞が，子豚を一定期間，病原体の曝露から守る．これを受動免疫と呼ぶ．繁殖雌豚に対するワクチン投与のもう1つの目的は，分娩時の繁殖雌豚の抗体レベルを高めて受動免疫を強化し，子豚を防御することである．つまり，本ワクチネーションプログラムの効果を最大限得るためにはワクチン投与だけでなく，徹底した授乳管理も必須となる．

a）初乳中の移行抗体で防御するためのプログラム

子豚が初乳を摂取すると，初乳中の移行抗体が子豚の血中に移行する．これが子豚を全身性の感染症から防御する役割を果たす．この初乳中の移行抗体レベルを高め，子豚における防御レベルを高く均一なものにする目的で，繁殖雌豚にワクチンを投与する．またこのプログラムでは子豚の体内における移行抗体の消失時期が揃いやすくなるため，移行抗体の消失時期に合せて子豚にワクチン投与するプログラムとの併用も可能である．ターゲットとなる病原体には，萎縮性鼻炎（AR）の原因となる *Pasteurella multocida* および *Bordetella bronchiseptica*，豚丹毒菌などがある．

本ワクチネーションの基本プログラムは，各製剤に定められた間隔で2回ワクチンを投与し，その2回目が分娩前2～6週前に当たるようにするものである．次産時以降は，毎分娩2週前～1か月前に追加免疫として1回投与する．また，AD（一部の浸潤地域のみ）に対する生ワクチンも同様の目的で使用されることがあり，投与プログラムは毎分娩前3～6週に1回，あるいは年1～2回以上とされている．

本プログラムの注意点は，初乳管理である．初乳は生後24～36時間以内に子豚に摂取される必要があり，特に初乳中の移行抗体が最もよく吸収されるのは生後12時間以内とされている．この間に十分量の初乳を子豚に摂取させることが，本ワクチネーションプログラムの成功のための重要なポイントである．

b）乳汁免疫で防御するためのプログラム

免疫グロブリンIgAは，初乳と常乳のいずれにも含まれる．IgAは比較的長期間にわたって腸管の粘膜面に留まり，哺乳子豚の消化器に感染する病原体に対する防御効果を発揮する．特に常乳中にはIgAが多く含まれており，標的とする病原体に対する特異的IgAレベルを高めることによって，常乳を摂取した子豚の感染を防ぐことが期待できる．本ワクチネーションプログラムのターゲットとなる病原体には，豚伝染性胃腸炎（TGE）ウイルスや豚流行性下痢（PED）ウイルス，大腸菌，*Clostridium perfringens* があげられる．いずれも，幼若豚における下痢症等の消化器疾病を引き起こす病原体である．また本プログラムでは子豚が哺乳期間中，常乳を十分量摂取していることが重要なポイントとなる．

本プログラムでは，各製剤に定められた間隔で2回ワクチンを投与し，特に2回目が分娩前2～3週に当たるようにすることで，乳汁中の特異免疫レベルを上げる．次産時以降は，分娩前に1～2回投与し，最終投与が分娩前約2週となるようにする．

3-B-2. 肉　豚

肉豚に直接投与するワクチンの場合，肉豚自身の免疫応答を惹起することが目的である．肉豚の臨床症状や検査等から，適切なターゲッティングをすることは当然，重要である．そのほか，肉豚へのワクチン投与の際に考慮すべき重要な点として，移行抗体の影響，病原体曝露のタイミング，子豚の免疫の成熟，等があげられる．

子豚は自身の免疫能が成熟するまで，母豚から初乳を介して受けた移行抗体によって各種病原体から自己を防御している．しかしこの移行抗体がワクチン投与時に多く残っていると，ワクチン抗原と干渉し，ワクチンによる免疫付与が不十分となってしまうことがある．また同じ腹の子豚でも初乳摂取量や栄養状態の違いによって移行抗体の保有状況にバラツキが生じ，ワクチンによる免疫発現状況にも差が生じることがあり，注意が必要である．このため，事前に抗体検査を実施し，群としての移行抗体の保有状況を把握した上でワクチネーションプログラムを検討することが重要である．移行抗体の干渉が懸念される場合は，ワクチン投与時期を遅らせる，あるいは複数回投与するプログラムで対応する．ただし，主として細胞性免疫を誘導する抗原やアジュバントで構成されているワクチンの場合はその免疫学的特質上，移行抗体の影響は受けづらい．

さらに，子豚自身の免疫が成熟しているかどうかも重要な要因である．子豚は免疫が未熟な状態で生まれてくるため，若齢期は十分な能動免疫を誘導することが難しい．一般的に，子豚の各種免疫細胞の数や成熟度，リンパ球サブセットの割合が成豚と同程度になるまでには，数～ 7 週程度を要するとされている [4]．したがって，子豚の免疫状態の観点から考えると，高いワクチン効果を得るためにはできるだけ成長した子豚にワクチンを投与することが望ましいといえる．

一方で，標的となる病原体に感染する前にワクチンによる免疫付与が完了していることも，十分なワクチン効果を得るためには必須である．投与後の免疫発現時期はワクチン製剤によって異なるが，事前検査で野外感染時期を調べ，移行抗体の影響ができるだけ避けられ，かつ野外感染に間に合うようにワクチン投与時期を設定することが望ましい．

実際には上記の要素のほか，各農場における飼養管理スケジュール，他のワクチン投与時期との兼ね合いなどを加味し，各農場にとって適切なワクチン投与時期を決定するべきである．

また，子豚へのワクチン投与作業は，豚の追い込みやハンドリングを伴うため，豚のストレスや人・針を介した病原体伝播のリスクが常にある．いずれも豚の免疫低下や損耗を招くリスクとなるため，この影響を最低限にとどめるための適切かつ迅速な作業や，使用器具・衣服や長靴等の衛生管理に努めることも重要である．

図 1-13 に各種ワクチネーションのプログラム例を示す．また，肉豚に対する主なワクチネーションプログラムを疾病別に紹介する．

1）呼吸器疾病対策のためのプログラム

農場で問題になる肉豚の呼吸器疾病の多くは，単体の病原体によるものではなく，複数の病原体の混合感染による豚呼

ワクチン*		分娩舎	離乳豚舎（子豚舎）		肥育豚舎		
			21 ～ 28 日齢		70 日齢	120 日齢	180 日齢
PCV2			✓				
Mhyo	（1 回投与型）		✓				
	（2 回投与型）	✓	✓				
App				✓	✓（好発時期の 2 ～ 4 週間前まで）		
豚丹毒	（生）				✓（移行抗体消失時期）		
	（不活化）			✓	✓		
PRRS			✓				
AR			✓	✓			
グレーサー病			✓		✓		
豚インフルエンザ				✓	✓		
レンサ球菌症			✓	✓			
AD（野外感染陰性豚群）					✓（移行抗体消失時期）		
（野外感染陽性豚群）					✓（移行抗体消失時期）	✓	
ローソニア感染症			←	✓（野外感染の 3 週前までに経口または飲水投与）→			

図 1-13　子豚のワクチネーションプログラム例（原図：河合透 より一部改訂）
* PCV2：豚サーコウイルス 2 型感染症，Mhyo：*Mycoplasma hyopneumoniae* 感染症，App：豚 *Actinobacillus pleuropneumoniae* 感染症，PRRS：豚繁殖・呼吸障害症候群，AR：豚萎縮性鼻炎，AD：オーエスキー病

吸器複合感染症（PRDC）である．PRDC の典型的なパターンは，まず豚の免疫力を低下させるような 1 次病原体の感染が起こり，その結果日和見感染的に細菌やウイルスが混合感染して病態を複雑化させ，豚の損耗を招くというものである．1 次病原体の代表的なものには，豚サーコウイルス 2 型（PCV2），*Mycoplasma hyopneumoniae*（Mhyo），PRRS ウイルスなどがあげられる．したがって，肉豚を PRDC から守るためには，これら 1 次病原体に対する対策実施が重要なポイントとなる．一般的に，これらに対するワクチンはいずれも，離乳時付近に投与されることが多い．

また，*Actinobacillus pleuropneumoniae*（App）感染を原因とする豚胸膜性肺炎も多くの農場で問題となっている疾病である．App に対する不活化ワクチンは移行抗体の影響を受けやすいため，事前に抗体価の動態を調べた上で投与時期を決定することが重要である．主に肥育仕上げ期の抗生物質使用制限下における発生が多いため，発生の 2 ～ 4 週前には 2 回目の投与が完了するよう，各製剤に定められた間隔で 2 回投与を行う．

2）その他の疾病対策のためのプログラム

豚丹毒に対するワクチンは生ワクチンと不活化ワクチンがあるが，特に生ワクチンは移行抗体の影響を受けやすい．そのため，繁殖雌豚群を含めた定期的な抗体価のモニタリングを行い，ワクチン投与時期の検討を行うことが重要である．不活化ワクチンを用いる場合は，各製剤に定められた間隔で 2 回投与する．

豚の消化器疾病の原因となる病原体は数多くある．それらの中で肉豚に投与するワクチン製剤としては，増殖性腸炎（PPE）の原因菌である *Lawsonia intracellularis* に対するものがある．本ワクチンを投与する際は，事前に抗体検査で野外感染時期を調べ，抗体陽転の 6 週前，すなわち野外感染の 3 週前までにワクチン投与を完了する．

そのほか，図 1-13 に示すように多くの種類のワクチンが存在する．農場において今何が問題になっているかを正しく把握し，適切なワクチネーションプログラムを選択することが大切である．

3-B-3. おわりに

冒頭にも記したように，豚の疾病には様々な要因が絡んでいる．つまり，疾病コントロールにおいては適切なワクチネーションだけでなく，飼養管理やピッグフロー，農場防疫などの面からの対策が非常に重要となる．ワクチン効果を最大限引き出すためにも，これらの対策を組合せ，疾病発生の要因をできるだけ取り除くことが大事である．このように総合的な疾病対策を実施する際は，対策内容についても管理獣医師と十分協議を行い決定し，また対策実施後は生産成績をはじめとしたモニタリングも併せて行っていくことが推奨される．

3-C. 鶏のワクチネーションプログラム

鶏のワクチネーションプログラムは，年代の経過と共に変化してきた．1960 年代後半から 1980 年代前半にかけてニューカッスル病（ND），鶏伝染性気管支炎（IB），鶏痘（Pox），マレック病（MD），鶏伝染性脳脊髄炎（AE），伝染性喉頭気管炎（ILT），伝染性ファブリキウス嚢病（IBD）に対する生ワクチンがそれぞれ開発され，農場のワクチネーションプログラムでは必須のワクチンとして使用されている．さらに，IB ウイルスは変異株の出現に伴い次々と新しい血清型のワクチンが開発され，マイコプラズマ感染症（MG，MS），サルモネラ感染症（SE，ST，SI），トリニューモウイルス感染症（APV），鶏貧血ウイルス感染症（CAV），トリレオウイルス感染症（ARV）等新しい疾病に対しても 1990 年以降相次いで生ワクチンが開発され必要に応じてワクチネーションプログラムに組み込むことができるようになっている．また不活化ワクチンでは，複数の抗原を混合したオイルアジュバントワクチンが 1993 年に発売され従来使用されていたアルミアジュバントワクチンと置き換わり注射回数が減少し，省力化に寄与している．投与方法においても，画期的な用法として，孵卵中の発育鶏卵に接種する発育鶏卵内接種用ワクチン（MD，Pox）が開発され，自動卵内接種器による大量接種が可能となり，接種の労力が大きく軽減された．

現在国内では 18 種類の疾病に対して生および不活化ワクチン 131 品目が承認．販売されており[5]，これらの中から適切なワクチンを選択しワクチネーションプログラムを作成することとなる．ワクチネーションプログラム作成にあたり留意すべき点および標準的プログラムについて以下に述べる．

3-C-1. ワクチン効果に影響を与える要因

1）移行抗体

幼雛に生ワクチンを投与する場合には，ワクチン株に対する移行抗体の影響を考慮する必要がある．一般的に生ワクチン株は移行抗体によって中和されやすいため，ワクチン株が増殖可能となるレベルまで移行抗体が低下した時点で投与を行う．しかし，鶏群中の個体別移行抗体は必ずしも均一ではないため，鶏群全体に確実な免疫を賦与するためには複数回のワクチン投与が必要な場合もある．

なお，マレック病生ワクチン，鶏痘生ワクチンおよび鶏伝染性気管支炎生ワクチンの散霧投与では移行抗体の影響を受けにくいため，より若齢で投与することができる．

2）血清型

同じ疾病に対する生ワクチンであっても，鶏伝染性気管支炎のように病因となる病原体に多種の血清型が存在する場合には，より効果的な免疫を与えるために，流行している病原体の状況に応じたワクチン株を選択する必要がある．

3）生ワクチンウイルス株間の干渉

複数の生ワクチンをそれぞれ近い日齢で投与する場合，鶏体内でワクチンウイルスどうしの増殖が干渉を受ける可能性があるため，投与間隔を1週間以上開ける必要がある．

投与間隔および干渉を受けるワクチンウイルスは製剤により異なるため，詳細はそれぞれの製剤の添付文書で確認する必要がある．

4）投与経路

鶏では他の畜種と比較して多くの投与方法が開発され，応用されている．製剤によっては複数の投与経路を有するものがある．投与経路により移行抗体の影響，副反応の発生または投与の際の作業量等異なるので，それぞれの農場に適した投与経路を選択することが重要である．

それぞれの投与方法について，特徴や注意点を以下に述べる．

a）皮下，筋肉内注射

生ワクチンおよび不活化ワクチンに応用され，労力を必要とするが確実に規定量を接種できる．不活化ワクチンの場合，基礎免疫された鶏では免疫増強作用が期待できるが，まれに注射局所に副反応が現れることがある．

b）点眼および点鼻接種

生ワクチンで応用され，目や鼻の粘膜に接種するため感染ルートである粘膜面に局所免疫が賦与できる．労力を必要とするため近年の大規模飼育農場には不向きである．

c）飲水投与

ワクチンを飲水に混ぜて投与する省力的な方法であるが，免疫効果にバラツキが出やすいため短時間に均等に飲水できるよう工夫が必要である．

d）穿刺接種

鶏痘生ワクチンで用いられる方法で，穿刺針を用いてワクチンを翼膜に接種する．

e）噴霧・散霧接種

ワクチンを粒子状にして吸入させる省力的な方法である．粒子径の大きさにより散霧接種と噴霧接種を区別し，より大きい粒子径を用いる場合を散霧接種と呼ぶ．

有効な方法であるが，生ワクチン接種歴のない若齢ひなや抗体価の低下している鶏では，接種後に呼吸器症状等の副反応が見られる場合がある．散霧接種ではワクチン粒子が呼吸器の深部に到達しないため接種反応が抑えられ，初生ひな等若齢ひなに応用できる．

f）経口投与

個体ごとに口を開け強制的にワクチンを飲ませる方法で，鶏脳脊髄炎生ワクチンの一部で応用されている．

g）混餌投与

ワクチンを飼料に混合して投与する方法である．

h）発育鶏卵内接種

自動卵内接種機を用いて，発育鶏卵（18～19日齢卵）にワクチンを接種する方法で，マレック病生ワクチンおよび鶏痘生ワクチンの一部で応用されている．

5）鶏種による要因

a）採卵用鶏

採卵用鶏に対するプログラムは，育成期間の疾病予防に加え，産卵開始前に十分な免疫を賦与させること，および産卵開始後はその免疫を長期間持続させることを目的として設定する必要がある．幼～中雛期の生ワクチン投与による十分な基礎免疫を与えることにより，その後の不活化ワクチン追加投与によるブースター効果が誘導され，長期間にわたる免疫が有効に発揮される．

一般的に，ND，IBD，IBに対しては，幼雛期からの免疫が必要であるにもかかわらず，移行抗体によるワクチンウイルスの増殖抑制（ND，IBD）や血清型の不一致（IB）により免疫が不良となりやすい．そこで，これらのワクチンでは複数回の投与が行われる．一方，マレック病生ワクチンでは移行抗体の影響は受けにくいことから初生時の1回投与でよいなど，対象となる疾病やワクチンの特性を十分に理解した上でプログラム作成が必要である．

b）種 鶏

種鶏のプログラムでは，種鶏自身の疾病予防に加え，移行抗体により当該種鶏から孵化した幼雛を感染症から守る役割が求められる．そのため，採卵用鶏のプログラムに加えて数種類の生および不活化ワクチンが単独または混合ワクチンとして投与される．

c）肉用鶏

肉用鶏のプログラムでは，出荷までの短期間に主要な感染症に対して効果的に免疫を賦与することが重要であり，生ワクチン投与による免疫が主体となる．しかし，移行抗体の影響や生ワクチンウイルス株間の干渉作用に対する配慮等，投与できるワクチンの種類および回数が限定される．最小限のワクチンで複数の病原体に対する効果的な免疫を賦与するためには，抗体価測定結果に留意し，農場に合ったプログラムの策定が必要である．

3-C-2. 標準的なワクチネーションプログラム

図1-14に採卵用鶏，図1-15に種鶏，図1-16に肉用鶏におけるプログラムを示す．

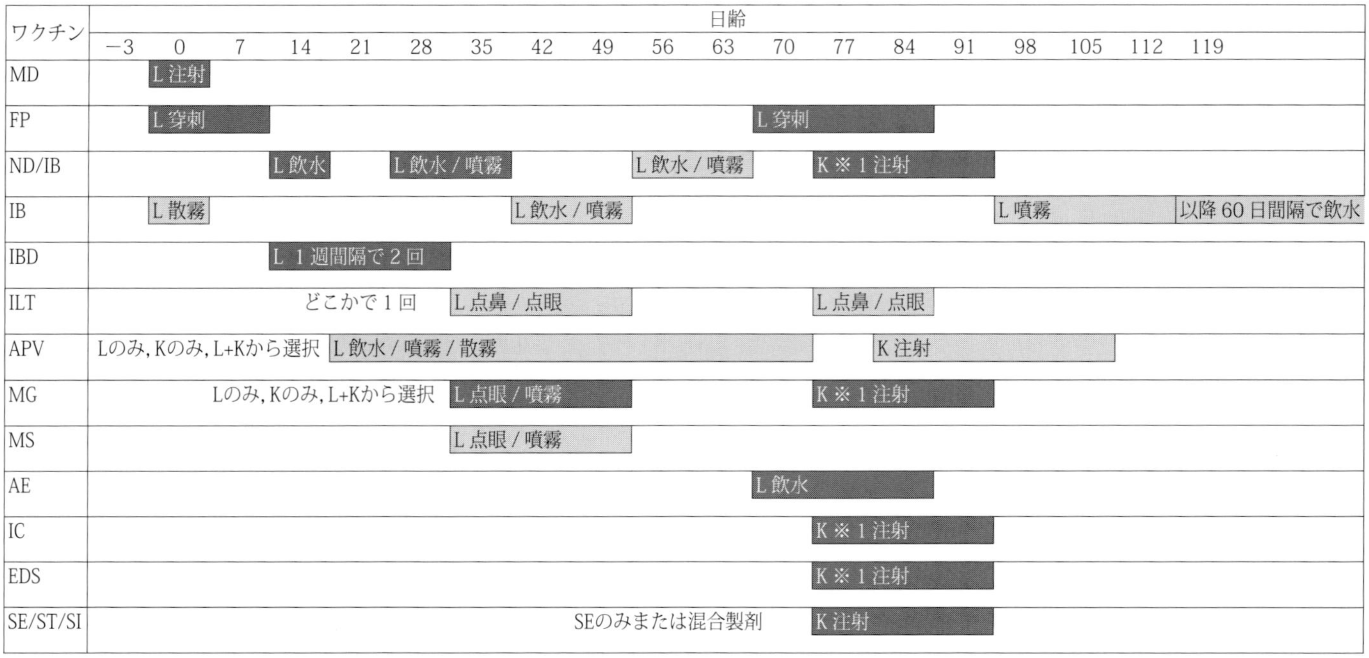

ワクチン	日齢 -3	0	7	14	21	28	35	42	49	56	63	70	77	84	91	98	105	112	119
MD		L 注射																	
FP		L 穿刺										L 穿刺							
ND/IB				L 飲水		L 飲水 / 噴霧				L 飲水 / 噴霧			K ※ 1 注射						
IB		L 散霧						L 飲水 / 噴霧								L 噴霧			以降 60 日間隔で飲水
IBD				L 1 週間隔で 2 回															
ILT				どこかで 1 回			L 点鼻 / 点眼						L 点鼻 / 点眼						
APV	Lのみ, Kのみ, L+Kから選択				L 飲水 / 噴霧 / 散霧									K 注射					
MG			Lのみ, Kのみ, L+Kから選択				L 点眼 / 噴霧						K ※ 1 注射						
MS							L 点眼 / 噴霧												
AE												L 飲水							
IC													K ※ 1 注射						
EDS													K ※ 1 注射						
SE/ST/SI									SEのみまたは混合製剤				K 注射						

図 1-14　採卵用鶏のワクチネーションプログラム

ワクチン	日齢 -3	0	7	14	21	28	35	42	49	56	63	70	77	84	91	98	105	112	119
MD		L 注射																	
FP		L 穿刺										L 穿刺							
ND/IB				L 飲水		L 飲水 / 噴霧				L 飲水 / 噴霧			K ※ 1　注射						
IB		L 散霧						L 飲水 / 噴霧								L 噴霧			以降 60 日間隔で飲水
IBD				L 1 週間隔で 2 回									K ※ 1 注射						
ILT				どこかで 1 回			L 点鼻 / 点眼						L 点鼻 / 点眼						
APV	Lのみ, Kのみ, L+Kから選択				L　飲水 / 噴霧 / 散霧									K 注射					
MG			Lのみ, Kのみ, L+Kから選択				L 点眼 / 噴霧						K ※ 1 注射						
ARV						LまたはKから選択			L 注射				K ※ 1 注射						
AE												L 飲水							
IC													K ※ 1 注射						
EDS													K ※ 1 注射						
CAV										L 注射									
コクシジウム		L 混餌																	
E.coli								LまたはKの選択			L 噴霧　K 点眼 / 注射								

図 1-15　種鶏のワクチネーションプログラム

図 1-14 〜図 1-16　共通

■ 通常接種されるワクチン　□ 必要により選択接種されるワクチン

L：生ワクチン，K ※ 1：注射−不活化ワクチン（オイルまたはアルミアジュバントの選択）

MD：マレック病，FP：鶏痘，ND：ニューカッスル病，IB：鶏伝染性気管支炎，IBD：伝染性ファブリキウス嚢病（ガンボロ病），ILT：伝染性喉頭気管炎，APV：トリニューモウイルス感染症，MG：*Mycoplasma gallisepticum* 感染症，MS：*M. synoviae* 感染症，AE：鶏脳脊髄炎，IC：鶏伝染性コリーザ，EDS：産卵低下症候群，SE：鶏サルモネラ症（*Salmonella* Enteritidis），ST：鶏サルモネラ症（*S.* Typhimurium），SI：鶏サルモネラ症（*S.* Infantis），ARV：トリレオウイルス感染症，CAV：鶏貧血ウイルス感染症，E.coli：鶏大腸菌症

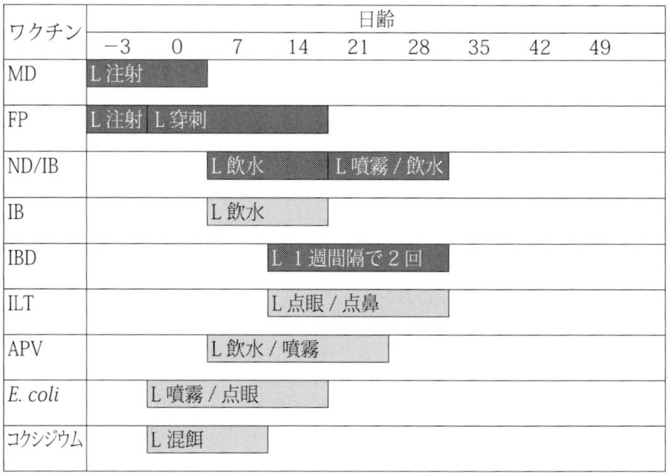

ワクチン	日齢（−3　0　7　14　21　28　35　42　49）
MD	L 注射
FP	L 注射　L 穿刺
ND/IB	L 飲水　L 噴霧 / 飲水
IB	L 飲水
IBD	L 1 週間隔で 2 回
ILT	L 点眼 / 点鼻
APV	L 飲水 / 噴霧
E. coli	L 噴霧 / 点眼
コクシジウム	L 混餌

図 1-16　肉用鶏のワクチネーションプログラム

これらプログラムは標準的な例であり，農場ごとまたは地域および周辺の疾病の発生状況等を勘案して最適なプログラムを定める必要がある．

3-D.　馬のワクチネーションプログラム

現在，我が国では馬用ワクチンとして馬インフルエンザ，破傷風，日本脳炎，ゲタウイルス感染症，馬鼻肺炎，馬ロタウイルス感染症，炭疽および馬ウイルス性動脈炎を対象としたワクチンが承認されている．現在承認されているワクチンを単味ワクチンと混合ワクチンに分けて表 1-7 に示した．これらのうち馬鼻肺炎生ワクチン（ERP 生ワクチン）は 2013 年 7 月に承認された最も新しいワクチンである．生ワクチ

表 1-7　我が国で承認されている馬のワクチン

<table>
<tr><th rowspan="2">対象疾病</th><th colspan="3">ワクチン種別</th></tr>
<tr><th>単味ワクチン</th><th colspan="2">混合ワクチン</th></tr>
<tr><td>馬インフルエンザ</td><td>馬インフルエンザ不活化ワクチン</td><td rowspan="3">馬インフルエンザ不活化・日本脳炎不活化・破傷風トキソイド混合（アジュバント加）ワクチン</td><td></td></tr>
<tr><td>破傷風</td><td>破傷風（アジュバント加）トキソイド（シード）</td><td></td></tr>
<tr><td>日本脳炎</td><td>日本脳炎不活化ワクチン（シード）</td><td rowspan="2">日本脳炎・ゲタウイルス感染症混合不活化ワクチン（シード）</td></tr>
<tr><td>ゲタウイルス感染症</td><td>ゲタウイルス感染症不活化ワクチン</td><td></td></tr>
<tr><td rowspan="2">馬鼻肺炎</td><td>馬鼻肺炎（アジュバント加）不活化ワクチン（シード）</td><td></td><td></td></tr>
<tr><td>馬鼻肺炎生ワクチン</td><td></td><td></td></tr>
<tr><td>馬ロタウイルス感染症</td><td>馬ロタウイルス感染症（アジュバント加）不活化ワクチン（シード）</td><td></td><td></td></tr>
<tr><td>炭疽</td><td>炭疽生ワクチン（シード）</td><td></td><td></td></tr>
<tr><td>馬ウイルス性動脈炎</td><td>馬ウイルス性動脈炎不活化ワクチン（アジュバント加溶解用液）</td><td></td><td></td></tr>
</table>

ンとして炭疽生ワクチンと馬鼻肺炎生ワクチンがあり，その他は不活化ワクチンあるいはトキソイドワクチンである．表1-7のワクチンのうち「ゲタウイルス感染症不活化ワクチン」は現在市販されていない．しかし，「日本脳炎・ゲタウイルス感染症混合不活化ワクチン（JEG混合ワクチン）」を後述のワクチネーションプログラムに沿って使用することでゲタウイルス感染症に対するワクチネーションプログラムを組むことができる．

ワクチンを競走馬の育成段階から使う時の基本的なワクチネーションプログラム（基本プログラム）を図1-17に示した．馬の生産地では，毎年春になると前年に生まれた1歳馬に「馬インフルエンザ不活化・日本脳炎不活化・破傷風トキソイド混合（アジュバント加）ワクチン（3種混合ワクチン）」を2回接種して基礎免疫を行う．その後馬インフルエンザに対しては，基礎免疫を行った年の秋に単味馬インフルエンザワクチンの補強接種を行う．その後3種混合ワクチンあるいは単味ワクチンを利用してほぼ半年ごとに補強接種を行い，免疫を維持する．もし接種間隔が1年を超えた場合は基礎免疫からやり直す．日本脳炎に対しては，毎年流行前の春（5月～6月）にワクチンを2回接種する．レース等で活躍し出す3歳の春には，「日本脳炎不活化ワクチン（JEワクチン）」をJEG混合ワクチンに切り替えた2回接種が勧められる．これがゲタウイルス感染症に対する基礎免疫となる．その後は毎年春にJEG混合ワクチンおよび単味JEワクチンをそれぞれ1回接種する．破傷風に対しては，上の基礎免疫のあとは毎年1回の補強接種により免疫を維持する[2)]．最近，早い時期に高い免疫を賦与するために1歳になった1月から3月にかけて生後初めての基礎免疫を施し，その3か月後に最初の補強接種を行うプログラムが推奨されている．このプログラムについても推奨プログラムとして基本プログラムと対比させて図1-17に示した．

育成馬がトレーニングセンターに入厩して最初に迎える冬に馬ヘルペスウイルス1型（EHV-1）による呼吸器疾病の流行に巻き込まれやすい．流行の前に「馬鼻肺炎（アジュバント加）不活化ワクチン（ERP不活化ワクチン）」を複数回接種することが望ましいとされてきた[3)]．前述のように，最近ERP生ワクチンの製造販売が承認され，その効能・効果の1つは，「馬ヘルペスウイルス1型感染による呼吸器疾病の症状の軽減」である．そこで今後は上のワクチネーションプログラムにはERP不活化ワクチンに代わってERP生ワクチンが使用され始めている．ERP生ワクチンの用法・用量では，3週間隔で2回注射することになっている．このワクチンは生ワクチン株をその有効成分としていることから移行抗体価が高い個体ではワクチン効果が抑制される可能性が予想され

種別	接種時期／対象疾病	1歳 1～3月	1歳 5～6月	1歳 10～12月	2歳 5～6月	2歳 10～12月	3歳 5～6月	3歳以降
基本プログラム	馬インフルエンザ（INF）		（基礎免疫） INF↓　INF↓	（補強免疫） INF↓	（補強免疫） INF↓	（補強免疫） INF↓	（補強免疫） INF↓	半年ごとに 1回接種
	日本脳炎（JE）・ゲタウイルス感染症（G）		JE↓　JE↓		JE↓　JE↓		（Gの基礎免疫） JEG↓　JEG↓	毎年春にJEGとJEを1回ずつ接種
	破傷風（TTD）		（基礎免疫） TTD↓　TTD↓		（補強免疫） TTD↓		（補強免疫） TTD↓	1年ごとに 1回接種
推奨プログラム	馬インフルエンザ（INF）	（基礎免疫） INF↓　INF↓	（補強免疫） INF↓	（補強免疫） INF↓	（補強免疫） INF↓	（補強免疫） INF↓	（補強免疫） INF↓	半年ごとに 1回接種
	日本脳炎（JE）・ゲタウイルス感染症（G）	（基礎免疫） JE↓　JE↓	（補強免疫） JE↓		JE↓　JE↓		（Gの基礎免疫） JEG↓　JEG↓	毎年春にJEGとJEを1回ずつ接種
	破傷風（TTD）	（基礎免疫） TTD↓　TTD↓	（補強免疫） TTD↓		（補強免疫） TTD↓		（補強免疫） TTD↓	1年ごとに 1回接種

図1-17　競走馬の育成段階からのワクチネーションプログラム

INF：馬インフルエンザ不活化ワクチン，JE：日本脳炎不活化ワクチン（シード），JEG：日本脳炎・ゲタウイルス感染症混合不活化ワクチン（シード），TTD：破傷風（アジュバント加）トキソイド（シード）．

INF, JEおよびTTDを同時期に接種する時は，3種混合ワクチン〔馬インフルエンザ不活化・日本脳炎不活化・破傷風トキソイド混合（アジュバント加）ワクチン〕を用いる．

る．投与時期を考慮する必要がある．また，この生ワクチン株は，その同居感染性が認められないので，個体ごとに確実に投与する必要がある．

一方，生産地でも主に EHV-1 による流産を予防する目的で馬鼻肺炎に対するワクチンを用いる．2016 年に ERP 生ワクチンの効能・効果に「流産の予防」が加えられ，妊娠馬への使用が承認された．そこで今後，流産の予防には ERP 不活化ワクチンに代えて生ワクチンを使用できる状況が整った．現在のところ不活化ワクチンと生ワクチンの流産予防に対するワクチネーションプログラムの間に違いはない．EHV-1 による流産は，概ね胎齢 9 〜 11 か月に発生するのでこの危険な時期に入る 2 週間前までには基礎免疫が完了するようにワクチネーションプログラムを組む．さらに危険期に入った後も最終免疫から 1 〜 2 か月後に補強接種を行うことが望ましい[3)]．ERP 生ワクチンには，母馬から胎子への感染とそれに引き続く胎子での増殖は認められず，安全に使用できる．

ロタウイルス（A 群，G3 タイプ）感染に起因する子馬の下痢症に対して「馬ロタウイルス感染症（アジュバント加）不活化ワクチン」が市販されている．分娩の 1 〜 2 か月前までに母馬に一定の間隔で 2 回筋肉内注射することにより初乳中に分泌される抗体量を高める．抗体を介した母子免疫により子馬は下痢を発症しないか，あるいは発症した場合でもその症状が大幅に緩和される[1)]．

炭疽はいわゆる風土病であるが，最近ではその発生は極めて少ない．炭疽生ワクチンが必要とされる場合は少なくとも 1 年に 1 回，本病発生地域では 6 か月ごとの追加注射が望ましい．

馬ウイルス性動脈炎は，現在，日本には存在しない感染症である．本疾病に対する不活化ワクチンは備蓄用ワクチンとして製造され，普段は使用されない．

3-E. 犬・猫のワクチネーションプログラム

近年，愛玩動物をめぐる社会環境の変化により，ペットホテル，グルーミングサロン，ドッグラン，ドッグカフェ，猫カフェ，シェルターなど，他の犬･猫との交流の機会が増え，また，飼い主の移動機会の増加に伴い愛玩犬・愛玩猫もそれに応じて移動することが多くなり，その結果，感染症性病原体への曝露リスクも増え，さらに，「改正動物愛護管理法」（2013 年施行）により感染性の疾病の予防措置が動物取扱業者の努力義務とされるなど，犬・猫へのワクチン接種の重要性がますます高まっている．

現在，国内では 9 所社から 34 品目の犬向けワクチン，ならびに 8 所社から 20 品目の猫向けワクチンが製造販売承認されている．これら製品について承認されている用法用量は，製品毎に異なるため，ワクチネーションプログラムを完全に一般化するのは難しい．同じ感染症に対するワクチンでも，製造に使用されているマスターシードウイルスの抗原性の違いや，用法用量の設定根拠となった基礎試験の設計の違いなどにより，製品毎に用法用量や使用上の注意が異なるものと考えられる．

また，通常，初回免疫の後，年 1 回の追加ワクチン投与が行われているが，近年，対象抗原毎の免疫持続期間を考慮して追加ワクチン投与の時期を設定すべきとの議論から，世界小動物獣医師会（World Small Animal Veterinary Association）によりガイドライン「Guidelines for Vaccination of Dogs and Cats（2015）」（以下，WSAVA ワクチネーションガイドライン）が発行されている．同ガイドラインでは，世界的に蔓延している重篤で致命的な感染症に対しその犬・猫の置かれている状況や地理的環境に関わらず必要とされるものをコアワクチン，地域的環境やライフスタイルからその特定の感染症に対し罹患リスクにある犬・猫にのみ必要とされるものをノンコアワクチンと定義し，さらに妥当性を裏付ける科学的知見が不十分なものを非推奨ワクチンと位置づけている．

3-E-1. 犬のワクチネーションプログラム

犬の主要な感染症には，狂犬病，犬パルボウイルス感染症，犬ジステンパー，犬アデノウイルス 2 型感染症，犬伝染性肝炎，犬パラインフルエンザ，犬インフルエンザ，犬コロナウイルス感染症，犬レプトスピラ感染症，犬ボルデテラ感染症，ライム病などがあり，国内では犬インフルエンザおよびライム病を除き，ワクチンが製造販売されている（表 1-8）．

免疫応答の確認，対象動物における安全性確認などの基礎試験により，初回投与を 4 週齢以降に行い，初回投与の 3 〜 4 週後に 2 回目の投与を行うのが一般的な用法となっているが，移行抗体の影響により，初回投与が無効となる可能性があることから，そのリスクを避けるため，通常 9 週までに初回投与を行う場合には，3 回目の投与が推奨される．通常，9 週齢までにワクチン投与されることから，初年度は 3 回投与が一般的である（表 1-9）．

通常ワクチン投与は，飼い主の責務で行われるが，前述した「改正動物愛護管理法」により，生後 56 日（8 週齢）に満たない犬・猫の販売，引き渡し，展示が禁止されていることから，通常，1 回目のワクチン投与は動物取扱業者の責務で行われる．

初年度のワクチネーションにより基礎免疫を付与した後，12 か月後に追加投与を行う．この追加投与は，初期免疫後に再度抗原に接触することにより免疫機能が高まる効果，いわゆるブースター効果（追加免疫効果）を目的とするもので，

表 1-8　犬に対する主要なワクチン

病原体	対象疾病	国内ワクチン[a]	海外ワクチン[b]
狂犬病ウイルス	狂犬病	あり（不活化）	あり（不活化）
犬パルボウイルス（CPV）	犬パルボウイルス感染症	あり（生）	あり（生）
犬ジステンパーウイルス（CDV）	犬ジステンパー	あり（生）	あり（生）
犬アデノウイルス（CAV-2）	犬アデノウイルス 2 型感染症 犬伝染性肝炎	あり（生）	あり（生）
犬パラインフルエンザウイルス（CPiV）	犬パラインフルエンザ	あり（生）	あり（生）
犬インフルエンザウイルス（CIV）	犬インフルエンザ	なし	あり（不活化）[c]
犬コロナウイルス（CCV）	犬コロナウイルス感染症	あり（生・不活化）	あり（生・不活化）
Leptospira interrogans	レプトスピラ病	あり（死菌バクテリン：Australis，Autumnalis，Canicola，Copenhargeni，Greppotyphosa，Hebdomadis，Icterohaemorrhagiae，Pomona）	あり（死菌バクテリン：Canicola，Greppotyphosa，Icterohaemorrhagiae，Pomona）
Bordetella bronchseptica	ボルデテラ感染症	あり（血球凝集素）	あり（死菌・細胞壁抗原抽出物）
Borrelia burgdorferi	ライム病	なし	あり（死菌・組換え外側表層蛋白 A）

[a] 国内に製造販売承認があるもの
[b] 海外（主に米国）で使用されているもの
[c] 米国における条件付き承認

表 1-9　日本における一般的な犬のワクチネーションプログラム

	4～8 週齢	～12 週齢	～16 週齢		1 歳齢	2 歳齢～
混合ワクチン[a]	初年度 1 回目	初年度 2 回目	初年度 3 回目		追加投与	年 1 回
狂犬病ワクチン				初回投与[b]	追加投与	年 1 回

[a] 4 種混合（CPV，CDV，CAV-2，CPiV），5 種混合（CPV，CDV，CAV-2，CPiV，CCV），あるいはこれにレプトスピラを加えたものが一般的.
[b] 犬を取得した日（生後 90 日以内の犬を取得した場合にあっては，生後 90 日を経過した日）から 30 日以内.

通常，年 1 回の投与が継続して行われる.

適用するワクチンとして混合ワクチンが用いられるが，4 種混合（CPV，CDV，CAV-2，CPiV），5 種混合（CPV，CDV，CAV-2，CPiV，CCV），あるいはこれにレプトスピラを加えたものが一般的である.

一方，狂犬病ワクチンについては，狂犬病予防法によって「犬を取得した日（生後 90 日以内の犬を取得した場合にあっては，生後 90 日を経過した日）から 30 日以内に行うこと，以降は毎年 1 回追加接種すること」が義務化されており，また他の混合ワクチンとの同時投与を回避するよう指示されているため，狂犬病ワクチンを先に投与した場合，その他のワクチンは 1 週間以上の間隔をあけて投与し，その他の生ワクチンを先に投与した場合は 1 か月以上，不活化ワクチンを投与した場合は 1 週間以上の間隔をあけて狂犬病ワクチンを投与することとなっている.

【WSAVA ワクチネーションガイドライン】

WSAVA ワクチネーションガイドラインでは，CPV，CDV および CAV-2 に対するものをコアワクチンと位置づけ，これらの生ワクチンを初年度に投与した後，6 か月齢あるいは 1 歳齢時にブースター投与を行い，以降 3 年を超えない頻度で追加投与を行うことを推奨している（表 1-10）. これは，これら感染症に対する免疫は 3 年以上持続するという考えに基づく. 狂犬病ワクチンについては，流行地域や日本のように法的義務となっている国ではコアワクチンと認識されている. 一方，CPiV，ボルデテラ，インフルエンザ，レプトスピラおよびライム病に対するものはノンコアワクチン，CCV に対するものは非推奨ワクチンと位置付けている（注：日本では，CPV，細菌あるいは寄生虫との混合感染，高齢やストレス等により重篤化する可能性を懸念し，CCV ワクチンは一般的に適用されている）.

初回ワクチネーションは，コアワクチン（CPV，CDV および CAV-2 に対する生ワクチン）を生後 6～8 週齢で投与した後，2～4 週間隔で 16 週齢を超えるまで複数回（初回投与時の週齢および投与間隔により異なる），投与すること

表 1-10　WSAVA ワクチネーションガイドラインにおける犬の推奨ワクチネーションプログラム

ワクチン	初回ワクチネーション				追加投与		
	3週齢	6～8週齢		16週齢	6か月齢	1歳齢	2歳齢～
CPiV（生）† （鼻腔内投与）	単回					年1回	
ボルデテラ（生）† （鼻腔内投与）	単回					年1回	
CPV，CDV，CAV-2（生）§ （注射）		1回目		最終[a]	ブースター （6か月齢あるいは1歳齢）		3年に1回
インフルエンザ（不活化）† （注射）		1回目 （>6週齢）	2回目[b]			年1回	
レプトスピラ（不活化）† （注射）		1回目 （≥8週齢）	2回目[b]			年1回	
狂犬病（不活化）§ （注射）			単回投与[c] （12週齢）			ブースター	1～3年に1回
ライム病（不活化）† （注射）			1回目 （≥12週齢）	2回目[b]		年1回	

注）世界小動物獣医師会（World Small Animal Veterinary Association）によるガイドライン「Guidelines for Vaccination of Dogs and Cats（2015）」における犬のワクチネーションガイドラインの内容をまとめたものであるが，全てを網羅するものではないので，詳細については原文を参照のこと．

§：コア（狂犬病ワクチンは法令で要求される場合ならびに流行地においてコア），†：ノンコア

[a] CPV，CDV，CAV-2 ワクチンは，2～4週間隔で，16週齢を超えるまで複数回投与．

[b] 1回目投与後2～4週目に2回目投与．

[c] 高リスク地域では2～4週間隔で2回投与．

が推奨されている．ノンコアである CPiV およびボルデテラに対しては，早期に鼻腔内投与生ワクチンを適用することが望ましいとされ，インフルエンザ，レプトスピラおよびライム病に対するワクチンは，それぞれ6週齢以上，8週齢以上および12週齢以上で1回目の投与を行った後，2～4週目に2回目の投与が推奨されている．

狂犬病ワクチンの初回ワクチネーションは，12週齢時の単回投与を基本としているが，高リスク地域では2～4週間隔で2回投与が推奨され，1歳齢でのブースター投与後は，製品の免疫持続期間に応じ1年毎あるいは3年毎に行うよう推奨されている．

3-E-2. 猫のワクチネーションプログラム

猫の主要な感染症には，猫汎白血球減少症，猫ウイルス性鼻気管炎，猫カリシウイルス感染症，猫白血病ウイルス感染症，猫免疫不全ウイルス感染症，猫伝染性腹膜炎，狂犬病，*Chlamydophila felis* 感染症，ボルデテラ感染症などがあり，国内では猫伝染性腹膜炎およびボルデテラ感染症を除き，ワ

表 1-11　猫の主要な感染症に対するワクチン

病原体	対象疾病	国内ワクチン[a]	海外ワクチン[b]
猫汎白血球減少症ウイルス（FPV）	猫汎白血球減少症	あり（生・不活化）	あり（生・不活化）
猫ヘルペスウイルス1型（FHV-1）	猫ウイルス性鼻気管炎	あり（生・不活化）	あり（生・不活化）
猫カリシウイルス（FCV）	猫カリシウイルス感染症	あり（生・不活化）	あり（生・不活化）
猫白血病ウイルス（FeLV）	猫白血病ウイルス感染症	あり（不活化・組換え蛋白サブユニット）	あり（不活化・組換え蛋白サブユニット）
猫免疫不全ウイルス（FIV）	猫免疫不全ウイルス感染症	あり（不活化）	あり（不活化）
猫伝染性腹膜炎ウイルス（FIP）	猫伝染性腹膜炎	なし	あり（生）
狂犬病ウイルス	狂犬病	あり（不活化）	あり（不活化）
Chlamydophila felis	*Chlamydophila felis* 感染症	あり（死菌）	あり（生・死菌）
Bordetella bronchseptica	ボルデテラ感染症	なし	あり（生）

[a] 国内に製造販売承認があるもの．

[b] 海外（主に米国）で使用されているもの．

クチンが製造販売されている（表 1-11）.

日本では，3 種混合（FPV，FHV-1，FCV），4 種混合（FPV，FHV-1，FCV，FeLV）あるいは 5 種混合（FPV，FHV-1，FCV，FeLV，クラミドフィラ）が用いられ，ワクチン毎に認可された用法用量に基づき，4 ～ 8 週齢に初回投与を行い，その 2 ～ 8 週後に 2 回目の投与を行うのが一般的である（表 1-12）．また FIV は単味ワクチンのみなので，混合ワクチンとは別途に，8 週齢以降，2 ～ 3 週間隔で 3 回投与する．これら初年度のワクチネーションにより基礎免疫を付与した後，12 か月後に追加投与を行い，以降，毎年 1 回の投与が行われる．

【WSAVA ワクチネーションガイドライン】

WSAVA ワクチネーションガイドラインでは，FPV，FHV-1 および FCV に対するものをコアワクチンと位置づけ，これらワクチンを初年度に投与した後，12 か月後に追加投与，以降 3 年毎に追加投与を行うことを基本とし，高リスクの猫に対しては年 1 回の投与を推奨している（表 1-13）．特に，生ワクチンによる基礎免疫を獲得した猫については免疫記憶が得られているため，3 年またはそれ以上の間隔でもよいとされている．

一方，FeLV，FIV，ボルデテラおよびクラミドフィラに対するものはノンコアワクチン，FIP に対しては非推奨とされ

表 1-12　日本における一般的な猫のワクチネーションプログラム

	8 週齢～			1 歳齢	2 歳齢～
混合ワクチン[a]	初年度 1 回目	初年度 2 回目[b]		追加投与	年 1 回
FIV 単味ワクチン	初年度 1 回目[c]	初年度 2 回目[d]	初年度 3 回目[d]	追加投与	年 1 回

[a] 3 種混合（FPV，FHV-1，FCV），4 種混合（FPV，FHV-1，FCV，FeLV）あるいは 5 種混合（FPV，FHV-1，FCV，FeLV，クラミドフィラ）が一般的.
[b] 1 回目投与後 2 ～ 8 週（ワクチンの承認事項による）.
[c] その他の生ワクチンを先に接種した場合はその 1 か月以降，不活化ワクチンを先に投与した場合はその 1 週間以降に行う.
[d] 2 ～ 3 週間隔.

表 1-13　WSAVA ワクチネーションガイドラインにおける猫の推奨ワクチネーションプログラム

	初回ワクチネーション						追加投与		
ワクチン	4 週齢	6 ～ 8 週齢			16 週齢		6 か月齢	1 歳齢	2 歳齢～
ボルデテラ（生）†（鼻腔内投与）	単回							年 1 回	
FPV，FHV-1，FCV（生 / 不活化）§（注射）		1 回目			最終[a]		ブースター（6 か月齢あるいは 1 歳齢）		3 年に 1 回[b]
FeLV（不活化）†（注射）		1 回目[c]（8 週齢）	2 回目[d]					ブースター	2 ～ 3 年に 1 回
FIV（不活化）†（注射）		1 回目（8 週齢）	2 回目[e]	3 回目[e]				年 1 回	
Chlamydophila †（注射）			1 回目（9 週齢）	2 回目[e]				年 1 回	
狂犬病（不活化）§（注射）			単回投与（12 週齢）					ブースター	1 ～ 3 年に 1 回
FIP（生）※（注射）					1 回目	2 回目[d]		年 1 回	

注）世界小動物獣医師会（World Small Animal Veterinary Association）によるガイドライン「Guidelines for Vaccination of Dogs and Cats（2015）」における猫のワクチネーションガイドラインの内容をまとめたものであるが，全てを網羅するものではないので，詳細については原文を参照のこと．

§：コア（狂犬病ワクチンは流行地においてコア），†：ノンコア，※：非推奨

[a] FPV，FHV-1，FCV ワクチンは，2 ～ 4 週間隔で，16 週齢を超えるまで複数回投与.
[b] FHV-1 および FCV ワクチンは，高リスク環境では年 1 回.
[c] FeLV ワクチンは FeLV 陰性猫にのみ適用.
[d] 1 回目投与後 3 ～ 4 週目に 2 回目投与.
[e] 2 ～ 3 週間隔.

ている．

初回ワクチネーションは，コアワクチン（FPV，FHV-1 および FCV）を生後6～8週齢で投与した後，2～4週間隔で16週齢を超えるまで複数回投与することが推奨されている．ノンコアであるFeLVについては，特に屋外に出る習慣のある猫に対し，8週齢以降，3～4週間隔で2回投与，12か月後に追加投与，その後2～3年毎の投与が推奨されており，FIVについては，初回ワクチネーション（8週齢から3～4週間隔で3回投与）の1年後にブースター投与し，その後は継続して曝露リスクにある猫に対して年1回の追加投与を行う．クラミドフィラについては，多頭飼育環境の猫に対し，初回ワクチネーション（9週齢に1回，その3～4週後に2回目）の後，年1回の追加投与が推奨されている．

引用文献

1）今川浩（2004）：BTCニュース54号，pp2-5.
2）鎌田正信（2006）：BTCニュース63号，pp15-18.
3）松村富夫，近藤高志（2007）：馬鼻肺炎，社団法人全国家畜畜産物衛生指導協会.
4）Schwager et al.（1997）：*Vet. Immunol. Immunopathol.* 57, 105-119.
5）全国動物薬品器材協会（2016）：動薬手帳（2016年版），全国動物薬品器材協会.

コラム 「ワクチンの効能効果とは－その多様性」

感染症を防ぐにはワクチン接種による予防が最も有効な手段であり，人類が地球上から根絶した天然痘および牛疫においてもワクチンの貢献は絶大なものであった．ワクチンの効能効果は，一般的には「○○病（○○感染症）の予防」である．

（1）感染予防か発症予防か

「予防」には感染予防と発症予防の2通りの意味がある．感染予防とは，文字通り，ウイルスや細菌の感染そのものを防ぎ，体内（細胞内）での増殖をさせないことである．これに対して発症予防とは，感染や体内での増殖を完全に抑えず，部分的な増殖を許すが発症させるほどの増殖を防ぐものである．ワクチンの効果判定としては，発症を予防した場合でも感染を防いだと認識されがちである．また，急性感染症に対するワクチンについては，まず発症予防できることが求められた．これらのことから，ワクチンの効能効果は，おそらく両者を区別せず単に「予防」とされたものと思われる．したがって，これまでに承認されているワクチンをこの2つのカテゴリーに分けて例示することは困難である．

ただし，ワクチンを接種した動物を一定期間後に強毒株で攻撃し，そのペア血清で抗体価を測定し，抗体価に変動がない場合は感染予防ワクチン，抗体価が上昇した場合は感染を防止できず発症予防ワクチンであると区分できる．

なお，日本脳炎ウイルス，アカバネウイルス等の異常産を起こす感染症に対するワクチンでは，「○○ウイルスによる死流産・異常産の予防」という限定的な表現がなされている．

（2）発症予防ワクチン

効能効果として「豚オーエスキー病の発症予防」と発症予防が明記された最初のワクチンは，豚オーエスキー病生ワクチンで，1991年のことである．ヘルペスウイルスの特性でもある神経節への持続感染を防止することができないため，妥当な表記と思われる．しかし，同じヘルペスウイルスであっても，1972年に承認された牛伝染性鼻気管炎生ワクチンでは「牛伝染性鼻気管炎の予防」という記載であり，同年に承認されたマレック病生ワクチンも，発症（腫瘍）を阻止するワクチンであるが，効能効果は「マレック病の予防」であった．

（3）効能効果の多様性

ワクチンの効能効果に変化をもたらしたのは慢性感染症である．鶏マイコプラズマ症は，採卵鶏では育成率・産卵率の低下，肉用鶏では体重・飼料効率の低下等による経済被害が大きく，これらの被害を緩和できるようなワクチンであれば有用と考えられた．そこで，1991年に畜産局衛生課薬事室長から通知が出され，臨床試験でワクチン投与群と非投与群での飼料効率，増体率，産卵率の改善等に関して統計学的に有意差があれば，ワクチンの効果を認めるとされた．これにより，*Mycoplasma gallisepticum*（MG）感染症に対するワクチンの効能効果は，「MG感染による産卵率低下の緩和」として承認された．以降，「発症抑制」，「発症の軽減」，「腸管における○○菌の定着の軽減」，「ウイルスの排泄の抑制」等様々な効能効果が認められ，2008年に承認された豚サーコウイルス感染症不活化ワクチンに至っては「豚サーコウイルス2型感染に起因する死亡率の改善，発育不良豚の発生率の低減，増体量の低下の改善，臨床症状の改善およびウイルス血症発生率の低減」となっている．

ワクチンについての多様な効能効果は，一義的には当該ワクチンの特性に基づくものであろうが，①使用者のワクチンに対するニーズの変化，②開発メーカーの開発戦略（限定した効能効果で承認を取得しやすくする，責任の範囲を狭くする等），③ワクチン承認に対する国の柔軟な対応等があいまったものと思われる．一方で，古くに承認されたワクチンとの相違は，使用者に誤解を生むことになるので，再審査あるいは再評価の制度等を利用して整合性を図るべきと考える．

4. 抗体医薬：免疫チェックポイント阻害薬等

要約

抗体医薬は，疾患関連分子に特異的に結合する免疫グロブリンを有効成分とする医薬品で，標的分子の機能調節による疾患の治療や制御を目的とする．抗体医薬の標的分子は，細胞表面分子，サイトカイン，各種受容体，免疫チェックポイント分子など，多岐にわたる．特に腫瘍疾患や慢性感染症に対しては，免疫抑制の引き金となる免疫チェックポイント分子を標的とした阻害薬の開発が進められており，様々な慢性疾患に幅広く効能を示している．動物用抗体医薬も近年開発が活発化しているが，現時点ではその数は限られている．今後，基礎研究，臨床研究から得られた各疾病に関する知見を基にして，新たな動物用抗体医薬が開発されることが期待される．

4-1. 抗体医薬とは

抗体は免疫グロブリン（immunoglobulin）とも呼ばれ，本来，生体内では特定の抗原に結合することで生体防御に寄与する蛋白質である．抗体医薬とは，疾患関連分子を抗原として特異的に結合する抗体を作製し，標的分子（疾患関連分子）の機能を調節することにより疾患の治療や制御を目的とする医薬品を指す（国立医薬品食品衛生研究所生物薬品部「抗体医薬品・Fc 融合蛋白質」http://www.nihs.go.jp/dbcb/mabs.html，2016 年 10 月 28 日アクセス）．

このように，疾患関連分子の機能を制御することで病気を治療する医薬品を総称して分子標的薬と呼び，従来は低分子化合物（低分子医薬品）が分子標的治療に用いられてきた．抗体医薬は生体が本来もつ蛋白質である抗体を応用した分子標的薬であり，従来の低分子化合物とは異なる特長を有する（表 1-14）．まず，抗体医薬は標的分子以外への非特異的結合（作用）が起こりにくいため，低分子化合物のような副作用が少ない．また，抗体医薬は免疫グロブリンを基本構造としているため，生体内での安定性が高く血中半減期が長い．さらに，理論上はあらゆる標的分子に対して直接的に結合し作用する薬剤（抗体）を作ることが可能であるため，従来の分子標的薬では困難だった標的分子を対象とした治療法を樹立することが期待されている．また同様の理由から，抗体医薬の研究開発過程においては，治療標的となる疾患関連分子の同定が完了すれば治療薬（抗体）の開発に着手できるため，低分子化合物の場合は必要となるような，候補化合物の膨大なスクリーニングや最適な誘導体・化学修飾の検討等の開発手順を必要としない．そのため，一般的に新薬開発に要する期間は短いといわれている．一方で，抗体医薬は分子量が大きく構造が複雑であるため，低分子化合物のように化学合成することはできず，組換え抗体発現細胞（主に Chinese hamster ovary cell：CHO 細胞）やハイブリドーマを用いて生産される．長年の研究開発により安価で効率的な生産法（合成法）が確立されている低分子化合物と比べて，抗体医薬を大量に生産するためには費用がかかることから，価格（薬価）は高く設定されている．

表 1-14　抗体医薬の特長

項目	抗体医薬	低分子化合物
分子構造	複雑	簡単
標的因子への特異性	高い	非特異的結合が起こりやすい
生体内での安定性（血中半減期）	高い（長い；1 ～数週間）	低い（短い；数日）
毒性	低い	高い
副作用	限定的	多い
生産法	抗体産生細胞	化学合成
新薬開発に要する期間	比較的短い（5 ～ 10 年）	長い（10 ～ 15 年）
価格（薬価）	高価	安価

（備考）症例・薬剤等によっては上記の特長と異なることもある．

抗体医薬の歴史を振り返ると，1890 年に北里柴三郎と Emil von Behring が発表した破傷風とジフテリアの血清療法が，広義では世界初の抗体医薬といえるだろう．しかし，血清療法は抗血清中に含まれるポリクローナル抗体による防御効果を期待するものであるため効果が確実ではないことや，血清中の抗体以外の蛋白質が引き起こす副作用や効果の減弱が問題点であった．そのため，血漿中の免疫グロブリンを精製・濃縮した免疫グロブリン製剤が開発され，米国では1943年から日本では1954年から市販されるに至った．しかし，医療現場からはさらなる効果を見込んで，より純度の高い抗体が求められていた．そして，1975年にGeorges Köhler と César Milstein によりマウスモノクローナル抗体作製技術が確立され，あらゆる標的分子に対して特異的な抗体を樹立することが可能となったことで，抗体医薬の研究開発はさらに発展を遂げた．1986年に米国でマウスモノクローナル抗体 muromonab-CD3 が承認されて以来，現在までに日本・米国・ヨーロッパで60品目以上の抗体医薬が承認されている〔表1-15，2017年3月末時点（国立医薬品食品衛生研究所生物薬品部「抗体医薬品・Fc融合蛋白質」http://www.nihs.go.jp/dbcb/mabs.html，「これまでに日米欧で認可された抗体医薬品（2016年12月30日)」〕．一方で，動物用抗体医薬については現在までに上市されたものは1品目だけに留まり，承認済みや開発中のものを含めてもその数は10品目に満たない（表1-16）．以下にモノクローナル抗体を主成分とする抗体医薬について，はじめに人用抗体医薬を例にして解説し，次いで動物用抗体医薬の研究開発状況について紹介していく．

4-2．抗体医薬の種類

抗体（IgG）は，分子量約50kDaの重鎖と約25kDaの軽鎖と呼ばれるポリペプチド鎖がそれぞれ2本ずつ結合した構造（分子量約150kDa）をもち，重鎖と軽鎖には抗原認識に寄与する可変領域と抗体のサブクラスを決定する定常領域がそれぞれ存在する（図1-18）[9]．さらに可変領域のうち直接抗原と結合する領域は，相補性決定領域（complementarity-determining region：CDR）と呼ばれ，遺伝子配列の多様性が高い．可変領域のCDR以外の部分は，フレームワーク領域（framework region：FR）と呼ばれ，可変領域の立体構造を支持する役割を果たしている．哺乳類の免疫グロブリンには，IgG, IgM, IgA, IgE, IgDという5つのクラスがあるが，これまでに日米欧で承認されている抗体医薬は全てIgGを由来とするものである．さらに，人用抗体医薬を例にすると，抗体を構成する遺伝子の由来によってマウス抗体，マウス－人キメラ抗体，人化抗体，人抗体（完全人化抗体）の4種類に分類される（図1-18）．マウス抗体は人の生体内では異物として認識され，マウス抗体に対する中和抗体により排除されてしまうが，組換え遺伝子技術等を用いてマウス抗体を人抗体由来の遺伝子配列に置換していくことで中和抗体ができにくくなり，生体内での安定性が高まるとともに，中和抗体に起因する副作用（アレルギー症状など）が起こりにくくなる．

抗体医薬はその作用機序によって，①ブロッキング抗体（アンタゴニスト抗体），②ターゲティング抗体，③シグナリング抗体（アゴニスト抗体）の3種類に大別することができる（図1-19）[9]（中外製薬株式会社「抗体医薬の開発と展望」http://www.chugai-pharm.co.jp/html/meeting/pdf/060922.pdf）．ブロッキング抗体（アンタゴニスト抗体）とは，標的分子に結合することでその分子の作用を中和する抗体を指す．例えば，標的分子が可溶性蛋白質の場合，ブロッキング抗体は標的分子と受容体の結合を阻害することで，標的分子の生理作用を抑える役割を果たす．サイトカインやサイトカイン受容体，免疫チェックポイント（後述）に対する抗体医薬は，ブロッキング抗体に分類される．代表例としては，関節リウマチの治療に用いられる抗人TNF-α抗体（adalimumab，アダリムマブ）や，悪性黒色腫の治療に用いられる抗人PD-1抗体（nivolumab，ニボルマブ，後述）があげられる．ターゲティング抗体とは，抗体のFc領域を介してエフェクター蛋白質（補体やFcγ受容体）と結合し，補体依存性細胞傷害（complement dependent cytotoxicity：CDC）や抗体依存性細胞傷害（antibody dependent cellular cytotoxicity：ADCC）を誘導することで標的細胞（標的分子）

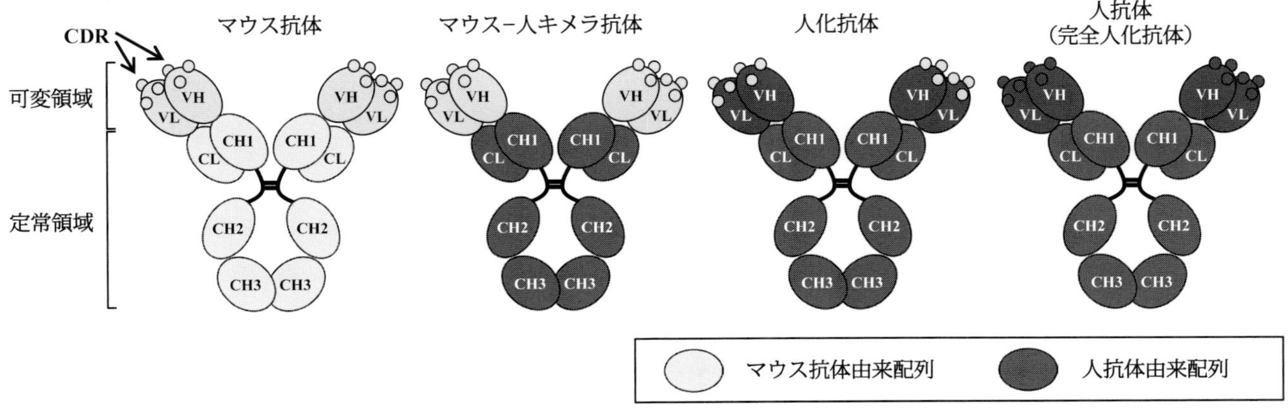

図1-18 抗体（IgG）の模式構造と構造別の分類

表 1-15　日米欧で承認された代表的な抗体医薬品

標的	一般名	商品名	分類	主な適応疾患	承認年
α 4 integrin	natalizumab	Tysabri	人化抗体	多発性硬化症	2004
C5	eculizumab	Soliris	人化抗体	発作性夜間血色素尿症	2007
CCR4	mogamulizumab	Poteligeo	人化抗体	CCR4 陽性成人 T 細胞白血病リンパ腫	2012
CD3	muromonab-CD3	Orthoclone OKT3	マウス抗体	腎移植後の急性拒絶反応	1986
CD20	rituximab	Rituxan/MabThera	キメラ抗体	B 細胞性非ホジキンリンパ腫	1997
	ibritumomab tiuxetan	Zevalin	マウス抗体	B 細胞性非ホジキンリンパ腫	2002
	ofatumumab	Arzerra	人抗体	慢性リンパ性白血病	2009
CD25	basiliximab	Simulect	キメラ抗体	腎移植後の急性拒絶反応	1998
CD30	brentuximab vedotin	Adcetris	キメラ抗体	ホジキンリンパ腫	2011
CD33	gemtuzumab ozogamic	Mylotarg	人化抗体	急性骨髄性白血病	2000
CD52	alemtuzumab	Campath	人化抗体	B 細胞性慢性リンパ性白血病	2001
CTLA-4	ipilimumab	Yervoy	人抗体	悪性黒色腫	2011
EGFR	cetuximab	Erbitux	キメラ抗体	頭頸部癌，結腸・直腸癌	2004
	panitumumab	Vectibix	人抗体	結腸・直腸癌	2006
HER2	trastuzumab	Herceptin	人化抗体	転移性乳癌	1998
	pertuzumab	Perjeta	人化抗体	HER2 陽性手術不能または再発乳癌	2012
	trastuzumab emtansine	Kadcyla	人化抗体	HER2 陽性転移・再発乳癌	2013
IgE	omalizumab	Xolair	人化抗体	喘息	2003
IL-12/IL-23 p40	ustekinumab	Stelara	人抗体	尋常性乾癬，関節症性乾癬	2009
IL-17A	secukinumab	Cosentyx	人抗体	尋常性乾癬，関節症性乾癬	2014
	ixekizumab	Taltz	人化抗体	尋常性乾癬	2016
IL-17RA	brodalumab	Lumicef	人抗体	尋常性乾癬	2016
IL-1 β	canakinumab	Ilaris	人抗体	クリオピリン関連周期性症候群	2009
IL-5	mepolizumab	Nucala	人化抗体	喘息	2015
IL-6R	tocilizumab	Actemra	人化抗体	キャッスルマン病，関節リウマチ	2005
PCSK9	evolocumab	Repatha	人抗体	高コレステロール血症	2015
	alirocumab	Prauluent	人抗体	高コレステロール血症	2015
PD-1	nivolumab	Opdivo	人抗体	悪性黒色腫，非小細胞肺癌，腎細胞癌	2014
	pembrolizumab	Keytruda	人化抗体	悪性黒色腫，非小細胞肺癌，頭頸部癌	2014
PD-L1	atezolizumab	Tecentriq	人化抗体	膀胱癌，非小細胞肺癌	2016
RANKL	denosumab	Prolia/Xgeva，Ranmark	人抗体	骨粗鬆症，骨病変，骨巨細胞腫	2010
RSV F protein	palivizumab	Synagis	人化抗体	RS ウイルス感染症	1998
SLAMF7	elotuzumab	Empliciti	人化抗体	多発性骨髄腫	2015
TNF- α	infliximab	Remicade	キメラ抗体	関節リウマチ	1998
	adalimumab	Humira	人抗体	関節リウマチ，乾癬，クローン病	2002
	certolizumab pegol	Cimzia	人化抗体	関節リウマチ，重症クローン病	2008
	golimumab	Simponi	人抗体	関節リウマチ	2009
VEGF	bevacizumab	Avastin	人化抗体	結腸・直腸癌	2004
VEGF-A	ranibizumab	Lucentis	人化抗体	加齢黄斑変性	2006
VEGFR2	ramucirumab	Cyramza	人抗体	胃癌	2014

備考 1：国立医薬品食品衛生研究所生物薬品部「これまでに日米欧で認可された抗体医薬品（2016 年 12 月 30 日）」より引用し，厚生労働省，米国 FDA および欧州委員会の承認状況から一部補足（2017 年 3 月末時点）．
備考 2：「承認年」には，日本，米国，ヨーロッパのいずれかで初めて承認された年を記載．

表 1-16　日米欧で承認済みまたは開発中の動物用抗体医薬品

標的	治療対象	一般名	商品名	分類	サブクラス	適応疾患	承認年	会社名
猫ヘルペスウイルス 1 型，猫カリシウイルス	猫	キメロン	キメロン	猫–マウスキメラ抗体	IgG1 κ	猫ウイルス性鼻気管炎，猫カリシウイルス感染症	1996（日本）	化学及血清療法研究所（日本）
CD20	犬	blontuvetmab	Blontress	犬化抗体	IgG2 λ	B 細胞性リンパ腫	2015（米国）	Aratana Therapeutics（米国）
CD52	犬	tamtuvetmab	Tactress	犬化抗体	IgG	T 細胞性リンパ腫	2016（米国）	Aratana Therapeutics（米国）
IL-31	犬	lokivetmab	Cytopoint	犬化抗体	IgG	アトピー性皮膚炎	2016（米国）	Zoetis（米国）
NGF	犬	ranevetmab（NV-01）		犬抗体	IgG	変形性関節症	未承認	Nexvet（オーストラリア）
NGF	猫	frunevetmab（NV-02）		猫抗体	IgG	変形性関節症	未承認	Nexvet（オーストラリア）

備考：2017 年 3 月末時点

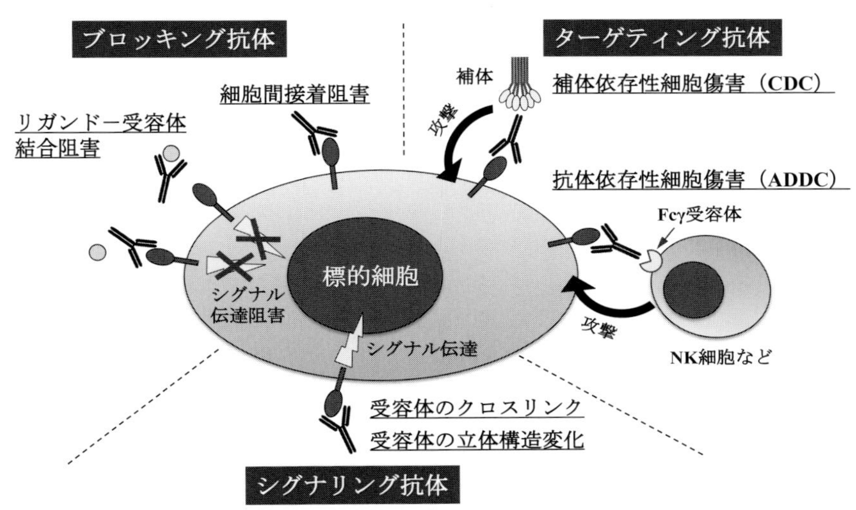

図 1-19　抗体医薬の作用機序（中外製薬株式会社「抗体医薬の開発と展望」より引用し，一部改変）

を攻撃，除去する抗体である．癌細胞や感染細胞に発現する抗原分子を標的とする抗体がターゲティング抗体に含まれる．人 CD20 を標的として B 細胞性非ホジキンリンパ腫の治療に用いる rituximab（リツキシマブ）がその 1 例である．また，抗体に抗癌剤（低分子化合物）や放射性同位体，毒素を修飾することで，化学療法または放射線療法の作用を取り入れた抗体医薬も登場しており，これらもターゲティング抗体に分類される．シグナリング抗体は，標的分子（主に受容体）に対するアゴニストとして働き，標的受容体の下流シグナルを活性化する抗体を指す．シグナリング抗体については，現在のところ承認された抗体医薬品は存在しない．

4-3. 免疫チェックポイントに対する抗体医薬

医療・獣医療のどちらにおいても腫瘍疾患に対する免疫療法は，外科手術，化学療法，放射線療法に次ぐ第 4 の治療法として長年期待されてきた．実際に，養子免疫細胞療法（癌患者のリンパ球を体外に取り出し，活性化刺激を加えて増殖させた後に患者体内に戻す治療法）や腫瘍抗原のワクチンをはじめとする様々な免疫療法が開発され試されてきたが，十分な効果を発揮する治療法の樹立には至っていなかった．この理由としては，腫瘍細胞が様々な免疫回避機構を有しており，患者体内で期待される免疫療法の効果が得られなかった可能性が指摘されている [8]．腫瘍のもつ免疫回避機序のうち，免疫細胞の機能を負に制御する因子を総称して免疫チェック

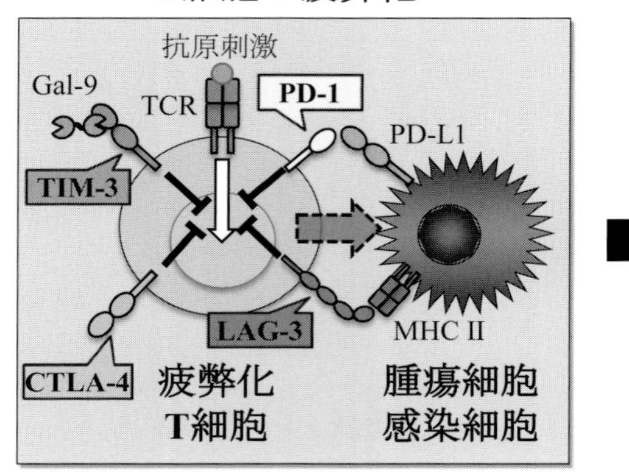

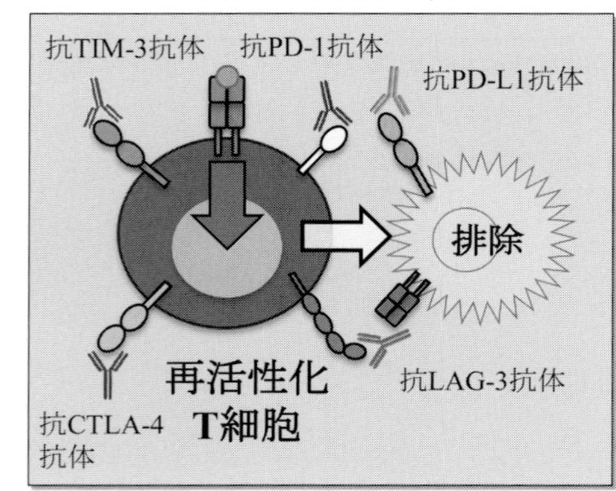

図 1-20　免疫チェックポイントを介した T 細胞の疲弊化

ポイント分子*16 と呼ばれている．

ここではまず，免疫チェックポイント分子の中でも代表的な Programmed death 1（PD-1）/PD-ligand 1（PD-L1）を例にあげて説明したい（図 1-20）[2, 10]．PD-1 は，T 細胞に発現する免疫抑制受容体であり，リガンドの PD-L1 と結合することにより T 細胞の活性化シグナル伝達を阻害し，T 細胞のエフェクター機能を抑制する働きをもつ（T 細胞の疲弊化*17）．通常，T 細胞は主要組織適合遺伝子複合体（major histocompatibility complex：MHC）を介した抗原提示やサイトカイン（IFN-γ 等）の刺激を受けると，細胞膜上に発現した T 細胞受容体や共刺激分子（CD3，CD28），サイトカイン受容体から活性化シグナルが伝達され，サイトカインやエフェクター分子の転写が活性化される．この時，PD-1 は T 細胞の活性化シグナルに対するネガティブフィードバックとして同時に転写され，健常時には過剰な T 細胞応答が起こることを防いでいる．しかし，腫瘍疾患や慢性感染症などの慢性疾患においては，抗原提示や慢性的なサイトカイン環境など，T 細胞への活性化シグナルが持続した結果，PD-1 などの免疫抑制受容体が過剰発現してしまう．一方で，腫瘍細胞や感染細胞，または抗原提示細胞はリガンドである PD-L1 を発現しており，T 細胞上の PD-1 と結合することで T 細胞の疲弊化が引き起こされる．このように，PD-1/PD-L1 に起因する T 細胞の疲弊化は，人の腫瘍疾患（悪性黒色腫，非小細胞肺癌，腎細胞癌，膀胱癌など）や慢性感染症（HIV 感染症や HTLV 感染症，ウイルス性肝炎，結核，マラリアなど）における病態形成に寄与することが知られている[2, 10]．しかしその一方で，PD-1 と PD-L1 の結合を抗 PD-1 抗体または抗 PD-L1 抗体（ブロッキング抗体）を用いて阻害することにより，疲弊化していた腫瘍特異的 T 細胞の応答を再活性化し，抗腫瘍効果・抗病原体効果を得ることができる．この作用機序に着目し開発されたのが，抗人 PD-1 抗体である nivolumab（ニボルマブ，商品名 オプジーボ，小野薬品工業 / ブリストル・マイヤーズスクイブ）や pembrolizumab（ペンブロリズマブ，商品名 キートルーダ，米国メルク MSD），抗人 PD-L1 抗体である Atezolizumab（アテゾリズマブ，商品名 Tecentriq，ロシュ / 中外製薬）である．ニボルマブとペンブロリズマブについては，悪性黒色腫や非小細胞肺癌などの腫瘍疾患を対象として臨床試験が行われ，従来の治療法に耐性のある患者において腫瘍の退縮や生存期間の延長が認められ，完全に腫瘍が寛解するケースも認められた．この結果を受け，2014 年に nivolumab は日本，pembrolizumab は米国を皮切りに販売が開始された．また，上記以外の腫瘍疾患にも適応を拡大するべく臨床試験が進められている他，様々な製薬会社が PD-1/PD-L1 阻害薬の開発を進めている（表 1-17）．

また，PD-1/PD-L1 以外の免疫抑制受容体（免疫チェックポイント）である lymphocyte activation gene 3（LAG-3），T cell immunoglobulin and mucin domain 3（TIM-3），cytotoxic T lymphocyte associated protein 4（CTLA-4）が T

---

*16 免疫チェックポイント分子：持続的な抗原刺激などによって T 細胞の細胞膜表面に発現し，T 細胞の活性化シグナルを阻害することで，T 細胞の機能を負に制御する因子の総称．PD-1，CTLA-4，LAG-3，TIM-3 など．免疫抑制受容体，負の共刺激分子とも呼ばれる．

*17 T 細胞の疲弊化：T 細胞に免疫チェックポイント分子が過剰発現し，その抑制性シグナルにより細胞増殖能，サイトカイン産生能，細胞傷害性などの機能が低下した状態．慢性疾患（慢性感染症や腫瘍疾患）において広く認められ，免疫抑制機序の一端を担う．

表 1-17　承認済みまたは開発中の PD-1/PD-L1 阻害薬

標的	一般名	商品名	分類	サブクラス	承認済みの適応疾患	承認申請中・臨床試験中の主な適応疾患	承認年	会社名
PD-1	nivolumab	Opdivo	人抗体	IgG4	悪性黒色腫，非小細胞肺癌，腎細胞癌，ホジキンリンパ腫，頭頸部癌	胃癌，食道癌，小細胞肺癌	2014（日本）	小野薬品工業 / ブリストル・マイヤーズスクイブ
	pembrolizumab	Keytruda	人化抗体	IgG4 κ	悪性黒色腫，非小細胞肺癌，頭頸部癌，ホジキンリンパ腫	膀胱癌，乳癌，胃癌	2014（米国）	米国メルク（MSD）
PD-L1	atezolizumab	Tecentriq	人化抗体	IgG1 κ	非小細胞肺癌，膀胱癌	乳癌，腎細胞癌，小細胞肺癌	2016（米国）	ロシュ / 中外製薬
	avelumab	Bavencio	人抗体	IgG1	転移性メルケル細胞癌	卵巣癌，尿路上皮癌	2017（米国）	メルク / ファイザー
	durvalumab		人抗体	IgG1	－	非小細胞肺癌，尿路上皮癌，頭頸部癌	未承認	アストラゼネカ

備考：2017 年 3 月末時点

細胞上に発現し，T 細胞の活性化やエフェクター機能を抑制性に制御することも知られている[10]．これらの免疫チェックポイント分子も様々な腫瘍疾患や慢性感染症の病態進行に伴い発現が誘導されており，慢性疾患の治療標的として有望であると考えられている．実際に CTLA-4 に関しては，人の悪性黒色腫を対象として抗人 CTLA-4 抗体 ipilimumab（イピリムマブ，商品名 ヤーボイ，ブリストル・マイヤーズスクイブ / 小野薬品工業）が開発され，すでに使用されている．

4-4.　動物における免疫チェックポイント研究

動物における免疫チェックポイント研究は，牛の慢性感染症[1, 6, 7]や犬の腫瘍疾患[3, 4]，鶏のウイルス性腫瘍疾患[5]を中心に進められている．免疫チェックポイント分子（PD-1，PD-L1，PD-L2，CTLA-4，LAG-3，TIM-3 など）の遺伝子配列は，すでに様々な動物種（牛，犬，豚，馬，羊，山羊，水牛，猫，鶏など）で決定されており，哺乳類（人，マウスを含む）については各遺伝子の相同性が高く，細胞質内の抑制性シグナルモチーフも保存されていたことから，先行研究のある人やマウスの免疫チェックポイント分子と同様の機能があると予想された．さらに各動物種における病態解析の結果，牛の慢性感染症（牛白血病，ヨーネ病，アナプラズマ病など）や，犬の腫瘍疾患（悪性黒色腫，骨肉腫，血管肉腫，乳腺腺癌など），鶏のウイルス性腫瘍疾患（マレック病）で PD-1/PD-L1 をはじめとした免疫チェックポイント分子が，各疾病の病態進行に伴って過剰発現していることが分かった．このことから，動物の慢性疾患においても，免疫チェックポイント分子が起点となって T 細胞の疲弊化が誘導され，腫瘍細胞や感染細胞による免疫回避や疾病の病態悪化に寄与することが示唆されている．現在は，様々な動物種の免疫チェックポイント分子（PD-1，PD-L1，LAG-3 など）に対するブロッキング抗体が樹立され，それらを基にして牛キメラ抗体，犬キメラ抗体の開発が進められている．これらのキメラ抗体については，牛の慢性感染症や犬の腫瘍疾患を対象とした臨床試験がすでに開始されており，生体内での抗病原体効果，抗腫瘍効果が認められている．このように，免疫チェックポイントを標的とした抗体医薬は疾病横断的，かつ動物種横断的な治療法・制御法としての応用が期待される．

4-5.　動物に対する抗体医薬の展望

最後に，免疫チェックポイント阻害薬以外の，動物に対する抗体医薬の開発状況について解説する（表 1-16）．現時点（2017 年 3 月末）で販売されている動物用抗体医薬は，抗猫ウイルス性鼻気管炎ウイルス・抗猫カリシウイルス混合抗体（商品名 キメロン）のみだが，ここ数年で動物用抗体医薬の研究開発が活発になってきている．例えば，Aratana Therapeutics 社は犬の B 細胞性リンパ腫または T 細胞性リンパ腫を対象疾病とする抗体医薬として，抗犬 CD20 抗体（Blontuvetmab，商品名 Blontress）ならびに抗犬 CD52 抗体（Tamtuvetmab，商品名 Tactress）を，Zoetis 社は犬のアトピー性皮膚炎に対する抗体医薬として抗犬 IL-31 抗体（Lokivetmab，商品名 Cytopoint）を開発し，米国農務省（USDA）から承認を得ている．また，Nexvet 社は犬または猫の変形性関節症に対する抗体医薬として抗犬 NGF 抗体（NV-01）または抗猫 NGF 抗体（NV-02）を樹立し，現在臨床試験が進められている．ここまでに示した標的因子についてはいずれも，人の同種疾病において抗体医薬が販売されているか，開発段階にあるものである．このことは，人の疾病に関する研究で得られた知見が動物の疾病制御にも応用できる可能性があることを示している．また逆に，犬や猫をはじめとする小動物が人の疾病モデルとなり得ると考えることもできるだろう．

動物用抗体医薬の開発は人用抗体医薬と比較すると非常に遅れをとっている．これは当然，医療と獣医療における市場や研究開発の規模の違いも大きく影響しているが，研究的側面から考えると動物の疾病に関する病態解析（疾病関連因子の同定）が十分になされていないことも要因としてあげられるだろう．今後は獣医学分野が総力をあげ，様々な疾病の病態解析ならびに動物用抗体医薬の開発を推進し，現在は治療や制御が困難な動物の疾病に対する効果的な分子標的薬が樹立されることを期待したい．

引用文献

1）Ikebuchi, R. et al.（2013）：*Vet. Res.* 44, 59.
2）Keir, M.E. et al.（2008）：*Annu. Rev. Immunol.* 26, 677–704.
3）Maekawa, N. et al.（2014）：*PLoS One*, 9:e98415.
4）Maekawa, N. et al.（2016）：*PLoS One*, 11:e0157176.
5）Matsuyama-Kato, A. et al.(2012)：*Virol. J.* 9, 94.
6）Okagawa, T. et al.(2016)：*Infect. Immun.* 84, 77–89.
7）Okagawa, T. et al.(2016)：*Infect. Immun.* 84, 2779–2790.
8）Schreiber, R.D. et al.（2011）：*Science* 331, 1565–1570.
9）関根　進（2009）：科学技術動向（*Science & Technology Trends*），October, 13–25.
10）Wherry, E.J.（2011）：*Nat. Immunol.* 12, 492–499.

5. 動物用バイオ医薬品

要約

動物用バイオ医薬品は，遺伝子組換え技術などにより生産された蛋白質等を有効成分とする動物用医薬品で，サイトカイン類，成長ホルモン類，成長因子類，インスリン類，モノクローナル抗体などを有効成分とする製剤である．人用のバイオ医薬品では生産に遺伝子組換え培養細胞などが多く用いられているが，動物用バイオ医薬品では遺伝子組換え昆虫ウイルスをカイコに感染させる遺伝子発現系などが用いられている．遺伝子発現による蛋白質生産技術は進歩を続けており，動物用バイオ医薬品の生産に適した様々な技術が開発されているので，人のバイオ医薬品に続き，動物用医薬品でもバイオ医薬品の開発が加速されることが期待される．

5-1. バイオ医薬品とは

バイオ医薬品とは，「生物に由来した医薬品」という大きなとらえ方から「遺伝子組換え技術，細胞融合，細胞培養技術などのバイオテクノロジーを用いて生産する医薬品」というとらえ方まであり，必ずしもはっきりした定義はないようである．さらに，「バイオテクノロジーを用いて生産した蛋白質医薬品」とする場合から「遺伝子治療に用いる遺伝子組換えウイルスや再生医療用の細胞性治療薬，プラスミドやアプタマー等 DNA や RNA の断片」を含める考え方，治療薬に加えて「DNA ワクチンなどのワクチン」を含める場合もある．動物用バイオ医薬品としては動物医薬品検査所の「動物用医薬品等の承認申請に関する相談の Q & A」II（答 21）に「バイオテクノロジー応用医薬品（バイオ医薬品）とは，組織，体液，細胞培養から単離され，または組換えデオキシリボ核酸（r-DNA）技術により生産され，十分に特性解析がなされた蛋白質，ポリペプチド類およびそれらの誘導体を有効成分とする医薬品．したがって，サイトカイン類，成長ホルモン類および成長因子類，インスリン類およびモノクローナル抗体等を有効成分とする製剤を含み，抗生物質類，ヘパリン類，ビタミン類，細胞の代謝産物類，DNA 産物類，DNA ワクチン，アレルゲン抽出物類，従来型ワクチン類，細胞類，ならびに全血および血液の細胞成分を有効成分とする製剤は含まれない」と記載されており，これが我が国としての動物用バイオ医薬品の定義だと考えられる．バイオ医薬品は生物によって生産されるポリペプチドより大きい物質であるため，化学合成によって生産される医薬品と比較して分子量が大きく構造が複雑である．一般的に化学薬品と異なり，特定のターゲットに対して作用するため副作用が少ないと考えられるが，培養，精製などの生産工程がより複雑で保存条件などの制約が多く，コストが高くなる傾向にある．

5-2. バイオ医薬品開発の経緯

人の医薬品では，世界的に低分子の化学合成医薬品からバイオ医薬品へと大きくシフトしつつある．これは大量細胞培養技術の進歩と，遺伝子組換え技術を用いた遺伝子発現系による蛋白質の生産技術の発展とも大きく関わっている．我が国で最初に承認されたバイオ医薬品はインスリンである．1921 年に発見されたインスリンは 1923 年にはその製剤が発売されている．しかし，当時は家畜の膵臓に含まれる微量のインスリンから調製していたため，大量の家畜を必要とし，抽出と精製は困難なため高価であり，また人のインスリンと構造の違いもあるなど多くの問題を抱えていた．この状況を大きく変えたのが遺伝子発現による蛋白質生産技術である．1980 年代に入り大腸菌，あるいは酵母を用いた遺伝子発現系によって生産した人インスリンを用いた製剤が販売されるようになった．さらにこの技術は成長ホルモンやインターフェロンなど種々のバイオ医薬品の開発に繋がっていった．現在我が国で承認されているバイオ医薬品をみると，サイトカイン類は大腸菌の遺伝子発現系がよく用いられているが，その他ではチャイニーズハムスター卵巣細胞（CHO 細胞）の遺伝子発現系を用いているものが多い（国立医薬品食品衛生研究所 生物薬品部「承認されたバイオ医薬品」http://

表 1-18 我が国で承認された動物用バイオ医薬品

主成分	商品名	承認年月日	製造販売業者	生産方法	投与経路	効能効果
猫インターフェロン -ω	インターキャット	1993.11.29	東レ株式会社	BmNPV- カイコ遺伝子発現系	静脈内注射	猫：猫カリシウイルス感染症 犬：犬パルボウイルス感染症
抗猫ヘルペスウイルス 1 型抗体 抗猫カリシウイルス抗体	キメロン -HC	1996. 9.25	一般財団法人化学及血清療法研究所	遺伝子組換えマウス ミエローマ細胞発現系	皮下注射	猫：猫ウイルス性鼻気管炎および猫カリシウイルス感染症の治療
人インターフェロン -α	ビムロン	2004. 7.16	バイオベット株式会社	林原法（非遺伝子組換え）	経口投与	牛（1 か月齢未満）：ロタウイルス感染症による軽度下痢の発症日数の短縮，症状改善，増体量低減の改善 豚：大腸菌性下痢症における発症日数の短縮，症状改善
犬インターフェロン -γ	インタードッグ	2005. 6. 8	東レ株式会社	BmNPV- カイコ遺伝子発現系	皮下注射	犬：アトピー性皮膚炎における症状の緩和
犬インターフェロン -α	インターベリ -α	2013.10.11	ホクサン株式会社	遺伝子組換えイチゴ発現系	経口投与	犬：歯肉炎指数が 1 以下の歯肉炎の軽減
コナヒョウダニアレルゲン Darf2	アレルミューン HDM	2014. 4. 7	日本全薬工業株式会社	BmNPV- カイコ遺伝子発現系	皮下注射	犬：犬アトピー性皮膚炎の減感作療法による症状改善

www.nihs.go.jp/dbcb/approved_biologicals.html）．発現効率の高い CHO 細胞が繁用されているのは，細胞の大量培養技術の進歩も大きな要因であるが，生理活性蛋白質の多くが糖蛋白質であり，生理活性に糖鎖構造が関与する可能性があるため，哺乳類型の糖鎖付加が期待できることも重要な要素である．一方，動物用バイオ医薬品として最初に上市されたのは 1993 年に承認されたカイコ核多角体病ウイルス（*Bombyx mori* nucleopolyhedrovirus：BmNPV）*18 －カイコ遺伝子発現系で生産した猫インターフェロン－ω（商品名：インターキャット）であった．昆虫ウイルスを用いる遺伝子発現系としてはヤガ科などの蛾の幼虫に感染するウイルスを用いる方法もあるが，宿主として昆虫の培養細胞を用いるのに対し，BmNPV- カイコ遺伝子発現系 [2)] は遺伝子を組換えた BmNPV をカイコに接種して体液中に蓄積した組換え蛋白質を回収する，すなわちカイコ個体を培養タンクとする方法である．カイコは高等動物であり，飼養管理技術が発達しており，組換え蛋白質の生産効率も高く，さらに昆虫の幼虫としては大型である．そのため，蛋白質に付加する糖鎖修飾が哺乳類に類似していることと，培養液や装置などにコストのかかる細胞培養より安価に目的の蛋白質を生産できることが期待できる．これに加えて，生産規模が変わっても飼育頭数（「培養タンク」の個数）を変えることで対応するので，培養細胞系と異なり生産効率が影響されにくいという特徴がある．これらのことが，人の医薬品と比較して市場規模が小さく，価格を高くしにくい動物用医薬品の生産に適していたのだと思われる．

*18 カイコ核多角体病ウイルス（BmNPV）：非脊椎動物特有のバキュロウイルスの一種で宿主のカイコに感染すると多角体蛋白質を大量に生産して多角体を形成し，その中に包埋されて不活化を防ぐ．この多角体蛋白質の生産能力を蛋白質生産に利用する．BmNPV- カイコ発現系は当時鳥取大学に在籍していた前田　進らが開発した．

5-3. 現在承認されている動物用バイオ医薬品

これまでに承認されている動物用バイオ医薬品には次のものがある．1993 年に東レ株式会社が商品名「インターキャット」として承認を受けた前述の猫インターフェロン－ω は猫カリシウイルス感染症と犬パルボウイルス感染症を効能効果とするが，東レ株式会社が技術導出したフランスの Virbac 社は商品名「Virbagen Omega」，効能効果を猫白血病ウイルス感染症，猫免疫不全ウイルス感染症，犬パルボウイルス感染症としてヨーロッパで承認を受けた．1996 年に化学及血清療法研究所が商品名「キメロン -HC」として承認を受けた抗猫ヘルペスウイルス 1 型抗体と抗猫カリシウイルス抗体の混合抗体は猫ウイルス性鼻気管炎と猫カリシウイルス感染症の治療を効能とする．2004 年にバイオベット株式会社が商品名「ビムロン」として承認を受けた人インターフェロン－α は子牛のロタウイルス感染症と豚の大腸菌性下痢症の改善を効能効果とする．2005 年に東レ株式会社が商品名「インタードッグ」として承認を受けた犬インターフェロン－γ は犬のアトピー性皮膚炎における症状の緩和を効能効果とする．2013 年にホクサン株式会社が商品名「インターベリー－α」として承認を受けた犬インターフェロン -α は犬の歯肉炎の軽減を効能効果とする．2014 年に日本全薬工業株式会社が商品名「アレルミューン HDM」として承認を受けたイエダニアレルゲンは犬のアトピー性皮膚炎の減感作を効能効果とする．

これらのうち,「インターキャット」「インタードッグ」「アレルミューン HDM」は前述した BmNPV- カイコ遺伝子発現系で生産されている．一方,「インターベリー - α 」は遺伝子組換えイチゴによって生産される．これは近年施設園芸技術が進歩し，密閉した施設内で水耕栽培することにより極めて清浄な状態で効率よく植物を生産できるようになったため可能になったと考えられる．「キメロン -HC」は遺伝子組換えマウスミエローマ細胞,「ビムロン」は林原法*[19] による非遺伝子組換え技術によっている．BmNPV- カイコ遺伝子発現系や遺伝子組換え植物は人のバイオ医薬品ではあまり用いられておらず，動物用バイオ医薬品はむしろ先進的といえるのではないか．

5-4. 今後の動物用バイオ医薬品開発

動物用バイオ医薬品の開発スピードはこれまで早いとはいえなかったが，サイトカインなどの生理活性物質では生体側の免疫系を制御するなど抗菌薬などとは異なる作用機作による効果が期待できる．このため薬剤耐性菌への効果や抗菌薬の使用量低減も期待できる．したがって遺伝子発現系による生理活性蛋白質生産技術の進歩に伴って動物用バイオ医薬品の開発が促進されると考えられる．現在，バイオ医薬品開発を念頭に置いているとみられる数種類の生理活性蛋白質の遺伝子発現系による生産について「産業利用のための遺伝子組換え第二種使用の拡散防止措置」が農水省で確認されている．これらには大腸菌，BmNPV- カイコ，ブレビバチルス，カイコ，鶏の遺伝子発現系が使用されている．生産量や生産の安定性を含めて目的蛋白質の性状が遺伝子発現系によって異なるため,バイオ医薬品開発にはその選定が重要な要素となる．今後動物用バイオ医薬品を開発する上で有用な遺伝子発現系には次のようなものがある．

①ブレビバチルス遺伝子発現系*[20] は羊の採毛薬としてオーストラリアで市販されている人上皮成長因子（EGF）や豚丹毒のサブユニットワクチン抗原の生産に使用されている発現系である．ブレビバチルスはグラム陽性菌であるためエンドトキシンを生産しない．また，蛋白質分解酵素遺伝子をノックアウトした菌が使用されており，目的の蛋白質を分泌させて培地中に蓄積させるため，菌体を破壊せずに回収できるので精製が比較的容易で，かつ発現蛋白質が菌の生育を阻害しないため生産能力も高く，大量培養も容易である．ただし，糖蛋白質に糖鎖が付加しない．

②カイコ遺伝子発現系では蛋白質を大量に生産しているカイコの絹糸腺で目的の蛋白質を生産させ，絹糸腺あるいは繭から回収する．絹糸は糸本体を構成するフィブロインと周りを覆っているのり状のセリシンで構成されており，一般的にはセリシンが分泌される中部絹糸腺で目的の蛋白質を生産させてセリシン層に蓄積させる．絹糸腺内には蛋白質分解酵素が存在せず，ほとんどセリシンとフィブロインの 2 種類の蛋白質で占められており，セリシン層に蓄積している目的の蛋白質は緩衝液によって溶出できるので精製が比較的容易である．また，糖鎖修飾などの蛋白質の翻訳後修飾が哺乳類のものと類似しており，絹糸腺で遺伝子発現させるので生産能力も高く，飼育頭数を変えることにより生産規模を容易に調節できる．微生物を用いる発現系と異なり，組換え体の管理や除去が容易であり，また，繭に目的の蛋白質を蓄積させる場合は繭の状態で保管すれば安定性も高いので保管が容易であるという特徴がある．医薬品を生産する場合系統の安定的保存，維持が求められるがこれまで受精卵の凍結保存が難しかった．しかし，最近は卵巣や精子の凍結保存技術の開発が進み，組換えカイコ系のマスターセルバンク構築も可能になってきた．現在，組換えカイコ系で生産した人 I 型コラーゲン α 1 鎖が化粧品の保湿剤として販売されているほか，モノクローナル抗体の生産などにも使用されており，さらに動物用バイオ医薬品を含め，医薬品開発を目指した研究が進められている．

③鶏遺伝子発現系では目的の蛋白質を卵白中に蓄積させるので，鶏卵を回収し，卵白から精製して目的の蛋白質を回収する．この発現系では,卵白中に蛋白質分解酵素が存在せず,糖鎖の付加した糖蛋白質が生産でき，発現能力も高く，飼育する産卵鶏の羽数を変えることにより生産規模を容易に調節できる．これまでに種々のモノクローナル抗体などが鶏の系で生産されており，最近アレクシオファーマ社がこの発現系で生産したセベリパーゼ - α（商品名：カヌマ，人のライソソーム病の一種の治療薬）が米国の FDA に続いて我が国でも承認されて話題になった．株式会社カネカが開発を公表し

*[19] 林原法：人細胞を新生ハムスターに接種し，3 ～ 4 週間後に増殖した細胞を浮遊培養・誘発剤刺激することによって目的の蛋白質を分泌させる．

*[20] ブレビバチルス遺伝子発現系：蛋白質の分泌生産能力の高い菌として選抜されたブレビバチルス・チョウシネンシス（*Brevibacillus choshinensis*）HPD31 の蛋白質分解酵素遺伝子や胞子形成遺伝子をノックアウトした株が使用されている．目的蛋白質遺伝子の N 末端にシグナルペプチド遺伝子を付加して分泌発現させるが，シグナルペプチドは細胞膜通過時に切断される。現在，受託生産に使用されているだけでなく，実験室レベルで使用するキットも市販されている．

表 1-19　動物用バイオ医薬品開発に有用な遺伝子発現系

遺伝子発現系	蛋白質生産・精製方法	特徴等
ブレビバチルス菌	・プロテアーゼ遺伝子と胞子形成遺伝子をノックアウトした *Brevibacillus choshinensis* に分泌シグナルをつけた目的の蛋白質遺伝子を導入する. ・菌を液体培地で培養し，分泌した目的蛋白質を培養液中に蓄積させる. ・培養液の遠心し，菌体を除去する.	・グラム陽性菌なのでエンドトキシンを生産しない. ・生産した蛋白質のプロテアーゼによる分解が起こらない. ・目的の蛋白質の生産能力が高い. ・菌体を破砕しないので夾雑物が少ない. ・胞子を形成しないので組換え体を管理しやすい. ・羊の毛刈り剤として使用されている EGF，豚丹毒ワクチン「スワイバック ERA」のサブユニットワクチン抗原を生産（ヒゲタ醤油）. ・糖鎖は付加しない.
カイコ	・目的の蛋白質遺伝子を中部絹糸腺で発現する遺伝子組換えカイコを作製する. ・遺伝子組換えカイコを飼育し，糸本体を覆うのり状のセリシンとともに目的の蛋白質を中部絹糸腺で，生産させる. ・5 齢カイコから取り出した絹糸腺，あるいは吐糸して作らせた繭を緩衝液に浸漬して目的の蛋白質を溶出する.	・絹糸腺中にはプロテアーゼないため，生産した蛋白質のプロテアーゼによる分解が起こらない. ・絹糸腺，繭は大部分が糸本体を形成するフィフロインとセリシンでバッファーで溶出されないので精製しやすい. ・高等動物なので翻訳後修飾が哺乳類などと類似している. ・目的の蛋白質の生産能力が高い. ・生産規模の調節が容易（飼育頭数で調節）. ・繭の状態では保存性が良い. ・組換え体（カイコ）の管理が容易. ・化粧品の保湿剤用人コラーゲン，診断薬用抗体が実用化（免疫生物研究所）.
鶏	・卵白中に目的の蛋白質を発現する遺伝子組換え鶏を作製する. ・鶏に産卵させ，卵から卵白を分離し，目的の蛋白質を精製する.	・卵白中にはプロテアーゼがないため，生産した蛋白質のプロテアーゼによる分解が起こらない. ・糖鎖構造が哺乳類のものと類似している. ・目的の蛋白質の生産能力が高い. ・生産規模の調節が容易（飼育羽数で調節）. ・セベリパーゼ - α（人治療薬）が実用化（アレクシオファーマ）.
植物	・可食部に目的の蛋白質を蓄積させるなど，種々の方法がある. ・目的の蛋白質を抽出精製する場合もあるが，そのまま，または凍結乾燥，粉砕して使用可能な場合には精製を必要としない.	・可食部などに目的の蛋白質を蓄積させれば，抽出精製せずに使用できる可能性がある. ・種子中に蓄積させれば保存性が良い. ・イチゴで生産した犬インターフェロン - α が治療薬として製品化（ホクサン）. ・糖鎖構造は動物と異なる.

ている猫のエリスロポエチンも組換え鶏を用いていると思われる.

④植物を用いた遺伝子発現系のうち可食部に目的の蛋白質を蓄積させる場合は，内用剤や外用剤として使用する際，必ずしも抽出・精製操作を行わなくても使用できる．例えば，遺伝子組換えイチゴで生産している「インターベリー - α」は犬インターフェロン - α の蓄積したイチゴの実をつぶして凍結乾燥し，粉末にしたものをマルトースと混合して使用している．また，コメなどに目的の蛋白質を蓄積させれば安定性が高いため保存が容易になる．バイオ医薬品生産に用いる植物の遺伝子発現系の特質についてはワクチンへの利用と共通する．第３章「2-4. 組換え植物を用いた食べるワクチン」に詳しく述べられているので参照されたい.

人のバイオ医薬品では，マウスのモノクローナル抗体のマウス型遺伝子を人型に置き換える人化技術と CHO 細胞を用いて人型抗体を作成する技術が開発されたことにより抗体医薬の開発が促進された．これに対して，動物用抗体医薬品はあまり開発されていなかったが，米国の Nexvet Biopharma 社は人の抗体薬として効果や安全性が検討済みの人や齧歯類のモノクローナル抗体の cDNA データから短時間で完全に犬，猫あるいは馬の抗体と認識されるように改変する技術を開発した（Transforming animal medicine, http://www.nexvet.com）．これによって動物用抗体医薬品をより少ない費用で迅速に開発できるとしている．我が国では日本全薬工業株式会社が共同研究開発契約を結び，犬の抗 PD-1 抗体医薬品の開発を行っていることを公表しており，今後動物用抗体医薬の開発も進むのではないかと期待される.

これまでに承認された動物用バイオ医薬品のほとんどは対象が犬と猫で，家畜を対象としたものは牛用の「ビムロン」だけである．これは，家畜に対しては経済的に見合うだけの低価格である必要があるためで，「ビムロン」の場合は低用量の経口投与で効果を発揮するという特殊なものであったため低価格化が可能であった．家畜用のバイオ医薬品開発には生産コストを下げたり少量で効果を発揮させるなど価格をいかに抑えられるかが大きな鍵になる．現在，遺伝子発現系の改良による生産効率の向上，精製技術などの検討によるコストの低減，剤型や投与法の検討による必要量の削減などの努力が続けられており，牛に対するバイオ医薬品の実用化も現実的になりつつある．

動物用バイオ医薬品の承認申請に当たっては，安全性に関する独自の基準がないので，動物用生物学的製剤基準や動物用生物由来原料基準に照らし，かつ特性を考慮して安全性を担保する試験方法や製造方法について記載する必要があるが，これまでに承認された動物用バイオ医薬品も徐々に増え，農林水産省の補助事業として牛の乳房炎治療サイトカイン製剤の臨床試験ガイドライン（案）が作成されるなど[1]，この面でも環境が整いつつある．人の医薬品ではバイオ医薬品の占める割合が年々大きくなっている．動物用医薬品においても品質や価格を保証する技術や規則等が整備され，バイオ医薬品開発が加速されることが期待される．

引用文献

1）動物用医薬品開発試験ガイドライン協議会（2012）：平成23年度動物用医薬品の承認申請資料作成のためのガイドライン作成補助事業 プラスミドDNAワクチンの承認申請ガイドライン（案）及び牛の乳房炎治療サイトカイン製剤の臨床試験ガイドライン（案）．

2）Maeda, S. et al.（1985）：*Nature* 315, 592-594.

コラム 「日本初の動物用抗ウイルス薬（キメラ抗体）」

1996年8月6日，日本初の動物用抗ウイルス薬の製造販売承認を一般財団法人化学及血清療法研究所（化血研）が取得した．商品名は，キメロン-HCで，一般的名称は，抗猫ウイルス性鼻気管炎ウイルス・抗猫カリシウイルス混合抗体（組換え型）である．本製剤は，動物用医薬品で世界初となる組換えキメラ抗体であり，動物用のバイオ医薬品としても1993年に承認された猫インターフェロン-ω（組換え型）に次いで2番目のものであった．なお，日本で人用のキメラ抗体が初めて承認されたのが2001年であり，動物用の先進性が窺われる．

本製剤の本態は，猫ウイルス性鼻気管炎ウイルスおよび猫カリシウイルスを中和するマウスモノクローナル抗体の可変領域遺伝子と猫免疫グロブリンの定常領域遺伝子を組み合わせたキメラ抗体遺伝子をマウスミエローマ細胞に導入し，大量培養させて得たキメラ抗体である．

成分分量：1バイアル中に各抗体蛋白量として20mg

用法用量：バイアルに2mLの日局注射用水を加え溶解し，猫に体重1kg当たり0.5mL皮下注射する．

効能効果：猫ウイルス性鼻気管炎および猫カリシウイルス感染症の治療

本製剤は，抗ウイルス薬であるが，抗体であることから生物学的製剤の「血清」に分類され，国家検定の対象品目であった．1997年～2004年までに計6ロットが合格し，市販されたが，2005年以降製造されていない．おそらく，両感染症に対してはワクチンが普及していることや販売価格等から市場で敬遠されたものと思われる．化血研では承認整理するとのことで，本書への掲載も辞退されたことからコラムとして概要を記した．

6. 動物用プロバイオティクスの現状

要約

薬のみに頼らない家畜の健全育成が切望される中，プロバイオティクスの発展的利用性に益々期待が寄せられている．半世紀の歴史をもつプロバイオティクスから，免疫機能性の観点でイムノバイオティクスが提唱され，死菌体の効果を区別したパラプロバイオティクスも生まれた．このように，プロバイオティクスは今もなお進化し続けている．動物に最適なプロバイオティクスを効率よく選抜するためには，各種動物に対応した的確な選抜・評価システムの構築が必要不可欠であり，さらに，ゲノミクスとの積極的な融合研究により機能・活性因子・機構の詳細解明が飛躍的に進むものと大いに期待される

6-1. プロバイオティクスの定義

近年，腸内細菌と健康との密接な関係に興味関心がもたれ，腸内環境の改善から健康維持増進を図ることの重要性が益々高まってきた．この考え方は，100年以上も前に，すでにMetchnikoff（1908年ノーベル生理学・医学賞受賞）によって「乳酸菌，ヨーグルトによる不老長寿説」として唱えられ，長寿と健康が乳酸菌の積極的な摂取と密接に関係すると位置

づけられている．この発想を基礎として，その後半世紀の年を経てプロバイオティクスの概念が生まれ，摂取する乳酸菌の生理機能性に関する研究が盛んに行われるようになり，腸内細菌との関連から健康維持増進に関する成果が報告されるようになった．現在では，腸内細菌と脳や粘膜器官等の遠位組織との相関関係にまで発展し，その研究領域は益々拡大し続けている．

プロバイオティクスは，抗生物質（antibiotics）に対比される言葉であり，かつ共生を意味するプロバイオシス（probiosis）から連想された言葉とされている．しかしながら，その語源は，1953年Kollathが提唱した「健康生活の向上に寄与する活性成分」としての「プロバイオティカ（probiotika）」にあるとも考えられている．その後多くの研究者により様々な定義が提唱されてきた（表1-20）．現在は，FAO/WHOのワークショップで「十分な量を摂取した時に宿主に有益な健康効果をもたらす生きた微生物」と簡潔にまとめられた定義が広く使われている[3]．Isolauriらが提唱した定義は例外として一般的にはプロバイティクスには死菌が含まれない．そこで2011年, TavernitiとGuglielmettiは,「パラプロバイオティクス」（「パラ−」の接頭語を付けることで，プロバイオティクスの概念を基本としながらも，それとは異なるものとなる.）を提唱し「人あるいは動物において適当量摂取することにより有益な効果をもたらす死菌体あるいは粗菌体抽出物」と定義した[16]．この提案により，プロバイオティクスがカバーできない死菌体やその派生成分に至るまで定義することができる．さらに，プロバイオティクスのアトピー性皮膚炎発症予防に関する臨床試験[8]により免疫機能性に関する興味関心が飛躍的に高まり，2003年には，Clancyにより「粘膜免疫の調節を介して宿主に有益な効果をもたらすプロバイオティクス」として「イムノバイオティクス」が提唱された[2]．著者らは，イムノバイオティクスが有する免疫機能性の因子を「イムノジェニクス」と提唱し[12]，イムノバイオティクス研究を発展させている．このようにプロバイオティクスの定義は，その機能性解明が進む中で修正されながらいくつかの新たな用語も提案されていることから，さらに発展的に修正されるものと考えられる．

Fullerは，1989年の提案時に，プロバイオティクスの条件として，①宿主動物において成長促進や疾病防御等の有益な効果を発揮できる菌株であること．②非病原細菌であり無毒性であること．③多くの生菌であること．④低pHや有機酸に対して耐性があるなど，腸内環境において生残できること．⑤貯蔵や野外環境において安定かつ生残性を有すること．が述べられている．現在までに，プロバイオティクスが示す様々な生理機能性が報告されており，その多様性による的確な応用と利用拡大が望まれている．それらの機能性と将来性については後述する．乳酸菌やビフィズス菌は，長年の食経験からGRAS（generally recognized as safe）バクテリアとして安全性が極めて高いと考えられており，プロバイオティクスとしての選抜から，人を対象としたプロバイオティック製品の開発が世界中で盛んに行われるようになった．当初Fullerは，プロバイオティクスが有益な効果をもたらす対象を動物と定義していた．人の健康に寄与するプロバイオティクスを考えると同様に，畜産動物の健全育成に寄与する観点からプロバイオティクスの利用性をさらに追究することは，結果的に人の健康生活の向上につながり大変有意義である．

表1-20 プロバイオティクスの定義の変遷

年	提唱者	定義
1965	LillyとStillwell	1つの微生物によって分泌され他の微生物の成長を刺激する物質[10]
1971	Parker	腸内細菌叢のバランス維持に寄与する微生物および物質[11]
1989	Fuller	摂取することで微生物バランスを改善し宿主動物に有益な影響を及ぼす生きた微生物[5]
1992	Fuller	常在性微生物叢の特性を改善することにより有益な影響を及ぼす生きた微生物の単菌あるいは複合菌[6]
1997	Reuter	粘膜表面で微生物ないし酵素バランスを改善するあるいは免疫機構の刺激を目的とした代謝産物を含む生菌／死菌の微生物調製物
1999	Salminen	宿主の健康維持増進に有益な効果をもつ微生物あるいは微生物成分
1999	Naidu	腸管における栄養や細菌叢のバランス改善と同時に粘膜および全身性免疫を修飾することにより宿主に有益な生理効果をもたらす食餌性微生物免疫賦活剤
2001	SchrezenmeirとDe Vrese	宿主において部分的に移入あるいは定着することで腸内細菌叢を改善し有益な健康効果を発揮する十分量の生きた微生物調製物あるいはそれを含む製品
2002	Isolauri	人の疾病リスク低減や栄養管理を目的とする特定の生菌あるいは死菌[7]
2002	FAO/WHO	十分な量を摂取した時に宿主に有益な健康効果をもたらす生きた微生物
2004	Fuller	人や動物によって腸内細菌や腸管免疫において質的あるいは量的に有益な効果を誘導する目的で摂取される生きた微生物調製物

6-2. 開発の経緯と現状

畜産分野において，19 世紀半ばより，家畜・家禽の成長促進目的で低濃度の抗菌物質がいわゆる抗菌性発育促進物質（antimicrobial growth promoter：AGP）[*21]として本格的に使用され始めた．AGP を飼料に添加することにより，ある程度の疾病の予防と治療が見込まれ，消化器の健康性向上から飼料効率の改善につながり，結果として発育促進が見込まれる．抗菌物質は，成長促進目的の他，治療薬としても多く使用されている．しかしながら，1969 年，英国議会が抗菌物質に対する耐性菌出現による畜産食品や環境を介する人への健康危害を懸念し，畜産分野における抗菌剤の使用に関して初めて警鐘を鳴らすスワンレポート[15]を公表した．以来，EU 諸国を中心に，畜産分野における大きな課題として政治論争にまで発展した．ヨーロッパの中でも，スウェーデンが 1986 年にいち早く AGP の使用禁止に踏み切り，その後，1995 年にデンマークで初めてアボパルシンの AGP としての使用が禁止となり，次いで翌年にドイツでも禁止となって，最終的には 1997 年 4 月までに，EU の残りの国々で使用が禁止された．これを機に，EU 閣僚理事会は，1999 年 7 月までに他の 4 つの抗菌剤（スピラマイシン，タイロシン，バージニアマイシン，亜鉛バシトラシン）を，また 1999 年 9 月までに 2 つのキノキサリン誘導体（カルバドックス，オラキンドックス）の認可を中断した．そして，2006 年 1 月には，EU において，残る 4 つの飼料用抗生剤（フラバオフォスフォリポール，アビラマイシン，サリノマイシンナトリウム，モネンシンナトリウム（牛用のみ）が禁止となり，畜産分野における AGP の使用が全面禁止となった．

AGP の使用禁止により，耐性菌の出現が抑えられ，人への健康危害リスクも軽減されると期待されているが，一方で，離乳子豚等で成長率や飼料転換効率の低下が起こり，健康性が著しく悪化することから，いくつかの治療用抗菌剤の予防的使用の著しい増加が懸念されている．事実，デンマークの追跡調査によれば，豚における治療用抗菌剤が増加している．このことは，EU 諸国のみならず，今後畜産分野における AGP 使用の禁止を行う国々に共通する新たな課題となる．最近になって，畜産動物における抗菌剤使用の世界的動向に関する調査結果が報告され，2010 年の現状と 2030 年の推定結果が示された[19]．それによると，畜産業の大規模化により，ブラジル，ロシア，インド，中国ならびに南アフリカにおいて抗菌剤使用が激増すると予想されている．2015 年の G7 エルマウ・サミット（ドイツ）の議題で初めて抗生物質に対する耐性菌問題が取り上げられ，さらに 2016 年の G7 伊勢志摩・サミット（日本）において議論され，人，畜産動物，環境における分野横断的な取組み（ワンヘルス・アプローチ）や代替品の研究開発に国をあげて実践することが重要とされた．これまで動物用抗菌剤の使用自粛を呼びかけてきた米国においても，抗生物質が効かない薬剤耐性菌の出現を抑えるため，米国食品医薬品局（FDA）は，家畜・家禽への抗生物質の投与を規制する指針をまとめた．それによると，2017 年 1 月より，食用の家畜において，人における治療に重要な抗生物質の成長促進目的での使用を禁止すると共に，治療目的の場合には，畜産業者による獣医師の処方箋を取得するよう義務づけるものである．家畜・家禽における抗菌物質の使用量は，人に比べ 4 倍以上と著しく多く，上記の背景から畜産分野において，抗菌剤代替による家畜・家禽の健全育成技術の飛躍的向上が益々望まれている．

現在までに AGP の有力な代替候補として，プロバイオティクス，プレバイオティクス[*22]，有機酸，精油混合物あるいは亜鉛や銅の化合物等があげられており，その有用性に関する研究が進められ，それらを総合してギリシャ語の「ユーバイオシス」を語源とした「ユーバイオティクス」とも呼ばれている．中でもプロバイオティクスは，人における健康志向の高まりからその注目度が極めて高く，抗菌剤代替としての利用性に期待がもたれる中で，これまでに各種畜産動物における効果について精力的に追究されてきた．

プロバイオティクスの有効な効果は，有効微生物やそれが含有する因子の量，消費レベル，接触の期間と回数ならびに宿主の生理学的状態によって異なるものと考えられている．これまでの家畜や人を対象とした実用性試験により，以下に示すいくつかの有効な効果が知られている．

①家畜の成長促進：プロバイオティクスにより炭化水素が分解され，結果として消化過程を介して総吸収量の増加から総栄養の増加や細胞の増殖・分化の増強につながる．例えば，乳酸桿菌やビフィズス菌により，増体を促進と死亡率の低下が認められている．また，胞子を有する乳酸菌のバチルス・コアグランスを摂取した子豚でも，死亡率低下や体重増加ならびに飼料要求率の改善が認められ，それらの効果は，低用量の抗菌剤投与子豚と同等かそれ以上であった．

②消化管感染予防：子豚においてプロバイオティック菌株投与により，腸管内病原体に対して，腸管接着の競合阻害，

[*21] 抗菌性発育促進物質：家畜等の食用動物において発育促進や飼料効率の改善を目的として，低濃度で長期的に使用される抗菌性飼料添加物．

[*22] プレバイオティクス：Gibson と Roberfroid により提唱された用語で，大腸における特定の細菌の増殖や活性を促すことにより，宿主の健康に有益な影響を与える難消化性因子．難消化性のオリゴ糖類が代表的．

表 1-21 家畜飼料に利用されているプロバイオティクス

属	種
ビフィドバクテリウム	*Bifidobacterium lactis*, *B. longum*, *B. pseudolongum*, *B thermophilum*, *B. bifidum*
ラクトバチルス	*Lactobacillus acidophilus*, *L. amylovorus*, *L. brevis*, *L. casei*, *L. farmicinis*, *L. fermentum*, *L. plantarum*, *L. reuteri*, *L. rhamnosus*
エンテロコッカス	*Enterococcus faecalis*
ラクトコッカス	*Lactococcus lactis*
ロイコノストック	*Leuconostoc citreum*, *L. lactis*, *L. mesenteroides*
ペディオコッカス	*Pediococcus acidilactici*, *P. pentosaceus subsp. pentosaseus*
ストレプトコッカス	*Streptococcus infantarius*, *S. salivarius*
バチルス	*Bacillus cereus*, *B. licheniformi*, *B. subtilis*
サッカロマイセス	*Saccharomyces cerevisiae*（*S. boulardii*）, *S. pastorianus*（*S. carlsbergensis*）
アスペルギルス	*Aspergillus orizae*, *A. niger*

Yirga（文献 24）を一部改変

病原体との栄養素競合，バクテリオシンや有機酸等の抗菌成分生産ならびに腸管免疫反応の刺激等を介して防御が認められた．また，腸管上皮細胞におけるムチンや抗菌物質（ディフェンシンなど）の産生促進やバリアー機能の強化による病原体に対する感染防御能が見出され，乳酸桿菌が腸管ロタウイスル感染や胃におけるピロリ菌感染の防御に有効であることも認められている．さらに生殖管や尿路感染防御も考えられる．

③乳糖不耐症の軽減：乳酸桿菌によりラクトースが分解され，乳糖不耐症における吸収不良が軽減される．

④便秘軽減：プロバオティクスにより便通が良くなり便秘が改善される．また乳酸桿菌により，抗生物質により誘導される下痢が軽減される．

⑤抗腫瘍効果：乳酸桿菌により発がん性の腸管βグルクロニダーゼやニトロレダクターゼが不活化される．実際に乳酸菌投与による大腸癌抑制が見られる．

⑥血圧降下：動物および人試験により確認されている．その効果は，様々な食材からの血圧降下ペプチドの生成の他，血糖値，インスリン抵抗性やコレステロール値を改善に関連するホルモン系の調節を介するものと考えられている．

⑦栄養素の合成：プロバイオティクスは，*Lactobacillus plantarum* のようにリジンなどのアミノ酸を合成することができ，また，葉酸，ナイアシン，リボフラビン，パントテン酸，ビタミン B_6 や B_{12} などのビタミン B 群を生産するものもあり，食物代謝の生体触媒として働く他，ストレス軽減にも有効と考えられている．

⑧自然・獲得免疫調節作用：無菌動物に比べ腸内細菌叢を有した通常動物では，食細胞活性や免疫グロブリン量が高い．プロバイオティクスの中には，免疫活性を示す多糖生産菌も存在する．乳酸桿菌やビフィズス菌には，豚や牛の腸管上皮細胞あるいは樹状細胞において抗炎症性を示すものや，腸管上皮細胞におけるロタウイルス感染において防御免疫調節機能を発揮するもの（後述）が存在する．

現在家畜・家禽に使用されているプロバイオティクスには，枯草菌・納豆菌，酪酸菌，乳酸桿菌，乳酸球菌，ビフィズス菌，酵母や真菌の各類がある（表 1-21）．その中で，動物用医薬品として承認された生菌剤や飼料添加物として指定された生菌剤の詳細については，第 2 章「Ⅲ 生菌剤」を参照されたい．

1）家禽におけるプロバイオティクスの利用性

家禽は比較的扱いやすく個体数も確保しやすいため，古くから研究対象とされてきた．実行部位に基づき，そ嚢と消化管上部で効果を発揮する 2 つのグループに分類される．それらの効果は盲腸で制御されるが，多少なりとも腸管を介する効果と考えられている．主として乳酸桿菌に関して検討され，潜在的な病原体に対する抗菌活性や，栄養状態の改善による発育成績の向上が認められた．それらの菌株には，鳥類由来の *Lactobacillus acidophilus*，*L. plantarum* や *L. fermentum* に加え，腸管由来以外の *L. casei* があげられるが，ヒト由来の *L. acidophilus* や *L. brevis* などは消化管より素早く排除されるともいわれている．このことは，鳥類に対応したプロバイオティクスの的確な選抜が必要であることを示している．産卵鶏におけるプロバイオティクスの効果は，レグホーン種雌の若鶏で乳酸桿菌混合物投与により検討され，産卵性や飼料効率の向上が認められている．効果が認められるプロバイオティクスの生菌数は，最低でも飼料グラム当たり 4×10^6 個と推定され，プロバイオティクスにより最適な投与量が異なるものと考えられている．また，飼料に酵母の *Saccharomyces cerevisiae* を加えて投与すると，同様に有意な産卵性が認められたが，卵の品質には影響がなかった．ブロイラーにおける検討もされており，冷水によるストレス負荷時において，乳酸桿菌の投与により，雌で7～10%，雄で5～6%成長率が増加した．さらにバタリーケージで飼育しアミノ酸レベルが準最適の場合であっても，乳酸桿菌を投与することにより成長が加速することが分かった．これらのことから，家禽におけるプロバイオティクスの効果は，特に過剰ストレス状態において発揮されるものと考えられ，高温度と不適当な管理による強いストレス状態にある熱帯地域における家禽生産システムに必要と思われる．著者らは，孵化後のブロイラー雄雛に1週間 *L. jensenii* TL2937や *L. gasseri* TL2919を添加飼料として与えたところ，前腸におけるCD3，IL-2やIFN-γの遺伝子発現誘導が3および7日齢で有意に増強し，トル様受容体（TLR）の発現も増強する傾向が認められ，ブロイラーにおけるイムノバイオティクスとしての利用性を見出している[13]．また最近では，異なるプロバオティクス混合菌による効果が検討されており，産卵率，卵重量や卵質量に効果が認められ，総合して飼料要求率の有意な改善に有用とされている．それらの効果は，宿主特異的で菌株によって異なるものと考えられている[1]．一方でこれまでのところ，健康状態や生産性における有害な効果は見られていない．プロバイオティクスの効果は，最近七面鳥などの他の家禽類でも調べられており，サルモネラ感染において，バチルス属のAGP代替生菌剤としての可能性も追求されている[22]．プロバイオティクスの効果は，常に統計学的に有意であることが求められるが，一方で効果が小さく統計的有意でない場合であっても，安定した効果が認められるならば，大量の個体数を考慮すると有意な経済効果が見込まれる．

2）牛などの反芻家畜におけるプロバイオティクスの利用性

1980年代に入り，酵母や糸状菌類がいわゆるプロバイオティクスとしての腸機能亢進を発揮するものとして興味がもたれ始めた．その当時は，成熟反芻家畜におけるルーメン修飾による生産性の向上が主目的であった．*S. cerevisiae* 3菌種，*L. acidophilus* および *Streptococcus faecium* と酵素類の混合製品は，増体や繊維消化改善と死亡率減少の他，乳の質と成分に好影響を与えた．その後，宿主の腸管を介する健全性が注目されるようになったが，牛などの大動物の *in vivo* 試験は，時間と労力に加えコストの面から容易ではなく，その報告も限られている．例えば，*Bifidobacterium pseudolongum* や *L. acidophilus* を子牛に経口投与すると，増体が良くなり下痢発症が減少したとする報告や，*L. casei*，*L. salivarius* と *Pediococcus acidilactici* の子牛への混合投与により，*Salmonella* Dublinに対する感染防御が報告されている[4]．また，1週齢までの子牛にプロバイオティック大腸菌を投与すると，腸管出血性大腸菌の糞便排出が低下することも報告されている[17]．また，最近の子牛における単菌および混合菌のプロバイオティクスとしての増体，飼料効率や健康性の評価がなされている[18]．

3）豚におけるプロバイオティクスの利用性

いくつかの細菌がプロバイオティクスとして使用されているが，それらは，増体や飼料効率の改善，死亡率や下痢発症の低減を指標として選抜されてきた．これまでに，新生子豚において，*L. fermentum*，*L. casei* や *Enterococcus faecium* が，1日平均増体量の増加，大腸菌数の減少，腸管免疫の改善や抗炎症の誘導が報告されている[23]．離乳子豚においては，*L. reuteri*，*L. rhamnosus*，*L. amylovorus* と *E. faecium* の混合菌ならびに乳酸菌混合菌が，増体や飼料要求率の改善，下痢症緩和，IgA分泌促進，抗炎症，脂肪酸の改善から肉質向上等が報告されている[23]．さらに肉豚や雌豚においても，*L. plantarum*，*L. johnsonii*，*E. faecium* や乳酸菌混合菌で上記のような効果が認められている[23]．それらの効果は，同菌種であれば全て認められる訳ではなく，他の動物種と同様に菌株特異性があるものと認識されている．

6-3．新規開発の将来性

近年，ゲノム解析技術の発達により腸内細菌の種類や多様性が明らかになり，それらの生体における健康維持・増進との密接な関係が注目されるようになった．今後は，いかにして腸の健康をコントロールするかが重要であり，それには，家畜や家禽における好ましい腸内細菌叢の構築から有害菌の排除に関わる免疫機能の修飾等，最適な腸内環境の維持に至るまで，プロバイオティクスのような有用細菌の飼料としての摂取を通して，いかに安全かつ有効な利用性を発揮できるかが重要である．また，プロバイオティクスやイムノバイオティクスの効果は，宿主特異的で菌株によっても異なるものと考えられている．現在乳酸菌を代表とするプロバイオティクスの飼料抗菌剤代替としての利用性に益々期待が高まる中，それらの腸管における免疫系，神経系や内分泌系を介する総合作用の発展的解明が必要と考えられる．そのためには，畜種に最適な選抜・評価系の構築が必要不可欠である．筆者らは，家畜腸管上皮細胞を用いてプロバイオティクス（イムノバイオティクス）の豚[20]および牛[21]対応型選抜・評価系を構築し，*L. jensenii* の *in vivo* 検証からその評価系の有用性について検証している[14]．なお，イムノバオティクスやイムノジェニクスの多機能性や免疫調節機構に関する研究動向の詳細は，筆者らが編集した英文著書[9]を参照されたい．今後，本評価系を有効活用することにより，*in vivo* 試験の軽減を可能としながら，家畜対応型のプロバイオティック（イムノバイオティック）ライブラリーの構築が飛躍的に進むものと見込まれる．さらに「イムノバイオゲノミクス（イムノバオティクスとゲノミクスの融合）」による機能・活性因子・機構の詳細解明により，プロバイオティクス（イムノバイオティクス）の的確な応用の実現が期待される．さらに，プロバイオティクスは発酵利用性に長けていることから，各種産業廃棄物に対する発酵特異的応用から「エコプロバイオティック（イムノバイオティック）システム」による，環境負荷低減および高負荷価値化の利用性拡大が見込まれる．しかしながら，一般にプロバイオティクスの安全性は担保されているが，長期間使用によるリスクに関する情報も必要であり，今後，遺伝的安定性や抗生物質耐性を誘導しないなどの新たな能力の追加も必要となるかもしれない．

引用文献

1）Bozkurt, M. et al.（2011）：*Ita. J. Anim. Sci.* 10, e31.
2）Clancy, R.（2003）：*FEMS Immunol. Med. Microbiol.* 38, 9–12.
3）FAO/WHO.（2002）：Report of a joint FAO/WHO expert consultation on guidelines for the evaluation of probiotics in food. FAO/WHO, London Ontario, Canada.
4）Frizzo, L. S. et al.（2012）：*J. Vet. Sci.* 13, 261-270.
5）Fuller, R.（1989）：*J. Appl. Bacteriol.* 66, 365–78.
6）Fuller, R.（1992）：Probiotics, Chapman and Hall, 1–8.
7）Isolauri, E. et al.（2002）：*Current Opinion in Immunological Clinical Allergy,* 2, 263-271.
8）Kalliomäki, M. et al.（2001）：*Lancet* 7, 1076-1079.
9）Kitazawa, H. et al.(Eds.)(2013)：Probiotics:Immunobiotics and Immunogenics, CRC press.
10）Lilly, D.M. et al.（1965）：*Science* 147, 747–748.
11）Parker. R.（1974）：*Anim. Nutr. Health.* 29, 4–8.
12）Saito, T. et al.（2005）：*Bull. Jpn. Dairy Tech. Assoc.* 55, 34–44.
13）Sato, K. et al.（2009）：*Poul. Sci.* 88, 2532-2538.
14）Suda, Y. et al.（2014）：*BMC Immunol.* 15(24), 1-18.
15）Swann, M.M. et al.（1969）：Report, Joint Committee on the use of Antibiotics in Animal Husbandry and Veterinary Medicine, HMSO, London.
16）Taverniti, V.V. et al.（2011）：*Genes Nutr.* 6, 261–274.
17）Tong, Z. et al.（2003）：*J. Food Prot.* 66, 924-930.
18）Ueno, Y. et al.（2015）：*Microbes Environ.* 30, 126-132.
19）Van Boeckel T.P.（2015）：*Proc. Natl. Acad. Sci. USA* 112(18), 5649-5654.
20）Villena, J. et al.（2014）：*Front. Immunol.* 4(512), 1-12.
21）Villena, J. et al.（2014）：*Front. Immunol.* 5(421), 1-10.
22）Wolfenden, R. E. et al.（2011）：*Pault. Sci.* 90, 2627-2631.
23）Yang, F. et al.（2015）：*Pathogens.* 4, 34-45.
24）Yirga, H.（2015）：*J. Prob. Health.* 3(2), 1-10.

7. 海外で使用されている動物用ワクチン －ウイルスベクターワクチンを中心に－

要約

海外で使用されているにもかかわらず，日本で販売されていない動物用ワクチンは数多くあるが，その多くは，日本に存在しない疾病に対するワクチンである．近年，遺伝子工学的新技術の発展に伴い，新しいカテゴリーである遺伝子組換えワクチンが台頭してきた． 海外では安全性および有効性が担保できれば，新しいカテゴリーに属する新規ワクチンであっても積極的に使用されている．中でもウイルスベクターワクチンは，従来の生ワクチンと不活化ワクチン双方の様々な長所を併せもっているばかりでなく，従来のワクチンでは成し得ない新たな効用が分かってきた．用途に応じて，従来の枠組みにとらわれないワクチン開発が盛んになってきた．

動物用ワクチンは，日本国内で 112 種類承認されている．5 年前の 86 種類と比較し，わずかな期間で 26 種類の新たな製剤が承認されている．日本国内の動物飼養頭羽数や動物用ワクチン市場の伸びが頭打ちである〔農林水産省ホームページ「畜産をめぐる情勢」(平成 28 年 8 月)，第 9 回富士経済・動物薬セミナー 2015〕にもかかわらず，承認ワクチン数が 30% 以上も増えている原因は，食の安全の意識が高まったことによる，抗生物質や化学療法剤の使用制限の代替としての需要や，愛玩動物の健康への意識が高まったことによる需要増加のほか，これまで問題視されてこなかった疾病の出現などが主である．一方，海外では，日本国内で承認されているワクチンに加え，多くのワクチンが，承認されている．ヨーロッパや北米，オーストラリアなどの先進国では，日本と同様に，食の安全意識と愛玩動物の需要が中心であるが，中国や開発途上国では，人口の爆発的な増加に伴う新興感染症対策，経済発展による食肉需要増加に対応するための集約的畜産経営対策の一環として，動物用ワクチンが数多く承認され，使用されている．本稿では，日本国内にないが，海外の多くの国で使用されている新技術ワクチン，中でも，新たに承認された遺伝子組換えワクチン（ウイルスベクターワクチン）を中心に紹介する．

7-1. ワクチンカテゴリー

ワクチンはタイプ別に大きく 3 つのカテゴリーに分けることができる（図 1-21)．

第 1 は古典的手法を用いて病原体を弱毒化や馴化して病原性を低くした「生ワクチン」．第 2 は化学物質や物理的処理によって不活化した病原体，または，その一部を精製抽出した「不活化ワクチン」．第 3 は，遺伝子組換え技術を使っ

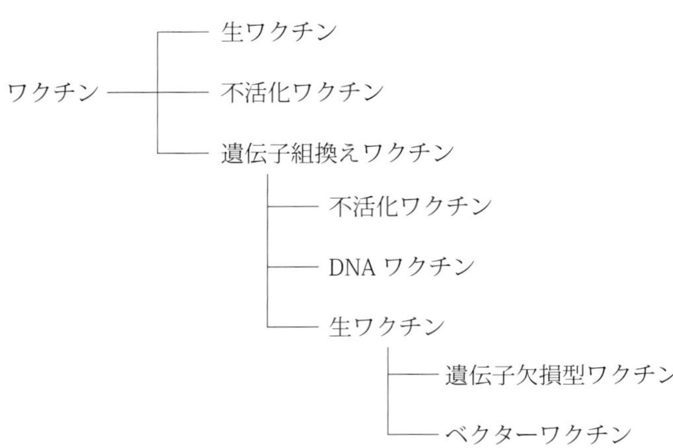

図 1-21　タイプ別ワクチンカテゴリー

て病原体遺伝子に変更を加えた「遺伝子組換えワクチン」である．遺伝子組換えワクチンは，その性質および用途から，不活化ワクチン・DNA ワクチン・生ワクチンの３つに分けられる．さらに，遺伝子組換え生ワクチンは，ワクチンとしての特性から，遺伝子欠損型ワクチンとベクターワクチンに分けることができる．

遺伝子組換えワクチンのカテゴリー中の「不活化ワクチン」は，大腸菌，バキュロウイルスや酵母などの生産システムを使って，病原体のワクチン抗原を生産・精製してアジュバントと共に接種するタイプに加え，最近では，ウイルス様粒子（virus like particle：VLP）を構築して接種するタイプのワクチンがある．これは，製造方法に遺伝子組換え技術を使用しているが，不活化ワクチンと同じカテゴリーに入る．DNA ワクチンは，病原体のワクチン抗原遺伝子と，固有のアジュバントである CpG 配列をプラスミドに組み込み，直接，皮内や筋肉内に接種して抗原蛋白のみを発現させるワクチンである．遺伝子組換えワクチンのカテゴリー中の「生ワクチン」は，遺伝子組換え技術を使って特定の遺伝子を欠損もしくは，機能しないようにして，病原性復帰の可能性を通常の方法よりさらに低くして安全性を高めた弱毒化生ワクチンである．ベクターワクチンは，すでに使用されて，安全性が担保されている生ワクチン，または，遺伝子欠損ワクチン株のゲノム上にある特定の遺伝子挿入部位に異種病原体の抗原遺伝子を組み込んで，ベクターウイルスの対象疾病のみならず，挿入遺伝子の対象疾病に対してもワクチン効果を有するワクチンのことである[13]．

7-2. ウイルスベクターワクチン

ベクターワクチンのうち，バクテリアベクターに関しては，世界で承認を得た製品は，未だない．ウイルスベクターワクチンは，アメリカ・メキシコ・カナダをはじめとする北米や，ブラジル・コロンビアなどの南米，中東・アフリカを含み，それぞれ 20 か国以上にわたって，承認を受け，販売されている．日本国内においても，2013 年までに，血清型Ⅰ型マレック病ウイルス（MDV）ベクターに，ニューカッスル病ウイルス（NDV）の融合蛋白（F）遺伝子を組み込んだマレック病–ニューカッスル病ウイルス（MD・ND 二価ワクチン）が承認されている．また，同時期に，カナリア痘ウイルスベクターに，猫白血病由来防御抗原蛋白発現遺伝子を導入した，組換え猫白血病ワクチンが承認を得ている．前者ワクチンが，免疫した宿主中で組換えウイルスが自立的に複製するのに対し，後者ワクチンは，接種した猫が，カナリア痘の自然宿主でないため，猫体内でベクターウイルスは増殖しないが，ウイルス遺伝子を介して，体内で蛋白質を発現できることから，ワクチンとして機能する．ウイルスベクターワクチンは，1994 年鶏痘ウイルス（FPV）に NDV の F 遺伝子とヘマグルチニン・ノイラミニダーゼ（HN）遺伝子を組み込んだ鶏痘–ニューカッスル病二価ワクチンが，米国において承認されたのをきっかけとして，現在多くのウイルスベクターワクチンが承認されている．表 1-22 に，免疫動物体内で自立増殖するベクターワクチンを，表 1-23 に，自立増殖をしないウイルスベクターワクチンを示した．

表 1-22 に示すウイルスベクターワクチンの論文報告は数多く[2, 3-5, 9, 11, 14]，作製方法や特徴も様々で，安全な生ワクチン株の遺伝子内の特定部位に異種病原体の感染防御抗原遺伝子を組み込み，ベクターウイルスの対象疾病のみならず，挿

表 1-22　世界で承認され使われているウイルスベクターワクチン（自立増殖型）

ベクターウイルス	挿入遺伝子病原体	対象疾病	対象動物	接種方法
VV	RV	狂犬病	野生動物	経口
FPV	ILTV	FP，ILT	鶏	卵内，翼膜
FPV	NDV	FP，ND	鶏，七面鳥	翼膜
FPV	MG	FP，MG	鶏	翼膜
FPV	AIV	FP，AI	鶏	翼膜
HVT	NDV	MD，ND	鶏	卵内，皮下
HVT	IBDV	MD，IBD	鶏	卵内，皮下
HVT	ILTV	MD，ILT	鶏	卵内，皮下
HVT	AIV	MD，AI	鶏	卵内，皮下
MDV	NDV	MD，ND	鶏	卵内，皮下
ILTV	AIV	ILT，AI	鶏	皮下
NDV	AIV	ND，AI	鶏	点眼，噴霧，飲水
BVDV	CSFV	CSF	豚	筋肉内

VV：ワクシニアウイルス，RV：狂犬病ウイルス，FPV：鶏痘ウイルス，ILTV：伝染性喉頭気管炎ウイルス，NDV：ニューカッスル病ウイルス，MG：*Mycoplasma gallisepticum*，AIV：鶏インフルエンザウイルス，HVT：七面鳥ヘルペスウイルス，IBDV：伝染性ファブリキウス嚢病ウイルス，MDV：Ⅰ型マレック病ウイルス，BVDV：牛ウイルス性下痢ウイルス，CSF：豚コレラ

表 1-23 世界で承認され使われているウイルスベクターワクチン（非増殖型）

ベクターウイルス	挿入遺伝子病原体	対象疾病	対象動物	接種方法
CPV	CDV	犬ジステンパー	犬	皮下
CPV	EIV	馬インフルエンザ	馬	皮下
CPV	WNV	ウエストナイル病	馬	皮下
CPV	RV	狂犬病	猫	皮下
CPV	FeLV	猫白血病	猫	皮下
CPV	CDV	犬ジステンパー	フェレット	皮下

CPV：カナリア痘ウイルス，CDV：犬ジステンパーウイルス，EIV：馬インフルエンザウイルス，WNV：ウエストナイル病ウイルス，RV：狂犬病ウイルス

入遺伝子の対象疾病にも効果を有するワクチンである．ベクターウイルスの種類および挿入抗原病原体の種類によって，様々な特徴のウイルスベクターワクチンが作製できるが，これまでのワクチンにない特徴を以下に示す．

1）副反応の低いワクチン

伝染性ファブリキウス嚢病（IBD）生ワクチンは，非常に効果の高いワクチンであるが，移行抗体の影響を受けやすく，数回のワクチン接種が必要で，少なからずファブリキウス嚢萎縮を引き起こす．また，IBD が流行する地域では，中等毒の生ワクチンが使用されることがあり，使用時期を誤ると，ファブリキウス嚢に障害を与え，免疫抑制状態を引き起こす．七面鳥ヘルペスウイルス（HVT）ベクターに IBD ウイルス（IBDV）の感染防御抗原遺伝子を組み込んだワクチンを，移行抗体を有するコマーシャル鶏（レイヤー・ブロイラー）に初生齢接種することで，4 週齢以降の週齢で強毒 IBDV 攻撃に対してワクチン効果を示したばかりでなく，攻撃後のワクチン接種鶏のファブリキウス嚢にも全く萎縮が認められないという報告もある[12]．

2）DIVA ワクチン[*23]

ニューカッスル病ワクチンやマイコプラズマ（MG）ワクチンは，HI 活性や HA 活性，ELISA によって免疫状態を判定するが，この判定方法ではワクチン接種鶏と感染鶏との区別ができないことが問題となっている．HVT ベクターや MDV ベクターに NDV の F 蛋白遺伝子を組み込んだワクチンは，HI 活性誘導の主役である HN 蛋白遺伝子を含んでいないため，HI 活性を示さない．鶏痘ウイルス（FPV）ベクターにマイコプラズマ抗原遺伝子を組み込んだワクチンも，挿入抗原が HA 活性を誘導しないことが分かっていることから，簡単に NDV や MG に感染した鶏と，ワクチン接種鶏の区別をつけることができる．また，最近ヨーロッパで承認された，牛ウイルス性下痢ウイルス（BVDV）の E2 蛋白遺伝子を，同種のウイルスである豚コレラウイルス（CSF）の E2 蛋白遺伝子に変換したウイルスベクターワクチンは，豚に感染性を有し，豚コレラに対するワクチンとしてだけではなく，BVDV に対する抗体も有する，新しいタイプの DIVA ワクチンとして登場した[10]．

3）局所免疫・長期にわたる免疫の誘導

NDV ベクターに鶏インフルエンザウイルスの HA 遺伝子を組み込んだワクチンが，効果的に抗 HA-IgA を誘導するとの報告がある[15]．ここで用いられている NDV ワクチン株（La Sota 株）は気道に感染し，気道上で増殖するため，効果的かつ局所的に粘膜免疫を誘導すると考えられる．このことから，NDV ベクターは，伝染性気管支炎や伝染性喉頭気管炎などの気道感染症や，気道粘膜が初期感染ルートである病原体の感染を，効果的に防御するワクチンとしても可能性がある．

また，HVT などのヘルペスウイルスベクターは，免疫後生涯にわたり潜伏感染することから，長期に免疫効果が持続することが予想される．HVT ベクターに，NDV の F 蛋白遺伝子を組み込んだワクチン（FW029）は接種 1 年後においても，NDV に対する高い抗体価を維持している（図 1-22）．FPV ベクターも，HVT と同様に，初生齢から接種可能なベクターであるが，FPV ベクター同様ポックスウイルスベクターは，免疫誘導の立ち上がりが速く，比較的長い期間免疫を誘導し続ける．したがって，ベクターを選択することで，疾病リスクの高い時期や，免疫誘導したい部位に防御免疫の付与が可能である．

4）多価ワクチン化

ゲノムサイズが大きいヘルペスウイルス（160kbp ～）やポックスウイルス（～ 180kbp）は，いくつもの異種遺伝子挿入可能で，両ウイルス共に，1 か所に 3 種類以上の遺伝子を挿入しても安定であることが知られている．市販されている HVT ベクターワクチンの中にも，複数の疾病遺伝子を挿入されたものがある．もちろん，抗原遺伝子のサイズや，挿入遺伝子の数や，プロモーターの種類，ベクター側の挿入部位の安定性などの検討が必要だが，両ベクターを用いたり他のベクターと併用することで，三価，四価ワクチンへの多価ワクチン化が可能になると考えられる．

5）生ワクチンが存在しない疾病や，ワクチン作製困難な疾病のワクチン化

培養が難しい病原体，弱毒化が難しい病原体や，変異が速

[*23] DIVA ワクチン：ワクチンを接種した動物と自然感染した動物を区別できる（differentiating infected from vaccinated animals）ワクチンのこと．野外株の特定の蛋白質がなかったり，野外株にはないマーカーをもっていたりして，その差異を検出することにより判別できる．

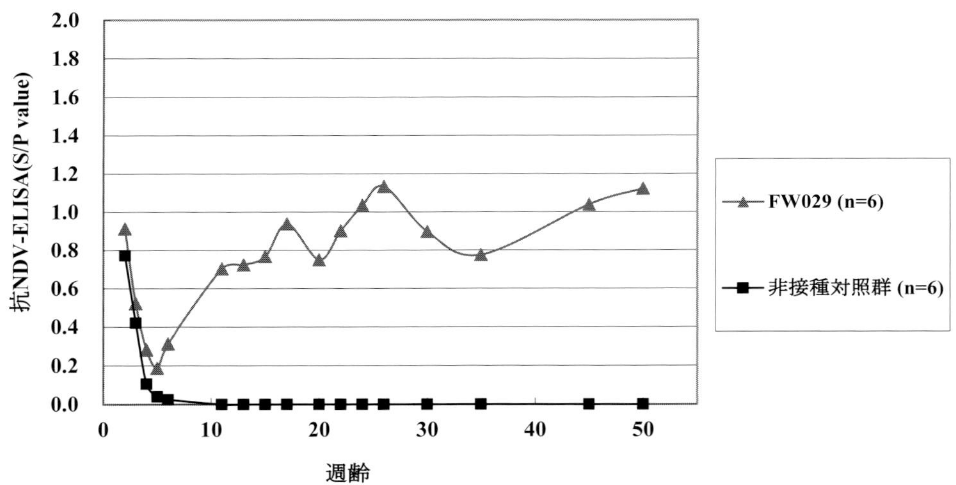

図 1-22　HVT ベクターワクチンの免疫持続（HVT-NDV）

い病原体など，従来法では効果的なワクチンを作製できない疾病も数多くある．このような病原体の遺伝子を挿入したウイルスベクターを用いて感染防御抗原を特定する事が可能であるとともに，ベクターワクチンとしてワクチン化することも可能である．現時点では，組換えウイルスベクターワクチンは，ワクシニアウイルスと牛ウイルス性下痢ウイルスをベクターとしたワクチンを除けば，鶏用に限られているが，さらに，宿主の異なるヘルペスウイルスやポックスウイルスをベクターウイルスとして選択することで，鶏以外の産業動物への多価ワクチン化へも展開可能で，いくつかの報告されている．

表 1-23 に記載のウイルスベクターワクチンは，全て，カナリア痘ウイルス（CPV）に哺乳類の感染症病原体の抗原遺伝子を組み込んだワクチンである[8, 17]．CPV はカナリアを含む，鳥類の一部が自然宿主に限定され，哺乳類動物細胞に導入してもウイルスを複製することはないが，導入したウイルスは，ウイルス抗原と共に，挿入遺伝子の蛋白質を発現することから，ワクチンとして機能する．また，増殖型のウイルスベクターワクチンと異なり，生ワクチンの有効性とサブユニットワクチンの安全性を併せもち，適応できる動物種の範囲が広い，という特徴がある[16]．したがって，

①効果的なワクチンが存在しない疾病，リスクの高いワクチンしか存在しない疾病に対する，ワクチンを提供できる．
②非増殖性であることから，水平感染性･垂直感染性のない，安全性の高いワクチンを提供できる．
③宿主を選ばないため，人獣共通感染症や，宿主感染域の広い疾病に対して使用できる．
④増殖型ウイルスベクターワクチンと異なり，承認申請時間が短いため，ワクチン需要に対して早期に対応が可能である．

などのメリットがある．

7-3. 遺伝子欠損型ワクチン

ウイルスやバクテリアを弱毒化してワクチンとして使用する方法として，従来は，長期にわたり継代を重ねたり，異なる宿主細胞や発育鶏卵で継代したり，温度感受性による選択や，原虫の場合は，早熟株を選抜する方法で，ワクチン株を作製してきた．このように，自然選択によって選抜したワクチン株は，樹立が困難にもかかわらず，実用化後に病原性の復帰が疑われる報告もあり，樹立に時間と労力を要する．ここで扱う遺伝子欠損型ワクチンは，遺伝子操作技術によって，遺伝子内に変異を起こし機能を失活させたり，遺伝子を欠損させることにより，非可逆的に病原体を弱毒化したワクチンである．日本国内においても，遺伝子欠損型オーエスキー病ウイルス，遺伝子欠損型大腸菌が，承認されている．国内になく，海外でのみ承認されている遺伝子欠損型ワクチンを表 1-24 にまとめた．日本では，まだ安全性が十分担保されていないサルモネラワクチンも，米国・カナダ・オーストラリアで承認されている．

7-4. DNA ワクチン

DNA ワクチンは，発現用プラスミドにウイルス抗原遺伝子を組み込んで作製される．ウイルスベクターや遺伝子欠損型ワクチンと異なり，容易に DNA ワクチン用プラスミドが作製可能である．接種された DNA は細胞内で mRNA から挿入抗原に翻訳され，免疫を付与する．サブユニットワクチンと異なり，CpG 配列がアジュバント効果を示すことから，液性免疫だけでなく，細胞性免疫も惹起することが知られており，有効性が期待されている．しかし，現時点では，投与方法が，注射器または，専用の投与器具に限定されるうえ，

表 1-24　日本にない遺伝子欠損型ワクチンと DNA ワクチン

病原体	欠損遺伝子（挿入遺伝子）	対象動物
伝染性鼻気管炎ウイルス	E2	牛，羊，山羊
牛 RS ウイルス	gE	牛，羊，山羊
オーエスキー病ウイルス	gI，gX	豚
Salmonella Typhimurium	aroA，Ser-	鶏
S. Typhimurium	aroA	鶏
大腸菌	aroA	鶏
コイヘルペスウイルスⅢ型	ORF56，57，134	コイ，ナマズ
ウエストナイル熱	（prM，E）	馬
ウエストナイル熱	（prM＋E キメラ）	馬
サケ伝染性造血器壊死症ウイルス	（gG）	サケ

前述ワクチンと比較して，多くの投与量を複数回接種することが必要で，製造コストがかかるため，馬や伴侶動物，魚[1]などに限って使用されているのが現状である．作製方法が容易で，コストを考慮しなければ，短期でワクチン製造が可能であることから，新興感染症や再興感染症への素早い対応，人獣共通感染症や，人用ワクチンとして期待されている．

7-5．その他

海外でのみ使用されている動物用ワクチンは，数多くあるが，その多くは，日本に存在しない疾病に対するワクチンか，記述の通り，新技術を用いたワクチンである．近年，アルファウイルスレプリコンベクター[*24]を用いた豚流行性下痢（PED）および鶏インフルエンザワクチンが欧米で条件付きながら認可された[6, 18]．2015 年に米国において，1000 万羽を超える農場で，相次いで鶏インフルエンザが出現し，鶏の大量淘汰，卵の出荷停止，州外への移動禁止措置などが執られ，大きな問題となった．その後米国政府は，一定量のワクチンの備蓄を決定した．その中には，不活化ワクチンと共に，HVT および FPV ベクターワクチンも含まれており，米国におけるベクターワクチンへの認知度の高さをうかがい知ることができる．今後，日本国内においても，新技術を用いたワクチンが導入されることになるだろう．

7-6．その他の生物製剤

血液製剤・バクテリン・トキソイド・抗体・診断薬が，ワクチン以外の生物学的製剤のカテゴリーに入る．ワクチン同様に，日本に出現していない，またはその心配のない病原体に対する生物製剤は，国内に需要がないため存在しない．DIVA ワクチンとして国内で販売された豚オーエスキー病ワクチンが導入されるにあたり，gI 蛋白質検出用診断薬も導入されるに至っている．ヨーロッパ・米国では，HVT ベクター型 IBDV ワクチンや，同 NDV ワクチンの挿入抗原を検出できる ELISA キットが認可されている．日本国内においても，新規のワクチン導入と共に，診断薬を含む，新たな生物製剤が開発導入されていくことになるだろう．

7-7．プロバイオティクス

世界のプロバイオティクス市場は，日進月歩で増加しており，それに伴う研究開発も多岐にわたって進化および深化している．動物用プロバイオティクスも，産業動物の飼料効率上昇に伴う生産性と肉質・乳質の向上，消化器関連疾病の低減，免疫機能の亢進による，疾病罹患率や損耗率の低下などの効用があり，注目されている．ヨーロッパは，プロバイオティクスの先進国であり，欧米と日本が，プロバイオティクスの２大市場である．使用されている生菌もラクトバチルス，ロイコノストック，ストレプトコッカス，エンテロコッカス属の乳酸菌，サッカロマイセス，アスペルギルス属の真菌などが使われている[7, 19]．

[*24] アルファウイルスレプリコンベクター：トガウイルス科アルファウイルス属に属するプラス鎖一本鎖ウイルスを発現ベクターとして，ウイルス様粒子上に異種抗原蛋白を提示させるシステムで，自己増殖能がなく安全かつ作製が容易で，液性免疫のみならず細胞性免疫も誘導できるといわれている．

引用文献

1）Boutier, M. et al.（2015）：*Plos One*.
2）Draper, S.J. et al.（2010）：*Nature Reviews Microbiology* 8, 62-73.
3）Esaki, M. et al.（2013）：*Avian Dis.* 57, 192-198.
4）Esaki, M. et al.（2015）：*Avian Dis.* 59, 68-73.
5）Kennth, M.A. et al.（1990）：*Can. J. Res.* 54, 504-507.
6）Lundstrom, K.（2014）：*Viruses* 6, 2392-2415.
7）Marangon, S. et al.（2006）：*Rev. tech. int. Epiz.* 26, 265-274.
8）Minke, J. M. et al.（2004）：*Vet. Res.* 35, 425-443.
9）Pastoret, P.-P. et al.（1996）：*Epidemiol. Infect.* 116, 235-240.
10）Reimann, I. et al.（2004）：*Virology* 322, 143-157.
11）Richard-Mazet, et al.（2014）：*Vet. Res.* 45, 107-120.
12）Saitoh, S.（2013）：第 155 回日本獣医学会総会家禽疾病シンポジウム講演要旨，135.
13）齊藤修治（2013）：*JSAVBR NEW letter* 7, 9-11.
14）齊藤修治（2015）：*JSAVBR NEW letter* 12, 22-23.
15）Steglich, C. et al.（2013）：*Plos One* 8, 1-14.
16）杉山美樹（2013）：*NEW letter* 8, 9-10, JSAVBR.
17）Taylor, J. et al.（1995）：*Vaccine* 13, 539-549.
18）Veen R.L., et al.（2012）：*Vaccine* 30, 1944-1950.
19）Yirga, H.（2015）：*J. Prob. Health* 3, 1-10.

コラム　「日本初の組換え生ワクチン承認までの法律・審査体制の整備」

2010 年 8 月 9 日，日本初の遺伝子組換え生ワクチンの製造販売承認を一般財団法人化学及血清療法研究所（化血研）が取得した．商品名は，「セルミューン N」で，一般的名称は，「ニューカッスル病・マレック病（ニューカッスル病ウイルス由来F蛋白遺伝子導入マレック病ウイルス 1 型）凍結生ワクチン」である．

本ワクチンの特徴は，すでに市販されているマレック病（マレック病 1 型）凍結生ワクチンの製造用株（CVI988 株）をベクターとした点であり，鶏痘ワクチンウイルスやマレック病ワクチンの七面鳥ヘルペスウイルスをベクターとした米国の製品とは異なる．

本ワクチンは，弱毒ニューカッスル病ウイルス D26 株の F 蛋白遺伝子が，感染細胞において発現するようプロモーターが付加された形で，マレック病 1 型ワクチン株ゲノムの *US10* 遺伝子内に挿入されたものである（『動物用ワクチンーその理論と実際ー』205 頁参照）．その詳細と有効性については，*Journal of Virology* 74, 3217-3226（2000）にすでに公表されていた．医薬品の開発･承認取得には長期間がかかるといわれているが, この論文が公表された 2000 年当時, 日本では組換え生ワクチン開発のための法律体系や審査体制が未整備であったため，さらなる期間を要した．

（1）法律等の整備

「遺伝子組換え生物等の使用等の規制による生物の多様性の確保に関する法律」（カルタヘナ法）が制定されたのは 2003 年 6 月であり，遺伝子組換え生ワクチン開発のための指針となる「遺伝子組換え生物等の第一種使用等による生物多様性影響評価実施要領」が公表されたのが 2003 年 11 月であった．

（2）審査体制の整備

審査体制については，2004 年 4 月に薬事・食品衛生審議会薬事分科会の生物由来技術部会に動物用組換え DNA 技術応用医薬品調査会が設けられた．本調査会では，①他の微生物を減少させる性質，②病原性，③有害物質の産生性，④核酸を水平伝達する性質について審議され，第一種使用規程に従った使用を行うかぎり生物多様性影響が生じる恐れはないと判断された（2009 年 6 月）．また，2003 年に設置された食品安全委員会において，組換えウイルスの鶏肉中での残存性や人工胃液中の生存性等から，本組換え生ワクチンが適切に使用されるかぎりにおいては，食品を通じて人の健康に影響を与える可能性は無視できるとものと結論付けられた（2009 年 10 月）．

このような経緯で承認された遺伝子組換え生ワクチンであるが，残念ながら 1 ロットしか国家検定に申請されなかったため，ほとんど市販されず，化血研では承認整理するとのことである．食品安全委員からもお墨付きをもらっており，同種の組換え生ワクチンが市販されている米国からブロイラーが毎年 2 万 t も輸入されている現状から，組換え生ワクチンが接種された食肉等を特別視することはないと考える．一方で，組換え生ワクチンへの承認に道筋を付けた化血研には賛辞を送りたい．

8. 動物用医薬品における最新の法規制と諸外国との調和

要約

我が国では，動物用ワクチンを製造または輸入販売しようとするとき「医薬品，医療機器等の品質，有効性及び安全性の確保等に関する法律」に基づいた様々な規制のもとで，農林水産大臣の承認および許可が必要である．諸外国においても概ね同様の制度が存在するが，近年のグローバル化や科学技術の進展を反映し諸規制の細部は国内外ともに少しずつ変化している．

8-1.「薬事法」から「医薬品医療機器等法」へ

2014 年 11 月 25 日に，「薬事法等の一部を改正する法律（2013 年法律第 84 号）」が施行され, 長年なじみ深かった「薬事法」の法律名が，「医薬品，医療機器等の品質，有効性及び安全性の確保等に関する法律」（昭和 35 年 8 月 10 日法律第 145 号）（以下「医薬品医療機器等法」）に改められた．同改正では，法律名の見直しに加え，主に以下の 3 点に関する改正が行われた．

①医薬品，医療機器及び再生医療等製品等の安全対策の強化
②医療機器，体外用診断医薬品の特性を踏まえた規制の構築
③再生医療等製品の特性を踏まえた規制の構築等

今般の改正項目のうち動物用ワクチンに直接影響するものは，①医薬品，医療機器及び再生医療等製品等の安全対策の強化であり，医薬品等に係る最新知見をそれぞれの添付文書に反映させるため，添付文書等の農林水産大臣への届出が義務化された．併せて，それら最新知見をユーザーに迅速に提供するため，届け出た添付文書を直ちにウェブサイトに掲載することも義務化され，具体的には動物医薬品等については動物医薬品検査所のホームページに添付文書等を掲載することとなった．

法律名は変更されたが，ワクチンを含む動物用医薬品の許認可制度・品質確保制度は従前と変わっておらず，その詳細については『動物用ワクチン－その理論と実際－』の第1章「8 ワクチンの品質管理」および「9 ワクチンの許認可制度」を参照願いたい．

以下，「医薬品医療機器等法」に基づく動物用ワクチンの承認制度について概説するとともに，2010年以降に見直された動物用ワクチンに関する規制について紹介する．

8-2. 動物用ワクチンの承認制度

動物用ワクチンを製造販売しようとする者は，製造販売業の許可および品目ごとの製造販売承認を得なければならない．農林水産大臣は，動物用医薬品の製造販売の許可および承認を与える（「医薬品医療機器等法」第12条および第14条）．

1）承認手続き

ワクチンの製造販売の承認は，申請者から提出された資料をもとに，農林水産省が品目ごとに名称，成分，分量，用法，用量，効能，効果，副作用等を審査して行う．実際の審査は，水産用ワクチンは消費・安全局畜水産安全管理課が，その他のワクチンについては動物医薬品検査所が実施しているが，申請されたワクチンの承認の可否について農林水産大臣が薬事・食品衛生審議会に聴くことができる，いわゆる審議会制度をとっている．新規のワクチンの審査は，まず動物用生物学的製剤調査会および水産用医薬品調査会において調査・審議される（図1-23）．調査会での審議が終了すると，さらに動物用医薬品等部会において審議され，必要に応じて薬事分科会で審議される．

薬事・食品衛生審議会の審議とは別に，食用動物に使用するワクチンについては，内閣府食品安全委員会において食品健康影響評価が行われる．

これらの審査および評価の結果，承認して差し支えないとの結論が出た場合には，承認される．

2）承認申請に必要な資料

ワクチンの承認審査は，申請者の提出する資料に基づいて行われるが，申請に必要とされる資料は，有効成分や効能・効果の新規性の有無等によって異なってくる．ワクチンの承認申請時に提出すべき資料の参考例を表1-25に示す．

各資料を作成するための試験の実施方法に関しては，各種

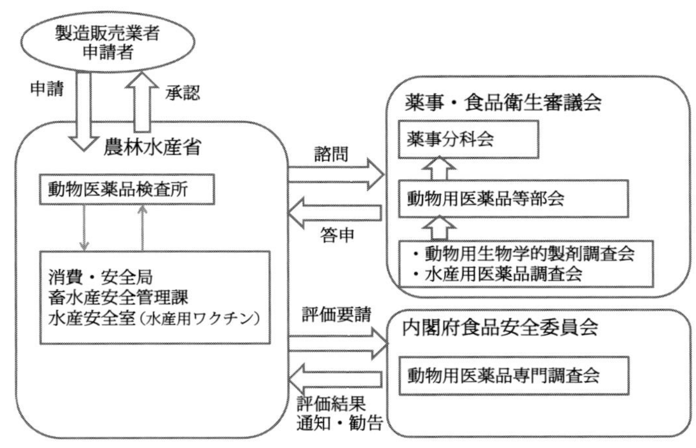

図1-23 ワクチンの承認審査の流れ

表1-25 動物用ワクチンの承認申請時に必要な添付資料例

資料区分	資料の内容例
起源または発見（開発）の経緯	起源または発見（開発）の経緯 対象疾病の日本における疫学 製造用株の人に対する安全性（添加材等の健康影響評価実績含む） 国内外の類似製品との比較表 開発の意義（有用性，セールスポイント）
物理的・化学的試験に関する資料	製造用株の由来および作出過程 製造用株の生物学的性状（病原性，抗原性，血清型，遺伝子型，マーカー等） 排泄および同居感染性の有無 干渉の有無 培養，不活化条件の検討 不活化方法の検討 アジュバント等添加剤の検討 規格および検査方法設定根拠 試作品3ロットの自家試験成績
製造方法に関する資料	製造工程のフローチャート 製造工程中に実施する試験
安定性に関する試験	試作品3ロットの経時的変化 溶解後の経時的変化
安全性に関する試験（要GLP適用）	対象動物への高用量投与試験 日齢，品種等の違いによる安全性 接種経路別の安全性
薬理試験	最少有効抗原量 最少有効抗体価 接種回数，接種間隔，接種経路 移行抗体の影響 感染（発症）防御試験 防御メカニズム 免疫成立時期，免疫持続等
臨床試験	安全性（副作用，対照との比較） 有効性（流行地での発症防御，免疫応答等）

のガイドラインが制定されている〔医薬品，医療機器等の品質，有効性及び安全性の確保等に関する法律関係事務の取扱いについて（平成12年3月31日付け12動薬A第418号：一部改正平成28年8月5日28動薬第1390号）〕.

また，表1-25中，対象動物の安全性に関する資料は動物用医薬品の安全性に関する非臨床試験の実施の基準（GLP）〔動物用医薬品の安全性に関する非臨床試験の実施の基準に関する省令(平成9年10月21日農林水産省令第74号)〕に，臨床試験に関する資料は動物用医薬品の臨床試験の実施の基準（GCP）〔動物用医薬品の臨床試験の実施の基準に関する省令（平成9年10月23日農林水産省令第75号）〕に適合しなければならない．さらに，承認を受けようとする製造所における製造管理および品質管理の方法が，「動物用医薬品の製造管理及び品質管理に関する省令」(平成6年3月29日農林水産省令第18号）に適合しなければならない．これらの基準への適合性は，承認の条件となっており，承認申請と同時に提出される適合性調査申請に基づき，書面または実地の調査により確認されることとなる.

8-3．動物用ワクチンに関する諸規制の見直し

1）食用動物に用いるアジュバント加ワクチンの使用制限期間の見直し

食用動物に用いるワクチンのうち，アジュバントを含有するワクチンの承認申請に当たっては，注射局所におけるアジュバント等異物の消失時期を基に使用制限期間（と畜場等へ出荷前のワクチンを使用しないこととされている期間）を定めることとされていた．そのため，承認申請添付資料ではGLPに適合した対象動物安全性試験の中でアジュバントの消長を確認する必要があり，消長時期が遅い製剤では，長期の使用制限期間を設定する必要があった.

しかしながら，2015年3月からは，畜水産物の安全を的確に確保する観点から，使用制限期間の設定の考え方を，注射部位からの異物の消失に基づく考え方からアジュバント等添加剤として含まれる成分の人への健康影響評価（食品安全委員会が行う食品健康影響評価）に基づく考え方に変更することとした．その結果，食品健康影響評価済みの成分のみを添加剤として使用するアジュバント加ワクチンについては，使用制限期間の設定を要しないこととされた〔「医薬品，医療機器等の品質，有効性及び安全性の確保等に関する法律関係事務の取扱いについて」の一部改正について（平成27年3月18日26消安第6184号消費・安全局長通知)〕．評価済み成分は，農林水産省ホームページ（食品健康影響評価済みの動物用ワクチン添加剤成分一覧）より参照可能である.

なお，添加剤の一部または全部が評価済み成分でない成分を使用する製剤を申請する場合は，当該成分の安全性に関する資料（国内若しくは国際機関等における成分評価書またはADI等の設定状況等）を添付して申請する必要があり，製剤の承認前に食品健康影響評価を受ける必要がある．また，評価済み成分でない成分について安全性に関する資料を添付することができない場合は，従来どおり使用制限期間に関する資料を添付することが必要となる.

2）混合ワクチンの承認申請等の効率化

近年，動物用ワクチンでは有効成分の混合・多価化が進み，様々なコンビネーションの製剤の開発が進んでいる．このような現状に鑑み，既承認製剤と成分構成が類似するワクチンの承認申請に当たって必要となる添付資料の見直し・効率化が行われた〔「医薬品，医療機器等の品質，有効性及び安全性の確保等に関する法律関係事務の取扱いについて」の一部改正について平成27年4月30日27消安第420号消費・安全局長通知〕.

具体的には以下の2種類の効率化である.

①既承認の混合ワクチンから一部の有効成分を除いたワクチンを申請する場合，投与量が同一である等一定の条件を満たす場合，安全性に関する資料および臨床試験に関する資料を省略できる.

②既承認のワクチン同士を組合せたワクチンを申請する場合，安全性に関する資料や効力に関する資料により安全性および有効性が担保できる等の条件を満たす場合，臨床試験に関する資料を省略できる.

3）シードロット制度の適用拡大

動物用ワクチンのシードロット制度は，GMP体制下で，より効率的・効果的にワクチンの品質の安定性および均一性を確保するための製造および品質管理制度であり，製造用ウイルス株，細菌株および細胞株などのシードについて，その特性，継代数の制限や検査項目などに関する規格を定め，製造用シード，中間工程から最終小分製品まで通して品質管理を行うものである．我が国では，2008年に動物用生物学的製剤基準にシードロット規格等を設け，哺乳類および鶏用の生（不活化）ウイルス（細菌）ワクチンに限定して導入され，2016年8月現在248製剤がシードロット製剤として承認されている.

シードロット化された製剤については，再審査期間中のもの（承認されて6年以内のもの）については従来どおり検定対象となるが，再審査が終了すると原則として検定対象外となる．ただし，「家畜伝染病予防法」の法定伝染病に対するワクチンおよび狂犬病ワクチンだけは再審査終了後も検定対象であるが，試験項目を含有量試験または力価試験に限定して実施している.

2016年9月からは，従来対象としていなかった鶏コクシジウム症などの原虫病ワクチン，魚病ワクチンおよび遺伝子

組換え技術を用いたワクチンも対象とできるようシードロット規格等を整備したことから，現存する全てのワクチンをシードロット化する体制が整ったところである．

4）臨床試験成績に関する資料の承認申請後の提出

8-2「2）承認申請に必要な資料」で述べているように，承認申請時には，臨床試験（治験）の試験成績に関する資料の添付が必要となるが，承認手続きの迅速化や承認申請における利便性の向上を目的として，2016年9月に「動物用医薬品等取締規則」（平成16年農林水産省令第107号）を改正して，臨床試験成績に関する資料について承認申請後に提出することを可能とする規程を追加した．

このことにより，食品安全委員会における食品健康影響評価が，薬事・食品衛生審議会の審議と同時並行的に行われることが可能となった．臨床試験成績に関する資料の承認申請後の提出は，承認申請後概ね2年以内とするよう通知されている〔「動物用医薬品等取締規則等の一部を改正する省令の施行について」2016（平成28年9月30日付け28消安第2609号消費・安全局長通知）〕．

8-4．動物用ワクチン関連のVICHガイドラインの策定状況

VICHは，正式名称International Cooperation on Harmonization of Technical Requirements for Veterinary Medical Products（動物用医薬品の承認申請資料の調和に関する国際協力）を略称したもので，1996年4月に設立された．VICHは，日米欧3極の政府規制当局と業界団体をフルメンバーとしていることが特徴であり，オーストラリア，ニュージーランド，カナダ，南アフリカがオブザーバー参加している．

動物用ワクチンの承認は，国や地域ごとに行われておりその規制の細部は異なっている．このため同じ製剤を複数の国で販売しようとする場合，それぞれの国の規制・基準に沿った試験をやり直さなければならないことが多いのが実情であった．VICHはこのような無駄をなくし，より良いワクチンをより早く臨床現場に供給するために，各種試験法等のガイドラインを統一することを目的としており，開始後2016年までの20年間で53本のガイドラインが作成されている．

作成されたガイドラインのうちワクチンに関連するものはあまり多くないが，これまで策定された主なガイドラインの概要を以下に述べる．

1）ワクチン接種対象動物における動物用生ワクチンの病原性復帰否定試験（GL41）

生ワクチンの主成分であるワクチン株の弱毒化に関し，接種動物により継代された場合でも病原性が復帰しないことを確認するための試験法．

日本では，動物用生物学的製剤基準〔動物用生物学的製剤基準（平成14年10月3日農林水産省告示第1567号）〕（以下「動生剤基準」）の一般試験法に規定する病原性復帰確認試験法として定めている．

2）動物用生および不活化ワクチンの対象動物安全性試験（GL44）

ワクチンの対象動物に対する安全性を確認するための試験法であり，実験室内および野外条件下での試験要件（用量，投与経路，試験動物，試験場所，データの収集等）に関して定められている．

3）ホルムアルデヒド定量試験（GL25）

不活化ワクチンの不活化およびトキソイドの無毒化工程においてホルムアルデヒドが使用されることが一般的であり，多くの不活化ワクチンでは残留ホルムアルデヒドの上限値が定められている．本GLではホルムアルデヒドの定量法の1つである塩化鉄法が規定されており，動生剤基準においても測定法として規定されている．

4）含湿度試験（GL26）

凍結乾燥されたワクチンの残留水分量を測定する方法として重量法が規定されている．動生剤基準では，この方法を含め乾燥減量法での規定がある．

5）マイコプラズマ否定試験（GL34）

日本の動生剤基準，欧州薬局方，米国連邦規則に規定されるマイコプラズマ否定試験法は，液体培地および寒天培地を用いる点で類似しているが細部に違いがあったため，3極間での共同試験を経て一般的方法が規定された．動生剤基準にも，本ガイドラインで提示される試験法を利用可能なよう導入されている．

6）動物用不活化ワクチンの対象動物バッチ安全試験省略要件（GL50）

本ガイドラインは，他のものとは性質が異なり，承認後の品質管理試験に関するガイドラインである．動物用ワクチンでは，製造バッチごとに対象動物を用いた安全試験が課せられていることが一般的であるが，近年の製造管理技術の向上，動物実験の3Rの必要性の増加に鑑みて，一定の品質確保が見込める製品については，バッチごとの安全試験を省略することを可能とするためのガイドラインである．

具体的には，連続して製造された10バッチにおいて全て安全試験が適合だったことを要件に，安全試験の廃止を認めるという内容である．

第2章　各論

I　ワクチン

1. 収載ワクチンについて

2011年に出版した『動物用ワクチン－その理論と実際－』（以下『動物用ワクチン』）には日本で承認されている主要な86製剤のワクチンを収載したが，本書ではそれ以降に承認された主要な新規ワクチン23製剤を収載した．記載項目は，『動物用ワクチン』を踏襲したが，安全性試験の項目を追加した．『動物用ワクチン』に収載したワクチンは，表として簡潔に記載することにとどめ,「☞『動物用ワクチン』」とし，その頁番号を記載したので，詳細なデータは，『動物用ワクチン』を活用されたい．ただし，2011年以降，製造メーカの撤退や製剤の販売中止のため，86製剤から82製剤になっている．したがって，本書には105製剤を収載したことになる．

2. ワクチンの収載順序

本書ではワクチンの収載順序を動物種毎に呼吸器感染症，消化器系感染症等に使用されるワクチンとしてカテゴリー分けをし，その中でウイルス製剤，細菌製剤，原虫製剤の順で，さらに単味ワクチン[*1]，混合ワクチンの順とした．しかし，動物用ワクチンでは混合ワクチンが多様のため，呼吸器感染症ワクチンとして分類したものの中に消化器系感染症ワクチンが含まれる場合もある．なお，魚用ワクチンは対象魚種別とした．

3. シードロット製剤について

動物用ワクチンでは，2008年にシードロットシステムが導入された．シードロットシステムとは，ワクチンの製造用のウイルス株，菌株，細胞株等を厳密に管理することで，最終製品の品質を担保するものである．したがって，シードロット化される前のワクチンと本質的な違いはない．そこで，本書ではシードロット製剤として承認されたワクチンであっても，特段その旨を表示しなかった．ただし，付表ではシードロット製剤に網掛けをして区分した．

なお，シードロット製剤として承認されたワクチンは，一般的名称の最後に「シード」と表示することで区別されており，2016年8月現在で248品目がシードロット製剤として承認されている．

4. ワクチンの使用制限期間について

動物用ワクチンでは免疫期間の持続を図るため，油性アジュバント等を加えた製剤が多く承認されている．これらのワクチンでは投与部位にアジュバントが長期間残存することから，食肉としての安全性に配慮し，投与部位からアジュバントが消失するまで当該動物をと畜場または食鳥処理場に出荷しないことで対応していた．この期間を「使用制限期間」と呼んでおり，その旨が使用上の注意としてワクチンの添付文書に記載されていた．しかし，2015年から，アジュバントに含まれる成分の人への健康影響評価を実施することになり，ほとんどのアジュバントで使用制限期間がなくなった．したがって，『動物用ワクチン』を参照される際には注意されたい．なお，「と畜場法」では生物学的製剤により著しい反応を呈しているものはと殺・解体が禁止されており，生物

[*1] 単味ワクチン：1種類の病原体の抗原物質からなるワクチンのことで，単価ワクチンとも呼ばれ，通常は1種類の製造用株で製造される．一方，1種類の病原体であるが血清型の異なる複数の製造用株で作成されたワクチンを多価ワクチンと呼び〔例えば鶏伝染性コリーザ（A・C型）不活化ワクチン〕，2種類の病原体またはそれ以上の種類の病原体で作成されたワクチンを混合ワクチンと呼ぶ（例えば日本脳炎・豚パルボウイルス感染症・豚ゲタウイルス感染症混合生ワクチン）．単味ワクチンの対比で，多価ワクチンは，混合ワクチンとして扱われることが多い．

学的製剤を投与して20日以内の家畜の検査申請は受け付けないとの通知が出されている．また，「食鳥処理の事業の規制及び食鳥検査に関する法律」でも同様に規定されているので，ワチクンを投与した年月日を記録し，出荷の際に確認することが必要である．

牛用ワクチン

対象疾病	ワクチン名
A. 呼吸器系感染症に対するワクチン	
牛伝染性鼻気管炎・牛ウイルス性下痢−粘膜病・牛パラインフルエンザ・牛RSウイルス感染症・牛アデノウイルス感染症	1. 牛伝染性鼻気管炎・牛パラインフルエンザ混合生ワクチン……**69** 2. 牛伝染性鼻気管炎・牛ウイルス性下痢−粘膜病・牛パラインフルエンザ・牛RSウイルス感染症・牛アデノウイルス感染症混合生ワクチン……**72** 3. 牛伝染性鼻気管炎・牛ウイルス性下痢−粘膜病2価・牛パラインフルエンザ・牛RSウイルス感染症混合（アジュバント加）不活化ワクチン……**73** 4. 牛伝染性鼻気管炎・牛ウイルス性下痢−粘膜病2価・牛パラインフルエンザ・牛RSウイルス感染症・牛アデノウイルス感染症混合生ワクチン……**73** 5. 牛伝染性鼻気管炎・牛ウイルス性下痢−粘膜病・牛パラインフルエンザ・牛RSウイルス感染症・牛アデノウイルス感染症・牛ヒストフィルス・ソムニ（ヘモフィルス・ソムナス）感染症混合（アジュバント加）ワクチン……**76**
牛流行熱・イバラキ病	6. 牛流行熱・イバラキ病混合（アジュバント加）不活化ワクチン……**78**
子牛のパスツレラ症	7. マンヘミア・ヘモリチカ（1型）感染症不活化ワクチン（油性アジュバント加溶解用液）……**79** 8. ヒストフィルス・ソムニ（ヘモフィルス・ソムナス）感染症・パスツレラ・ムルトシダ感染症・マンヘミア・ヘモリチカ感染症混合（アジュバント加）不活化ワクチン……**79**
B. 消化器系感染症に対するワクチン	
牛疫	1. 牛疫生ワクチン……**79**
牛のロタウイルス病・牛コロナウイルス病	2. 牛ロタウイルス感染症3価・牛コロナウイルス感染症・牛大腸菌性下痢症（K99精製線毛抗原）混合（アジュバント加）不活化ワクチン……**80**
牛のサルモネラ症	3. 牛サルモネラ症（サルモネラ・ダブリン・サルモネラ・ティフィムリウム）（アジュバント加）不活化ワクチン……**80**
子牛の大腸菌性下痢	2. 牛ロタウイルス感染症3価・牛コロナウイルス感染症・牛大腸菌性下痢症（K99精製線毛抗原）混合（アジュバント加）不活化ワクチン……**80** 4. 牛大腸菌性下痢症（K99保有全菌体・FY保有全菌体・31A保有全菌体・O78全菌体）（アジュバント加）不活化ワクチン……**81**
牛の壊死性腸炎	D-1. 牛クロストリジウム感染症5種混合（アジュバント加）トキソイド……**88**
C. 流死産・生殖障害を示す感染症に対するワクチン	
アカバネ病・チュウザン病・アイノウイルス感染症	1. アカバネ病生ワクチン……**81** 2. アカバネ病・チュウザン病・アイノウイルス感染症混合（アジュバント加）不活化ワクチン……**81** 3. アカバネ病・チュウザン病・アイノウイルス感染症・ピートンウイルス感染症混合（アジュバント加）不活化ワクチン……**82** 4. アカバネ病・イバラキ病・チュウザン病・アイノウイルス感染症混合（アジュバント加）不活化ワクチン……**84**
ピートンウイルス感染症	3. アカバネ病・チュウザン病・アイノウイルス感染症・ピートンウイルス感染症混合（アジュバント加）不活化ワクチン……**82**
イバラキ病	4. アカバネ病・イバラキ病・チュウザン病・アイノウイルス感染症混合（アジュバント加）不活化ワクチン……**84**
D. 皮膚・体表・外貌の異常を示す感染症に対するワクチン	
気腫疽・悪性水腫	1. 牛クロストリジウム感染症5種混合（アジュバント加）トキソイド……**88**
乳房炎	2. 乳房炎（黄色ブドウ球菌）・乳房炎（大腸菌）混合（油性アジュバント加）不活化ワクチン……**89**

対象疾病	ワクチン名
E. 神経症状・運動障害を示す感染症に対するワクチン	
牛のヒストフィルス・ソムニ感染症	A-8. ヒストフィルス・ソムニ（ヘモフィルス・ソムナス）感染症・パスツレラ・ムルトシダ感染症・マンヘミア・ヘモリチカ感染症混合（アジュバント加）不活化ワクチン……**79**
牛ボツリヌス症	1. 牛クロストリジウム・ボツリヌス（C・D型）感染症（アジュバント加）トキソイド……**93**
F. 急死を伴う感染症に対するワクチン	
炭疽	1. 炭疽生ワクチン……**93**
気腫疽・悪性水腫・牛の壊死性腸炎	D-1. 牛クロストリジウム感染症5種混合（アジュバント加）トキソイド……**88**

A. 呼吸器系感染症に対するワクチン

1. 牛伝染性鼻気管炎・牛パラインフルエンザ混合生ワクチン

1-1. 疾病の概要

1）牛伝染性鼻気管炎[6)]

牛伝染性鼻気管炎（IBR）は牛ヘルペスウイルス1型（*Herpesviridae*，*Alphaherpesvirinae*，*Varicellovirus*，*Bovine alphaherpesvirus 1*）の感染によって起こる牛の急性熱性伝染病である．ウイルスの感染部位によって，鼻気管炎，陰門腟炎，亀頭包皮炎，髄膜脳炎，妊娠牛では流産等の多様な病態を示すことが知られており，我が国では「家畜伝染病予防法」の届出伝染病に指定されている．感染発症牛では鼻汁，流涙あるいは生殖器分泌物中にウイルスが排泄され，感染源となり，発咳，接触，交配により気道あるいは生殖器感染が成立する．回復牛においても，ウイルスが神経節に潜伏感染し不顕性感染牛となり，輸送，分娩等のストレスによりウイルスを排泄することがあるため，清浄化が困難となっている．

2）牛パラインフルエンザ[1)]

牛パラインフルエンザ（PI3）は牛パラインフルエンザ3型ウイルス（*Paramyxoviridae*，*Respirovirus*，*Bovine parainfluenza virus 3*）の感染によって起こる呼吸器症状を主徴とした急性伝染病である．症状は発熱，発咳，鼻汁，呼吸促迫，流涙等であり，流産，乳房炎が見られることがある．他の呼吸器病ウイルスとの混合感染例が多く，経済的損失は大きい．ウイルスは主として気道分泌物，乳房炎罹患牛では乳汁中に排泄され，発咳による飛沫感染や接触により伝播する．

1-2. ワクチンの歴史[2-4, 7-9)]

本剤の開発はRIT研究所のDr. Zygraichらによって開始された．本剤は鼻腔内投与型の生ワクチンであり，粘膜免疫システムを刺激することから，一般的な筋肉内あるいは皮下等体内へ投与する注射型ワクチンでは得られない，極めて速やかで，かつ，粘膜（局所）および全身免疫双方に防御効果がある抗原特異的免疫を誘導できる．また，自然免疫系は粘膜免疫システムにおいて非常に重要な役割を担っており，異物の侵入に際していち早く対応する非特異的免疫であり，本剤投与により，これら自然免疫系も誘導されることが認められた．

本剤に使用されるウイルスは温度感受性を有するように化学的に修飾された株であり，IBRおよびPI3両ウイルス株とも39±1℃以上の温度帯において増殖が抑制される特徴を有する．すなわち，鼻腔に投与された本ワクチンウイルスは上部気道でのみ増殖し，体内深部では増殖しないため，IBRの生ウイルスを抗原としながら妊娠牛へも投与可能な製剤となっている．また，これらの特徴については約20年間にわたりモニターが継続されており，現在まで，温度感受性の特徴の喪失や病原性の復帰については認められていない．

本剤は2013年に国内にて承認された．

1-3. 製造用株

1）弱毒牛伝染性鼻気管炎ウイルスRLB106株

本株の親株は1960年ベルギー国立獣医学研究所のDr. Wellemansらによって分離され，同研究所およびRIT研究所にて継代，温度感受性株への化学的修飾およびクローニングをされた．本マスターシードウイルスは1976年米国農務省動植物検疫局よりワクチン製造用マスターシードウイルスとして承認を受けている．

2）弱毒牛パラインフルエンザ3型ウイルスRLB103株

本株の親株は1960年にスウェーデンUppsala大学のDr. Dinterらによって分離され，その後RIT研究所を経て分与された．本マスターシードウイルスは1977年に米国農務省動植物検疫局よりワクチン製造用マスターシードウイルスとして承認を受けている.

3）牛腎株化 NLBK-6 細胞

本株は ATCC の CCL22, MDBK（NBL-1）から作成された. MDBK 細胞の起源は米国カリフォルニア大学の Madin と Darbyによって1957に株化細胞として確立したものである. 本マスターセルシードは 1988 年に米国農務省動植物検疫局よりワクチン製造用として承認されている.

1-4. 製造方法

それぞれのマスターシードウイルスを NLBK-6 細胞およびウイルス増殖用培養液に接種，培養した後，細胞を分離してウイルス浮遊液をウイルス原液とする．その後，2 種のウイルス原液を混合して安定剤, 保存剤および溶剤を添加した後, 凍結乾燥し，乾燥ワクチンとする.

1-5. 安全性試験成績

新生牛および妊娠牛に対し，本剤の常用量あるいは 100 倍量を鼻腔内に投与し，妊娠牛においてはその産子を含めた安全性を確認したところ，増体量，飼料摂取量，健康状態，体温，血液学的検査，生化学的検査，剖検および病理解剖において，非投与対照群との間に有意な差は認められなかったか，認められた場合においても正常範囲の値であったことから，本剤は新生牛および妊娠牛に対して投与しても極めて安全であることが確認された.

1-6. 効力を裏付ける試験成績

1）IBR [5, 9)]

子牛に対して RLB106 株を投与した後，42 日目に IBR 強毒ウイルス（Cooper 株：米国農務省より攻撃用株として入手）にて攻撃し，56 日目まで経時的に観察，採材したところ，RLB106 株は IBR 強毒株の攻撃による発症を防御できることが確認された．また，有効抗原量を血清中和試験を用いた抗体価測定により評価したところ，最小有効抗原量として $10^{4.2}$ $TCID_{50}$/ 頭以上のウイルス抗原量が存在すれば IBR ウイルスに対する十分な免疫応答が誘導されることが確認された.

全身性の血中最小有効抗体価に関する検討においては，Cooper 株を用いた攻撃試験の結果より，中和抗体価では 2 倍，ELISA 抗体価では 50 倍の抗体価の存在により，発熱およびウイルス排泄を抑制することが認められた．また，本剤投与後の局所免疫誘導について検討した結果，鼻汁中のインターフェロン（IFN）- γ は本剤投与後 3 ～ 7 日に，IgA 抗体は 2 ～ 7 日にそれぞれ産生されることが確認でき，早期の免疫誘導が認められた（図 2-1，図 2-2）．さらに，免疫成立時期について Iowa 株（オランダ Centraal Direngeneekundig Instituut より入手）を本剤投与後 4 日目に攻撃して検討した結果，症状およびウイルス排泄の軽減が認められたことから, 投与後 4 日目には免疫が成立していることが認められた. また，Cooper 株にて攻撃し，人工的に作出した IBR 感染牛を飼養しているペンに，RLB106 株 $10^{6.0}$ $TCID_{50}$/ 頭を種々のタイミングにて投与した健康牛を同居させ，感染牛からの水

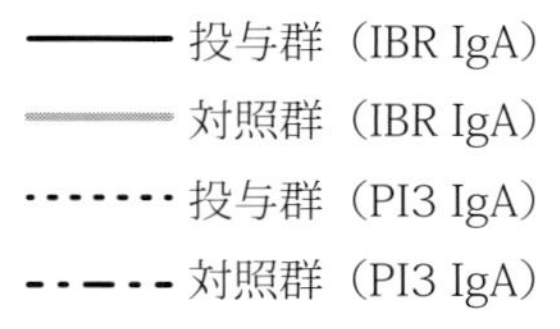

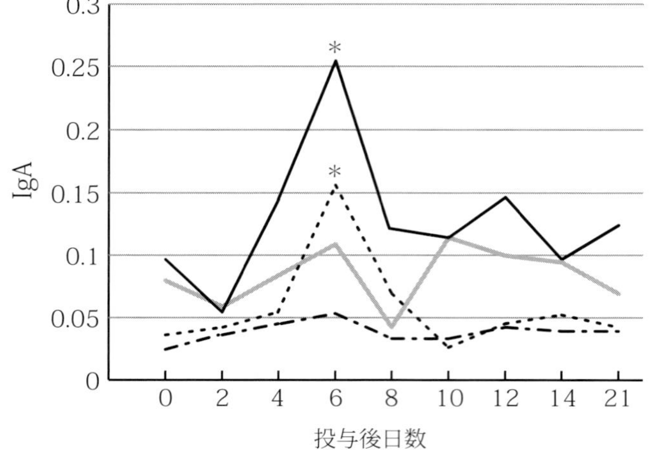

図 2-1　鼻腔スワブ中の IgA（ELISA 値）

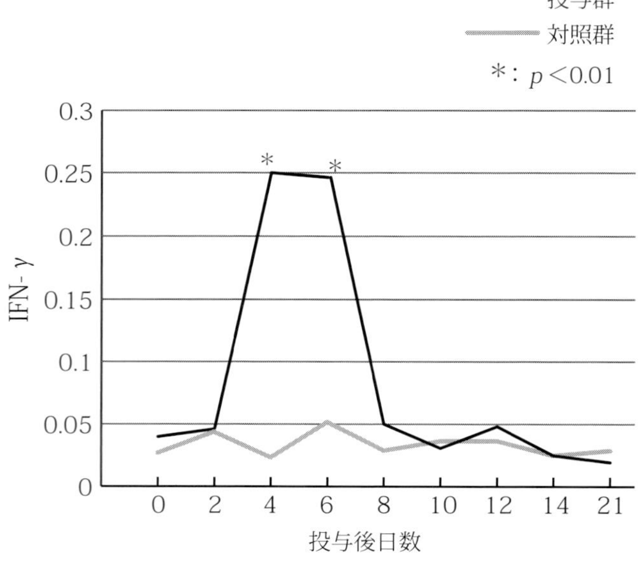

図 2-2　鼻腔スワブ中の IFN- γ （ELISA 値）

平感染に対する防御効果を検討した結果，本剤投与後24時間以内には免疫が成立していたことが示唆された．また，本剤投与直後に同居させた牛は感染を完全には防御できなかったが，非投与対照牛に比べ，症状発現の程度が軽度であり，発症期間も短縮された．

免疫持続に関しては，本剤投与155日後にIowa株を用いた攻撃試験を実施し，臨床所見，血清学的検査およびウイルス学的検査を総合的に判断した結果，発症を防御することが判明したことから，投与後短くとも約5か月間は免疫が持続するものと考えられた．

2）PI3 [9)]

子牛に対してRLB103株を投与した後，28日目にPI3強毒標準攻撃株（米国農務省より攻撃用標準株として入手）にて攻撃し，56日目まで経時的に観察，採材したところ，RLB103株はPI3強毒標準攻撃株の攻撃による発症を防御できることが確認された．また，血清中和試験を用いた抗体測定により，$10^{4.0}$ $TCID_{50}$/頭以上のウイルス抗原量が存在すればPI3ウイルスに対する十分な免疫応答が誘導されることが確認された．

全身性の血中最小有効抗体価に関する検討において，ライジンガーSF-4株（米国農務省より攻撃用株として入手）による攻撃試験を実施した結果，少なくとも中和抗体価では2倍，ELISA抗体価では50倍あれば，鼻汁およびウイルス排泄を抑制することが認められた．ただし，鼻汁発現率とELISA抗体価との間には相関関係は認められなかった．また，本剤投与後の局所免疫の誘導について検討した結果，鼻汁中のIFN-γは本剤投与後3～7日に，IgA抗体は2～7日にそれぞれ産生を確認できたことから，早期の免疫刺激および誘導が行われることが認められた（図2-1，図2-2）．さらに，免疫成立時期について，本剤投与後4日目にJ121株（英国アニマルヘルス研究所より入手）を用いて攻撃した結果，症状の発現およびウイルス排泄の結果から，遅くとも本剤投与後4日目には成立していることが認められた．

免疫持続に関しては，本剤投与134日後にJ121株を用いた攻撃試験を実施し，臨床所見，血清学的およびウイルス学的検査から発症を防御することが判明したことから，本剤投与後，短くとも約4か月間は免疫が持続するものと考えられた．

1-7. 臨床試験成績

1）有効性・安全性試験

国内8施設において計161頭の牛（新生子牛，育成牛，妊娠牛）を供試して臨床試験を実施した．本剤投与群は本剤を左右の鼻腔内にそれぞれ1mLずつ計2mLを滴下投与し，対照群では0.9%生理食塩液を同様に左右の鼻腔内に1mLずつ計2mLを滴下投与した．実施施設にIBRおよびPI3の流行が認められた場合は，その発症率にて有効性を判定することとしたが，両疾病ともに流行が認められなかったため，以下の基準にて有効と判定した．

本剤投与時と投与後28日目の中和抗体価あるいはIgG ELISA抗体価を比較し，本剤投与群の抗体応答陽性率および幾何平均抗体価が対照群と比べて有意に高くなる場合を有効とした．ただし，本剤投与時の供試牛における抗体価の分布は対照群と同等である場合を前提とした．

また，非臨床試験において確認された反応以上またはそれ以外の症状を認めない場合，臨床的異常の発現率およびその程度が対照群と差を認めない場合を安全と判定した．

その結果，本剤は含有抗原分画であるIBRおよびPI3に対して免疫原性を有しており，対象疾病であるIBRおよびPI3に対して有効性が認められた．また，野外で使用しても安全性に問題はないと判定された．

2）免疫能評価の上での有効性・安全性試験

本剤投与後の全身および局所免疫能を評価し，有効性と安全性を確認するため，国内2施設において計60頭の子牛を供試して野外試験を実施した．投与量，投与方法および試験区分は前試験と同一である．なお，本試験においてもIBRおよびPI3の流行が認められなかったため，以下の基準を満たした場合を有効とした．

血清の抗体陽性率：試験28日目および42日目において本剤投与群の血清の抗体応答陽性率が対照群と比べて有意に高い場合．

中和抗体価：本剤投与時（試験0日目）に抗体を保有していない牛（中和抗体価が2倍未満）の場合は，2倍以上の抗体価に上昇した場合．

IgG ELISA抗体価：本剤投与時（試験0日目）に抗体を保有していない牛（IgG ELISA抗体価が50倍未満）の場合は，50倍以上の抗体価に上昇した場合．

鼻腔スワブ（鼻汁）中のIgA ELISA値：本剤投与時（試験0日目）から2，4，6，8，10，12，14および21日のいずれかの時点において平均IgA ELISA値が対照群に比較して有意に高値である場合．

鼻腔スワブ（鼻汁）中のIFN-γ値：本剤投与時（試験0日目）から2，4，6，8，10，12，14および21日のいずれかの時点において平均IFN-γ値が対照群に比較して有意に高値である場合．

また，安全性については本剤投与部位の反応を含む全ての有害事象のうち，本剤を投与したこととの関連が否定できない事象について検討した．

その結果，本剤投与による抗体応答は良好で，全身性の抗体応答および局所免疫応答が認められ，投与後早期のIBRおよびPI3の予防において有効性が示唆された．また，安全性においても本剤投与に起因する有害事象は観察されなかった．

1-8. 使用方法

1）用法・用量

凍結乾燥ワクチンに添付の溶解用液を加えて溶解し，1か月齢以上の健康な牛1頭あたり，両側鼻腔内に1mLずつ計2mLを1回投与する．

2）効能・効果

牛伝染性鼻気管炎および牛パラインフルエンザの呼吸器症状に対する予防．

3）使用上の注意

本剤の用法は鼻腔内に限定されている．投与においては，滅菌済みの注射針付きのディスポーザブル注射器を用いて溶解用液にて乾燥ワクチンを溶解し，その2mLを吸引して注射針を取り外した後，それぞれ左右の鼻腔内に1mLずつを投与する．また，ワクチンウイルスは本剤投与後に一過性のウイルス排泄が認められることから，本剤投与牛と同居している非投与牛に感染し，陽転する場合がある．

4）ワクチネーションプログラム

本剤は鼻腔粘膜に滴下投与する製剤であり，極めて容易，かつ，投与対象牛に対するストレスを最小限にしての投与が可能である．投与の容易さと共に，本剤の特長である，速やかな「免疫付与」効果を期待して，ワクチネーションプログラムの中で主に以下の4つの場合での本剤投与が想定される．

①注射型のワクチンを投与するまでの間に防御効果を期待する場合．

②これからストレス環境下に置かれるような場合，すなわち，輸送や移動・新たな群編成，去勢，除角等の前．

③緊急的な防御が必要な場合．

④注射型ワクチンとの補完利用．注射型ワクチンの投与プログラムの中で，防御機能の谷間を埋める役割を期待する場合．

1-9. 貯法・有効期限

2～7℃で保存する．有効期間は製造後2年間．

引用文献

1）明石博臣（2006）：動物の感染症 第2版，116，近代出版．
2）Gerber, J.D. et al（1978）：*Am. J. Vet. Res.* 39, 753-60.
3）清野　宏（2010）：臨床粘膜免疫学，18-29，シナジー．
4）Kucera, C.J. et al（1978）：*Am. J. Vet. Res.* 39, 607-10.
5）Kucera, C.J. et al（1978）：*Vet. Med. Small Anim. Clin.* 73, 83-87.
6）岡崎克則（2006）：動物の感染症 第2版，107，近代出版．
7）Todd, J.D. et al（1971）：*J. Am. Vet. Med. Assoc.* 159, 1370-1374.
8）Todd, J.D. et al（1972）：*Infect. Immun.* 5, 699-706.
9）Zygraich, N. et al（1974）：*Res. Vet. Sci.* 16, 328-335.

【岩隈昭裕】

2. 牛伝染性鼻気管炎・牛ウイルス性下痢−粘膜病・牛パラインフルエンザ・牛RSウイルス感染症・牛アデノウイルス感染症混合生ワクチン

☞『動物用ワクチン』75頁

ワクチンの概要		牛のウイルス性呼吸器感染症の主要な5種類に対する混合生ワクチンである．弱毒牛伝染性鼻気管炎（IBR）ウイルス，弱毒牛ウイルス性下痢−粘膜病（BVD）ウイルス，弱毒牛パラインフルエンザ（PI）3型ウイルス，弱毒牛RSウイルスおよび弱毒牛アデノ（AD）ウイルス（7型）を培養細胞でそれぞれ増殖させて得たウイルス液を混合し，凍結乾燥したワクチンである．
開発の経緯・製造用株等		IBR生ワクチンは1972年，BVD生ワクチンは1974年，PI生ワクチンは，1980年，牛RSウイルス感染症生ワクチンは1988年，ADウイルス感染症生ワクチンは1989年にそれぞれ単味ワクチンとして承認された．混合生ワクチンとしては，IBR・BVD・PIの3種混合生ワクチンが1985年，3種混合生ワクチンにRSを加えた4種混合生ワクチンとADを加えた5種混合生ワクチンが1993年，3種混合生ワクチンにADを加えてもう1つの4種混合生ワクチンが1996年に承認された．IBR，BVD，PIおよびADの製造用株は，農林水産省家畜衛生試験場（現 農研機構動物衛生研究部門）において培養細胞を用いて30℃あるいは34℃の低温継代で弱毒されたものである．
使用方法	用法・用量	乾燥ワクチンに添付の溶解用液を加えて溶解し，2mLを筋肉内に投与する．
	効能効果	IBR，BVD，PI，RSウイルス感染症およびADウイルス（7型）感染症の予防．
	使用上の注意	本剤は妊娠牛，交配後間がないものまたは3週間以内に種付けを予定している牛には投与しない．

【平山紀夫】

3. 牛伝染性鼻気管炎・牛ウイルス性下痢−粘膜病2価・牛パラインフルエンザ・牛RSウイルス感染症混合（アジュバント加）不活化ワクチン

☞『動物用ワクチン』80頁

ワクチンの概要		牛伝染性鼻気管炎（IBR）ウイルス，牛ウイルス性下痢−粘膜病（BVD）ウイルス（1型），同（2型），牛パラインフルエンザ（PI）3型ウイルスおよび牛RSウイルスを培養細胞でそれぞれ増殖させて得たウイルス液を不活化したものを混合し，アジュバントを添加したワクチンである．
開発の経緯・製造用株等		1975年にIBR不活化ワクチンが承認されたが，IBR生ワクチンや3種混合生ワクチンが主に使用され，1985年以降は製造されなくなった．1990年頃からBVDウイルス2型による被害が報告され，1998年に米国およびカナダでBVDウイルス1型と2型を含む本混合不活化ワクチンが開発され，日本においては2001年に承認された．したがって，製造用株はいずれも米国で分離された株である．
使用方法	用法・用量	2mLを3～5週間間隔で2回，筋肉内に投与する．追加免疫用として使用する場合には，半年～1年毎に2mLを筋肉内に投与する．
	効能効果	IBR，BVD，PIおよびRSウイルス感染症の予防．
	使用上の注意	まれに，投与部位の腫脹が1～数日間認められることがある．

【平山紀夫】

4. 牛伝染性鼻気管炎・牛ウイルス性下痢−粘膜病2価・牛パラインフルエンザ・牛RSウイルス感染症・牛アデノウイルス感染症混合生ワクチン

4-1. 疾病の概要

1）牛伝染性鼻気管炎

69頁参照.

2）牛ウイルス性下痢−粘膜病

病原体は牛ウイルス性下痢ウイルス1型（*Flaviviridae*，*Pestivirus*，*Bovine viral diarrhea virus 1*），牛ウイルス性下痢ウイルス2型(*Bovine viral diarrhea virus 2*)[6]．1型と2型は，主に5' 末端非翻訳領域における制限酵素切断パターンの違いにより識別され，抗原性状も大きく異なる．

生後感染の場合，多くは不顕性となり，抗体をもたない子牛では発熱，呼吸器症状，白血球減少または下痢等の症状を示すが, 致死率は低い．感染時の胎齢が45～125日の場合，流産することなく出生に至った個体は免疫寛容となり，持続感染牛となる．胎齢100～150日に感染した胎子では内水頭症，脳幹，網膜，視神経の低形成が生じ，先天性異常または流産となることがある．胎齢150日以降での感染では，抗体陽性となった健常牛が娩出される．持続感染牛は，感染したウイルスに対する抗体を産生せず，常に多量のウイルスを排泄し，本感染症における最大の感染源となる．1990年代の北米において，血小板減少を伴う全身性出血による急性死が流行し，2型の高病原性ウイルスによるものと判明したが，現在のところ，日本国内でこのような症例はない．

ウイルスは，感染牛の糞，尿，乳汁，唾液および鼻汁などのあらゆる分泌物に含まれ，これらが感染源となり，経口・経鼻で感染する．

流行に季節性はなく，牛以外に山羊，羊等に感染することが知られている．

3）牛パラインフルエンザ

69頁参照.

4）牛RSウイルス感染症

病原体は牛RSウイルス(*Pneumoviridae*, *Orthopneumovirus*, *Bovine respiratory syncytial virus*)．

粘液性鼻漏，発咳，呼吸促迫，発熱などが見られ，重症例では皮下気腫が認められる．泌乳牛では乳量が減少し，まれに流産が認められる．

感染牛の鼻汁や唾液などによる飛沫または接触により感染が広がる．

一般に予後は良好であるが，経過の長引いた病牛では，細菌の2次感染により，重篤な合併症が引き起こされる場合がある．季節に関係なく発生するが，冬に増加する傾向にある．牛以外に山羊にも感受性がある．

5）牛アデノウイルス（7型）感染症

病原体は牛アデノウイルス7型（*Adenoviridae*，*Atadenovirus*，*Bovine atadenovirus D*）．

一般に発熱，発咳，鼻炎および呼吸困難等の呼吸器症状や下痢などがあり，子牛の多発性関節炎または虚弱症候群の原因の1つであるとも考えられている．

経気道または経口感染する．

発生に季節性はないが，抗体陰性の子牛で発症率が高く，重症化する傾向にある．

4-2. ワクチンの歴史

単味生ワクチンは1972年～1989年に承認され，3種混合生ワクチン（IBR･BVD1･PI3），4 種混合生ワクチン（IBR･BVD1・PI3・RS），5 種混合生ワクチン（IBR・BVD1・PI3・RS・AD7）が 1985 年～ 1996 年に承認された．BVD 生ワクチンは妊娠牛に使用できず，BVD2 型の国内発生もあり，紫外線で不活化した BVD1 型と 2 型ウイルスを含む液状不活化ワクチンと 4 種類のウイルスで構成される凍結乾燥生ワクチン（IBR・PI3・RS・AD7）からなる 6 種混合ワクチンが 2004 年に承認され現在に至っている．また，5 種類の抗原を含むアジュバント加不活化ワクチン（IBR・BVD1・BVD2・PI3・RS）が 2011 年と 2014 年に承認されている．5 種混合生ワクチンを基本とし弱毒 BVD2 型ウイルスを追加した本剤は，2013 年に承認され，牛ウイルス性下痢−粘膜病の予防体制の選択肢を広げることができた．

4-3. 製造用株

1）牛伝染性鼻気管炎ウイルス

弱毒牛伝染性鼻気管炎ウイルス No.758-43 株．

1970 年，稲葉らによって，野外の病牛の鼻粘膜ぬぐい液から牛精巣継代細胞で分離された牛伝染性鼻気管炎ウイルス No.758 株に由来する．

No.758 株を豚精巣初代細胞を用いて 30℃で 43 代継代し作出した[2)]．

牛の皮下，筋肉および鼻腔内に接種しても病原性を示さず，妊娠牛に接種しても異常産を起こさない．30℃における豚精巣初代細胞での増殖性は，強毒株である牛伝染性鼻気管炎ウイルス No.758 株より 100 倍以上高い．

2）牛ウイルス性下痢ウイルス 1 型

弱毒牛ウイルス性下痢ウイルス 1 型 No1255 株．

1957 年，大森らによって，外観上正常な牛胎子から分離された牛ウイルス性下痢ウイルス 1 型 No.12 株を起源とし，これから作出された弱毒ウイルス No.12-43 株に由来する．

No.12-43 株を豚腎由来株化細胞を用い，30℃で 10 代継代して作出した[1)]．

牛の筋肉または鼻腔内に接種しても病原性を示さない．30℃における豚腎由来株化細胞での増殖性は，強毒株である牛ウイルス性下痢ウイルス 1 型 No.12 株より 100 倍以上高い．

3）牛ウイルス性下痢ウイルス 2 型

弱毒牛ウイルス性下痢ウイルス 2 型 KZ1254 株．

1991 年，長井らによって，粘膜病の牛から牛胎子筋肉細胞を用いて分離されたウイルスのうち，細胞病原性を示さない牛ウイルス性下痢ウイルス 2 型 KZ-91-ncp 株を起源とする[5)]．

KZ-91-ncp 株を豚腎由来株化細胞を用い，37℃と 30℃で 53 代継代して作出した．

牛の筋肉または鼻腔内に接種しても病原性を示さない．30℃における豚腎由来株化細胞での増殖性は，強毒株である牛ウイルス性下痢ウイルス 2 型 KZ-91-ncp 株より 100 倍以上高い．

4）牛パラインフルエンザ 3 型ウイルス

弱毒牛パラインフルエンザ 3 型ウイルス BN-CE 株．

1963 年，稲葉らによって，呼吸器症状を示した病牛の鼻粘膜ぬぐい液から牛腎継代細胞を用いて分離された牛パラインフルエンザ 3 型ウイルス BN_1-1 株に由来する．

BN_1-1 株を鶏胚初代細胞を用いて 30℃で 18 代継代し作出した[3)]．

牛の筋肉または鼻腔内に接種しても病原性を示さず，妊娠牛に接種しても異常産を起こさない．30℃における鶏胚初代細胞での増殖性は，強毒株である牛パラインフルエンザ 3 型ウイルス BN_1-1 株より 100 倍以上高い．

5）牛 RS ウイルス

弱毒牛 RS ウイルス rs-52 株．

1977 年，児玉らによって，野外の病牛の鼻粘膜ぬぐい液から牛腎継代細胞で分離された牛 RS ウイルス RS-52 株に由来する[4)]．

RS-52 株を HAL 細胞を用いて 34℃で 5 代，30℃で 10 代継代して作出した．

牛に接種しても病原性を示さない．30℃における HAL 細胞での増殖性は，強毒株である牛 RS ウイルス NMK7 株より 100 倍以上高い．

6）牛アデノウイルス（7 型）

弱毒牛アデノウイルス（7 型）TS-GT 株．

1965 年，稲葉らによって，野外の病牛の血液から分離された牛アデノウイルス（7 型）袋井株に由来する．

家畜衛生試験場において，袋井株を牛腎継代細胞を用いて 30℃で 10 代，通算 351 日間継代培養し，牛精巣継代細胞で 14 代継代し，さらに山羊精巣継代細胞で 5 代継代し作出した[3)]．

牛に接種しても病原性を示さない．30℃における牛精巣継代細胞および山羊精巣継代細胞での増殖性は，強毒株である牛アデノウイルス（7 型）袋井株より 100 倍以上高い．泌乳牛に接種しても乳量に異常を認めず，また妊娠牛に接種しても異常産を起こさない．

4-4. 製造方法

IBR ウイルスは精巣初代細胞を用いて 30℃で 6 ～ 10 日間培養したもの，BVD1 型と 2 型ウイルスは SK-H 細胞を用いて 30℃で 6 ～ 10 日間培養したもの，PI3 ウイルスは鶏胚初代細胞用いて 30℃で 6 ～ 10 日間培養したもの，RS ウイルスは HAL 細胞を用いて 30℃で 8 ～ 12 日間培養したもの，およびAD7ウイルスは山羊精巣継代細胞を用いて30℃で10～15日間培養したものをそれぞれ遠心処理して上清を原液とする．それぞれの原液を混合して混合原液とした後，乳糖を6w/v%，ポリビニルピロリドンK-90を0.3w/v%，L-アルギニン塩酸塩を1w/v%，D-グルシトールを3w/v%を含む安定剤を加えて最終バルクとする．これをバイアルに小分け後真空凍結乾燥し密栓した乾燥製剤である．

4-5. 安全性試験成績

本剤の子牛における安全性を確認するため，2～3か月齢の健康な子牛（ホルスタイン種の雄，9頭）を用いて試験を実施した．試験群は臀部筋肉内に常用量（1用量：2mL）を投与（1回目投与）し，1回目投与後8週に同量を投与（2回目投与）する常用量群と，その100倍量（100用量：10倍濃度20mL）を同様に投与する高用量群，および生理食塩液を常用量群と同様に2mL投与する対照群の計3群とし，各群に3頭ずつ供試動物を割り付けた．2回目投与後2週（初回投与後10週）までを観察期間とし，各種検査を行った．その結果，常用量を子牛に投与することで，2回目投与後に投与局所の軽度の腫脹が最長4日間，軽度の硬結が最長6日間認められたものの，生体に及ぼす影響は極めて軽微であり，その他の検査結果に本剤の投与に起因すると思われる異常は認められなかった．

4-6. 効力を裏付ける試験成績

1）最小有効抗原量と最小有効抗体価

牛ウイルス性下痢ウイルスのみ新たに設定し，他は5種混合生ワクチンの価を準用した（表2-1）．

2）免疫応答（免疫出現時期と免疫持続）

いずれのウイルスの抗体もワクチン投与後の2～3週目に出現し，ウイルスによって異なるものの9～12か月以上の間有効抗体価を示した（表2-2）．

4-7. 臨床試験成績

1）有効性

被験薬および対照薬（5種混合生ワクチン）共に，被験動物1頭あたり2mL（1用量）を臀部筋肉内に1回投与し，一般臨床観察および投与局所の観察を実施した．また，投与時，1か月後および3か月後の血清について，各ウイルスに対する抗体価を測定した．抗体測定成績により有効性の評価を表2-1の最小有効抗体価を基準に行った結果，BVDV2に対する有効率は，試験群100%，対照群62.5%で，試験群の有効率が有意に高かった．IBRVに対する有効率は試験群93.0%，対照群94.7%，PI3Vに対する有効率は試験群100%，対照群96.3%，BRSVに対する有効率は試験群98.3%，対照群100%，その他のウイルスに対しては100%の有効率で，いずれも有意差は認められなかった．

表2-1 最小有効抗原量と有効抗体価

製造用株	最小抗原量（1頭分当たり）	最小有効抗体価
牛伝染性鼻気管炎ウイルスNo.758-43株	$10^{4.0}$ $TCID_{50}$	中和抗体価2倍
牛ウイルス性下痢ウイルス1型No1255株	$10^{3.0}$ $TCID_{50}$	中和抗体価2倍
牛ウイルス性下痢ウイルス2型KZ1254株	$10^{3.0}$ $TCID_{50}$	中和抗体価2倍
牛パラインフルエンザ3型ウイルスBN-CE株	$10^{5.0}$ $TCID_{50}$	HI抗体価5倍
牛RSウイルスrs-52株	$10^{5.0}$ $TCID_{50}$	中和抗体価2倍
牛アデノウイルス（7型）TS-GT株	$10^{3.0}$ $TCID_{50}$	HI抗体価10倍

表2-2 免疫出現時期と免疫持続

製造用株	経過月数					
	投与時	1か月	3か月	6か月	9か月	12か月
牛伝染性鼻気管炎ウイルスNo.758-43株*1	＜2	6.3	4.5	3.2	2.2	1.8
牛ウイルス性下痢ウイルス1型No1255株*1	＜2	24.3	128.0	97.0	64.0	36.8
牛ウイルス性下痢ウイルス2型KZ1254株*1	＜2	35.9	143.7	80.6	40.3	32.0
牛パラインフルエンザ3型ウイルスBN-CE株*2	＜5	45.9	26.4	17.4	8.7	5.9
牛RSウイルスrs-52株*1	＜2	6.3	4.5	3.2	2.2	1.8
牛アデノウイルス（7型）TS-GT株*2	＜10	139.3	121.3	121.3	80.0	52.8

*1は中和抗体価，*2はHI抗体価の幾何平均値を示す．投与時に抗体陰性であったものについて集計した．

2）安全性

治験薬に起因する症状および投与局所の異常は全く認められず，既承認製剤と同等以上の安全性が確認された.

4-8. 使用方法

1）用法・用量

乾燥ワクチンに添付の溶解用液を加えて溶解し，その2mLを牛の筋肉内に投与する.

2）効能・効果

牛伝染性鼻気管炎，牛ウイルス性下痢–粘膜病，牛パラインフルエンザ，牛RSウイルス感染症および牛アデノウイルス（7型）感染症の予防.

3）使用上の注意

妊娠牛，3週間以内に種付けを予定している牛，交配後妊娠の可能性のある牛には投与しない．移行抗体価の高い個体では，ワクチン効果が抑制されることがあり，幼若な牛への投与は移行抗体が消失する時期を考慮する必要がある．判断が困難な場合は，必要に応じて追加の投与を行う．投与経路（筋肉内）を厳守し，特に鼻腔内投与は避ける.

4）ワクチネーションプログラム

1～3か月齢での投与が標準だが，移行抗体を考慮する必要がある．病気の発生が想定される場合や移動が予定される時には，その1か月前に投与する．移行抗体価にバラツキがある場合は必要に応じて追加投与を行う.

4-9. 貯法・有効期間

2～10℃で保存する．有効期間は2年3か月間.

引用文献

1）稲葉右二ら（1975）：日獣会誌 28, 307-310.
2）稲葉右二ら（1975）：日獣会誌 28, 410-414.
3）稲葉右二ら（1976）：農林水産技術会事務局，研究成果 87, 38-46.
4）Kubota, M. et al.（1990）：*Jpn. J. Vet. Sci.* 52, 695-703.
5）Nagai, M. et al.（1998）：*Vet. Microbil.* 28, 271-276.
6）Pellerin, C. et al.（1994）：*Virology* 203, 260-268.

【新地英俊】

5. 牛伝染性鼻気管炎・牛ウイルス性下痢–粘膜病・牛パラインフルエンザ・牛RSウイルス感染症・牛アデノウイルス感染症・牛ヒストフィルス・ソムニ（ヘモフィルス・ソムナス）感染症混合（アジュバント加）ワクチン

5-1. 疾病の概要

1）牛伝染性鼻気管炎

69頁参照.

2）牛ウイルス性下痢–粘膜病

73頁参照.

3）牛パラインフルエンザ

69頁参照.

4）牛RSウイルス感染症

73頁参照.

5）牛アデノウイルス（7型）感染症

73頁参照.

6）牛 *Histophilus somni* 感染症

病原体は *Histophilus somni* [1].

血栓栓塞性髄膜脳脊髄炎，関節炎，心筋炎，生殖器疾患，子牛の肺炎（農研機構ホームページ，病性鑑定マニュアル）を示す. 牛の常在菌であるためストレス等が原因で発生する.

集団飼育牛や放牧牛に散発的に発生する．子牛の肺炎は呼吸器病細菌やウイルスとの混合感染によって起こる（農研機構ホームページ，病性鑑定マニュアル）.

5-2. ワクチンの歴史

5種混合生ワクチン（IBR，BVD1，PI3，RS，AD7）が1985年～1996年に，*H. somni* 感染症に対する単味ワクチンは1989年に承認されている．前者は妊娠牛を除く全ての牛の呼吸器病に対して，後者は主に肥育牛での伝染性血栓栓塞性髄膜脳炎の予防に貢献している．この2種のワクチンは同時期の5～9か月齢に投与されることが多く，これらの混合化と *H. somni* ワクチンの安全性を高めることが求められ，ウイルスの凍結乾燥生ワクチンと水酸化アルミニウムゲルを用いた *H. somni* の液状不活化ワクチンからなる本剤が2014年に承認された.

5-3. 製造用株

1）牛伝染性鼻気管炎ウイルス

74頁参照.

2）牛ウイルス性下痢ウイルス

弱毒牛ウイルス性下痢ウイルス1型No.12-43.

1957年，大森らによって，外観上正常な牛胎子から分離された牛ウイルス性下痢ウイルス1型No.12株に由来する.

豚精巣培養細胞を用い，34℃で43代継代し作出した.

豚精巣初代細胞および牛精巣継代細胞でCPEを示さず増殖し，END法によるEND現象または干渉法による干渉現象は陽性である．

3）牛パラインフルエンザ3型ウイルス

74頁参照.

4）牛RSウイルス

74頁参照.

5）牛アデノウイルス（7型）

74頁参照.

6）*Histophilus somni*

H. somni M-1 Br/B株.

1979年三重県下の血栓栓塞性髄膜脳炎を発症した牛の脳から，株式会社微生物化学研究所において分離した*H. somni* M-1 Br株に由来する.

*H. somni*に対する抗体陰性の牛の髄腔内に10^2個/頭を接種すると，3日以内に発症して死亡する.

5-4. 製造方法

IBRウイルスは精巣初代細胞を用いて30℃で7～10日間培養したもの，BVD1ウイルスは精巣初代細胞を用いて34℃で3～6日間培養したもの，PI3ウイルスは鶏胚初代細胞を用いて30℃で7～10日間培養したもの，RSウイルスはHAL細胞を用いて30℃で14～21日間培養したものおよびAD7ウイルスは山羊精巣継代細胞を用いて30℃で10～15日間培養したものをそれぞれ遠心処理して上清を原液とする．それぞれの原液を混合して混合原液とした後，乳糖を6w/v%，ポリビニルピロリドンK-90を0.3w/v%，L-アルギニン塩酸塩を1w/v%，D-グルシトールを3w/v%を含む安定剤を加えて最終バルクとする．これをバイアルに小分け後真空凍結乾燥し密栓したものが乾燥製剤である．

また，*H. somni*は製造用株を製造用培地で培養した後，ホルマリンで不活化する．不活化全菌体を遠心機を用いて回収し，0.85w/v%塩化ナトリウム液で濃度調整して原液とする．原液に水酸化アルミニウムゲルを加えたものを最終バルクとする．これをバイアルに小分け，密栓したものが液状製剤である．

5-5. 安全性試験成績

本剤（B5HV）の子牛における安全性を確認するため，2か月齢の健康な子牛9頭（雄）を用いて試験を実施した．試験群は臀部筋肉内にB5HVの常用量（1用量：2mL）を投与（1回目投与）し，2回目投与には追加免疫用ワクチンを1回目投与後4週に，3回目投与にはB5HVを2回目投与後8週にそれぞれ同量を投与する常用量群と，その10倍量（10用量：20mL）を同様に投与する高用量群および，生理食塩液を常用量群と同様に2mL投与する対照群の計3群とし，各群に3頭ずつ供試動物を割り付けた．3回目投与後8週（初回投与後20週）までを観察期間とし，種々な検査を行った．B5HVの常用量を子牛に投与することで，投与後に投与局所の腫脹および硬結が認められたものの生体に及ぼす影響は極めて軽微であり，その他の検査結果にB5HVの投与に起因すると思われる異常が認められないことから本剤の臨床応用における安全性に問題はないものと結論した．

5-6. 効力を裏付ける試験成績

1）最小有効抗原量と最小有効抗体価

5種混合生ワクチンの価およびヒストフィルス・ソムニ（ヘモフィルス・ソムナス）感染症・パスツレラ・ムルトシダ感染症・マンヘミア・ヘモリチカ感染症混合（アジュバント加）不活化ワクチンを準用した（表2-3）.

2）免疫応答（免疫出現時期と免疫持続）

各ウイルスに対する抗体応答は，“京都微研„牛5種混合生ワクチンと同様にワクチン投与後12か月目でも有効抗体価を保持していた．Hs抗体価は“京都微研„牛ヘモフィルスワクチン-Cと同様に6か月有効抗体価以上の抗体価を示した（表2-4）.

5-7. 臨床試験成績

1）有効性

黒毛和種45頭，ホルスタイン14頭，交雑種15頭，計74頭に本剤を投与し4週後に“京都微研„牛ヘモフィルス

表2-3 最小有効抗原量と有効抗体価

製造用株	最小抗原量（1頭分当たり）	最小有効抗体価
牛伝染性鼻気管炎ウイルスNo.758-43株	$10^{4.0}$ $TCID_{50}$	中和抗体価2倍
牛パラインフルエンザ3型ウイルスBN-CE株	$10^{5.0}$ $TCID_{50}$	HI抗体価5倍
牛ウイルス性下痢ウイルスNo.12-43株	$10^{3.0}$ $TCID_{50}$	中和抗体価2倍
牛RSウイルスrs-52株	$10^{5.0}$ $TCID_{50}$	中和抗体価2倍
牛アデノウイルス（7型）TS-GT株	$10^{3.0}$ $TCID_{50}$	HI抗体価10倍
Histophilus somni M-1 Br/B株	5.0×10^9個	ELISA抗体価200倍

表 2-4　牛 6 種混合生ワクチンの免疫出現時期と免疫持続

製造用株	経過月数					
	投与時	1 か月	3 か月	6 か月	9 か月	12 か月
牛伝染性鼻気管炎ウイルス No.758-43 株*1	＜ 2	11.3	5.6	2.8	2.0	2.0
牛パラインフルエンザ 3 型ウイルス BN-CE 株*2	＜ 5	40.0	40.0	20.0	14.1	10.0
牛ウイルス性下痢ウイルス No.12-43 株*1	＜ 2	181.0	513.0	724.1	128.0	90.5
牛 RS ウイルス rs-52 株*1	＜ 2	8.0	8.0	4.0	2.0	2.0
牛アデノウイルス（7 型）TS-GT 株*2	＜ 10	113.0	113.0	56.6	40.0	28.3
Histophilus somni M-1 Br/B 株*3	＜ 100	282.8	800.0	200.0	＜ 100	＜ 100

*1 は中和抗体価，*2 は HI 抗体価，*3 は ELISA の幾何平均値を示す．投与時に抗体陰性であったものについて集計した．

ワクチン -C を追加投与して表 2-3 の最小有効抗体価を基準に以下のように評価した．被験薬投与時に最小有効抗体価未満の場合，被験薬投与 4 週後（Hs のみ追加注射薬投与 4 週後）の抗体価が最小有効抗体価以上を示す場合被験薬投与時に，最小有効抗体価以上のものは，被験薬投与 4 週後（Hs のみ追加注射薬投与 4 週後）の抗体価が投与時の抗体価以上の場合を有効とした．試験の結果，有効率はいずれの病原体においても 90% 以上を示した．

2）安全性

被験薬および追加注射薬投与後 14 日間以内に元気消失・食欲不振，下痢または呼吸器症状について観察したところ，陽性対照群との比較において有意な差は認められなかった．投与局所について，臀部筋肉内に投与した場合は，投与後 1 ～ 4 日目まで腫脹・硬結が認められたが，頚部筋肉内に投与した場合では腫脹は認められなかった．この結果から，投与後の腫脹・硬結は被験薬および追加注射薬共に臀部筋肉内投与の方が頚部筋肉内投与と比較して認められやすい傾向が明らかになった．

5-8. 使用方法

1）用法・用量

乾燥生ワクチンに液状不活化ワクチンの全量を加えて溶解し，その 2mL を 1 か月齢以上の牛の筋肉内に投与する．本剤投与から 4 週後に " 京都微研 „ 牛ヘモフィルスワクチン -C を追加投与する．

2）効能・効果

牛伝染性鼻気管炎，牛ウイルス性下痢−粘膜病，牛パラインフルエンザ，牛 RS ウイルス感染症，牛アデノウイルス（7 型）感染症および *H. somni* 感染症の予防．

3）使用上の注意

一過性の発熱，振戦，食欲不振を認める場合があるが，通常 3 日以内に消失する．また，過敏な体質の牛ではまれに投与後短時間で，起立困難，流涎および呼吸困難等のエンドトキシンショック症状を示すことがあり，投与後は注意深く観察する．投与部位に腫脹，硬結等が認められる場合がある．

妊娠牛，3 週間以内に種付けを予定している牛，交配後妊娠の可能性のある牛には投与しない．追加注射薬投与後 4 か月以内は，投与部位筋肉内に反応が残ることがある．過敏体質の牛では副反応の発生率が高まることがある．

移行抗体価の高い個体では，ワクチン効果が抑制されることがあり，幼若な牛への投与は移行抗体が消失する時期を考慮する．判断が困難な場合は，必要に応じて追加の投与を行う．

投与経路（筋肉内投与）を厳守し，特に鼻腔内投与は避ける．

4）ワクチネーションプログラム

市場出荷前に本剤とヒストフィルス・ソムニ感染症（アジュバント加）ワクチンを約 1 か月間隔で投与する．

市場出荷前に本剤を，導入先でヒストフィルス・ソムニ感染症（アジュバント加）ワクチンを投与する．

5-9. 貯法・有効期間

2 ～ 10℃で保存する．有効期間は 2 年間．

引用文献

1）Angen Ø. et al.（2003）：*Int J Syst Evol Microbiol* 53, 1449-1456.

【久保田整】

6. 牛流行熱・イバラキ病混合（アジュバント加）不活化ワクチン

☞『動物用ワクチン』83 頁

ワクチンの概要	牛流行熱ウイルスおよびイバラキウイルスをそれぞれ培養細胞で増殖させて得たウイルス液を不活化し，アルミニウムゲルアジュバントを添加した後混合したワクチンである．

開発の経緯・製造用株等		流行熱に対するワクチンとして感染牛血液をクリスタルバイオレットで不活化したワクチンが1956年から使用されていたが，1972年にHmLu-1細胞に馴化したウイルス（YHL株）を不活化したワクチンが承認され，翌年承認された弱毒生ワクチンとの投与プログラムが，L・K方式と呼ばれ推奨された． 嚥下障害を主徴とするイバラキ病に対する生ワクチンは鶏胚初代培養細胞で弱毒したウイルス（No.2株）で1961年に承認された．両疾病は流行時期・流行地域が類似していることから1996年に本混合不活化ワクチンが承認された．
使用方法	用法・用量	2mLずつ4週間間隔で2回筋肉内に投与する．
	効能効果	流行熱およびイバラキ病の予防．
	使用上の注意	妊娠牛・非妊娠牛問わず使用できるが，ウイルス性不活化ワクチンの使用時の一般的注意事項を守る．

【平山紀夫】

7. マンヘミア・ヘモリチカ（1型）感染症不活化ワクチン（油性アジュバント加溶解用液）

☞『動物用ワクチン』103頁

ワクチンの概要		*Mannheimia haemolytica* 1型菌の培養菌液を不活化し，凍結乾燥したもので，使用時に油性アジュバントを含む溶解用液で溶解するワクチンである．
開発の経緯・製造用株等		いわゆる輸送熱に対する本剤は，米国ファイザー社で1992年に開発された．製造用株（NL1009株）を液体培地で増殖させ，不活化後遠心した上清を原液とするもので，ロイコトキソイドと莢膜抗原を主剤とするものである．日本では2004年に承認された．
使用方法	用法・用量	乾燥ワクチンに添付の溶解用液を加えて溶解し，1か月齢以上の健康な牛の頚部皮下に1回2mL投与する．
	効能効果	牛の *M. haemolytica* 1型菌による肺炎の予防．
	使用上の注意	一過性の元気消失，体温上昇，投与部位の腫脹および硬結が認められることがある．

【平山紀夫】

8. ヒストフィルス・ソムニ（ヘモフィルス・ソムナス）感染症・パスツレラ・ムルトシダ感染症・マンヘミア・ヘモリチカ感染症混合（アジュバント加）不活化ワクチン

☞『動物用ワクチン』105頁

ワクチンの概要		*Histophilus somni* の培養菌液，*Pasteurella multocida* の培養菌液および *Mannheimia haemolytica* の培養上清を不活化後混合し，アルミニウムゲルアジュバントを加えたワクチンである．
開発の経緯・製造用株等		*H. somni* 感染症に対するワクチンは，1989年に不活化全菌体を抗原とするものが承認され，血栓栓塞性髄膜脳脊髄炎の予防に使用されている．近年，牛呼吸器病症候群に関与している主要な原因菌が明らかとなり，この3種類の菌からなる混合ワクチンが開発された．いずれの製造用株も国内で分離されたものである．
使用方法	用法・用量	牛の筋肉内に1回2mLを1か月間隔で2回投与する．
	効能効果	*H. somni* 感染症，*P. multocida* の感染による肺炎および *M. haemolytica* の感染による肺炎の予防．
	使用上の注意	妊娠牛には投与しない． 生後2か月齢以下の牛および過敏な体質の牛では，まれに投与後短時間で，起立困難，流涎，呼吸困難等のアナフィラキシー様症状を示すことがあるので，投与後は注意深く観察し，重篤な副反応が認められた場合は，速やかに適切な処置を行う．

【平山紀夫】

B. 消化器系感染症に対するワクチン

1. 牛疫生ワクチン

☞『動物用ワクチン』67頁

ワクチンの概要	弱毒牛疫ウイルスを発育鶏卵または培養細胞で増殖させて得たウイルス液を凍結乾燥したワクチンである．

開発の経緯・製造用株等		牛疫生ワクチン用の製造用株には，中村らにより開発された家兎化ウイルス株（L 株）あるいは家兎化鶏胎化ウイルス株（LA 株）がある．1963 年に家畜衛生試験場（現 農研機構動物衛生研究部門）で LA 株を発育鶏卵で増殖させたワクチンが製造され，1972 年からは Vero 細胞で増殖させたワクチンが製造されている．牛疫は，2011 年に根絶されており，本剤は 2 年ごとに 10 万頭分を国家備蓄している．
使用方法	用法・用量	乾燥ワクチンに添付の溶解用液を加えて溶解し，1mL を皮下投与する．
	効能効果	牛疫の予防．
	使用上の注意	軽度の発熱，食欲不振を見ることがあるが，数日で消散する．なお，牛疫に使用するワクチンは，「家畜伝染病予防法」第 50 条の規定により，都道府県知事の許可が必要で，獣医師個人の判断では使用できない．

【平山紀夫】

2. 牛ロタウイルス感染症 3 価・牛コロナウイルス感染症・牛大腸菌性下痢症（K99 精製線毛抗原）混合（アジュバント加）不活化ワクチン

☞『動物用ワクチン』88 頁

ワクチンの概要		血清型のそれぞれ異なる 3 種類の牛ロタウイルスを培養細胞で増殖させて得たウイルス液，牛コロナウイルスを培養細胞で増殖させて得た感染細胞の可溶化抗原および大腸菌精製線毛抗原 K99 をそれぞれ不活化し，アルミニウムゲルアジュバントを添加したワクチンである．
開発の経緯・製造用株等		牛のウイルス性下痢症に対するワクチンとして牛コロナウイルス感染症（油性アジュバント加）不活化ワクチンが 1998 年に承認されていたが，牛ロタウイルス感染症に対するワクチンとしては本剤が最初である．牛ロタウイルスには多くの血清型があるが，日本で流行している株とその抗原性から 3 種類を製造用株として選択された．
使用方法	用法・用量	妊娠牛の筋肉内に 1mL ずつ 1 か月間隔で 2 回投与する．1 回目は分娩予定日前約 1.5 か月に，2 回目は分娩予定日前約 0.5 か月に投与を行う．ただし，前年に本剤の投与を受けた牛は分娩予定日前約 0.5 か月に 1 回投与を行う．
	効能効果	母牛を免疫し，その初乳による産子の牛ロタウイルス病，牛コロナウイルス病および牛の大腸菌症の予防．
	使用上の注意	過敏な体質の牛では，投与後短時間で，顔面の浮腫，流涎等を発現する場合もあるので，投与後は注意深く観察する． 投与部位に軽度～中等度の腫脹が 1 週間位認められる場合がある．

【平山紀夫】

3. 牛サルモネラ症（サルモネラ・ダブリン・サルモネラ・ティフィムリウム）（アジュバント加）不活化ワクチン

☞『動物用ワクチン』101 頁

ワクチンの概要		*Salmonella* Dubin（SD）および *S.* Typhimurium（ST）をそれぞれ液状培地で培養し，不活化した後，アジュバントを添加したものを混合したワクチンである．
開発の経緯・製造用株等		日本では牛から種々の血清型のサルモネラが分離されるが，その大部分が ST であり，次いで SD である．本剤は米国で開発され 1982 年以降使用されており，日本には 1999 年に導入承認された．
使用方法	用法・用量	1 回 2mL ずつを 2 ～ 3 週間隔で 2 回牛の皮下に投与する．以後，約 1 年ごとに 2mL を 1 回皮下に追加投与する．
	効能効果	ST および SD による牛サルモネラ症の発症予防
	使用上の注意	本剤の投与後，一過性の体温上昇，ならびに投与部位に腫脹･硬結等が認められる場合がある．本反応は，特に治療することなく，最長でも投与後 6 週間以内に消失する． サルモネラ汚染農場で本剤を投与した場合，一部の牛で一過性の発熱または食欲不振を呈する場合がある．なお，泌乳期の一部の牛では投与後に泌乳量の低下をきたすことがある．本反応は 1 週間前後で消失する． 過敏な体質のものでは，アナフィラキシー様反応やエンドトキシンショックが起こることがある．これらの反応は，本剤投与後 30 分位までに発現する場合が多く見られる． 交配後間もない牛および分娩間際の牛に本剤を投与すると，流産または早産をきたす場合がある．

【平山紀夫】

4. 牛大腸菌性下痢症（K99 保有全菌体・FY 保有全菌体・31A 保有全菌体・O78 全菌体）（アジュバント加）不活化ワクチン

☞『動物用ワクチン』85 頁

ワクチンの概要		毒素原性大腸菌による子牛の下痢症と敗血症に対して，母牛を免疫し，その初乳中の移行抗体で防御するワクチンである．線毛抗原 K99，FY および 31A を保有する大腸菌ならびに O78 の大腸菌の培養菌液を不活化したものを混合し，アルミニウムゲルアジュバントを添加したワクチンである．
開発の経緯・製造用株等		牛の大腸菌症に対するワクチンとして日本で最初に承認されたのは牛大腸菌性下痢症（K99 保有全菌体）（アジュバント加）不活化ワクチンで，1987 年であった． 1979 年フランスで下痢子牛から分離した大腸菌の線毛抗原 K99 の他に，FY，31A を保有する大腸菌を見出し，この 3 因子を含有する不活化大腸菌が子牛下痢症および敗血症の予防に有効であることが実証された．本剤は，1981 年フランスで承認され，1990 年に日本でも承認された．フランス，英国およびデンマークで分離された抗原性の異なる 6 種類の大腸菌を製造用株としている．
使用方法	用法・用量	母牛に分娩予定日の 1 か月前に 1 回，または分娩予定日の 2 か月前および 1 か月前の 2 回，それぞれ本剤 5mL を皮下投与する．ただし，次年度からは，分娩予定日の 1 か月前に 1 回，本剤 5mL を皮下投与する．
	効能効果	K99，FY および 31A 保有毒素原性大腸菌による子牛下痢症の予防．
	使用上の注意	本剤は，妊娠牛に投与し，子牛が免疫母牛の初乳を飲むことで予防効果が発揮される．免疫母牛が十分量の初乳を分泌しているかどうか，また初乳を飲んでいない子牛がいないかどうか確認する．最大の効果を得るためには，生後 2 時間以内に子牛の体重の 4% を，24 時間までに合計 10% に達するように初乳を与える．母牛が十分に初乳を出さない場合は，本剤を投与した他の牛の初乳で代替することが可能である．

【平山紀夫】

C. 流死産・生殖障害を示す感染症に対するワクチン

1. アカバネ病生ワクチン

☞『動物用ワクチン』69 頁

ワクチンの概要		弱毒アカバネウイルスを培養細胞で増殖させて得たウイルス液を凍結乾燥したワクチンである．
開発の経緯・製造用株等		流早死産や体刑異常牛の出産などを主徴とする牛のアカバネ病は，1972 年から多発し，1974 年岡山県のおとり子牛からアカバネウイルス（OBE-1 株）が分離された．OBE-1 株を用いて不活化ワクチンが 1978 年に承認されたが，1981 年には，この OBE-1 株を HmLu 細胞の 30℃の低温継代で得られた弱毒株（TS-C2 株）を用いた本生ワクチンが承認された．
使用方法	用法・用量	乾燥ワクチンに添付の溶解用液を加えて溶解し，その 1mL を牛の皮下に投与する．
	効能効果	アカバネウイルスによる牛の異常産予防．
	使用上の注意	本剤とイバラキ病生ワクチンあるいは牛流行熱生ワクチンを同時に投与すると，ウイルス間の干渉作用により本剤の効果が抑制されるため，2 週間以上の間隔をあける．

【平山紀夫】

2. アカバネ病・チュウザン病・アイノウイルス感染症混合（アジュバント加）不活化ワクチン

☞『動物用ワクチン』72 頁

ワクチンの概要	牛に異常産を起こす 3 種類のウイルス感染症を予防する混合不活化ワクチンである．アカバネウイルス，カスバウイルスおよびアイノウイルスをそれぞれ培養細胞で増殖させて得たウイルス液を不活化し，アルミニウムゲルアジュバントを添加した後混合したワクチンである．
開発の経緯・製造用株等	1985 年南九州で多発した異常産についてもアカバネ病と同様におとり牛からカスバウイルス（分離地名からチュウザンウイルス K-47 株と命名）が分離された．本ウイルス株を用いた不活化ワクチンが 1990 年に承認された．また，アイノウイルスによる異常産も確認され，3 種類のウイルスからなる本不活化ワクチンが 1996 年に承認された．

使用方法	用法・用量	牛1頭当たり3mLずつ4週間間隔で2回筋肉内に投与する．
	効能効果	牛のアカバネ病，牛のチュウザン病およびアイノウイルスによる牛の異常産の予防．
	使用上の注意	過敏な体質の牛では，投与後短時間で，アナフィラキシー症状〔食欲不振，発熱，起立不能，歩様蹌踉，心悸亢進，腫脹（顔面・陰部・全身），下痢，元気消失，発汗，皮膚の知覚障害，流涙等〕を呈することがあり，投与後は注意深く観察する． 妊娠牛では，流産，早産，死産等を発現することがあるので投与後は注意深く観察する．

【平山紀夫】

3. アカバネ病・チュウザン病・アイノウイルス感染症・ピートンウイルス感染症混合（アジュバント加）不活化ワクチン

3-1. 疾病の概要

1）アカバネ病

病原体はアカバネウイルス（*Bunyaviridae*，*Orthobunyavirus*，*Akabane orthobunyavirus*）．

妊娠牛に感染した場合，流早死産や体形異常牛の出産．生後感染した場合，脳脊髄炎が起こり，運動失調，起立不能，異常興奮などの神経症状を示す．

牛ヌカカ（*Culicoides oxystoma*）を主としたヌカカの吸血により伝播する．ヌカカの活動時期（夏～秋）に感染し，流行が短期間・広範囲に起こる．

2）チュウザン病

病原体はカスバウイルス（*Reoviridae*，*Sedoreovirinae*，*Orbivirus*，*Palyam virus*）．

妊娠牛に感染し，虚弱，自力哺乳不能および起立不能などの運動障害，てんかん様発作，後弓反張などの神経症状を呈する異常子牛が生まれる．

ヌカカの吸血により伝播する．ヌカカの活動時期（夏～秋）に感染し，流行が短期間・広範囲に起こる．

3）アイノウイルス感染症

病原体はアイノウイルス（*Bunyaviridae*，*Orthobunyavirus*，*Simbu orthobunyavirus*）．

妊娠牛に感染し，流早死産や先天異常子牛の出産．小脳形成不全を効率に引き起こす．

ヌカカの吸血により伝播する．ヌカカの活動時期（夏～秋）に感染し，流行が短期間・広範囲に起こる．

アカバネウイルスに近縁なウイルスであるが血清学的な交差性は示さない．

4）ピートンウイルス感染症

ピートンウイルス感染症は，*Bunyaviridae*，*Orthobunyavirus* に属するピートンウイルスの感染によって起こる．1999年，長崎県のおとり牛と宮崎県で採取されたヌカカ（種は不明）から，日本では未確認のブニヤウイルスが分離され，血清学的および遺伝学的な解析でピートンウイルスと同定された．1999年以前の保存血清を調べたところ，過去にもピートンウイルスが日本に侵入していたことが明らかになっている．また，沖縄県や鹿児島県でもピートンウイルスが分離されており，日本での流行が頻繁に起こっていることが確認されている．妊娠した羊を用いた実験感染では，胎子に奇形を起こすことが確認され，日本での流行時にも異常産との関連を示唆する事例が報告されている．

3-2. ワクチンの歴史

1978年の不活化アカバネ病ワクチン，続いて1981年にアカバネ病生ワクチンが承認された．その後，アカバネ病・チュウザン病・アイノウイルス感染症混合（アジュバント加）不活化ワクチンの3種混合ワクチンが1996年に承認された．現在，この3種混合不活ワクチンは2種類あり，アカバネ病ウイルスOBE-1株またはKN-06株が用いられている．また，アカバネウイルスOBE-1株を使用した3種混合ワクチンにイバラキウイルスKSB-14/E/97KS株を加えたアカバネ病・イバラキ病・チュウザン病・アイノウイルス感染症混合（アジュバント加）不活化ワクチンが2014年に承認されている．本製剤は3種混合ワクチンのアカバネ病ウイルスをE-24-KB株に変え，ピートンウイルスNS/3-KB株を加えた4種混合不活化ワクチンで2015年に承認された．

3-3. 製造用株

1）アカバネウイルス

アカバネウイルスE-24-KB株．

1990年，農林水産省家畜衛生試験場（以下「動衛研」，現 農研機構動物衛生研究部門）において後藤らによりおとり牛の血液から分離されたアカバネウイルスE-24株をBHK-21(c-13)細胞で2回，HmLu-1細胞で5回クローニングしたものをE-24 TC株とし，さらにHmLu-SC細胞（ハムスター肺由来浮遊細胞）で1代継代し作出した．

アカバネウイルスJaGAr39株，OBE-1株およびIriki株と血清学的に交差性を示す[3)]．

2）カスバウイルス

カスバウイルスK-47-KB株．

1985年，三浦らにより，動衛研九州支所内のおとり牛の血球から分離されたカスバウイルスを，HmLu-1細胞で3代，BHK-21(c-13)細胞で13代継代したカスバウイルスK-47株を分与された．K-47株をBHK-21(c-13)細胞で2代継代し作出した．

子牛の脳内に接種すると発熱，食欲不振，白血球減少，次いで神経症状を示す[1]．

3）アイノウイルス

アイノウイルス JaNAr28-KB株．

1964年，長崎県愛野町でコガタアカイエカから分離されたアイノウイルスを，乳のみマウスの脳で13代継代したアイノウイルスJaNAr28株を独立行政法人農業生物資源研究所より分与された．JaNAr28株をBHK-21(c-13)細胞で3代継代し作出した．

牛の静脈内に接種するとウイルス血症を認めるが，発熱などの症状は認められない．

4）ピートンウイルス

ピートンウイルスNS/3-KB株．

1999年9月，長崎県において飼養されていた8か月齢のホルスタイン牛の血漿より分離され，動衛研九州支所でBHK-21(c-13)細胞で8代継代したピートンウイルスNS/3株を分与された[2]．NS/3株をHmLu-1細胞で3回クローニングしたものをNS/3 TC株とした．NS/3 TC株をさらにHmLu-SC細胞で1代継代し作出した．

牛の静脈内に接種するとウイルス血症を認めるが，発熱などの症状は認められない．

3-4. 製造方法

各ウイルスの培養には浮遊細胞のHmLu-SC細胞を用いる．ウイルスを接種し増殖したウイルス液の遠心上清にホルマリンを添加して不活化する．各不活化ウイルス液を濃縮して原液とする．各原液と水酸化アルミニウムゲルを混合した最終バルクを分注して小分製品とする．

3-5. 安全性試験成績

安全性試験成績は，本剤にイバラキウイルスが加わった“京都微研„牛異常産5種混合不活化ワクチンの成績を用いた．妊娠牛および胎子に対する安全性を確認するため，1群3頭の妊娠2～4か月齢のホルスタイン牛に本剤の常用量(2mL/頭)およびその10倍量(20mL/頭)を4週間隔で2回，さらに2回目投与後8週目に1回，計3回筋肉内に投与した．その結果，常用量および10倍量群とも一般状態に変化は認められなかった．分娩状況については，対照群も含めていずれの妊娠牛も正常分娩であり，妊娠期間にも被験物質投与による影響は認められなかった．常用量群では体温の上昇は認められず，その他，乳量，体重増加，飼料摂取量，血液学検査所見，血液生化学検査所見，剖検および器官重量に本剤投与に起因すると思われる変化も認められなかった．10倍量群において3回目投与後1頭で体温の上昇が認められたが，臨床的に特に問題となる変化ではなかった．

3-6. 効力を裏付ける試験成績

1）免疫応答（免疫出現時期）と免疫の持続

1か月間隔で2回投与することにより，2回目投与1週後から約8か月間最小有効抗体価以上の抗体価が持続した．また，初回投与から12か月目に再度投与することで，免疫増強効果が認められた．

2）最小有効抗原量および対象動物における有効抗体価

アカバネウイルスについては，アカバネ病・チュウザン病・アイノウイルス感染症混合（アジュバント加）不活化ワクチン（以下「既承認製剤」）において，OBE-1株と血清学的に相同であるJaGAr39株に対して血中中和抗体価2倍以上を保持させる必要があることが示されている．したがって，E-24-KB株不活化抗原を牛に免疫しJaGAr39株に対して2倍以上の中和抗体価を誘導させる抗原量を最小有効抗原量とした．カスバウイルスとアイノウイルスについては既承認製剤で示された価である．ピートンウイルスについては，ワクチン投与牛に攻撃し，①臨床観察の結果，臨床的な異常を認めないこと，②白血球の減少が認められないこと，③ウイルス血症を認めないこと，を指標に最小有効抗原量および対象動物における有効抗体価を決定した．各ウイルスに対する最小有効抗原量と対象動物における有効抗体価を表2-5に示す．

表2-5　最小有効抗原量と有効抗体価

製造用株名	対象疾病	最小有効抗原量 2mL（1頭分）あたり	対象動物における有効抗体価
アカバネウイルスE-24-KB株	アカバネ病	$10^{6.0}$ $TCID_{50}$	中和抗体価4倍
カスバウイルスK-47-KB株	チュウザン病	$10^{7.0}$ $TCID_{50}$	中和抗体価32倍
アイノウイルスJaNAr28-KB株	アイノウイルス感染症	$10^{6.0}$ $TCID_{50}$	中和抗体価4倍
ピートンウイルスNS/3-KB株	ピートンウイルス感染症	$10^{7.0}$ $TCID_{50}$	中和抗体価8倍

3-7. 臨床試験成績

臨床試験成績は，安全性試験と同様“京都微研„牛異常産5種混合ワクチンの成績を用いた.

1）有効性

ホルスタイン種44頭に1か月間隔で2回投与して次の基準で評価した．被験牛飼育施設に当該疾病の流行が認められない場合，被験薬投与時と最終投与後1か月目の同一試験牛の抗体価を比較して,次の条件を満たす場合を有効とする.

①被験薬投与時の中和抗体価が，アカバネウイルスおよびアイノウイルスでは4倍未満，カスバウイルスでは32倍未満，ピートンウイルスでは8倍未満の時，投与後これらの抗体価を上回った場合.

②被験薬投与時の抗体価が①で示した抗体価以上の時，被験薬投与時以上の抗体価を示した場合.

この試験で各対象疾病に対する流行は認められなかったが，各ウイルスの抗体価で評価した有効率はいずれも100%であった.

2）安全性

臨床観察，投与局所の反応，分娩状況について観察したところ，1回目投与時，2回目投与時共に被験薬に起因すると考えられる異常は認められなかった.

3-8. 使用方法

1）用法・用量

牛の筋肉内に2mLずつ約1か月間隔で2回投与する.

2）効能・効果

牛のアカバネ病，チュウザン病，アイノウイルス感染症およびピートンウイルスの感染による異常産の予防.

3）使用上の注意

追加投与として使用する場合は，ウイルスを媒介する吸血昆虫（ヌカカ）の発生が予想される時期の1か月以上前に少なくとも1回投与する.

4）ワクチネーションプログラム

通常，初年度2回のワクチン投与により基礎免疫を成立させ，次年度以降は1回のワクチン投与を行う．各ウイルスは吸血昆虫により媒介されるので，吸血昆虫が活動を開始する以前にワクチンを投与し，免疫を賦与することが重要である.

3-9. 貯法・有効期間

2～10℃で保存する．有効期間は2年3か月間.

引用文献

1）Goto, Y. et al.（1988）：*Jpn. J. Vet. Sci.* 50, 673-678.
2）松森洋一ら（2002）：日本獣医師会雑誌 55, 215-218.
3）Miyazono, S. et al.（1989）：*Jpn. J. Vet. Sci.* 51, 128-136.

【登倉祐一】

4. アカバネ病・イバラキ病・チュウザン病・アイノウイルス感染症混合（アジュバント加）不活化ワクチン

4-1. 疾病の概要

1）アカバネ病

82頁参照.

2）チュウザン病

82頁参照.

3）アイノウイルス感染症

82頁参照.

4）イバラキ病

イバラキ病は，*Reoviridae*，*Sedoreovirinae*，*Orbivirus*，シカ流行性出血病ウイルス（epizootic hemorrhagic disease virus：EHDV）群に属するイバラキウイルスの感染により起こる．イバラキウイルスによる異常産は，EHDV血清型7に起因するがその発生機序についての報告はほとんどない．イバラキウイルスによって起こる異常産は，他のアルボウイルスのように感染胎子に直接的に作用し致死的異常を誘起するのか，また，ウイルスが母体に何らかの影響を与えた結果によって死流産が発生するのかは明らかになっていない．しかし，どちらの機序により死流産が発生するとしても，中和抗体の存在によって死流産を予防できることは，感染試験によって明らかとなっている．また，牛に嚥下障害の症状を示すイバラキ病の原因ウイルスであるイバラキウイルスNo.2株に代表されるEHDV血清型2とは遺伝子の一部が異なり，交差反応性は低い.

4-2. ワクチンの歴史

イバラキウイルスは，1959年に茨城県下に発生した症例から分離され，その後，世界的に新しいウイルスであることが明らかとなり，分離地域の名前をとって1969年にイバラキウイルスと命名された．ワクチンは，野外分離株を牛胎子腎初代培養細胞と鶏胎子培養細胞で継代した弱毒生ワクチンが1962年に開発された．なお，この生ワクチンは，組織培養法を応用して最初に開発された画期的なワクチンである．以降，1966年に牛流行熱と組み合わせた2種混合不活化ワクチンが開発された[1)]．これらのイバラキ病ワクチンは，何れも牛に嚥下障害の症状を示すEHDV血清型2のワクチンである．

一方，1997年～1998年に九州地方で約1,000頭規模のイバラキ病が発生した．これまでEHDV血清型2に属するイバラキウイルスの牛異常産との関連性は認められていなかったが，この流行時には流行地域の肉用牛および乳用牛に多数の死流産が発生した[2, 3)]．解析の結果，本異常産の原因ウイルスがEHDV血清型7に属するイバラキウイルスであることが明らかとなり[4)]，2014年に異常産を対象とするイバラキ病ワクチンが，アカバネ病，チュウザン病およびアイノウイルス感染症との4種混合不活化ワクチンとして製造販売承認された．

4-3．製造用株

1）アカバネウイルス

1974年，岡山県下に配置されたおとり妊娠牛の胎子より乳のみマウスを用いて分離されたアカバネウイルスOBE-1株を親株とする．共立製薬株式会社は，2005年に独立行政法人 農業・食品産業技術総合研究機構動物衛生研究所（以下「動衛研」，現 農研機構動物衛生研究部門）より乳のみマウス1代およびハムスター肺由来株化（HmLu-1）細胞で13代継代されたウイルスを受領し，さらにHmLu-1細胞で2代継代したものを製造用原株とした．

製造用株を生後2日以内の乳のみマウスの脳内に接種するとマウスは3日以内に死亡する．HmLu-1細胞およびベビーハムスター腎由来株化〔BHK-21(c-13)〕細胞で，細胞変性効果（CPE）を伴って増殖する．

2）カスバウイルス

1985年，三浦らにより動衛研九州支所内のおとり牛の血球から分離されたカスバウイルスK-47株を親株とする．共立製薬株式会社は，1986年に動衛研よりHmLu-1細胞で3代およびBHK-21(c-13)細胞で13代継代されたウイルスを受領し，さらにBHK-21(c-13)細胞で2代継代したものを製造用原株とした．

製造用株を牛の静脈内に接種すると白血球減少症を認めるが，発熱などの症状は認められない．また，子牛の脳内に接種すると発熱，食欲不振，白血球減少に次いで神経症状を示す．製造用株は，BHK-21(c-13)細胞，HmLu-1細胞およびアフリカミドリザル腎由来株化（Vero）細胞でCPEを伴って増殖する．

3）アイノウイルス

1964年，長崎県愛野町でコガタアカイエカから分離し，乳のみマウス脳で13代継代したアイノウイルスJaNAr28株を親株とする．共立製薬株式会社は，2005年に動衛研九州支所より乳のみマウス11代およびHmLu-1細胞でクローニング1代を含め10代継代されたウイルスを受領し，さらにHmLu-1細胞を用いて2代継代したものを製造用原株とした．

製造用株を生後2日以内の乳のみマウスの脳内に接種するとマウスは死亡する．HmLu-1細胞，BHK-21(c-13)細胞およびVero細胞でCPEを伴って増殖する．

4）イバラキウイルス

2007年，共立製薬株式会社は，動衛研九州支所より未発症のおとり牛の血液から分離されたウイルスKSB-14/E/97株を受領し，さらにHmLu-1細胞で5代継代したものを製造用原株とした．

製造用株を子牛の静脈内に接種すると発熱，白血球減少症およびウイルス血症を認める．生後2日以内の乳のみマウスの脳内に接種するとマウスは死亡する．牛精巣初代培養細胞，牛腎由来株化（MDBK）細胞，HmLu-1細胞，BHK-21(c-13)細胞およびVero-T細胞でCPEを伴って増殖する．

4-4．製造方法

アカバネウイルス，アイノウイルスおよびイバラキウイルの培養には，HmLu-1細胞を用いる．カスバウイルスの培養には，BHK-21細胞を用いる．ウイルスの増殖極期に回収した培養液のろ液または遠心上清にホルマリンを添加してウイルスを不活化し，リン酸三ナトリウム溶液および塩化アルミニウム溶液を添加し，原液とする．各ウイルス原液を規格を満たす抗原量に調製混合した最終バルクを分注し，小分製品とする．

4-5．安全性試験成績

1）3か月齢子牛における安全性試験

3か月齢の牛に4週間間隔で4回筋肉内投与してその安全性を検討した．試験群は常用量あるいは10倍量を筋肉内に投与する2群，ならびに無処置の対照群の計3群を1群3頭として設定した．観察は，一般状態および投与部位の観察，体温，体重および飼料摂取量の測定，血液学検査，ならびに血液生化学検査を行い，観察期間終了の16週後に剖検，器官重量測定および投与部位の病理組織学検査を行った．

その結果，常用量群および10倍量群とも体温の上昇が散見されたものの臨床的に問題となる所見は認められず，また，10倍量群で一過性の総コレステロールの高値が認められた以外に全身性の影響は認められなかった．

投与部位についても，臨床観察では変化は認められず，病理学検査においても，牛への臨床使用における安全性に問題はないことを確認した．

2）妊娠6～7か月齢の未経産における安全性試験

妊娠6～7か月齢の未経産牛に4週間間隔で2回，さらに2回目投与後8週に1回，計3回筋肉内投与した．試験群は常用量あるいは10倍量を筋肉内に投与する2群，ならびに無処置の対照群の計3群を1群3頭として設定した．

観察は，母牛について投与部位を含む一般状態および投与部位の観察，妊娠期間の記録，分娩状況の観察，体温の測定，分娩後の乳量，体重および飼料摂取量の測定，血液学検査ならびに血液生化学検査を行い，観察期間終了後に各群1頭を剖検，器官重量の測定および投与部位の病理組織学検査を行った．新生子牛については，観察期間を出生日から出生後28日までとし，その間に一般状態の観察，体重測定，血液学検査および血液生化学検査を行った．

その結果，常用量および10倍量群とも一般状態に変化は認められず，分娩は正常分娩で，妊娠期間にも被験物質投与による影響は認められなかった．体温については，常用量群および10倍量群とも体温の上昇が散見されたものの臨床的に問題となる所見は認められず，その他，乳量，体重増加，飼料摂取量，血液学検査所見，血液生化学検査所見，剖検および器官重量に変化は認められなかった．

投与部位についても常用量群および10倍量群とも，3回の投与を通じて投与部位の変化は認められず，いずれの投与部位にも異物は確認されなかった．

新生子牛については，常用量群および10倍量群とも一般状態，体重増加，全乳摂取量，血液学検査所見および血液生化学検査所見に母牛への投与に起因すると思われる影響は認められなかったことから，妊娠牛において胎子への影響はなかったことが確認された．したがって，妊娠牛に臨床用量を筋肉内投与しても母牛および胎子に対する安全性に問題がないことを確認した．

4-6．効力を裏付ける試験成績

1）ワクチン投与牛における免疫応答

3か月齢の体重71～108kgの子牛および妊娠6～7か月齢の未経産牛にワクチン3mLを4週間隔で2回筋肉内投与し，アカバネウイルス，カスバウイルス，アイノウイルスおよびイバラキウイルスに対する中和抗体価を測定した．なお，中和抗体価の測定は，2週間隔で実施した．

a）アカバネウイルス

子牛では，1回目投与後4週に中和抗体の産生を認め，2回目投与後では2次応答による中和抗体価の上昇を認め，2回目投与後4週目の中和抗体価は，子牛全頭で64倍以上であった．妊娠牛においても2回目投与後2週には2次応答による中和抗体の産生を認め，2回目投与後4週の中和抗体価の幾何平均値は40倍であった．

b）カスバウイルス

子牛では，1回目投与後2週に中和抗体の上昇を認め，1回目投与後4週の中和抗体価の幾何平均値は128倍であった．2回目投与後では2次応答により中和抗体価は上昇し，2回目投与後4週目の中和抗体価は，子牛全頭で4,096倍以上であった．妊娠牛においても，1回目投与後4週に中和抗体の産生を認め，2回目投与後4週目の中和抗体価の幾何平均値は1,024倍であった．

c）アイノウイルス

子牛では，1回目投与後2週には中和抗体の産生を認め，2回目投与後では2次応答による中和抗体の産生を確認し，2回目投与後4週の中和抗体価の幾何平均値は102倍であった．妊娠牛においても，1回目投与後2週には中和抗体の産生を認め，2回目投与後2週目の中和抗体価の幾何平均値は20倍であった．

d）イバラキウイルス

子牛では，2回目投与後2週には2次応答による中和抗体の上昇を認め，2回目投与後4週の中和抗体価の幾何平均値は102倍であった．妊娠牛においても，2回目投与後には2次応答による中和抗体の上昇を認め，2回目投与後2週の中和抗体価の幾何平均値は10倍であった．

2）ワクチン投与牛における免疫持続

ワクチン投与による免疫持続に関する成績を図2-3に示す．体重100～200kgの子牛3頭にワクチン3mLを4週間隔で2回筋肉内投与し，1年間の各ウイルスに対する中和抗体価を測定すると共に，初回投与後1年目に追加投与を行うことで2次免疫応答による中和抗体価の推移を測定した．

アカバネウイルスに対する中和抗体価は，1回目投与後から穏やかに上昇し，2回目投与後1週から急激に上昇した．その後は比較的安定に推移し，1年後の追加投与後2週（初回投与後54週）では128～256倍を示した．

カスバウイルスに対する中和抗体価は，1回目投与後1週から明らかな抗体の上昇が認められ，1回目投与後5週（2回目投与後1週）では，さらに高値を示した．その後，1回目投与後9週に極期（1024～4096倍）となり，52週でも高い中和抗体価（64～256倍）を維持した．1年後の追加投与後1週（1回目投与後53週）には512～1024倍を示した．

アイノウイルスに対する中和抗体価は，アカバネウイルスと同様に2回目投与以降に明らかな抗体上昇が確認され，1回目投与後6～7週に極期（64～128倍）となり，1回目

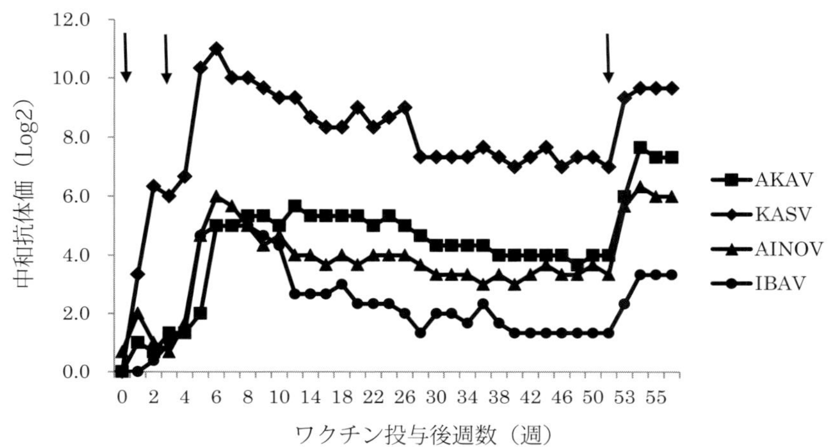

図 2-3　ワクチン投与後の中和抗体価の推移
体重 100 ～ 200kg のホルスタイン種 3 頭にワクチンを用法および用量に従い 2 回投与し，アカバネウイルス（AKAV），カスバウイルス（KASV），アイノウイルス（AINOV）およびイバラキウイルス（IBAV）に対する中和抗体価の幾何平均値を示した．

投与後 52 週では 8 ～ 16 倍の中和抗体価を示した．1 年後の追加投与後 2 週（1 回目投与後 54 週）では 64 ～ 128 倍を示した．

イバラキウイルスに対する中和抗体価は，2 回目投与後 1 週で明らかに上昇し，1 回目投与後 6 ～ 8 週（2 回目投与後 2 ～ 3 週）に極期（16 ～ 64 倍）となり，1 回目投与後 52 週でも中和抗体価を維持した．1 年後の追加投与では，追加投与後 2 週（1 回目投与後 54 週）に 8 ～ 16 倍を示した．

4-7. 臨床試験

臨床試験は，試験牛として妊娠牛 42 頭（ワクチン投与群：29 頭，対照群：13 頭）および非妊娠の搾乳牛 45 頭（ワクチン投与群：30 頭，対照群：15 頭）を用いた．ワクチン投与群には，用法および用量に従いワクチン 3mL を 4 週間隔で 2 回筋肉内に投与した．一方，対照群には生理食塩液を用いて同様に投与した．

1）有効性

各投与時および 2 回目投与後 4 週における各ウイルスに対する中和抗体価を測定した．各時点における中和抗体価の範囲と陽性率を表 2-6 に示す．

a）アカバネウイルス

1 回目投与時のアカバネウイルスに対する中和抗体価およ

表 2-6　各ウイルスに対する有効性評価成績

測定時期		アカバネウイルス		カスバウイルス		アイノウイルス		イバラキウイルス	
		ワクチン投与群（n ＝ 58）	対照群（n ＝ 24）	ワクチン投与群（n ＝ 58）	対照群（n ＝ 24）	ワクチン投与群（n ＝ 58）	対照群（n ＝ 24）	ワクチン投与群（n ＝ 58）	対照群（n ＝ 24）
1 回目投与時	中和抗体価	＜ 2 ～ 32	＜ 2 ～ 16	＜ 2 ～ 64	＜ 2 ～ 64	＜ 2 ～ 32	＜ 2 ～ 32	＜ 2 ～ 4	＜ 2 ～ 4
	陽性率	32.8%（19/58）	20.8%（5/24）	15.5%（9/58）	16.7%（4/24）	74.1%（43/58）	83.3%（20/24）	24.1%（14/58）	33.3%（8/24）
2 回目投与時	中和抗体価	＜ 2 ～ 64	＜ 2 ～ 8	8 ～ 512	＜ 2 ～ 64	＜ 2 ～ 256	＜ 2 ～ 16	＜ 2 ～ 32	＜ 2 ～ 4
	陽性率	75.9%（44/58）	25.0%（6/24）	74.1%（43/58）	8.3%（2/24）	94.8%（55/58）	75.0%（18/24）	96.6%（56/58）	29.2%（7/24）
2 回目投与後 4 週	中和抗体価	2 ～ 128	＜ 2 ～ 8	16 ～ 1024	＜ 2 ～ 64	2 ～ 256	＜ 2 ～ 16	＜ 2 ～ 32	＜ 2 ～ 4
	陽性率	100%（58/58）	29.2%（7/24）	98.3%（57/58）	16.7%（4/24）	100%（58/58）	70.8%（17/24）	96.6%（56/58）	33.3%（8/24）
	有効率†	96.6%（56/58）	16.7%（4/24）	98.3%（57/58）	4.2%（1/24）	96.6%（56/58）	12.5%（3/24）	96.6%（56/58）	8.3%（2/24）

†有効率は，アカバネウイルス，アイノウイルスおよびイバラキウイルアスに対する中和抗体価が 2 倍以上，カスバウイルスでは 32 倍以上を示した場合の計数．

び抗体陽性率に群間での有意差は認められなかった．2回目投与後4週の中和抗体価および抗体陽性率は，ワクチン投与群が対照群に対して有意に高い値を示した．また，中和抗体価2倍以上となった各群の有効率は，ワクチン投与群が96.6%，対照群が16.7%となり，ワクチン投与群が有意に高い値を示した．

b）カスバウイルス

1回目投与時のカスバウイルスに対する中和抗体価および抗体陽性率に群間での有意差は認められなかった．2回目投与後4週の中和抗体価および抗体陽性率は，ワクチン投与群が対照群に対して有意に高い値を示した．また，中和抗体価32倍以上となった各群の有効率は，ワクチン投与群が98.3%，対照群が4.2%となり，ワクチン投与群が有意に高い値を示した．

c）アイノウイルス

1回目投与時のアイノウイルスに対する中和抗体価および抗体陽性率に群間での有意差は認められなかった．2回目投与後4週の中和抗体価および抗体陽性率は，ワクチン投与群が対照群に対して有意に高い値を示した．また，中和抗体価2倍以上となった各群の有効率は，ワクチン投与群が96.6%，対照群が12.5%となり，ワクチン投与群が有意に高い値を示した．

d）イバラキウイルス

1回目投与時のイバラキウイルスに対する中和抗体価および抗体陽性率に群間での有意差は認められなかった．2回目投与後4週の中和抗体価および抗体陽性率は，ワクチン投与群が対照群に対して有意に高い値を示した．また，中和抗体価2倍以上となった各群の有効率は，ワクチン投与群が96.6%，対照群が8.3%となり，ワクチン投与群が有意に高い値を示した．

2）安全性

ワクチン投与群および対照群共に，投与後の症状の観察および体温測定において，全ての試験牛に症状の異常や体温上昇は認められず，その他の有害事象も観察されなかった．これらの成績から，本剤の妊娠牛および非妊娠の搾乳牛に対する安全性が確認された．

4-8. 使用方法

1）用法・用量

牛の筋肉内に3mLずつ4週間隔で2回投与する．追加免疫用として本剤を使用する場合には，半年～1年毎に3mLを筋肉内に投与する．

2）効能・効果

牛のアカバネ病，牛のチュウザン病，アイノウイルス感染症およびイバラキウイルスの感染による牛の異常産の予防．

3）使用上の注意

過敏な体質の牛では，投与後短時間で全身および陰部の腫脹，元気消失，歩様蹌踉，発汗，発熱，流涙，下痢，痙攣，心悸亢進，皮膚の知覚障害，顔面の浮腫，流涎，食欲不振，起立不能およびアレルギー反応等を発現する場合があるので，健康状態を十分に観察して投与する．

妊娠牛では早産や流産・死産等を発現することがあるので，健康状態を十分に観察して投与する．

投与後は注意深く観察し，副反応が認められた場合には速やかに獣医師の診察を受け，副反応に対して適切な処置を行う．

4）ワクチネーションプログラム

初年度2回のワクチン投与により基礎免疫を成立させ，次年度以降は1回のワクチン投与を行う．アカバネウイルス，カスバウイルス，アイノウイルスおよびイバラキウイルスは，いずれも吸血性節足動物により媒介される．そのため吸血性節足動物が活動を開始する前にワクチンによる免疫を賦与することが重要である．

4-9. 貯法・有効期間

2～10℃で保存する．有効期間は，製造後36か月間．

引用文献

1）動生協（1998）：動生協会会報 31-2, 34.
2）内布幸典ら（1999）：日獣会誌 52, 565-569.
3）内布幸典ら（2000）：日獣会誌 53, 372-376.
4）山川　睦（2010）：臨床獣医 28, 12-17.

【川上和夫】

D. 皮膚・体表・外貌の異常を示す感染症に対するワクチン

1. 牛クロストリジウム感染症5種混合（アジュバント加）トキソイド

☞『動物用ワクチン 95頁

ワクチンの概要	気腫疽菌，*Clostridium septicum*，*C. novyi*，*C. perfringens* および *C. sordellii* を培養して得た培養上清を無毒化したものを混合し，アルミニウムゲルアジュバントを添加したトキソイドである．

<table>
<tr><td colspan="2">開発の経緯・製造用株等</td><td>牛クロストリジウム感染症ワクチンとして日本では気腫疽不活化ワクチンが古くから使用されていた．1986年には気腫疽菌，C. septicumおよびC. novyiの3種混合不活化ワクチンが承認された．その後，不活化菌体を除いたトキソイドでも有効であることが確認され，1991年に牛クロストリジウム感染症3種混合（アジュバント加）トキソイドが承認された．本トキソイドの投与量は，2mLと少なく，投与作業の効率化と牛へのストレス軽減につながった．2002年にはC. perfringensおよびC. sordelliiのトキソイドを追加混合した本トキソイドが承認された．</td></tr>
<tr><td rowspan="3">使用方法</td><td>用法・用量</td><td>3か月齢以上の牛の臀部筋肉内に1回2mLを1か月間隔で2回投与し，その後6か月間隔で投与する．2回目の投与は，1回目とは異なる部位に行う．</td></tr>
<tr><td>効能効果</td><td>気腫疽，悪性水腫およびC. perfringens A型菌による壊死性腸炎の予防．</td></tr>
<tr><td>使用上の注意</td><td>一過性の発熱，元気消失，食欲不振を認めることがあるが，通常4日以内に回復する．
投与部位に一過性の腫脹，硬結が認められる場合がある．</td></tr>
</table>

【平山紀夫】

2. 乳房炎（黄色ブドウ球菌）・乳房炎（大腸菌）混合（油性アジュバント加）不活化ワクチン

2-1. 疾病の概要

1）乳房炎

乳房炎は乳頭口から乳房内へ侵入した細菌などの微生物が定着，増殖することにより引き起こされる牛の乳管系や乳腺組織の炎症である．搾乳牛では乳腺に炎症が起こると乳汁の合成機能が阻害され，乳汁を分泌する細胞膜の透過性が亢進して乳汁中の水素イオン濃度指数（pH）や塩素量などが変化し，また体細胞数が増加して，乳質に影響を及ぼす．さらに乳汁を分泌する細胞の損傷，委縮ならびに結合組織の増殖などを起こし，泌乳量の減少や場合によっては泌乳停止となる[1, 2]．乳房炎は主に病原体の感染によって発症するが，それだけでなく，気候，牛舎施設などの環境要因や牛の栄養状態，泌乳ステージ，乳量，ストレス，代謝病の有無や搾乳手技・システムなど様々な要因が絡み合って発生する．乳房炎の発生予防のために幅広い対応策がとられているものの，毎年搾乳牛の約20～30%が乳房炎を発症し，その頭数はここ数年全く減少していない[4, 5]（平成24～26年度家畜共済統計表，農林水産省経営局）．

乳房炎はその症状により臨床型乳房炎と潜在性乳房炎に分類される．臨床型乳房炎では，乳房の熱感・冷感，腫脹，硬結，疼痛，色調の変化や乳汁に凝固物や色調の変化が観察され，体温上昇や食欲不振，下痢などの全身症状を伴う．臨床型乳房炎は，さらにその状態などから，急性乳房炎，甚急性乳房炎および慢性乳房炎に分けることができる．一方，潜在性乳房炎は全身症状や乳房および乳汁の肉眼的な異常を認めないが，乳汁検査を行うと病原菌の分離や体細胞数の上昇などが認められる乳房炎であり，潜在性乳房炎は臨床型乳房炎の前段階といえる[1, 2, 11]．

a）黄色ブドウ球菌性乳房炎

伝染性の強い黄色ブドウ球菌による乳房炎は，難治性の乳房炎を引き起こすことが知られている．搾乳管理・手技の不備により分房から分房へ，あるいは牛から牛へと伝播することを特徴とする．感染が進行すると乳房内に膿瘍を形成することが知られている．膿瘍形成した乳房炎では，治療のために投与した薬剤も膿瘍の中まで十分に到達しないことが多いことから薬効が減弱し，治療期間の長期化や負担経費の増大をもたらす．さらに，黄色ブドウ球菌性乳房炎は，徐々に慢性乳房炎に移行しやすくなると考えられており，治癒率も乳房炎の進行に伴い低下する[3, 4, 6, 7, 11]．健康牛への感染予防には，乳頭や乳房の消毒を励行し，搾乳器の洗浄や殺菌を徹底して行うと同時に，感染牛の早期発見，早期診断・治療あるいは隔離や淘汰が重要であることが認識されている[6, 10]．

b）大腸菌性乳房炎

大腸菌は牛の飼育環境に広く分布しており，大腸菌性乳房炎は高い発生率と深刻な症状を伴うことから，重要視されている[8]（泌乳期乳房炎治療，釧路地区農業共済組合 研究レポート）．

大腸菌による乳房炎は，急性乳房炎から，食欲廃絶，起立不能などの著しい症状を示す甚急性乳房炎へと移行したり，また時に，罹患分房のみが壊死脱落する壊疽性乳房炎を発症したりする．大腸菌性乳房炎は飼育環境に常在する病原菌に感染することが原因の環境性乳房炎に含まれ，環境が粗悪になりがちな夏～秋にかけての発生率が高い．高温多湿や牛床の敷料の種類・交換頻度などによって飼養環境中の病原菌が増殖することが環境側の要因であり，暑熱ストレスや飼料摂取量および免疫力の低下などの生体側の要因とあいまって大腸菌性乳房炎を発症する[1, 2]．大腸菌性乳房炎の予防には，牛体の健康管理のみでなく，乳頭に付着する菌数を減少させるための牛床消毒と新鮮な敷料の使用，正しい搾乳手順による感染防御（特にディッピング），適正な換気による暑熱対策など，環境の衛生管理も重要である[1, 2, 9]．

2-2. ワクチンの歴史

国内では乳房炎に対するワクチンは過去に開発されたことはないが，海外においては黄色ブドウ球菌あるいは大腸菌を含む単味ワクチンが実用化されている．ベーリンガーインゲルハイムベトメディカジャパン株式会社は，黄色ブドウ球菌のファージ型Ⅰ，Ⅱ，Ⅲ，Ⅳおよびその他のグループを含む高抗原性多価菌体抗原を主成分とした「Lysigin」という黄色ブドウ球菌単味ワクチンを，一方，ゾエティス・ジャパン株式会社は不活化大腸菌 J5 株を主成分とした「Enviracor J-5」という大腸菌単味ワクチンをそれぞれ欧米で販売している．また，メリアル・ジャパン株式会社は不活化大腸菌 J5 株菌体とトキソイドを含有する「J-VAC」を欧米で販売している．

スペインのヒプラ社（Laboratorios HIPRA, S.A.）は，黄色ブドウ球菌不活化菌体および大腸菌不活化菌体を含む多価ワクチンである「STARTVAC」を開発し，ヨーロッパを始め，世界約 50 か国以上で販売している．共立製薬株式会社は 2016 年に「スタートバック」の国内製造販売承認を取得し，国内での販売を開始した．

2-3. 製造用株

1）黄色ブドウ球菌（CP8）SP140 株

1979 年にヒプラ社がスペインで臨床型乳房炎に罹患した牛の乳汁サンプルから分離培養した株を親株として樹立した株で，スライム関連抗原複合体（SAAC）を特に多く産生する株である．

2）大腸菌 J5 株

1957 年に米国のカリフォルニア大学の E.J. Ziegler によって，大腸菌 O111：B4 株のガラクトースに対する感受性を利用して，コロニーを選別し，確立された株である．ヒプラ社では，1994 年に米国のペンシルバニア州立大学 *E. coli* リファレンスセンターより，受領した大腸菌 J5 株を親株とし，製造用株を樹立した．

2-4. 製造方法

黄色ブドウ球菌はシードロットシステムに基づいて管理・培養し，ホルマリンで不活化したものを原液とする．

大腸菌もシードロットシステムに基づいて管理・培養し，加熱により不活化したものを原液とする．

各原液を混合し，油性アジュバントを加えたものを最終バルクとし，小分・分注して製品とする．

2-5. 安全性試験成績

妊娠牛を対照群，1 用量群および 10 用量群の 3 群に分け，安全性試験を実施した．1 用量群および 10 用量群には，本剤を用法および用量に従って，分娩予定日の 45 日前（± 4 日），10 日前（± 4 日）および分娩予定日の 52 日後（± 4 日）の計 3 回投与し，さらに 3 回目投与後 8 週目に 4 回目投与を行った．その結果，10 用量群では 1 回目および 2 回目の投与後に一過性の発熱を認め，剖検時には 4 回目投与部位に硬結腫瘤を認めた．一方，1 用量群では発熱をはじめとする症状の異常は認められず，投与部位の異常も一切認められなかった．10 用量群，1 用量群ともに，試験期間中，搾乳量に異常はなく，繁殖成績および出生子牛も異常が認められなかったことから，妊娠牛における安全性が確認された．

2-6. 臨床試験成績

国内の 10 農場において，妊娠牛 354 頭（ワクチン投与群：182 頭，対照群：172 頭）を用いて臨床試験を実施した．ワクチン投与群には，用法および用量に従って，分娩予定日の 45 日前（± 4 日），10 日前（± 4 日）および分娩予定日の 52 日後（± 4 日）の計 3 回，1 用量ずつを頚部筋肉内に左右交互に投与し，安全性および有効性を評価した．なお，対照群には生理食塩液を同様に投与し評価を行った．

1）有効性

a）抗体価および抗体陽性率

各投与時および分娩後 7 日，1 回目ワクチン投与後 111 日，132 日および 167 日に，抗黄色ブドウ球菌 SP140 株スライム抗体価および抗大腸菌 J5 株抗体価（IRPC 値：relative index per cent）を測定した．

①黄色ブドウ球菌：抗黄色ブドウ球菌 SP140 株スライム抗体価は，2 回目投与時（1 回目投与後 35 日）にはすでに有効抗体価以上の抗体価を示し，その後 1 回目投与後 167 日まで高い抗体価を維持することを確認した（図 2-4）．また，抗体陽性率は，2 回目投与時点で 80% 以上，分娩後 7 日以降はほぼ 100% で推移した（図 2-5）．

②大腸菌：抗大腸菌 J5 株抗体価は 1 回目投与のみでは有効抗体価以上の抗体価を得ることはできなかったものの，2 回目投与後 17 日（1 回目投与後 52 日）に該当する分娩後 7 日時点では，有効抗体価以上の抗体価を示した．さらに 3 回目投与（1 回目投与後 97 日）を行うことによってより高い抗体価を示し，1 回目投与後 167 日まで有効抗体価以上の抗体価を維持していることを確認した（図 2-4）．また，抗体陽性率は，2 回目投与時点（1 回目投与後 35 日）で約 65%，分娩後 7 日（1 回目投与後 52 日）には 85% 以上となった．3 回目投与時に抗体陽性率がやや低下するものの対照群と比較して有意に高く，1 回目投与後 167 日まで対照群と比較して高い抗体陽性率を維持した（図 2-5）．

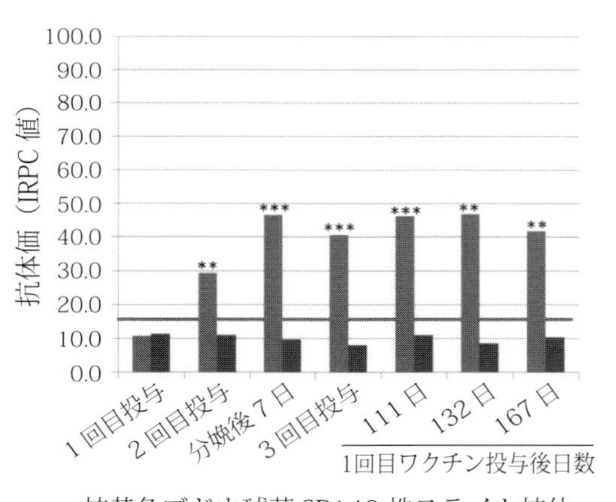

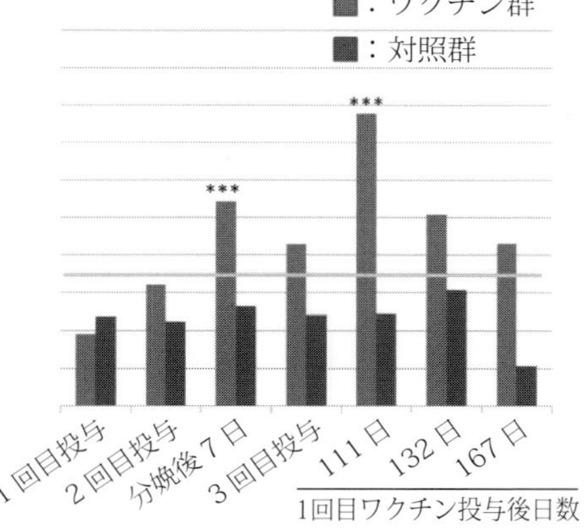

抗黄色ブドウ球菌SP140株スライム抗体
（━：有効抗体価16.0）

抗大腸菌J5株抗体
（━：有効抗体価34.0）

：有意差あり（$p < 0.005$）　*：有意差あり（$p < 0.001$）

図2-4　抗黄色ブドウ球菌SP140株スライム抗体価および抗大腸菌J5株抗体価の推移

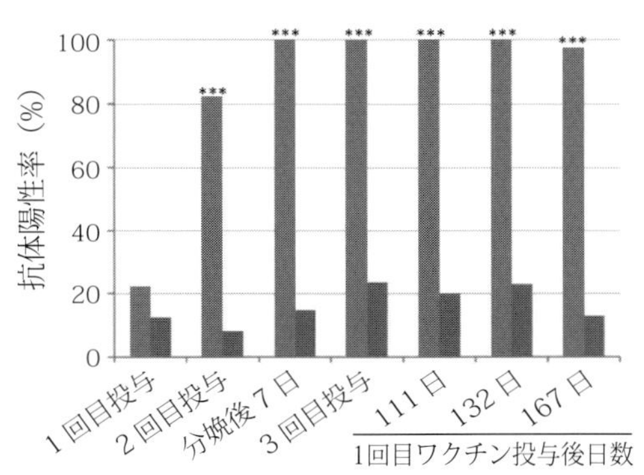

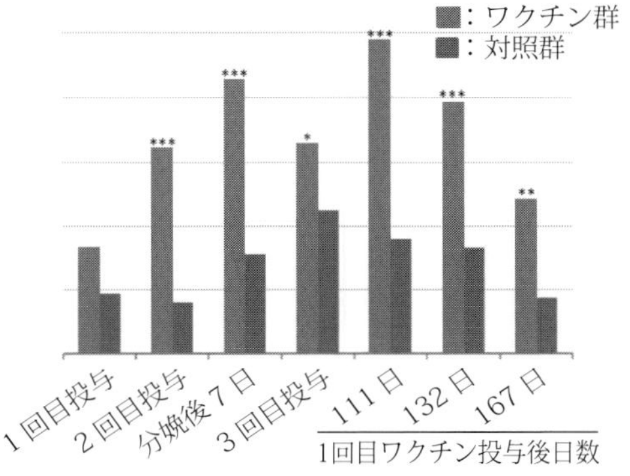

抗黄色ブドウ球菌SP140株スライム抗体陽性率

抗大腸菌J5株抗体陽性率

*：有意差あり（$p < 0.05$）　**：有意差あり（$p < 0.005$）　***：有意差あり（$p < 0.001$）

図2-5　抗黄色ブドウ球菌SP140株スライム抗体陽性率および抗大腸菌J5株抗体陽性率の推移

b）乳房炎発生数（率）

ワクチン投与群および対照群における黄色ブドウ球菌，大腸菌群およびコアグラーゼ陰性ブドウ球菌（CNS）による臨床型または潜在性乳房炎の発生数（率）を比較したところ，群間に有意な差は認められなかった（表2-7）．

表2-7　黄色ブドウ球菌，大腸菌群およびコアグラーゼ陰性ブドウ球菌（CNS）による臨床型または潜在性乳房炎の発生数（率）

分類	ワクチン投与群（n ＝ 175）	対照群（n ＝ 165）
臨床型乳房炎	13（7.4%）	11（6.7%）
潜在性乳房炎	41（23.4%）	39（23.6%）

c）罹患分房数（率）

黄色ブドウ球菌，大腸菌群およびCNSによる臨床型乳房炎発症牛における罹患分房数（率）を比較したところ，群間に有意な差が認められ，ワクチン投与群において罹患分房数（率）が低値となることが確認された（表2-8）．

表2-8　黄色ブドウ球菌，大腸菌群およびCNSによる臨床型乳房炎発症牛における罹患分房数（率）

	ワクチン投与群（13頭/52分房）	対照群（11頭/44分房）
罹患分房数（率）	23（44.2%）*	30（68.2%）
中央値（分房数）	1	3

*群間で有意差あり（$p < 0.05$）

d）治癒率および死廃率

ワクチン投与群および対照群で黄色ブドウ球菌，大腸菌群およびCNSによる臨床型乳房炎を発症した牛における治癒

表 2-9　黄色ブドウ球菌，大腸菌群および CNS による臨床型乳房炎発症牛における治癒率および死廃率

	ワクチン投与群 （n ＝ 13）	対照群 （n ＝ 11）
自然治癒頭数	3（23.1%）	0（0.0%）
最終治癒頭数 （自然治癒頭数含む）	12＊（92.3%）	8（72.7%）
死亡・廃用頭数	0（0.0%）	3（27.3%）

＊1 頭は試験期間中には完治せず.

率は，ワクチン投与群で高く，対照群で低い傾向が認められ，また，乳房炎による死廃率はワクチン投与群では 0% であった（表 2-9）.

e）臨床型乳房炎罹患時の症状

黄色ブドウ球菌，大腸菌群および CNS による臨床型乳房炎発症牛の臨床症状をスコア化し評価したところ，ワクチン投与群では対照群と比較して有意に低スコアであり，より健康に近い状態であることが明らかになった（表 2-10，図 2-6）．また，乳汁異常についてもスコア化し評価したところ，ワクチン投与群では有意に低スコアであり，より健康に近い乳汁であることが確認された（表 2-11，図 2-7）.

2）安全性

ワクチン投与群および対照群共に，投与後の症状の観察および体温測定において，全ての試験牛に症状の異常や体温上昇は認められなかった．また，周産期疾病，死流産および乳房炎の悪化などの有害事象の発現も対照群との間に有意な差は認められなかった．これらの成績から，本剤の妊娠牛に対する安全性が確認された.

2-7．使用方法

1）用法・用量

健康な妊娠牛の分娩予定日の 45 日前（± 4 日），10 日前（± 4 日）および分娩予定日の 52 日後（± 4 日）の計 3 回，1 用量（2mL）ずつを頚部筋肉内に左右交互に投与する.

2）効能・効果

黄色ブドウ球菌，大腸菌群およびコアグラーゼ陰性ブドウ球菌による臨床型乳房炎の症状の軽減.

3）使用上の注意

a）対象動物の使用制限等

対象牛が①～⑦のいずれかに該当すると認められる場合は，健康状態および体質等を考慮し，投与の適否の判断を慎重に行う．①発熱，咳または下痢など臨床上異常が認められる，②疾病の治療を継続中のものまたは治癒後間がない，③

表 2-10　黄色ブドウ球菌，大腸菌群および CNS による臨床型乳房炎発症牛の臨床症状のスコア基準

観察 項目	スコア 0	 1	 2	 3
食欲	正常	不振	廃絶	―
活力	正常	減退	消失	―
体温	正常 （38.0～39.0℃）	微熱 （39.1～40.0℃）	中熱 （40.1～41.0℃）	高熱 （41.1℃以上）

表 2-11　黄色ブドウ球菌，大腸菌群および CNS による臨床型乳房炎発症牛の乳汁異常のスコア基準

観察項目	スコア 0	 1	 2	 3
凝固物	なし	あり	―	―
性状	正常 （乳白色）	軽度 （水溶性）	中等度 （血様）	重度 （膿様）
CMT 変法	陰性（－）	疑陽性（±）	陽性（＋）	陽性（＋＋）

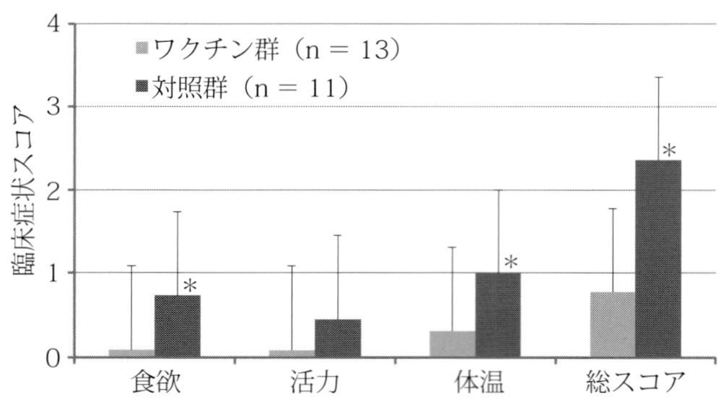

図 2-6　黄色ブドウ球菌，大腸菌群および CNS による臨床型乳房炎発症牛の臨床症状スコア
＊：群間で有意差あり（$p < 0.05$）

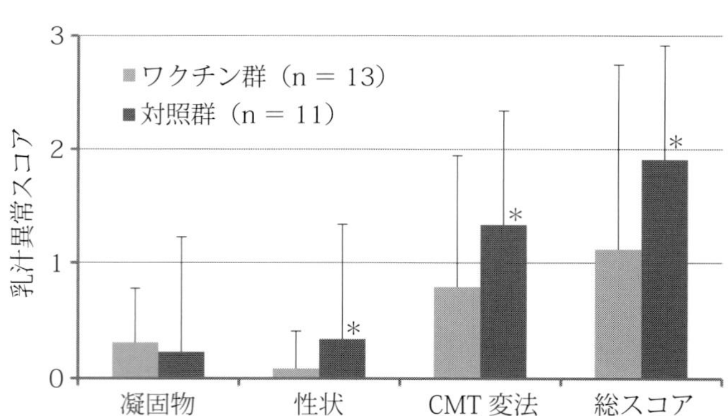

図 2-7　黄色ブドウ球菌，大腸菌群および CNS による臨床型乳房炎発症牛の乳汁異常スコア
＊：群間で有意差あり（$p < 0.05$）

発情中，④重度の皮膚疾患が認められる，⑤明らかな栄養障害がある，⑥これまでに本剤または他のワクチン投与により，アレルギー反応等の異常な反応を呈したことがある，⑦他のワクチン投与や移動後間がない．

なお，本剤の用法および用量においては，2回目投与は分娩予定日の10日前（±4日）と定めている．この時期は牛によっては分娩間際もしくは分娩直後に該当する可能性があるため，投与適否の判断は牛の健康状態を十分に観察し，特に慎重に行う．

b）副反応

過敏な体質の牛では，投与後短時間で全身および陰部の腫脹，元気消失，歩様蹌踉，発汗，発熱，流涙，下痢，痙攣，心悸亢進，皮膚の知覚障害，顔面の浮腫，流涎，食欲不振，起立不能およびアレルギー反応等を発現する場合があり，投与時の健康状態を十分に観察して投与する．

妊娠牛では早産や流産・死産等を発現することがあり，投与時の健康状態を十分に観察して投与する．

投与後は注意深く観察し，副反応が認められた場合には速やかに獣医師の診察を受け，副反応に対して適切な処置を行う．

4）ワクチネーションプログラム

分娩のたびに，用法および用量に記載した使用方法を繰り返す．

2-8. 貯法・有効期間

2～8℃で保存する．有効期間は，製造後24か月間．

引用文献

1）市野剛夫ら（2006）：Mastitis Control 十勝乳房炎協議会10周年記念誌，十勝乳房炎協議会（TMC）．
2）市野剛夫ら（2014）：Mastitis control II 十勝乳房炎協議会20周年記念誌，十勝乳房炎協議会（TMC）．
3）森純一ら（1995）：獣医繁殖学，422-432，文永堂出版．
4）日本家畜臨床感染症研究会事務局（2010）：*J. Jpn. Soc. Clin. Infect. Dis. Farm Anim.* 5(2), 63-74.
5）日本乳房炎研究会（2012）：乳房炎の防除，デーリィ・ジャパン社．
6）農林水産省経済局（2005）：家畜共済における臨床病理検査要領 平成17年改訂，503-516，全国農業共済会．
7）大森常良ら（1980）：牛病学，607，近代出版．
8）Sandholm, M. et al.（1995）: The Bovine Udder and Mastitis, University of Helsinki.
9）十勝乳房炎協議会（2003）：大腸菌群による乳房炎，技術情報，十勝乳房炎協議会（TMC）．
10）山田裕ら（2010）：乳牛の疾病・予防・治療・看護療法，65-82，デーリィ・ジャパン社．
11）全国農業共済協会（2003）：家畜共済の診療指針II，全国農業共済協会．

【江口佳子】

E. 神経症状・運動障害を示す感染症に対するワクチン

1. 牛クロストリジウム・ボツリヌス（C・D型）感染症（アジュバント加）トキソイド

☞『動物用ワクチン』99頁

ワクチンの概要		*Clostridium botulinum* C型菌およびD型菌の培養液をそれぞれ無毒化したものを混合し，アルミニウムゲルアジュバントを添加したトキソイドである．
開発の経緯・製造用株等		日本では2005年以降に各地で牛ボツリヌス症およびそれが疑われる症例が確認されたことから開発が行われ，2010年に承認された．
使用方法	用法・用量	1mLを2か月齢以上の牛の筋肉内に4週間隔で2回投与する．
	効能効果	牛のボツリヌス症の予防．
	使用上の注意	妊娠牛には投与しない．

【平山紀夫】

F. 急死を伴う感染症に対するワクチン

1. 炭疽生ワクチン

☞『動物用ワクチン』93頁

ワクチンの概要	無莢膜弱毒炭疽菌芽胞を50vol%グリセリン加生理食塩液等に浮遊したワクチンである．

開発の経緯・製造用株等		炭疽の予防には Pasteur が 1881 年に開発した炭疽二苗が世界中で長く使用されていた．その後開発された無莢膜弱毒株（34F2 株）によるワクチンが世界保健機関（WHO）でも動物用炭疽生ワクチンとして用いることを 1967 年に勧告した．日本では 1975 年から本剤が使用されている．
使用方法	用法・用量	頚側または背側の皮下に 0.2mL を投与する．
	効能効果	牛または馬の炭疽の予防
	使用上の注意	時に発熱，投与部位の腫脹を起こすことがあるが，発熱は 24 時間前後で平熱に戻り，腫脹は 1 週間前後で消失する．投与局所が著しく腫れ，または高熱を発した場合は直ちに治療すること． 参考：初回ペニシリン 600 万単位を投与し改善効果の見られない場合は 2 回目以降 300 万単位を投与する（炭疽菌は多くの薬剤に対して感受性を示す）．

【平山紀夫】

馬用ワクチン

A．呼吸器系感染症に対するワクチン

1．馬インフルエンザ不活化・日本脳炎不活化・破傷風トキソイド混合（アジュバント加）不活化ワクチン

☞『動物用ワクチン』110 頁

ワクチンの概要	馬インフルエンザウイルスを発育鶏卵で増殖させて得たウイルス液を精製・濃縮後，不活化したもの，日本脳炎ウイルスをマウスの脳または培養細胞で増殖させて得たウイルス液を不活化したもの，および破傷風菌を培養して得た破傷風毒素を無毒化したものを混合し，アジュバントを添加したワクチン，または両不活化ウイルス液および破傷風毒素を無毒化したものにアジュバントを添加したものを混合したワクチンである．

<table>
<tr><td colspan="2">開発の経緯・
製造用株等</td><td>馬インフルエンザは，1971 年に発生し，競馬が中止になる騒ぎとなった．翌年の 1972 年には東京で分離された H3N8 亜型を含むワクチンが承認された．ウイルスを発育鶏卵で増殖させ，精製濃縮後，ホルマリンで不活化したワクチンである．製造ウイルス株は，H7N7 の 1 株と H3N8 の 2 株で，多価ワクチンである．製造ウイルス株は，流行している株と抗原性の似た株にほぼ 10 年毎に変更されている．
2000 年には日本脳炎と破傷風を混合した 3 種混合ワクチンが承認された．馬用の混合ワクチンとしては初めてのものであるが，馬インフルエンザウイルスは，3 株使用されているので，混合数は 5 種類となる．</td></tr>
<tr><td rowspan="3">使用方法</td><td>用法・用量</td><td>ワクチン 1mL ずつを 4 週間間隔で 2 回，馬の筋肉内に投与する．</td></tr>
<tr><td>効能効果</td><td>馬インフルエンザ，日本脳炎および破傷風の予防．</td></tr>
<tr><td>使用上の注意</td><td>事前に馬の健康状態について検査し，重大な異常（重篤な疾病）を認めた場合は投与しない．また，以前に本剤または他のワクチン投与により，アナフィラキシー等の異常な副反応を呈したことが明らかなもの，妊娠 8 か月以上のものには投与しない．ただし，緊急予防の必要がある時はこの限りではない．
投与後，少なくとも 2 日間は安静に努め，移動や激しい運動は避けるよう指導する．
まれに一過性の局所の発赤，腫脹，硬結，全身性反応として発熱，元気消失，食欲不振，下痢等を認めることがあるが，これらの反応は通常 2 ～ 3 日中には消失する．</td></tr>
</table>

【平山紀夫】

2. 馬鼻肺炎（アジュバント加）不活化ワクチン

☞『動物用ワクチン』114 頁

<table>
<tr><td colspan="2">ワクチンの概要</td><td>馬鼻肺炎ウイルスを培養細胞で増殖させて得たウイルス液を濃縮後，不活化してアルミニウムゲルアジュバントを添加したワクチンである．</td></tr>
<tr><td colspan="2">開発の経緯・
製造用株等</td><td>1966 年 11 月から翌年春にかけて北海道日高地方の馬牧場で流産の集団発生が起こり，馬ヘルペスウイルス 1 型（HH1 株）が分離された．米国では生ワクチンが使用されていたが，日本では流産予防を目的とした不活化ワクチンが開発され，1979 年に承認された．1997 年には呼吸器疾病の予防が効能追加された．なお，本剤は子牛腎株化細胞の浮遊培養法で製造されており，日本における動物用ワクチンの製造に浮遊培養法が用いられた最初のワクチンである．</td></tr>
<tr><td rowspan="3">使用方法</td><td>用法・用量</td><td>5mL ずつを 4 ～ 8 週間隔で 2 回，3 歳以上の馬の筋肉内に投与する．妊娠馬では，妊娠 6 ～ 7 か月齢で 1 回目を投与する．</td></tr>
<tr><td>効能効果</td><td>馬鼻肺炎ウイルスによる馬の流産ならびに呼吸器疾病の予防．</td></tr>
<tr><td>使用上の注意</td><td>流産は概ね胎齢 9 ～ 11 か月に発生するので，この時期までに免疫を賦与するために妊娠馬では 6 ～ 7 か月で 1 回目を投与する．この時期はウイルスの流行が始まる前と予想される．野外応用試験の成績等からワクチン歴のないまたは抗体価の低い馬では 1 か月後に 2 回目投与，さらに 2 ～ 3 か月後に 3 回目の投与を行うと効果的と考えられる．一方，抗体価の高い馬では初回投与は同様だが，2 回目投与を 2 か月後に行い，分娩時期の遅い妊娠馬ではさらに 3 回目の投与を行うと効果的と考えられる．
初めてトレーニングセンターに入厩する育成馬は，冬の馬ヘルペスウイルス 1 型（EHV-1）による呼吸器疾病の流行前にワクチンを複数回投与しておくことが望ましい．</td></tr>
</table>

【平山紀夫】

3. 馬鼻肺炎生ワクチン

3-1. 疾病の概要 [1)]

馬鼻肺炎は，*Herpesviridae, Alphaherpesvirinae, Varicellovirus* に属する馬ヘルペスウイルス 1 型（EHV-1）ならびに 4 型（EHV-4）の感染によって起こる伝播力の強い馬の伝染病の総称である．本病は，「家畜伝染病予防法」では届出伝染病に指定されている．感染様式は，感染馬の鼻腔から排泄されるウイルスの飛沫感染，流産胎子や羊水あるいはウイルスに汚染した人の衣服，手指，作業資材などを介した接触感染である．鼻腔から侵入したウイルスは上部気道で増殖し，1 次症状として発熱を伴う呼吸器症状を示すが，その程度には個体差が認められ，不顕性感染も多い．EHV-1 は，馬の呼吸器粘膜からさらに体内に侵入して増殖し，妊娠馬の流産や新生子馬の死亡，あるいは神経疾患（脊髄脳症）を引き起こす．EHV-4は，主として生産牧場や育成牧場の若齢馬の呼吸器疾患の原因となり，流産の原因になることはまれである．

子馬の生産地では，前駆症状がないまま妊娠後期（胎齢9～11か月）に突然EHV-1による流産が発生し，多大な損害をもたらす．EHV-1による流産が発生すると牧場内で続発しやすく，発生後の消毒を徹底する等の対策が必要である．また，その続発には牧場内の育成馬でのEHV-1の流行も関与していると考えられており，対策を立てる上で重要である．

3-2. ワクチンの歴史

1966年11月～翌年春にかけて発生した輸入妊娠馬の流産が原発となり，1970年以降，EHV-1による流死産が北海道日高地方を中心に散発的に発生し，年ごとに広がる傾向を示した．この流行を契機に，流産胎子から分離されたHH 1株（EHV-1）を用いたワクチン開発が進められた．HH 1株を起源として組織培養に順化したHH-1 BKS株が作出され，1979年，HH-1 BKS株を製造用株とした不活化ワクチンの製造が承認された．流産予防目的で開発された馬鼻肺炎不活化ワクチンは，その後，競走馬の呼吸器疾病の予防に有効である成績が得られたことから，1997年に効能・効果が追加され，現在では流産予防および呼吸器疾病予防のために使用されている．

その後，細胞性免疫の誘導を期待できる弱毒生ワクチンの開発が進められ，日本中央競馬会競走馬総合研究所栃木支所（以下「総研」，現 日本中央競馬会競走馬総合研究所本所）において，EHV-1に対する中和抗体陰性の当歳馬（初乳非摂取子馬）の鼻腔内に接種しても，発熱，呼吸器症状などの臨床異常を示さず，ウイルス血症やウイルス排泄も起こさないEHV-1弱毒株が作出された．本株を製造用株とした生ワクチンは，EHV-1感染による呼吸器疾病の症状の軽減を効能・効果として，2013年に製造販売承認された．次いで，妊娠馬の流死産に対する有効性が確認されたことから，2016年11月に「妊娠馬の異常産（流産，妊娠中の胎子死亡または生後直死）の抑制」が効能・効果として追加された．

3-3. 製造用株

EHV-1 ΔgE-NIBS株を製造用株とする．本株は，1989年に馬鼻肺炎ウイルスによる呼吸器疾患の症状を呈した競走馬から，総研により分離されたEHV-1株を親株として作出された*gE*遺伝子欠損株である．なお，本株は，2007年2月1日付け農林水産省消費・安全局長通知により，「ナチュラルオカレンスに該当するもの」と判断されている．

3-4. 製造方法

EHV-1 ΔgE-NIBS株を馬胎子皮膚由来細胞（EFD細胞）を用いて増殖させ，得られたウイルス浮遊液を遠心またはろ過して細胞片を除去する．限外ろ過法により濃縮し，安定剤を添加後，凍結乾燥する．

3-5. 安全性試験成績

1）試験概要

馬鼻肺炎生ワクチンの馬における安全性を確認するため，6か月齢の馬（ポニー）を用いてGLP適用試験を行った．本剤の常用量あるいは100倍量を3週間隔で2回，さらに8週間後に1回の計3回を筋肉内投与した．1回目投与日から3回目投与後3週までの14週間を観察期間とし，観察期間中毎日，元気，食欲，糞便性状等の一般状態を観察し，体温を測定した．経時的に体重測定ならびに採血を行い，血液学的検査および血液生化学検査に供した．最終日には剖検後，器官重量測定（肝臓，腎臓，脾臓，心臓，甲状腺，および副腎），ならびに病理組織学検査を実施した．

2）成　績

ワクチン投与後の一般状態は，常用量投与群では異常は認められず，100倍量投与群では一過性の軽度な元気消失が認められた．体温は，常用量投与群では1回目投与翌日に一過性に高値となったが，その後は変化はなかった．100倍量投与群では，1～3回目の各回投与翌日にいずれも一過性に高値となった．その他，増体重，飼料摂取量，血液検査所見および血液生化学検査所見に変化は認められず，観察期間終了後の病理学検査においても，剖検所見および器官重量にワクチンに起因する変化は認められなかった．

3-6. 効力を裏付ける試験成績

1）不活化ワクチンとの比較

EHV-1に対する中和抗体価5倍未満の初乳非摂取子馬3頭ずつに既承認の不活化ワクチンおよび生ワクチンを用法および用量に従って投与し，2回目投与後4週に野外分離株を鼻腔内接種して攻撃した．攻撃後21日間，症状（体温，鼻汁排出，下顎リンパ節の腫脹）の観察，鼻腔および末梢血単核球からのウイルス検出を行い，両ワクチンの有効性を比較した．また，経時的に採血を行い，抗体価の推移を調べた．いずれのワクチンを投与した場合においても，ワクチン2回目投与後から抗体上昇が認められ，攻撃後1週以降は高値で推移した（表2-12）．また，攻撃後の発熱期間，膿性鼻汁の排出期間および鼻腔からのウイルス排出期間の短縮における差は認められなかったが，不活化ワクチンと比較して生ワクチン投与では下顎リンパ節の腫脹を抑制する傾向が認められ，また，末梢血単核球からのウイルス検出期間を短縮する傾向が認められた．以上より，生ワクチンの有効性は，既承認の不活化ワクチンと比較して，少なくとも同等以上と考

表 2-12 補体結合（CF）抗体価および中和抗体価の推移

群	馬番号	抗体価測定法	1回目ワクチン投与後経過（週）							
			0 1回目	2	3 2回目	5	7 攻撃	8	9	10
生ワクチン投与群	1	CF 値	＜4	＜4	＜4	＜4	＜4	64	≧256	≧256
		中和値	＜5	10	10	20	10	320	1280	1280
	2	CF 値	＜4	4	4	4	＜4	64	≧256	128
		中和値	＜5	20	20	80	20	640	2560	640
	3	CF 値	＜4	8	4	8	4	32	64	64
		中和値	＜5	5	5	40	20	160	640	640
不活化ワクチン投与群	4	CF 値	4	4	4	16	8	≧256	≧256	≧256
		中和値	＜5	5	5	80	80	640	5120	5120
	5	CF 値	＜4	＜4	＜4	8	4	128	≧256	≧256
		中和値	＜5	＜5	＜5	10	5	40	640	640
	6	CF 値	＜4	4	4	16	8	128	≧256	≧256
		中和値	＜5	10	10	640	320	160	640	1280

えられた．

2）免疫効果の持続

生ワクチンを3週間隔で2回投与後4週に，野外分離株を鼻腔内に接種して攻撃したところ，発熱，鼻汁排出，下顎リンパ節の腫脹，鼻腔あるいは末梢血単核球からのウイルス排出において，いずれも軽減効果が認められた．したがって，実験感染試験において証明された免疫持続期間は，少なくともワクチン2回目投与後1か月と判断した．一方，野外飼育環境下においては，成馬（12歳および8歳）および1歳馬への生ワクチン投与（3週間隔で2回）で，ワクチン2回目投与後12週間，中和抗体価およびCF抗体価が高値で維持されていた．

3-7. 臨床試験成績

1）試験概要

生ワクチンの馬における有効性および安全性を確認するため，3都道県3施設で野外臨床試験を実施した．生ワクチン投与群65頭に対し，対照群は64頭とし，そのうち3歳以上の馬（53頭）には対照薬として既承認の不活化ワクチンを用法および用量どおりに投与し，3歳未満の馬（11頭）には生理食塩液を同様に投与した．いずれも2回目投与後4週まで毎日，体温を測定すると共に，活力，食欲，呼吸器および消化器症状等の一般状態を観察した．また，経時的に体重測定ならびに血中抗体（CF抗体およびELISA抗体）の測定を行った．試験期間中に発熱あるいは鼻汁等の呼吸器症状が認められた場合は，鼻腔スワブを採取し，馬鼻肺炎ウイルスの検査を行った．

2）成 績

a）有効性

ワクチン投与後のCF抗体価および馬鼻肺炎の発症率により，有効性を評価した．

3歳未満では，生ワクチン2回目投与後4週の抗体応答率は，生理食塩液を投与した陰性対照群と比較して有意に高かった．3歳以上では，生ワクチン2回目投与後4週の抗体応答率は不活化ワクチンを2回投与した陽性対照群と同等であった．これらの結果より，生ワクチンの有効性が確認された（表2-13）．

本試験期間中に発熱した馬について，鼻腔スワブを採取し，ウイルス検査を行った結果，馬鼻肺炎ウイルスは検出されなかった．また，いずれの群においても馬鼻肺炎の発症は認められなかった．

以上より，生ワクチンは馬鼻肺炎の予防に有効であると判定された．

b）安全性

生ワクチンを投与した1頭および不活化ワクチンを投与した2頭でワクチン1回目投与翌日に発熱が認められたが，いずれも一過性であった．なお，ワクチン2回目投与時にはいずれの馬においても発熱は見られなかった．その他，ワクチン投与によると考えられる異常は認められず，馬に対する安全性に問題はないことが確認された．

3-8. 使用方法

1）用法・用量

小分製品に添付の溶解用液を加えて溶解し，その2mLずつを3週間隔で2回，6か月齢以上の馬の筋肉内に投与する．

表 2-13　CF 抗体価の推移

年齢（評価対象症例数）	時点		生ワクチン投与群	対照群[†4]	検定結果
3 歳未満（生ワクチン投与群 11，陰性対照群 11）	投与前	平均[†1]	2.7 ± 1.8	2.9 ± 1.8	$p = 0.798$[†2]
	2 回目投与時	平均	9.1 ± 3.4	2.1 ± 1.2	$p = 0.001$[†2]
		抗体応答率	54.5%	0.0%	$p = 0.006$[†3]
	2 回目投与後 4 週	平均	4.8 ± 2.5	2.3 ± 1.3	$p = 0.018$[†2]
		抗体応答率	36.4%	0.0%	$p = 0.045$[†3]
3 歳以上（生ワクチン投与群 54，陽性対照群 51）	投与前	平均	5.4 ± 2.6	5.5 ± 2.7	$p = 0.871$[†2]
	2 回目投与時	平均	15.4 ± 2.7	14.9 ± 2.2	$p = 0.866$[†2]
		抗体応答率	40.7%	41.2%	$p = 1.000$[†3]
	2 回目投与後 4 週	平均	15.2 ± 2.1	15.8 ± 2.0	$p = 0.794$[†2]
		抗体応答率	42.6%	47.1%	$p = 0.697$[†3]

[†1] 幾何平均
[†2] t 検定
[†3] Fisher の直接確率検定（片側検定）
[†4] 3 歳未満は生理食塩液を 2 回投与，3 歳以上は不活化ワクチンを 2 回投与

妊娠馬では 4 週間隔で 2 回とし，妊娠 6 ～ 8 か月で 1 回目を投与する．

2）効能・効果

馬ヘルペスウイルス 1 型感染による呼吸器疾病の症状の軽減および妊娠馬の異常産（流産，妊娠中の胎子死亡または生後直死）の抑制．

3）使用上の注意

まれに発熱を認めることがあるが，通常速やかに回復する．移行抗体価の高い個体では，ワクチン効果が抑制されることがあり，投与時期を考慮する．なお，本剤を投与した馬と非投与馬とを同居させても，同居感染性は低いことが確認されている．

4）ワクチネーションプログラム

競走馬のトレーニングセンターでは，冬季に EHV-1 による発熱を伴う呼吸器疾病が流行しやすいので，初めてトレーニングセンターに入厩する育成馬においては，流行前にワクチンを複数回投与しておくことが望ましい．

3-9. 貯法・有効期間

遮光して 2 ～ 10℃で保存する．有効期間は 2 年間．

引用文献

1）松村富夫ら（2007）：馬鼻肺炎，社団法人全国家畜畜産物衛生指導協会．

【大森崇司・佐藤朋子】

4. 馬ウイルス性動脈炎不活化ワクチン（アジュバント加溶解液）

☞『動物用ワクチン』116 頁

ワクチンの概要		馬ウイルス性動脈炎ウイルスを培養細胞で増殖させて得たウイルス液を不活化し，凍結乾燥したもので，使用時にアルミニウムゲルアジュバントを含む溶解用液で溶解するワクチンである．
開発の経緯・製造用株等		馬ウイルス性動脈炎は，生殖器あるいは呼吸器を介して感染する伝染病で，日本では発生していないが，世界各国で発生しているため，万一の発生に備えて 1990 年に承認された．本剤は一般には使用されていないが，日本中央競馬会で備蓄されている．
使用方法	用法・用量	乾燥製品を添付の溶解用液で溶解し，その 1mL ずつを約 4 週間間隔で 2 回，馬の頚側部筋肉内に投与する． 補強免疫が必要な場合は，1mL ずつを 1 回，馬の頚側部筋肉内に投与するとさらに強い免疫が得られる． **補強免疫の期間** 初回補強免疫：基礎免疫後 3 か月． 再補強免疫：初回補強免疫後約 6 か月，以後約 12 か月．
	効能効果	馬のウイルス性動脈炎の予防．
	使用上の注意	投与後，少なくとも 2 日間は安静に努め，移動や激しい運動は避けるよう指導すること．

【平山紀夫】

B. 神経症状・運動障害を示す感染症に対するワクチン

1. ウエストナイルウイルス感染症（油性アジュバント加）不活化ワクチン

☞『動物用ワクチン』117 頁

ワクチンの概要		ウエストナイルウイルスを培養細胞で増殖させて得たウイルス液を不活化し，油性アジュバントを添加したワクチンである．
開発の経緯・製造用株等		ウエストナイルウイルス感染症は，1999 年これまでに発生のなかった米国東北部で発生し，2004 年には西部海岸まで達し，馬および人で発症し大問題となった．米国では 2003 年に馬用のワクチンが開発され，日本でも本剤が 2006 年に承認された．
使用方法	用法・用量	基礎免疫には，ワクチン 1mL を 3 ～ 6 週間間隔で 2 回筋肉内に投与する．その後，1 年毎に追加免疫として 1mL を筋肉内投与する．
	効能効果	馬におけるウエストナイルウイルスによるウイルス血症の予防．
	使用上の注意	10 か月齢未満の馬には，安全性が確認されていないため，投与しない． アレルギー反応（アナフィラキシー反応等），投与部位に腫脹，硬結等の副反応がまれに認められる．

【平山紀夫】

2. 日本脳炎・ゲタウイルス感染症混合不活化ワクチン

☞『動物用ワクチン』108 頁

ワクチンの概要		日本脳炎ウイルスおよびゲタウイルスをそれぞれ培養細胞で増殖させて得たウイルス液を不活化し，混合したワクチンである．
開発の経緯・製造用株等		日本脳炎不活化ワクチンは，1948 年から馬に応用されていた．馬ゲタウイルス感染症不活化ワクチンは，1981 年に承認されている．両疾病は，夏から秋にかけて吸血昆虫によって媒介されるので，ワクチンの投与時期が同じであることから混合化が検討され，1997 年に承認された．
使用方法	用法・用量	初回免疫には 3mL ずつを 1 か月間隔で 2 回，補強免疫には 3mL を 1 年 1 回頚部筋肉内に投与する．
	効能効果	馬の日本脳炎およびゲタウイルス感染症の予防．
	使用上の注意	原因となるウイルスを媒介する吸血昆虫の活動期前である 4 月～ 6 月にかけて投与する．

【平山紀夫】

豚用ワクチン

対象疾病	ワクチン名
豚胸膜肺炎	9. 豚アクチノバシラス・プルロニューモニエ感染症（1型部分精製・無毒化毒素）（酢酸トコフェロールアジュバント加）不活化ワクチン……**110** 10. 豚アクチノバシラス・プルロニューモニエ（1・2・5型，組換え型毒素）感染症（アジュバント・油性アジュバント加）不活化ワクチン……**111** 11. 豚アクチノバシラス・プルロニューモニエ（1・2・5型，組換え型毒素）感染症・マイコプラズマ・ハイオニューモニエ感染症混合（アジュバント加）不活化ワクチン……**114** 12. 豚アクチノバシラス・プルロニューモニエ（1・2・5型）感染症・豚丹毒混合（油性アジュバント加）不活化ワクチン……**115**
豚マイコプラズマ肺炎	13. マイコプラズマ・ハイオニューモニエ感染症（油性アジュバント加）不活化ワクチン……**115** 11. 豚アクチノバシラス・プルロニューモニエ（1・2・5型，組換え型毒素）感染症・マイコプラズマ・ハイオニューモニエ感染症混合（アジュバント加）不活化ワクチン……**114** D-3. 豚サーコウイルス（2型・組換え型）感染症・マイコプラズマ・ハイオニューモニエ感染症混合（カルボキシビニルポリマーアジュバント加）不活化ワクチン……**119** D-4. 豚サーコウイルス（2型・組換え型）感染症（カルボキシビニルポリマーアジュバント加）・豚繁殖・呼吸障害症候群・マイコプラズマ・ハイオニューモニエ感染症（カルボキシビニルポリマーアジュバント加）混合ワクチン……**122**

B. 消化器系感染症に対するワクチン

対象疾病	ワクチン名
豚コレラ	1. 豚コレラ生ワクチン……**115**
伝染性胃腸炎	2. 豚伝染性胃腸炎生ワクチン（母豚用）……**116** 3. 豚伝染性胃腸炎・豚流行性下痢混合生ワクチン……**116**
豚流行性下痢	3. 豚伝染性胃腸炎・豚流行性下痢混合生ワクチン……**116**
豚の大腸菌症	4. 豚大腸菌性下痢症(K88ab・K88ac・K99・987P保有全菌体)(アジュバント加)不活化ワクチン……**116** 5. 豚大腸菌性下痢症不活化・クロストリジウム・パーフリンゲンストキソイド混合（アジュバント加）ワクチン……**117**
豚の壊死性腸炎	5. 豚大腸菌性下痢症不活化・クロストリジウム・パーフリンゲンストキソイド混合（アジュバント加）ワクチン……**117**
豚増殖性腸炎	6. 豚増殖性腸炎生ワクチン……**117**

C. 流死産・生殖障害を示す感染症に対するワクチン

対象疾病	ワクチン名
日本脳炎・ 豚パルボウイルス病・ 豚のゲタウイルス病	1. 日本脳炎・豚パルボウイルス感染症・豚ゲタウイルス感染症混合生ワクチン……**117**

D. 皮膚・体表・外貌の異常を示す感染症に対するワクチン

対象疾病	ワクチン名
豚サーコウイルス感染症	1. 豚サーコウイルス（2型・組換え型）感染症（カルボキシビニルポリマーアジュバント加）不活化ワクチン……**118** 2. 豚サーコウイルス（2型）感染症不活化ワクチン（油性アジュバント加懸濁用液）……**118** 3. 豚サーコウイルス（2型・組換え型）感染症・マイコプラズマ・ハイオニューモニエ感染症混合（カルボキシビニルポリマーアジュバント加）不活化ワクチン……**119** 4. 豚サーコウイルス（2型・組換え型）感染症（カルボキシビニルポリマーアジュバント加）・豚繁殖・呼吸障害症候群・マイコプラズマ・ハイオニューモニエ感染症（カルボキシビニルポリマーアジュバント加）混合ワクチン……**122**
豚丹毒	5. 豚丹毒生ワクチン……**126** 6. 豚丹毒（アジュバント加）不活化ワクチン……**126** A-7. 豚ボルデテラ感染症精製（アフィニティークロマトグラフィー部分精製）・パスツレラ・ムルトシダトキソイド・豚丹毒（組換え型）混合（油性アジュバント加）不活化ワクチン……**103** A-8. ボルデテラ・ブロンキセプチカトキソイド・パスツレラ・ムルトシダトキソイド・豚丹毒混合（アジュバント加）ワクチン（組換え型）……**107** A-12. 豚アクチノバシラス・プルロニューモニエ（1・2・5型）感染症・豚丹毒混合（油性アジュバント加）不活化ワクチン……**115**

E. 神経症状・運動障害を示す感染症に対するワクチン

対象疾病	ワクチン名
豚のレンサ球菌症	1. 豚ストレプトコッカス・スイス（2型）感染症（酢酸トコフェロールアジュバント加）不活化ワクチン……**126**

A. 呼吸器系感染症に対するワクチン

1. 豚オーエスキー病（g I －，tk＋）生ワクチン（アジュバント加溶解用液）

☞『動物用ワクチン』135 頁

ワクチンの概要		糖蛋白 g I を産生しない弱毒オーエスキー病（AD）ウイルスを培養細胞で増殖させて得たウイルス液を凍結乾燥したものであって，使用時にアジュバントを含む溶解用液で溶解するワクチンである．
開発の経緯・製造用株等		AD は，1981 年山形県下での初発以降，流行が拡大したためワクチン抗体と自然感染抗体との区別が可能なワクチンを用いた防疫方針が採用された．1991 年に糖蛋白 g I あるいは gⅢを欠損した弱毒生ワクチン，1992 年には糖蛋白 gXを欠損した弱毒生ワクチンが承認された．これらのワクチン株は，当該遺伝子が自然欠損したもので，遺伝子組換え技術よるものではない． 製造用株は，ハンガリーで開発されたバーサ・KS 株である．上記の生ワクチンでの効力がやや劣ることから，1999 年にアジュバントを含む本生ワクチンが承認された．アジュバントは不活化ワクチンに使用されるとの認識が一般的であったが，生ワクチンにも使用されるようになった最初のワクチンである．なお，2005 年からは使用するワクチンの遺伝子欠損マーカーが g I に統一された．
使用方法	用法・用量	乾燥製品を添付の溶解用液で溶解し，その 1mL を次により豚の耳根部または臀部筋肉内に投与する． ①生後 8 ～ 10 週に 1 回，さらに必要がある場合は 3 週以上の間隔をおいて 1 回追加投与する． ②繁殖豚については，年 1 回以上投与する．
	効能効果	豚オーエスキー病の発症予防．
	使用上の注意	一過性の軽度の発熱が認められる場合があるが，これらの症状は投与後 48 時間以内に消失する．

【平山紀夫】

2. 豚オーエスキー病（g I －，tk－）生ワクチン（酢酸トコフェロールアジュバント加溶解用液）

☞『動物用ワクチン』138 頁

ワクチンの概要		糖蛋白 g I およびチミジンキナーゼを産生しない弱毒オーエスキー病ウイルスを培養細胞で増殖させて得たウイルス液を凍結乾燥したもので，使用時に酢酸トコフェロールアジュバントを含む溶解用液で溶解するワクチンである．
開発の経緯・製造用株等		製造用株は，オランダで開発されたベゴニア株であり，2000 年に承認された．
使用方法	用法・用量	乾燥ワクチンに添付の溶解用液を加えて溶解し，その 2mL を次の要領で豚の筋肉内に投与する． ① 8 ～ 10 週に 1 回，さらに必要がある場合には 3 週間以上の間隔をおいて 1 回追加投与する．なお，感染の危険性のある場合には，生後 3 ～ 5 日に初回投与した後 8 ～ 10 週齢に 1 回追加投与する． ②妊娠豚においては，分娩前 3 ～ 6 週に 1 回，その後の追加免疫は各分娩前 3 ～ 6 週または年 2 回投与する．
	効能効果	豚オーエスキー病の発症予防．
	使用上の注意	SPF 豚（SPF プライマリー豚等）では，一過性の軽度な発熱が認められることがある．

【平山紀夫】

3. 豚繁殖・呼吸障害症候群生ワクチン

☞『動物用ワクチン』132 頁

ワクチンの概要		弱毒豚繁殖・呼吸障害症候群（PRRS）ウイルスを培養細胞で増殖させて得たウイルス液を凍結乾燥したワクチンである．
開発の経緯・製造用株等		PRRS 弱毒生ワクチンは，1994 年米国で子豚用のワクチンとして開発され，1996 年繁殖用雌豚への追加承認を受けた．製造用株は北米型の PRRS ウイルスである．日本では 1997 年に子豚用として承認され，2005 年には繁殖雌豚への適用拡大が承認された．
	用法・用量	乾燥ワクチンに添付の溶解用液を加えて溶解し，その 2mL を 3 ～ 18 週齢の豚の筋肉内に投与する．繁殖用雌豚に対してはその 2mL を交配 3 ～ 4 週間前に筋肉内に投与する．

使用方法	効能効果	PRRS ウイルス感染による子豚の生産障害の軽減および繁殖用雌豚の繁殖成績の改善．
	使用上の注意	PRRS 陰性農場では使用しない． PRRS 汚染農場に PRRS 陰性豚を導入する際にワクチンを投与する場合，ワクチン株が繁殖用豚へ伝播する機会を減少させるために，ワクチン投与後 6 週間は繁殖用豚から隔離して飼育すること． ワクチンウイルスは投与豚から排泄され水平感染する場合があり，妊娠中の雌豚および繁殖用種雄豚へワクチンウイルスが伝播しないように投与豚（群）の飼育管理には注意する．

【平山紀夫】

4. 豚インフルエンザ（アジュバント加）不活化ワクチン

☞『動物用ワクチン』140 頁

ワクチンの概要		豚インフルエンザウイルスを発育鶏卵で増殖させて得たウイルス液を不活化し，アルミニウムゲルアジュバントを添加したワクチンである．
開発の経緯・製造用株等		本剤は，1987 年に承認された．当時，日本の豚から分離されるインフルエンザウイルスは，H1N1，H1N2 および H3N2 であったことから，京都株（H1N1）と和田山株（H3N2）を製造用株とした． なお，豚インフルエンザを含む混合ワクチンとして，2007 年に豚インフルエンザ・豚パスツレラ症・マイコプラズマ・ハイオニューモニエ感染症混合（アジュバント加）不活化ワクチンが，2010 年に豚インフルエンザ・豚丹毒混合（油性アジュバント加）不活化ワクチンが承認されている．
使用方法	用法・用量	豚の頚部皮下または筋肉内に 2mL ずつを 3 週間隔で 2 回投与する．
	効能効果	豚インフルエンザの予防．
	使用上の注意	妊娠末期のものまたは分娩後間がないものには投与しない． 対象豚が，次のいずれかに該当すると認められる場合は，健康状態および体質等を考慮し，投与の適否の判断を慎重に行う．①発熱，下痢など臨床異常が認められるもの．②疾病の治療を継続中のもの，または治癒後間がないもの．

【平山紀夫】

5. ボルデテラ・ブロンキセプチカ・パスツレラ・ムルトシダ混合（アジュバント加）トキソイド

☞『動物用ワクチン』157 頁

ワクチンの概要		*Bordetella bronchiseptica* および *Pasteurella multocida* をそれぞれ培養して得た皮膚壊死毒素を無毒化した後，混合し，アルミニウムゲルアジュバントを添加したトキソイドである．
開発の経緯・製造用株等		日本で *P. multocida* の産生する毒素を無毒化した *P. multocida*（アジュバント加）トキソイドが承認されたのは 1995 年で，萎縮性鼻炎の予防にトキソイドが応用された最初の製剤である．1998 年にこれに *B. bronchiseptica* のトキソイドを混合した本剤が承認された．製造用株は，いずれも日本で分離されたものである．
使用方法	用法・用量	妊娠豚に対し 2mL を分娩前 5 ～ 6 週および 2 週前後の 2 回筋肉内に投与する．次回の分娩からは 2mL を分娩前 2 週前後の 1 回筋肉内に投与する． 子豚（1 か月齢以上）には 1mL を 2 回，3 ～ 4 週間隔で筋肉内に投与する．
	効能効果	豚の萎縮性鼻炎の予防．
	使用上の注意	母子免疫の目的で本剤を母豚に使用する際は，子豚が免疫母豚の初乳を飲むことで予防効果が発揮されるので，免疫母豚が十分量の初乳を分泌しているかどうか，また初乳を飲んでいない子豚がいないかどうか確認する．

【平山紀夫】

6. 豚ボルデテラ感染症・豚パスツレラ症（粗精製トキソイド）・マイコプラズマ・ハイオニューモニエ感染症混合（アジュバント加）不活化ワクチン

☞『動物用ワクチン』159頁

ワクチンの概要		*Bordetella bronchiseptica* の菌体破砕上清濃縮液，*Pasteurella multocida* の粗精製濃縮液および *Mycoplasma hyopneumoniae* の培養菌液の培養濃縮粗ろ液をそれぞれ不活化したものを混合し，アルミニウムゲルアジュバントを添加したワクチンである.
開発の経緯・製造用株等		萎縮性鼻炎と *M. hyopneumoniae* 感染症は，子豚期に感染して被害が大きいことから，ワクチン投与作業効率を目指した本混合ワクチンが2005年に承認された.
使用方法	用法・用量	生後1～4週齢の子豚に1頭当たり1mL，さらに2～4週間後に1mLを筋肉内に投与する.
	効能効果	豚の萎縮性鼻炎の予防および豚マイコプラズマ肺炎による肺病変形成抑制および増体量・飼料効率低下の軽減.
	使用上の注意	投与部位に腫脹，硬結等が認められる場合がある．投与後一過性の軽度な発熱，元気消失または食欲不振が見られることがあるが，数日以内に回復する．症状が重度の時は適切な処置（解熱剤の投与など）を行う.

【平山紀夫】

7. 豚ボルデテラ感染症精製（アフィニティークロマトグラフィー部分精製）・パスツレラ・ムルトシダトキソイド・豚丹毒（組換え型）混合（油性アジュバント加）不活化ワクチン

7-1. 疾病の概要

1）豚萎縮性鼻炎

豚萎縮性鼻炎（AR）は，鼻甲介の萎縮性病変を特徴とする呼吸器系感染症であり，進行すると上顎の短縮や鼻曲がりなどの顔面の変形が認められる．本病の起因菌である *Bordetella bronchiseptica* は豚の鼻腔内に定着して鼻粘膜に炎症を導き，若齢豚の鼻甲介骨形成を阻害する[1]．また，毒素産生 *Pasteurella multocida* は正常な鼻粘膜に定着せず，*B. bronchiseptica* 感染等に起因する粘膜損傷により定着可能となり，病変形成を加速し，進行性萎縮性鼻炎と呼称されるように，AR病変を著しく悪化させる[1].

2）豚丹毒

豚丹毒（SE）は，豚伝染病の中でも古典的なものの1つで，死亡率の高い急性敗血症，亜急性型として蕁麻疹および慢性型である心内膜炎や関節炎による発育障害が認められる[1].

7-2. ワクチンの歴史

わが国で初めて豚ボルデテラ（菌体不活化）・パスツレラ・ムルトシダ・トキソイド（PMTトキソイド）・豚丹毒（菌体不活化）の3種混合不活化ワクチン（水酸化アルミニウムアジュバント加）が承認されたのは1999年であり，2013年までARと豚丹毒の混合不活化ワクチンの承認製剤は2製剤のみであった.

本剤は，*B. bronchiseptica* 感染の成立に極めて重要であり，病原性の基本的な因子である付着因子の1つ，シアル酸結合赤血球凝集素（SBHA）を主成分としている．1999年，農林水産省家畜衛生試験場（以下「動衛研」，現 農研機構動物衛生研究部門）との官民共同研究の成果としてSBHAを効率的に分離可能な部分精製法を確立し[3]，ワクチン抗原としての開発を進めた（特許第2969147号 気管支敗血症菌由来シアル酸結合型赤血球凝集素及び精製法）.

また，同じく官民交流研究により，ブレビバチルス・チョーシネンシスに豚丹毒菌染色体よりPCR法で増幅した豚丹毒菌防御抗原をコードする遺伝子を導入すると共に，豚丹毒菌の46.5kDa組換え蛋白（ERA）の発現に成功し[2]，ワクチン抗原としての有効性が確認された（特許第3072345号 豚丹毒菌の組換えサブユニットワクチン）．本剤はこれらSBHAおよびERAに，*B. bronchiseptica* と共にARの1次病原体と認識される皮膚壊死毒素（DNT）産生 *P. multocida* を無毒化したPMTトキソイドを抗原として加え，O/Wオイルアジュバントと混合した3種混合ワクチンとして2013年に承認された.

7-3. 製造用株

1）*B. bronchiseptica*

B. bronchiseptica I相菌A19株・KS株は1969年に豚萎縮性鼻炎罹患豚から分離され，動衛研より分与されたA19株を5vol%脱線維牛血液添加ボルデー・ジャング寒天培地で継代したものである.

2）*P. multocida*

P. multocida 202・KS株は1986年に北海道江別食肉検

査所でと殺豚の鼻腔から分離され，動衛研より分与された202株を5vol%ペプシン消化羊血液添加イーストエキストラクト・プロテオースペプトン・システイン寒天培地で継代したものである．

3）組換えブレビバチルス・チョーシネンシス

組換えブレビバチルス・チョーシネンシスは，千葉県銚子市内の土壌より分離した野生株ブレビバチルス・チョーシネンシスを，突然変異剤ニトロソグアニジンで処理して作出したメチオニン要求性変異株を作製宿主とし，ERA遺伝子が組み込まれた発現プラスミドを導入して形質転換した組換え微生物である．製造用株としてヒゲタ醤油株式会社より分与を受け，組換え微生物用平板培地で継代したものである．

7-4. 製造方法

SBHAは，*B. bronchiseptica* 培養上清をアフィニティークロマトグラフィーにより部分精製し，濃縮・脱塩・ろ過後ホルマリンで不活化したものを原液とする．

PMTトキソイドは，*P. multocida* 超音波破砕菌体上清を陰イオン交換クロマトグラフィーにより部分精製し，濃縮・脱塩・ろ過滅菌後ホルマリンでトキソイド化したものを原液とする．

ERAは，組換えブレビバチルス・チョーシネンシスの培養上清を濃縮・洗浄後，陰イオン交換クロマトグラフィーにより精製し，濃縮・脱塩・ろ過滅菌したものを原液とする．

それぞれの原液を混合後，O/Wオイルアジュバントを加え，小分製品とする．

7-5. 安全性試験成績

種付け後，妊娠が確認された未経産豚を用いて，対照群，1用量群および10用量群の3群に分け，安全性試験を実施した．本剤を分娩予定日の1か月前までに投与が終了するように4週間隔で2回投与し，その後10週目に3回目の投与を行った．その結果，10用量群はいずれの回の投与後も一過性の元気・食欲減退および発熱が認められた．また，1用量群は2回目投与後に一過性の元気・食欲減退が認められた．3回目投与後には，両群とも投与部位の限局的な軽度の硬化が認められたが，3日以内には消失した．10用量群，1用量群共に，試験期間中，その他の症状に異常は認められず，繁殖成績および出生子豚も異常が認められなかったことから，妊娠豚における安全性が確認された．

7-6. 効力を裏付ける試験成績

1）AR（移行抗体の効力）

本剤投与母豚出生子豚を用いて，ARに対する移行抗体の効力を確認した．

表2-14　移行抗体保有豚のARに対する効力試験

攻撃物質	群（供試頭数）	鼻甲介の萎縮程度	死亡
Bbおよび Pm混合*	移行抗体保有豚（4）	正常，正常，正常，軽度	0
	対照（2）	重度，重度	0
PMT	移行抗体保有豚（3）	正常，正常，正常	0
	対照（2）	中等度，重度	2

* Bb：*Bordetella bronchiseptica*，Pm：*Pasteurella multocida*

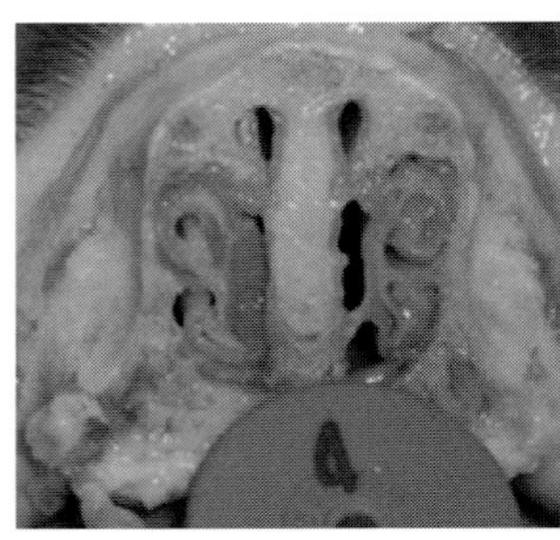

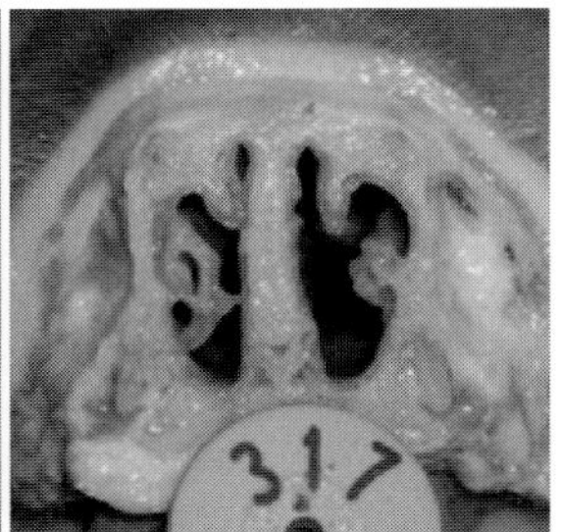

移行抗体保有豚　　対照豚

図2-8　*B. bronchiseptica* および *P. multocida* 混合攻撃試験

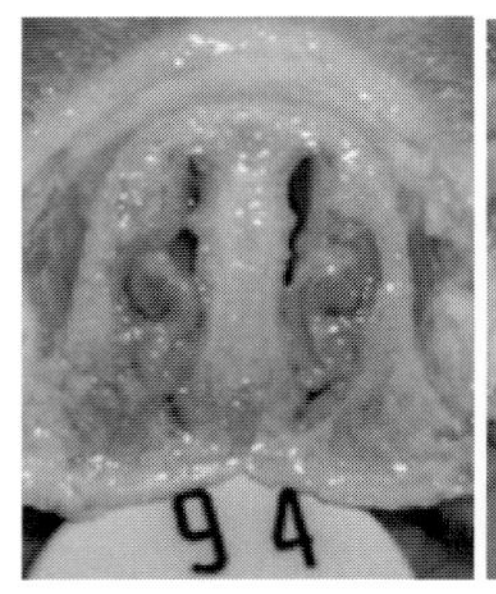

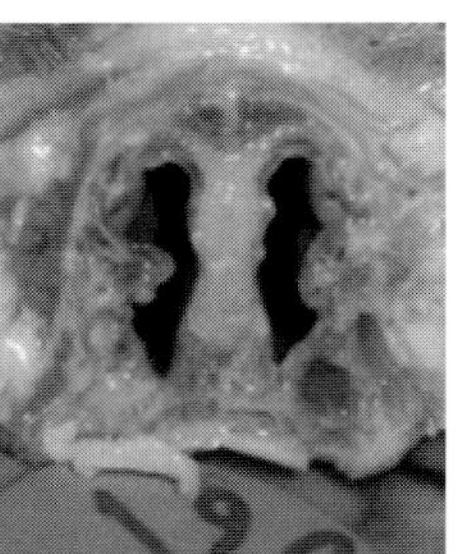

移行抗体保有豚　　対照豚

図2-9　PMT攻撃試験

移行抗体保有豚の生後5週齢時に *B. bronchiseptica* および *P. multocida* 混合攻撃を行った．攻撃6週後の剖検時における鼻甲介の萎縮程度は，移行抗体保有豚群において，4頭中3頭は正常であり，残り1頭は軽度であった．対照豚群は，2頭共に重度の萎縮が認められた（表2-14，図2-8）．

また，移行抗体保有豚の生後5週齢時にPMTを筋肉内接種した．PMT接種2週後の剖検では，移行抗体保有豚群において，3頭とも症状および鼻甲介に異常を認めなかった．一方，対照豚群は，2頭ともPMT接種後2日および6日に死亡した（表2-14，図2-9）．

以上より，本剤の移行抗体保有豚における *B. bronchiseptica* および *P. multocida* 混合攻撃およびPMT攻撃に対し有効性が認められた．

2）豚丹毒菌攻撃試験

生後6～11週齢豚を用い，本剤を4週間隔で2回投与し，ワクチン2回目投与後2週に豚丹毒菌血清型1a型（藤沢株）

表 2-15 豚丹毒菌 1a 型および 2 型に対する効力試験

攻撃株	群（供試頭数）	発熱[†]（%）	発疹（%）		死亡（%）	菌分離率（%）（血液）
			攻撃部位	全身		
1a 型（藤沢株）	ワクチン投与（6）	0	33.3	0	0	0
	対照（4）	100	100	100	100	100
2 型（82-875 株）	ワクチン投与（6）	16.7	100	0	0	0
	対照（4）	100	100	100	0	100

[†] 40.5℃以上

および豚丹毒菌血清型 2 型（82-875 株）を頚部皮内に接種した．攻撃後，対照群は全て発熱したのに対し，ワクチン投与群は 1a 型攻撃では異常を認めず，2 型攻撃では 6 頭中 1 頭に一過性の発熱を認めたのみであった．また，対照群は全てに全身発疹が認められ，血液より攻撃菌が分離された．さらに，1a 型攻撃では 4 〜 5 日後に全頭が死亡した．一方，ワクチン投与群において，1a 型攻撃では 6 頭中 2 頭において，接種部位のみ発疹が認められたが，全身発疹および攻撃菌が分離される個体はいなかった．残り 4 頭は，発疹を認めず攻撃菌も分離されなかった．2 型攻撃では 6 頭全て接種部位にのみ発疹を認めたが，攻撃菌が分離されることはなかった（表 2-15）．

以上より，本剤は豚丹毒菌血清型 1a 型および豚丹毒菌血清型 2 に対し有効性が認められた．

3）免疫持続

生後 8 週齢の豚を 6 頭用い，本剤を頚部筋肉内に 4 週間隔で 2 回各 1mL を投与した．さらに 1 回目投与から 25 週に 3 回目投与（追加免疫）を実施し 1 回目投与から 47 週まで各抗体を確認した．*B. bronchiseptica*（Bb）-HI 抗体，*P. multocida*（Pm）-ELISA 抗体および豚丹毒（SE）-ELISA 抗体は，全頭とも 3 回目投与まで最小有効抗体価以上の値で推移した．3 回目投与後は，全頭において，2 回目投与後より高い 2 次免疫応答が得られた．その後，緩やかに下降しながらも，3 回目投与 22 週まで高い抗体価で推移した（図 2-10）．

以上のことから，本剤における有効抗体は，ワクチン投与後少なくとも 6 か月間持続した．さらに追加免疫においては，十分な 2 次免疫応答が得られたことから，追加免疫は 1 回投与で十分と考えられた．

7-7．臨床試験成績

3 農場において，妊娠豚に治験薬を 4 週間隔で 2 回投与し，被験薬群 90 頭および対照薬群 40 頭を用いて，安全性の評価を行った．その内の被験薬群 59 頭および対照薬群 31 頭を用いて，有効性の評価を実施した．

1）有効性

3 農場共に試験期間中，対象疾病となる AR および豚丹毒の発生を認めず，症状発現率による評価はできなかった．したがって，有効性は各抗体における抗体応答陽性率を比較し，対照薬より有意に低い場合を無効とし，それ以外を有効と評価した．

3 農場における各抗体価は，1 回目投与後には両群に有意差は認めず，2 回目投与後 2 週の Bb-AGG [*2] 以外の抗体価では被験薬群は対照薬群と比較して有意な上昇が認められた（t 検定，$p < 0.05$）．農場ごとの抗体応答陽性率は，被験薬群においていずれも 95% 以上を示した．Bb-HI 抗体，

[*2] AGG：agglutination（凝集）

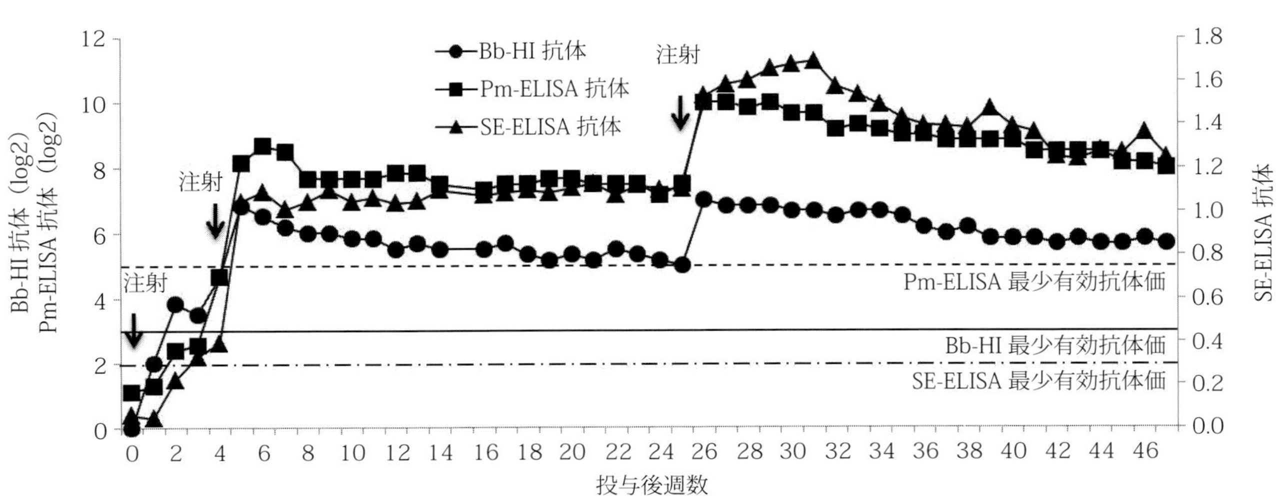

図 2-10 免疫持続試験

Bb：*Bordetella bronchiseptica*，Pm：*Pasteurella multocida*，SE：豚丹毒

表 2-16　各抗体価の抗体応答陽性率†

治験実施施設	群	供試頭数	Bb-HI 抗体応答		Bb-AGG 抗体応答		Pm-ELISA 抗体応答		SE-GA 抗体応答	
			陽性頭数	陽性率（%）	陽性頭数	陽性率（%）	陽性頭数	陽性率（%）	陽性頭数	陽性率（%）
3 農場	被験薬群	59	59	100	59	100	58	98	59	100
	対照薬群	31	30	97	31	100	28	90	24	77
	χ^2 検定 p 値		0.742		1.000		0.227		0.001	

† 抗体応答陽性率：1 回目投与時と比較し，2 回目投与後 2 週の抗体価が同等以上かつ最少有効抗体価以上を示した母豚を抗体応答陽性豚とし，各抗体の陽性率を算出した．
Bb：*Bordetella bronchiseptica*，Pm：*Pasteurella multocida*，SE：豚丹毒

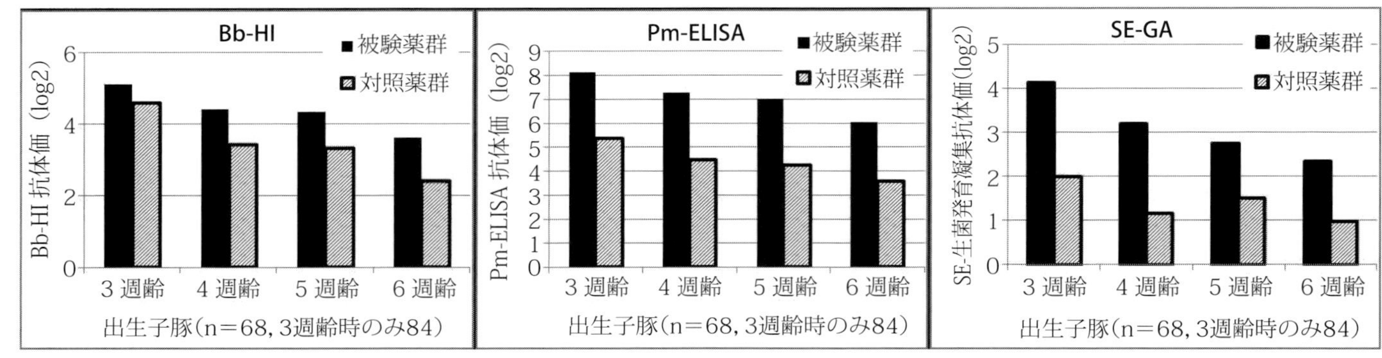

図 2-11　出生子豚における移行抗体の推移
Bb：*Bordetella bronchiseptica*，Pm：*Pasteurella multocida*，SE：豚丹毒

Bb-AGG 抗体および Pm-ELISA 抗体の抗体応答陽性率において，被験薬群は対照薬群と有意差は認められなかった．また，SE-GA [*3] 抗体の抗体応答陽性率は，被験薬群において有意に高く（χ^2 検定，$p > 0.05$），有効性が認められた（表 2-16）．

一方，3 農場における被験薬群および対照薬群の出生子豚における移行抗体の抗体価は，週齢が進むにつれ各抗体共に緩やかに下降した．Bb-HI 抗体価は，被験薬群は 6 週齢，対照薬群は 5 週齢まで最小有効抗体価（8 倍）以上で推移し，Pm-ELISA 抗体価は，被験薬群は 6 週齢，対照薬群は 4 週齢まで最小有効抗体価（40 倍）以上で推移した．SE-GA 抗体価は，被験薬群は 4 週齢まで有効抗体価（8 倍）以上で推移したが，対照薬群はすでに 3 週齢で有効抗体価以下を示した（図 2-11）．

2）安全性

農場ごとの被験薬群および対照薬群全ての個体において，臨床観察および投与部位に異常は認められなかった．分娩成績において，農場ごとに被験薬群と対照薬群とを比較した結果，異常分娩および産子数共に有意差が認められず，被験薬の安全性が認められた．

[*3] GA：growth agglutination（生菌発育凝集）

7-8．使用方法

1）用法・用量

妊娠母豚に対し，1 回 1mL ずつを 4 週間隔で 2 回頚部筋肉内に投与する．ただし，2 回目投与は分娩予定日の約 1 か月前までに投与し，前回投与部位の反対側に投与する．

次回以降の繁殖期に行う追加投与は，1mL をその分娩予定の 1 か月前までに 1 回投与する．

2）効能・効果

B. bronchiseptica および毒素産生 *P. multocida* の感染による豚萎縮性鼻炎の予防ならびに豚丹毒の予防．

3）使用上の注意

本剤の投与後，一過性の軽度の発熱，沈鬱，元気消失，震えまたは食欲不振が認められることがあるが，これらの症状は通常 2 日以内には回復する．症状が重度の時は適切な処置（解熱剤の投与等）を行う．

投与部位に発赤または軽度の硬結が認められることがある．

7-9．貯法・有効期間

2 ～ 10℃に保存する．有効期間は 2 年間．

引用文献

1）柏崎 守ら 編（1999）：豚病学第 4 版，近代出版.
2）Imada, Y. et al.（1999）：*Infect. Immun.* 67(9), 4376-4382.
3）Ishikawa, H. et al.（1997）：*J. Vet. Med. Sci.* 59(1), 43-44.

【児島広枝】

8. ボルデテラ・ブロンキセプチカトキソイド・パスツレラ・ムルトシダトキソイド・豚丹毒混合（アジュバント加）ワクチン（組換え型）

8-1. 疾病の概要

1）豚萎縮性鼻炎

103 頁参照.

2）豚丹毒

103 頁参照.

8-2. ワクチンの歴史

豚萎縮性鼻炎（AR）に対するワクチンとして，1995 年に *Pasteurella multocida* の産生する毒素(PMT)を無毒化した「パスツレラ・ムルトシダ（アジュバント加）トキソイド」（PMT トキソイド）が承認された．その後 1998 年に PMT トキソイドに *Bordetella bronchiseptica* の産生する皮膚壊死毒素（DNT）を無毒化した DNT トキソイドを混合した「ボルデテラ・ブロンキセプチカ・パスツレラ・ムルトシダ混合（アジュバント加）トキソイド」が承認された．また AR および豚丹毒に対する混合ワクチンとして「豚ボルデテラ感染症不活化・パスツレラ・ムルトシダトキソイド・豚丹毒不活化混合（アジュバント加）ワクチン」が承認されており，これは培養菌体または培養菌由来精製物を主成分としたものである.

「ボルデテラ・ブロンキセプチカトキソイド・パスツレラ・ムルトシダトキソイド・豚丹毒混合（アジュバント加）ワクチン（組換え型）」は，AR に対しては，PMT および DNT トキソイドをそれぞれ組換え技術により産生した無毒化毒素を抗原とし，さらに豚丹毒に対しても，組換え技術により産生した豚丹毒菌の表層防御抗原蛋白を抗原としたもので 2015 年に承認された．従来の培養菌体または培養菌由来精製物ではなく，組換え技術を用いたコンポーネントワクチンであり，これらコンポーネントのみを主剤とするワクチンは我が国のみならず海外を含めても初めての製剤となる.

8-3. 製造用株

1）*B. bronchiseptica*

DNT の C 末端側 289 アミノ酸は毒素活性領域であることが知られている[3]．DNT が触媒するアミノ基転移反応では，標的となるグルタミンと DNT がチオアシル結合で結ばれて中間体が生成される必要があり，酵素活性中心にシステインが必要である[3]．DNT の酵素活性ドメインにはシステインが 1 残基（1305 番目）存在する.

今回，*B. bronchiseptica* S611 株由来の皮膚壊死毒素遺伝子（*dnt*）に由来し，DNT の 1305 番目のシステイン残基をアラニン残基になるように塩基置換して得られた無毒変異型皮膚壊死毒素遺伝子を構築し，大腸菌 BL21 に導入した．これを製造用株 *B. bronchiseptica* 由来無毒変異型皮膚壊死毒素遺伝子導入大腸菌 BT5 株とした.

2）*P. multocida*

PMT の機能領域として，N 末端側に細胞への結合領域および C 末端側に毒素活性領域があることが報告されている[5]．また，1165 番目のシステイン残基[5, 6]と 1205 番目および 1223 番目のヒスチジン残基[2]が毒素活性に必須であることが示されている．今回，1223 番目のヒスチジン残基および 1224 番目のロイシンの 2 アミノ酸に相当する位置の塩基を欠失している無毒変異型の供与核酸を構築し，大腸菌 BL21 に導入した．これを製造用株 *P. multocida* 由来無毒変異型皮膚壊死毒素発現遺伝子導入大腸菌 PRX-1 株とした.

3）豚丹毒菌

豚丹毒菌の防御抗原としては表層防御抗原（SpaA）が報告されている[4]．表層防御抗原遺伝子 *spaA* は前駆体 SpaA として発現したのち，分泌シグナル配列が切断され，菌体外に放出される．放出された SpaA は C 末端に存在する 20 アミノ酸により構成される繰り返し領域により菌の細胞壁表面に接着していると考えられている．さらに SpaA の免疫原性領域についての報告[1]により，分泌シグナル配列を含む N 末端 88 アミノ酸および C 末端の繰り返し領域は免疫原性に関与しないことが明らかとなっている．今回，病原性のある豚丹毒菌血清型 2 型 SE-9 株染色体 DNA を鋳型として分泌シグナル配列を含む N 末端および C 末端の一部を欠損させた，欠損型表層感染防御抗原発現遺伝子である供与核酸を構築し，大腸菌 BL21（DE3）に導入した（特許第 4755977 号)．これを製造用株豚丹毒菌由来欠損型表層防御抗原発現遺伝子導入大腸菌 RSP6 株とした.

8-4. 製造方法

各製造用株を，それぞれの製造用液体培地で培養後，菌体を回収する．菌体内に発現した無毒変異型毒素または豚丹毒菌欠損型表層防御抗原蛋白をそれぞれ回収し，精製したものに水酸化アルミニウムゲルを加えたものを原液とする．各原液を混合し，チメロサールを加え，小分けする．

8-5. 安全性試験成績

1）妊娠豚での試験

本剤の常用量である2mLを妊娠豚の左側頚部筋肉内に投与し，1回目投与後3週目に右側頚部筋肉内に2回目を投与し，その8週後に右側頚部筋肉内に3回目投与した群を常用量群とした．10用量を同様に投与する高用量群および滅菌生理食塩液を高用量群と同様に1回当たり20mLを投与する対照群の3群を設定し，各群にそれぞれ3頭の妊娠豚を割り付けた．試験は1回目投与後13週までを観察期間とし，一般状態，投与部位の観察，体温・体重測定，血液学・血液生化学検査，剖検・病理組織学検査および分娩状況・娩出子豚の調査を行った．結果，常用量群で，3回目投与後2週目の投与部位筋肉に肉眼的および病理組織学的に軽度な反応が認められたものの，組織反応の修復を示唆する組織変化も伴っており，さらには，観察期間中，体温および体重の変化，一般状態および分娩ならびに産子における本剤の投与に起因すると思われる影響は認められなかったことから，生体に与えた影響は軽微と考えられ，本剤の臨床応用における安全性に問題はないことが示された．

2）子豚での試験

本剤の常用量である1mLを投与する常用量群，10用量を投与する高用量群および滅菌生理食塩液を10mL投与する対照群の計3群とし，常用量群は左側頚部筋肉内に1回目投与を，その3週後に右側頚部筋肉内に2回目投与を行った．本剤の2回目投与後2週までを観察期間とし，一般状態および投与部位の観察，体重測定，血液学・血液生化学検査および剖検を行った．結果，常用量を子豚に投与することで，2回目投与後2週目の投与部位筋肉に被験物質投与に伴う色調変化が肉眼所見で観察されたものの，観察期間中，一般状態，増体量，血液検査等その他の検査項目に本剤の投与に起因すると思われる変化が認められなかったことから生体に与えた影響は軽微と考えられ，本剤の臨床応用における安全性に問題はないことが示された．

8-6. 効力を裏付ける試験成績

1）抗体価と防御の関係

a）DNT

DNTに対する移行抗体を保有した豚または豚抗DNT血清の腹腔内投与によりDNTに対する抗毒素免疫を付与した豚を生菌およびDNTで攻撃した．致死量のDNT攻撃により，モルモット法によるDNT中和抗体価1倍未満の対照豚が全て死亡したが，1倍以上の免疫豚は耐過生存した．したがって，モルモット法によるDNT中和抗体価1倍以上で*B. bronchiseptica*によるAR症状は防御できると考えられた．

中和抗体測定において，モルモット法と細胞を用いた測定方法（細胞法）の相関性を確認したところ，モルモット法と細胞法による中和抗体価の直線回帰式の傾きは0.923で高い正の相関が認められた（$n = 321$，$r = 0.921$，$p < 0.0001$）．細胞法では，測定時の血清希釈の点から検出限界は2倍となるため，細胞法による中和抗体価2倍以上で*B. bronchiseptica*によるAR症状は防御できると考えられた．

b）PMT

PMTの能動免疫あるいは移行抗体（受動免疫）によってPMT中和抗体価2倍以上を保有する豚は，PMTの筋肉内攻撃による鼻甲介骨の萎縮あるいは致死より免れることが確認された．また，PMTおよび*P. multocida*生菌を鼻内に攻撃した場合においては，PMT中和抗体価8倍を有する豚に極めて軽度の鼻甲介骨の萎縮を認める例があったが，PMT中和抗体価2倍以上で鼻甲介萎縮病変形成を阻止または軽症化が認められた．したがって，PMT中和抗体価2倍以上で*P. multocida*によるARに対する発症防御効果を有することが示された．

c）豚丹毒

豚丹毒SpaA抗原の能動免疫または移行抗体によってELISA抗体価0.16以上を保有する豚は，豚丹毒菌攻撃による発症を防御することが確認された．

2）免疫出現時期および免疫持続

本剤は2回目投与後2週目および3回目投与後1週目に，ARおよび豚丹毒に対して有効な抗体応答を誘導することが確認されたことから，本剤は，遅くとも2回目投与後2週目には免疫は成立していることが示された．

免疫持続について，ARに対しては，DNTおよびPMT中和抗体価成績より，初回投与後21週目までは最小有効抗体価である2倍以上を維持した．

豚丹毒に対しては，豚丹毒ELISA抗体価は初回投与後20週目まで，最小有効抗体価である0.16以上を維持した．攻撃試験においても初回投与後16週目の攻撃試験では「有効」，初回投与後20週目の攻撃試験では「やや有効」と判定された．以上より，本剤を2回投与した豚は少なくとも初回投与後20週間はARおよび豚丹毒に対して免疫が持続することが示された．

3）移行抗体の影響

ARに対しては，PMT中和抗体価およびDNT中和抗体価について3段階の抗体レベルの移行抗体保有豚を用いて試験した．両抗体価共に，移行抗体レベル2倍未満～64倍ではワクチン投与による抗体応答を認め，移行抗体が64倍以下であればワクチンの有効性に移行抗体が影響しないと判断した．一方，移行抗体レベル128～512倍以上の場合には，ワクチン投与による抗体上昇が良好とは言えなかった．しかし，これらの水準の移行抗体を有する場合には，移行抗体の半減期等を考慮してARの好発期間は有効抗体レベルを維持できると考える．以上より，移行抗体の水準にかかわらず，ワクチン投与豚においてARに対する防御効果が期待できると判断した．

豚丹毒に対しては，本剤は，豚丹毒ELISA抗体価0.87以下の移行抗体存在下であればワクチン投与の抗体応答に対して影響はほとんどないことが示された．一方，豚丹毒ELISA抗体価1.0以上といった高水準の移行抗体を有する場合にワクチンによる抗体応答が減弱される可能性があることが示唆された．よって，移行抗体保有状況を勘案してワクチン投与時期を考慮することも必要であると考えられた．

8-7．臨床試験成績

1）妊娠豚での試験

熊本県および長崎県の計2農場で被験薬群64頭，対照群55頭および陽性対照群27頭の計146頭の妊娠豚を対象に臨床試験を行った．被験薬群には本剤，対照群には生理食塩液，陽性対照群には既承認製剤の「ボルデテラ・ブロンキセプチカ・パスツレラ・ムルトシダ混合（アジュバント加）トキソイド」を供試した．

a）有効性

血清中抗体価測定および妊娠豚由来豚の鼻甲介検査により評価した．ワクチン初回投与時および1回目分娩後3～4週目，ならびにワクチン3回目投与時および2回目分娩後3～4週目に母豚を採血し抗体価を測定したところ，ワクチン投与群の分娩後の抗体価はワクチン投与前に比べて有意に高い値を示した．

第1回分娩由来の豚について，出荷時に鼻甲介萎縮の程度を調べ，スコア化した．その結果，いずれの農場においてもARの発生は見られず，鼻甲介萎縮の程度で有効性を評価することはできなかった．

以上より，2県2農場での臨床試験において，被験薬は，妊娠豚に対し，被験薬2mLを分娩前5～6週および2週前後の2回頚部筋肉内に投与し，次回の分娩からは2mLを分娩前2週前後の1回頚部筋肉内に投与した場合，分娩後3～4週目時点のPMT，DNTおよび豚丹毒に対する平均抗体価は最小有効抗体価以上であったことから，ARおよび豚丹毒に対する有効性が確認された．なお，被験薬のARに対する抗体価成績は，既承認製剤と同様の結果であった．

b）安全性

妊娠豚の分娩4～6週前および分娩1～2週前の2回，本剤（2mL）を投与し，投与部位の異常および症状の有無を2週間観察した．その結果，いずれの妊娠豚もワクチンによる異常は認められなかった．また各群の産子数もワクチン投与群と対照群に差は見られず，安全性の高いワクチンであることが示された．

2）1か月齢以上豚での試験

熊本県および長崎県の計3農場で被験薬群158頭，対照群147頭および陽性対照群41頭の計346頭の1か月齢以上豚を対象に臨床試験を行った．被験薬群には本剤，対照群には生理食塩液，陽性対照群には既承認製剤の「ボルデテラ・ブロンキセプチカ・パスツレラ・ムルトシダ混合（アジュバント加）トキソイド」を供試した．

a）有効性

血清中抗体価測定および鼻甲介検査により評価した．妊娠豚用法と同様にワクチン初回投与時および2回目投与後4週目に採血し抗体価を測定したところ，ワクチン投与群の抗体価はワクチン投与前に比べて有意に高い値を示した．

出荷時に鼻甲介萎縮の程度を調べ，スコア化した．その結果，いずれの農場においてもARの発生は見られず，鼻甲介萎縮の程度で有効性を評価することはできなかった．

以上より，2県3農場での臨床試験において，1か月齢以上豚に対し，被験薬1mLを3～4週間隔で2回頚部筋肉内に投与した場合，2回目投与後4週目のPMT，DNTおよび豚丹毒に対する平均抗体価は最小有効抗体価以上であったことから，ARおよび豚丹毒に対する有効性が確認された．

b）安全性

1か月齢以上豚に3～4週間隔で2回，本剤（1mL）を投与し，投与部位の異常および症状の有無を観察した．その結果，いずれの豚もワクチンによる異常は認められず，安全性の高いワクチンであることが示された．

8-8．使用方法

1）用法・用量

妊娠豚に対し，2mLを分娩前5～6週および2週前後の2回筋肉内に投与する．次回の分娩からは2mLを分娩前2週前後の1回，筋肉内に投与する．

子豚（1か月齢以上）には，1mLを2回，3～4週間隔で筋肉内に投与する．

2）効能・効果

豚丹毒の予防ならびに *B. bronchiseptica* および毒素産生 *P. multocida* の混合感染またはそのいずれかの菌の感染による豚の萎縮性鼻炎の予防．

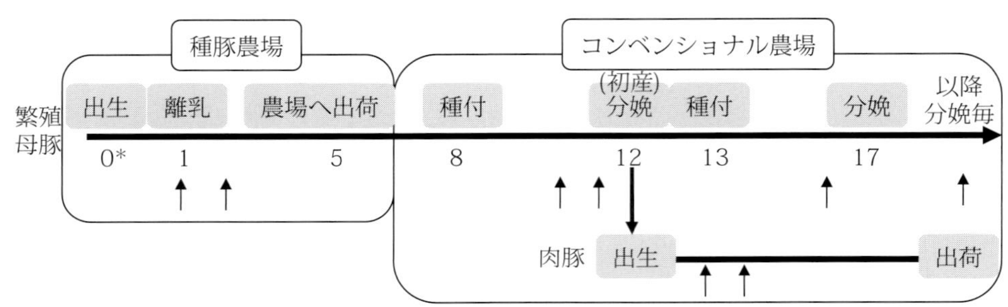

図 2-12　豚のライフサイクルおよびワクチネーションプログラム
＊：月齢，↑：ワクチン投与

3）使用上の注意

母子免疫の目的で母豚に使用する際は，子豚が免疫母豚の初乳を飲むことで予防効果が発揮される．免疫母豚が十分量の初乳を分泌しているかどうか，また初乳を飲んでいない子豚がいないかどうか確認する．

4）ワクチネーションプログラム

ワクチネーションプログラムは図 2-12 のとおりである．

8-9. 貯法・有効期間

2 ～ 10℃に保存する．有効期間は 3 年間である．

引用文献

1）Imada, Y. et al.（1999）：*Infect. Immun.* 67（9）, 4376-4382.

2）Joachim, H.C. Orth et al.（2003）：*Biochem.* 42（17）, 4971-4977.

3）Kashimoto, T. et al.（1999）：*Infect. Immun.* 67(8), 3727-3732.

4）Makino, S. et al.（1998）：*Microbial Pathogenesis* 25（2）, 101-109.

5）Pulliger, G.D. et al.（2001）：*Infect. Immun.* 69（12）, 7839-7850.

6）Ward, P.N. et al.（1998）：*Infect. Immun.* 66（12）, 5636-5642.

【紺屋勝美】

9. 豚アクチノバシラス・プルロニューモニエ感染症（1 型部分精製・無毒化毒素）（酢酸トコフェロールアジュバント加）不活化ワクチン

☞『動物用ワクチン』161 頁

ワクチンの概要		*Actinobacillus pleuropneumoniae*（App）血清型 1 の培養菌液を不活化した後，部分精製して得た菌体外膜蛋白に，App 血清型 2 および 5 を培養して得た App 毒素（Apx Ⅰ，Apx Ⅱおよび Apx Ⅲ）を無毒化したものを混合し，酢酸トコフェロールアジュバントを添加したワクチンである．
開発の経緯・製造用株等		App による豚胸膜肺炎の予防のための不活化ワクチンとして，先ず 2 型菌のワクチンが 1986 年に，5 型菌のワクチンが 1989 年に，2 および 5 型菌の多価ワクチンが 1990 年に，1，2 および 5 型菌の多価ワクチンが 1993 年に承認された．しかし，App には多くの血清型があり，全菌体ワクチンでは血清型間の交差免疫がほとんど成立しないため，ワクチン株以外の血清型菌に対して予防効果が期待できない．そこで，App が産生する易熱性毒素を主成分とする本剤が開発された．製造用株は，ヨーロッパで分離された 4 種類で，日本では 2007 年に承認された．
使用方法	用法・用量	ワクチンの 2mL を約 6 週齢以上の豚に 4 週間隔で 2 回，頚部筋肉内に投与する．
	効能効果	豚の App 血清型 1，2，5，7，9 および 10 型菌感染症（胸膜肺炎）の発症防御．
	使用上の注意	発熱，行動緩慢，震え，食欲不振，嘔吐（満腹な豚に投与した場合）または投与部位の腫脹が認められることがあるが，これらの症状は投与後 24 時間以内には消失する．

【平山紀夫】

10. 豚アクチノバシラス・プルロニューモニエ（1・2・5型，組換え型毒素）感染症（アジュバント・油性アジュバント加）不活化ワクチン

10-1. 疾病の概要

豚の *Actinobacillus pleuropneumoniae*（App）感染症は，我が国を含めた世界の養豚地帯で発生し，甚大な被害を及ぼしている．本疾病は，グラム陰性通性嫌気性短桿菌Appを原因とし，線維素性胸膜肺炎を特徴とする豚の呼吸器疾病である．本菌の汚染がない農場に本菌が侵入した場合，あるいは豚にストレス等の増悪要因が加わり著しく増殖した場合には，甚急性または急性の経過をたどり，高い致死率がもたらされる．本疾病が慢性的に続発している農場の場合，豚の食欲の減退や発育の遅延により養豚経営上重大な経済的被害をもたらす．また，不顕性感染豚は長期にわたって排菌しており，このような豚を清浄豚群に導入することは，甚急性や急性の発生原因となる．本疾病は世界各国で発生が確認されており，我が国においては1975年の尾田ら[6]の報告以来，主要な豚病の1つとなり，全国的に発生が認められている．

本菌は凝集反応または沈降反応により1～15の血清型に分類されており，2015年には新たに16型が提唱されている[3,5,7]．我が国では従来，2型菌が広く浸潤していたが，現在では多数の血清型による発生が見られている．1989年～1995年に全国の胸膜肺炎例から収集された1,441株を血清型別した福安らの調査[1]によると，2型が52.5%，1型が36.3%，5型が6.2%，7型と8型がそれぞれ1.5%，3型が1.4%，12型が0.5%および9型が0.1%であった．吉村ら（2002年）[8]が調査した68株では，2型が49株（72.0%），1型が14株（20.5%），5型および6型がそれぞれ2株ずつ（3.0%），7型が1株であった．さらに，守岡ら（2008年）[4]によって行われた，2002年～2005年に26都道府県の家畜保健衛生所で収集された101株の血清型調査によると，2型が66株(65.3%),5型が14株(13.9%),1型が8株(7.9%),15型が2株（2.0%）であった．最も多く分離される2型は全国各地で分離されるが，1および5型の分離率は地域によって差がある[2]．以上のことから，2型菌，1型菌および5型菌は我が国に定着している特に重要な血清型と考えられる．

10-2. ワクチンの歴史

我が国における本菌感染症対策ワクチンは，1986年に2型菌用が，ついで5型菌用，2型および5型菌用（2価），ならびに1，2および5型菌用（3価）が実用化され，本菌感染症の制御に重要な役割を果たしてきた．これらのワクチンに含有される有効成分は全て不活化菌体（バクテリン）であったことから，以下のような課題があった．第1に，ワクチン中に含まれるバクテリンと同一の血清型に対してのみ効果が認められ，数種類の血清型のバクテリンを混合したとしても，有効性を発揮できるスペクトルは限定される．第2に，有効性を発現させるために多量の菌を必要とするため，これに含まれる内毒素（LPS）に起因する投与時の発熱，沈鬱といった副反応を惹起しやすい．そこで，これらを克服する次世代のワクチンとして，Apx（*A. pleuropneumoniae* repeats in the structural toxin）と呼ばれる毒素を成分として加えたワクチンが開発された．

Apxは菌体外に分泌される細胞毒素で複数（Ⅰ～Ⅳ）存在し，本菌の血清型により分布が異なることが知られている．特にApxⅠ，ⅡおよびⅢは本菌の重要な病原因子であり，菌が宿主に侵入した時に初期の生体防御を担う白血球やマクロファージを死滅させることにより侵襲を容易にし，その後，肺実質細胞に直接作用して胸膜肺炎に特有の出血病変を惹起するなど，宿主に多大なダメージを与える．

次世代ワクチンとして最初に登場したのは，組換え大腸菌で産生させた無毒変異型Apx（rApx）Ⅰ，ⅡおよびⅢと，血清型1，2および5型の不活化菌体とを組合せ，アルミニウムゲルアジュバントを添加したワクチンであり，1998年に承認された〔豚アクチノバシラス･プルロニューモニエ（1･2･5型，組換え型毒素）感染症（アジュバント加）不活化ワクチン〕．その後，Appの培養上清濃縮液を活用したワクチン，あるいはAppの培養により得られた毒素と菌体外膜蛋白を組み合わせたワクチンなどが開発された．さらにこれらのワクチンに豚丹毒または *Mycoplasma hyopneumoniae* を組み合わせた混合ワクチンも開発・市販されている．

近年,様々な特長をもつアジュバントが開発されているが,同じ主成分（抗原）でも添加するアジュバントを変更することにより，免疫応答の惹起能や持続性を改善することができる.マイクロエマルジョンアジュバントは,従来の油性アジュバントと成分は変わらないが,超高速,超高圧ホモジナイザーで混合・乳化し，オイルの粒子径が200nm程度の微細粒子を形成させたものである．このアジュバントを前述のワクチンに添加することにより，免疫応答の惹起能が高まることを期待し，本剤が開発され，2015年に承認された．

10-3. 製造用株

1）App 41-1 株（血清型 1）

本株は，1989年に埼玉県で発生したApp感染症罹患豚から埼玉県大宮家畜保健衛生所により分離されたものを，チョ

コレート寒天培地で3代継代したものである．

2）App SHP-1 株（血清型 2）

本株は，1976 年に栃木県で発生した App 感染症罹患豚から財団法人日本生物科学研究所が分離し，チョコレート寒天培地で2代継代したものである．

3）App Ng-2 株（血清型 5）

本株は，1982 年に長崎県で発生した App 感染症罹患豚から財団法人日本生物科学研究所が分離し，チョコレート寒天培地で3代継代したものである．

4）組換え大腸菌 ESN1113 株（rApx I 産生）

本株は，App 41-1 株染色体 DNA 由来 *apx I A* 遺伝子を挿入した pBluescript II プラスミド（pSN110）を，大腸菌 K-12 系 BB4 株に形質転換して得られた組換え大腸菌である．

5）組換え大腸菌 ESN1074 株（rApx II 産生）

本株は，App Ng-2 株染色体 DNA 由来 *apx II A* 遺伝子を挿入した pBluescript II プラスミド（pSN63）を，大腸菌 K-12 系 XL1-Blue 株に形質転換して得られた組換え大腸菌である．

6）組換え大腸菌 ESN1166 株（rApx III 産生）

本株は，App SHP-1 株染色体 DNA 由来 *apx III A* 遺伝子を挿入した pBluescript II プラスミド（pSN148）を，大腸菌 K-12 系 BB4 株に形質転換して得られた組換え大腸菌である．

10-4. 製造方法

App 血清型 1，2 および 5 をそれぞれチョコレート寒天培地に接種し，形成されたコロニーを増菌用液状培地に植え継いで培養する．

組換え大腸菌 ESN1113，ESN1074 および ESN1166 株をそれぞれ LB-Amp 寒天培地に接種し，形成されたコロニーを LB-Amp 液状培地に植え継いで培養する．IPTG 添加液状培地にて発現培養を行い，発現菌液から rApx I，II および III を精製する．

App 各血清型の培養菌液を不活化しアルミニウムゲルアジュバントを添加したものと，精製した rApx I，II および III にアルミニウムゲルアジュバントを添加したものを混合し，油性アジュバントを添加する．

10-5. 安全性試験成績

1）試験概要

ワクチンの豚における安全性を確認するため，3 週齢の豚 9 頭を用いて GLP 適用試験を行った．ワクチン投与群には本剤の臨床適用量（1mL）あるいは 10 倍量（10 mL）を 3 週間隔で 2 回投与した．対照群には局方生理食塩液を 1mL ずつ同様に投与した．観察期間は初回投与日から 2 回目投与後 2 週までの 5 週間とし，一般状態，投与部位の観察，体温・体重測定，血液学・血液生化学検査および抗体価測定を行った．2 回目投与後 2 週に安楽死させ，剖検，器官重量測定ならびに投与部位について病理組織学検査を行った．

2）成　績

臨床適用量を投与した群および 10 倍量を投与した群共に体温の上昇が認められたが一過性であり，その他の一般状態（元気, 食欲, 糞便性状等）に異常は認められなかった．また，体重増加，血液学・血液生化学検査所見，胸腹部器官の剖検所見および器官重量等，全身性への影響を示唆する変化は認められなかった．臨床適用量を投与した群の投与部位については，初回投与後に軽度または中等度の腫脹が認められ，投与後 3 日に回復した．2 回目投与後には軽度から重度の腫脹あるいは硬結が認められたが，投与後 14 日以降には回復傾向を示した．病理組織学検査では，投与後 6 週未満でアジュバント成分の消失が確認された．したがって，本剤の臨床使用において安全性に問題はないものと結論された．

10-6. 効力を裏付ける試験成績

1）App 血清型 1，2 および 5 に対する有効性

有効性の確認は各血清型株による攻撃試験により行い，攻撃後の死亡率あるいは胸膜肺炎の病変スコアを基準に評価した．

a）App 血清型 1 に対する有効性

35 ～ 42 日齢の豚 6 頭を用い，ワクチン投与群 3 頭にはワクチンを 3 週間隔で 2 回，頚部筋肉内に投与し，対照群 3 頭は非投与とした．2 回目投与後 2 週に, AH-1 株（血清型 1）を 2.2×10^7 CFU/ 頭ずつ気管内接種して攻撃した．攻撃試験の結果，対照群が 3 頭中 1 頭死亡したのに対し，ワクチン投与群は全て生残した．死亡した豚では肺全体に及ぶ出血性壊死性病変が認められた．対照群の肺病変スコアはワクチン投与群と比較して有意に高かった．以上より，ワクチンの App 血清型 1 に対する有効性が確認された（表 2-17）．

b）App 血清型 2 に対する有効性

35 ～ 42 日齢の豚 4 頭を用い，ワクチン投与群 2 頭にはワクチンを 3 週間隔で 2 回，頚部筋肉内に投与し，対照群 2 頭は非投与とした．2 回目投与後 2 週に，SHP-1 株（血清型 2）1.8×10^5 CFU/ 頭ずつ気管内接種した．その結果，対照群の 2 頭が死亡したのに対し，ワクチン投与群は全て生残した．死亡した豚では肺全体に及ぶ出血性壊死性病変が認められた．対照群の肺病変スコアはワクチン投与群と比較して有意に高かった．以上より，ワクチンの App 血清型 2 に対する有効性が確認された（表 2-18）．

c）App 血清型 3 に対する有効性

35 ～ 42 日齢の豚 4 頭を用い，ワクチン投与群 2 頭にはワクチンを 3 週間隔で 2 回，頚部筋肉内に投与し，対照群 2 頭は非投与とした．2 回目投与後 2 週に，Ng-2 株（血清

表 2-17 App 血清型 1 に対する有効性

群	豚番号	転帰	肺病変スコア					肺病変部からの菌分離	判定
			面積	癒着	結節	合計	平均		
投与群	1	生残	1	0	1	2	4.3*	陽性	有効
	2	生残	1	1	1	3		陽性	
	3	生残	2	3	3	8		陽性	
対照群	4	死亡	5	3	4	12	9.3	陽性	
	5	生残	2	3	3	8		陽性	
	6	生残	2	3	3	8		陽性	

対照群と比較し，*：1% の危険率で有意差あり（Non-parametric Bootstrap 検定）

表 2-18 App 血清型 2 に対する有効性

群	豚番号	転帰	肺病変スコア					肺病変部からの菌分離	判定
			面積	癒着	結節	合計	平均		
投与群	1	生残	1	2	2	5	5.0*	陽性	有効
	2	生残	1	2	2	5		陽性	
対照群	3	死亡	5	3	4	12	12.0	陽性	
	4	死亡	5	3	4	12		陽性	

対照群と比較し，*：1% の危険率で有意差あり（Non-parametric Bootstrap 検定）

表 2-19 App 血清型 5 に対する有効性

群	豚番号	転帰	肺病変スコア					肺病変部からの菌分離	判定
			面積	癒着	結節	合計	平均		
投与群	1	生残	1	1	1	3	3.5*	陽性	有効
	2	生残	1	2	1	4		陽性	
対照群	3	死亡	5	3	4	12	9.5	陽性	
	4	生残	2	3	2	7		陽性	

対照群と比較し，*：1% の危険率で有意差あり（Non-parametric Bootstrap 検定）

型 5）1.3 × 10^4 CFU / 頭ずつ気管内接種した．その結果，対照群が 2 頭中 1 頭死亡したのに対し，ワクチン投与群は全て生残した．死亡した豚では肺全体に及ぶ出血性壊死性病変が認められた．対照群の肺病変スコアはワクチン投与群と比較して有意に高かった．以上より，ワクチンの App 血清型 5 に対する有効性が確認された（表 2-19）．

2）免疫効果の持続

ワクチン投与した豚での免疫効果の持続を調べるため，App 血清型 2 の攻撃試験を行った．有効性は，攻撃後の死亡率あるいは胸膜肺炎の病変スコアを基準に評価した．

35 ～ 42 日齢の豚 6 頭を用い，ワクチン投与群 3 頭にはワクチンを 3 週間隔で 2 回，頚部筋肉内に投与し，対照群 3 頭は非投与とした．初回投与後 15 週に，SHP-1 株（血清型 2）1.6 × 10^2 CFU/ 頭ずつ気管内接種した．その結果，ワクチン投与群および対照群の豚は全て生残したが，肺病変スコアはワクチン投与群（3 頭の平均値 3.7）と比較して対照群（3 頭の平均値 7.7）で有意に高かった．以上より，ワクチン投与による免疫効果は，少なくとも初回投与後 15 週まで持続することが確認された．

10-7. 臨床試験成績

1）試験概要

ワクチンの野外飼養豚における有効性および安全性を確認するため，1 県 3 施設のコンベンショナル養豚場において野外臨床試験を実施した．いずれの農場も事前調査で App に対する抗体陽性の農場であったことから，同種効能の既承認不活化ワクチンを陽性対照薬として使用した．3 週齢以上の豚に対し，ワクチンを 3 ないし 5 週間隔で 2 回，頚部筋肉内に投与し，陽性対照薬は承認された用法および用法に従い投与した．ワクチン各回投与後 14 日間，臨床観察を行い，投与局所については腫脹，硬結等の投与反応を触診により観察した．また，出荷日までの毎日，一般状態および呼吸器症状（呼吸状態，発咳，活力および食欲）を観察し，経時的に体重を測定し，呼吸器症状の異常に対して抗菌剤等で治療を行った場合には，その治療回数を記録した．と畜場へ出荷後は，無作為抽出した被験豚の肺病変を調査した．

2）成　績

a）有効性

いずれの施設においても呼吸器症状の発生があり，かつ出荷豚に肺病変が認められたことより，試験期間中に App 感染症が発生したと判断された．

試験期間中，App 感染症による死亡事故はいずれの施設においても認められなかった．臨床観察の結果，呼吸器症状の発生率は，ワクチン投与群および陽性対照群の間に有意差はなかった．呼吸器症状に対する治療実施率も，両群間に有意な差は認められなかった．出荷豚における肺病変の観察の結果，肺病変保有率および肺病変スコアの平均値共に，両群間に有意な差は認められなかった．以上，本剤は App 感染症発生下において同種効能の既承認不活化ワクチンと同等の有効性を示した．したがって，本剤は App 血清型 1，2 および 5 感染症予防に対して有効であると判断された．

b）安全性

3 施設延べ 60 頭の豚にワクチンを投与したところ，各回投与後 14 日間，ワクチン投与に起因する臨床的異常は認められなかった．また，増体重および出荷日数についても陽性対照群との間に有意差は認められなかったことより，ワクチン投与による臨床上および肥育生産上の安全性に問題はないと判断された．

10-8．使用方法

1）用法・用量

3 週齢以上の豚に 3 ～ 5 週間隔で 1 回 1mL ずつを 2 回，頚部筋肉内に投与する．

2）効能・効果

豚の App 血清型 1，2 および 5 菌感染症の予防．

3）使用上の注意

使用時よく振り混ぜて均一とし，使用中も時々振り混ぜる．投与部位を厳守する．

一過性の発熱が認められる場合がある．また，含有するオイルアジュバントのため，投与部位に軽度の腫脹が認められる場合がある．

4）ワクチネーションプログラム

ワクチン投与の時期は，母豚からの移行抗体のレベル，農場における App 感染の発生時期を考慮して決定する．抗体検査や病性鑑定を活用し，最適なワクチンプログラムを決定するのが望ましい．

10-9．貯法・有効期間

遮光して 2 ～ 10℃で保存する．有効期間は 3 年間．

引用文献

1）福安嗣昭ら（1996）：日獣会誌 49, 528-532.
2）伊藤博哉（2010）：*All About Swine* 36, 2-9.
3）小山智洋ら（2007）：*J. Vet. Med. Sci.* 69, 961-964.
4）Morioka, A.（2008）：*J. Vet. Med. Sci.* 70, 1261-1264.
5）Nielsen, R.（1986）：*Acta Vet. Scandinavica* 27, 453-455.
6）尾田 進ら（1975）：日獣会誌 28, 584-588.
7）Sarkozi, R.（2015）：*Acta Vet. Hungarica* 63, 444-450.
8）Yoshomura, H.（2002）：*Vet. Res. Communications* 26, 11-19.

【堤　信幸・佐藤朋子】

11．豚アクチノバシラス・プルロニューモニエ（1・2・5 型，組換え型毒素）感染症・マイコプラズマ・ハイオニューモニエ感染症混合（アジュバント加）不活化ワクチン

☞『動物用ワクチン』164 頁

ワクチンの概要	*Actinobacillus pleuropneumoniae*（App）血清型 1，2 および 5 の培養菌液を不活化したもの，組換え大腸菌で産生される無毒変異型 App 毒素（rApx Ⅰ，rApx Ⅱおよび rApx Ⅲ）を可溶化したもの，および *Mycoplasma hyopneumoniae* の培養菌液を不活化したものにそれぞれアルミニウムゲルアジュバントを添加し，これらを混合したワクチンである．
開発の経緯・製造用株等	App の産生する Apx が病原因子として重要であることから，大腸菌で発現させた ApxⅠ，ⅡおよびⅢと App の血清型 1，2 および 5 の不活化菌体を組み合わせた新しいタイプのワクチンが 1998 年に承認された．また，*M. hyopneumoniae* 感染症に対するワクチンも 1998 年に開発されていたので，ワクチン投与の省力化を目指し両ワクチンを混合し，本剤が 2003 年に承認された．

使用方法	用法・用量	3週齢以上の豚に3～5週間隔で1回2mLずつを2回，筋肉内に投与する.
	効能効果	豚のApp血清型1,2および5菌感染症の予防ならびに豚のマイコプラズマ肺炎による肺病変形成の抑制，ならびに増体重抑制および飼料効率低下の軽減.
	使用上の注意	投与後少なくとも1～2日間は安静に努め，移動や激しい運動を避ける.

【平山紀夫】

12. 豚アクチノバシラス・プルロニューモニエ（1・2・5型）感染症・豚丹毒混合（油性アジュバント加）不活化ワクチン

☞『動物用ワクチン』167頁

ワクチンの概要		*Actinobacillus pleuropneumoniae*（App）血清型1，2および5の培養上清濃縮液をそれぞれ不活化後混合したもの，ならびに豚丹毒菌の培養菌体をアルカリ処理して抽出した抗原を不活化したものを混合し，油性アジュバントを添加したワクチンである.
開発の経緯・製造用株等		本剤は，すでに販売していた豚App血清型1，2および5感染症（油性アジュバント加）不活化ワクチンと豚丹毒（油性アジュバント加）不活化ワクチンの原液を混合し，スクアランをアジュバントとした混合多価ワクチンで，2002年に承認された．製造用株は，いずれも日本で分離されたものである.
使用方法	用法・用量	約30～50日齢豚の耳根部後方頚部筋肉内に1mL投与する. その後90日齢までに約30～60日間隔で反対側の耳根部後方頚部筋肉内に1mL投与する.
	効能効果	豚丹毒およびApp血清型1，2および5型菌感染症の予防.
	使用上の注意	一過性の発熱，元気消失，食欲不振を認めるが，通常3日以内に消失する.

【平山紀夫】

13. マイコプラズマ・ハイオニューモニエ感染症（油性アジュバント加）不活化ワクチン

☞『動物用ワクチン』178頁

ワクチンの概要		*Mycoplasma hyopneumoniae*の培養菌液を不活化し，油性アジュバントを添加したワクチンである.
開発の経緯・製造用株等		日本での豚マイコプラズマ肺炎に対する最初のワクチンで，1995年に承認された．このワクチンは，1990年に米国で開発されたワクチンであり，子豚に2週間間隔で2回投与するものであった．その後，含有抗原量を増加し，1回投与となった．日本でも単回投与する本剤が2003年に承認された.
使用方法	用法・用量	生後1日齢（出生翌日）～10週齢の子豚の頚部筋肉内に2mLを投与する.
	効能効果	豚のマイコプラズマ性肺炎による肺病変形成の抑制，ならびに増体量抑制および飼料効率低下の軽減.
	使用上の注意	一過性の体温上昇，まれに流涎，痙攣，横臥，アレルギー反応，時に一過性の沈鬱，嘔吐，震え，食欲不振，あるいは呼吸異常が認められることがある.

【平山紀夫】

B. 消化器系感染症に対するワクチン

1. 豚コレラ生ワクチン

☞『動物用ワクチン』119頁

ワクチンの概要	弱毒豚コレラウイルスを培養細胞で増殖させて得たウイルス液を凍結乾燥したワクチンである.
開発の経緯・製造用株等	1964年日本獣医学会の中に，豚コレラ生ワクチン研究協議会が組織され，生ワクチンの具備すべき条件として，①投与豚に発熱等の症状を起こさない，②白血球減少がないか，または極めて軽微であること，③血中にウイルスが出現しないか，もし認められても短期間，④ウイルス排泄がなく同居感染を起こさないこと，の4項目が決められた．これらに合致する製造用株が3機関で開発されたが，家畜衛生試験場（現 農研機構動物衛生研究部門）で開発されたALD株由来のGPE$^-$株が選定され，1969年に承認された．本剤の特徴は，投与後3～4日で感染防御するという極めて有効なワクチンであった. なお，即効性と安全性に優れた本生ワクチンで豚コレラが撲滅され，2007年4月に日本は豚コレラ清浄国となった．最盛期には2,000万ドーズも製造されていたが，現在では，国内での備蓄用および外国への輸出用として少量製造されているだけである.

使用方法	用法・用量	乾燥ワクチンに添付の溶解用液を加えて溶解し，その 1mL を豚の皮下または筋肉内に投与する．
	効能効果	豚コレラの予防．
	使用上の注意	「家畜伝染病予防法」第 50 条の規定により，都道府県知事の許可が必要で，獣医師個人の判断では使用できない．移行抗体価の高い個体では，ワクチン効果が抑制されることがあり，幼若な豚への投与は移行抗体が消失する時期を考慮する．

【平山紀夫】

2. 豚伝染性胃腸炎生ワクチン（母豚用）

☞『動物用ワクチン』122 頁

ワクチンの概要		弱毒豚伝染性胃腸炎（TGE）ウイルスを培養細胞で増殖させて得たウイルス液を凍結乾燥させた母豚用のワクチンである．
開発の経緯・製造用株等		TGE に対するワクチンは，母豚を免役し，その乳汁中に産生される IgA 抗体で子豚の感染を防ぐという戦略で開発された．1972 年に浮羽株を製造用株とする本生ワクチンが承認された．なお，h-5 株を製造用株とする鼻腔内噴霧型の生ワクチンが 1979 年に承認され，同時にその補強用として不活化ワクチンも承認された．一方，子豚を直接免疫するため，1985 年に子豚用の生ワクチンが承認された．
使用方法	用法・用量	乾燥ワクチンに添付の溶解用液を加えて溶解し，その 2mL を妊娠豚の皮下に約 3 週間間隔で 2 回投与する．2 回目投与は，分娩予定日の約 2 週間前とする．
	効能効果	TGE の予防．
	使用上の注意	妊娠豚に投与し，子豚が免疫母豚の乳汁を常に飲むことによって予防効果が発揮されるので，免疫母豚が十分量の乳汁を分泌しているかどうか，また乳汁を飲んでいない子豚がいないかどうか確認する．

【平山紀夫】

3. 豚伝染性胃腸炎・豚流行性下痢混合生ワクチン

☞『動物用ワクチン』124 頁

ワクチンの概要		弱毒豚伝染性胃腸炎（TGE）ウイルスおよび弱毒豚流行性下痢（PED）ウイルスをそれぞれ培養細胞で増殖させて得たウイルス液を混合し，凍結乾燥したワクチンである．
開発の経緯・製造用株等		PED は，1994 年から南九州を中心に集団発生が起こり，ワクチン開発の要望が高まった．1996 年に豚流行性下痢生ワクチンが承認された． TGE と PED は，哺乳豚に多大な損害を与えること，両者のワクチンが母豚免疫用であること等から混合ワクチンの開発が行われ，1999 年に本剤が承認された．
使用方法	用法・用量	乾燥ワクチンに添付の溶解用液を加えて溶解し，その 2mL ずつを 4 ～ 8 週間の間隔で妊娠豚の筋肉内に 2 回投与する．2 回目の投与は，分娩予定日の約 2 週間前とする．
	効能効果	乳汁免疫による子豚の TGE の軽減および PED の発症の阻止若しくは軽減．
	使用上の注意	生後 7 日齢未満の幼若豚は，投与対象豚から隔離する． 妊娠豚に投与し，子豚が免疫母豚の初乳および常乳を飲むことで予防効果が発揮されるので，免疫母豚が十分量の乳を分泌しているかどうか，また乳を飲んでいない子豚がいないかどうか確認する． 豚伝染性胃腸炎を目的として使用する場合には，4 週間隔より短い間隔で 2 回目の投与を行うと，効果が認められないので注意する．

【平山紀夫】

4. 豚大腸菌性下痢症（K88ab・K88ac・K99・987P 保有全菌体）（アジュバント加）不活化ワクチン

☞『動物用ワクチン』169 頁

ワクチンの概要	線毛抗原 K88ab，K88ac および K99 ならびに線毛抗原 987P を保有する大腸菌の培養菌液をそれぞれ不活化したものを混合し，アルミニウムゲルアジュバントを添加したワクチンである．
開発の経緯・製造用株等	豚の大腸菌症に対するワクチンとして，1988 年に豚大腸菌性下痢症（K88 保有全菌体・K99 保有全菌体）（アジュバント加）不活化ワクチンが承認された．1989 年には線毛保有毒素原性大腸菌の子豚腸管への定着阻止を目的として，線毛を主成分とする本剤が承認された．製造用株として，日本で分離されたそれぞれの線毛抗原を産生する 4 種類の大腸菌を用いている．

使用方法	用法・用量	妊娠豚に 2mL を，分娩前 4 ～ 6 週と 2 週前後の 2 回皮下または筋肉内に投与する.
	効能効果	K88，K99 および 987P 線毛保有毒素原性大腸菌による豚の新生期下痢の予防.
	使用上の注意	妊娠豚に投与し，子豚が免疫母豚の乳汁を常に飲むことによって予防効果が発揮されるので，免疫母豚が十分量の乳汁を分泌しているかどうか，また乳汁を飲んでいない子豚がいないかどうか確認する.

【平山紀夫】

5. 豚大腸菌性下痢症不活化・クロストリジウム・パーフリンゲンストキソイド混合（アジュバント加）ワクチン

☞『動物用ワクチン』172 頁

ワクチンの概要		線毛抗原 K88，K99，987P および F41 を保有する大腸菌の培養菌液を不活化したものの遠心上清，易熱性エンテロトキシン産生大腸菌培養菌液の遠心上清，ならびに *Clostridium perfringens* C 型菌の培養菌液を無毒化したものの遠心上清をそれぞれ混合し，アルミニウムゲルアジュバントを添加したワクチンである.
開発の経緯・製造用株等		腸管毒素原性大腸菌および *C. perfringens* C 型菌は，それぞれ豚の新生期下痢症および壊死性腸炎の起因菌で，養豚業で経済的被害が大きい．本剤は，1986 年に米国で開発されたもので，製造用株はいずれも米国で分離されたものである．本剤は，日本では 2005 年に承認された.
使用方法	用法・用量	妊娠豚の頚部筋肉内に 2mL 投与する．分娩の約 6 週間前に初回投与を行い，3 週間後に 2 回目の投与を行う．次回の妊娠からは分娩の約 3 週間前に 1 回投与を行う.
	効能効果	哺乳豚の K88，K99，987P，F41 線毛抗原および易熱性エンテロトキシン産生大腸菌による下痢ならびに *C. perfringens* C 型菌による壊死性腸炎の予防.
	使用上の注意	妊娠豚に投与し，哺乳豚が免疫母豚の初乳を飲むことで予防効果が発揮されるため，免疫母豚が十分量の初乳を分泌しているかどうか, また初乳を飲んでいない哺乳豚がいないか確認する．アナフィラキシーが発現する恐れがある.

【平山紀夫】

6. 豚増殖性腸炎生ワクチン

☞『動物用ワクチン』176 頁

ワクチンの概要		*Lawsonia intracellularis* を培養細胞で増殖させて得た菌液を凍結乾燥したワクチンである.
開発の経緯・製造用株等		豚増殖性腸炎のコントロールには，抗生物質が使用されていたが，欧米で生ワクチンが開発された．2005 年以降ヨーロッパでは本剤が広範囲に使用されている．製造用株はデンマーク由来の株である．*L. intracellularis* は，人工培地で増殖できないため，培養細胞で増殖させている.
使用方法	用法・用量	乾燥品を添付の溶解用液で 1 頭あたり 2mL になるように溶解したのち，3 週齢以上の豚に 1 回 1 頭あたり 2mL を経口投与する．または乾燥品を添付の溶解用液で溶解したのち，豚の日齢に応じた適量の飲水に 1 頭あたり 1 頭分となるように混合し，3 週齢以上の豚に 1 回飲水投与する．飲水投与の場合は 4 時間で飲みきる量の飲水に混合する.
	効能効果	豚の *L. intracellularis* 感染症（急性出血性腸炎型を除く）による増体重低下の軽減.
	使用上の注意	ワクチン株は薬剤（抗生物質等）の影響を受けやすく，投与前 3 日間および投与後 3 日間はワクチン株に影響を及ぼすような薬剤の投与または飼料中の添加は避ける.

【平山紀夫】

C. 流死産・生殖障害を示す感染症に対するワクチン

1. 日本脳炎・豚パルボウイルス感染症・豚ゲタウイルス感染症混合生ワクチン

☞『動物用ワクチン』127 頁

ワクチンの概要	弱毒日本脳炎ウイルス，弱毒豚パルボウイルスおよび弱毒ゲタウイルスを，それぞれ培養細胞で増殖させて得たウイルス液を混合し，凍結乾燥させたワクチンである.

開発の経緯・製造用株等		豚は，日本脳炎ウイルスの増幅動物であることから，豚に使用する日本脳炎生ワクチンは，他のワクチンと異なり公衆衛生に配慮することが求められた．このため，日本獣医学会家畜家禽生ワクチン協議会において，「弱毒株を生ワクチンとして野外応用する場合の安全性基準」が定められた．これらの基準に適合した 4 種類の弱毒株（m，S^-，at および ML-17）による生ワクチンが 1971 年より順次承認された． 豚パルボウイルス感染症に対しては，1987 年に単味の生ワクチンが承認されたが，日本脳炎生ワクチンの投与時期と同じことから，1990 年に混合生ワクチンが承認された． 1985 年以降，ゲタウイルスによる豚の異常産が発生し，弱毒ウイルスの開発が行われ，1993 年に本 3 種混合ワクチンが承認された．
使用方法	用法・用量	乾燥ワクチンに添付の溶解用液を加えて溶解し，その 1mL を種付け前の繁殖用雌豚の皮下に投与する．
	効能効果	豚の日本脳炎，豚パルボおよび豚のゲタウイルス感染症の予防．特に繁殖用母豚の日本脳炎ウイルス，豚パルボウイルスおよびゲタウイルス感染による異常産予防．
	使用上の注意	豚が，次のいずれかに該当すると認められる場合は，健康状態および体質等を考慮し，投与の適否の判断を慎重に行う．①発熱，下痢，重度の皮膚疾患など臨床異常が認められる，②明らかな栄養障害がある，③疾病の治療を継続中，または治癒後間がない，④交配後間がない，分娩間際，または分娩直後． 投与後，激しい運動は避け，少なくとも 2 日間は安静に努め，移動等は避ける．

【平山紀夫】

D. 皮膚・体表・外貌の異常を示す感染症に対するワクチン

1. 豚サーコウイルス（2 型・組換え型）感染症（カルボキシビニルポリマーアジュバント加）不活化ワクチン

☞『動物用ワクチン』144 頁

ワクチンの概要		組換え DNA 技術を応用して製造された豚サーコウイルス 2 型（PCV2）オープンリーディングフレーム 2 遺伝子を挿入したバキュロウイルスを培養細胞で増殖させて得たウイルス液を不活化し，カルボキシビニルポリマーアジュバントを添加したワクチンで，子豚に使用するものである．
開発の経緯・製造用株等		日本では 2006 年頃から　PCV2 感染症による被害が急増し，離乳後の死亡率が 50% を超す農場も見られ，ワクチン導入の要望が高まった．本剤は，2006 年米国で開発されたもので，日本では 2008 年に承認された．PCV2 感染症に対する日本初のワクチンである．PCV2 のオープンリーディングフレーム 2 遺伝子がコードするヌクレオカプシド蛋白質をバキュロウイルスで発現させたサブユニットワクチンである．
使用方法	用法・用量	3 ～ 5 週齢の子豚に 1 頭当たり 1mL を 1 回頸部筋肉内に投与する．
	効能効果	PCV2 感染に起因する死亡率の改善，発育不良豚の発生率の低減，増体量の低下の改善，症状の改善およびウイルス血症発生率の低減．
	使用上の注意	激しい運動は避ける．

【平山紀夫】

2. 豚サーコウイルス（2 型）感染症不活化ワクチン（油性アジュバント加懸濁用液）

☞『動物用ワクチン』146 頁

ワクチンの概要	豚サーコウイルス 2 型（PCV2）を培養細胞で増殖させて得たウイルス液を不活化したもので，使用時に油性アジュバントを含む懸濁用液と混和して調製するワクチンで，母豚に用いるワクチンとして開発された．
開発の経緯・製造用株等	ヨーロッパで開発されたワクチンで，日本では 2008 年に承認された．その後，子豚への適用拡大がなされた．

使用方法	用法・用量	抗原液およびアジュバントの各バイアルをそれぞれよく振盪した後，抗原液全量をアジュバントバイアルに注入し，泡立てない程度にゆっくり 10 回程度転倒混和し，下記の量を豚の耳根部後方の頸部筋肉内に投与する．3 週齢以上の豚に 0.5mL を 1 回投与する．ただし，繁殖雌豚に対しては以下の方法で免疫を行う． **a.　初回免疫** 母豚候補豚：1 回 2mL を交配前 3 ～ 4 週間隔で 2 回，さらに分娩前に 1 回の計 3 回投与する．ただし，2 回目の投与は交配予定日の 3 ～ 4 週間前，3 回目の投与は分娩予定日の 2 ～ 4 週間前に行う． 産歴のある妊娠豚：1 回 2mL を 3 ～ 4 週間隔で 2 回投与する．ただし，2 回目の投与は分娩予定日の 2 ～ 4 週間前に行う． **b.　次回以降の免疫（初回免疫豚の次回妊娠時以降の免疫）** 1 回 2mL を，分娩予定日の 2 ～ 4 週間前に 1 回投与する．
	効能効果	**a.　豚** 豚への投与後の能動免疫による PCV2 感染に伴う死亡率の改善，発育不良豚発生率の低減，増体量低下の改善，リンパ組織病変の軽減，症状の改善，ウイルス血症およびウイルス排泄の低減． **b.　繁殖雌豚** 繁殖雌豚への投与後の能動免疫による PCV2 感染による産子数や離乳頭数の減少の軽減，ならびに子豚における受動免疫による PCV2 感染に伴うリンパ組織における病変の軽減，PCV2 に起因する死亡率，発育不良およびリンパ節の腫脹等の症状の軽減．
	使用上の注意	投与部位に腫脹，硬結等が認められる場合がある．一過性の軽度な発熱，元気消失，嘔吐または食欲不振が見られることがあるが，数日以内に回復する．まれにアレルギー反応が起こる．妊娠豚に投与後，まれに流産が認められる．

【平山紀夫】

3.　豚サーコウイルス（2 型・組換え型）感染症・マイコプラズマ・ハイオニューモニエ感染症混合（カルボキシビニルポリマーアジュバント加）不活化ワクチン

3-1.　疾病の概要

1）豚サーコウイルス関連疾病

病原体は豚サーコウイルス 2 型（*Circoviridae*，*Circovirus*，*Porcine circovirus 2*：PCV2）．エンベロープをもたない環状一本鎖 DNA ウイルスである．

PCV2 による疾病は，豚サーコウイルス関連疾病（PCVAD，PCVD）と総称され，離乳後多臓器発育不良症候群または離乳後多臓器性消耗症候群（PMWS），豚皮膚炎腎症症候群（PDNS），肉芽腫性腸炎，黄疸，繁殖障害などの病態が見られる [2]．発症には PCV2 だけでなく，他の病原体の混合感染や免疫刺激などの要因が関わっている [1, 5]．

主要な感染経路は経口・経鼻で，経胎盤感染も成立し得る．PCV2 は感染豚から長期間排出され，環境中に多く存在する．

1989 年にすでに PCV2 が我が国に侵入しており，1999 年には検査した農場の 96.6% に浸潤していることが報告された [4]．

2）豚マイコプラズマ性肺炎

病原体は *Mycoplasma hyopneumoniae*.

一般的に 2 ～ 6 か月齢の肥育豚での発病が多く [7]，数週間～数か月間持続する乾性の咳を呈する [7]．死亡率は低いが発育不全を呈し飼料効率が低下する [7]．線毛上皮の喪失を惹起することで 2 次感染を起こし，呼吸器複合病（PRDC）の原因となる．

感染豚の口腔・気道分泌物の付着した鼻端の接触（直接接触伝播）や，発咳した時の飛沫の吸引（飛沫伝播）によって伝播が成立する [7]．

補体結合反応を用いた抗体検査では極めて高い抗体陽性率を示し，感染率は高いことが報告されている [7]．

3-2.　ワクチンの歴史

本剤は，既承認製剤である豚サーコウイルス（2 型・組換え型）感染症（カルボキシビニルポリマーアジュバント加）不活化ワクチン（以下「PCV2 不活化ワクチン」，2008 年承認）およびマイコプラズマ・ハイオニューモニエ感染症カルボキシビニルポリマーアジュバント加不活化ワクチン（以下「Mhp 不活化ワクチン」，2011 年承認）の 2 つの抗原を使用時に混合し投与するワクチンである．これら 2 つの既存製品は，研究開発の段階から使用時に混合投与することを想定し，同じアジュバント，同じ投与量で調整されている．日本国内では 2012 年に各抗原を左右頸部に同時に投与する承認を取得した後，2013 年 7 月に用時混合投与が可能な製品として承認を取得した．また，2014 年 7 月以降，*M. hyopneumoniae* 不活化抗原は全てヘッドスペース容器の製品となっている．

3-3. 製造用株

1）PCV2

PMWS 罹患豚から分離した PCV2 株の *ORF2* 遺伝子をバキュロウイルスに挿入し，作製した組換えバキュロウイルス（N120-058W）を製造用株とした．製造用株をバキュロウイルス感受性細胞に接種すると，細胞変性効果を伴って増殖し，PCV2 の ORF2 蛋白抗原を発現する．

2）*M. hyopneumoniae*

英国の流行性肺炎感染豚の肺病変から分離された *M. hyopneumoniae* の ATCC25934 株に由来する．米国ミズーリ大学の Kim S. Wise 博士より米国の Boehringer Ingelheim Vetmedica 社が本株の分与を受けた後，3 代継代して J 株 B-3745 と命名した．

3-4. 製造方法

1）PCV2 不活化抗原

製造用株を昆虫由来培養細胞に接種し，25 ～ 29℃で最大 8 日間培養する．回収した培養液をろ過した後，バイナリーエチレンイミンで不活化し，不活化剤を中和したものを原液とする．原液にアジュバントとしてカルボキシビニルポリマーを加え，分注したものを小分製品とする．

2）*M. hyopneumoniae* 不活化抗原

M. hyopneumoniae J 株 B-3745 株を培地で増殖させ不活化したのちアジュバントとしてカルボキシビニルポリマーを加え，分注したものを小分製品とする．

3-5. 安全性試験成績

PCV2 不活化抗原と *M. hyopneumoniae* 不活化抗原を等量ずつ混合調製し，常用量群 3 頭には 2mL/ 頭を，5 倍量群には 10mL/ 頭を右頚部筋肉内に投与した．対照群 3 頭には生理食塩液 10mL/ 頭を右頚部筋肉内に投与し，投与後 21 日目に全頭安楽死させた．

試験期間中，いずれの群においても一般状態および投与部位に変化は認められなかった．また常用量群と 5 倍量群の体重および増体量に，対照群との有意差は認められなかった．体温測定結果においては，常用量群では投与後 3 時間から 1 日の間に 1 頭が高体温を示し，5 倍用量群では投与後 3 時間で全頭が，投与後 6 時間から 1 日の間に 2 頭が高体温を示したが，いずれも投与後 2 日までに回復していた．よって，体温上昇は一過性かつ軽度の変化と考えられた．

以上の結果より，PCV2 不活化抗原と *M. hyopneumoniae* 不活化抗原の混合投与の安全性が確認された．

3-6. 効力を裏付ける試験成績

1）効果試験成績

a）PCV2 に対する効果

生後 21 ± 3 日の帝王切開摘出・初乳非投与（CDCD）豚に対し，PCV2 と *M. hyopneumoniae* の混合抗原 2mL，既承認の PCV2 不活化ワクチン 1mL あるいは生理食塩液 2mL のいずれかを単回頚部筋肉内投与した．投与後 17 日で PCV2 を感染させ，一般状態，血中からの PCV2 遺伝子検出，PCV2 抗体価，リンパ組織における組織学的検査および免疫組織化学的検査（PCV2 抗原検出）について比較を行った．その結果，いずれの項目においても混合抗原投与群と PCV2 不活化ワクチン投与群の間に有意差は認められなかったことから，混合抗原は PCV2 感染に対して既承認の PCV2 不活化ワクチンと同等の有効性を有することが確認された．

b）*M. hyopneumoniae* に対する効果

生後 21 日の *M. hyopneumoniae* および豚繁殖・呼吸障害症候群ウイルス（PRRSV）の ELISA 抗体陰性の豚に対し，PCV2 不活化抗原と *M. hyopneumoniae* の不活化抗原を混合したもの 2mL，既承認の Mhp 不活化ワクチン 1mL あるいは生理食塩液 2mL のいずれかを単回頚部筋肉内投与した．投与後 33 日で *M. hyopneumoniae* 感染攻撃を行い，一般状態，血中 ELISA 抗体価，肺組織からの *M. hyopneumoniae* 遺伝子検出，*M. hyopneumoniae* 性肺病変スコアについて比較を行った．その結果，いずれの項目においても混合抗原投与群と Mhp 不活化ワクチン投与群の間に有意差は認められなかったことから，混合抗原は *M. hyopneumoniae* 感染に対して既承認の Mhp 不活化ワクチンと同等の有効性を有することが確認された．

2）最小有効量

既承認の PCV2 不活化ワクチンおよび Mhp 不活化ワクチンについて，それぞれ試験を実施し，最小有効量の 1.0 相対力価を決定している．PCV2 不活化抗原と *M. hyopneumoniae* 不活化抗原を混合投与した場合の抗体応答能の相互干渉作用の試験成績から，両抗原に対する免疫応答能に相互干渉作用がないことも確認されている．

3）免疫持続

a）PCV2 に対する免疫持続期間

既承認の PCV2 不活化ワクチンについて，CDCD 豚で免疫持続期間に関する試験を行った結果，少なくとも 4 か月間の免疫持続が確認されている．また PCV2 不活化抗原と *M. hyopneumoniae* 不活化抗原を混合投与した場合の抗体応答能の相互干渉作用の試験成績から，両抗原に対する免疫応答能に相互干渉作用がないことが確認されている．このことよ

表 2-20 イタリアの臨床試験の結果

	ワクチン投与群	ワクチン非投与群	p 値
頭数	261 頭	261 頭	—
離乳〜出荷の死亡率	4.2%	12.6%	＜ 0.001
離乳〜出荷の発育不良豚の発生率	7.3%	13.8%	＜ 0.02
平均出荷日齢	303 日齢	304 日齢	—
平均枝肉重量	140.6kg	135.5kg	＜ 0.01

り，混合抗原を投与した場合，少なくとも投与後 4 か月間は PCV2 に対する免疫が持続すると考えられた．

また，本製品承認後，イタリアの農場で本 PCV2 不活化ワクチン 1mL を 3 週齢の豚の頚部筋肉内に 1 回投与した試験が報告されている[6]．当該農場は肉豚飼養期間が約 10 か月と長く，肥育舎で PCV2 野外感染が確認されている．試験の結果，ワクチン投与豚では離乳から出荷までの約 9 か月間の生産成績（死亡率，発育不良豚発生率，枝肉重量）がワクチン非投与豚と比較して有意に改善した（表 2-20）．本事例をはじめとする複数の野外事例から，PCV2 不活化ワクチンの免疫持続期間は 4 か月間以上であることが示されている．

b）*M. hyopneumoniae* に対する免疫持続期間

既承認の Mhp 不活化ワクチンについて，*M. hyopneumoniae* と PRRSV の抗体陰性の豚で免疫持続期間に関する試験を行った結果，少なくとも 26 週間の免疫持続が確認されている．また PCV2 不活化抗原と *M. hyopneumoniae* 不活化抗原を混合投与した場合の抗体応答能の相互干渉作用の試験成績から，両抗原に対する免疫応答能に相互干渉作用がないことが確認されている．

これらのことより，混合抗原を投与した場合，少なくとも投与後 26 週間は *M. hyopneumoniae* に対する免疫が持続すると考えられた．

4）移行抗体の影響

既承認の PCV2 不活化ワクチンに関するドイツでの臨床試験において，高い移行抗体を有する子豚と低い抗体価を有する子豚でのワクチン効果に有意な差がないことが報告されており，移行抗体による影響は少ないと考えられる[3]．

3-7. 臨床試験成績

国内 2 農場の豚 236 頭を 3 群に割り付け，試験群は PCV2 不活化抗原と *M. hyopneumoniae* 不活化抗原を混合したもの 2mL を 3 週齢時に筋肉内投与，対照群は既承認の単回投与 Mhp 不活化ワクチンを 1 週齢時，PCV2 不活化ワクチンを 3 週齢時に筋肉内投与した．衛星群は無投与とした[8]．

表 2-21 国内の臨床試験の結果

	試験群	対照群	衛星群
頭数	94 頭	94 頭	48 頭
死亡率	8.5% [a]	11.7% [a]	27.1% [b]
発育不良豚の発生率	3.2% [a]	3.2% [a]	12.5% [b]
体重（投与後 20 週時平均体重）	82.3kg [a]	82.2kg [a]	73.5kg [b]
1 日平均増体量	0.543kg/ 日 [a]	0.543kg/ 日 [a]	0.480kg/ 日 [b]
豚マイコプラズマ性肺病変面積率	0.4% [a]	0.6% [a]	13.7% [b]

異なるアルファベット間で有意差あり．

1）有効性

死亡率，発育不良豚の発生率，体重，1 日平均増体量，PCV2 ウイルス血症，豚マイコプラズマ性肺病変陽性率および面積率により有効性を評価した．その結果，いずれの項目についても試験群と対照群に有意差は認められず（表 2-21），国内野外条件下で飼育されている豚に対する PCV2 不活化抗原と *M. hyopneumoniae* 不活化抗原の混合投与の有効性が確認された．

2）安全性

試験期間中，投与部位に異常は認められず，異常症状の発現率および増体量においても試験群と対照群に有意差は認められなかったことから，国内野外条件下で飼育されている豚に対する PCV2 不活化抗原と *M. hyopneumoniae* 不活化抗原の混合投与の安全性が確認された．

3-8. 使用方法

1）用法・用量

豚サーコウイルス2型不活化抗原および *M. hyopneumoniae* 不活化抗原のそれぞれ全量を混合したものの 2mL を，3 〜 5 週齢の子豚の頚部筋肉内に 1 回投与する．

M. hyopneumoniae 不活化抗原がヘッドスペース容器の製品では，添付の連結針を用いて，豚サーコウイルス 2 型不活化抗原の全量を *M. hyopneumoniae* 不活化抗原に注入し，混合する（図 2-13）．

2）効能・効果

豚サーコウイルス 2 型感染に起因する死亡率の改善，発育不良豚の発生率の低減，増体量の低下の改善，症状の改善およびウイルス血症発生率の低減，ならびに豚マイコプラズマ性肺炎による肺病変形成抑制と増体量低下の軽減．

3）使用上の注意

本剤投与後，投与部位に一過性の軽度な腫脹が認められることがあり，また一過性の軽度な体温の上昇が認められるこ

C M
PCV2 抗原　Mhyo 抗原　連結針

A

B

注意
誤って手に刺さない
ために，一方のキャッ
プのみ外して Mhyo
抗原に刺したのち，
もう一方のキャップ
を外してください.

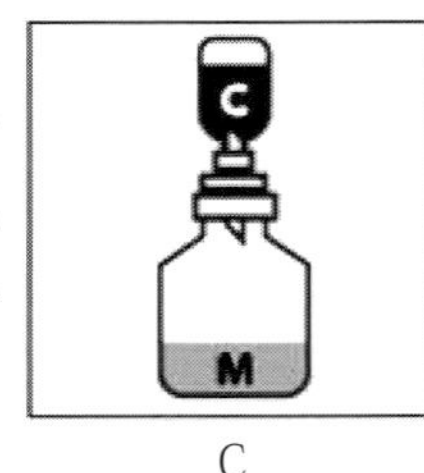

C

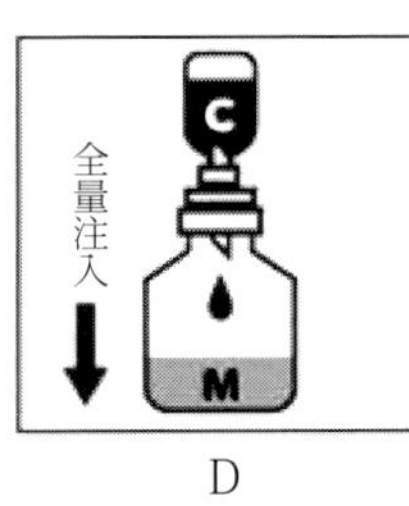

D

E

図 2-13　適切に両抗原を混合する手順例（マイコプラズマ・ハイオニューモニエ不活化抗原がヘッドスペース容器の場合）
①豚サーコウイルス 2 型不活化抗原（PCV 抗原）およびマイコプラズマ・ハイオニューモニエ不活化抗原（Mhyo 抗原）のそれぞれを内容を均一にするために振盪混和する（A）.
②連結針のキャップを外し，一方を Mhyo 抗原（正立）に刺す（B）.
③連結針のもう一方に PCV 抗原（倒立）を刺し（C），全量が Mhyo 抗原に注入されるまで待つ（D）.
④液色が均一の橙色～赤褐色となるよう混和する（E）.

とがある.

投与後は激しい運動はさせないようにする．副反応が認められた場合には，速やかに獣医師の診察を受け，副反応に対して適切な処置を行う.

他の薬剤（ワクチン）を加えて使用しない.

3-9. 貯法・有効期間

2 ～ 8℃で保存する．有効期間は製造後 24 か月．ただし，最終製品および各小分製品には，各小分製品の製造日から起算した最終有効年月のうち，いずれか早い方の最終有効年月を統一して表示する.

引用文献

1）Allan, G.M.（2000）：*Arch. Virol.* 145, 2421-2429.
2）Chae, C.（2005）：*Vet. J.* 169, 326-336.
3）Fachinger, V. et al.（2008）：*Vaccine* 26,1488-1499.
4）Kawashima, K. et al.（2003）：Proceedings of 1st APVS, 45-53.
5）Krakowka, S. et al.（2001）：*Vet. Pathol.* 38, 31-42.
6）Terreni, M. et al.（2009）：Proceedings of 1st ESPHM, 74.
7）柏崎 守ら（1999）：豚病学第 4 版，377-384.
8）森 研一ら（2013）：平成 24 年度日本獣医師会獣医学術学会年次大会講演要旨集，130.

【加納里佳】

4. 豚サーコウイルス（2 型・組換え型）感染症（カルボキシビニルポリマーアジュバント加）・豚繁殖・呼吸障害症候群・マイコプラズマ・ハイオニューモニエ感染症（カルボキシビニルポリマーアジュバント加）混合ワクチン

4-1. 疾病の概要

1）豚サーコウイルス関連疾病

119 頁参照.

2）豚マイコプラズマ性肺炎

119 頁参照.

3）豚繁殖・呼吸障害症候群

病原体は，豚繁殖・呼吸障害症候群（PRRS）ウイルス．エンベロープを有し，ゲノムは一本鎖（＋）RNA である.

繁殖豚群では死流産，早産，虚弱子豚の娩出，妊娠期間の延長等の繁殖障害が認められる．肉豚では，腹式呼吸，元気消失，発育不良，死亡率の上昇等が認められる．肺胞マクロファージを死滅させるため 2 次感染が起こりやすくなり，豚呼吸器複合病（PRDC）を引き起こす[3].

感染豚の鼻汁，糞便，精液，流産胎子等との接触，飛沫および交配による水平伝播と，経胎盤感染が起こる．汚染された衣服・長靴や注射針，ネズミや昆虫などによる機械的伝播や，風による伝播も成立する[4].

我が国では 1994 年に初めて報告がされているが[5]，1986 年には国内にウイルスが侵入していたことが遡り調査の結果判明している．現在，全国で発生が認められ，国内の年間被害総額は 283 億円に達すると試算されている[6].

4-2. ワクチンの歴史

本剤は，既承認の豚サーコウイルス（2 型・組換え型）感染症・マイコプラズマ・ハイオニューモニエ感染症混合（カルボキシビニルポリマーアジュバント加）不活化ワクチンと既承認の PRRS 生ワクチンを組み合わせたもので，使用時に混合・溶解して投与するワクチンである.

PRRS 生ワクチンは，日本国内では 1997 年に子豚用として承認を受けた後，2005年に適用を拡大し，繁殖用雌豚適用の追加承認を受けている．

米国およびカナダにおいて，子豚の生産性を著しく阻害する豚サーコウイルス2型（PCV2）感染症，*Mycoplasma hyopneumoniae* 感染症および PRRS を単回投与で包括的に予防可能なワクチンを開発することを目的とし，すでに開発され上市されていた PCV2 不活化ワクチンとマイコプラズマ・ハイオニューモニエ不活化ワクチン，および PRRS 弱毒生ワクチンの用時混合製剤の検討が開始された．感染攻撃試験および野外試験の結果，有効性と安全性が確認され，米国では2009年10月，カナダでは2010年12月に承認を得て販売されている．

日本においても北米と同様，PCV2，*M. hyopneumoniae* および PRRS 感染症予防に対する利便性に富む製剤開発の要望が高いことから，単回投与型の用時混合ワクチンの開発を開始し，2015年10月の承認に至った．なお，現在販売されている製品の *M. hyopneumoniae* 不活化抗原は全てヘッドスペース容器となっている．

4-3. 製造用株

1）PCV2

120頁参照.

2）*M. hyopneumoniae*

120頁参照.

3）PRRS ウイルス

PRRS 野外発症豚より分離した北米型 PRRS ウイルス株（VR-2332）を，アカゲザルの腎臓由来の株化細胞である MA-104 培養細胞を用いて継代培養し弱毒化したものを製造用株（JJ1882）とした．

4-4. 製造方法

1）PCV2 不活化抗原

120頁参照.

2）*M. hyopneumoniae* 不活化抗原

120頁参照.

3）豚繁殖・呼吸障害症候群ウイルス乾燥抗原

製造用株を MA-104 細胞で増殖させ，そのウイルス液に安定剤を加え，凍結乾燥したのち減圧化で封じたものを製品とする．

4-5. 安全性試験成績

PCV2 不活化抗原50用量分と *M. hyopneumoniae* 不活化抗原50用量分の全量を PRRS ウイルス乾燥抗原（PRRS 抗原）50用量分に入れ混合調製した．安全性試験供試豚である常用量群および5倍量群それぞれ3頭に被験物質の常用量および5倍量を左頸部筋肉内に1回投与した．対照群3頭には生理食塩液10mL を左頸部筋肉内に1回投与し，投与後21日に全頭安楽死させた．

その結果，一般状態および投与部位，体重，体温，臨床病理学的検査所見，剖検所見および器官重量のいずれにおいても，被験物質投与に関連した有意な変化は認められなかった．病理組織学的検査において，常用量群・5倍量群で投与部位筋肉に炎症性細胞浸潤が認められ，被験物質投与に伴った異物性反応と考えられたが，投与局所以外の検査項目で被験物質投与に起因すると考えられる変化を認めなかったことから，被験物質の投与が生体に及ぼした影響は極めて軽微なものと判断された．

4-6. 効力を裏付ける試験成績

1）3つの抗原を混合投与した場合の抗体応答能の相互作用

PCV2 不活化抗原，*M. hyopneumoniae* 不活化抗原および PRRS 抗原を混合投与した場合の抗体応答能の相互作用の確認を行った．

4～5週齢の豚を4群に割り付け，第1群は無処置群，第2群には PCV2 不活化抗原と *M. hyopneumoniae* 不活化抗原を等量混合したものの2mL を，第3群には PRRS 抗原を溶解用液で溶解したものの2mL を，第4群には PCV2 不活化抗原と *M. hyopneumoniae* 不活化抗原を等量混合し同量の PRRS 抗原を溶解したものの2mL を，それぞれ右頸部筋肉内に単回投与した．ワクチン投与直前から投与後8週までの毎週，血液中の PCV2，*M. hyopneumoniae* および PRRS 抗体価を測定した．

その結果，3抗原に対する免疫応答能に相互作用（増強または干渉）がないことが確認された．

2）効果試験成績

a）PCV2 感染症に対する効果

生後21±3日の帝王切開摘出初乳未摂取（CDCD）豚60頭を3群に無作為割り付けし，3つの抗原を混合したもの2mL または対照薬（滅菌蒸留水2mL）を単回筋肉内投与した．残り1群はワクチン無投与の隔離対照群とした．ワクチン投与後31日に，隔離対照群を除く全頭に PCV2 病原性株を接種し，ワクチン投与後56日に全頭安楽死させた．主要評価項目をリンパ節のリンパ球枯渇，炎症およびリンパ節における PCV2 抗原検出とし，いずれの項目においても3抗原混合投与群では対照薬群と比較し，有意な防御効果を示した（表2-22）．このことから，3つの抗原を混合投与した場合の PCV2 感染症に対する有効性が確認された．

b）*Mycoplasma hyopneumoniae* 感染症に対する効果

生後24～25日の *M. hyopneumoniae* および PRRS ウイルスの ELISA 抗体価陰性の豚45頭を3群に無作為割り付けし，

表 2-22　攻撃試験成績結果

		3 抗原混合投与群	対照薬群
PCV2 に対する有効性の主要評価項目	リンパ球の枯渇	0.0% [a]	83.3% [b]
	リンパ節の PCV2 抗原陽性	8.3% [a]	91.7% [b]
Mhyo に対する有効性の主要評価項目	肺病変スコア	3.8% [c]	10.6% [d]
PRRSV に対する有効性の主要評価項目	肺病変スコア	4.5% [a]	32.9% [b]

異なるアルファベット間で有意差あり（a, b：$p < 0.0001$，c, d：$p = 0.0078$）

3 つの抗原を混合したもの 2mL または対照薬（滅菌蒸留水 2mL）を単回筋肉内投与した．残り 1 群はワクチン無投与の隔離対照群とした．ワクチン投与後 35 日に，隔離対照群を除く全頭に *M. hyopneumoniae* 病原性株で攻撃を行い，ワクチン投与後 63 日に全頭安楽死させた．その結果，3 抗原混合投与群の *M. hyopneumoniae* 性肺病変スコアは対照薬群と比較して有意に低く（表 2-22），3 つの抗原を混合投与した場合の *M. hyopneumoniae* 感染症に対する有効性が確認された．

c）PRRS ウイルス感染症に対する効果

生後 22 ～ 24 日の PRRS ウイルス ELISA 抗体価陰性の豚 54 頭を 3 群に無作為割り付けし，3 つの抗原を混合したもの 2mL または対照薬（滅菌蒸留水 2mL）を単回筋肉内投与した．残り 1 群はワクチン無投与の隔離対照群とした．ワクチン投与後 28 日に隔離対照群を除く全頭に PRRS ウイルス病原性株で攻撃を行い，ワクチン投与後 42 日に全頭安楽死させた．主要評価項目を肺病変スコアとし，3 抗原混合投与群では対照薬群と比較して有意な肺病変形成抑制が認められた（表 2-22）．このことから，3 つの抗原を混合投与した場合の PRRS ウイルス感染症に対する有効性が確認された[1)]．

3）最小有効量

既承認の PCV2 不活化ワクチンおよびマイコプラズマ・ハイオニューモニエ不活化ワクチンは，それぞれ試験を実施し，最小有効量の 1.0 相対力価を決定している．既承認の PRRS 弱毒生ワクチンについても試験を実施し，1 ドース当たりの抗原量を $10^{4.9}$ ～ $10^{6.7}$ $TCID_{50}$ と決定している．また上述のように，3 つの抗原を混合投与した場合の抗体応答能の相互干渉作用の試験成績から，3 抗原に対する免疫応答能に相互作用（増強または干渉）がないことが確認された．

4）免疫持続

3 つの抗原を混合投与した場合，3 抗原に対する免疫応答能に相互作用（増強または干渉）がないことが確認されている．したがって，3 抗原を混合投与した場合の免疫持続期間は，既承認製剤の各単味ワクチンの免疫持続期間と同じである．PCV2 に対しては 4 か月間，*M. hyopneumoniae* に対しては 26 週間，PRRS ウイルスに対しては 110 日間免疫が少なくとも持続する．

5）移行抗体の影響

a）PCV2 分画対する移行抗体の影響

既承認の PCV2 不活化ワクチンに関して，ドイツでの臨床試験において，高い移行抗体を有する子豚と低い抗体価を有する子豚でのワクチン効果に有意な差がないことが報告されており，移行抗体による影響は少ないと考えられる[2)]．

b）PRRS 分画に対する移行抗体の影響

既承認の PRRS 生ワクチンに関して，ワクチン効果に及ぼす移行抗体の影響を検討した．本剤で免疫した母豚由来の 4 ～ 5 週齢の子豚を 2 群に分け，本剤投与群と未投与対照群とした．ワクチン投与後 27 日に両群に対し PRRS ウイルス病原性株を接種した結果，ワクチン投与群では症状改善が認められたことから，本剤効果に及ぼす移行抗体の影響は少ないと考えられた．

4-7．臨床試験成績

国内 2 農場の豚 220 頭を 3 群に割り付け，被験薬群は本剤 2mL を 3 週齢時に筋肉内投与した．対照薬群は既承認製剤の PRRS 弱毒生ワクチン 2mL を 3 週齢時に，4 週齢時に既承認の PCV2 とマイコプラズマ・ハイオニューモニエ不活化ワクチンの異部同時投与製剤の PCV2 不活化抗原 1mL を右頚部筋肉内，*M. hyopneumoniae* 不活化抗原 1mL を左頚部筋肉内にそれぞれ 1 回投与した．もう 1 群はいずれのワクチン投与しない無投与群とした．

1）有効性

有効性の評価基準を①死亡率，②発育不良豚の発生率，③死亡豚と発育不良豚の合計発生率，④体重および増体量，⑤臨床スコア，⑥ PCV2 ウイルス血症陽性率，および⑦ *M. hyopneumoniae* による肺病変スコア，肺病変陽性率，肺病変面積率または *M. hyopneumoniae* の検出率とし，被験薬群と対照薬群を比較して，上記の項目に有意差がない場合を有効と判定した．その結果，各評価基準について被験薬群と対照薬群とに有意な差は認められなかった．

このことから，被験薬の PCV2，*M. hyopneumoniae*，PRRS ウイルス感染に対する有効性が示された．

2）安全性

被験薬投与後の投与部位の腫脹，硬結等の投与反応，投与後 2 週までの症状，被験薬投与に起因するアナフィラキシーショックおよび死亡などの重大な副作用，対照薬群との増体量の比較において，被験薬の安全性を評価した．その結果，全ての項目について被験薬は安全性評価基準を満たしていたため，野外における被験薬の安全性が確認された．

4-8. 使用方法

1）用法・用量

豚サーコウイルス２型不活化抗原，*M. hyopneumoniae* 不活化抗原および豚繁殖・呼吸障害症候群ウイルス乾燥抗原のそれぞれ全量を混合したものの 2mL を，３～５週齢の子豚の頚部筋肉内に１回投与する．

M. hyopneumoniae 不活化抗原がヘッドスペース容器の製品では，添付の連結針を用いて，豚サーコウイルス２型不活化抗原の全量を *M. hyopneumoniae* 不活化抗原に注入し混合した後，その全量を豚繁殖・呼吸障害症候群ウイルス乾燥抗原に注入し混合する（図 2-14）．

2）効能・効果

豚サーコウイルス２型感染に起因する死亡率の改善，発育不良豚の発生率の低減，増体量の低下の改善，症状の改善およびウイルス血症発生率の低減．豚マイコプラズマ性肺炎による肺病変形成抑制および増体量低下の軽減．豚繁殖・呼吸障害症候群ウイルス感染による子豚の生産阻害の軽減．

3）使用上の注意

a）豚に関する注意

投与後，投与部位に一過性の軽度な腫脹が認められることがあり，また，一過性の軽度な体温の上昇または一過性の発熱が認められることがある．投与後，激しい運動はさせないようにし，少なくとも２日間は安静に努め，移動等は避けること．また，温度管理等に十分注意し，豚に与えるストレスの軽減に努める．副反応が認められた場合には，速やかに獣医師の診察を受け，副反応に対して適切な処置を行う．

b）取扱いのための注意

他の薬剤（ワクチン）を加えて使用しない．PRRS 陰性農場では使用しない．

その他の注意：本剤に含まれる PRRS ワクチンウイルスの遺伝子配列情報については国際塩基配列データーベース（DDBJ, EMBL-Bank および GenBank）に登録されている（アクセッション番号：AF159149）．

4-9. 貯法・有効期間

２～8℃で保存する．有効期間は製造後 24 か月．ただし，最終製品および各小分製品は，各小分製品の製造日から起算した最終有効年月のうち，いずれか早い方の最終有効年月を

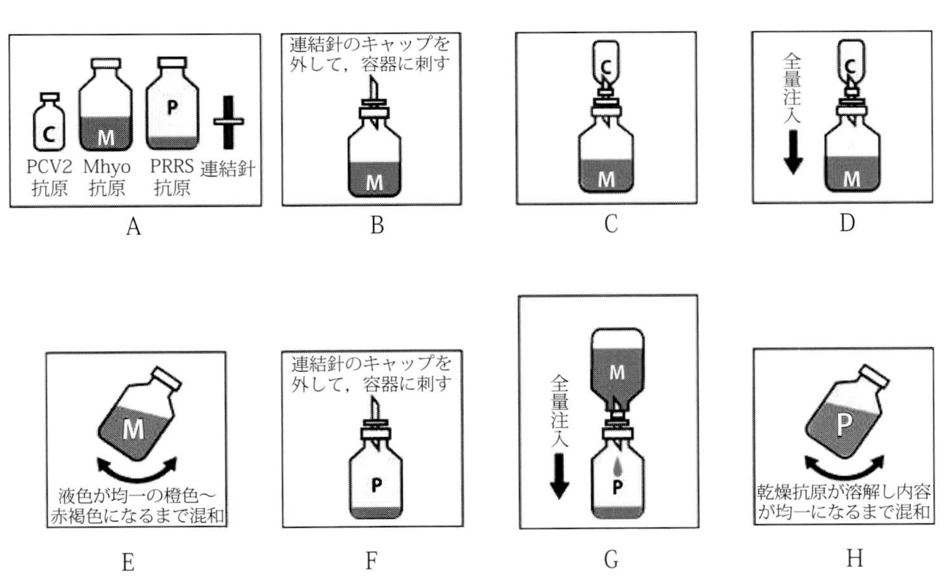

図 2-14　適切に抗原を混合する手順例（*M. hyopneumoniae* 不活化抗原がヘッドスペース容器の場合）

①豚サーコウイルス２型不活化抗原（PCV 抗原）および *M. hyopneumoniae* 不活化抗原（Mhyo 抗原）のそれぞれを内容を均一にするために振盪混和する（A）．
②連結針のキャップを外し，一方を *M. hyopneumoniae* 抗原（正立）に刺す（B）．
③連結針のもう一方に PCV 抗原（倒立）を刺し（C），全量が *M. hyopneumoniae* 抗原に注入されるまで待つ（D）．
④液色が均一の橙色～赤褐色となるよう混和する（E）．
⑤豚繁殖・呼吸障害症候群ウイルス乾燥抗原（PRRS 抗原）が正立となるように連結針を刺し（F），PCV 抗原と *M. hyopneumoniae* 抗原を混合した物（倒立）を連結針のもう一方に刺し，全量が PRRS 抗原に注入されるまで待つ（G）．
⑥ PRRS 抗原が溶解するまで混和する（H）．

統一して表示する．

引用文献

1）Eichmeyer, M. et al.（2010）：Proceedings of Allen D. Leman Conf, 175.
2）Fachinger, V. et al.（2008）：*Vaccine* 26,1488-1499.
3）Harms, P.A. et al.（2002）：*J Swine Health Prod* 10, 27-30.
4）Otake, S. et al.（2010）：*Vet Microbiol* 145, 198-208.
5）Shimizu, M. et al.（1994）：*J Vet Med Sci* 56, 389-391.
6）山根逸郎（2009）：PRRS コントロール技術集，89-99.

【加納里佳】

5. 豚丹毒生ワクチン

☞『動物用ワクチン』150 頁

ワクチンの概要		弱毒豚丹毒菌の培養菌液を凍結乾燥したワクチンである．
開発の経緯・製造用株等		戦後，アクリジン色素含有寒天培地で強毒豚丹毒菌を継代することにより弱毒化に成功し，生ワクチンとして応用されていた．1972 年からはアクリフラビン耐性弱毒豚丹毒菌小金井株（血清型 1a）がシードロットシステムで管理され，ワクチンが製造されている．本剤は，投与部位に丘疹形成が認められるが，いわゆる善感反応である．
使用方法	用法・用量	乾燥ワクチンに添付の溶解用液を加えて溶解し，1mL を豚の皮下に投与する．
	効能効果	豚丹毒の予防．
	使用上の注意	本剤投与後，2 ～ 3 日頃から投与局所にワクチン菌による発赤，丘疹（善感反応）が発現するが，この反応は 1 週間前後で消失する． SPF 豚等，特に豚丹毒菌に感受性の高い豚では善感反応の観察される時期に，投与局所以外の体表に，発赤や丘疹が発現する場合がある．この発赤や丘疹が重度で元気・食欲の異常，発熱等が見られた場合は適切な処置を行う（参考：ワクチン菌は特にペニシリン系の薬剤に感受性が高いので，体重 1kg 当たり約 50,000 単位の持続性ペニシリンを 3 日間投与するのが一般に有効とされている）．

【平山紀夫】

6. 豚丹毒（アジュバント加）不活化ワクチン

☞『動物用ワクチン』153 頁

ワクチンの概要		豚丹毒菌の培養菌液を不活化し，アルミニウムゲルアジュバントを添加したワクチンである．
開発の経緯・製造用株等		豚丹毒のワクチンとしては古くから生ワクチンが使用されていたが，SPF 豚に対して時に強い投与反応を惹起すること等から，不活化ワクチンが求められた．本剤の製造用株は血清型 2 で，1997 年に承認された．
使用方法	用法・用量	5 週齢以上の豚に 1mL ずつ 3 ～ 5 週間隔で 2 回，筋肉内に投与する．
	効能効果	豚丹毒の予防．
	使用上の注意	投与直後に一過性の副反応（元気消失，呼吸促迫および嘔吐等）が認められる場合がある．

【平山紀夫】

E. 神経症状・運動障害を示す感染症に対するワクチン

1. 豚ストレプトコッカス・スイス（2 型）感染症（酢酸トコフェロールアジュバント加）不活化ワクチン

☞『動物用ワクチン』174 頁

ワクチンの概要		*Streptococcus suis* 2 型菌の培養菌液を不活化し，酢酸トコフェロールアジュバントを添加したワクチンである．
開発の経緯・製造用株等		*S. suis* には多くの血清型があるが，2 型が最も多く流行している．本剤の製造用株は，英国で分離されたもので，日本では 2008 年に承認された．
使用方法	用法・用量	ワクチン 2mL を 2 週齢以上の豚に，3 週間間隔で 2 回，頚部筋肉内に投与する．
	効能効果	*S. suis* 血清型 2 型菌の感染による豚のレンサ球菌症の発症の軽減．
	使用上の注意	投与後，体温のわずかな上昇，あるいはふらつきが認められることがある．また投与後，投与局所にまれに腫脹が起こることがある．これらの症状は投与 24 時間以内には消失する．

【平山紀夫】

鶏用ワクチン

対象疾病	ワクチン名
A. 呼吸器系感染症に対するワクチン	
トリニューモウイルス感染症	1. トリニューモウイルス感染症生ワクチン……**128** 6. ニューカッスル病・鶏伝染性気管支炎2価・鶏伝染性ファブリキウス嚢病・トリニューモウイルス感染症混合（油性アジュバント加）不活化ワクチン……**130**
ニューカッスル病・鶏伝染性気管支炎	2. ニューカッスル病生ワクチン……**129** 3. 鶏伝染性気管支炎生ワクチン……**129** 4. ニューカッスル病・鶏伝染性気管支炎混合生ワクチン……**130** 5. ニューカッスル病・鶏伝染性気管支炎2価・鶏伝染性ファブリキウス嚢病・トリレオウイルス感染症混合（油性アジュバント加）不活化ワクチン……**130** 6. ニューカッスル病・鶏伝染性気管支炎2価・鶏伝染性ファブリキウス嚢病・トリニューモウイルス感染症混合（油性アジュバント加）不活化ワクチン……**130** 7. ニューカッスル病・鶏伝染性気管支炎2価・産卵低下症候群-1976・鶏伝染性コリーザ（A・C型）・マイコプラズマ・ガリセプチカム感染症混合（油性アジュバント加）不活化ワクチン……**131** 8. ニューカッスル病・鶏伝染性気管支炎3価・産卵低下症候群-1976・鶏伝染性コリーザ（A・C型）・マイコプラズマ・ガリセプチカム感染症混合（油性アジュバント加）不活化ワクチン……**131** 9. ニューカッスル病・鶏伝染性気管支炎2価・産卵低下症候群-1976・鶏伝染性コリーザ（A・C型組換え融合抗原）・マイコプラズマ・ガリセプチカム感染症混合（油性アジュバント加）不活化ワクチン……**132**
伝染性喉頭気管炎	10. 鶏伝染性喉頭気管炎生ワクチン……**136**
鳥インフルエンザ	11. 鳥インフルエンザ（油性アジュバント加）不活化ワクチン……**136**
伝染性コリーザ	7. ニューカッスル病・鶏伝染性気管支炎2価・産卵低下症候群-1976・鶏伝染性コリーザ（A・C型）・マイコプラズマ・ガリセプチカム感染症混合（油性アジュバント加）不活化ワクチン……**131** 8. ニューカッスル病・鶏伝染性気管支炎3価・産卵低下症候群-1976・鶏伝染性コリーザ（A・C型）・マイコプラズマ・ガリセプチカム感染症混合（油性アジュバント加）不活化ワクチン……**131** 9. ニューカッスル病・鶏伝染性気管支炎2価・産卵低下症候群-1976・鶏伝染性コリーザ（A・C型組換え融合抗原）・マイコプラズマ・ガリセプチカム感染症混合（油性アジュバント加）不活化ワクチン……**132**
鶏の大腸菌症	12. 鶏大腸菌症生ワクチン……**137** 13. 鶏大腸菌症（組換え型F11線毛抗原・ベロ細胞毒性抗原）（油性アジュバント加）不活化ワクチン……**140** 14. 鶏大腸菌症（O78型全菌体破砕処理）（脂質アジュバント加）不活化ワクチン……**140**
鶏の呼吸器性マイコプラズマ病	15. マイコプラズマ・ガリセプチカム感染症凍結生ワクチン……**141** 16. マイコプラズマ・シノビエ感染症凍結生ワクチン……**141** 7. ニューカッスル病・鶏伝染性気管支炎2価・産卵低下症候群-1976・鶏伝染性コリーザ（A・C型）・マイコプラズマ・ガリセプチカム感染症混合（油性アジュバント加）不活化ワクチン……**131** 8. ニューカッスル病・鶏伝染性気管支炎3価・産卵低下症候群-1976・鶏伝染性コリーザ（A・C型）・マイコプラズマ・ガリセプチカム感染症混合（油性アジュバント加）不活化ワクチン……**131** 9. ニューカッスル病・鶏伝染性気管支炎2価・産卵低下症候群-1976・鶏伝染性コリーザ（A・C型組換え融合抗原）・マイコプラズマ・ガリセプチカム感染症混合（油性アジュバント加）不活化ワクチン……**132**
B. 消化器系感染症に対するワクチン	
伝染性ファブリキウス嚢病	1. 鶏伝染性ファブリキウス嚢病生ワクチン（ひな用）……**141** 2. 鶏伝染性ファブリキウス嚢病生ワクチン（大ひな用）……**142** 3. 鶏伝染性ファブリキウス嚢病生ワクチン（ひな用中等毒）……**142** A-5. ニューカッスル病・鶏伝染性気管支炎2価・鶏伝染性ファブリキウス嚢病・トリレオウイルス感染症混合（油性アジュバント加）不活化ワクチン……**130** A-6. ニューカッスル病・鶏伝染性気管支炎2価・鶏伝染性ファブリキウス嚢病・トリニューモウイルス感染症混合（油性アジュバント加）不活化ワクチン……**130**

A. 呼吸器系感染症に対するワクチン

1. トリニューモウイルス感染症生ワクチン

☞『動物用ワクチン』228 頁

ワクチンの概要	弱毒七面鳥鼻気管炎ウイルス（TRTV）または弱毒鶏由来トリニューモウイルス（APV）を培養細胞で増殖させて得たウイルス液を凍結乾燥したワクチンである.
開発の経緯・製造用株等	1980 年代から鶏で APV 感染症が報告されるようになった．頭部腫脹症候群とも呼ばれ，ブロイラーでは飼料効率の低下，産卵鶏では産卵率の低下を引き起こし，経済的損害につながっていた．日本では，1999 年に弱毒 TRTV あるいは APV を用いた本生ワクチンが承認された．なお，2000 年には不活化ワクチンも承認された.

<table>
<tr><td rowspan="3">使用方法</td><td>用法・用量</td><td>a. 飲水投与
乾燥ワクチンを少量の飲用水に溶解した後，さらに日齢に応じた量の飲用水に溶かして 7 日齢以降の鶏に飲水投与する．ワクチンの投与前，数時間絶水させ，投与後 1 ～ 2 時間で飲み終わるようにする．
b. 噴霧投与
乾燥ワクチンに飲用水を加えて溶解し，7 日齢以降の鶏に噴霧量，噴霧時間，噴霧粒子の大きさなどを調整し，鶏舎を密封状態にして噴霧する．
c. 点鼻または点眼投与
乾燥ワクチンに 30mL の精製水を加えて溶解し，7 日齢以降の鶏に 1 滴（0.03mL）1 羽分となるように調製し，投薬器を用いて鼻腔あるいは眼に滴下する．いずれの場合にもワクチンが完全に吸い込まれたことを確認する．</td></tr>
<tr><td>効能効果</td><td>APV 感染による鶏の呼吸器症状の予防．</td></tr>
<tr><td>使用上の注意</td><td>本剤とニューカッスル病，鶏伝染性気管支炎生ワクチンまたはニューカッスル病・鶏伝染性気管支炎混合生ワクチンを同時投与すると，ウイルス間の干渉作用により本剤の効果が抑制される場合がある．</td></tr>
</table>

【平山紀夫】

2. ニューカッスル病生ワクチン

☞『動物用ワクチン』182 頁

<table>
<tr><td colspan="2">ワクチンの概要</td><td>弱毒ニューカッスル病（ND）ウイルスを発育鶏卵で増殖させて得たウイルス液を凍結または凍結乾燥したワクチンである．</td></tr>
<tr><td colspan="2">開発の経緯・製造用株等</td><td>ND は，病原性・感染性の強い伝染病で，養鶏家が最も恐れていた病気である．1956 年当時使用されていたワクチンは，発育鶏卵で増殖させたウイルスを不活化し，アルミニウムゲルアジュバントを添加したワクチンであった．1965 年に発生した致死性の高い ND は，全国に蔓延し，1967 年には死亡淘汰羽数が 194 万羽にも上った．1966 年，日本獣医学会に設置された家禽ワクチン協議会で，B_1 株が生ワクチンとして応用可能であるとされたことから，1967 年，米国から生ワクチンを緊急輸入すると共に，国産の生ワクチンも市販された．</td></tr>
<tr><td rowspan="3">使用方法</td><td>用法・用量</td><td>飲水，点鼻，点眼または噴霧によって投与する．
飲水投与：ワクチンを飲水に混合し，1 羽当たり 1 羽分になるように飲ませる．
点鼻または点眼投与：ワクチンを添付の溶解用液で溶解し，1 羽当たり 1 滴（約 0.03mL）ずつ点鼻または点眼する．
噴霧投与：添付の溶解用液，日本薬局方精製水または生理食塩液で溶解し，1 羽当たり 1 羽分を噴射する．ただし，噴霧投与は，通常 4 週齢以降で行う．</td></tr>
<tr><td>効能効果</td><td>ND の予防．</td></tr>
<tr><td>使用上の注意</td><td>誤ってワクチンウイルスが人の眼や鼻に入ると結膜炎などの原因になる恐れがある．</td></tr>
</table>

【平山紀夫】

3. 鶏伝染性気管支炎生ワクチン

☞『動物用ワクチン』185 頁

<table>
<tr><td colspan="2">ワクチンの概要</td><td>弱毒鶏伝染性気管支炎（IB）ウイルスを発育鶏卵で増殖させて得たウイルス液を凍結乾燥したワクチンである．</td></tr>
<tr><td colspan="2">開発の経緯・製造用株等</td><td>IB は，呼吸器症状を主徴とするが，腎炎による下痢症状，産卵率の低下や異常卵の産出など多様な症状を示す．本生ワクチンは，1968 年に承認され，同時にニューカッスル病との混合生ワクチンも市販された．IB ウイルスは，抗原的に異なるタイプが流行するため，種々のウイルス株でワクチンが製造されている．</td></tr>
<tr><td>使用方法</td><td>用法・用量</td><td>製品により異なるが，点眼，点鼻，飲水，散霧または噴霧法により投与する．
乾燥ワクチンを滅菌精製水等の溶解用液を加えて溶解し，点眼および点鼻投与の場合，1 羽分 0.03mL を点眼・点鼻用器具等を用いて投与する．飲水投与の場合，鶏の日齢に応じた量の飲用水に希釈して投与する．散霧および噴霧投与の場合，溶解したワクチンを必要に応じてさらに希釈し，散霧器あるいは噴霧器を用いて投与する．</td></tr>
</table>

<table>
<tr><td rowspan="2"></td><td>効能効果</td><td>IB の予防.</td></tr>
<tr><td>使用上の注意</td><td>ワクチン投与後に呼吸器症状が見られる場合がある.</td></tr>
</table>

【平山紀夫】

4. ニューカッスル病・鶏伝染性気管支炎混合生ワクチン

☞『動物用ワクチン』187 頁

<table>
<tr><td colspan="2">ワクチンの概要</td><td>弱毒ニューカッスル病（ND）ウイルスおよび弱毒鶏伝染性気管支炎（IB）ウイルスをそれぞれ発育鶏卵で増殖させて得たウイルス液を混合し，凍結乾燥したワクチンである.</td></tr>
<tr><td colspan="2">開発の経緯・製造用株等</td><td>ND と IB は，幼雛期に感染することから，混合ワクチンが望まれていた．しかし，両ウイルスは，鶏体内で干渉を起こすため，同時投与ができなかった．この問題は，両者の混合比を調整することにより干渉を抑制できることが見出され解決され，1968 年に本剤が承認された.</td></tr>
<tr><td rowspan="3">使用方法</td><td>用法・用量</td><td>乾燥生ワクチンに添付の溶解用液，日本薬局方生理食塩液または日本薬局方注射用水を加えて溶解し，点滴器具を用いて 1 羽当たり 1 滴点鼻または点眼投与するか，噴霧器を用いて噴霧投与する．または，鶏の日齢に応じた量の飲用水を加えて直接溶解し，飲水投与する.</td></tr>
<tr><td>効能効果</td><td>ND および IB の予防.</td></tr>
<tr><td>使用上の注意</td><td>鶏伝染性喉頭気管炎生ワクチンあるいは異なるタイプの IB 生ワクチンの投与に際しては，それぞれ 2 週間以上あるいは 1 週間以上（各製剤の使用説明書を参照）の間隔をあける.</td></tr>
</table>

【平山紀夫】

5. ニューカッスル病・鶏伝染性気管支炎 2 価・鶏伝染性ファブリキウス嚢病・トリレオウイルス感染症混合（油性アジュバント加）不活化ワクチン

☞『動物用ワクチン』189 頁

<table>
<tr><td colspan="2">ワクチンの概要</td><td>ニューカッスル病（ND）ウイルスおよび血清型のそれぞれ異なる 2 種類の鶏伝染性気管支炎（IB）ウイルスを発育鶏卵で増殖させて得たウイルス液ならびに鶏伝染性ファブリキウス嚢病（IBD）ウイルスおよびトリレオウイルス（AR）を培養細胞で増殖させて得たウイルス液をそれぞれ不活化し，それぞれに油性アジュバントを添加したものを混合したワクチンである.</td></tr>
<tr><td colspan="2">開発の経緯・製造用株等</td><td>ND，IB および IBD は，鶏の主要な伝染病で，その予防には生および不活化ワクチンが使用されてきた．不活化ワクチンではアルミゲルをアジュバントとしていたため，免疫の持続期間が短いという欠点があった．この欠点を克服したのが油性アジュバントであり，1993 年には ND, IB2 価, IBD 混合油性アジュバント不活化ワクチンが承認された．AR 感染症に対しても単味の生および不活化ワクチンが承認されており，混合化が望まれ，2002 年に本剤が承認された．製造用株は，いずれも日本の分離株である.</td></tr>
<tr><td rowspan="3">使用方法</td><td>用法・用量</td><td>5 週齢以上の鶏の頚部中央部の皮下に 1 羽当たり 0.5mL を投与する.</td></tr>
<tr><td>効能効果</td><td>ND，IB，IBD，AR 感染症の予防.</td></tr>
<tr><td>使用上の注意</td><td>肉用鶏（種鶏を除く）には投与しない.
投与後，まれに投与部位の腫脹，硬結等や顔面腫脹，食欲減退等が認められる場合がある.</td></tr>
</table>

【平山紀夫】

6. ニューカッスル病・鶏伝染性気管支炎 2 価・鶏伝染性ファブリキウス嚢病・トリニューモウイルス感染症混合（油性アジュバント加）不活化ワクチン

☞『動物用ワクチン』193 頁

<table>
<tr><td>ワクチンの概要</td><td>ニューカッスル病（ND）ウイルスおよび血清型のそれぞれ異なる 2 種類の鶏伝染性気管支炎（IB）ウイルスを発育鶏卵で増殖させて得たウイルス液ならびに鶏伝染性ファブリキウス嚢病（IBD）ウイルスおよび七面鳥鼻気管炎ウイルスを培養細胞で増殖させて得たウイルス液をそれぞれ不活化したものを混合し，油性アジュバントを添加したワクチンである.</td></tr>
<tr><td>開発の経緯・製造用株等</td><td>トリニューモウイルス感染症の予防のために生ワクチンおよび不活化ワクチンが使用されており，使用時期がほぼ同じであるニューカッスル病等の混合化が望まれ，2000 年に本剤が承認された．本剤は，ヨーロッパで開発されたもので，製造用株もヨーロッパで分離されたものである.</td></tr>
</table>

使用方法	用法・用量	7 週齢以上の種鶏および採卵用鶏の頚部中央部の皮下または胸部筋肉内に，1 羽当たり 0.5mL を投与する．
	効能効果	ND，IB および IBD の予防ならびに鶏のトリニューモウイルス感染による呼吸器症状および産卵低下の予防．
	使用上の注意	肉用鶏には投与しない． 投与後，投与部位に腫脹，硬結等が認められる場合がある．

【平山紀夫】

7. ニューカッスル病・鶏伝染性気管支炎 2 価・産卵低下症候群 -1976・鶏伝染性コリーザ（A・C 型）・マイコプラズマ・ガリセプチカム感染症混合（油性アジュバント加）不活化ワクチン

☞『動物用ワクチン』197 頁

ワクチンの概要		ニューカッスル病（ND）ウイルスおよび血清型のそれぞれ異なる 2 種類の鶏伝染性気管支炎（IBD）ウイルスを発育鶏卵で増殖させて得たウイルス液，産卵低下症候群 - 1976（EDS）ウイルスを発育アヒル卵または培養細胞で増殖させたウイルス液ならびに *Avibacterium paragallinarum*（A 型および C 型菌）および *Mycoplasma gallisepticum* の培養菌液をそれぞれ不活化したものに油性アジュバントを添加し，混合したワクチンである．
開発の経緯・製造用株等		鶏でのウイルス感染症と細菌感染症に対する初めての混合ワクチンは，ND，IB および鶏伝染性コリーザ（IC）A 型に対する混合不活化ワクチンで 1972 年に承認された．その後，混合されるワクチン数が増え，油性アジュバントの応用とあいまって，多様な混合ワクチンが使用されている．本剤の製造用株は，いずれも日本の分離株で，2001 年に承認された．
使用方法	用法・用量	5 週齢以上の鶏の頚部中央部の皮下に 1 羽当たり 0.5mL を投与する．
	効能効果	ND，IB，EDS，IC（A 型および C 型）の予防および *M. gallisepticum* 感染症による産卵率低下の軽減．
	使用上の注意	肉用鶏（種鶏を除く）には投与しない． 産卵開始前（4 週間以内）や産卵中の鶏に投与した場合，産卵開始の遅延あるいは低下を引き起こすことがあり，これらの時期には投与しない． 投与後，まれに投与部位の腫脹，硬結等や顔面腫脹，食欲減退等が認められる場合がある．

【平山紀夫】

8. ニューカッスル病・鶏伝染性気管支炎 3 価・産卵低下症候群 -1976・鶏伝染性コリーザ（A・C 型）・マイコプラズマ・ガリセプチカム感染症混合（油性アジュバント加）不活化ワクチン

☞『動物用ワクチン』201 頁

ワクチンの概要		ニューカッスル病（ND）ウイルスおよび 3 種類の鶏伝染性気管支炎（IB）ウイルスを発育鶏卵で増殖させて得たウイルス液，産卵低下症候群 -1976（EDS）ウイルスを発育アヒル卵で増殖させて得たウイルス液ならびに *Avibacterium paragallinarum*（A 型菌および C 型菌）および *Mycoplasma gallisepticum* の培養菌液をそれぞれ不活化したものを混合し，油性アジュバントを添加したワクチンである．
開発の経緯・製造用株等		鶏用の混合ワクチンで最多の 8 種類を含む本剤は，2006 年に承認された．製造用株は，台湾で分離された EDS ウイルス以外は日本の分離株である．
使用方法	用法・用量	50 日齢以上の鶏の脚部筋肉内に 0.5mL を投与する．
	効能効果	ND，IB，EDS，鶏伝染性コリーザ（A 型・C 型）の予防および *M. gallisepticum* 感染症による産卵率低下の軽減
	使用上の注意	粘稠度が高く，あらかじめ常温程度（約 20℃）に戻してから使用する．よく振り混ぜてから使用する．

【平山紀夫】

9. ニューカッスル病・鶏伝染性気管支炎2価・産卵低下症候群-1976・鶏伝染性コリーザ（A・C型組換え融合抗原）・マイコプラズマ・ガリセプチカム感染症混合（油性アジュバント加）不活化ワクチン

9-1. 疾病の概要

1）ニューカッスル病

ニューカッスル病（ND）は，NDウイルス（*Paramyxoviridae*, *Avulavirus*）によって起こされる鳥類の急性伝染病である．ウイルスの起病性により，急性の致死感染を起こす強毒内臓型（ドイル型，アジア型），呼吸器症状と神経症状を主徴とする強毒神経型（ビーチ型），産卵の急激な低下と軽い呼吸器症状が見られ，成鶏では見られないがひなに数％の死亡をもたらす中等毒型（ボーデット型），症状は全く見られず不顕性に経過する弱毒型（ヒッチャー型）が知られている．主な伝播様式は，感染鶏の呼吸器や消化器からの排泄物等の接触感染である．

2）伝染性気管支炎

伝染性気管支炎（IB）は世界的に蔓延している鶏の急性伝染病で，伝染性気管支炎ウイルス（IBV，*Coronaviridae*, *Gammacoronavirus*）によって引き起こされる．本病は呼吸器症状を主徴とするが，腎炎による下痢様症状，産卵率の低下や異常卵の産出など多彩な症状を示す．感染鶏の呼吸器や消化器から排出されたウイルスに接触することで急速に伝播する．IBVの抗原性は多彩で，これまでに数多くの血清型が報告されているので，IBを効果的に予防するためには，野外流行株の抗原性に対応可能なワクチネーションを行うことが重要である．

3）*Mycoplasma gallisepticum* 感染症

鶏における *Mycoplasma gallisepticum*（Mg）感染症は，CRDあるいは鶏マイコプラズマ症と呼ばれる慢性的な呼吸器疾患で，介卵感染と感染鶏との接触，飛沫の吸入等で伝播する．Mg感染症によりもたらされる損害は，単に罹患鶏の死亡淘汰による育成率あるいは生存率の低下に留まらず，飼料効率や産卵率の低下，卵質の低下，種鶏においては，受精率や孵化率の低下，虚弱雛の増加等であり，その経済的損失は甚大なものである．

4）産卵低下症候群（EDS）

EDSウイルス感染によって起こる卵殻形成不全卵の産出を伴った産卵率低下を主徴とする伝染病である．発見された年にちなんでEDS-1976と名づけられたが，近年はEDSと表記されている[1]．感染した種鶏からの介卵感染と水平感染によって伝播する．病原体であるEDSウイルスはアデノウイルス科のグループⅢトリアデノウイルス（*Atadenovirus* 属）に属し，鶏，アヒル，七面鳥などの鳥類の赤血球を凝集する[4]．日本では，1978年に鳥取県の肉用種鶏で最初の発生が報告されて以来，近年まで散発的に発生報告が続いている[3]．

5）鶏伝染性コリーザ（IC）

Avibacterium paragallinarum の感染によって起こる鼻汁の漏出，顔面の腫脹，産卵の低下などを主徴とする急性の呼吸器病である．感染鶏との接触や鼻汁で汚染された飲水・飼料などを介して伝播する．病原体である *A. paragallinarum* はグラム陰性，非運動性の小桿菌であり，莢膜を形成し，凝集素に基づく型別ではA, B, Cの3型に分類される．日本では，1962年以降にA型による発生が認められ，その後1975年以降にC型菌による野外発生例が多発し，大きな経済的被害をもたらした．しかしながら，近年ではワクチンの使用に伴い，その発生は極めてまれとなった[2]．

9-2. ワクチンの歴史

養鶏場の大規模化に伴い，成鶏農場では追加投与が困難となり，育成農場においても少ない投与回数および投与量で効果が持続するワクチンに対する要望に対して，ND, IB 2価，*M. gallisepticum* 感染症，産卵低下症候群および伝染性コリーザを対象疾病とする混合不活化ワクチンが開発され，2001年に承認された．このワクチンのIC抗原は *A. paragallinarum* A型菌およびC型菌製造用株をそれぞれ培養し，不活化した全菌体抗原を用いており，EDS抗原にはEDSウイルス製造用株を発育アヒル卵で培養し，不活化した抗原を用いていた．

一方，本剤はIC抗原に *A. paragallinarum* A型菌およびC型菌の防御抗原を大腸菌で発現させた組換え抗原を，EDS抗原にアヒル幹細胞由来株化細胞であるEB66細胞を用いた組織培養ウイルス抗原を用いており，2012年に承認された．*A. paragallinarum* の菌体成分および発育アヒル卵由来の夾雑抗原が低減され，投与局所反応を軽減したワクチンとなっている．本剤はコンポーネント化したIC抗原を含む世界初の鶏用ワクチンである．

9-3. 製造用株

1）NDウイルス

石井株は，農林水産省動物医薬品検査所から分与されたものである．石井株を10日齢発育鶏卵の尿膜腔内に注射すると増殖し，その尿膜腔液には鶏赤血球凝集性を認める．

2）IBウイルス

a）練馬 E_{10} 株

練馬 E_{10} 株は，農林水産省家畜衛生試験場（以下「動衛研」，

現 農研機構動物衛生研究部門）鶏病支場から分与された練馬株を，発育鶏卵で10代継代して得られたものである．練馬 E_{10} 株を10日齢の発育鶏卵の尿膜腔内に接種すると，特徴的な病変を伴って増殖する．

b）TM-86EC 株

TM-86EC株は，1986年，鹿児島県下の産卵低下を示した鶏群の鶏の腎から，9～10日齢の発育鶏卵で分離し，3代継代して得られたTM-86株を発育鶏卵でクローニングを3代行い，さらに発育鶏卵で4代継代したものである．TM-86EC株を10日齢の発育鶏卵の尿膜腔内に接種すると，特徴的な病変を伴って増殖する．

3）EDS

製造にはEDSウイルスKE-80株を用いる．1980年，産卵低下を示した鶏群の鶏の糞便から分離し，継代，クローニングしたものを原株とした．この株を11日齢の発育鶏卵または14日齢の発育アヒル卵の尿膜腔内に接種すると増殖し，その尿膜腔液には鶏赤血球凝集性を認める．

4）*A. paragallinarum* AC 融合抗原

製造には *A. paragallinarum* 由来防御抗原製造用遺伝子導入大腸菌rCorAC24株を用いる．*A. paragallinarum* A型菌No.221株 *HMTp210* 遺伝子の一部である *CorA*Δ*5-1* と *A. paragallinarum* C型菌53-47株 *HMTp210* 遺伝子の一部である *CorC*Δ*5-1* を連結し，融合抗原として発現するよう構築した発現プラスミドpCorACΔ5-1を導入した大腸菌を原株とした．

5）*M. gallisepticum* 感染症

製造には *M. gallisepticum* 63-523株を用いる．1988年，呼吸器症状を示した鶏群の鶏の気管から分離し，継代，クローニングしたものを原株とした．この株は鶏に対して病原性を示す．

9-4. 製造方法

本剤は，発育鶏卵で培養したNDウイルス石井株，IBウイルス練馬 E_{10} 株，TM-86EC株，EB66細胞で培養したEDSウイルスKE-80株および製造用培地で培養した *M. gallisepticum* 63-523株をホルマリンで不活化したもの，ならびに *A. paragallinarum* 由来防御抗原製造用遺伝子導入大腸菌rCorAC24株で発現させた *A. paragallinarum* AC融合抗原に，それぞれオイルアジュバントを加え乳化して得た原液を混合し，分注して小分製品としたものである．

9-5. 効力を裏付ける試験成績

1）AC 融合抗原の免疫原性

A. paragallinarum AC融合抗原を含む試作ワクチンを10羽のSPF鶏に免疫し，非投与対照群10羽と同居飼育した．

表 2-23 *A. paragallinarum* AC 融合抗原の発症防御効果

試験群	防御率*	
	A 型菌	C 型菌
ワクチン投与	100	100
非投与対照	0	0

＊A型菌またはC型菌に対する防御率：防御羽数 / 供試羽数（%）

投与後4週目にワクチン投与鶏と非投与対照鶏を5羽ずつに分け，それぞれA型菌No.221株またはC型菌53-47株で経鼻攻撃し，攻撃後1週間の臨床観察を行った．観察期間中に症状（顔面腫脹，鼻汁，流涙など）を1日以上呈したものを発症とし，呈しなかったものを防御とした．

A. paragallinarum AC融合抗原を免疫した鶏はA型菌で攻撃後1週間にわたり症状を示さず，A型菌に対する防御効果が認められた（表2-23）．一方，非投与対照群の全ての鶏はA型菌の攻撃後に顔面腫脹や鼻汁などの症状を呈して発症した．C型菌による攻撃においても免疫群では症状を認めず（表2-23），C型菌に対する防御効果が示された．これらの結果より，*A. paragallinarum* AC融合抗原はAC両血清型に対する発症防御免疫を誘導するために十分な免疫原性を有していると考えられた．

2）免疫の持続期間

SPF鶏の背側部皮下または脚部筋肉内に試作ワクチン0.5mLを投与し，経時的に抗体価を測定することによって免疫の持続期間を評価した．なお，各疾病の発症防御は，様々な抗体価をもつ鶏に強毒株による攻撃を行い，発症防御した抗体レベルから求めた．

a）ND（図2-15a）

ND-HI抗体価は試作ワクチン投与後1か月目にピークとなり，その後は時間の経過と共に低下したが，12か月間発症防御レベル（HI価5倍）以上の抗体価が持続した．

b）IB（練馬株および TM-86 株）（図2-15b）

IBウイルス中和抗体価は練馬株，TM-86株に対して，共に12か月間を通して明らかな低下傾向を認めず，ほぼ一定で推移し，12か月間発症防御レベル（中和指数2.0）以上の抗体価が持続した．

c）IC（図2-15c）

IC-ELISA抗体価はA型およびC型共に投与後2か月目にピークとなり，その後は時間の経過と共に低下したが，12か月間発症防御レベル（ELISA抗体価0.300）以上の抗体価が持続した．

d）*M. gallisepticum*（図2-15d）

M. gallisepticum-HI抗体価は，試作ワクチン投与後1か月目にピークとなり，その後は時間の経過と共に低下したが，

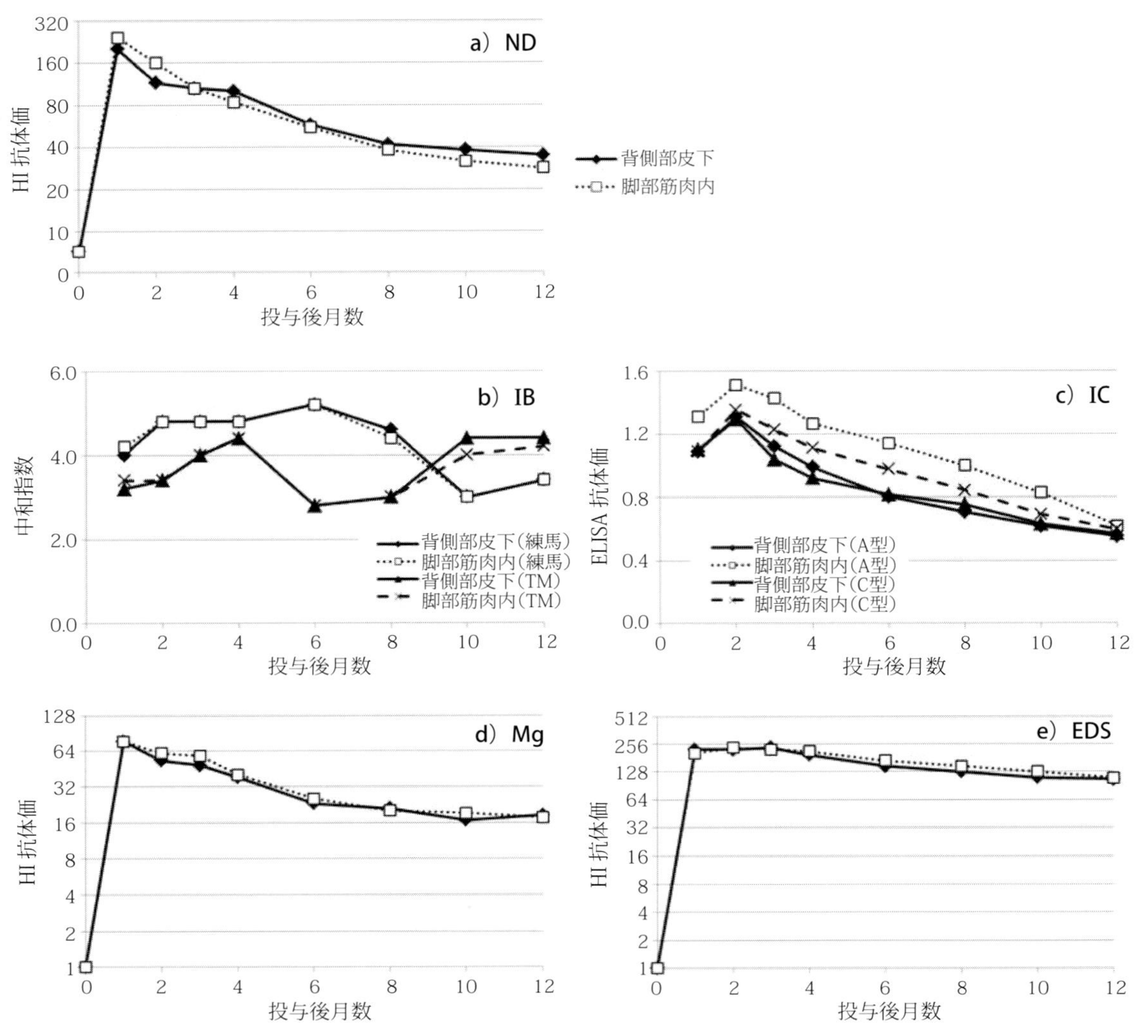

図 2-15　SPF 鶏におけるワクチン投与後の抗体価の推移

12 か月間発症防御レベル（HI 価 8 倍）以上の抗体価が持続した．

e）EDS（図 2-15e）

EDS-HI 抗体価は，試作ワクチン投与後 2 ～ 3 か月目にピークとなり，その後は時間の経過と共に低下したが，12 か月間発症防御レベル（HI 価 16 倍）以上の抗体価を持続した．

3）免疫の出現時期

SPF 鶏の背側部皮下または脚部筋肉内に試作ワクチン 0.5mL を投与し，投与 1 ～ 4 週後に採血を行い，免疫の出現時期を評価した（表 2-24）．

ND-HI 抗体価では，投与後 2 週目で 100% となり，全ての個体が防御レベル以上の抗体を有していた．

IB ウイルス練馬株中和抗体価では，投与後 2 週目で 50 ～ 60%，投与後 4 週目で 100% となった．

IB ウイルス TM-86 株中和抗体価では，投与後 2 週目で 10 ～ 20%，投与後 3 週目で 90 ～ 100% に達した．

IC-A および IC-C ELISA 抗体価は，投与後 2 週目に 70 ～ 80% および 40 ～ 70% となり，投与後 3 週目にいずれも 100% に達した．

M. gallisepticum-HI 抗体価および EDS-HI 抗体価では，投与後 2 週目にいずれも 100% となった．

また，免疫出現時期は，いずれの抗体においても投与部位による差異を認めなかった．

9-6. 臨床試験成績

1）試験概要

試作ワクチンの背側部皮下投与および脚部筋肉内投与による有効性および安全性を評価するため，採卵用鶏（試験群総計 904 羽および対照群総計 456 羽）を供試して臨床試験を行った．

対照群には市販のニューカッスル病・鶏伝染性気管支炎 2 価・産卵低下症候群 -1976・鶏伝染性コリーザ（A・C 型）・

表 2-24 試作ワクチン投与後の各疾病に対する抗体陽性率

項目	投与部位	陽性率*1			
		1*2	2	3	4
ND-HI 抗体価	背側部皮下	0	100	100	100
	脚部筋肉内	0	100	100	100
IB（練馬株）中和抗体価	背側部皮下	0	0	50	100
	脚部筋肉内	0	0	60	100
IB（TM-86 株）中和抗体価	背側部皮下	0	10	90	100
	脚部筋肉内	0	20	100	100
IC（A 型）ELISA 抗体価	背側部皮下	0	70	90	100
	脚部筋肉内	0	80	100	100
IC（C 型）ELISA 抗体価	背側部皮下	0	40	100	100
	脚部筋肉内	0	70	100	100
Mg-HI 抗体価*3	背側部皮下	0	100	100	100
	脚部筋肉内	0	100	100	100
EDS-HI 抗体価	背側部皮下	0	100	100	100
	脚部筋肉内	0	100	100	100

*1 抗体陽性羽数 / 供試羽数（%）
*2 ワクチン投与後週数
*3 *M. gallisepticum*-HI 抗体価

マイコプラズマ・ガリセプチカム感染症混合（油性アジュバント加）不活化ワクチンを用いた．

2）有効性

有効性については，実施施設において試作ワクチンの対象となる疾病（ND，IB，EDS，IC，*M. gallisepticum* 感染症）がいずれも発生しなかったことから，ワクチン投与後の抗体応答で確認した．

2 農場においていずれの試験群についても同様の成績であったため，A 農場での試験群の成績を図 2-16 に示した．

背側部皮下投与群および脚部筋肉内投与群共に投与 1 か月後から全ての抗原に対する抗体上昇が確認され，投与 6 か月後においても発症防御レベル以上の抗体価を維持していた．

3）安全性

試作ワクチンの安全性については，投与後の症状の有無，投与局所の異常の反応，体重の推移，育成率および産卵率を調査した．その結果，全ての項目でワクチン投与による影響は認められなかった．

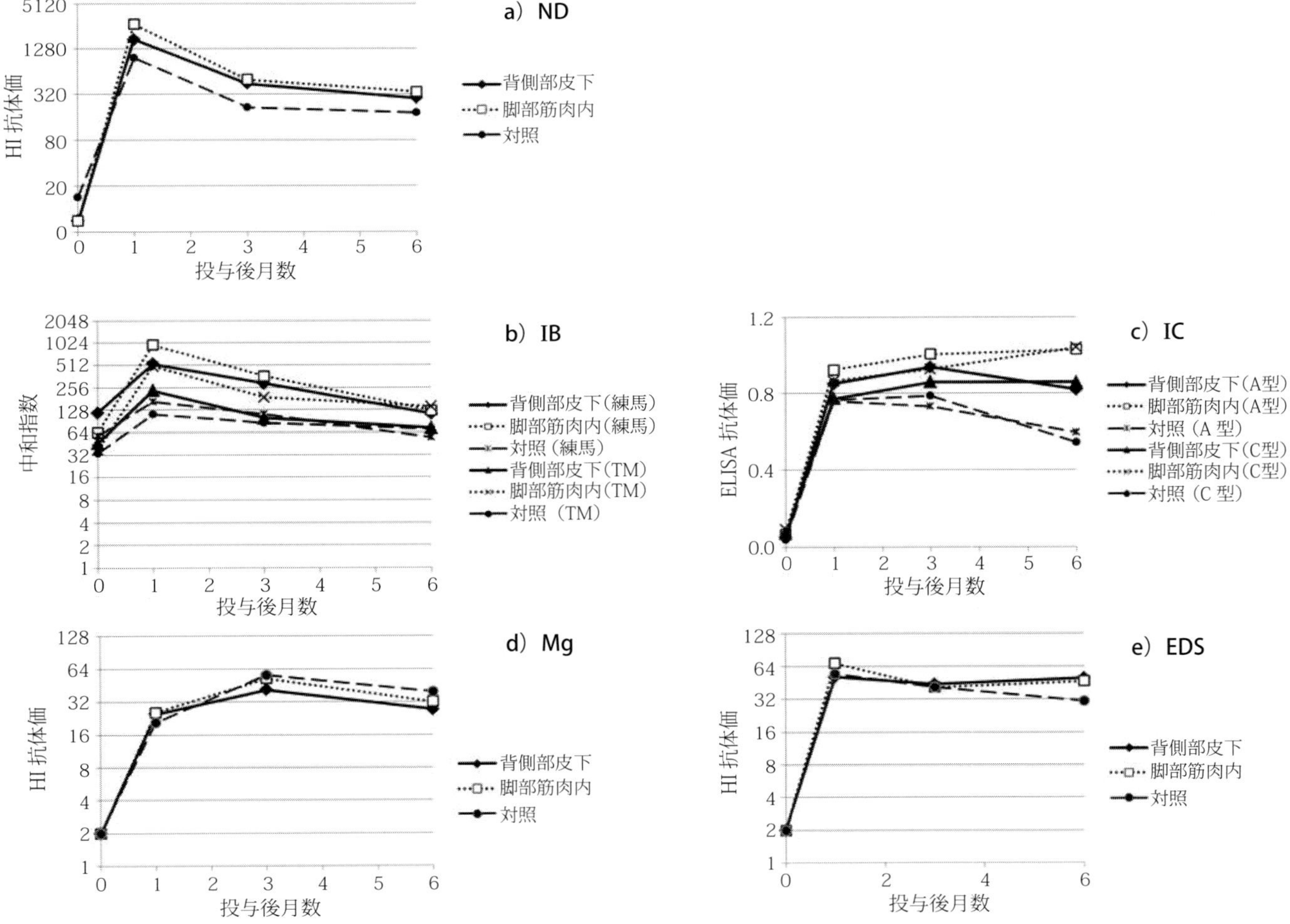

図 2-16 臨床試験における抗体価の推移（A 農場）

9-7. 使用方法

1）用法・用量

7週齢以上の鶏の背側部皮下または脚部筋肉内に1羽当たり0.5mLを投与する.

2）効能・効果

鶏のニューカッスル病，伝染性気管支炎，産卵低下症候群（EDS），伝染性コリーザ（A型およびC型）の予防および *M. gallisepticum* 感染症による産卵率低下の軽減.

3）使用上の注意

肉用鶏（種鶏を除く）には投与しない.

本剤を産卵開始前（4週間以内）や産卵中の鶏に投与した場合，産卵開始の遅延あるいは低下を引き起こすことがあり，これらの時期には投与しない.

9-8. 貯法・有効期間

2〜10℃の暗所に保存する．有効期間は3年間.

引用文献

1）Fauquet, C.M.（2005）：Virus Taxonomy 8th Report of the International Committee on Taxonomy of Viruses, Elsevier.
2）久米勝己（2010）：鳥の病気，90-93，鶏病研究会.
3）山田進二（1992）：改訂 鶏のワクチン，207-224，木香書房.
4）山口成夫（2010）：鳥の病気，50-53，鶏病研究会.

【横山絵里子】

10. 鶏伝染性喉頭気管炎生ワクチン

☞『動物用ワクチン』209頁

ワクチンの概要		弱毒鶏伝染性喉頭気管炎（ILT）ウイルスを発育鶏卵または培養細胞で増殖させて得たウイルス液を凍結乾燥したワクチンである.
開発の経緯・製造用株等		1969年に培養細胞で弱毒された点鼻・点眼用生ワクチンが承認され使用されていたが，より弱毒された本剤が1981年から使用されている.
使用方法	用法・用量	乾燥ワクチンを添付の溶解用液で溶解後，アダプターをセットし，3週齢以上の鶏に1滴（0.03mL）点眼または点鼻投与する.
	効能効果	ILTの予防.
	使用上の注意	本剤とニューカッスル病生ワクチン，あるいは本剤と鶏伝染性気管支炎生ワクチンを同時投与すると，ウイルス間の干渉作用により両ワクチンの効果が抑制されることがあり，投与間隔を1週間あける.

【平山紀夫】

11. 鳥インフルエンザ（油性アジュバント加）不活化ワクチン

☞『動物用ワクチン』233頁

ワクチンの概要		鳥インフルエンザ（AI）ウイルスを発育鶏卵で増殖させて得たウイルス液を不活化し，油性アジュバントを添加したワクチンである.
開発の経緯・製造用株等		2004年，79年ぶりに発生した高病原性AI（H5N1）に対して2004年に備蓄用の不活化ワクチン3品目が承認された．いずれもH5型に対する輸入ワクチンである．2008年にはリアソートメント技術を用いて北海道大学で開発されたH5N1およびH7N7の国産ワクチンが承認された．ただし，AIに対する防疫の基本は，摘発淘汰であることから本剤は備蓄用ワクチンとして製造されるのみで，市販されていない. なお，インフルエンザウイルスの抗原性は，変化するため，インフルエンザワクチンの製造用株は，国が決め通知することになり，製造用株を変える毎に新たな製造販売承認を取る必要がなくなった.
使用方法	用法・用量	4週齢以上の鶏の脚部筋肉内に1羽あたり0.5mLずつ投与する.「家畜伝染病予防法」第3条の2に基づき規定される高病原性AIおよび低病原性AIに関する特定家畜伝染病防疫指針に従い使用する.
	効能効果	AIの発症予防およびウイルス排泄の抑制.
	使用上の注意	肉用鶏（種鶏を除く）には投与しない.

【平山紀夫】

12. 鶏大腸菌症生ワクチン

12-1. 疾病の概要

鶏大腸菌症は，世界中の養鶏産業で認められる鶏の感染性疾病であり，通常，採卵用鶏よりも肉用鶏で発生することが多い．発症日齢は多様であり，病型としては，急性敗血症型，亜急性漿膜炎型，慢性肉芽腫症型および皮下織炎型が報告されている[1-4]．本症の原因菌は，グラム陰性菌，通性嫌気性の性状を有する腸内細菌科の代表的な菌種である大腸菌（*Escherichia coli*）である．大腸菌は約 180 もの O 抗原型に分類されるが，このうち鶏に病原性を示す菌株の血清型は O78，O2 または O1 が主体である．血清型 O78 は人の症例ではまれな血清型であることから，鶏大腸菌症に特異的な血清型として認識されている．大腸菌は正常腸内菌叢を構成する細菌の 1 つであり，主に呼吸器系を介して感染する．発症の引き金として，飼育環境要因，他の感染症への罹患，さらに生ワクチン投与のストレス等の要因があげられる．

本疾病は家畜伝染病または届出伝染病には指定されていないが，日常的にその発生は認められており，養鶏産業，特にブロイラー産業においては甚大な被害をもたらしている．肉用鶏の育成段階において本症が発生すると，斃死羽数が増加し，増体率も低減することから，生産指数の著しい低下を招く．また，食鳥処理段階においても，年間約 6 億羽以上が処理される食鳥の中で，解体禁止および全廃棄の措置が取られる原因は大腸菌症が最も多く，2014 年度では 290 万羽にのぼる．さらに，大腸菌の関与が疑われる炎症や敗血症により処分された羽数を加算するとさらに被害は大きくなる．このように，農場における育成段階での損耗による被害に加えて，食鳥処理段階での処分鶏を含めた場合，鶏大腸菌症による経済的損失は極めて深刻なものとなる．

12-2. ワクチンの歴史

鶏大腸菌症対策用のワクチンとして，日本では 2 種類の不活化ワクチンが承認されている．1 つは 7 週齢以上の種鶏の胸部に 6 週間隔で 2 回，筋肉内投与し，種鶏のみならず移行抗体によりひなに防御免疫を付与することを目的としたワクチンである．組換え型 F11 線毛抗原および Vero 細胞毒性抗原を主成分とするオイルアジュバント加不活化ワクチンであり，2000 年から販売されている．他の 1 つは，0 日齢以上 100 日齢以下のひなに 1 回，点眼投与するワクチンであり，大腸菌の全菌体破砕処理抗原を主成分とする脂質アジュバント加不活化ワクチンであり，2007 年から販売されている．

鶏大腸菌症対策用の生ワクチンは欧米が先行して実用化していたが，日本では本剤が 2012 年 12 月に製造販売承認され，翌年より販売が開始されている．本剤は，投与対象鶏に日齢制限等はなく，3 ～ 4 週間隔で 2 回，噴霧または散霧投与する弱毒生ワクチンである．

12-3. 製造用株

鶏大腸菌 AESN1331 株（血清型 O78）を製造用株とする．本株は，1986 年に東京都下の養鶏場で斃死した鶏の心外膜炎を呈した心臓から財団法人日本生物科学研究所により分離された鶏大腸菌 J29 株を親株とし，*crp* 遺伝子の一部を欠損させた弱毒株である．なお，本株は，2007 年 2 月 1 日付け農林水産省消費・安全局長通知により，「セルフクローニングおよびナチュラルオカレンスに該当するもの」と判断されている．

12-4. 製造方法

AESN1331 株をソイビーン・カゼイン・ダイジェスト寒天培地に接種し，形成されたコロニーをさらにソイビーン・カゼイン・ダイジェスト液状培地に植え継いで培養する．培養菌液を集菌し，安定剤を加えて凍結乾燥する．

12-5. 安全性試験成績

1）試験概要

ワクチンの鶏における安全性を確認するため，1 日齢の SPF ひな 90 羽を用いて GLP 適用試験を行った．本剤の臨床適用量あるいは 100 倍量を 3 週間隔で 2 回，噴霧投与した．対照群には滅菌生理食塩液を同様に投与した．初回投与日から 2 回目投与後 2 週まで臨床観察を行い，経時的に体重を測定した．また，各回投与後 1 日，7 日および 14 日に 4 ～ 5 羽ずつ剖検し，鼻腔，気管，気嚢，肺，心臓，肝臓，脾臓，ファブリキウス嚢，胸腺，その他肉眼所見に異常が認められた部位について，病理組織学的検査を行った．

2）成　績

初回投与後および 2 回目投与後のいずれの臨床観察においても，生ワクチン投与に起因する異常は認められなかった．また，いずれの時期においても適用量群および高用量群における増体重の低減は認められなかった．病理組織学的検査では，適用量群および高用量群の一部で，気管支炎～傍気管支肺炎あるいは気嚢炎が認められた．これら呼吸器系の炎症性組織変化はいずれも投与後 1 日のみに観察されたものであり，生ワクチン投与に起因する一過性の反応と判断された．

12-6. 効力を裏付ける試験成績

1）生ワクチンの有効性

4日齢のSPFひなを用い，初回投与を噴霧，4週後の2回目投与を噴霧（噴霧・噴霧区）あるいは散霧（噴霧・散霧区）で投与し，生ワクチンの有効性を調べた．対照群は非投与とした．ワクチン2回目投与後2週に全羽に対し強毒鶏大腸菌J46株（血清型O78）を2.0 × 10^8 CFU/羽ずつ翼下静脈に接種して攻撃し，攻撃後7日間の死亡羽数および臨床症状（元気消失，脚弱等）スコアを記録した．攻撃後の累積死亡率および臨床症状スコア（平均値）が対照群と比較して有意に低い場合，ワクチンの有効性が認められたと判定した．

攻撃後7日の累積死亡率および臨床症状スコアの平均値は，噴霧・噴霧区および噴霧・散霧区のいずれにおいても対照群と比較して有意に低かった．すなわち，生ワクチンを用法および用量に従い初回に噴霧投与，2回目に噴霧あるいは散霧投与した場合，鶏大腸菌症に対して有効な免疫が誘導できることが確認された（表2-25）．

2）免疫成立時期

4日齢のSPFひなを用い，4週間隔で2回，ワクチンを噴霧投与した場合の免疫成立時期を調べた．対照群は非投与とした．ワクチン2回目投与後2日，4日，7日あるいは10日に強毒鶏大腸菌J46株を1.2 ～ 3.5 × 10^8 CFU/羽ずつ翼下静脈に投与して攻撃し，攻撃後7日間の死亡羽数および臨床症状（元気消失，脚弱等）スコアを記録した．攻撃後の累積死亡率および臨床症状スコア（平均値）が対照群と比較して有意に低い場合，ワクチンの有効性が認められたと判定した．

攻撃後7日の累積死亡率は，ワクチン2回目投与後2日目の攻撃においては対照群と有意差が認められなかったが，4日目以降の攻撃においては対照群と比較して有意に低かった．臨床症状スコアの平均値も，4日目以降の攻撃において対照群との間で有意差が認められた．すなわち，生ワクチンを用法および用量に従い4週間隔で2回噴霧投与した場合，少なくともワクチン2回目投与後4日目には，鶏大腸菌症に対して有効な免疫が成立し，7日目以降でより確実な防御効果が発揮されることが確認された（表2-26）．

3）免疫効果の持続

4日齢のSPFひなを用い，4週間隔で2回，ワクチンを噴霧投与した場合の免疫効果の持続を調べた．対照群は非投

表2-25　生ワクチンの有効性

群	区（投与方法）		供試羽数	攻撃後7日の累積死亡率（%）[†1]	臨床症状スコアの平均値[†2]	有効性の判定
	初回	2回目				
投与	噴霧	噴霧	10	0[§2]	1.6[§2]	有効
	噴霧	散霧	10	30[§1]	2.4[§2]	有効
対照	非投与		10	100	4.0	・

[§1] $p < 0.01$, [§2] $p < 0.001$ で有意差あり（死亡率:Fisherの直接確率計算法，臨床症状スコア:Studentのt-検定）
[†1] 累積死亡率＝累積死亡羽数/供試羽数× 100
[†2] 攻撃後7日間の臨床症状スコア（0：なし，1：軽度，2：中等度，3：重度，4：死亡）の平均値

表2-26　免疫成立時期

区（2回目投与後攻撃日）	群	供試羽数	攻撃後7日の累積死亡率（%）[†1]	臨床症状スコアの平均値[†2]	有効性の判定
2日	投与	10	50[NS]	2.7[NS]	無効
	対照	10	90	3.7	
4日	投与	10	50[§1]	2.6[§1]	有効
	対照	10	100	3.9	
7日	投与	10	10[§2]	1.3[§2]	有効
	対照	10	100	3.9	
10日	投与	10	10[§2]	1.3[§2]	有効
	対照	10	100	4.0	

[§1] $p < 0.01$，[§2] $p < 0.001$ で有意差あり，NS：有意差なし（死亡率：Fisherの直接確率計算法，臨床症状スコア：Studentのt-検定）
[†1] 累積死亡率＝累積死亡羽数/供試羽数× 100
[†2] 攻撃後7日間の臨床症状スコア（0：なし，1：軽度，2：中等度，3：重度，4：死亡）の平均値

表 2-27　免疫効果の持続

区（2回目投与後攻撃週）	群	供試羽数	攻撃後7日の累積死亡率（%）[†1]	臨床症状スコアの平均値[†2]	有効性の判定
10週	投与	10	20[§]	1.1[§]	有効
	対照	10	80	3.4	

[§] $p < 0.01$ で有意差あり（死亡率：Fisher の直接確率計算法，臨床症状スコア：Student の t- 検定）
[†1] 累積死亡率＝累積死亡羽数／供試羽数× 100
[†2] 攻撃後7日間の臨床症状スコア（0：なし，1：軽度，2：中等度，3：重度，4：死亡）の平均値

与とした．ワクチン2回目投与後10週に強毒鶏大腸菌J46株を 2.2×10^8 CFU/ 羽ずつ翼下静脈に接種して攻撃し，攻撃後7日間の死亡羽数および臨床症状（元気消失，脚弱等）スコアを記録した．攻撃後の累積死亡率および臨床症状スコア（平均値）が対照群と比較して有意に低い場合，ワクチンの有効性が認められたと判定した．

攻撃後7日の累積死亡率および臨床症状スコアの平均値は，いずれも対照群と比較して有意に低かった．すなわち，生ワクチンを用法および用量に従い4週間隔で2回噴霧投与した場合，少なくともワクチン2回目投与後10週までは，鶏大腸菌症に対して有効な免疫効果が持続することが確認された（表 2-27）．

12-7．臨床試験成績

1）試験概要

ワクチンの鶏における有効性および安全性を確認するため，3県4施設のブロイラー飼育農場（チャンキー種およびコブ種）において野外臨床試験を実施した．生ワクチン投与群63,208羽については，初生にワクチンを噴霧投与した後，3週後に散霧（農場1および2）あるいは4週後に噴霧（農場3および4）により2回目のワクチン投与を行った．対照群61,508羽は非投与とした．生ワクチン各回投与後14日間，一般状態（元気，食欲），呼吸器症状（鼻汁，異常呼吸音等）および消化器症状（下痢等）の異常の有無を観察した．また，初回投与時から出荷時まで，育成率，増体重，ならびに出荷成績（出荷日齢，出荷羽数，出荷重量）を記録した．ワクチン2回目投与後2～3週には，各農場から無作為に被験鶏を抽出し，強毒鶏大腸菌J46株を用いた実験室内攻撃試験を行い，強毒株に対する防御効果を調べた．

2）成　績

a）有効性

試験を行った施設に鶏大腸菌症の発生が認められた場合には，臨床異常の発生状況，育成率，増体率または出荷成績でワクチンの有効性を評価し，発生が認められなかった場合は，抜き取り鶏を用いた実験室内攻撃試験により有効性を評価した．

表 2-28　A 農場（鶏大腸菌症発生農場）の有効性評価

評価項目	ワクチン投与群	非投与対照群
育成率（%）	95.3[§]	93.2
増体率（%）（入雛～出荷前）	雄：5,255 雌：2,747	雄：5,447 雌：2,710
平均出荷重量（kg）	雄：2.62（51～52日齢） 雌：1.64（42日齢）	雄：2.54（49～50日齢） 雌：1.66（42日齢）
出荷率（%）	92.9[§]	89.7

[§] $p < 0.01$ で有意差あり（χ^2 検定）

A農場では，試験期間中に鶏大腸菌症が発生し，ワクチン投与群の育成率および出荷率が非投与対照群と比較して有意に高く，ワクチンの有効性が確認された（表 2-28）．

他の3農場では鶏大腸菌症の発生が認められなかったため，無作為抽出した鶏を実験室内へ移動し，強毒鶏大腸菌J46株（血清型O78）を用いた攻撃試験を実施した．その結果，ワクチン投与群における攻撃後の死亡率，臨床症状スコア，増体率あるいは剖検時の病変スコアの改善傾向が認められたことから，ワクチンは有効と判定された．

b）安全性

4施設延べ63,208羽の鶏にワクチンを投与したところ，各回投与後14日間，ワクチン投与に起因する臨床的異常は認められなかった．また，最終出荷までの間に，育成率，増体重等に異常は認められず，野外飼養鶏に対する安全性が確認された．

12-8．使用方法

1）用法・用量

鶏を対象とし，ワクチンを日本薬局方の生理食塩液を用いて1,000羽分あたり100～300mLに溶解し，3～4週間隔で2回投与する．初回は噴霧器，2回目は噴霧器または散霧器を用いて投与する．

2）効能・効果

鶏大腸菌症の予防．

3）使用上の注意

誤ってワクチンが眼，鼻，口等に入った場合は直ちに水で洗浄すること．なお，本ワクチン株は人に対する病原性はない．

本剤を投与した鶏に呼吸器症状が見られる場合がある．投与前後は，ワクチン株に影響を及ぼすような薬剤の投与または飼料中への添加を避ける．

噴霧および散霧器具は滅菌または煮沸消毒されたものを使用する．噴霧または散霧投与する前に，予め噴霧あるいは散霧の量，時間，粒子の大きさ等を調整し，最適条件で使用する．投与の際には，投与対象鶏群の全部の鶏に均等に噴霧あるいは散霧する．また，投与時にはなるべく鶏舎内の空気の流れを止めて，鶏舎外への流出を防ぐ．他の鶏群が噴霧または散霧粒子を吸入する恐れがあり，隔離などの処置をして十分に注意する．

4）ワクチネーションプログラム

肉用鶏の場合は，初生時に孵化場あるいは農場で 1 回目を噴霧投与し，3 ～ 4 週後に農場で 2 回目を噴霧または散霧投与する．採卵用鶏の場合も同様のプログラムで実施することもあるが，初回投与を中雛時に実施し，2 回目投与を大雛時にすることが標準的である．

12-9．貯法・有効期間

遮光して 10℃以下で保存する．有効期間は 3 年間．

引用文献

1）Barnes H.J. et al.（2003）：Diseases of Poultry 11th ed.,（Saif, Y.M. et al. eds.）Iowa State Press, Ames.
2）鶏病研究会（2006）：ブロイラーの蜂窩織炎，鶏病研報 42, 15-24.
3）中村菊保（1988）：鶏病研報 24（増刊号），37-48.
4）佐藤静夫（1988）：鶏病研報 24（増刊号），31-36.

【永野哲司・佐藤朋子】

13．鶏大腸菌症（組換え型 F11 線毛抗原・ベロ細胞毒性抗原）（油性アジュバント加）不活化ワクチン

☞『動物用ワクチン』242 頁

ワクチンの概要		組換え型 F11 線毛抗原産生大腸菌および Vero 細胞毒性抗原産生大腸菌の培養菌液を不活化し，その遠心上清を濃縮後，油性アジュバントを添加したワクチンである．
開発の経緯・製造用株等		鶏大腸菌症において分離される大腸菌の主要な線毛抗原が F11 抗原であることから，本遺伝子を発現用として用いられている大腸菌 K12 に組み込み製造用株としている．一方，大腸菌の鞭毛抗原が Vero 細胞に対する毒素活性と関連しており，この毒素保有大腸菌は，ひなに致死活性を有していることが分かったことから鞭毛抗原（Vero 細胞毒性抗原）をワクチン成分とした．なお，この抗原の Vero 細胞に対する毒性は，100℃ 10 分間の加熱で失活しないことから，哺乳類における腸管出血性大腸菌の産生する Vero 毒素（95℃ 15 分間加熱で失活）とは異なる毒素と考えられた．日本で最初の鶏大腸菌症ワクチンとして 2000 年に承認された．
使用方法	用法・用量	7 週齢以上の種鶏の胸部筋肉内に 1 羽当たり 0.5mL を 6 週間間隔で 2 回投与する．
	効能効果	種鶏およびひなの大腸菌症の発症の軽減．
	使用上の注意	出荷制限期間：36 週間． 肉用鶏（種鶏を除く）には投与しない． 投与後，投与部位に腫脹，硬結等が認められる場合がある．

【平山紀夫】

14．鶏大腸菌症（O78 型全菌体破砕処理）（脂質アジュバント加）不活化ワクチン

☞『動物用ワクチン』245 頁

ワクチンの概要	O78 の大腸菌の培養菌液を破砕処理したものを不活化し，脂質アジュバントを添加したワクチンである．
開発の経緯・製造用株等	本剤の製造用株は，宮崎県下のブロイラーから分離したもので，鶏大腸菌でしばしば同定される O 血清群 78 に属し，複数の病原遺伝子を保有している．初生ひなに点眼投与する不活化ワクチンとして日本で最初に（2006 年）承認されたワクチンである．

使用方法	用法・用量	0日齢以上100日齢以下の鶏に0.03mLを1回点眼投与する．
	効能効果	鶏の大腸菌症の発症の軽減．
	使用上の注意	1羽あたり1滴ずつ確実に点眼し，少なくとも1回瞬きするまで待ってから鶏を放す． 使用時よく振り混ぜ均一とし，使用中にも時々振り混ぜる．

【平山紀夫】

15. マイコプラズマ・ガリセプチカム感染症凍結生ワクチン

☞『動物用ワクチン』247頁

ワクチンの概要		弱毒 *Mycoplasma gallisepticum* の培養菌液を凍結したワクチンである．
開発の経緯・製造用株等		*M. gallisepticum* 感染症に対する不活化ワクチンが1989年に承認されたが，より安価で省力的，かつ有効性の高いワクチンが望まれ，オーストラリアで開発された本剤が1995年に承認された．製造用株は，温度感受性変異株で，低温（33℃）での増殖性が高く，同居感染性や垂直感染性が認められない程度まで弱毒されたものである．
使用方法	用法・用量	37℃以下の微温湯中で素早く融解した後に添付の点眼用器具をつけ，3週齢以上の鶏に，よく攪拌しながら，1羽あたり1滴を点眼で投与する．
	効能効果	*M. gallisepticum* 感染に伴う産卵率低下の軽減．
	使用上の注意	ニューカッスル病・鶏伝染性気管支炎混合生ワクチンとの同時投与は軽度の呼吸器症状を起こすことがあるので行わない． 本剤のワクチン菌株は薬剤の影響を受けやすく，投与前後7日間はワクチン菌株に影響を及ぼすような薬剤の投与または飼料・飲水への添加は避ける．

【平山紀夫】

16. マイコプラズマ・シノビエ感染症凍結生ワクチン

☞『動物用ワクチン』250頁

ワクチンの概要		弱毒 *Mycoplasma synoviae* の培養菌液を凍結したワクチンである．
開発の経緯・製造用株等		*M. synoviae* 感染症に対する生ワクチンとして世界で初めてオーストラリアで1996年に開発されたもので，日本では2005年に承認された．製造用株は，温度感受性変異株である．
使用方法	用法・用量	37℃以下の微温湯中で素早く融解した後に添付の点眼用器具をつけ，3週齢以上の鶏に，よく攪拌しながら，1羽当たり1滴（0.03mL）を点眼で投与する．
	効能効果	*M. synoviae* 感染に伴う呼吸器疾病（気嚢炎）の発症予防または軽減．
	使用上の注意	ニューカッスル病・鶏伝染性気管支炎混合生ワクチンとの同時投与は軽度の呼吸器症状を起こすことがあるので行わない． 本剤のワクチン菌株は薬剤の影響を受けやすく，投与前後7日間はワクチン菌株に影響を及ぼすような薬剤の投与または飼料・飲水への添加は避ける．

【平山紀夫】

B. 消化器系感染症に対するワクチン

1. 鶏伝染性ファブリキウス嚢病生ワクチン（ひな用）

☞『動物用ワクチン』223頁

ワクチンの概要		弱毒伝染性ファブリキウス嚢病（IBD）ウイルスを発育鶏卵または培養細胞で増殖させて得たウイルス液を凍結乾燥した初生ひなを含むひなに適用するワクチンである．
開発の経緯・製造用株等		IBDに対する生ワクチンは，1970年代から米国やヨーロッパで使用されていたが，初期のものは弱毒化が不十分で免疫抑制作用が認められ，改良が重ねられた．日本では1983年に本剤が承認された．
使用方法	用法・用量	乾燥ワクチンを適量の水（水道水，井戸水等）で溶解し，さらに日齢に応じた量の水に溶かして，初生から10週齢以下の若齢鶏に，1羽当たり1羽分になるように飲水で投与する．
	効能効果	鶏のIBDの予防．
	使用上の注意	ワクチンウイルスの他鶏群への拡散を防止するため，免疫群は隔離する．

【平山紀夫】

2. 鶏伝染性ファブリキウス嚢病生ワクチン（大ひな用）

☞『動物用ワクチン』225 頁

<table>
<tr><td colspan="2">ワクチンの概要</td><td>弱毒伝染性ファブリキウス嚢病（IBD）ウイルスを発育鶏卵で増殖させて得たウイルス液を凍結乾燥した 10 週齢以上のひなに適用するワクチンである.</td></tr>
<tr><td colspan="2">開発の経緯・製造用株等</td><td>本剤は，1981 年に種鶏用の生ワクチンとして承認された．製造用株は，日本で分離され，発育鶏卵継代で弱毒したものである.</td></tr>
<tr><td rowspan="3">使用方法</td><td>用法・用量</td><td>本剤を付属の溶解用液に溶かし，2 ～ 4 週齢のひなに飲水量に応じて飲水で希釈して全羽数飲水投与する.
10 ～ 16 週齢の鶏には，免疫対象鶏の 5% に 1 羽当たり 0.2mL を経口投与する.</td></tr>
<tr><td>効能効果</td><td>鶏の IBD の予防.</td></tr>
<tr><td>使用上の注意</td><td>ワクチンウイルスの他鶏群への拡散を防止するため，免疫群は隔離する.
幼雛に投与した場合，一過性のファブリキウス嚢の萎縮および免疫抑制が見られる場合がある.</td></tr>
</table>

【平山紀夫】

3. 鶏伝染性ファブリキウス嚢病生ワクチン（ひな用中等毒）

☞『動物用ワクチン』226 頁

<table>
<tr><td colspan="2">ワクチンの概要</td><td>弱毒伝染性ファブリキウス嚢病（IBD）ウイルスを発育鶏卵で増殖させて得たウイルス液を凍結乾燥したワクチンである.</td></tr>
<tr><td colspan="2">開発の経緯・製造用株等</td><td>高度病原性の IBD ウイルスは，従来型の IBD ウイルスに比べ，高い移行抗体でも感染・発病するので，これに対するワクチンが望まれ，1996 年に本剤が承認された.</td></tr>
<tr><td rowspan="3">使用方法</td><td>用法・用量</td><td>乾燥ワクチンを 100mL の飲用水に溶解した後，日齢に応じた量の水に溶かして，2 ～ 10 週齢以下の鶏に 1 羽当たり 1 羽分になるように飲水投与する.</td></tr>
<tr><td>効能効果</td><td>鶏 IBD の予防.</td></tr>
<tr><td>使用上の注意</td><td>ワクチンウイルスの他鶏群への拡散を防止するため，免疫群は隔離する.
投与後，一過性のファブリキウス嚢の萎縮および免疫抑制が認められる場合がある.</td></tr>
</table>

【平山紀夫】

4. 鶏サルモネラ症（サルモネラ・エンテリティディス）（油性アジュバント加）不活化ワクチン

☞『動物用ワクチン』237 頁

<table>
<tr><td colspan="2">ワクチンの概要</td><td>Salmonella Enteritidis（SE）の培養菌液を不活化し，油性アジュバントを添加したワクチンである.</td></tr>
<tr><td colspan="2">開発の経緯・製造用株等</td><td>本剤は，鶏卵を介した SE の食中毒対策として開発されたものである．製造用株は，米国で分離された 3 株を用いており，日本では 1997 年に鶏サルモネラ症ワクチンとして初めて承認されたものである.</td></tr>
<tr><td rowspan="3">使用方法</td><td>用法・用量</td><td>12 週齢以上の種鶏および採卵鶏の肩部に 1 羽あたり 0.5mL の皮下投与を行う.</td></tr>
<tr><td>効能効果</td><td>種鶏および採卵鶏の腸管における SE の定着の軽減.</td></tr>
<tr><td>使用上の注意</td><td>肉用鶏には使用しない.
産卵開始直前および産卵中の鶏群に投与した場合，産卵開始の遅延あるいは産卵低下を引き起こすことがあり，これらの時期には投与しない.
投与鶏も，それぞれの鶏種に合った性成熟管理（光線管理など）を実施する．この性成熟管理が適切でない場合には，50% 産卵到達日齢が遅れることがある.
投与後，活力減退，沈鬱および極めてまれに痙攣が認められ，これらの症状が長く続く場合は獣医師に相談する.
投与された鶏は，ひな白痢の抗体検査で陽性を示す．したがって，本剤を種鶏に使用する場合は，標識した無投与鶏を 1% 程度残し，家畜防疫対策要綱に基づくひな白痢および鶏のサルモネラ症の防疫対策に支障がないようにする．また，本剤を種鶏に使用する場合は事前に最寄りの家畜保健衛生所に相談の上，指示を受ける.</td></tr>
</table>

【平山紀夫】

5. 鶏サルモネラ症（サルモネラ・エンテリティディス・サルモネラ・ティフィムリウム）（油性アジュバント加）不活化ワクチン

☞『動物用ワクチン』239 頁

ワクチンの概要		*Salmonella* Enteritidis（SE）および *S.* Typhimurium（ST）のそれぞれの培養菌液を不活化し，油性アジュバントを添加したものを混合したワクチンである．
開発の経緯・製造用株等		サルモネラ食中毒の原因菌として重要な SE および ST に対するワクチンで，特に多剤耐性を有する ST DT104 による食中毒が多数報告され，公衆衛生上の問題となっている．SE は，ファージ型 1 とファージ型 4 の 2 株，ST は，ファージ型 DT104 を製造用株としており，いずれも患者の糞便から分離された菌株である．本剤は，2004 年に承認された．
使用方法	用法・用量	5 週齢以上の種鶏および採卵鶏の頚部中央部の皮下に 1 羽当たり 0.5mL を投与する．
	効能効果	鶏の腸管における SE および ST の定着軽減．
	使用上の注意	投与された鶏は，ひな白痢の抗体検査で陽性を示す．したがって，本剤を種鶏に使用する場合は，標識した無投与鶏を 1% 程度残し，家畜防疫対策要綱に基づくひな白痢および鶏のサルモネラ症の防疫対策に支障がないようにする．また，本剤を種鶏に使用する場合は事前に最寄りの家畜保健衛生所に相談の上，指示を受ける．

【平山紀夫】

6. 鶏サルモネラ症（サルモネラ・エンテリティディス・サルモネラ・ティフィムリウム・サルモネラ・インファンティス）（油性アジュバント加）不活化ワクチン

6-1. 疾病の概要

1）*Salmonella* Enteritidis

鶏に *S.* Enteritidis（SE）が感染した場合，初生ひなでは下痢などの症状が認められ，死亡例も認められる場合があるが，腸内細菌叢形成後は通常無症状で保菌鶏となる場合が多い．採卵鶏への SE 感染様式は，親鳥からひなに感染するもの（介卵感染）と飼料も含めた飼育環境由来（水平感染）で感染するものがある．

2）*S.* Typhimurium

鶏に *S.* Typhimurium（ST）が感染した場合，発病や死亡は孵化後 2 ～ 3 週齢までに限られる．また，成鶏ではほぼ症状を示さないが，産卵時に介卵（in egg および on egg）感染を起こすことが認められており [1]，卵の汚染に注意を要する．

また，欧米諸国では多剤耐性を有する ST DT104 が人や動物から分離されるようになり，1990 年初めより食中毒事件が多数報告され，公衆衛生上の問題となっている．国内でもこの型のサルモネラ食中毒の発生が報告されている．

国内の食鳥処理場で調査したところ，採卵廃鶏 [2, 4] または，採卵養鶏場 [3] の調査において，ST が分離されており，採卵養鶏場に ST が浸潤していることが報告されている．

3）*S.* Infantis

鶏に *S.* Infantis（SI）が感染した場合，発病は幼雛に限られ，元気消失，下痢が認められる．また成鶏ではほぼ症状を示さないが，産卵時に介卵感染（主に on egg）を起こすことが知られている．鶏は感染しても無症状で排菌するため，農場および卵の汚染に注意が必要である．

SI は近年の日本国内の食中毒の原因血清型として上位を占めており（国立感染症研究所細菌部 病原微生物検出状況），公衆衛生上の問題となっている．

6-2. ワクチンの歴史

日本では鶏サルモネラ症ワクチンとして SE 単味不活化ワクチンが 1998 年以降使用され，2004 年に SE および ST 混合ワクチンが承認された．

卵の生産現場で多く分離される血清型と人の食中毒の原因血清型には相関があると考えられている．採卵養鶏場においても SE および ST のみならず，サルモネラの流行状況に対応したより幅広い血清型に対する対策が必要とされるようになった．そこで，国内の採卵養鶏場での分離および食中毒の原因血清型として多く認められる O7 群に含まれる SI にも有効なワクチンとして，2011 年に SE・ST・SI を含む本剤が承認された．

6-3. 製造用株

1）SE

1993 年に下痢症を起こした患者の糞便から分離された E-926 株（ファージ型 1）を製造用株とした．生菌を孵化 24 時間以内の初生ひなに経口接種すると，発育不全や白色下痢症状を呈し，死亡するひなも認められる．

2）ST

1998年に発生した食中毒患者の糞便から分離されたT-023株（ファージ型DT 104）を製造用株とした．生菌を孵化24時間以内の初生ひなに経口接種すると，発育不全や白色下痢症状を呈し，死亡するひなも認められる．

3）SI

2001年に農場の汚染状況調査の際，サンプリングされた健康なブロイラーの脾臓より分離されたI-178株を製造用株とした．生菌を孵化24時間以内の初生ひなに経口接種すると，発育不全や白色下痢症状を呈する．

6-4. 製造方法

本剤は，各製造用株をそれぞれ液体培地で増殖させてホルマリンで不活化する．各菌液にオイルアジュバントを加え乳化して得た原液を混合し，分注して小分製品としたものである．

6-5. 効力を裏付ける試験成績

有効性の評価は，強毒株攻撃に対する排菌軽減効果および各血清型菌由来鞭毛抗原に対するELISA抗体価で行った．なお，排菌軽減効果を示す最小有効抗体価は，様々な抗体価をもつ鶏群に強毒株による攻撃を行い，排菌軽減効果を示した群の抗体価から求めた．

1）SE，STおよびSIに対する排菌軽減効果（図2-17）

a）SE

SPF鶏の背側部皮下にワクチンを投与し，投与4週後にSE強毒株（SE HY-1 リファンピシン耐性株：以下rif株）1mLを経口投与し，攻撃1～14日後に盲腸便から菌分離を実施した．その結果，ワクチン投与群では，非投与対照群と比較して攻撃4，7，10日後に分離された菌数は有意に少なく，攻撃菌の定着を軽減する効果が認められた．

b）ST

SEと同様にST強毒株（ST T-023 rif株）での攻撃試験を行い，盲腸便から菌分離を実施した．その結果，ワクチン投与群では，非投与対照群と比較して，攻撃7，10，14日後に分離された菌数は有意に少なく，攻撃菌の定着を軽減する効果が認められた．

c）SI

SEおよびSTと同様にSI強毒株（SI IC-4 rif株）での攻撃試験を行い，盲腸便から菌分離を実施した．その結果，ワクチン投与群では，非投与対照群と比較して，攻撃4，7，10日後に分離された菌数は有意に少なく，攻撃菌の定着を軽減する効果が認めれた．

2）免疫の持続期間

SPF鶏の背側部皮下または脚部筋肉内にワクチンを投与し，投与12か月後にSE強毒株（SE HY-1 rif株），ST強毒株（ST T-023 rif株）およびSI強毒株（SI IC-4 rif株）の攻撃を行い，攻撃5日後に盲腸便から菌分離を行った．SE・ST・SIのい

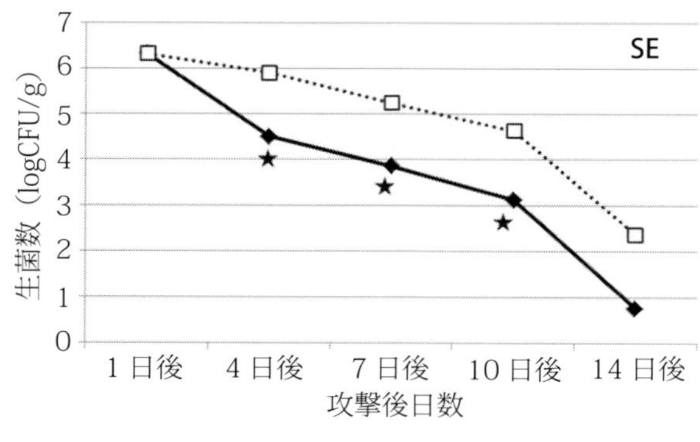

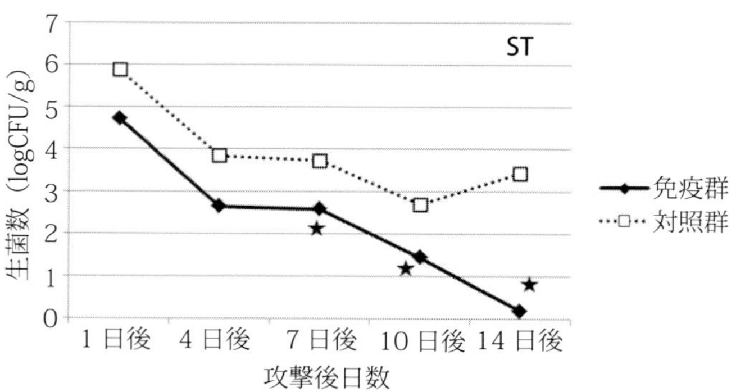

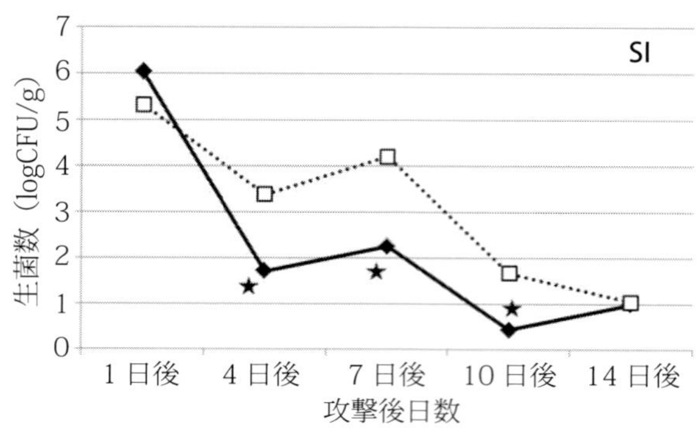

図2-17　SE，STおよびSIに対する排菌軽減効果
対照群との有意差（$p < 0.05$）を★で示した．

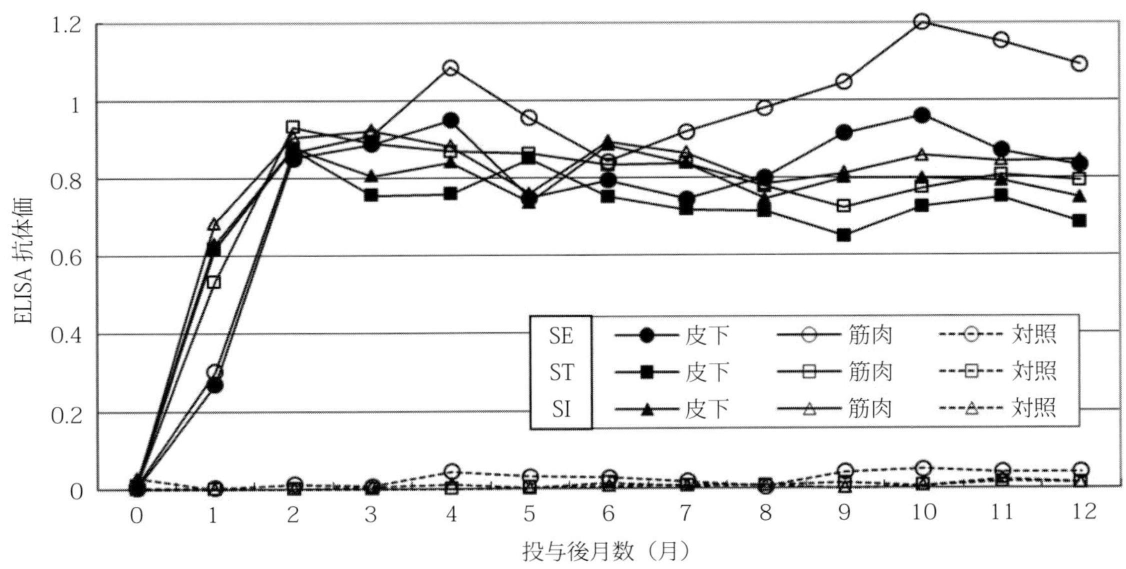

図 2-18 ワクチン投与後の抗体価の推移

ずれも分離された菌数は対照群と比較して有意に少なかった．

また，継時的に抗体価を測定したところ，免疫 1 か月後より抗体上昇が認められ，その後，12 か月間排菌軽減効果を示す最小有効抗体価以上の抗体価が持続することを確認した（図 2-18）．

よって，投与 1 年後においても SE，ST および SI に対する免疫が持続すると考えられる．

6-6. 臨床試験成績

10 ～ 13 週齢の採卵鶏約 1,800 羽（銘柄 A・B）を用い，ワクチン投与群 1,199 羽，非投与対照群 600 羽とし，投与群には用法・用量に従い 0.5mL を背側部皮下または脚部筋肉内に 1 回投与した．

1）有効性試験

ワクチン投与 1 ～ 6 か月後のワクチン投与群および非投与対照群各 20 羽について抗体価測定を実施した．ワクチン投与群では背側部皮下投与群および脚部筋肉内投与群共に投与 1 か月後から抗体価の上昇が認められ，6 か月後まで抗体陽性率はほぼ 100% であった（表 2-29）．

2）安全性試験

臨床観察，投与局所の観察，増体率，育成率，産卵率および正常卵産出率において，ワクチン投与による影響は認められなかった．

6-7. 使用方法

1）用法・用量

7 週齢以上の種鶏および採卵鶏の背側部皮下または脚部筋肉内に 1 羽当たり 0.5mL を投与する．

2）効能・効果

鶏の腸管における SE，ST および SI の定着軽減．

3）使用上の注意

肉用鶏（種鶏を除く）には投与しない．

産卵開始前（4 週間以内）や産卵中の鶏に投与した場合，産卵開始の遅延あるいは低下を引き起こすことがあり，これらの時期には投与しない．

表 2-29 臨床試験における ELISA 抗体陽性率の推移

投与後月数		SE-ELISA				ST-ELISA				SI-ELISA			
		0[†1]	1	3	6	0	1	3	6	0	1	3	6
A 施設	試験群	0.0[†2]	100.0	95.5	95.0	0.0	100.0	90.9	90.0	0.0	100.0	95.5	95.0
	対照群	0.0	0.0	0.0	0.0	0.0	0.0	0.0	0.0	0.0	0.0	0.0	0.0
B 施設	試験群	0.0	86.4	100.0	100.0	0.0	100.0	100.0	100.0	0.0	95.5	100.0	100.0
	対照群	0.0	0.0	0.0	0.0	0.0	0.0	0.0	0.0	0.0	0.0	0.0	0.0

†1 治験薬投与時
†2 ELISA 抗体陽性率（%）＝ ELISA 抗体陽性 ÷ 測定数（n ＝ 22，A 施設の 6 か月目のみ n ＝ 20）× 100

また，このワクチンを投与した鶏はひな白痢の抗体検査で陽性を示す．したがって，種鶏に使用する場合には，標識した無投与鶏を1%程度残し，家畜防疫対策要綱に基づくひな白痢および鶏のサルモネラ感染症の防疫に支障がないようにしなければならず，事前に最寄の家畜保健衛生所に相談し指示を受ける．

6-8. 貯法・有効期間

2～10℃の暗所に保存する．有効期間は製造後3年間．

引用文献

1）中村政幸（2006）：鳥の病気 第6版，74-77，鶏病研究会.
2）小田桐和枝（1999）：鶏病研報 35(2), 89-96.
3）三瓶佳代子ら（2003）：平成14年度全国家畜保健衛生所業績抄録，6.
4）白井和也ら（1996）：鶏病研報 32（増刊号）, 9-13.

【横山絵里子】

コラム 「食中毒ワクチン」

最近の人における食中毒ではノロウイルスによるものが最も多いが，1990年代はサルモネラによる食中毒が多発し，1996年の患者数は16,576名で全患者数の36%を占めていた．サルモネラ食中毒の多くは，*Salmonella* Enteritidis（SE）によるもので，鶏卵のSE汚染が原因である．鶏に強い病原性をもつサルモネラは，*S.* Pullorum（ひな白痢）と *S.* Gallinarum（家きんチフス）で，人に食中毒を起こすSE，*S.* Typhimurium（ST），*S.* Infantis（SI）等は，成鶏に感染しても無症状である．したがって，SE，ST，SIに対する鶏用のワクチンは本来不要であった．しかし，鶏卵を汚染するサルモネラにより人が食中毒になることから，人の食中毒対策として鶏を免疫し，サルモネラの菌数を減少させるワクチンが望まれた．欧米では1992年に，日本では1996年に承認され，現在5種類のワクチンが市販されている．

図に示したように，サルモネラ食中毒の発生件数は，1999年の825件をピークに，最近では30件前後と減少しており，サルモネラワクチンの使用量と反比例している．サルモネラ食中毒の減少には，鶏卵の流通・販売過程での低温保存の徹底や調理法等の改善が功を奏しているといわれているが，鶏卵のサルモネラ汚染を直接減少させるサルモネラワクチンが大きく貢献しているものと思われる．日本における産卵鶏の飼養羽数は，170百万羽であり，ワクチン使用量は55百万羽ドーズであるので，使用割合は31%である．ワクチンのさらなる普及によりサルモネラ食中毒の減少に貢献できるものと期待している．

なお，食中毒の原因菌としてはカンピロバクターや大腸菌O157も重要であるが，これらの菌も鶏や牛に対する病原性がほとんどないため，ワクチン開発の対象ではなかった．サルモネラワクチンと同様に，これらの菌に対する食中毒ワクチンが開発されれば，その需要は高いものと思われる．

サルモネラ食中毒とサルモネラワクチン

7. 鶏コクシジウム感染症（アセルブリナ・テネラ・マキシマ）混合生ワクチン

☞『動物用ワクチン』252 頁

ワクチンの概要		弱毒 *Eimeria acervulina*，弱毒 *E. tenella* および弱毒 *E. maxima* をそれぞれ鶏腸管内で増殖させて得たオーシストを混合したワクチンである．
開発の経緯・製造用株等		本剤は，原虫感染症に対する動物用ワクチンとして日本で初めて（1996 年）承認されたものである．コクシジウムのプレパテント期（オーシストを感染させてから糞中にオーシストが排泄されるまでの期間）は種毎に一定であるが，中にはその期間より早く排泄されるオーシストがあり，このような早熟株は，病原性が低下していることから，弱毒生ワクチン株として応用した．
使用方法	用法・用量	**a. 飼料混合投与法** 本剤は 3 ～ 6 日齢の平飼いブロイラーひなを対象とし，その飼料に混合して 1 回投与する．本剤 1 羽分（0.02mL）をひなの日齢に応じた 1 日当たりの給餌量の約 1/5 ～ 1/10 量の飼料に混合する方法で，本剤の均一な混合飼料を調製する．混合飼料の約 100 羽分ずつを市販の給餌器（縦 45cm × 横 60cm の平底型，面積 0.27m^2）に分配し，分配した羽数分に相当するひなに投与する．ひなが混合飼料の摂取を完了した後，残量の飼料を給与する． **b. 散霧投与法** 初生～ 4 日齢の平飼いひなを投与対象とする．本品 20mL（1,000 羽分）を 5 ～ 20 倍量に希釈し，輸送箱または段ボール箱等に収容した 1,000 羽のひなに均一に 1 回散霧する．
	効能効果	*E. tenella*，*E. acervulina*，*E. maxima* による鶏コクシジウム症の発症抑制．
	使用上の注意	直射日光，加温または凍結は品質に影響を与えるので，避ける．特に凍結させると効力が失われる．

【平山紀夫】

8. 鶏コクシジウム感染症（ネカトリックス）生ワクチン

☞『動物用ワクチン』256 頁

ワクチンの概要		弱毒 *Eimeria necatrix* を鶏腸管内で増殖させて得たオーシストを調製した生ワクチンである．
開発の経緯・製造用株等		鶏コクシジウム感染症のうち，*E. necatrix* の病原性が強いことから，ワクチン開発が望まれていた．前述のワクチンと同様早熟株を用いた生ワクチンで，2002 年に承認された．
使用方法	用法・用量	本剤は 3 日齢～ 4 週齢の平飼い鶏を対象とし，その飼料に混合して 1 回投与する． 本剤 1 羽分（0.02mL）をひなの日齢に応じた 1 日当りの給餌量の約 1/5 ～ 1/10 量の飼料に混合する方法で，本剤の均一な混合飼料を調製する．混合飼料の約 100 羽分ずつを市販の給餌器（縦 45cm × 横 60cm の平底型，面積 0.27㎡）に分配し，分配した羽数分に相当するひなに投与する．ひなが混合飼料の摂取を完了した後，残量の飼料を給与する．
	効能効果	*E. necatrix* による鶏コクシジウム症の発症抑制．
	使用上の注意	直射日光，加温または凍結は品質に影響を与えるので，避ける．特に凍結させると効力が失われる．

【平山紀夫】

C. 皮膚・体表・外貌の異常を示す感染症に対するワクチン

1. 鶏痘生ワクチン

☞『動物用ワクチン』180 頁

ワクチンの概要	弱毒鶏痘ウイルスまたは鳩痘ウイルスを発育鶏卵で増殖させて得たウイルス液を調製した液状ワクチンまたは凍結乾燥したワクチンである．
開発の経緯・製造用株等	鶏痘に対する生ワクチンは，古くから使用されている．鳩痘ウイルスを用いたワクチンは，安全性が高いが免疫性は弱く，使用方法も煩雑であることから，現在日本では使用されていない．

<table>
<tr><td rowspan="3">使用方法</td><td>用法・用量</td><td>乾燥ワクチンを別売の溶解用液で溶解し，2 か月齢以上の鶏の翼膜に添付の穿刺針を用いて，1 羽あたり 0.01mL を穿刺する．
なお，穿刺針が添付されていない場合がある．その場合には，ワクチン穿刺用投与器を用いて 1 羽当たり 0.01mL を穿刺する．</td></tr>
<tr><td>効能効果</td><td>鶏痘の予防．</td></tr>
<tr><td>使用上の注意</td><td>投与後 3 日目頃から，穿刺された翼膜部にワクチンによる善感発痘が発現するが，痘ほうは 21 日以内には消退する．</td></tr>
</table>

【平山紀夫】

D. 神経症状・運動障害を示す感染症に対するワクチン

1. 鶏脳脊髄炎生ワクチン

☞『動物用ワクチン』208 頁

<table>
<tr><td colspan="2">ワクチンの概要</td><td>鶏脳脊髄炎（AE）ウイルスを発育鶏卵で増殖させて得たウイルス液を調製した液状または凍結乾燥したワクチンである．</td></tr>
<tr><td colspan="2">開発の経緯・製造用株等</td><td>AE に対するワクチンは，日本で開発されたものが 1968 年に承認され，輸入のワクチンが 1973 年に承認された．通常，生ワクチンは，弱毒株で製造されるが，AE に対する生ワクチン株は，弱毒されていない．</td></tr>
<tr><td rowspan="3">使用方法</td><td>用法・用量</td><td>乾燥ワクチンを適量の水（井戸水，水道水等）で溶解し，さらに日齢に応じた量の水に溶かして，10 週齢以上の鶏に，1 羽当たり 1 羽分になるように飲水で投与する．</td></tr>
<tr><td>効能効果</td><td>AE の予防．</td></tr>
<tr><td>使用上の注意</td><td>免疫のない産卵開始前 4 週間以内または産卵中の鶏が本剤ウイルスに感染すると，産卵が 10 ～ 15% 低下する可能性があり，隔離などの処置をする．</td></tr>
</table>

【平山紀夫】

2. トリレオウイルス感染症生ワクチン

☞『動物用ワクチン』232 頁

<table>
<tr><td colspan="2">ワクチンの概要</td><td>弱毒トリレオウイルス（AR）を培養細胞で増殖させて得たウイルス液を凍結乾燥したワクチンである．</td></tr>
<tr><td colspan="2">開発の経緯・製造用株等</td><td>AR 感染症は，関節炎および腱鞘炎を起こし，特にブロイラーにおいて経済的被害が大きい．本剤は，米国で開発され，日本では 2001 年に承認された．使用法としては本剤投与後，不活化ワクチンを投与する LK 方式である．</td></tr>
<tr><td rowspan="3">使用方法</td><td>用法・用量</td><td>小分製品を別売の溶解用液で溶解し，1 羽当たり 0.2mL を 7 週齢以上の種鶏の頚部中央部皮下または胸部筋肉内に投与する．
投与した後，6 ～ 12 週目に「ノビリス Reo inac」0.5mL を 1 回，頚部中央部皮下または胸部筋肉内に投与する必要がある．</td></tr>
<tr><td>効能効果</td><td>鶏の AR 感染症の予防．</td></tr>
<tr><td>使用上の注意</td><td>種鶏にのみ使用する．</td></tr>
</table>

【平山紀夫】

3. マレック病（七面鳥ヘルペスウイルス）生ワクチン

☞『動物用ワクチン』211 頁

ワクチンの概要	七面鳥ヘルペスウイルス（HVT）を培養細胞で増殖させて得た感染細胞浮遊液を凍結または凍結乾燥したワクチンである．
開発の経緯・製造用株等	マレック病（MD）ワクチンは，人および動物の腫瘍の予防に成功した最初のワクチンである．1969 年に分離された HVT が MD ウイルスと共通の抗原性をもち，鶏に対する病原性がほとんどないことからワクチンに応用された．本剤の効果は，孵化場で初生ひなに 1 回投与しただけで，鶏の生涯を通じて持続する優秀なワクチンである．日本では承認された 1972 年以降，ほとんどの鶏に投与されている．

使用方法	用法・用量	凍結ワクチンを素早く融解後，別売りの溶解用液で1羽当たり0.2mLとなるように溶かし，0.2mLずつ1日齢鶏の頚部皮下に投与する．
	効能効果	MDの予防．
	使用上の注意	凍結ワクチンは，微温湯で溶解後速やかに使用する．

【平山紀夫】

4. マレック病（マレック病ウイルス1型）凍結生ワクチン

☞『動物用ワクチン』214頁

ワクチンの概要		弱毒マレック病（MD）ウイルス1型を培養細胞で増殖させて得た感染細胞浮遊液を凍結したワクチンである．
開発の経緯・製造用株等		1978年頃より日本を含め世界的にMDワクチン（七面鳥ヘルペスウイルスを製造用株とする）を投与したにもかかわらず，マレック病が発生するワクチンブレークが問題となった．そこで，鶏から分離したMDウイルス1型を培養細胞で継代，弱毒化したCVI988株を用いてワクチン開発が行われた．免疫効果の発現時期が早く，移行抗体の影響も受けないワクチンができ，日本では1985年に承認された．
使用方法	用法・用量	**a. 皮下または筋肉内投与** 凍結ワクチンを添付の溶解用液，または溶解用液が添付されていない場合は別売りの溶解用液で1羽当たり0.2mLになるように溶解し，初生ひなの皮下または筋肉内に1羽当たり0.2mL投与する． **b. 発育鶏卵内投与** 凍結ワクチンを素早く融解後，別売りの溶解用液で1個当たり0.05mLとなるように溶かし，自動卵内投与機を用いて0.05mLずつを18～19日齢卵の気室上方中央部より卵内に投与する．
	効能効果	MDの予防．
	使用上の注意	MDワクチンを鶏胚に投与した場合，孵化率が低下するとの報告がある．

【平山紀夫】

5. マレック病（マレック病ウイルス1型・七面鳥ヘルペスウイルス）凍結生ワクチン

☞『動物用ワクチン』216頁

ワクチンの概要		弱毒マレック病（MD）ウイルス1型および七面鳥ヘルペスウイルス（HVT）をそれぞれ培養細胞で増殖させて得た感染細胞浮遊液を混合し，凍結したワクチンである．
開発の経緯・製造用株等		1986年にMDウイルス1型のワクチンとHVTのワクチンを混合することで，有効性が増強されることが報告された．日本では1996年に本混合ワクチンが承認された．
使用方法	用法・用量	小分製品を素早く融解後，別売りの溶解用液で1羽分当たり0.2mLとなるように溶かし，0.2mLずつを1日齢鶏の頚部皮下に投与する．
	効能効果	MDの予防．
	使用上の注意	ワクチンは，微温湯で溶解後速やかに使用する．

【平山紀夫】

6. マレック病（マレック病ウイルス2型・七面鳥ヘルペスウイルス）凍結生ワクチン

☞『動物用ワクチン』218頁

ワクチンの概要	弱毒マレック病（MD）ウイルス2型および七面鳥ヘルペスウイルス（HVT）をそれぞれ培養細胞で増殖させて得た感染細胞浮遊液を混合し，凍結したワクチンである．
開発の経緯・製造用株等	MDにおけるワクチンブレークの原因の1つとして，非常に病原性の強いMDウイルスの流行があった．これに対して，米国で分離されたMDウイルス2型のSB-1株によるワクチンが有効性を示した．さらにHVTによるワクチンとの混合により増強効果が認められ，本混合ワクチンが世界に先駆けて1988年日本で承認された．

使用方法	用法・用量	**a. 頚部皮下投与** 凍結ワクチンを素早く融解後，別売りの溶解用液で1羽分当たり0.2mLとなるように溶かし，0.2mLずつを1日齢鶏の頚部皮下に投与する． **b. 発育鶏卵内投与** 凍結ワクチンを素早く融解後，別売りの溶解用液で1個当たり0.05mLとなるように溶かし，自動卵内投与機を用いて0.05mLずつを18～19日齢卵の気室上方中央部より卵内に投与する．
	効能効果	MDの予防．
	使用上の注意	発育鶏卵内に投与した場合，ひなの育成初期の段階で一過性の増体抑制あるいは孵化率が低下することがある．

【平山紀夫】

7. マレック病（マレック病ウイルス2型・七面鳥ヘルペスウイルス）・鶏痘混合生ワクチン

☞『動物用ワクチン』221頁

ワクチンの概要		弱毒マレック病（MD）ウイルス2型および七面鳥ヘルペスウイルス（HVT）をそれぞれ培養細胞で増殖させて得た感染細胞浮遊液を混合し，凍結したマレック病2価ワクチンと弱毒鶏痘（FP）ウイルスを発育鶏卵または培養細胞で増殖させて得たウイルス液を凍結乾燥した鶏痘ワクチンを組み合わせたものである．
開発の経緯・製造用株等		MD生ワクチンとFP生ワクチンを用時混合して初生ひなに皮下投与した場合の安全性および有効性については以前より報告されていた．より簡便な卵内投与用のワクチンとするため，既存のFP弱毒生ワクチン株をさらに培養細胞で数代継代した弱毒株を製造用株とした．本剤は1999年に承認され，日本での卵内投与用としての最初のワクチンである．
使用方法	用法・用量	鶏痘乾燥生ワクチンとマレック病2価凍結生ワクチンを別売りの溶解用液で1個当たり0.05mLになるように混合・溶解し，自動卵内投与機を用いて発育鶏卵1個当たり0.05mLずつを18～19日齢卵の気室上方中央部より卵内に投与する．
	効能効果	FPおよびMDの予防．
	使用上の注意	発育鶏卵内に投与した場合，ひなの育成初期の段階で一過性の増体抑制あるいは孵化率が低下することがある．

【平山紀夫】

E. 貧血を示す感染症に対するワクチン

1. 鶏貧血ウイルス感染症生ワクチン

☞『動物用ワクチン』230頁

ワクチンの概要		弱毒鶏貧血ウイルス（CAV）を発育鶏卵で増殖させて得たウイルス液を凍結乾燥したワクチンである．
開発の経緯・製造用株等		CAVは，1979年日本で初めて分離された．CAVの野外分離株は，いずれも血清学的に同一で，あらゆる日齢の鶏に感染するが，初生ひなの感受性が最も高い．CAVは，垂直感染および水平感染で拡がるため，種鶏を免疫し垂直感染を防ぐと共に，初生ひなに移行抗体を付与し水平感染を防ぐことが必要である．本剤はオランダで開発され，2000年に日本で承認された．
使用方法	用法・用量	6週齢以上かつ産卵開始前6週までの種鶏に対し，小分製品を別売の溶解用液（1バイアル当たり200mL）で溶解し，1羽当たり0.2mLを胸部筋肉内または頚部中央部皮下に投与する．
	効能効果	種鶏を免疫し，介卵性移行抗体によるひなのCAV感染症の予防．
	使用上の注意	3週齢未満の鶏に本剤を使用した場合，貧血症状を示すことがある．また，産卵中の種鶏に投与した場合，垂直感染を起こすことがある．このため，本剤は6週齢～産卵開始前6週までの種鶏のみに使用する．ワクチンウイルスは糞便中に排泄されるため，若齢の鶏や産卵中の鶏を汚染しないよう，投与後4週以内は，鶏を移動しない．

【平山紀夫】

魚用ワクチン

A. サケ科魚類のワクチン

1. さけ科魚類ビブリオ病不活化ワクチン

☞『動物用ワクチン』262 頁

ワクチンの概要		ビブリオ属菌 sp. J-O-1 型菌および *Vibrio anguillarum* J-O-3 型菌の培養菌液を不活化したワクチンである．
開発の経緯・製造用株等		日本で魚用ワクチンとして初めて 1988 年に承認されたのがにじますおよびあゆビブリオ病不活化ワクチンである．ニジマス用本剤は，1992 年にさけ科魚類ビブリオ病不活化ワクチンと名称が変更された．製造用株は，いずれも米国で分離された株である．
使用方法	用法・用量	ワクチンを飼育水で 10 倍に希釈し，これを使用ワクチン液とする．使用ワクチン液 1,000mL 当たり総重量 500g 以下の魚を通気しながら 2 分間浸漬する．なお，使用ワクチン液は 10 回まで反復して使用することができる．
	効能効果	サケ科魚類のビブリオ属菌 sp. J-O-1 型菌および *V. anguillarum* J-O-3 型菌によるビブリオ病の予防．
	使用上の注意	体重 1g 以上の健康なサケ科魚類に使用する．低水温で使用した場合には病気の予防効果が得られないことがある．水温が約 10 ～ 18℃の時に使用し，直射日光下では使用しない．使用する 24 時間以上前から餌止めを行う．

【平山紀夫】

B. ブリ，マダイ等のワクチン

1. イリドウイルス病不活化ワクチン

☞『動物用ワクチン』260 頁

ワクチンの概要		マダイイリドウイルスを培養細胞（イサキの鰭由来株化細胞）で増殖させて得たウイルス液を不活化したワクチンである．
開発の経緯・製造用株等		イリドウイルス感染症は，夏～秋の高水温期に西日本を中心にマダイ等多くの魚種に認められる．製造用株は，1992 年に分離された Ehime-1 株で，1998 年にマダイを対象魚として承認された．その後，対象魚が拡大され現在に至っている．本剤は，海産魚類のウイルス病に対して実用化された世界最初のワクチンである．
	用法・用量	マダイにおいては腹腔内または筋肉内に，ブリ属魚類，シマアジ，ヤイトハタ，チャイロマルハタ，クエおよびマハタにおいては腹腔内に連続注射器を用い，0.1mL を 1 回投与する．

使用方法	効能効果	マダイ，ブリ属魚類，シマアジ，ヤイトハタ，チャイロマルハタ，クエおよびマハタのイリドウイルス病の予防.
	使用上の注意	体重約 5 ～ 20g の健康なマダイ，体重約 10 ～ 100g の健康なブリ属魚類，体重約 10 ～ 70g の健康なシマアジまたは体重約 5 ～ 50g の健康なヤイトハタ，チャイロマルハタ，クエおよびマハタに使用する．低水温で使用した場合には病気の予防効果が得られないことがあり，マダイ，ブリ属魚類およびシマアジにおいては水温が約 20 ～ 25℃の時，ヤイトハタおよびチャイロマルハタにおいては水温が約 27 ～ 32℃の時，クエにおいては水温が約 22 ～ 29℃の時，マハタにおいては水温が約 22 ～ 28℃の時に使用する.

【平山紀夫】

2. ぶりα溶血性レンサ球菌症・類結節症混合（油性アジュバント加）不活化ワクチン

☞『動物用ワクチン』266 頁

ワクチンの概要		*Lactococcus garvieae* および *Photobacterium damsela* subsp. *piscicida* の培養菌液を不活化後混合したものに油性アジュバントを添加したワクチンである.
開発の経緯・製造用株等		ブリに対するα溶血性レンサ球菌症ワクチンは，1997 年に経口ワクチンとして承認された．その後，注射型ワクチンとして単味や混合ワクチンが開発使用された．類結節症に対するワクチンは，ホルマリンで不活化した抗原だけでは十分な免疫効果が得られず，実用化にいたらなかったが，油性アジュバントを加えることにより開発に成功し，2008 年本混合ワクチンが承認された．製造用株は，いずれも日本で分離された株である. なお，魚用ワクチンに油性アジュバントを添加した最初のワクチンでもある.
使用方法	用法・用量	体重約 30 ～約 110g のブリまたは体重約 20 ～約 210g のカンパチの腹腔内（魚体の腹鰭を体側に密着させた時，先端部が体側に接する場所から腹鰭付け根付近までの腹部正中線上）に連続注射器を用いて 0.1mL を 1 回投与する.
	効能効果	ブリおよびカンパチの類結節症およびα溶血性レンサ球菌症の予防.
	使用上の注意	低水温で使用した場合には病気の予防効果が得られないことがあり，水温が約 22 ～ 24℃の時に使用する.

【平山紀夫】

3. ぶりビブリオ病・α溶血性レンサ球菌症・ストレプトコッカス・ジスガラクチエ感染症混合不活化ワクチン

☞『動物用ワクチン』268 頁

ワクチンの概要		*Vibrio anguillarum* J-O-3 型，*Lactococcus garvieae* および *Streptococcus dysgalactiae* の培養菌を不活化後混合したワクチンである.
開発の経緯・製造用株等		2002 年夏期に *S. dysgalactiae* 感染症が発生し，カンパチ養殖の重要疾病となった．2003 年に分離された株を用い開発された本剤は，*S. dysgalactiae* 感染症に対する初めてのワクチンで 2010 年に承認された．なお，本剤は 2000 年に承認されたぶりビブリオ病・α溶血性レンサ球菌症混合不活化ワクチンに *S. dysgalactiae* を追加したものである.
使用方法	用法・用量	体重約 20 ～約 1.3kg のカンパチの腹腔内（魚体の腹鰭を体側に密着させた時，先端部が体側に接する場所から腹鰭付け根付近までの腹部正中線上）に連続注射器を用い，本剤 0.1mL を 1 回投与する.
	効能効果	カンパチ（体重約 20 ～約 160g）のα溶血性レンサ球菌症の予防，カンパチ（体重約 20g ～約 1.3kg）の J-O-3 型ビブリオ病の予防，カンパチ（体重約 20g ～約 1.3kg）の *S. dysgalactiae* 感染症の死亡率の低減.
	使用上の注意	*S. dysgalactiae* 感染症に対し，本剤の投与後 3 か月を超える期間については，十分な効果がないことがある. 5 ドース（0.5mL）量を投与すると食欲不振および成長不良が観察されたため，用量（0.1mL）を遵守する．沈殿を生じやすい製剤のため，使用前によく振り混ぜて均質な状態にしてから使用する．また，使用中も沈殿を生じないように必要に応じ振り混ぜながら使用する.

【平山紀夫】

4. イリドウイルス病・ぶりビブリオ病・α溶血性レンサ球菌症・類結節症混合（油性アジュバント加）不活化ワクチン

4-1. 疾病の概要

1）イリドウイルス病

イリドウイルス病は1990年にマダイ養殖場で発生して以降，様々な養殖魚種で発生するようになった[4]．原因ウイルスは*Iridoviridae*に属するマダイイリドウイルス(Red sea bream iridovirus）であり，主に水温の高い盛夏に流行し，発症魚は体色の黒化や貧血による鰓の退色が見られ，緩慢な遊泳状態を呈する．

2）ぶりビブリオ病

ビブリオ病は魚類細菌性疾病の中でも最も古くから知られるものの1つで，原因菌は*Vibrio anguillarum*である．耐熱性抗原（O抗原）の特異性に基づきJ-O-1型，J-O-2型およびJ-O-3型の3つに分類され，ブリ由来株はJ-O-3型に分類される[7]．ブリにおけるJ-O-3型ビブリオ病は1966年に発生して以来[2]，主に種苗導入初期に発生する疾病として毎年発生が見られている．

3）α溶血性レンサ球菌症

α溶血性レンサ球菌症は1974年に高知県のブリ養殖場で発生して以降[3]，各地で発生するようになった．稚魚から2，3年魚に至るまで罹病し，流行期は初夏～冬までの長期にわたるが，水温の高い盛夏に特に流行しやすい．本疾病の原因菌は*Lactococcus garvieae*であり，発症魚は眼球突出，眼球周囲の出血および鰓蓋内部の激しい出血などの特徴的な症状を示す．

本菌種は莢膜の有無によるKG$^-$（莢膜保有型）およびKG$^+$（莢膜欠失型）の2種類の変異型が知られている．抗KG$^-$株ウサギ血清にはKG$^-$株およびKG$^+$株共に凝集することや，KG$^-$株は継代培養等で莢膜を失いKG$^+$株へ変化することが知られていることから，両型は本質的には同じ血清型であると考えられている[1]．しかし2012年からブリ養殖場を中心に抗KG$^-$株ウサギ血清に凝集しない*L. garvieae*が分離されており，新たな血清型の海産魚類病原性*L. garvieae*として大きな問題となっている．2015年12月，福田らによって従来の血清型（抗KG$^-$株ウサギ血清凝集性）をⅠ型，新たな血清型（抗KG$^-$株ウサギ血清非凝集性）をⅡ型と呼称することが提案された[6]．

4）類結節症

類結節症は1969年にブリにおいて発生が確認されて以降[5]，水温が20℃を超えた梅雨の時期および水温が低下する秋期に発生することが多い．死亡魚の脾臓および腎臓にはほぼ例外なく多数の小白点が観察される．本疾病の原因菌は*Photobacterium damsela* subsp. *piscicida*である．

4-2. ワクチンの歴史

1997年にわが国の魚用ワクチンとして初めて「α溶血性レンサ球菌症不活化ワクチン」（経口投与）が承認されて以来，2000年には「ぶりビブリオ病・α溶血性レンサ球菌症混合不活化ワクチン」（2価注射ワクチン），2004年には「イリドウイルス病・ぶりビブリオ病・α溶血性レンサ球菌症混合不活化ワクチン」（3価注射ワクチン）が承認されるなど，魚用ワクチンは注射および混合多価ワクチンの開発が進められてきた．さらに2008年には，わが国で最初の油性アジュバント加の魚用ワクチン「α溶血性レンサ球菌症・類結節症混合（油性アジュバント加）不活化ワクチン」が承認されるなど，アジュバントを使用したワクチンの開発も進められている．2010年には「ぶりビブリオ病・α溶血性レンサ球菌症・類結節症混合（油性アジュバント加）不活化ワクチン」が承認された．

さらに本剤では，上記の3種の疾病（J-O-3型ビブリオ病，α溶血性レンサ球菌症および類結節症）にイリドウイルス病を加え，4種の疾病を1度のワクチン投与で予防することができる「イリドウイルス病・ぶりビブリオ病・α溶血性レンサ球菌症・類結節症混合（油性アジュバント加）不活化ワクチン」として2013年に承認された．

4-3. 製造用株

1）マダイイリドウイルス

YI-717株を用いる．本株は1999年にイリドウイルス病に罹病した魚より分離された．

2）*V. anguillarum*

KT-5株を用いる．本株は1989年にビブリオ病に罹病した魚より分離された．

3）*L. garvieae*

KS-7M株を用いる．本株は1990年にα溶血性レンサ球菌症（Ⅰ型）に罹病した魚より分離された．

4）*P. damsela* subsp. *piscicida*

PD8K株を用いる．本株は2008年に類結節症に罹病した魚より分離された．

4-4. 製造方法

各製造用株をそれぞれ製造用培地または細胞に接種して培養し，ホルマリンを加えて不活化した後，必要に応じて濃縮したものを原液とする．各原液を混合し，濃度調整したものを油性アジュバントのモンタナイドISA763AVGと混合して乳化し，小分け分注する．本剤はW/Oタイプの油性アジュバントワクチンである．

4-5. 安全性試験成績

ブリの腹腔内に本剤を0.1mL（常用量）および0.5mL（高用量）投与し，21日間観察した．その結果，投与後1～2日間の摂餌不良が見られたが，その後回復した．以上のことから，本剤はブリに対して安全であると判断された．

4-6. 効力を裏付ける試験成績

1）免疫成立時期および免疫持続

水温25℃飼育のブリに本剤投与後，経時的に攻撃試験を実施した．その結果，免疫成立時期としては，イリドウイルス病に対しては少なくともワクチン投与後14日，J-O-3型

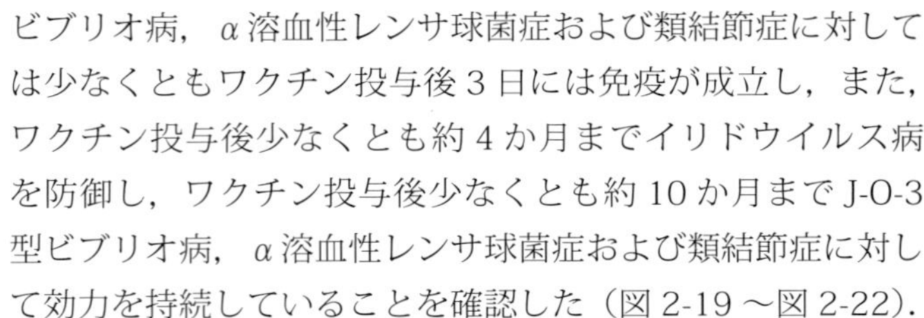

ビブリオ病，α溶血性レンサ球菌症および類結節症に対しては少なくともワクチン投与後3日には免疫が成立し，また，ワクチン投与後少なくとも約4か月までイリドウイルス病を防御し，ワクチン投与後少なくとも約10か月までJ-O-3型ビブリオ病，α溶血性レンサ球菌症および類結節症に対して効力を持続していることを確認した（図2-19～図2-22）．

2）低水温（15℃）投与での効果

冬期に生産される人工種苗や中間魚（中間育成された稚子魚）への投与を想定し，低水温期に投与した場合の有効性を検討した．水温15℃飼育のブリに本剤投与後，いずれの供試魚においてもワクチンに起因する異常所見は認められず死亡も観察されなかったことから，本剤は15℃飼育のブリに投与した場合も安全であると判断された．また，攻撃試験を実施した結果，4種のいずれの疾病においても有効であったことから，本剤は15℃の温度下でブリに投与した場合も有

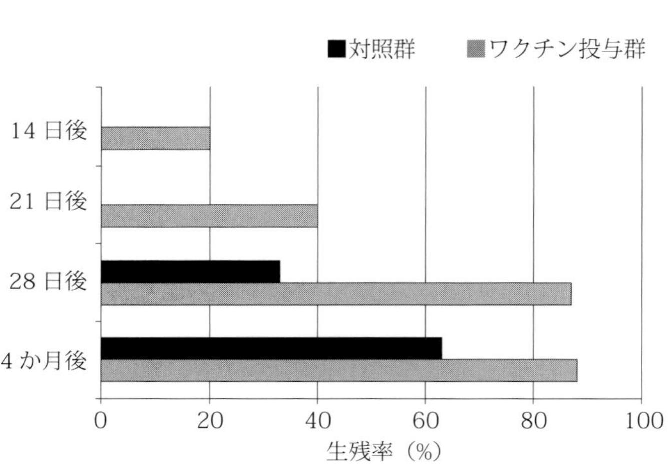

図2-19　ワクチン投与後14日～4か月のブリにおけるイリドウイルス病に対する防御能

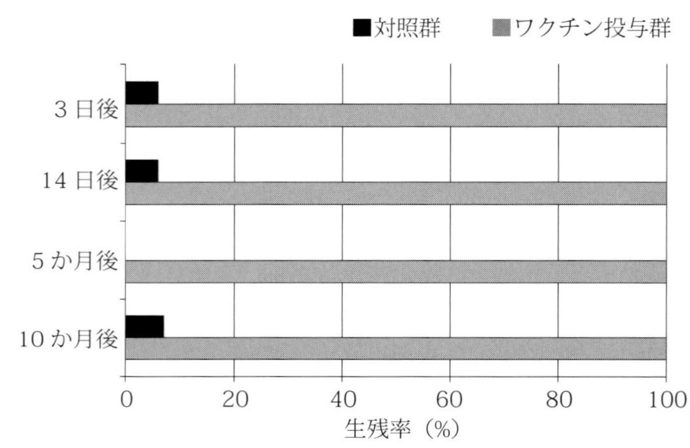

図2-21　ワクチン投与後3日～10か月のブリにおけるα溶血性レンサ球菌症に対する防御能

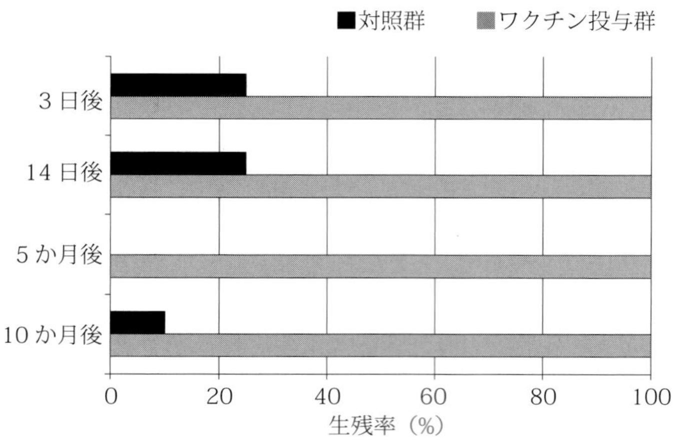

図2-20　ワクチン投与後3日～10か月のブリにおけるJ-O-3型ビブリオ病に対する防御能

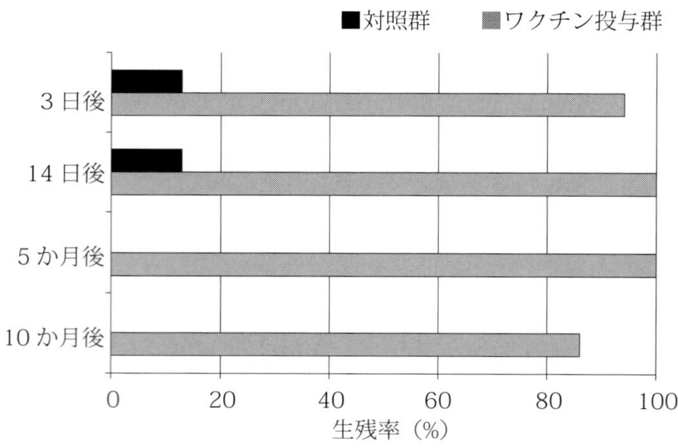

図2-22　ワクチン投与後3日～10か月のブリにおける類結節症に対する防御能

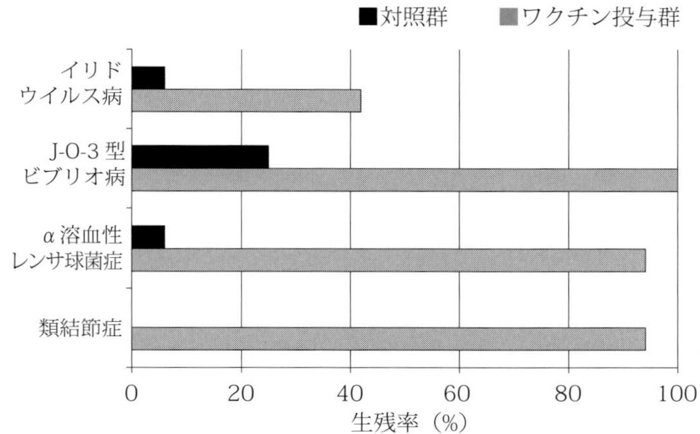

図 2-23 水温 15℃でワクチン投与したブリにおける各疾病に対する防御能

効であると判断された（図 2-23）.

4-7. 臨床試験成績

本剤の養殖ブリにおける有効性と安全性を調べる目的で，4 か所の施設で臨床試験を実施した．投与群（5,210 尾）には本剤 0.1mL/ 尾 腹腔内に投与し，対照群（3,000 尾）は無投与とした．

1）評価基準

a）有効性

臨床試験成績（各群における対象疾病による死亡率の比較，J-O-3 型ビブリオ病に対しては抗体価も評価）または攻撃試験成績により，ワクチン投与による死亡率の有意な減少（または抗体価の有意な上昇）が認められた場合を有効と判断した．ただし，判定は臨床試験成績を攻撃試験成績に優先させた．

b）安全性

ワクチンに起因する異常遊泳行動または摂餌不良が認められず，かつ対照群との間に投与後 2 週までの死亡率で有意差が認められない場合を安全と判断した．

2）結　果

a）有効性

野外 4 施設において，本剤投与群および対照群のイリドウイルス病，J-O-3 型ビブリオ病，α溶血性レンサ球菌症および類結節症の発生を観察した．イリドウイルス病については，1 施設の対照群においてのみ発生が認められ，ワクチン投与群は対照群より有意に低い死亡率を示した．J-O-3 型ビブリオ病については，いずれの施設でも発生が認められなかったが，4 施設ともワクチン投与群は対照群より有意に高い抗体価を示した．α溶血性レンサ球菌症については，1 施設では対照群のみ，1 施設ではワクチン投与群および対照群において発生が認められたが，いずれの施設においてもワクチン投与群は対照群より有意に低い死亡率を示した．類結節症については，1 施設のワクチン投与群および対照群において発生が認められたが，ワクチン投与群は対照群より有意に低い死亡率を示した．なお，4 施設中 3 施設の供試魚は実験室内に持ち込み攻撃試験を実施し，全ての試験において有効であることを確認した．

b）安全性

臨床観察において，ワクチン投与に起因する異常遊泳行動や摂餌不良は認められず，かつ対照群との間に投与後 2 週までの死亡率で有意差が認められなかったことから，本剤は安全であると判断された．

4-8. 使用方法

1）用法・用量

体重約 20g ～約 1kg のブリの腹腔内（魚体の腹鰭を体側に密着させた時，先端部が体側に接する場所から腹鰭付け根付近までの腹部正中線上）に連続注射器を用い，本剤 0.1mL を 1 回投与する．

2）効能・効果

ブリのイリドウイルス病，J-O-3 型ビブリオ病，α溶血性レンサ球菌症（Ⅰ型）および類結節症の予防．

3）使用上の注意

主な注意点を以下にあげる．

①本剤の使用により，2 日間程度，餌の吐き出し等の摂餌不良が認められることがある．

②本剤を 5 ドース量（0.5mL）投与すると腹腔内の癒着および本剤の残留程度が高くなるため，用量（0.1mL）を遵守する．

4-9. 貯法・有効期間

2 ～ 10℃にて保存する．有効期間は 3 年間．

引用文献

1）福田穣ら（2015）：魚病研究 50, 200-206.
2）楠田理一ら（1963）：水産増殖 臨時号 3, 31-54.
3）楠田理一ら（1976）：日本水産学会誌 42, 1345-1352.
4）室賀清邦（2004）：魚介類の感染症・寄生虫病，75-79，恒星社厚生閣.
5）室賀清邦（2004）：魚介類の感染症・寄生虫病，206-211，恒星社厚生閣.
6）Oinaka, D. et al.（2015）：*Fish pathol.* 50, 37-43.
7）絵面良男ら（1980）：魚病研究　14，167-179.

【村上彩奈】

5. イリドウイルス病・ぶりビブリオ病・α溶血性レンサ球菌症・類結節症混合（多糖アジュバント加）不活化ワクチン

5-1. 疾病の概要

1）イリドウイルス病

153頁参照.

2）ぶりビブリオ病

153頁参照.

3）α溶血性レンサ球菌症

153頁参照.

4）類結節症

153頁参照.

5-2. ワクチンの歴史

153頁参照.

5-3. 製造用株

1）*Lactococcus garvieae*

株名は *L. garvieae* SS91-014 G-3 株.

1991年に愛媛県の養殖業者の小割生簀[*4]で飼育中のブリ病魚の腎臓より高知大学で分離された株で，分離後1代継代した SS91-014 株を起源とする.

培養菌液を接種した時，全身の糜爛，眼球突出等の症状を示し，死に至らしめる病原性を有する．また，ブリ属魚類のα溶血性レンサ球菌症を予防する免疫原性を有する.

2）*Vibrio anguillarum*

株名は *V. anguillarum* AY-1 G-3 株.

2000年に兵庫県の養殖業者の小割生簀で飼育中のブリ病魚の腎臓より株式会社微生物化学研究所で分離された株で，分離後3代継代した AY-1G-3 株を起源とする.

V. anguillarum J-O-3 型菌の性状を有する強毒株で，培養菌液をブリの腹腔内に接種した時，全身の糜爛，出血等の症状を示し，死に至らしめる病原性を有する.

3）*Photobacterium damsela* subsp. *piscicida*

株名は *P. piscicida* AW-02 G-3 株.

2000年7月，愛媛県下の養殖場で類結節症様の症状を呈して死亡したブリの腎臓より株式会社微生物化学研究所で分離された株で，分離後3代継代した AW-02 G-3 株を起源とする.

既知の類結節症菌の性状を有する強毒株で，培養菌液をブリの腹腔内に接種した時，腎臓および脾臓に結節を形成し，死に至らしめる病原性を有する.

4）マダイイリドウイルス

株名はマダイイリドウイルス EI-01 G-7 株.

2001年に高知県で飼育中のブリ病魚の脾臓より株式会社微生物化学研究所においてイサギ鰭株化細胞（GF細胞）を用いて分離された株で，数代継代した EI-01 G-7 株を起源とする.

既知のマダイイリドウイルスの性状を有する強毒株で，ブリの腹腔内に接種した時，体色の黒化，鰓の出血斑等の症状を示し，死に至らしめる病原性を有する.

5-4. 製造方法

L. garvieae は，30℃で24～30時間通気攪拌培養した培養菌液にホルマリンを0.2vol%加えて30℃で72時間感作したもの，*V. anguillarum* は25℃で24時間通気攪拌培養した培養菌液にホルマリンを0.02vol%加えて25℃で48時間感作したもの，*P. piscicida* は25℃で24～30時間通気攪拌培養した培養菌液にホルマリンを0.1vol%加えて25℃で72時間感作したものを不活化菌液とする．それぞれの不活化菌液を遠心濃縮して原液とする．また，マダイイリドウイルスはGF細胞を用いて25℃で14～16日間培養しウイルスの増殖極期に培養液を採取し，遠心した上清をウイルス浮遊液とする．ウイルス浮遊液にホルマリンを0.1vol%加えて25℃で48時間感作した不活化ウイルス液を混合し，原液とする．原液にアジュバントとして5w/v%フコイダン加リン酸緩衝食塩液を加えて最終バルクとする．これをバイアルに小分け，密栓したものを小分製品とする.

5-5. 安全性試験成績

本剤の安全性は，室内試験においてブリおよびカンパチに予定する用量（0.1mL）およびその10倍量（1mL）を腹腔に1回投与した．その結果，10倍量を投与したカンパチでは投与後7日に1尾が死亡し，約半数の個体で眼球突出が観察されたものの，10倍量を投与したブリと常用量投与群には全く影響が認められないことが確認された.

5-6. 効力を裏付ける試験成績（実験室内の成績）

1）類結節症

a）最小有効抗原量

1.0w/v%フコイダン加培養上清で 10^7，10^8 および 10^9 CFU/mL に調整した AW-02 G-3 株不活化菌体を平均魚体重約40gのブリおよびカンパチの腹腔内に0.1mL接種した.

[*4] 小割生簀養殖：水面に角型等に作った網を浮かべて行う養殖方法.

接種後2週目にブリはAW-02 G-3株 2.8×10^0 CFU/尾，カンパチは 3.2×10^0 CFU/尾で攻撃した結果，ブリ，カンパチ共に 10^7 CFU/尾（不活化前生菌数）以上の抗原を接種することにより対照群との耐過率に有意差（Fisherの直接確率検定：$p < 0.05$）が認められた．また，約300gのブリおよびカンパチを用いた攻撃試験においても同様の結果が得られた．以上の成績より，不活化前生菌数として1尾当たり 10^7 CFU以上が必要と考えられた（表2-30，表2-31）．

b）免疫の持続と抗原量

接種後3か月目の攻撃耐過率を指標として免疫持続を考慮した有効抗原量を決定するため，1.0w/v%フコイダン加培養上清で 10^8 および 10^9 CFU/mLに調整したAW-02 G-3株不活化菌体を平均魚体重41.5gのブリおよびカンパチの腹腔内にそれぞれ0.1mLずつ接種した後3か月目に各々AW-02 G-3株の $10^{0.68}$ と $10^{0.54}$ CFU/尾で攻撃した．その結果，ブリおよびカンパチ共に 10^8 CFU/尾接種群は対照群に比べ有意に高い（Fisherの直接確率検定：$p < 0.05$）感染防御を示した．以上の成績より，1.0w/v%フコイダン加 *P.d.p.* 不活化菌体を免疫原としてブリおよびカンパチに少なくとも3か月間の免疫効果を賦与するためには，接種材料中に 10^8 CFU/尾以上の抗原量が必要と考えられた．

2）イリドウイルス病

a）最小有効抗原量

不活化前ウイルス量と免疫原性との関係を，ブリおよびカンパチを用いた攻撃試験により検討するため，$10^{4.0}$，$10^{5.0}$，$10^{6.0}$ $TCID_{50}$/mLに調整したEI-01 G-7株不活化ウイルス液を平均魚体重30.5gのブリおよび32.0gのカンパチの腹腔内に0.1mL接種した後10日目にEI-01/C株を感染させたマダイ脾臓の10w/v%乳剤上清で攻撃した．その結果，不活化前ウイルス量 $10^{4.0}$ $TCID_{50}$/尾以上を接種した群で対照との耐過率に有意差が認められた（表2-32）．

b）免疫の持続と抗原量

接種後3か月での攻撃耐過率との関係をまずブリにおいて調べた．$10^{5.3}$，$10^{5.9}$ および $10^{6.5}$ $TCID_{50}$/mLに調整したEI-01 G-7株不活化ウイルス液を平均魚体重19.5gのブリおよび17.9gのカンパチの腹腔内に0.1mLずつ接種した後3か月目にEI-01/C株を感染させたマダイ脾臓の10w/v%乳剤上清を希釈して攻撃した．その結果，$10^{4.9}$ $TCID_{50}$/尾以上の接種で，接種後少なくとも3か月間の免疫効果を賦与することが判明した．

3）ぶりビブリオ病および α 溶血性レンサ球菌症

試作ワクチンを投与したブリおよびカンパチを用いて，ぶ

表2-30　類結節症に対する最小有効抗原量（魚体重約40g）

魚種	区分	接種材料（CFU/尾）	攻撃菌数（CFU/尾）	攻撃後日数 1	2	3	4	5	6	7	8	9	10	11	12	13	14	耐過尾数/供試尾数	耐過率（%）
ブリ	試験群	10^8	$10^{0.45}$	0	0	1	6	5	1	2	0	0	0	0	0	0	0	15/30	50.0*
		10^7		0	0	3	7	4	2	0	1	0	0	0	1	0	0	12/30	40.0*
		10^6		0	1	4	7	6	1	2	0	1	1	0	0	0	0	7/30	23.3
	対照群	・		0	3	9	12	2	1	1	0	0	0	0	0	0	0	2/30	6.7
カンパチ	試験群	10^8	$10^{0.51}$	0	0	2	6	3	3	0	1	0	0	0	0	0	0	15/30	50.0*
		10^7		0	1	3	8	4	3	0	0	0	0	0	0	0	0	11/30	36.7*
		10^6		0	3	3	5	7	3	1	2	0	0	0	0	0	0	6/30	20.0
	対照群	・		0	4	10	8	3	0	2	1	0	0	0	0	0	0	2/30	6.7

* Fisherの直接確率検定（$p < 0.05$）

表2-31　類結節症に対する最小有効抗原量（魚体重約300g）

魚種	区分	接種材料（CFU/尾）	攻撃菌数（CFU/尾）	攻撃後日数 1	2	3	4	5	6	7	8	9	10	11	12	13	14	耐過尾数/供試尾数	耐過率（%）
ブリ	試験群	10^8	$10^{0.79}$	0	0	0	3	1	0	0	0	0	0	0	0	0	0	6/10	60.0*
		10^7		0	0	2	3	0	1	0	0	0	0	0	0	0	0	4/10	40.0*
	対照群	・		0	1	4	4	1	・	・	・	・	・	・	・	・	・	0/10	0
カンパチ	試験群	10^8	$10^{0.72}$	0	0	1	1	0	0	1	0	0	0	0	0	0	0	7/10	70*
		10^7		0	0	1	2	1	0	0	0	0	0	0	0	0	0	6/10	60*
	対照群	・		0	0	4	5	0	0	0	0	0	0	0	0	0	0	1/10	10.0

* Fisherの直接確率検定（$p < 0.05$）

表 2-32　イリドウイルス病に対する最小有効抗原量

魚種	接種抗原量*（$TCID_{50}$/ 尾）	攻撃後日数														耐過尾数 / 供試尾数
		1	2	3	4	5	6	7	8	9	10	11	12	13	14	
ブリ	10^5	0	0	0	0	0	0	0	1	0	0	0	2	0	0	12/15†
	10^4	0	0	0	0	0	0	0	0	1	1	0	1	1	0	11/15†
	10^3	0	0	0	0	0	1	0	1	0	2	1	1	1	0	8/15
	対照	0	0	0	0	0	0	1	0	2	4	0	1	2	0	5/15
カンパチ	10^5	0	0	0	0	0	0	0	0	0	0	0	2	0	1	12/15†
	10^4	0	0	0	0	0	0	0	0	0	1	1	1	0	0	12/15†
	10^3	0	0	0	0	0	0	1	1	0	2	1	2	1	0	7/15
	対照	0	0	0	0	0	0	0	1	2	1	3	0	2	0	6/15

*不活化前ウイルス量
† Fisher の直接確率検定（$p < 0.05$）

りビブリオ病では抗体測定，α溶血性レンサ球菌症では攻撃試験を実施した結果，両疾病に対する有効性が確認された．

5-7. 臨床試験成績

養魚場では魚体重約 30g および約 300g のブリまたはカンパチの腹腔内に試作ワクチン 0.1mL を投与し，安全性と有効性について検討した．

1）有効性

被験薬の対象であるα溶血性レンサ球菌症，ビブリオ病，類結節症およびイリドウイルス病の流行が認められた時，試験群における当該疾病の症状の発現程度が，対照群と比較して有意に低い場合を有効と判定した．また，発症防御試験を行い有効性を判定した．PCR によりイリドウイルス病で死亡したと判定された個体の割合（試験群：0/400，対照群：7/400）は Fisher 直接確率検定により有意差（$p < 0.01$）が認められた．*P. piscicida* 分離率（同：1/316，19/301）には有意差（χ^2 検定：$p < 0.01$）が認められた．

室内試験でα溶血性レンサ球菌症の発症防御試験の生残率（同：15/15，0/15）に有意差が認められた（Fisher の直接確率検定：$p < 0.01$）．

室内試験でビブリオ病では抗体価（同：119.4 倍，2.6 倍）を測定した結果，有効性が認められた．

2）安全性

試験期間中の合計死亡尾数は対照群の 57 尾に対し試験群は 22 尾に止まり，試験群と対照群の生残率（253/275，203/260）に有意差（χ^2 検定：$p < 0.01$）が認められた．さらに，増体重および飼料効率においても試験群の方が対照群に比べ若干高い値で推移し，投与局所にも異常を認めなかったことから，被検ワクチンのブリに対する安全性が確認された．

以上より，被検ワクチンをブリおよびカンパチに用いた場合の安全性とα溶血性レンサ球菌症，ビブリオ病，類結節症およびイリドウイルス病に対する有効性が確認された．

5-8. 使用方法

1）用法・用量

麻酔した魚体重約 30 〜 300g のブリ属魚類の腹腔内（魚体の腹鰭を体側に密着させた時，先端部が体側に接する場所から腹鰭付け根付近までの腹部正中線上）に連続注射器を用い，0.1mL を 1 回投与する．

2）効能・効果

ブリ属魚類（魚体重約 30 〜 300g）のα溶血性レンサ球菌症，J-O-3 型ビブリオ病および類結節症の予防．ブリ属魚類（魚体重約 30 〜 100g）のイリドウイルス病の予防．

3）使用上の注意

低水温で使用した場合には病気の予防効果が得られないことがあり，水温が約 14℃未満の時には使用しない．投与直後，一過性に飼料効率（増体率）が低下することがある．

使用前によく振り混ぜて均質な状態にしてから使用する．

5-9. 貯法・有効期間

2 〜 10℃，ただし，紙箱に収納しない小分製品では，2 〜 10℃の暗所に保存する．有効期間は 2 年間．

【関口洋介】

C. マハタのワクチン

1. まはたウイルス性神経壊死症不活化ワクチン

1-1. 疾病の概要

ウイルス性神経壊死症（VNN）は，1990年にYoshikoshiらがイシダイ子稚魚で初めて報告したウイルス性疾病で[5]，その後，マハタ（*Epinephelus septemfasciatus*），キジハタ（*E. akaara*）およびクエ（*E. bruneus*）などのハタ類，ヨーロッパスズキ（*Dicentrarchus labrax*），ヨーロッパヘダイ（*Sparus aurata*）やバラマンディ（*Lates calcarifer*）等，主要養殖魚種を含む30種以上の魚種で発生が報告されている国際的な魚類重要疾病である．罹患魚の症状は横転あるいは転覆等の異常遊泳を特徴とし，病理組織学的には中枢神経系組織や網膜組織における神経細胞の壊死・融解による空胞形成が観察される[1, 4]．壊死細胞および周辺細胞の細胞質中には，小型で球形のウイルス粒子が高密度に観察される．稚魚・仔魚期に発生すると極めて高い感染死亡率をもたらし，成魚においてもハタ類などでは死亡率が50%を超える事例が見られる．

原因ウイルスは，1992年にシマアジの感染死亡魚から分画遠心法や密度勾配遠心法などにより濃縮・純化されたことにより初めてその性状が明らかにされ，それらの特徴からノダウイルス科（*Nodaviridae*）に分類された[3]．その後，第8回国際ウイルス命名委員会の報告（2005年）により，ノダウイルス科のうち魚類を宿主とするものはベータノダウイルス属に細分された．本ウイルスは，直径約25nmのエンベロープをもたない球形ウイルスで，分子量42kDaおよび40kDaの2つの構造蛋白質からなり，ウイルスの核酸は一本鎖のプラスセンスRNAで，RNA1およびRNA2の2分節のRNA分子を有し，RNA1はRNA依存RNAポリメラーゼを，RNA2は外被蛋白質をコードしていることが報告されている．また，ウイルスRNAの複製に伴いRNA1から派生するサブゲノムとして約0.4kbのRNA分子（RNA3）の存在が確認されており，核酸合成等に関与していると推察されている．

ベータノダウイルス属のウイルスは，外被蛋白質遺伝子の塩基配列により4つの遺伝子型（SJNNVタイプ，TPNNVタイプ，BFNNVタイプおよびRGNNVタイプ）に大別され，また，これらの遺伝子型のウイルス株で作製した抗ウイルス血清を用いた中和試験により，3つの血清型（A，BおよびC型）に分類されている（表2-33）．このうち，マハタを含む多くの温水性海産養殖魚で分離されるウイルスは主として遺伝子型RGNNV（血清型C）である．

表2-33 VNNウイルスの遺伝子型および血清型と感染宿主

遺伝子型	血清型	感染宿主
SJNNVタイプ	A	シマアジなど
TPNNVタイプ	B	トラフグ
BFNNVタイプ	C	マツカワ，ハリバット，ヒラメなど
RGNNVタイプ	C	ハタ類，ヨーロッパスズキ，ヨーロッパヘダイなど

1-2. ワクチンの歴史

2006年，農林水産省の「先端技術を活用した農林水産研究高度化事業」の一環として，広島大学大学院生物圏科学研究科，愛媛県農林水産研究所水産研究センター，三重県水産研究所尾鷲水産研究室および日生研株式会社が共同で，本症に対する不活化ワクチンの開発に着手した．

VNN罹患魚（マハタ）から分離した病原性株（SGEhi00株）を用いてアジュバントを含まない不活化ワクチンを調製し，投与方法や投与量などを検討したところ，マハタに対する有効性および安全性が確認されたことから，2012年，マハタを対象魚種としたVNN不活化ワクチンの製造販売が承認された．

現在，本剤のマハタ以外の魚種に対する安全性および有効性を確認するため，継続して実験室内試験および臨床試験が実施されている．

1-3. 製造用株

製造用株はVNNウイルスSGEhi00-N株である．本株は，2000年に愛媛県農林水産研究所水産研究センター（旧愛媛県水産試験場）により，愛媛県下の一養殖場のVNN罹患マハタの脳からストライプト・スネークヘッド由来細胞（E-11細胞[2]）を用いて分離されたウイルスを起源とし，クローニング後，製造用株として使用されている．遺伝子型は，RGNNVタイプ，血清型はC型である．

1-4. 製造方法

製造用株をE-11細胞にて増殖させ，ウイルス浮遊液を得る．ウイルス浮遊液をホルマリンで不活化し，リン酸緩衝食塩液で適正な濃度に調整する．

1-5. 安全性試験成績

1）試験概要

VNN 不活化ワクチンの安全性を確認するため，マハタを用いて GLP 適用試験を行った．飼育水槽馴致後の平均体重約 30g の健康なマハタの腹腔内に，本剤の適用量（0.1mL/尾：適用量群）および供試魚に投与可能な最大液量である 3 倍量（0.3mL/ 尾：高用量群）を単回投与し，対照群は陰性対照とした．ワクチン投与後 14 日間の一般状態，増体率，飼料効率および計画殺魚の血液性状ならびに病理所見を指標にして本剤のマハタに対する安全性を調べた．なお，試験期間中，水温は 25℃に設定した．

2）成　績

VNN 不活化ワクチン投与後 14 日間の観察期間中，いずれの調査項目においても本剤に起因する異常は認められなかったことから，本剤の適用量単回腹腔内投与は安全性上問題ないものであると考えられた．

1-6. 効力を裏付ける試験成績

1）最小有効抗原量

VNN 不活化ワクチンの原液，10 倍希釈液および 100 倍希釈液を 0.1mL/ 尾でマハタ（平均体重 52.5g）の腹腔内に投与し，攻撃試験により感染防御に有効な最小有効抗原量を調べた．攻撃試験では，ワクチン投与後 20 日に攻撃用株を筋肉内接種し，攻撃後 14 日間の試験魚の症状および死亡数を調査した．試験群の累積死亡率が陰性対照群のそれと比較して有意に（Fisher の直接確率計算法，$p < 0.05$）低い場合を有効と判定した．

攻撃後 14 日間の累積死亡率より，本剤の最小有効抗原量は不活化前ウイルス含有量で $10^{6.3}$ $TCID_{50}$/ 尾であり，$10^{7.3}$ $TCID_{50}$/ 尾は防御免疫を付与するのに十分な抗原量であると判明した．

2）免疫成立時期

VNN 不活化ワクチンをマハタ（平均体重 75.0g）に 0.1mL/尾で腹腔内投与し，攻撃試験により免疫成立時期を調べた．攻撃試験では 2 濃度の攻撃用株を筋肉内接種し，その後 14 日間，試験魚の症状および死亡数を調査し，試験群の累積死亡率が陰性対照群のそれと比較して有意に（Fisher の直接確率計算法，$p < 0.05$）低い場合を有効と判定した．

攻撃後の累積死亡率は，低濃度攻撃（$10^{4.0}$ $TCID_{50}$/ 尾）では，ワクチン投与後 21 日の攻撃で試験群（28%）が対照群（80%）と比較して有意に（$p < 0.01$）低く，ワクチン投与後 28 日の攻撃でも両群間に有意差（$p < 0.01$）が認められた．高濃度攻撃（$10^{5.0}$ $TCID_{50}$/ 尾）では，ワクチン投与後 21 日の攻撃で試験群（56%）が対照群（88%）と比較して有意に（$p < 0.05$）低く，ワクチン投与後 28 日の攻撃でも試験群（52%）と対照群（92%）の間で有意差（$p < 0.01$）が認められた．いずれの攻撃濃度についても，ワクチン投与後 3，7，14 日のマハタにおいて，攻撃後の累積死亡率は両群間に有意差は認められず，ワクチン投与後 21 日以降では試験群は対照群と比較して有意に低かった．なお，攻撃後に死亡したマハタは，いずれも VNN 特有の症状を示した．以上の成績より，本剤投与後 21 日には感染防御に有効な免疫が誘導されると考えられた．

3）免疫持続

VNN 不活化ワクチンをマハタ（平均体重 52.5g）に 0.1mL/尾で腹腔内投与し，攻撃試験により免疫効果の持続を調べた．攻撃試験では，ワクチン投与後 70 日に 2 濃度の攻撃用株を筋肉内接種し，その後 14 日間，試験魚の症状および死亡数を調査し，試験群の累積死亡率が対照群のそれと比較して有意に（Fisher の直接確率計算法，$p < 0.05$）低い場合を有効と判定した．

攻撃後の累積死亡率は，低濃度攻撃（$10^{3.3}$ $TCID_{50}$/ 尾）では試験群 12%，対照群 66%，高濃度攻撃（$10^{4.3}$ $TCID_{50}$/ 尾）では試験群 24%，対照群 98% で，いずれも対照群と比較して試験群で有意に（$p < 0.01$）低く，有効と判定された．なお，攻撃後に死亡したマハタは，いずれも VNN 特有の症状を示した．以上より，本剤の免疫効果は少なくとも投与後 70 日以上は持続すると考えられた．

1-7. 臨床試験成績

1）試験概要

VNN 不活化ワクチンの野外の養殖マハタにおける有効性と安全性を調べる目的で，2 か所の実施施設（愛媛県および三重県）において臨床試験を実施した．試験群（約 5,000 尾）には VNN ワクチンを 1 尾あたり 0.1mL 腹腔内に投与し，対照群（約 5,000 尾）は無投与とした．ワクチン投与後 3 週間は各実施施設の陸上水槽にて飼育管理し，臨床観察，死亡魚の調査，魚体重の測定および採血等を行った．その後，4 か所の養殖場へ沖出しし，さらに 9 週間，一般状態および死亡魚の調査等を行った．

2）成　績

a）有効性

沖出し後（VNN 不活化ワクチン投与後 4 〜 12 週），4 か所の養殖場全てで VNN の発生が認められたが，いずれの養殖場においても当該期間の試験群の累積死亡率は対照群のそれと比較して有意に（χ^2 検定，$p < 0.01$）低く，生産性も良好であったことから，本剤投与により VNN に起因する供試魚の死亡および減耗が抑制されたと判断した（表 2-34）．以上の成績から，本剤の当該疾病に対する有効性が確認され

表 2-34 海面生け簀飼育期間（ワクチン投与後 4 ～ 12 週）における死亡尾数

養殖場	群	供試尾数	累積死亡尾数	VNN発生期間	VNN発生期間死亡尾数
A	試験群	500	177 †	30 ～ 77	172
	対照群	500	309		303
B	試験群	3000	1,530 †	29 ～ 80	1,487
	対照群	3000	2,268		2,240
C	試験群	500	121 †	27 ～ 75	121
	対照群	500	345		344
D	試験群	500	86 †	30 ～ 82	86
	対照群	500	183		183

VNN 発生期間：VNN 不活化ワクチン投与後日数で示す．
†試験群が対照群と比較して有意に低い（χ^2 検定，$p < 0.01$）．

た．

b）安全性

いずれの実施施設においても，VNN 不活化ワクチン投与後 3 週間，摂餌行動，遊泳状態，異常行動等の一般状態を観察したところ，いずれにおいても本剤を起因とする異常は認められなかった．また，本剤投与後の投与部位を中心とした外部の肉眼観察においても，特に異常は認められなかった．

1-8. 使用方法

1）用法・用量

平均体重 8 ～ 128g の健康なマハタの腹腔内（腹鰭を体側に密着させた時先端部が体側に接する場所から腹鰭付け根付近までの腹部正中線上）に，1 尾あたり 0.1mL を 1 回投与する．

2）効能・効果

マハタのウイルス性神経壊死症（血清型 C 型）による死亡率の低減．

3）使用上の注意

低水温で使用した場合には病気の予防効果が得られないことがあり，水温が約 20 ～ 27℃の時に使用する．投与後のマハタは，免疫が付与されるまでに 3 週間程度を要するため，当該期間についてはウイルス性神経壊死症発生海域への移動を避ける．

投与に当たっては，用量が確実に投与できる連続注射器を用い，注射針は長さ 4mm のものを使用する．なお，投与中は目詰まりに十分注意し，注射針の交換については注射器の使用説明書に従い行う．

1-9. 貯法・有効期間

遮光して 2 ～ 10℃で保存する．有効期間は 9 か月間．

引用文献

1）Fukuda, Y. et al.（1996）：*Fish Pathology* 31, 165-170.
2）Iwamoto, T. et al.（2000）：*Diseases of Aquatic Organisms* 43, 81-89.
3）Mori, K. et al.（1992）：*Virology* 187, 368-371.
4）室賀清邦（2004）：シマアジのウイルス性神経壊死症，魚介類の感染症・寄生虫病，恒星社厚生閣.
5）Yoshikoshi, K. et al.（1990）：*Journal of Fish Diseases* 13, 69-77.

【黒田　丹・佐藤朋子】

D. ヒラメのワクチン

1. ひらめストレプトコッカス・パラウベリス（Ⅰ型・Ⅱ型）感染症・β溶血性レンサ球菌症混合不活化ワクチン

1-1. 疾病の概要

1）β溶血性レンサ球菌症

Streptococcus iniae がヒラメに感染して起こる疾病で，夏から秋にかけての高水温期を中心に眼球の白濁・突出，腎臓の肥大，腹部膨満等の症状を呈する重要な伝染性疾病の 1 つである．

2）*Streptococcus parauberis* 感染症

本症は，*S. parauberis* がヒラメに感染して起こる疾病で，体色の黒化や眼球の異常はほとんどなく，腎臓および脾臓の腫大のほか，体表の潰瘍・発赤および鰓の壊死や筋肉の出血等の症状を呈し，周年発生する．*S. parauberis* には血清型Ⅰ型およびⅡ型があることが報告され[1]，治療法として抗生物質の経口投与が行われるが，効きが鈍く慢性の死亡が認められる．

1-2. ワクチンの歴史

ヒラメ用ワクチンは，これまでひらめβ溶血性レンサ球菌症不活化ワクチンが開発（2004 年 12 月承認）され，2005 年からワクチンが使用された．しかし，β溶血性レンサ球菌症は減少したが，同年から *S. parauberis* 感染症の発生が増加した．

本剤はひらめβ溶血性レンサ球菌症不活化ワクチンに *S. parauberis* Ⅰ型菌 M4Y 株および *S. parauberis* Ⅱ型菌

M5E 株不活化菌体を混合した混合不活化ワクチンで，2012 年 4 月に承認された.

1-3. 製造用株

1）*S. iniae* F2K 株

1992 年，長崎大学水産学部の金井が熊本のヒラメ（病魚）から分離した株（NUF-631 株）であり，2000 年に松研薬品工業株式会社が同大学より分与を受け，生物学的性状，病原性，免疫原性およびそれらの安定性を確認し，分与後 3 代継代したものを製造用株 F2K 株とした.

2）*S. parauberis* Ⅰ型菌 M4Y 株

2005 年，松研薬品工業株式会社が大分県下のヒラメ養殖場の病魚の腎臓から分離した株（0511Y07 株）であり，生物学的性状，病原性，免疫原性およびそれらの安定性を確認したもので，分離後 3 代継代したものを製造用株 M4Y 株と命名した.

3）*S. parauberis* Ⅱ型菌 M5E 株

2007 年，松研薬品工業株式会社が愛媛県下のヒラメ養殖場の病魚の腎臓から分離した株（0712E12 株）であり，生物学的性状，病原性，免疫原性およびそれらの安定性を確認したもので，分離後 3 代継代したものを製造用株 M5E 株と命名した.

1-4. 製造方法

各製造用株をそれぞれ製造用培地に接種し，静置培養する．培養した各元培養菌液をさらにそれぞれ製造用培地に接種する．培養した各本培養菌液にホルマリンを加えて不活化した後，それぞれ遠心操作で培地成分を除去し，リン酸緩衝食塩液で濃度調整したものを混合してワクチンとする.

1-5. 安全性試験成績

投与時平均魚体重 31.8 ～ 31.9g のヒラメ各 55 尾ずつに，ワクチンを腹腔内に 0.1mL（常用量），同じく投与可能最高量である 0.5mL(5 倍量)および生理食塩液を腹腔内に 0.1mL（対照群）投与した．常用量群の投与 1 日後および 5 倍量群の投与 1 日後から 9 日間に一過性の残餌が認められたが，何れの投与群も体色，遊泳状態等のその他の一般状態に異常は認められなかった．投与 14 日後の 5 倍量群の体重および体長は，対照群と比較して小さく有意差が認められたが，これらの変化はワクチン投与後に見られた一過性の食欲減退により生じたものと考えられた．以上の試験結果から，ワクチンのヒラメの腹腔内投与における安全性が確認された.

1-6. 効力を裏付ける試験成績

ワクチン投与 14 日後に，大分県，愛媛県および香川県のヒラメ養殖場の病魚より分離された *S. parauberis* Ⅰ型菌およびⅡ型菌で腹腔内攻撃を行った．その結果，有効率が 76 ～ 100% であり，全ての株において対照群と試験群との死亡率の間に有意差が認められ（Fisher の直接確率計算法，$p < 0.05$），有効性が認められた（表 2-35）.

表 2-35　野外分離株に対する有効性

分離地域（県）	攻撃株の血清型	攻撃後の死亡率（%）		有効率（%）
		対照群	試験群*	
大分	Ⅰ型	85	20	76
	Ⅱ型	40	0	100
愛媛	Ⅰ型	25	0	100
	Ⅱ型	55	10	82
香川	Ⅰ型	35	5	86
	Ⅱ型	50	0	100

*対照群との間に有意差（Fisher の直接確率計算法，$p < 0.05$）あり.

有効率＝｛1 －（試験群の死亡率 / 対照群の死亡率)｝× 100 (%)

※実験室内で所定の大きさのヒラメ供試魚各群 20 尾に対し，試験群は予め本剤を投与，対照群は投与せず，14 日後にそれぞれに対して 6 つの野外分離株を同様に攻撃した．攻撃後，21 日間観察を行った.

1-7. 臨床試験成績

本剤の養殖ヒラメにおける有効性と安全性を調べる目的で，野外 5 施設で臨床試験を実施した．対照群は無投与としたが，一部の施設では対照薬としてひらめ β 溶血性レンサ球菌症不活化ワクチンを用いた.

1）評価基準

a）有効性

各疾病の発生が認められた場合，ワクチン投与群と対照群との間の各疾病によるそれぞれの累積死亡率，すなわち投与後 6 週間毎の累積死亡率または投与後全期間中の累積死亡率のいずれかがワクチン投与群で有意に減少している場合（χ^2 検定，$p < 0.05$）を有効とした．各疾病の発生が認められなかった場合，実験的攻撃試験の成績によりワクチン投与群で累積死亡率が有意に減少している場合を有効とした.

b）安全性

投与後の一般状態および疾病の診断で，被験薬投与群にのみ一般状態（遊泳状態，体色，摂餌行動）の異常および狂奔・転覆等の異常が認められた場合，投与後 2 週間の死亡率が対照群と比較して投与群で有意に高く，被験薬投与との因果関係が「強く疑われる」,「可能性を否定できない」と判定された場合，あるいは投与後の各時点での平均体重が対照群と比較して投与群で有意に小さい場合を問題ありとし，それ以外は問題なしとした.

表 2-36　各期間の *Streptococcus parauberis* 感染症関与の死亡率（%）

施設（県）	群	供試尾数	投与時平均魚体重（g）	臨床試験開始後期間				累積死亡率
				投与時～6週	7～12週	13～18週	19週～終了時	
A（愛媛）	無投与対照群	10,811	233	8.15	7.16	1.53	1.16	17.99
	試験群	9,214	237	1.07†1	0.27†1	0.11†1	0.09†1	1.54†1
B（愛媛）	無投与対照群	2,600	60	0.00	1.05	2.06	0.24	3.36
	試験群	2,610	60	0.00	0.00†2	0.12†2	0.08	0.20†1
C（大分）	無投与対照群	5,000	53	2.34	0.10	5.28	1.66	9.38
	試験群	6,085	60	0.76†1	0.00†2	0.00†1	0.07†1	0.82†1
D（大分）	対照薬対照群	5,000	70	0.68	0.00	0.04	0.00	0.72
	試験群	5,093	70	0.00†1	0.04	0.00	0.08	0.12†1

施設 A：Ⅱ型菌の発生，施設 B～D：Ⅰ型菌の発生
施設 A，C，D：終了時 24 週，施設 B：終了時 20 週
対照薬：ひらめ β 溶血性レンサ球菌症不活化ワクチン
†1 対照群との間に有意差（χ^2 検定，$p < 0.01$）あり．
†2 対照群との間に有意差（χ^2 検定，$p < 0.05$）あり．

2）結　果

a）有効性

野外 5 施設において，臨床試験を行ったところ，β 溶血性レンサ球菌症の発生は認められなかった（β 溶血性レンサ球菌症については，2 施設のヒラメを実験施設に移動して行った攻撃試験により，β 溶血性レンサ球菌症に対する有効性が確認された）．一方，5 施設中 4 施設で *S. parauberis* 感染症が発生し，*S. parauberis* Ⅱ型菌が発生した 1 施設および *S. parauberis* Ⅰ型菌が発生した 3 施設共，全試験期間中の累積死亡率は，4 施設共に試験群が対照群よりも有意に低く（χ^2 検定，$p < 0.01$），本剤の有効性が確認された（表 2-36）．*S. parauberis* Ⅱ型菌が発生した施設 A および *S. parauberis* Ⅰ型菌が発生した施設 C において，試験開始 19～24 週で試験群の死亡率が対照群の死亡率よりも有意に低く（χ^2 検定，$p < 0.05$，$p < 0.01$），野外でのワクチン投与後 19～24 週後における *S. parauberis*（Ⅰ型・Ⅱ型）感染症に対する本剤の有効性が確認された（表 2-36）．

b）安全性

ワクチン投与後にワクチン投与によると思われる臨床的な異常は認められず，各時点の平均体重，総増重量および死亡率は，対照群とワクチン投与群の比較では同等またはワクチン投与群が優っていた．また，ワクチン投与直後を含めて一般状態の異常および投与後 2 週間の累積死亡率に差が認められずワクチン投与による影響はないと考えられた．

1-8．使用方法

1）用法・用量

ヒラメ（体重約 30～約 300g）の腹腔内（有眼側胸鰭基部から胸鰭中央部にかけての下方）に連続注射器を用い，0.1mL を投与する．

2）効能・効果

ヒラメの β 溶血性レンサ球菌症および *S. parauberis* 感染症の予防．

3）使用上の注意

5 倍量（0.5mL）を投与すると 1 日後から 9 日間に一過性の残餌が認められ，投与 14 日後の体重が対照群と比較して小さかったため，用量（0.1mL）を遵守する．

4）ワクチネーションプログラム

本剤の投与は，春導入種苗に対しては，導入後少なくとも 1 週間の馴致を終えた稚魚から両レンサ球菌症が発生する前の 3 月～7 月に主に行うことが望ましく，秋導入種苗に対しては，慢性的に *S. parauberis* 感染症が発生している場合には，予防目的として導入後少なくとも 1 週間の馴致を終えた稚魚から行うことが望ましい．

1-9．貯法・有効期間

2～10℃にて保存する．有効期間は 3 年 2 か月間．

引用文献

1）金井欣也ら（2009）：魚病研究 44, 33-39.

【桑原正和】

コラム 「魚類の生体防御と魚病ワクチン」

魚類は進化上で最も早期に出現した脊椎動物であり，魚類は円口類（ヤツメウナギなど），軟骨魚類（アカエイ，ギンザメなど）および硬骨魚類（サケ，コイ，ヒラメなど）に分けられる．

陸上動物と異なって水中に生活している魚類は，環境水中に常在している種々の細菌と絶えず接触をもっている．そこで体表，鰓組織および消化管壁の上皮細胞から分泌される粘質物は，常に多くの付着細菌で汚染されている．病原体や抗原物質は，魚類の鰓，体表，側線器，腸管から取り込まれ，鰓や皮下組織に分布するマクロファージや好中球に捕捉される．体内に侵入した微生物に対する最初の防御（自然免疫）として，好中球やマクロファージなどの食細胞による細胞性因子がある．液性因子としては，魚体表面粘液中のリゾチーム，トランスフェリンなどの抗菌物質のほか補体，レクチンや肺炎双球菌の莢膜に存在するC多糖体に結合する急性期蛋白質の1つであるC反応性蛋白質などがあるが，特に補体は重要である．魚類の補体系は哺乳類と同様にC1－C9の成分からなり活性化されて溶菌，食細胞による貪食の促進そして炎症反応の誘導に関与する．魚類の補体は哺乳類の補体と違い，低温でも反応し最適温度は25℃であり熱に不安定で40～45℃で失活する．

生物進化の過程で初めて獲得免疫を備えた動物は脊椎動物の魚類である．魚類における獲得免疫は哺乳類に比べ非常に未熟である．未熟な獲得免疫を補うように魚類では強力な自然免疫機構を発達させた．獲得免疫を担う，リンパ球にはB細胞とCD4，CD8の2つのサブセットのあるT細胞とがあり，IgM抗体産生ならびにCD8 T細胞による細胞傷害作用（CTL）も見られる．それら機能はほぼ哺乳類のものと同様であるが未熟である．

魚類（以下，魚類とは軟骨魚類と硬骨魚類を指す）の免疫システムを哺乳類と比較した場合の特徴は，①魚類では，胸腺や脾臓を有しているが，骨髄やリンパ節は存在しない．②魚類では免疫関連分子の分化が進んでいない．例えば，抗体はIgDなども知られているがほぼIgMただ1クラスでIgGなど他のイムノグロブリンへのクラス−スイッチは起こらないし，2次応答もほとんど見られない．③魚類は，変温動物であり，免疫応答が生息水温に著しく影響される．などである．魚類の生体防御を哺乳類のそれと較べた時，魚類では自然免疫の食細胞系ならびに補体がたいへん重要であり，魚類の獲得免疫による防御を補っていると思われる．

日本の水産養殖場では，ウイルス性，細菌性，真菌性および寄生虫性感染症を合わせると50種類以上の病原体により被害が発生している．それに対し，国内では，いまだ8種類の病原体による疾病（ビブリオ病，イリドウイルス病，α，βレンサ球菌症，*Streptococcus dysgalactiae* 感染症，*S. parauberis* 感染症，類結節症，ウイルス性神経壊死症，エドワジェラ症）に対するワクチンが開発されているにすぎない．その理由の1つに病原体の多くが培養困難であることがあげられる．わが国で市販されている魚類のワクチンは，全て病原体を大量に培養してホルマリンなどで殺した不活化ワクチンである（市販魚病ワクチンの詳細については第2章を参照）．それ故，いまだに多くの培養の難しい病原体に対してはワクチンが開発されていない．海外では弱毒生ワクチンも市販されているが，病原性の復帰や環境水を通して周囲への感染の危険があり，天然水域などの魚類養殖では使用は慎重であるべきという意見が多い．新しいワクチンとして大腸菌発現抗原を精製したサブユニットワクチン，遺伝子組換え生ワクチンやDNAワクチンも一部外国では承認されている．また最近のゲノム解析技術の進展により，短時間に細菌の全ゲノム解読ができるようになった．魚病ワクチン分野では難培養性病原体に対するワクチン戦略として遺伝子配列から感染防御抗原を予測してワクチンに結びつけるリバース−ワクチノロジー（第3章のコラム「リバース−ワクチノロジー（逆ワクチン学）」を参照）という手法を用いて，難培養性細菌による「ブリ」の細菌性溶血性黄疸のワクチン開発が試みられている．

わが国の市販ワクチンは，1988年に「アユ」のビブリオ病浸漬ワクチンが初めて承認され，その約10年後にレンサ球菌症経口ワクチンが，2008年に類結節症注射ワクチン開発された．海面魚類養殖業においては，かつてレンサ球菌症や類結節症等の各種病気が蔓延し，抗生物質が多用されていた．レンサ球菌症に対するがワクチンの市販を契機にイリドウイルス感染症や類結節症ワクチンが市販され，養殖漁場の環境改善と相まって1997年以降のワクチン投与の大幅な伸びとともに水産用の抗生物質の年間使用額は大幅に減少してきた．

魚病ワクチンの投与法としては，注射法，浸漬法と経口投与法の3つがある．免疫効果の最も高い方法は注射法でありアジュバント添加も可能である．ただ魚類にあたえるストレスが大きいし，稚魚への投与が難しいという問題がある．当初注射法は，群れを対象とする魚類には不向きと考えられていたが，連続注射器や全自動注射器が開発され，日本でも普及している．浸漬法は注射法に次いで有効な投与法である．稚魚への投与が可能で1度に多くの魚をワクチン投与できるという利点があるが，多量の抗原を必要とするのが難点である．フラッシュ法，スプレー法，シャワー法と呼ばれるものも浸漬法の一種である．経口投与法は魚を取り上げる必要がなく群れを対象とする魚類養殖では理想的な投与法であるが，投与量の把握が困難であるし免疫効果も低い．現在，感染防御抗原を表層に提示した酵母を用いた経口ワクチンの開発も試みられている．

参考文献
小沼　操ら（2001）：動物の免疫学 第2版，魚類，135-141，文永堂出版.
小川和夫ら（2012）：改訂 魚病学概論 第2版，9-26，恒星社厚生閣.
Tizard, I.R.（2013）：Veterinary Immunology 9th ed., 482-485, Elsevier.

犬用ワクチン

対象疾病	ワクチン名
A. 呼吸器系感染症に対するワクチン	
犬ジステンパー・ 犬伝染性喉頭気管炎・ 犬パラインフルエンザ	1. ジステンパー・犬アデノウイルス（2型）感染症・犬パラインフルエンザ・犬パルボウイルス感染症・犬コロナウイルス感染症・犬レプトスピラ病混合ワクチン……**166** 2. ジステンパー・犬アデノウイルス（2型）感染症・犬パラインフルエンザ・犬パルボウイルス感染症・犬コロナウイルス感染症・犬レプトスピラ病（カニコーラ・コペンハーゲニー・ヘブドマディス）混合ワクチン……**167** 3. ジステンパー・犬アデノウイルス（2型）感染症・犬パラインフルエンザ・犬パルボウイルス感染症・犬コロナウイルス感染症・犬レプトスピラ病（カニコーラ・イクテロヘモラジー・グリッポチフォーサ・ポモナ）混合（アジュバント加）ワクチン……**167** 4. 犬アデノウイルス（2型）感染症・犬パラインフルエンザ・犬ボルデテラ感染症（部分精製赤血球凝集素）混合不活化ワクチン……**172**
犬ボルデテラ感染症	4. 犬アデノウイルス（2型）感染症・犬パラインフルエンザ・犬ボルデテラ感染症（部分精製赤血球凝集素）混合不活化ワクチン……**172**
B. 消化器系感染症に対するワクチン	
犬パルボウイルス感染症	1. 犬パルボウイルス感染症生ワクチン……**175** A-1. ジステンパー・犬アデノウイルス（2型）感染症・犬パラインフルエンザ・犬パルボウイルス感染症・犬コロナウイルス感染症・犬レプトスピラ病混合ワクチン……**166** A-2. ジステンパー・犬アデノウイルス（2型）感染症・犬パラインフルエンザ・犬パルボウイルス感染症・犬コロナウイルス感染症・犬レプトスピラ病（カニコーラ・コペンハーゲニー・ヘブドマディス）混合ワクチン……**167** A-3. ジステンパー・犬アデノウイルス（2型）感染症・犬パラインフルエンザ・犬パルボウイルス感染症・犬コロナウイルス感染症・犬レプトスピラ病（カニコーラ・イクテロヘモラジー・グリッポチフォーサ・ポモナ）混合（アジュバント加）ワクチン……**167**
犬コロナウイルス感染症	A-1. ジステンパー・犬アデノウイルス（2型）感染症・犬パラインフルエンザ・犬パルボウイルス感染症・犬コロナウイルス感染症・犬レプトスピラ病混合ワクチン……**166** A-2. ジステンパー・犬アデノウイルス（2型）感染症・犬パラインフルエンザ・犬パルボウイルス感染症・犬コロナウイルス感染症・犬レプトスピラ病（カニコーラ・コペンハーゲニー・ヘブドマディス）混合ワクチン……**167** A-3. ジステンパー・犬アデノウイルス（2型）感染症・犬パラインフルエンザ・犬パルボウイルス感染症・犬コロナウイルス感染症・犬レプトスピラ病（カニコーラ・イクテロヘモラジー・グリッポチフォーサ・ポモナ）混合（アジュバント加）ワクチン……**167**
C. 神経症状・運動障害を示す感染症に対するワクチン	
狂犬病	1. 狂犬病組織培養不活化ワクチン……**176**

D. 出血・黄疸を示す感染症に対するワクチン

A. 呼吸器系感染症に対するワクチン

1. ジステンパー・犬アデノウイルス（2型）感染症・犬パラインフルエンザ・犬パルボウイルス感染症・犬コロナウイルス感染症・犬レプトスピラ病混合ワクチン

☞『動物用ワクチン』276頁

ワクチンの概要		弱毒ジステンパー（CD）ウイルス，弱毒犬アデノウイルス（2型）（CAV2），弱毒犬パラインフルエンザ（CPi）ウイルスおよび弱毒犬パルボウイルス（CPV）を培養細胞で増殖させて得たウイルス液の混合液を凍結乾燥したワクチン（乾燥生ワクチン）と，*Leptospira* Canicola および *L.* Icterohaemorrhagiae の全培養菌液を不活化したもの，またはこれを不活化した後可溶化したものと犬コロナウイルス（CCV）を培養細胞で増殖させて得たウイルス液を不活化したものを混合したワクチン（液状不活化ワクチン）とを組み合わせたワクチンである．
開発の経緯・製造用株等		犬の呼吸器系感染症として重要なCDに対して古くから生ワクチンが使用されていた．1967年からは犬伝染性肝炎生ワクチンとレプトスピラ病不活化ワクチンを組み合わせた混合ワクチン（DHL）が主流を占めた．1988年にはCPi生ワクチンやCPV感染症生ワクチンが加わり（DA2PPL），1999年にはCCV感染症不活化ワクチンが加わった本剤が外国から導入され承認された．
使用方法	用法・用量	乾燥生ワクチンを液状不活化ワクチンで溶解し，6週齢以上の犬に1mL（1バイアル）ずつ3～4週間隔で2回，皮下または筋肉内に投与する．
	効能効果	CD，CAV2感染症，犬伝染性肝炎，CPi，CPV感染症，CCV感染症および犬レプトスピラ病の予防．
	使用上の注意	3か月齢以下の若齢犬では副反応の発現が多いため，飼い主に対しその旨を十分説明し，飼い主の理解を得た上で投与し，その後の経過観察を十分に行うこと． 本剤の投与後，時に一過性の副反応（発熱，元気・食欲減退，下痢，嘔吐，投与部位に軽度の疼痛，発赤，熱感，瘙痒，腫脹および硬結）が認められる場合がある． 過敏体質のものでは，時にアレルギー反応〔顔面腫脹（ムーンフェイス），瘙痒，蕁麻疹〕またはアナフィラキシー反応（ショック）（虚脱，貧血，血圧低下，呼吸促迫，呼吸困難，体温低下，流涎，震え，痙攣，尿失禁等）を起こすことがある．アナフィラキシー反応（ショック）は，投与後30分位までに発現する場合が多い．

【平山紀夫】

2. ジステンパー・犬アデノウイルス（2型）感染症・犬パラインフルエンザ・犬パルボウイルス感染症・犬コロナウイルス感染症・犬レプトスピラ病（カニコーラ・コペンハーゲニー・ヘブドマディス）混合ワクチン

☞『動物用ワクチン』282 頁

ワクチンの概要		弱毒ジステンパー（CD）ウイルス，弱毒犬アデノウイルス（2型）（CAV2），弱毒犬パラインフルエンザ（CPi）ウイルス，弱毒犬パルボウイルス（CPV）および弱毒犬コロナウイルス（CCV）を培養細胞で増殖させて得たウイルス液の混合液を凍結乾燥したワクチン（乾燥生ワクチン）と，*Leptospira* Canicola，*L.* Copenhageni および *L.* Hebdomadis の全培養菌液を不活化したワクチン（液状不活化ワクチン）とを組み合わせたものである．
開発の経緯・製造用株等		上記の「A.－1.」で述べたワクチンの CCV は不活化されたものであるが，本剤は生ワクチンである．本剤の製造用株は全て日本で分離されたもので，2000 年に承認された．
使用方法	用法・用量	乾燥生ワクチンを液状不活化ワクチンで溶解し，その全量 1mL ずつを 1 か月齢以上の健康な犬（妊娠犬を除く）の皮下または筋肉内に 4 週間隔で 2 回投与する．
	効能効果	CD，犬伝染性肝炎，CAV2 感染症，CPi，CPV 感染症，CCV 感染症および犬レプトスピラ病（血清型 Canicola，Copenhageni および Hebdomadis）の予防．
	使用上の注意	本剤の投与後，一過性の発熱，疼痛，元気・食欲の減退，下痢，嘔吐，投与部位の軽度の腫脹および硬結等を示すことがある． 過敏な体質のものでは，まれにアレルギー反応〔顔面腫脹（ムーンフェイス），瘙痒，蕁麻疹等〕またはアナフィラキシー反応（ショック）〔循環障害（体温，血圧の低下，可視粘膜蒼白，貧血，流涎等），意識障害（虚脱，震え，痙攣，失禁等），呼吸障害（呼吸促迫，呼吸困難等）〕が認められる場合がある． 本剤の犬パルボウイルスは，接種後一過性のウイルス排泄が認められ，感受性犬に感染することがあるが，ワクチンウイルスの安全性は確認されている．

【平山紀夫】

3. ジステンパー・犬アデノウイルス（2型）感染症・犬パラインフルエンザ・犬パルボウイルス感染症・犬コロナウイルス感染症・犬レプトスピラ病（カニコーラ・イクテロヘモラジー・グリッポチフォーサ・ポモナ）混合（アジュバント加）ワクチン

3-1. 疾病の概要

1）ジステンパー

ジステンパーは，*Paramyxoviridae*，*Morbillivirus* に属する犬ジステンパーウイルス（CDV）による犬における代表的な感染症である．症状は不顕性あるいは顕性感染が知られており，顕性感染の場合には感染後 1 ～ 4 週間の比較的長い潜伏期の後，発熱，鼻炎，結膜炎，くしゃみ，発咳，下痢，発疹や趾蹠・鼻の角質化を特徴とする皮膚感染（趾蹠症）および神経症状（ジステンパー脳炎）を主徴とし，伝染性と致命率が高いことが知られている[8]．現在，国内では疾病予防対策として弱毒混合生ワクチンが使用されているが，依然として全国で発症例が報告されている[1, 4-7]．

2）犬伝染性肝炎および犬アデノウイルス 2 型感染症（犬伝染性喉頭気管炎）

犬伝染性肝炎は，*Adenoviridae*，*Mastadenovirus* に属する犬アデノウイルス 1 型（CAV1）により起こる全身性の感染症である．症状は，感染後 2 ～ 8 日の潜伏期の後，元気消失，白血球減少，一峰性の発熱，鼻汁漏出，食欲不振，流涙，下痢，嘔吐を呈し，単独感染の場合には致死率 10% 程度であるが，他病との混合感染や二次感染した場合には致死率が約 30% 程度まで高まることが知られている[9]．

犬アデノウイルス 2 型（CAV2）感染症（犬伝染性喉頭気管炎）は，*Adenoviridae*，*Mastadenovirus* に属する CAV2 により起こる呼吸器系の感染症である．症状は呼吸器系に限局し，数日間～数週間以上の発咳が特徴であることから，犬の呼吸器症候群（kennel cough）と総称されている．その他の症状として鼻汁漏出，食欲不振，発熱を呈すことがあるが軽度である．単独感染の場合には重症になることはまれで致死率も低いが，二次感染または犬ジステンパーウイルスとの混合感染により重篤化する[10]．

国内では CAV1 が 1956 年に，CAV2 が 1982 年に初めて分離され，その後の多くの報告から全国的にウイルスが流行していることが明らかにされ[9, 10]，現在も依然として発症例が報告されている[7]．

3）犬パラインフルエンザ

Paramyxoviridae，*Rubulavirus* に属する犬パラインフルエンザウイルス（CPIV）により起こる犬における呼吸器系の

感染症であり，kennel cough の病原因子の 1 つとして重要である．症状は実験感染による単独感染では鼻汁漏出程度で耐過するが，野外においては細菌，マイコプラズマまたはウイルスとの混合感染により，元気消失，食欲不振，鼻汁漏出，流涙，発熱，くしゃみ，発咳などの諸症状を呈する[10]．本ウイルスは現在でも依然として呼吸器症状を呈する犬から分離されている[7]．

4）犬パルボウイルス感染症

Parvoviridae，*Parvovirinae*，*Protoparvovirus* に属する犬パルボウイルス（CPV）により起こる犬における全身性の感染症である．症状は，腸炎型と心筋炎型に分類され，腸炎型は不顕性感染または顕性感染を示し，顕性時には感染後 48 時間以内に衰弱，食欲不振，発熱，嘔吐および下痢を呈し，甚急性の経過をたどり急死する症例もある．心筋炎型は，若齢の子犬に限局して発症し，致死率が高い．急性の場合には突然虚脱し，呼吸困難により急死する．亜急性の場合には頻脈，呼吸数増加，不整脈，心電図の異常が認められ，数週間～数か月後に死亡する[2]．国内では 1979 年に初めて発症例からウイルスが分離されて以来，現在においても腸炎を呈する犬から分離されている[2,6]．

5）犬コロナウイルス感染症

Coronaviridae，*Coronavirinae*，*Alphacoronavirus* に属する犬コロナウイルス（CCV）により起こる犬における消化器系の感染症である．症状は不顕性感染から重篤な嘔吐および下痢を呈する顕性感染まで多岐にわたっている．顕性感染の場合，短い潜伏期の後，数日間にわたる嘔吐，下痢，元気消失および食欲不振が認められる．一般に若齢犬では症状が重篤であるが致死率は低く，また症状を示さず不顕性感染に終わる症例も認められる[11]．国内では 1982 年に初めてパルボウイルスとの混合感染例からウイルスが分離されて以来，現在においても発症例または無症状例からウイルスの分離または検出の報告がなされている[2,6,7]．

6）犬のレプトスピラ病

Spirochaetales，*Leptospiraceaa*，*Leptospira* に属するグラム陰性菌により起こる感染症である．症状は甚急性感染，亜急性感染および慢性または不顕性感染に分類され，甚急性感染では発熱と筋肉弛緩を主徴とし，嘔吐，脱水，出血を呈し，腎不全および肝機能障害の場合には，死亡する．亜急性感染では，発熱，食欲不振，嘔吐，および脱水を主徴とし腎機能障害および肝機能障害を呈することがある．慢性または不顕性感染では，発熱あるいは無症状のまま経過する．本菌はネズミなどの野生動物を自然宿主とし，ほとんどの哺乳類に感染可能である．感染様式は保菌動物の腎臓尿細管等で増殖し，排泄物により汚染された水や土壌を介して経口・経皮的に感染することによる[3]．

3-2. ワクチンの歴史

CDV，CAV2，CPIV を組み合わせた 4 種混合ワクチンと，CDV，CAV2，CPIV，レプトスピラ・カニコーラ（Lc），レプトスピラ・イクテロヘモラジー（Li）を組み合わせた 6 種混合ワクチンが 1987 年に，犬パルボウイルス（CPV）の単味生ワクチンが 1988 年に承認された．なお，CAV2 を抗原とすることにより，近縁である CAV1 を防御できることから，CAV2 を含むワクチンは，慣例的に 2 種混合とみなし，混合数を計算している．

その後，弱毒 CPV 生ワクチン株の免疫原性を高める目的で継代数が，これまでより約 2/3 少ない 35 代継代数（NL-35-D-LP 株）で，同時にワクチン含有ウイルス量を多くした新規の CPV の単味生ワクチンが 1998 年に承認され，翌年にはこの CPV が従来の 6 種混合ワクチンに加わり，7 種混合ワクチンが承認された．そして 2003 年には犬コロナウイルス（CCV）を新たに加えたレプトスプラを含まない 6 種混合ワクチンと，レプトスピラ（Lc と Li）を含む 8 種混合ワクチンが承認された．

現在，CPV の単味生ワクチン，6 種混合ワクチンと 8 種混合ワクチンの他に，2012 年に承認された Lc，Li，レプトスピラ・グリッポチフォーサ（Lg）およびレプトスピラ・ポモナ（Lp）を組み合わせたレプトスピラの 4 種混合ワクチンと，これらレプトスピラ（Lc と Li と Lg と Lp）と CDV，CAV2，CPIV，CPV，CCV を組み合わせた 10 種混合ワクチンが販売されている

3-3. 製造用株

1）CDV

1956 年に米国コーネル大学が Norden Laboratories に分与した強毒株を原株とし，NLKD-1（犬腎臓株化）細胞で継代した弱毒株が製造用株として，2009 年より N-CDV 株の名称で使用されている．

2）CAV2

1972 年に米国コーネル大学が Norden Laboratories に分与した株を原株とし，NLKD-1 細胞で継代した弱毒マンハッタン株が製造用株として使用されている．

3）CPIV

1975 年に米国コーネル大学が Norden Laboratories に分与した株を原株とし，NLKD-1 細胞で継代した弱毒 NL-CPI-5 株が製造用株として使用されている．

4）CPV

1978 年に Norden Laboratories が犬パルボウイルス感染犬から分離した株を原株とし，NLDK-1 細胞で継代した弱毒 NL-35-D-LP 株が製造用株として使用されている．

なお，本株はold typeであり，new typeである野外流行株とPCRにより識別可能である．

5）CCV

1978年にNorden Laboratoriesが犬コロナウイルス感染犬から分離した株を，犬腎株化細胞に4代，NLFK-1（猫腎臓株化）細胞で36代継代したもの（計40代目のもの）を1982年に原株とし，この原株NL-18株が製造用株として使用されている．なお本株は犬に対する病原性がなくなっていることが確認されている．

6）Lc

1967年以前に分離された株を原株とし，EMJH培地で培養したC-51株が製造用株として使用されている．

7）Li

1974年にNADL（現米国農務省国立動物疾患センターNADC：National Animal Disease Center）で分離された株を原株とし，EMJH培地で培養したNADL11403株が製造用株として使用されている．

8）Lg

1973年にWalter Reed Army Laboratoriesで分離された株を原株とし，EMJH培地で培養したMAL1540株が製造用株として使用されている．

9）Lp

1957年にMerck社で分離された株を原株とし，EMJH培地で培養したT262株が製造用株として使用されている．

3-4. 製造方法

CDV，CAV2，CPIV，CPVではNLDK-1細胞を用いて培養した上清を原液とし，レプトスピラは製造用培地に元培養液を接種し，培養したものを本培養液とし，各菌液を遠心処理した沈渣浮遊液にチメロサールを添加して不活化したものを原液とする．これらの原液を混合し，安定剤を加え，滅菌したバイアルに小分け分注して凍結乾燥し，密栓したものが乾燥ワクチンである．

CCVではNLFK-1細胞を用いて培養した上清を2-ブロモエチルアミンハイドロブロマイドで不活化し，ストレプトマイシン等の安定剤を添加したものを原液とする．この原液にアジュバントとして水酸化アルミニウムゲルを加え，滅菌したバイアルに小分け分注して密栓したものが液状ワクチンである．

3-5. 安全性試験成績

検査施設の6週齢のビーグル犬に，本剤の常用量あるいはその10倍量を犬の左右胸背部皮下に3週間隔で3回投与し，さらに3回目投与2か月後に4回目を投与し，その安全性を検討した．なお観察期間は，1回目投与から4回目投与後21日までの123日間とし，一般状態および投与局所の観察，体温測定，血液および血液生化学的検査，体重測定，剖検および病理組織学的検査を行った．

1）常用量投与における安全性

投与部位に一過性の硬結および40℃以下の一過性の微熱が認められたが，その他の観察項目に異常は認められなかった．

2）高用量投与における安全性

投与部位に一過性の硬結および40℃以下の一過性の微熱が認められたが，その他の観察項目に異常は認められなかった．

以上のことから，本剤の常用量を犬に投与することによって，投与局所に一過性の40℃以下の発熱および硬結が認められたもののその影響は軽微であり，投与に起因すると思われるその他の異常が認められなかったことから本剤の6週齢犬に対する安全性が確認された．

3-6. 効力を裏付ける試験成績

1）最少有効抗原量および最少有効抗体価（表2-37）

a）CDV

N-CDV株$10^{1.8}$ $TCID_{50}$/ドースをCDV抗体陰性犬20頭に単回皮下接種し，接種4週後に強毒株で攻撃した結果，攻撃時に抗体陰性であった1例は犬ジステンパーにより斃死したが，その他はいずれも臨床的異常を示さず生残した．攻撃時における生残例のCDVに対する中和抗体（SN）価は6～＞502倍であったことから，本剤のCDVに対する最少有効抗体価は，SN価6倍であると考えられる．

b）CAV2

Manhattan株$10^{2.2}$ $TCID_{50}$/ドースをCAV-2抗体陰性犬40頭に単回皮下接種し，接種14日後にCAV-1あるいはCAV-2の強毒株で各20頭およびワクチン非投与犬各5頭を攻撃した結果，ワクチン非投与のCAV-2攻撃群全5頭は発咳および衰弱等の症状を示したが，ワクチン投与犬はいずれも臨床的異常は認められなかった．攻撃時のCAV-1およびCAV-2に対するSN価はそれぞれ4～123倍（GMT：17倍），8～1,024倍（GMT：100倍）を示したことから，本剤のCAV-1およびCAV-2に対する最少有効抗体価は，それぞれSN価4倍およびSN価16倍であると考えられる．

c）CPIV

NL-CPI-5株は，強毒株による攻撃に対し，$10^{3.5}$ $TCID_{50}$/ドース以上の免疫量を3週間隔で2回接種することにより，発症防御することが確認されている．

NL-CPI-5株$10^{7.2}$ $TCID_{50}$/ドースをCPI抗体陰性犬7頭に3週間隔で2回，各1ドースずつ皮下接種し，第2回接種4週後に強毒株で静脈および鼻腔の両経路から攻撃した結

表 2-37　各成分の最少有効抗原量と最少有効抗体価

	最少有効抗原量	最少有効抗体価
CDV（N-CDV 株）	$10^{1.8}$ $TCID_{50}$/mL	中和抗体価 6 倍
CAV2（マンハッタン株）	$10^{2.2}$ $TCID_{50}$/mL	中和抗体価 16 倍
CPIV（NL-CPI-5 株）	$10^{3.5}$ $TCID_{50}$/mL	中和抗体価 陽転（2 倍）
CPV（NL-35-D-LP 株）	$10^{2.5}$ $TCID_{50}$/mL	HI 抗体価 32 倍
CCV（NL-18 株）	1095 RU/0.05mL （その後 ELISA プレートの改良により， 1117 RU/0.05mL と改定）	中和抗体価 陽転（2 倍）
Li（NADL11403 株）	600 比濁単位	MAT 抗体価 8 倍
Lc（C-51 株）	600 比濁単位	MAT 抗体価 16 倍
Lg（MAL1540 株）	600 比濁単位	MAT 抗体価 10 倍
Lp（T262 株）	600 比濁単位	MAT 抗体価 10 倍

果，攻撃 1 ～ 2 日後，4 頭に一過性の発熱，および 3 頭に期間中わずかな眼漏が認められたが，これら臨床所見，血液所見，ウイルス分離成績はいずれも対照群 3 頭と比べ軽度であった．攻撃時の CPI に対する SN 価は＜2 ～ 512 倍（GMT：22 倍）を示し，攻撃 6 日後には対照群で 2 倍以下であったのに対し，ワクチン接種群では 2,048 ～≧ 8,192 倍（GMT：4,552 倍）となり高いブースター効果が認められたことから，本剤の CPIV に対する発症防御能は攻撃時の抗体価に依存しないと考えられる．

d）CPV

NL-35-D-LP 株の最少有効抗原量は，野外強毒株による攻撃試験により $10^{2.5}$ $TCID_{50}$/ ドースであることが確認されている．

NL-35-D-LP 株 $10^{2.5}$ $TCID_{50}$/ ドースを CPV 抗体陰性犬 6 頭に接種した結果では，ワクチン投与 3 週後に 32 倍以上の HI 抗体価を示し，いずれの供試犬も強毒株の経口攻撃に対し発症を防御することが確認され，本剤の CPV に対する最少有効抗体価は，HI 抗体価 32 倍以下であると考えられる．

e）CCV

NL-18 株の最少有効抗原量は，野外強毒株による攻撃試験を実施し，血清中アミロイド A 濃度の測定，各腸組織サンプルの蛍光抗体法による CCV 抗原の検出，糞中からの CCV 分離および抗体検査の結果から 1,095 抗原単位（RU）/0.05mL（その後 ELISA プレートの改良により，1987 年 1,117RU/0.05mL と改定）であることが確認されている．

ビーグル犬 50 頭を供試し，プラセボ群と CCV ワクチン群（1,414ERU/0.05mL）に 25 頭ずつ割付け 1mL ずつ 3 週間隔で 2 回皮下接種した．最終接種後 21 日目に強毒 CCV を経鼻および経口攻撃して観察した．その結果，免疫群では中和抗体の陽転（2 倍以上）を認め，腸管ウイルス増殖の有意な抑制が認められたことから免疫原性が確認された．したがって本剤の CCV に対する最少有効抗体価は中和抗体の陽転（2 倍以上）であると考えられる．

f）Li と Lc

NADL11403 株ならびに C-51 株の最少有効抗原量は，ワクチン初回投与 12 か月後に，Li および Lc 感染ハムスター肝臓乳剤 2mL（Li：8 × 10^7 ハムスター LD_{50}/ 頭および Lc：2.53 × 10^8 ハムスター LD_{50}/ 頭）を皮下接種による攻撃試験を実施した結果，共に 600 比濁単位（NU）と考えられた．

また，感染攻撃日（初回注射後 12 か月）における Li および Lc 顕微鏡下凝集試験（MAT）抗体価，発熱頭数，血液および腎臓試料からのレプトスピラ検索結果から，本剤の Li に対する最少有効抗体価は MAT 抗体価 8 倍および Lc に対する最少有効抗体価は MAT 抗体価 16 倍であると考えられる．

g）Lg

MAL1540 株の最少有効抗原量は，ワクチン 2 回目投与 3 週後に強毒株で攻撃試験を実施した結果，症状の発現率より 600NU と考えられた．

また，感染攻撃時の Lg MAT 抗体価と症状および腎臓からの菌分離成績から，本剤の Lg に対する最小有効抗体価は 10 倍であると考えられる．

h）Lp

T262 株の最少有効抗原量は，ワクチン 2 回目投与 3 週後に強毒株で攻撃試験を実施した結果，症状の発現率より 600NU と考えられた．

また，感染攻撃時の Lp MAT 抗体価と症状および血液からの菌分離成績から，本剤の Lp に対する最小有効抗体価は 10 倍であると考えられる．

3-7. 臨床試験成績

国内 2 か所の犬生産施設において，6 週齢以上 9 週齢未

表 2-38 各抗原分画に対する抗体応答陽性率のまとめ

週齢	各抗原分画の抗体応答陽性率（%）								
	CDV	CAV2	CPIV	CPV	CCV	Lc	Li	Lg	Lp
≧6～＜9	86	81	53	97	92	100	100	100	100
≧9～＜12	97	47	89	97	69	100	100	100	97
全週齢（≧6～＜12 週齢）	92	64	71	97	81	100	100	100	99
対照群（全週齢）	100	50	75	94	84	100	97	―	―

満の犬 36 頭に本剤を 3 週間隔で 3 回投与，9 週齢以上 12 週齢未満の犬 36 頭に本剤を 3 週間隔で 2 回投与した．対照群には 6 種混合ワクチン（バンガードプラス 5/CV-L）を用いた．

1）有効性

有効性の評価は，6 週齢以上 9 週齢未満の犬においては，初回投与時および 3 回目投与 4 週後のペア血清の抗体価を比較し，9 週齢以上 12 週齢未満の犬においては，初回投与時および 2 回目投与 4 週後のペア血清の抗体価を比較し，抗体価が 4 倍以上上昇した場合を有効とし，各分画抗原に対する抗体応答陽性率[*5]を算出した．有効性判定基準は下記のとおり．

① Lg および Lp を除く全ての抗原分画：抗体応答陽性率は対照群と比較し，同等以上でなければならない．

② Lg および Lp 抗原分画：抗体応答陽性率は 80% 以上でなければならない．

全週齢における抗体応答陽性率は，CDV に対して 92%，CAV2 に対して 64%，CPIV に対して 71%，CPV に対して 97%，CCV に対して 81%，Lc に対して 100%，Li に対して 100%，Lg に対して 100%，Lp に対して 99% となった（表 2-38）．以上の結果から，全ての抗原分画に対する抗体応答陽性率は，有効性判定基準を満たしており，国内で飼育されている犬に対する本剤の有効性が確認された．

2）安全性

安全性は，臨床観察，投与部位の観察，体重測定で評価した．その結果，試験期間中に本剤投与に起因する臨床上の異常および投与部位の異常は認められず，国内で飼育されている犬に対する本剤の安全性が確認された．

3-8. 使用方法

1）用法・用量

液状ワクチンを溶解用液として，乾燥ワクチンを完全に溶解し，6 週齢以上 9 週齢未満の犬には 1mL を 3 週間隔で 3 回，9 週齢以上 12 週齢未満の犬には，1mL を 3 週間隔で 2 回皮下投与する．

2）効能・効果

犬のジステンパー，犬伝染性肝炎，犬アデノウイルス 2 型感染症，犬パラインフルエンザウイルス感染症，犬パルボウイルス感染症，犬コロナウイルス感染症および犬のレプトスピラ病（血清型 Canicola，Icterohaemorrhagiae，Grippotyphosa および Pomona）の予防．

3）使用上の注意

3 か月齢以下の若齢犬では副反応の発現頻度が高いため，投与適否の判断をさらに慎重に行うと共に，経過観察を十分に行う．

本剤の投与後，まれに一過性の元気・食欲減退，疼痛，腫脹，発熱，嘔吐，下痢等を示すことがある．過敏な体質の犬では時にアレルギー反応〔顔面腫脹（ムーンフェイス），瘙痒，じんま疹等〕またはアナフィラキシー反応〔ショック（虚脱，貧血，血圧低下，呼吸速拍，呼吸困難，体温低下，流涎，震え，痙攣等）〕が起こることがある．

本剤の投与後 1 日以内に微熱，2 日以内に投与部位の腫脹および 2 週間以内に硬結が認められるが，一過性である．

3-9. 貯法・有効期間

2～10℃ の冷暗所に保存すること．有効期間は製造後 1 年 9 か月間．

引用文献

1）Genmma, T. et al（1996）：*J. Vet. Med. Sci.* 58, 547-550.

2）池田靖弘（2005）：獣医学臨床シリーズ⑳犬，猫および愛玩小動物のウイルス病（望月雅美 監修），47-56，学窓社.

3）小西信一郎ら監訳（1990）：小動物の感染症マニュアル，文永堂出版.

4）Kubo, T. et al（2008）：*J. Vet. Med. Sci.* 70, 475-477.

5）Lan, N.T. et al（2006）：*Vet. Microbiol.* 115, 32-42.

6）Mochizuki, M. et al.（2001）：*J. Vet. Med. Sci.* 63, 573-575.

7）Mochizuki, M. et al（2008）：*J. Vet. Med. Sci.* 70, 563-569.

8）代田欣二（2005）：獣医学臨床シリーズ⑳犬，猫および愛玩小動物のウイルス病（望月雅美 監修），21-36，学窓社.

[*5] 抗体応答陽性率の算出式：抗体応答陽性率（%）＝各抗原分画の抗体価が試験 0 日目と比較し少なくとも 4 倍以上上昇した頭数 / 抗体価検査頭数× 100

9）遠矢幸伸（2005）：獣医学臨床シリーズ⑳犬，猫および愛玩小動物のウイルス病（望月雅美 監修），37-45，学窓社.
10）遠矢幸伸（2005）：獣医学臨床シリーズ⑳犬，猫および愛玩小動物のウイルス病（望月雅美 監修），63-73，学窓社.
11）土屋耕太郎（2005）：獣医学臨床シリーズ⑳犬，猫および愛玩小動物のウイルス病（望月雅美 監修），56-62，学窓社.

【青木恵美子】

4. 犬アデノウイルス（2型）感染症・犬パラインフルエンザ・犬ボルデテラ感染症（部分精製赤血球凝集素）混合不活化ワクチン

4-1. 疾病の概要

1）犬アデノウイルス（2型）感染症

167頁参照.

2）犬パラインフルエンザ

167頁参照.

3）犬ボルデテラ感染症

Bordetella bronchiseptica はケンネルコフと呼ばれる犬の伝染性気管気管支炎の主因の1つとして考えられており，犬アデノウイルス2型（CAV2），犬パラインフルエンザウイルス（CPIV）などのウイルスや他の細菌が混合感染することにより症状が重症化する．犬を用いたCPIV感染試験において，無症候性に *B. bronchiseptica* を保菌している個体は非保菌個体に比較して症状が悪化することが報告されている[6]．

主な症状は，水様性鼻汁，発作性の咳，流涙，くしゃみおよび嘔吐を特徴とし，時には発熱，元気消失，食欲不振を呈し，場合によっては呼吸促迫や呼吸困難を示す．さらに重症化した場合には，頻発する発咳に加え粘液膿性の鼻汁や眼脂を伴い，体力がなく免疫力の弱い子犬や老齢犬においては，肺炎により死亡するケースも散見される．

ケンネルコフは，集団飼育環境，特に犬の出入りが頻繁な施設で発生しやすく，国内では1985年からブリーダーでの発生の報告がある[1]．勢籏らによると呼吸器病疾患犬119頭のうち28頭と *B. bronchiseptica* が最も多く検出されたこと，ならびに幼若犬は *B. bronchiseptica* に対して高い感受性を示すことを報告している[5]．望月らも同様に呼吸器感染症の症状を示す犬68頭のうち7頭と *B. bronchiseptica* が最も高頻度で検出されたことを報告している[4]．

4-2. ワクチンの歴史

これまで欧米諸国では様々なケンネルコフワクチンが開発され，使用されている（表2-39）．その内，注射型ワクチンは不活化 *B. bronchiseptica* 単味ワクチンのみであるが，経鼻投与型ワクチンは *B. bronchiseptica* 単味，またはCPIVさらにはCAV2を混合した多価の弱毒生ワクチンが用いられている．その一方で，*B. bronchiseptica* はその感染宿主域の広さのため，経鼻投与型弱毒生ワクチンの投与の際の曝露や投与された動物との接触により，*B. bronchiseptica* の人への感染を疑う事例が報告[2,3]されるようになり，人への安全性について考慮する必要性が論じられている．

表2-39　海外の主なケンネルコフワクチン

抗原	A	B	C	D
Bb（不活化またはコンポーネント）	●			
Bb（生）		●	●	●
CPIV（生）			●	●
CAV2（生）				●
投与方法	注射	経鼻	経鼻	経鼻

Bb：*Bordetella bronchiseptica*，CPIV：犬パラインフルエンザウイルス，CAV2：犬アデノウイルス2型

国内では，*B. bronchiseptica* 由来の精製赤血球凝集素と不活化したCAV2およびCPIVを組み合わせた3種混合不活化ワクチンが2013年に承認された．本剤は日本における唯一の経鼻投与型ケンネルコフワクチンとして市販されている．

4-3. 製造用株

1）CAV2

225株は，1991年に，鹿児島県内において下痢の症状を呈した犬の下痢便より，分離された株を元株とする．本分離株は，限界希釈法によるクローニングを行い，製造用株として樹立した．本株は，MDCK細胞に接種すると核内封入体を形成し，円形化を特徴とする細胞変性効果を伴って増殖する．本株を犬に経鼻接種しても病原性をほとんど示さないが，口腔スワブからのウイルス排泄が認められる．

2）CPIV

T2/KS4株は，1990年に 茨城県内において発咳や鼻漏の上部気道感染症の症状を呈する犬の咽喉頭スワブより，分離された株を元株とする．本分離株は，培養細胞を用いて継代し，限界希釈法によるクローニング後，さらに1代継代して製造用株とした．本株は，モルモット血球を凝集し，犬に経鼻接種すると軽度の鼻汁排出および白血球減少ならびに発熱が認められ，鼻腔スワブからのウイルス排泄が認められる．

3）*B. bronchiseptica*

B03-7 株は，2003 年に愛知県内において発咳や膿性鼻汁排出等のケンネルコフの症状を呈し，死亡した犬の肺より，ボルデ・ジャング培地を用いてβ溶血環を示す集落を選択することにより単離された株を元株とする．本分離株は，ボルデ・ジャング培地を用いてクローニングした後，継代して製造用株とした．本株は，ボルデ・ジャング培地で培養すると半球状に隆起した光沢のある白色不透明な集落を形成し，強い溶血性（β溶血環）を示すと共に，莢膜を有するⅠ相菌に分類される．また，赤血球凝集素（HA）を有し，牛赤血球を凝集させる．本株を犬に経鼻接種すると，水様性および膿性の鼻汁，発咳，流涙，くしゃみ等の症状を示し，鼻腔スワブから継続的に菌の排泄が認められる．

4-4. 製造方法

マスターシードより製品までの継代数は CAV2 および CPIV は 5 代以内，*B. bronchiseptica* は 10 代以内とする．CAV2 および CPIV では培養した上清を不活化し原液とする．*B. bronchiseptica* は製造用培地で培養後，遠心分離により回収した上清から HA を精製，濃縮したものを原液とする．CAV2，CPIV および *B. bronchiseptica* の各原液を混合し，チメロサールを加え最終バルクとする．これをガラスバイアルに分注，密栓したものが液状不活化ワクチンである．

4-5. 安全性試験成績

本剤を 3 および 4 週齢の犬に 2 週間隔で 2 回，常用量またはその 5 倍量を経鼻投与し，さらに 8 週間後に同様の方法で 3 回目の投与を行った．1 回目の投与から 3 回目の投与後 2 週までの 12 週間，一般臨床観察および投与部位の観察，体温および体重測定，血液学および血液生化学検査等の検査を行い，また観察終了後に剖検し，さらに投与経路である鼻粘膜，対象疾病の発症部位である気管および肺について病理組織学検査を実施し，本剤の安全性を検討した．その結果，いずれの供試犬にも異常は認められなかった．以上の結果から，本剤は 3 週齢以上の犬に適用しても安全であることを確認した．

4-6. 効力を裏付ける試験成績

1）*B. bronchiseptica* 由来 HA のアジュバント活性

本剤の *B. bronchiseptica* 由来 HA を CAV2 や CPIV の不活化抗原と混合して犬に経鼻投与すると，その後の CAV2 または CPIV それぞれの強毒株の攻撃に対し，症状の発現が抑制され（図 2-24），*B. bronchiseptica* 由来 HA を混合しない場合に比較して CAV2 あるいは CPIV の攻撃後に鼻腔や口腔から分離されるそれぞれのウイルスの量が低下する（図 2-25）．

以上より，*B. bronchiseptica* 由来 HA を CAV2 や CPIV に添加して経鼻投与することにより，免疫効果の増強が確認されたことから，*B. bronchiseptica* 由来 HA は「粘膜アジュバント活性」をもつことを明らかにした（特許第 5865839 号）．

2）*B. bronchiseptica*由来HAのワクチン抗原としての有効性

本剤の *B. bronchiseptica* 由来 HA を犬に経鼻投与すると，その後の *B. bronchiseptica* 強毒株の攻撃に対し，症状の発現が抑制される（図 2-26）．したがって *B. bronchiseptica* 由来 HA は粘膜アジュバント活性をもつと共に，ワクチン抗原としても有効であることが確認された．

3）免疫持続

2 週間隔で 2 回ワクチンを経鼻投与した犬において，血清中の各ワクチン抗原に対する IgG 抗体を ELISA にて測定したところ，少なくとも追加投与後 5 か月間全ての成分に対する抗体を保持することを確認した（図 2-27）．

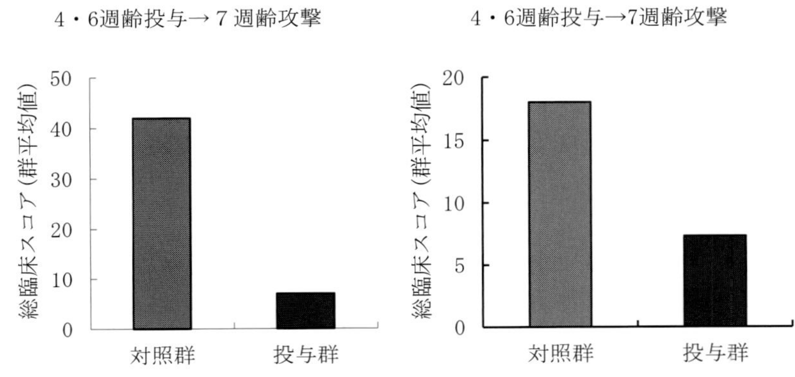

図 2-24 抗原投与犬に対する攻撃試験成績
左図の投与群：犬アデノウイルス 2 型 ＋ *B. bronchiseptica* 由来赤血球凝集素投与
右図の投与群：犬パラインフルエンザウイルス ＋ *B. bronchiseptica* 由来赤血球凝集素投与

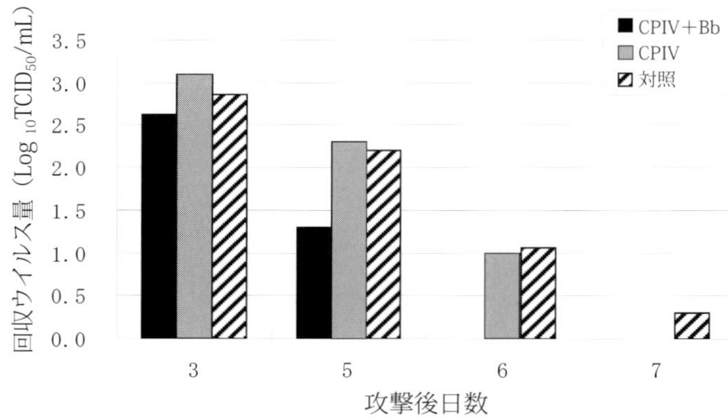

図 2-25　攻撃後のウイルス分離成績
上：口腔スワブから分離された犬アデノウイルス２型（CAV2）
下：鼻腔スワブから分離された犬パラインフルエンザウイルス（CPIV）
Bb：*B. bronchiseptica*

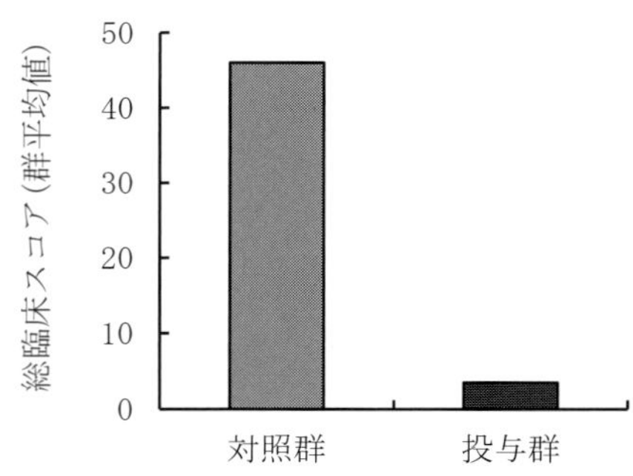

図 2-26　*B. bronchiseptica* 由来赤血球凝集素投与犬に対する *B. bronchiseptica* 攻撃試験成績

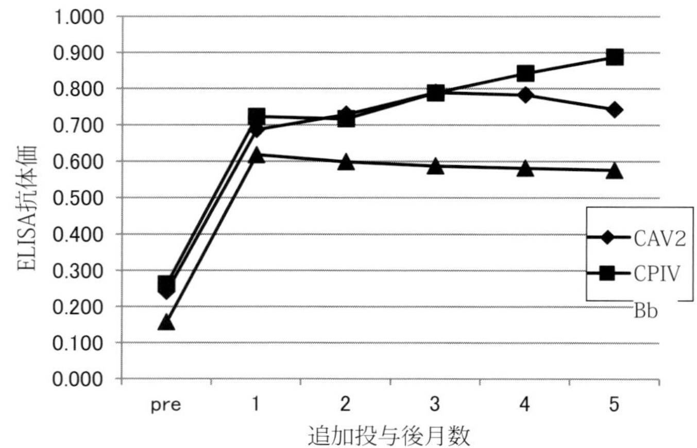

図 2-27　ワクチン投与後の抗体価の持続
CAV2：犬アデノウイルス２型，CPIV：犬パラインフルエンザウイルス，Bb：*B. bronchiseptica*

4-7. 臨床試験成績

４施設において３週齢以上の犬 136 頭にワクチンを２～３週間隔で２回経鼻投与し，試験開始から２回目投与後２～３週の試験終了までの一般臨床観察および投与部位の観察を実施すると共に，血清中の IgG ELISA 抗体価を測定しワクチンの有効性を評価した．

1）有効性

有効性評価対象頭数は，初回投与時の移行抗体価が高値で判定不能となった個体を除き，CAV2 で 74 頭，CPIV で 60 頭，*B. bronchiseptica* で 49 頭であった．有効率は CAV2 で 97.1%，CPIV で 84.3%，*B. bronchiseptica* で 89.4% であり，ワクチン投与により CAV2，CPIV および *B. bronchiseptica* に対する明らかな抗体応答が認められ，有効性が確認された．CAV2，CPIV および *B. bronchiseptica* の有効率は施設，犬種，雌雄の間で有意差は認められなかった．

2）安全性

安全性評価は臨床観察および投与局所の観察，ならびに測定可能であった個体の体温測定および体重測定の結果より行った．全 136 頭において，本剤の投与により全身性および局所性の異常を呈した個体は認められず，体重の推移にも異常な変動は認められなかったことから，安全性が確認された．

4-8. 使用方法

1）用法・用量

ワクチンを３週齢以上の犬に 0.5mL ずつ２～３週間隔で２回，注射器を用いて，両方の鼻に経鼻投与する．

2）効能・効果

犬アデノウイルス（２型）感染症，犬パラインフルエンザおよび犬ボルデテラ感染症の発症予防．

3）使用上の注意

a）副反応

本剤の投与後，時に副反応として発熱，水様性鼻汁・眼脂分泌，下痢および嘔吐が一過性に認められる場合がある．過

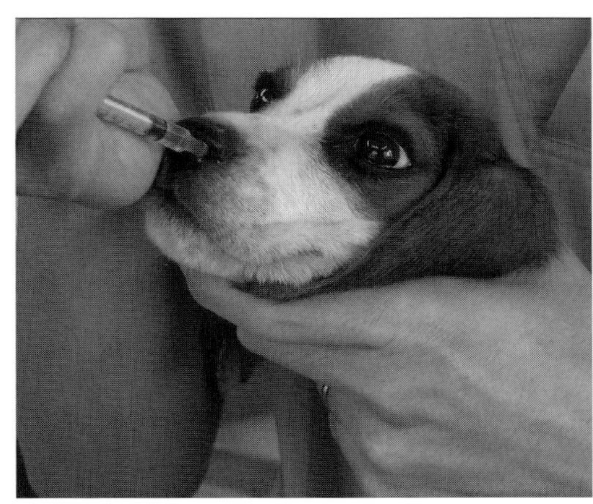
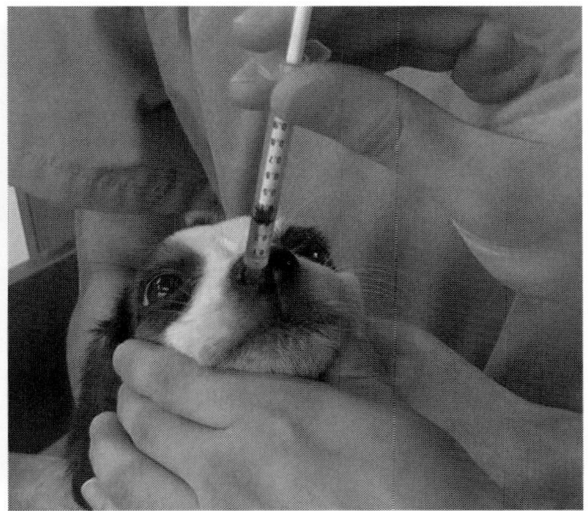

図 2-28　本剤の投与

敏体質のものでは，まれにアレルギー反応〔顔面腫脹（ムーンフェイス），瘙痒，蕁麻疹〕またはアナフィラキシー反応（ショック）（虚脱，貧血，血圧低下，呼吸促迫，呼吸困難，体温低下，流涎，ふるえ，痙攣，尿失禁等）を起こすことがある．副反応が認められた場合は，速やかに獣医師の診察を受ける．

b）適用上の注意

使用直前に室温に戻し，注射針を用いてワクチンを投与器具（注射器）に吸入し，注射針を外して，鼻に投与する．投与は投与器具を鼻孔にあて（可能であれば浅く挿入してもよい），両鼻腔内へ交互にゆっくりと滴下して行う．滴下する際は少量（0.1mL 程度）ずつを全量投与できるまで必要回数に分けて行う（図 2-28）．

1 回の滴下量は対象犬の体格に合わせ，適宜調整する．一度に多量を滴下すると誤嚥の恐れがある．滴下の間隔は鼻腔内の本剤が鼻粘膜に吸収される，嚥下される等により十分になくなるまで空ける．通常は両鼻腔内に交互に滴下することで十分な間隔を取ることができる．対象犬が投与中くしゃみを頻発した場合は連続して滴下せず，しばらく間隔を置いてから滴下する．投与前に鼻汁が多く認められる場合は，可能であればこれを除去する．

c）ワクチネーションプログラム

本剤と他の犬用混合ワクチン（注射型）との同時異部投与をした場合の，犬における安全性と有効性を評価した試験の成績に基づき，他のワクチンとの同時異部投与が可能であることが確認されている．幼若犬のワクチネーションプログラム（注射型ワクチン）を変更することなく，本剤を同時投与することでケンネルコフ対策が可能である．

4-9. 貯法・有効期間

2 ～ 10℃に保存する．有効期間は製造後 3 年間．

引用文献

1）Azetaka, M. et al.（1988）：*Jpn. J. Vet. Sci.* 50, 851-858.
2）Berkelman, R.L. et al.（2003）：*Clin. Infect. Dis.* 37, 407-414.
3）Gisel, J.J. et al.（2010）：*Transpl. Infect. Dis.* 12, 73-76.
4）Mochizuki, M. et al.（2008）：*J. Vet. Med. Sci.* 70, 563-569.
5）勢簱　剛（2010）：日獣会誌 63, 538-542.
6）Wagener, J.S. et al.（1984）：*Am. J. Vet. Res.* 45, 1862-1866.

【浅井健一】

B. 消化器系感染症に対するワクチン

1. 犬パルボウイルス感染症生ワクチン

☞『動物用ワクチン』273 頁

ワクチンの概要	弱毒犬パルボウイルス（CPV）を培養細胞で増殖させて得たウイルス液を調製した液状ワクチンまたは凍結乾燥したワクチンである．
開発の経緯・製造用株等	1980 年代に CPV 感染症が世界中で流行し 1982 年には不活化ワクチンが開発され，1991 年には生ワクチンが承認された．製造用株としては，流行当初の old type2 型から変異した new type2b が主流となっている．

使用方法	用法・用量	6 週齢以上の健康な犬の皮下に 1mL 投与する.
	効能効果	CPV 感染症の予防.
	使用上の注意	妊娠犬には使用しない. 過敏な体質の犬では，まれにアレルギー反応〔顔面腫脹（ムーフェイス），瘙痒，じんま疹等〕またはアナフィラキー反応（ショック）（虚脱，貧血，血圧低下，呼吸促迫，呼吸困難，体温低下，流涎，震え，痙攣等）が起こることがある.

【平山紀夫】

C. 神経症状・運動障害を示す感染症に対するワクチン

1. 狂犬病組織培養不活化ワクチン

☞『動物用ワクチン』270 頁

ワクチンの概要		狂犬病培養細胞順化ウイルスを培養細胞で増殖させて得たウイルス液を精製し，不活化したワクチンである.
開発の経緯・製造用株等		1951 年以降日本で使用されている狂犬病ワクチンは，全て不活化ワクチンである．製造用株は，固定毒であるパスツール株に由来する西ヶ原株である．より安全で免疫持続の長いワクチン開発が望まれ，1984 年に本組織培養不活化ワクチンが承認された．このワクチンの製造用株は，西ヶ原株を鶏胚や HmLu 細胞で継代して作出された RC･HL 株である．本剤の蛋白窒素量は，100μ/mL 以下と少なくなり，投与量も 1mL と少なくなったが，免疫持続は 1 年間に延びた．このことから，狂犬病予防法が改正され，年 1 回のワクチン投与となった．また，本剤は，猫での安全性および有効性が確認され，適用動物として猫が追加された.
使用方法	用法・用量	犬および猫の皮下または筋肉内に 1mL を投与する.
	効能効果	犬および猫の狂犬病の予防.
	使用上の注意	まれに一過性の副反応（疼痛，元気・食欲の不振，下痢または嘔吐等）が認められる場合がある. 過敏体質のものでは，まれにアレルギー反応〔顔面腫脹（ムーンフェイス），瘙痒，じんま疹等〕またはアナフィラキシー反応（ショック）（虚脱，貧血，血圧低下，呼吸促迫，呼吸困難，体温低下，流涎，震え，痙攣，尿失禁等）が起こることがある．アナフィラキシー反応（ショック）は，投与後 30 分位までに発現する場合が多い.

【平山紀夫】

D. 出血・黄疸を示す感染症に対するワクチン

1. 犬レプトスピラ病（カニコーラ・コペンハーゲニー・ヘブドマディス・オータムナリス・オーストラリス）不活化ワクチン

1-1. 疾病の概要

1）症　状

各血清型に特有の症状はなく，発熱，黄疸，嘔吐，下痢，血便，粘膜の充出血，脱水，尿毒症等を示し，重症例ではいずれの血清型の感染によっても死亡することがある.

2）伝播様式

尿やレプトスピラで汚染された水や土壌から経皮，経口，経粘膜感染がある.

3）疫　学

47 都道府県 801 頭の犬を対象とした調査での 243 頭のワクチン未投与犬での血清型別の陽性率は，Canicola（ca）が 1.6%，Copenhageni が 9.5%，Hebdomadis（h）が 3.3%，Autumnalis（at）が 4.1%，Australis が 2.1% であった．また 2014 年の報告[1)]では ca：39.9%，Icterohaemorrhagiae：44.6%，h：49.3%，at：67.3% であった.

1-2. ワクチンの歴史

本剤は，レプトスピラ病不活化ワクチンのみを使用したいという要望に応え 2012 年 10 月に承認された“京都微研„キャナイン -11 から切り離して開発されたもので，2014 年に承認された.

1-3. 製造用株

1）*Leptospira* Canicola

株名は Hond Utrecht Ⅳ－KB 株.

1931 年オランダで黄疸等を示して死亡した犬より分離され，1990 年に国立予防衛生研究所（以下「感染研」，現 国立感染症研究所）より分与された *L.* Canicola Hond Utrecht Ⅳ株を起源とする.

犬の腹腔内に接種すると病原性を示すことがある. モルモットおよびハムスターの腹腔内に接種しても症状を示さない.

2）*L.* Copenhageni

株名は芝浦 -KB 株.

1964 年ワイル病の発生を見た東京都港区の芝浦と畜場のドブネズミの腎臓より分離され，1990 年に感染研より分与された *L.* Copenhageni 芝浦株を起源とする.

犬，モルモットおよびハムスターの腹腔内に接種すると増殖する.

3）*L.* Hebdomadis

株名は秋疫 B-KB 株.

1917 年に国内の 7 日熱の患者より分離され，1990 年に感染研より分与された *L.* Hebdomadis 秋疫 B 株を起源とする.

犬，モルモットおよびハムスターの腹腔内に接種すると増殖する.

4）*L.* Autumnalis

株名は秋疫 A-KB 株.

国内の秋疫の患者より分離され，1967 年に感染研から北海道大学へ分与され，2005 年に北海道大学より分与された *L.* Autumnalis 秋疫 A 株を起源とする.

犬およびハムスターの腹腔内に接種すると菌血症となる.

5）*L.* Australis

株名は秋疫 C-KB 株.

国内の秋疫の患者より分離され，1967 年に感染研から北海道大学へ分与され，2005 年に北海道大学より分与された *L.* Australis 秋疫 C 株を起源とする.

犬およびハムスターの腹腔内に接種すると菌血症となる.

1-4. 製造方法

製造用培地に元培養菌液を 1.0vol% の割合に接種，30℃で培養し，7 日目の培養液を本培養菌液とする. 本培養菌液にホルマリンを 0.2vol% 添加し，4℃，24 時間感作して不活化したものを遠心，集菌し，リン酸緩衝食塩液で総菌数を 1mL 中 8.0×10^9 個に調整したものを原液とする. レプトスピラ各株の総菌数が 1mL 中 3.3×10^8 個となるように混合・分注し，密栓した液体製剤である.

1-5. 安全性試験成績

1 ～ 2 か月齢の犬 12 頭を 4 頭ずつ 3 群に分け，常用量群（1mL 接種群），10 倍量群（10mL 接種群）および対照群とした. 試作ワクチンを 4 週間隔で 2 回，さらにその 8 週後に 1 回，合計 3 回皮下投与（1 回目：頚背部皮下，2 回目：背部皮下，3 回目：腰部皮下）した. その結果，10 倍量群で投与直後の一過性の元気消失が認められた以外に，全身性の影響は認められなかった. また，投与部位についても，明らかな局所傷害性は認められなかった.

1-6. 効力を裏付ける試験成績（実験室内の成績）

1）最小有効抗原量，最小有効抗体価および攻撃試験

Autumnalis と Australis は健康な 1 か月齢のビーグル犬に 1mL の材料を，試験群に 4 週間隔で 2 回皮下投与し，再投与後 4 週目に全頭に各株を 2.5×10^9 個 /5mL ずつ腹腔内接種し，攻撃した. 攻撃後，凝集抗体価が 10 倍以上の個体は症状およびレプトスピラ回収のいずれも認められなかった. これらの結果から最小有効抗原量および最小有効抗体価を設定した. 他 3 種類のレプトスピラについては，これらを含有した既成ワクチンの価を準用した. いずれの株も最小有効抗原量は不活化前総菌数として 1 頭当たり 1.65×10^8 個，最小有効抗体価は凝集抗体価 10 倍であった.

2）免疫応答

健康な 1 か月齢のビーグル犬 7 頭に 1 頭あたり 1mL の試作ワクチンを，試験群に 4 週間隔で 2 回皮下投与し，このうち 3 頭には初回投与後 12 か月目に再度 1 回（3 回目）投与した. 抗体価の推移を表 2-40 に示す. また，初回投与 12 か月目に攻撃試験を実施したところ症状およびレプトスピラ回収のいずれも認められなかった.

1-7. 臨床試験成績

1）有効性

約 1 か月齢以上の犬（妊娠犬を除く）の皮下に 3 ～ 4 週間隔で 2 回投与し，被験薬投与前，投与 4 週後の再投与前および再投与 4 週後に採血し凝集抗体価を測定した. 有効性の評価は最小有効抗体価（凝集抗体価 10 倍）以上であり，かつ投与時の抗体価を上回る場合，有効とした. Canicola では 84.6%（55/65 頭），Copenhageni では 90.8%（59/65 頭），Hebdomadis では 93.8%（61/65 頭），Autumnalis では 100%（65/65 頭），Australis では 84.6%（55/65 頭）であり，本剤は対象疾病いずれに対しても高い有効率を示した.

2）安全性に関する成績

本剤投与後の一般症状（発熱，元気消失，食欲減退，下痢，

表 2-40　抗体価の推移

製造用株	1か月後*	2か月後	4か月後	5か月後	12か月後	13か月後
Canicola Hond Utrecht Ⅳ－KB 株	16	25	13	＜10	＜10	40
Copenhageni 芝浦－KB 株	16	32	20	＜10	＜10	32
Hebdomadis 秋疫 B-KB 株	13	25	16	＜10	＜10	40
Autumnalis 秋疫 A-KB 株	16	25	16	＜10	＜10	40
Australis 秋疫 C-KB 株	16	32	13	＜10	＜10	40

*初回投与後の抗体価（幾何平均値）

嘔吐，呼吸器症状等）に異常は認められず，また，投与局所の腫脹，硬結，疼痛等は認められなかったことから，本剤の安全性が確認された．

1-8.　使用方法

1）用法・用量

1mL を8週齢以上の健康な犬(妊娠犬を除く)の皮下に3～4週間隔で2回投与する．

2）効能・効果

犬レプトスピラ病（血清型 Canicola，Copenhageni，Hebdomadis，Autumnalis および Australis）の予防．

3）使用上の注意

3か月齢以下の若齢犬では副反応の発現が多いため，飼い主に対しその旨を十分に説明し，飼い主の理解を得た上で投与し，その後の経過観察を十分に行うこと．

1-9.　貯法・有効期間

2～10℃で保存する．有効期間は2年間．

引用文献

1）片岡　康（2014）：日本臨床微生物学雑誌 24, 93-98.

【片山茂二】

猫用ワクチン

対象疾病	ワクチン名
A. 呼吸器系感染症に対するワクチン	
猫ウイルス性鼻気管炎・猫カリシウイルス病	1. 猫ウイルス性鼻気管炎・猫カリシウイルス感染症・猫汎白血球減少症混合生ワクチン……179 2. 猫ウイルス性鼻気管炎・猫カリシウイルス感染症3価・猫汎白血球減少症・猫白血病（組換え型）・猫クラミジア感染症混合（油性アジュバント加）不活化ワクチン……179 3. 猫ウイルス性鼻気管炎・猫カリシウイルス感染症2価・猫汎白血球減少症・猫白血病(猫白血病ウイルス由来防御抗原たん白遺伝子導入カナリア痘ウイルス)・猫クラミジア感染症混合ワクチン……180
猫クラミジア病	3. 猫ウイルス性鼻気管炎・猫カリシウイルス感染症2価・猫汎白血球減少症・猫白血病(猫白血病ウイルス由来防御抗原たん白遺伝子導入カナリア痘ウイルス)・猫クラミジア感染症混合ワクチン……180
消化器系感染症に対するワクチン	
猫汎白血球減少症	A-1. 猫ウイルス性鼻気管炎・猫カリシウイルス感染症・猫汎白血球減少症混合生ワクチン……179 A-2. 猫ウイルス性鼻気管炎・猫カリシウイルス感染症3価・猫汎白血球減少症・猫白血病（組換え型）・猫クラミジア感染症混合（油性アジュバント加）不活化ワクチン……179 A-3. 猫ウイルス性鼻気管炎・猫カリシウイルス感染症2価・猫汎白血球減少症・猫白血病(猫白血病ウイルス由来防御抗原たん白遺伝子導入カナリア痘ウイルス)・猫クラミジア感染症混合ワクチン……180
B. 皮膚・体表・外貌の異常を示す感染症に対するワクチン	
猫白血病	A-2. 猫ウイルス性鼻気管炎・猫カリシウイルス感染症3価・猫汎白血球減少症・猫白血病（組換え型）・猫クラミジア感染症混合（油性アジュバント加）不活化ワクチン……179 A-3. 猫ウイルス性鼻気管炎・猫カリシウイルス感染症2価・猫汎白血球減少症・猫白血病(猫白血病ウイルス由来防御抗原たん白遺伝子導入カナリア痘ウイルス)・猫クラミジア感染症混合ワクチン……180
猫免疫不全ウイルス感染症	1. 猫免疫不全ウイルス感染症（アジュバント加）不活化ワクチン……184

A. 呼吸器系感染症に対するワクチン

1. 猫ウイルス性鼻気管炎・猫カリシウイルス感染症・猫汎白血球減少症混合生ワクチン

☞『動物用ワクチン』288 頁

ワクチンの概要		弱毒猫ウイルス性鼻気管炎（FVR）ウイルス，弱毒猫カリシウイルス（FCV）および弱毒猫汎白血球減少症（FPL）ウイルスをそれぞれ培養細胞で増殖させて得たウイルス液を混合し，凍結乾燥したワクチンである．
開発の経緯・製造用株等		猫の呼吸器系感染症として重要な FVR と FCV 感染症に対するワクチンは，1985 年に日本で承認された．このワクチンは，猫汎白血球減少症（FPL）不活化ワクチンを含む 3 種混合ワクチンである． その後，FPL に対して生ワクチンが開発され，本 3 種生ワクチンが 1995 年に海外から導入され承認された．
使用方法	用法・用量	乾燥ワクチンを溶解用液で溶かし，その全量（1mL）を 9 週齢以上の猫の皮下に 3 ～ 4 週間隔で 2 回投与する．
	効能効果	FVR，FCV 感染症および FPL の予防．
	使用上の注意	妊娠猫には使用しない． 一過性のウイルス排泄が認められるが，ワクチンウイルスの安全性については確認されている．ただし，ワクチン投与後 2 週間程度はワクチン未投与猫との接触は避ける．

【平山紀夫】

2. 猫ウイルス性鼻気管炎・猫カリシウイルス感染症 3 価・猫汎白血球減少症・猫白血病（組換え型）・猫クラミジア感染症混合（油性アジュバント加）不活化ワクチン

☞『動物用ワクチン』291 頁

ワクチンの概要		猫ウイルス性鼻気管炎（FVR）ウイルス，3 種類の猫カリシウイルス（FCV），猫汎白血球減少症（FPL）ウイルスおよび *Chlamydophila felis* をそれぞれ培養細胞で増殖させて得た培養液を不活化したもの，および組換え DNA 技術を応用して製造された猫白血病ウイルス（FeLV）のエンベロープ糖蛋白 70 を精製したものを混合し，油性アジュバントを添加したワクチンである．
開発の経緯・製造用株等		1995 年に，FVR，FCC 感染症および FPL の 3 種混合不活化ワクチンが日本で開発された．2000 年に FeLV の *gp70* 遺伝子を大腸菌で発現させた抗原を含む 4 種混合ワクチンが，2003 年にはさらに猫クラミジアを加え，同時に FCV の血清タイプが異なる 2 株を追加した本不活化ワクチンが承認された．
使用方法	用法・用量	1mL を約 2 か月齢以上の猫の皮下に 3 週間隔で 2 回投与する．
	効能効果	FVR，FCC 感染症，FPL，FeLV による持続性ウイルス血症および猫のクラミジア感染症の予防．
	使用上の注意	投与部位に一過性の腫脹・硬結・疼痛等が認められる場合がある．また，一過性の発熱，元気・食欲の減退，下痢，嘔吐等が認められる場合がある． 過敏な体質のものでは，まれにアレルギー反応〔顔面腫脹（ムーンフェイス），瘙痒，蕁麻疹等〕またはアナフィラキシー反応（ショック）（虚脱，貧血，血圧低下，呼吸促迫，呼吸困難，肺水腫，体温低下，流涎，震え，痙攣，尿失禁等）が起こることがある． 猫において不活化ワクチンの投与により，投与後 3 か月～ 2 年の間にまれに（1/1,000 ～ 1/10,000 程度）線維肉腫等の肉腫が発生するとの報告がある．

【平山紀夫】

3. 猫ウイルス性鼻気管炎・猫カリシウイルス感染症2価・猫汎白血球減少症・猫白血病（猫白血病ウイルス由来防御抗原たん白遺伝子導入カナリア痘ウイルス）・猫クラミジア感染症混合ワクチン

3-1. 疾病の概要

1）猫ウイルス性鼻気管炎

猫ヘルペスウイルス1型（*Herpesviridae*, *Alphaherpesvirinae*, *Varicellovirus*, *Felid alphaherpesvirus 1*）（FHV）の感染によって起こる上部気道感染症である．感染猫の分泌物の飛沫等を介して感染し，鼻汁漏出，くしゃみ等の呼吸器症状の他，結膜炎等の眼の症状や皮膚疾患を示す．回復後は，三叉神経における潜伏感染が成立するため，ストレスによる再発やウイルス排泄がしばしば起きる．

2）猫カリシウイルス感染症

原因となる猫カリシウイルス（*Caliciviridae*, *Vesivirus*, *Feline calicivirus*）（FCV）は，急性口内炎および上部気道炎の原因となる．感染猫の分泌物を介する感染が主で，感染初期には発熱，くしゃみ，鼻汁漏出，流涙，さらに進行すると口腔内や鼻の潰瘍，肺炎，関節炎が認められる．

3）猫汎白血球減少症

原因となる猫汎白血球減少症ウイルス（*Parvoviridae*, *Parvovirinae*, *Protoparvovirus*, *Carnivore protoparvovirus 1*）（FPLV）はパルボウイルス科に属するため，通称「猫パルボ」といわれる．野外における抵抗性が極めて高く，汚染物を介する経口感染が主な感染経路である．症状としては下痢，貧血，妊娠猫における流産，子猫では運動失調が認められる．血液検査ではリンパ球，好中球，血小板の減少が認められる．

4）猫白血病

原因となる猫白血病ウイルス（*Retroviridae*, *Orthoretrovirinae*, *Gammaretrovirus*, *Feline leukemia virus*）（FeLV）はレトロウイルス科に属し，飼育環境が屋外あるいは多頭飼育で他の猫と接触する機会が多い場合の感染リスクが高い．ウイルス血症の猫では，唾液，鼻汁，糞便，乳汁にウイルスが検出される．典型的な症状は貧血，リンパ腫，免疫抑制であり，持続的ウイルス血症となっている場合は，ほとんど2～3年以内に死亡する．

5）猫クラミジア感染症

原因菌は，グラム陰性の偏性細胞内寄生性の *Chlamydophila felis* である．*C. felis* は感染猫との接触によって伝播し，主な症状は結膜炎で粘性のある目やにを伴う．その後，鼻汁，くしゃみ，咳といった上部気道の感染が認められるような場合は，気管支炎や肺炎を併発して死亡することもある．

これらは，いずれも世界的に猫に認められる感染症である．FHV，FCV および FPLV では，細菌の2次感染等を引き起こすと重篤化し，特に若齢や老齢の猫の場合は死亡することもある．

3-2. ワクチンの歴史

猫では，一般的に投与部位肉腫の発生リスクを減らすために多価ワクチンが広く用いられている．1990年に FHV，FCV および FPLV が混合されたワクチンが承認された．この3種の抗原を含む製品は猫のコアワクチンと位置付けられるようになっていき，それにさらに FeLV および *C. felis* を含む混合ワクチンが開発された．2016年現在，FHV，FCV，FPLV，FeLV，*C. felis* の5種類全ての抗原を含むワクチンは3社から発売されているが，それぞれに特徴がある．2002年に承認された5種混合ワクチンは，油性アジュバント加不活化ワクチンであり，2003年に承認された7種混合ワクチンは，FCV が3価で組換え型猫白血病抗原を含有する油性アジュバント加ワクチンである．いずれも不活化ワクチンであるが，本項目で述べるワクチンは，生抗原と不活化抗原が混在するワクチンで，2012年に承認され，FHV，FPLV，FeLV および *C. felis* の抗原が生で，FCV2価が不活化であり，猫におけるワクチン投与部位の肉腫発生を軽減する目的でアジュバントを含まないのが特徴である[2)]．FeLV に対する抗原は，カナリア痘ウイルスに猫白血病ウイルスの遺伝子を組み入れた組換え体であり，動物用医薬品としてはカルタヘナ法に基づく第一種使用規程の承認を経て国内で初めて市販された猫用ワクチンである．

3-3. 製造用株

1）FHV

F2株は1959年に罹患猫から分離された後，猫由来組織細胞で連続継代されて弱毒化されたものである．

2）FCV

本剤には G1 株および431株が含まれる．G1 株はメリアル（フランス）で分離された株である．431株は英国（スコットランド）の分離株である．この2株を混合することで，交差防御域を広げ，抗原性が多様な変異株に対応できることが確認された[1, 5)]．また，FCV は変異しやすく，製造用株の抗原性を保存するため，不活化抗原としてこれらの株をワクチンに加えた．

3）FPLV

PLI IV 株は，外見上健康な猫から分離された株である．分離後，猫腎株化細胞による継代で弱毒化され，確立された．

4）FeLV

白血病に対する免疫抗原は，白血病の *env* および *gag-pol* 遺伝子由来蛋白質をコードする遺伝子領域をベクターウイルス株（カナリア痘ウイルス ALVAC）に挿入した vCP97 株である[4]．vCP97 株は猫の体内に接種されると，接種局所の細胞においてカナリア痘ウイルスに導入された FeLV 遺伝子由来の蛋白質が産生され，それが猫の免疫細胞によって抗原として認識されるため，接種個体において FeLV に対する免疫が成立する．

5）*C. felis*

C. felis 905 株は，SPF 鶏卵で継代され，確立された弱毒株である．

3-4. 製造方法

製造用株の継代は，原株から原液が *C. felis* で 10 代以内，その他の製造用株で 5 代以内と規定されている．

FHV および FPLV は，猫腎株化細胞に種ウイルスを接種し，至適温度で培養してウイルスの増殖極期に感染細胞を採取する．FCV の 2 株も培養までは FHV および FPLV と同じで，その後ブロモエチレンイミンを加えて不活化した後，ホルマリンを添加して限外ろ過，濃縮する．

vCP97 株はカナリア痘ウイルスであるため，培養は SPF 発育鶏卵由来鶏胚細胞に種ウイルスを接種して培養し，ウイルスの増殖極期に感染細胞を採取する．ウイルス浮遊液を超音波処理，ろ過処理して vCP97 ウイルス原液とする．

C. felis は犬腎株化細胞に種ウイルスを接種して培養し，増殖極期に感染細胞を採取する．

FCV2 株，FPLV および *C. felis* の原液に安定剤を加えて混合し，中間バルクを作製した後，FHV 原液を加えて，乾燥ワクチンの最終バルクとする．乾燥ワクチンは最終バルクをガラスバイアルに分注して，凍結乾燥し，小分製品とする．

vCP97 株は，vCP97 ウイルス原液をリン酸緩衝食塩液で調整したものを最終バルクとしてガラスバイアルに分注し，小分製品とする．

3-5. 安全性試験成績

GLP 適用安全性試験は，フランスで実施されたもので，本剤にさらに狂犬病ウイルスの遺伝子組換え体 vCP65（ヨーロッパにおいては既承認製剤，http://www.ema.europa.eu/ema/index.jsp?curl=pages/medicines/veterinary/medicines/002003/vet_med_000233.jsp&mid=WC0b01ac058001fa1c 参照）を含むワクチンで実施された．遺伝子組換え体 vCP97 と同様に vCP65 も液体ワクチンで，使用時に乾燥ワクチンを vCP97 および vCP65 の液体の両方を混合して用いるため，1 頭当たりの投与量は 2mL となる．

対照群（第 1 群，5 頭），vCP97 株のみの接種群（第 2 群，10 頭）および本剤投与群（第 3 群，10 頭）の 3 群が設定された．試験日 0 日（D0）を初回ワクチン投与日とし，D0 に高用量（10 用量），D28 に 1 用量のワクチンを第 2 群および第 3 群に投与し，第 1 群は無投与とし，D62 まで観察した．観察項目として，臨床観察（投与局所の観察を含む），経時的体重測定，抗体検査，白血球数測定を行った．投与部位の疼痛，腫脹，皮膚熱感が第 2 群および第 3 群で一過性に認められた以外，異常な所見は認められなかった．

本試験とは別に，vCP97 株の剤型が凍結乾燥であったものを用いた安全性試験も実施している．

群は，対照群（第 1 群，5 頭），vCP97 株のみの接種群（第 2 群，10 頭）および本剤投与群（第 3 群，10 頭）が設定された．試験日 0 日（D0）を初回ワクチン投与日とし，D0 に高用量（10 用量），D28 および D56 に 1 用量のワクチンを第 2 群および第 3 群に投与し，第 1 群は無投与とした．D70 までの試験期間の観察項目として，臨床観察（投与局所の観察を含む），経時的体重測定，抗体検査，白血球数測定を行った．投与部位の一過性の腫脹が 2 回目のワクチン投与以降に第 2 群および第 3 群に認められた以外，異常な所見は認められなかった．

3-6. 効力を裏付ける試験成績

1）攻撃試験による有効性

a）FHV（図 2-29）

FHV を $10^{3.7}$ $TCID_{50}$/ 用量（試験群 A），$10^{5.6}$ $TCID_{50}$/ 用量

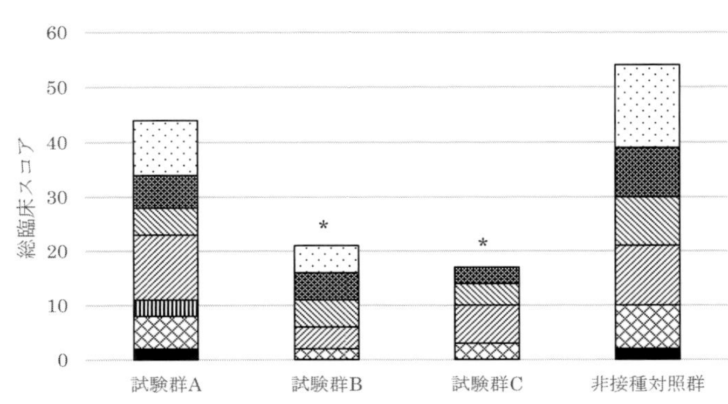

図 2-29 FHV：各群の総臨床スコア

一般状態（0,2,10），くしゃみ（0,1,2），咳（0,2），眼症状（流涙 0,1,2 および結膜炎 0,2），鼻症状（鼻汁漏出 0,1,2），体温（0,1,2,3）および体重（攻撃時と比較して 5% 以上減少 5）についてスコアで評価した．

＊：対照群との有意差あり（$p < 0.05$）

（試験群 B）および $10^{5.5}$ $TCID_{50}$/ 用量（試験群 C）を含む試作ワクチンを 8 週齢の猫各群 6 頭に 4 週間間隔で 2 回投与した後，8 週間後に FHV 強毒株を鼻腔両眼に点鼻点眼接種して攻撃し，2 週間観察した．その結果，試験群 B および C の臨床スコアおよび鼻汁スワブのウイルス排泄量は，非投与対照群と比較して有意に減少した（$p < 0.05$）．臨床スコアと用量の高い相関性が認められた．

b）FCV（表 2-41）

FCV の G1 株および 431 株を 1：1 で配合し，$10^{2.0}$ ELISA 単位 / 用量（試験群 A および D）および $10^{1.6}$ ELISA 単位 / 用量（試験群 B および E）となるようにした試作ワクチンを，8 ～ 9 週齢の猫各群 6 頭に 4 週間間隔で 2 回投与した．2 回目投与 4 週間後に，日本で分離された FCV 強毒株 2 株（91-11 株および 91-25 株）[6] を，それぞれ単独で点鼻・経口接種して攻撃し，2 週間観察した．その結果，ワクチンを投与した試験群はいずれも，非投与対照群と比較すると臨床スコアが統計学的に有意に低減された（$p < 0.05$）．

c）FPLV（図 2-30）

FPLV では欧州薬局方に従って攻撃試験を実施した（European Pharmacopeia, 0794）．8 週齢の猫 6 頭に FPLV$10^{3.2}$ $TCID_{50}$/ 用量を含む試作ワクチンを 1 回投与し，ワクチン非投与の対照群の 6 頭と共に，3 週後に FPLV 強毒株で攻撃した．その後 14 日間毎日症状を観察して，体重，直腸温，一般症状，下痢，脱水，食欲，嘔吐，死亡についてスコア化して評価した．攻撃群は，攻撃前の白血球数と比較して減少し，症状が認められたため，本攻撃試験は成立したことが確認された．対照群における総臨床スコアが 103，平均値 17.2 であったのに対し，試験群においては総臨床スコア 3，平均値 0.5 であり，試験群が有意に対照群を下回った（$p < 0.05$）．

d）FeLV（表 2-42）

vCP97 株を $10^{6.0}$ $TCID_{50}$/ 用量，$10^{7.0}$ $TCID_{50}$/ 用量，$10^{7.2}$ $TCID_{50}$/ 用量，$10^{8.0}$ $TCID_{50}$/ 用量および $10^{8.15}$ $TCID^{50}$/ 用量含有した試作ワクチンを，各群 6 頭の 8 週齢猫に 3 週間間隔で 2 回投与した．2 回目のワクチン投与 2 週間後に，遺伝子が挿入されていないベクターウイルス株 $10^{8.0}$ $TCID_{50}$/ 用量を接種した対照群と共に FeLV A 型 Glasgow-1 株を接種して攻撃した．攻撃後 3 週間ごとに血液からの FeLV p27 抗原検査を行い，陽性が 2 回以上続けて観察された猫を持続感染猫と判定した．攻撃後 12 週間観察し，FeLV p27 抗原検査結果から評価したところ，対照群は 100% の発症率であったのに対し，$10^{7.2}$ $TCID_{50}$/ 用量以上を投与した群の発症率が 20% 以下，それ以下の $10^{6.0}$ $TCID_{50}$/ 用量，$10^{7.0}$ $TCID_{50}$/ 用量を投与した群の発症率は 50% であった．統計学的解析から，持続感染の成立と vCP97 株の含有量には相関性があると考えられた．

e）*C. felis*（表 2-43）

C. felis 抗原を $10^{2.4}$ EID_{50}/ 用量，$10^{3.0}$ EID_{50}/ 用量および $10^{3.8}$ EID_{50}/ 用量含有する試作ワクチンを，各群 6 頭の 8 週齢猫に 4 週間間隔で 2 回投与した．その後，攻撃対照群も加えた 4 群 24 頭について，2 週間目に強毒 *C. felis* 株を点眼接種して攻撃し，4 週間観察した．眼を中心とする臨床症状をスコア化して比較したところ，試作ワクチンを投与しなかった攻撃対照群の臨床スコアと比較して，投与群の臨床

表 2-41　FCV 最小有効抗原量に関する試験成績

攻撃株	群	供試頭数	FCV 含有量（log_{10} ELISA 単位 / 用量）	臨床スコア
91-11株	試験群A	5	2.0	36（7.2）*
	試験群B	5	1.6	28（5.6）
	非投与対照群C	5	－	114（22.8）
91-25株	試験群D	4	2.0	44（11.0）
	試験群E	5	1.6	25（5.0）
	非投与対照群F	5	－	169（33.8）

*1頭当たりの平均スコア

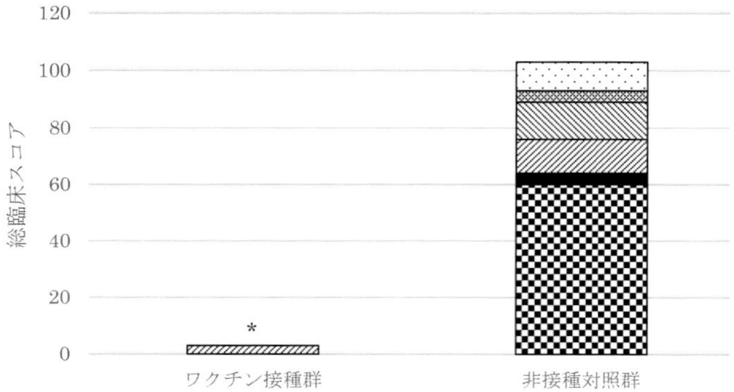

図 2-30　FPLV：各群の総臨床スコア
＊：有意差あり（$p < 0.05$）

表 2-42　FeLV 攻撃試験成績

群	投与材料中の vCP97 株含有量	発症率（%）
試験群	$10^{6.0}$ $TCID_{50}$/ 用量	50
	$10^{7.0}$ $TCID_{50}$/ 用量	50
	$10^{7.2}$ $TCID_{50}$/ 用量	0
	$10^{8.0}$ $TCID_{50}$/ 用量	17
	$10^{8.15}$ $TCID_{50}$/ 用量	0
対照群	－*	100

*ベクターウイルス株カナリア痘ウイルス ALVAC$10^{8.0}$ $TCID_{50}$/ 用量含有

表 2-43 *C. felis* 攻撃試験成績

群	*C. felis* 含有量	平均臨床スコア*	ELISA 抗体価
試験群	$10^{2.4}$ EID_{50}/ 用量	33.7	1.94 ± 0.33
	$10^{3.0}$ EID_{50}/ 用量	22.3	2.34 ± 0.47
	$10^{3.8}$ EID_{50}/ 用量	3.0	2.45 ± 0.30
対照群	－	62.8	1.94 ± 0.10

*群ごとに直腸温，眼粘膜充血，眼漏，膿汁，鼻汁についてのスコアを合計し，供試頭数（6 頭）で割った数値.

スコアは用量依存的に減少した．攻撃時の ELISA 抗体価は，対照群 1.94 ± 0.10 に対して，$10^{2.4}$ EID_{50}/ 用量投与群は 1.94 ± 0.33 で，対照群とほぼ同等であったのに対し，$10^{3.0}$ EID_{50}/ 用量投与群および $10^{3.8}$ EID_{50}/ 用量投与群はそれぞれ 2.34 ± 0.47 および 2.45 ± 0.30 で良好に上昇していた.

2）免疫成立時期

FHV，FCV および FPLV の免疫成立時期は，8 ～ 9 週齢の猫を用いた攻撃試験で検討されており，3 ～ 4 週間間隔での 2 回投与後 1 週間で十分な効果が得られることが報告されている[3].

3）免疫持続

ワクチンを投与してからそれぞれ FHV 16 か月，FCV 13.5 か月，FPLV 36 か月，vCP97 および *C. felis* 12 か月の有効性が，攻撃試験によって証明されている.

3-7. 臨床試験成績

本剤は弱毒生抗原と不活化抗原を含む混合ワクチンであり，既承認製剤の同等品はなかったため，陽性対照としては FHV・FCV・FPLV・FeLV・*C. felis* 混合（油性アジュバント加）不活化ワクチンを用いて評価した．18 施設 114 頭の猫を試験群 3，対照群 1 の割合で割り付け，試験群 85 頭，対照群 29 頭が供試され，最終的に評価に用いた症例数は FHV，FCV および FPLV で試験群 73 頭，対照群 25 頭，*C. felis* および FeLV で試験群 74 頭，対照群 26 頭であった.

1）有効性

FHV，FCV および FPLV については供試猫での対象疾病発生が認められなかったため，抗体価による評価を行った．*C. felis* および FeLV については，抗体価による力価試験を規格検査として設定していないため，自然感染に対する有効性を評価した.

いずれの抗原についても，対照群と比較して試験群の有効率は同等であった.

2）安全性

局所反応は 1 回目および 2 回目の投与とも，一切認められなかった．有害事象は交通事故による死亡 2 症例，因果関係は不明であったがワクチン投与とは思われない死亡 1 症例，血尿 1 症例，発熱 2 症例，元気消失・食欲低下 1 症例，嘔吐 3 症例，軽度の鼻汁 1 症例，軽度の発咳 1 症例であった．ワクチン投与との因果関係が極めて低いと判断した理由は，いずれの症例についてもワクチン投与後 9 日目以降に認められた所見であったためである.

3-8. 使用方法

1）用法・用量

本剤は，FHV，FCV，FPLV および *C. felis* 抗原を含む乾燥ワクチンと，vCP97 抗原を含む液体ワクチンで構成されている．使用時，乾燥ワクチン 1 本を液体ワクチン 1 本（1mL）で溶解し，8 週齢以上の猫の皮下に 3 ～ 4 週間隔で 1mL ずつを 2 回投与する.

2）効能・効果

猫ウイルス性鼻気管炎，猫カリシウイルス感染症，猫汎白血球減少症およびクラミドフィラ・フェリス感染症の予防，ならびに猫白血病ウイルスによる持続性ウイルス血症の予防.

3）使用上の注意

本剤は，定められた用法・用量以外の投与を行った場合，もしくは効能・効果において定められた目的以外の使用を行った場合には，「遺伝子組換え生物等の使用等の規制による生物の多様性の確保に関する法律」に違反する．必ず定められた用法・用量，また定められた効能・効果にのみ使用すること.

3-9. 貯法・有効期間

2 ～ 5℃の暗所に保存する．有効期間は製造後 1 年 6 か月間である.

引用文献

1）Addie, D. et al.（2008）：*Vet Rec* 163, 355-357.
2）Day, M.J. et al.（2007）：*Vaccine* 25, 4073-4084.
3）Jas, D. et al.（2009）：*Vet J* 182, 86-93.
4）Poulet, H. et al.（2003）：*Vet Rec* 153, 141-145.
5）Poulet, H. et al.（2005）：*Vet Microbiol* 106, 17-31.
6）Poulet, H. et al.（2008）：*Vaccine* 26, 3647-3654.

【小野恵理子・出浦裕理】

B. 皮膚・体表・外貌の異常を示す感染症に対するワクチン

1. 猫免疫不全ウイルス感染症（アジュバント加）不活化ワクチン

☞『動物用ワクチン』296 頁

<table>
<tr><td colspan="2">ワクチンの概要</td><td>2 種類の猫免疫不全ウイルス（FIV）持続感染細胞をそれぞれ増殖させて得たウイルス液を不活化した後混合し，アジュバントを添加したワクチンである．</td></tr>
<tr><td colspan="2">開発の経緯・
製造用株等</td><td>2001 年米国で分離された FIV 株（サブタイプ A）と日本で分離された FIV 株（サブタイプ D）を混合することで従来より有効性が高いワクチンが開発された．このワクチンは，細胞性免疫の誘導も可能で，ワクチン中に含まれないサブタイプ B の株に対しても感染防御効果を示した．本剤は，2007 年に日本で承認された．</td></tr>
<tr><td rowspan="3">使用方法</td><td>用法・用量</td><td>8 週齢以上の猫に，1 回 1mL ずつを 2 〜 3 週間隔で 3 回，皮下投与する．免疫の持続を目的として本剤を追加投与する場合は，最後の投与から 1 年以上の間隔をあけて 1mL を 1 回皮下投与する．</td></tr>
<tr><td>効能効果</td><td>FIV の持続感染の予防．</td></tr>
<tr><td>使用上の注意</td><td>猫において，不活化ワクチンを同一部位へ反復投与することにより，線維肉腫等の肉腫の発生率が高まるとの報告があるので，ワクチン投与歴のある部位への投与は避ける．
使用時よく振り混ぜて均一とする．</td></tr>
</table>

【平山紀夫】

II バイオ医薬品

1. ネコインターフェロン-ω（組換え型）（インターキャット）

1-1. 起源または発見（開発）の経緯[1,8)]

インターフェロン（IFN）は1954年，長野と小島によりウイルス抑制因子として発見され，1957年IsaacsとLindenmanにより「インターフェロン」と命名された生理活性物質であり，IFN-α，IFN-βおよびIFN-ωなどからなるI型IFNが抗ウイルス薬としてB型慢性肝炎やC型慢性肝炎に，抗腫瘍薬として脳腫瘍やメラノーマ等に使用されている．IFNは種特異性がある薬剤であり，動物にヒトIFN（HuIFN）を投与するとこれに対する抗体が産生される．日本国内において，1990年代頃からコンパニオンアニマルに対する関心が高まっており，犬・猫に対しても予防薬や治療薬が開発されているが，特に猫ではウイルス病が多いにも関わらず，抗ウイルス剤は未開発であった．その中でも猫のウイルス病の1つである猫カリシウイルス感染症（FCVI）は，多くの猫が罹患するウイルス病であったことから，同疾患を対象として開発を開始した．

東レ株式会社は他社に先駆け1972年からIFNの研究を行い，遺伝子操作技術によりネコインターフェロン（組換え型）（rFeIFN）製剤の製造法を確立した．国内での臨床試験においてFCVIに対する安全性および有効性を確認し，1993年に農林水産省の製造販売承認を取得した．

犬パルボウイルス感染症（CPVI）は感染しやすく致死性の高い犬パルボウイルス-2型（CPV-2）が，1978年以来広く世界中に伝播した．幼若な犬では，感染が多く，成犬でも時折発病し，体温の急激な上昇や下痢，嘔吐，食欲廃絶など重篤な症状を呈する．白血球数（WBC）も著明に減少する．すでにワクチンが開発され，予防法が確立されたが，CPVは，非常に抵抗性の強いウイルスで，通常の環境中で数か月～数年間生存するため，自然発症例は，依然少なくない．特に，集団として飼育される場合に猛威をふるうことがある．当時，CPVIに対する有効な治療法は確立されておらず，我が国でも，有効な治療薬が待望されていた．当時rFeIFNが獣医師の裁量でCPVIにも使用され，対症療法よりも有効性が高いとの報告がなされていたため，CPVIに対するrFeIFNの臨床開発に着手し，1997年農林水産省の事項変更承認を取得した．

1-2. 成分および分量

本剤は，1バイアル中にネコインターフェロン（組換え型）を1000万単位（10MU）含有する．

1-3. 製造用株

1）組換えウイルスの作製[2,3)]

猫胸腺由来細胞（LSA-I）を12-O-tetradecanoyl-phorbol 13-acetate（TPA）で刺激後mRNAを回収し，cDNAを合成した．得られたcDNAから岡山・バーグ法を用いcDNAライブラリーを作製し，COS1細胞にDEAEデキストラン法でFeIFNの一過性発現させ，抗ウイルス活性を持つクローンをスクリーニングした（pFeIFN1）．

次にクローニングベクターpBM030にpFeIFN1のFeIFN領域をコードするDNA断片をポリヘドリンプロモーターの下流に挿入したプラスミドを作製した（pBmIFN1）．

カイコ核多角体病ウイルスT3株（BmNPV-T3株）のDNAとpBmIFN1をカイコ由来BM-N細胞を用いて相同組換えを行うことによりFeIFNをコードする組換えBmNPVを作製した．限界希釈法およびプラーク法により組換えウイルスのスクリーニングを行い，FeIFN製造能を有する組換えウイルス株（BmFeIFN1）が得られた．

2）FeIFNの単一成分化[2,7)]

BmFeIFN1で調製したFeIFNはN末端アミノ酸配列の違う2種類の混合物であった（図2-31）．1つはα型IFNに共通のCys-Asp-Leu…のものと，これにさらに2アミノ酸が付加されたLeu-Gly-Cys-Asp-Leu…であり，後者は活性が検出されなかったためCys-Asp-Leu…のみが産生されるよう検討を行った．その結果FeIFNのシグナル配列-3位のSerと-2位のLeuの間で切断が起こりやすい配列となっていることが分かった．そのため切断が起こりにくくするためSerをValに変換した組換えウイルスを作製（rBNV100）したところ期待どおりCysをN末端とする単一のFeIFNが産生された．

1-4. 製造方法

rBNV100を5齢カイコ幼虫に接種し，カイコ用人工飼料を与え約4日間飼育する間に多量のFeIFNが体液中に蓄積する．カイコ体液を塩酸中で抽出することにより組換えウイ

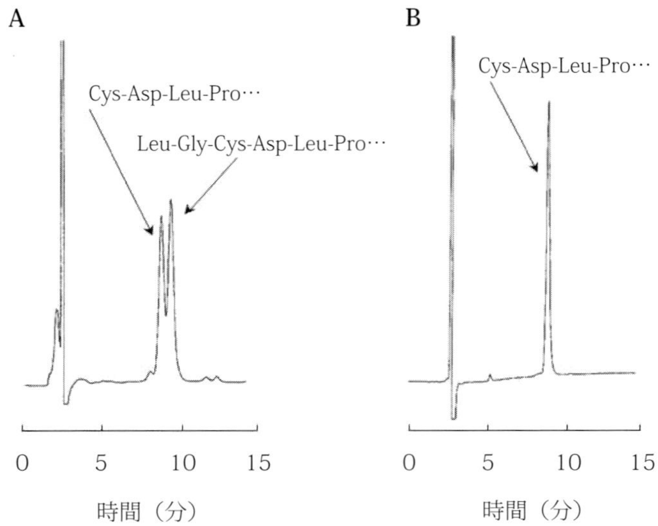

図 2-31　精製 FeIFN の逆相 HPLC 分析
A：シグナル配列改変前，B：シグナル配列 -3 位 Ser から Val に改変後

ルスの不活化とカイコ由来の蛋白質分解酵素の不活化を行っている. 続いて, 中和および遠心分離後ブルーアフィニティークロマトグラフィーおよび銅キレートアフィニティークロマトグラフィーで精製し，ゲルろ過を行い FeIFN 原薬を調製する.

安定剤として日本薬局方精製ゼラチン，賦形剤として日本薬局方 D- ソルビトールを添加し，分注凍結乾燥後密封して製品を得る.

1-5. 安全性試験成績

猫に対する対象動物安全性試験では，各群雌雄 3 頭の 5 か月齢の猫に対して rFeIFN 製剤を 5，10，20MU/kg の 3 用量を 5 日間隔日で橈側皮静脈に投与したところ，投与後に給餌された 2 ～ 4 時間後に嘔吐が認められたが，用量依存性は認められず，投与回数との関係も認められなかった. 血液学的所見では，白血球数，血小板数，網状赤血球数の減少が認められたが，投与終了後次第に回復し，投与終了後 7 日目前後には前値に回復した. 生化学的所見では，CPK，LDH，ALP，TP，Alb，Glb，総ビリルビン，BNU，クレアチニンおよび電解質組成は健常値の範囲内の変動であったが，GOT および GPT の上昇が 5 および 10MU/kg 投与群で認められた.

犬に対する対象動物安定性試験では，各群雌雄 3 頭の 6 か月齢のビーグル犬に対して rFeIFN 製剤を 1，5，25MU/kg の 3 用量を 5 日間連続で橈側皮静脈内に投与したところ，投与後 3 時間目をピークとする 0.8℃以内の軽微な体温上昇が見られた. 投与期間中の血小板数の減少傾向が認められたが，投与終了後に回復した. 一般状態および血液生化学的所見でも，何ら異常は認められなかった. また，37 ～ 39 日齢の幼若犬に対する安全性試験では，rFeIFN 製剤 1，2.5，5MU/kg の 3 用量を連日 5 回投与したところ，一般状態および体重の推移に異常は見られず，血液学的所見，生化学的所見および尿検査所見においても投与に起因すると考えられる変動は認められなかった. 抗体産生試験では，1MU/kg を隔日 15 回投与したところ，投与開始 4 週間後に 6 頭中 5 頭に中和抗体の産生が認められた. 中和抗体の産生のある個体への再投与を行ったが，アナフィラキシーショック等の変化は認められなかった. また，rFeIFN 製剤 1，5，25MU/kg で 1 日 1 回，5 日間投与したところ，投与開始 4 週間後に 25MU/kg 投与群のみに 6 頭中 1 頭で微弱な中和抗体の産生が認められた.

1-6. 効力を裏付ける試験

1）血中濃度

猫に rFeIFN 製剤 5 × 10^6U/kg を静脈内投与した場合，投与 2 分後に 5.4 × 10^4 ± 1.4 × 10^4U/mL の rFeIFN が血中に検出され，以後二相性の指数関数的減少を示した. 実測値と 2- コンパートメントモデルのシミュレーション曲線はよく一致した. 半減期は初期相 5.0 ± 0.5 分，後期相 31 ± 5 分であった. 犬に rFeIFN 製剤 5 × 10^6U/kg を静脈内投与した場合，投与 5 分後に 4.0 × 10^4 ± 0.8 × 10^4U/mL の rFeIFN が血中に検出され，以後二相性の指数関数的減少を示した. 実測値と 2- コンパートメントモデルのシミュレーション曲線はよく一致した. 半減期は初期相 3.1 ± 0.1 分，後期相 15.0 ± 0.6 分であった.

2）体内分布，代謝

猫に ^{125}I でラベル化した rFeIFN 製剤 5 × 10^6U/kg を静脈内投与したところ，投与 15 分後では，放射活性は，膀胱内尿に最も高く，次いで腎臓皮質，次に肝臓および甲状腺の順に高かった. 投与 3 時間後の放射活性の分布は，甲状腺に最も高く，次いで膀胱内尿，消化管内容物，胃粘膜に高かった. rFeIFN は，投与後初期に主として腎臓・肝臓へ分布し，主として腎臓で代謝されると考えられる.

3）排　泄

猫に rFeIFN 製剤 5 × 10^6U/kg を静脈内投与し 24 時間にわたり膀胱内尿中の活性を追跡したが，抗ウイルス活性は検出されず，生物活性をもった状態では尿中に排出されないものと考えられる. 本剤は投与後主に腎臓で代謝され，尿中に排泄されるものと考えられる.

4）薬効薬理

in vitro での抗ウイルス作用を猫腎由来株化細胞 CRFK 細胞を使用して試験した場合，猫ヘルペスウイルス（FHV）

およびFCVによる細胞変性をそれぞれ34U/mLおよび80U/mLで50%阻止することが認められている．さらに，*in vitro*で猫由来培養細胞および犬由来培養細胞内の2',5'-オリゴアデニル酸合成酵素（2-5As）活性を上昇させること，猫および犬に静脈内投与した場合，猫および犬の血球細胞内または血清中の2-5As活性を上昇させることが認められている．

また，*in vitro*で猫由来培養細胞および犬由来培養細胞に対し，濃度依存的な細胞増殖抑制活性およびコロニー形成抑制活性が認められている．

5）一般薬理

猫への投与により，3～6時間後に軽度の体温上昇，軽度の洞性頻脈が見られ，傾眠の出現する傾向が見られたが，他には何らの作用も認められず，猫の日常生活に支障をきたすような所見は認められていない．

犬への投与により，1～4時間後に軽度の体温上昇，軽度の洞性頻脈および呼吸数の増加，軽い活動性の低下および傾眠の出現する傾向が見られたが，他の変化は認められていない．

1-7．臨床試験

1）猫カリシウイルス感染症[5,6]

承認申請における臨床試験では，FCVI発症早期の猫および発症後3～4日経過した猫に対して，本剤2.5～5.0MU/kgを初診日（0日目），2日目，4日目の計3回橈側皮静脈に投与した．症状およびウイルス検査等によりFCVIと診断された早期発症猫および発症後3～4日経過猫について効果判定を実施した．流涎，食欲，元気等がまず回復し，次いで口内炎，結膜炎，鼻汁，くしゃみ等が改善し，その後に全身状態が回復した．特に流涎の改善は，多くの症例で早期に回復することが特徴的であった2.5～5MU/kgの隔日3回投与での有効率は88.3%であった．内訳は，1MU/kg群で85.7%（24/28），2.5MU/kg群で86.9%（179/206），5MU/kg群で77.3%（17/22）であった．

2）犬パルボウイルス感染症[4]

承認申請における臨床成績では，CPVI発症の犬に対して，本剤1～2.5MU/kgが，初診日（0日目），1日目，2日目の計3回静脈内に投与された．症状およびウイルス検査等によりCPVIと診断された犬について効果判定を実施し，合わせて本剤無投与の対照群との比較を行った．死亡率は無投与群の61.9%に対し，1～2.5MU/kg投与群では，24.0%と救命効果が認められた．嘔吐，下痢，元気消失，脱水症状等の症状が改善し，投与群では無投与群に比較して白血球数の減少に対する減少抑制効果と，早期の増加回復促進効果が認められた．有効率は無投与群の33.3%に対し，1～2.5MU/kg連日3回投与群では，66.7%であった．

再審査における有効性解析対象症例97例（1～2.5MU/kg）の有効率は71.1%であった．内訳は，1MU/kg群で75.0%（51/68），2.5MU/kg群で62.1%（18/29）であった．

1-8．使用方法

1）用法・用量

a）猫カリシウイルス感染症

本剤1バイアル〔rFeIFN製剤として1000万単位（10MU）〕を用時日本薬局方生理食塩液1mLにて溶解する．通常1回体重1kg当たりrFeIFN製剤として2.5～5MUを静脈内に投与する．投与回数としては，1日1回とし，通常隔日投与を3回行う．

b）犬パルボウイルス感染症

本剤1バイアル〔rFeIFN製剤として1000万単位（10MU）〕を用時日本薬局方生理食塩液1mLにて溶解する．通常1回体重1kg当たりrFeIFN製剤として1～2.5MUを静脈内に投与する．投与回数としては，1日1回とし，通常連日投与を3回行う．

2）効能・効果

猫カリシウイルス感染症，犬パルボウイルス感染症．

3）副作用

まれにアナフィラキシーショック（虚脱，尿失禁，流涎，呼吸困難等）により死亡することがあるので，観察を十分に行い，異常が認められた場合は投与を中止し，適切な処置を行うこと．また，まれに40℃以上の高熱や激しい嘔吐等が現れることがあり，観察を十分に行い，異常が認められた場合は投与を中止し，適切な処理を行う．軽度の白血球数，血小板数および赤血球数の減少が見られることがある．また，時にGPTの上昇およびヘマトクリット値の減少が見られることがある．嘔吐が見られることもある．投与終了後3～6時間で発熱を見ることがある．まれに興奮，流涎，ねむけ，沈鬱等が見られることがある．

1-9．貯法・有効期間

室温または冷蔵にて保存する．有効期間は製造後3年間．

引用文献

1）小山洋一ら（1994）：第15回小動物臨床研究会講演要旨，14-15.
2）日本生物工学会 編（2005）：生物工学ハンドブック，694-698，コロナ社．
3）Sakurai, T. et al.（1992）：*J. Vet Med. Sci.* 54, 563-565.
4）下田哲也ら（1997）：第18回小動物臨床研究会講演要旨，42-54.
5）内野富弥ら（1993）：小動物臨床 Vol.11 No.6 11-25.

6) 内野富弥ら（1998）：第 19 回動物臨床医学会年次大会プロシーディング No.3，58-76.
7) Ueda Y. et al.（1993）：*J. Vet. Med. Sci.* 55, 251-258.
8) 渡辺法和ら（1995）：第 16 回小動物臨床研究会講演要旨，13-14.

2. イヌインターフェロン－γ（組換え型）（インタードッグ）

2-1. 起源または発見（開発）の経緯

インターフェロン－γ（IFN-γ）は抗ウイルス活性よりも免疫増強活性や免疫調節作用が主体のⅡ型のインターフェロン（IFN）であり，人ではⅡ型 IFN は腎癌，慢性肉芽腫症，菌状息肉症，成人 T 細胞白血病等の治療に使用されていることから，適応症としては，当初，免疫関連の皮膚病や腫瘍が候補として検討された．

1990 年代始め，人ではアトピー性皮膚炎（AD）の新たな治療法として，IFN-γの有効性が認められたとの報告[1]がなされ，検討が行われていた．AD では一般に血清総 IgE 量が高値を示すと共に血中の好酸球増多も認められることから，ヘルパー T 細胞である Th2 細胞の機能亢進が関与していることが想定された．Mosmann らが提唱する Th1/Th2 の概念は，ヘルパー T 細胞を産生するサイトカインの種類の違いから Th1 と Th2 の 2 タイプに分けるもので，Th1 細胞は IFN-γや IL-2 を，Th2 細胞は IL-4，IL-5 および IL-10 を産生する．この Th1/Th2 のバランスが種々の疾患の発症や生体防御に関わっているとされており，AD 患者では，Th2 優位に大きく傾いていると言われている[3]．AD 患者の血清総 IgE 量の高値については，Th2 細胞が産生する IL-4 により B 細胞が IgE 産生細胞にクラススイッチするためと考察されている．Th1 細胞と Th2 細胞は互いに排他的であり，Th1 細胞が産生する IFN-γは，Th2 細胞の増殖を抑制し，Th2 細胞の IL-4 の産生を抑制する．

すなわち，IFN-γを投与することにより，Th2 優位に大きく傾いている状態を正常化し，血清総 IgE 量を低下させることにより AD の改善が期待される．

人において AD に対し IFN-γの有効性が認められたとの報告があること，重篤な副作用がないこと，犬において症例数が多く対症療法以外には有効な治療法がないこと，さらには，AD の発症機構と IFN の作用メカニズムから効果が期待できることなどにより AD を適応症として選択し，イヌ IFN-γを用いた犬アトピー性皮膚炎（CAD）治療薬の研究開発に着手した．

2-2. 成分分量

本剤は，1 バイアル中にイヌインターフェロン－γ（組換え型）（rCaIFN-γ）を 30 万単位含有する．

2-3. 組換えウイルスの作製[4]

健常犬脾臓からリンパ球を分離し，フィトヘマグルチニン（PHA）を加え培養し，回収した．リンパ球よりトータル RNA を抽出し，一本鎖 cDNA を合成した．

天然型 CaIFN-γの塩基配列情報から 1 対のプライマーを設計し，CaIFN-γをコードする DNA 断片を調製した．

次に N 型糖鎖の結合部位（Asn16，Asn83）を Gln に改変するためプライマーセットを設計し，それぞれ DNA 断片を鋳型に PCR を行い，pUC19 へ挿入し組換えベクターを得た．次にクローニングベクター pBM030 のポリヘドリンプロモーターの下流に改変 CaIFN-γをコードする DNA 断片を挿入しトランスファーベクターを得た〔pBMγS2（－)〕．

カイコ核多角体病ウイルス T3 株（BmNPV-T3 株）の DNA と pBMγS2（－）をカイコ由来 BM-N 細胞を用いて相同組換えを行うことにより CaIFN-γをコードする組換え BmNPV を作製した〔rBNV γ S2（－)〕．

2-4. 製造方法

1）概　要

rBNVγS2（－）を 5 齢カイコ幼虫に接種し，カイコ用人工飼料を与え 25℃で約 4 日間飼育した後カイコ体液中に産生された CaIFN-γを切開したカイコの体液を 0.01% 塩化ベンザルコニウム 2.5mmol/L EDTA 中で抽出し，組換えウイルスを不活化する．その後遠心分離，銅キレートアフィニティークロマトグラフィー，陰イオン交換クロマトグラフィーおよびブルーアフィニティークロマトグラフィーで精製し，ゲルろ過を行い CaIFN-γ原薬を調製する．

安定剤としてアラビアガム，L- システイン等を加え，分注・凍結乾燥後密封して製品を得る．

2）C 末端構造の多様性と単一成分化

初段銅キレートアフィニティークロマトグラフィー粗精製液を陰イオン交換クロマト担体にアプライし，NaCl の濃度を段階的に溶出させ逆相 HPLC 分析した（図 2-32）．

各画分のメインピークを構造解析した結果，リテンションタイム約 28 分のピークは C 末端が 16 アミノ酸残基欠損した CaIFN-γであり，リテンションタイム約 29 分のピークは

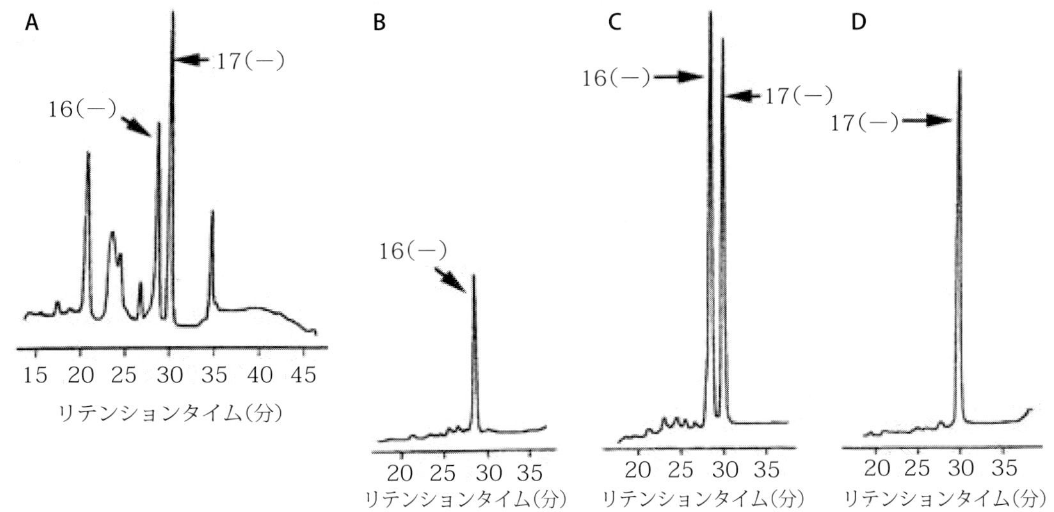

図 2-32 逆相 HPLC 分析
A：初段銅キレートアフィニティークロマトグラフィー粗精製液，B：陰イオン交換クロマトグラフィー溶出液（25mM NaCl），C：陰イオン交換クロマトグラフィー溶出液（35mM NaCl），D：陰イオン交換クロマトグラフィー溶出液（50mM NaCl）

C 末端が 17 アミノ酸残基欠損した CaIFN-γ であった．

さらに画分 B ～ D をゲルろ過により分子量解析した結果ダイマー構造で存在することが分かった．したがって，陰イオン交換クロマトグラフィーでの 3 つの溶出画分におけるメインの CaIFN-γ は画分 B が C16（－）のホモ 2 量体，画分 C が C16（－）と C17（－）のヘテロ 2 量体，画分 D が C17（－）のホモ 2 量体からなることが判明した．他の検討からカイコ抽出液中に EDTA を添加することで C17（－）発生の大部分を抑制し，ブルーアフィニティークロマトグラフィーで除去できることが分かったため，C16（－）を目的物質として高純度に精製することができた．

2-5．安全性試験成績

各群雌雄 3 頭のビーグル犬に rCaIFN-γ 製剤 0，1，5 万単位 /kg を週 3 回 13 週間投与したところ，試験期間中の死亡例は認められず，対照群を含む全群で一般状態および投与部位に変化は認められなかった．また，体重および増体量についても投与群と対照群との間に差は認められなかった．血液学的検査では，5 倍量群の雌雄で，赤血球数，血色素量およびヘマトクリット値の低値ないし低値傾向が 9 週投与前以降に認められたが，雌では対照群との間に有意差が認められなかったことから，軽度な変化と考えられた．血液生化学検査では，被験物質の投与に関連する変化は認められなかった．剖検において肉眼的変化は認められず，器官重量においても対照群と比べ著変は認められなかった．また，投与部位の皮膚，皮下組織および周辺の筋肉に肉眼的変化は認められず，病理組織学検査でも変化は認められなかった．

本剤投与によるアナフィラキシーショック誘発の有無を確認するため，最終投与終了後 21 日に，投与群の全頭に皮下投与の場合と同様に常用量あるいは 5 倍量を静脈内投与したが，投与後 14 日までの間，いずれの動物にも一般状態の変化は認められず，アナフィラキシーショックは発症しなかったと判断された．

2-6．効力を裏付ける試験

1）薬物動態

a）血中濃度

犬に rCaIFN-γ 製剤を 5.2 × 10^7U/body 静脈内投与および 1.0 × 10^8U/body 皮下投与した場合，静脈内投与後の血漿中の rCaIFN-γ は，初期相，後期相それぞれ 7.26 分，150.4 分の半減期をもつ二相性の指数関数的減少を示し，2- コンパートメントモデルに合致した．一方皮下投与では，投与後 60 分で最大血漿中濃度に達し，1- コンパートメントモデルに合致した．

b）体内分布，代謝

ラベル化検討を行ったところ，反応により rCaIFN-γ は失活した．次にラットに 3.0 × 10^7U/body 皮下投与し，各臓器を取り出し，蛋白質抽出を行い，抗ウイルス活性の測定を行ったが，どの臓器においても活性を認めることはできなかった．

c）排 泄

ラットに rCaIFN-γ 製剤を 3.0 × 10^7U/body 皮下投与し，

膀胱内尿中および糞中の抗ウイルス活性を追跡したが，活性は検出されなかった．

2）薬理作用

a）抗ウイルス作用

犬由来細胞株に対するVSV（水疱性口内炎ウイルス）の細胞変成作用を抑制する活性が認められた．

b）免疫学的作用

犬腫瘍細胞株に対する主要組織適合遺伝子複合体（MHC）クラスⅡの発現増強活性が認められた．

c）血清総IgE量に対する作用

アトピー性皮膚炎の犬10頭に投与し，2週間後の血清総IgE量を測定したところ，投与前後で有意な血清総IgE量の減少が見られた．

d）サイトカイン発現に対する作用

CADの犬10頭に投与し，2週間後の末梢血単核球のIL-4 mRNA（Th2細胞由来の指標）およびIFN-γmRNA（Th1細胞由来の指標）の発現量を調べたところ，末梢血単核球が産生するIL-4 mRNA量の変動は減少傾向（9例中6例減少）となり，一方IFN-γmRNA量の変動は増加傾向（9例中6例増加）であった．IL-4/IFN-γmRNA量比を算出すると9例中7例で低下が認められた．特に臨床評価で改善した6例については，5例でIL-4/IFN-γmRNA量比の低下が認められた．

e）皮膚に対する作用

CADの犬3頭に2週間投与したところ，病変部組織像において，表皮層数の減少および真皮浅層部の肥満細胞数の減少が認められた．この肥満細胞数減少に対応して，抗IgE抗体陽性細胞数の減少も認められた．また，CADの犬10頭に投与したところ，投与前と比較して投与3日後の皮内反応による紅斑の平均直径において有意な縮小が認められた．

f）末梢血白血球の化学発光活性の変化

CADの犬10頭に本剤を投与し，末梢血白血球の化学発光（CL）を測定したところ，投与2時間後の末梢血白血球のCL活性は著しく亢進した．

3）一般薬理

本剤5万単位/kg単回皮下投与時の一般症状および行動，中枢神経系，体温，呼吸・循環器系，水および電解質代謝の各々に及ぼす影響について評価したが，いずれにおいても本剤投与による顕著な影響は認められなかった．

2-7. 臨床試験

1）承認時臨床試験[2)]

臨床試験は，全国23施設にてGCP基準に準拠して実施し，CADと診断された犬に，本剤または対照薬としてジフェンヒドラミン（DH）を主成分とする抗ヒスタミン剤をそれぞれ8週間投与し，有効性および安全性を検討した．症例は，109例（本剤投与群:75例，DH投与群34例）収集された．有効性については，92例（本剤投与群：63例，DH投与群29例）において，瘙痒，掻破痕，紅斑，脱毛を指標として評価した．本剤投与群は，1日1回週3回隔日投与を4週間行い，その後4週間は担当獣医師の判断により症例の状態に応じて投与した．DH投与群は，1日2回8週間毎日投与を行った．

4週目の本剤投与群の有効率は，瘙痒72.1%，掻破痕73.8%，紅斑75.4%，脱毛60.7%となり，DH投与群での瘙痒20.7%，掻破痕27.6%，紅斑24.1%，脱毛24.1%と比較して有意に高かった．

また，本剤の4週間投与によりこれらの症状が50%以上改善した症例については，その後8週まで週1回以下の投与でその効果が維持されることが示唆された．安全性については，総症例109例について解析を行った．因果関係ありまたは不明の有害事象として，本剤投与群に投与時疼痛1例（1.3%）が発現したが，重篤な副作用は認められなかった．

2）使用成績調査[5)]

使用成績調査は，全国70施設にてGPSP省令に従い使用成績調査を実施し，結果，49施設の401頭中21施設の118頭が有効性解析対象となった．

4週目の本剤投与群の有効率は，瘙痒76.3%，掻破痕76.5%，紅斑75.0%，脱毛73.5%となり，瘙痒においては，承認時臨床試験と比較して使用成績調査の効果が高い傾向が認められ（$p = 0.0770$），脱毛においては有効率が10%以上高かったが，いずれの症状においても，承認時臨床試験と使用成績調査の有効率に有意差は認められなかった．また，6歳未満の犬は，6歳以上の犬と比較して効果が高い傾向が認められた．CADの罹患期間が3年未満の犬が3年以上の犬と比較して効果が有意に高かったこととも相関している．

安全性については，総症例401例について解析を行った．本剤との因果関係が疑われた有害事象として，食欲減退が4例，軟便が1例，投与部位の発赤が1例，投与部位壊死が1例，報告されたが，重篤な副作用は認められなかった．

2-8. 使用方法

1）用法・用量

本剤1バイアル（rCaIFN-γ製剤として30万単位〕を用時日本薬局方生理食塩液6.0mLにて溶解する．通常1回体重1kg当たりrCaIFN-γ製剤として1万単位（0.2mL）を皮下に投与する．投与回数としては，週3回隔日投与とし，投与期間は4週間を限度とする．

2）効能・効果

犬：アトピー性皮膚炎における症状の緩和．

3）使用上の注意

アナフィラキシーショックが現れることがあり，観察を十分に行い，異常が認められた場合は適切な処置を行う．

発熱，振せん，湿疹が現れることがある．時に嘔吐，時に軟便，時に食欲減退および，時に元気減退が現れることがあるので注意する．

2-9. 貯法・有効期間

冷暗所に保存（10℃以下）．

引用文献

1）Hanifin, J.M. et al.（1993）：*J Am Acad Dermatol* 28, 189-97.
2）Iwasaki, T. et al.（2006）：*Vet Dermatol* 17, 195-200.
3）Mosmann, T.R. et al.（1986）：*J Immunol* 136, 2348-2357.
4）Okano, F. et al.,（2000）：*J Interferon Cytokine Res* 20, 1015-1022.
5）阪本智子 et al.,（2012）：*SAC* 170, 8-13.

3. イヌインターフェロンα－4（組換え型）〔インターベリーα〕

3-1. 起源または発見（開発）の経緯

ホクサン株式会社は，北里研究所生物製剤研究所（現北里第一三共ワクチン）と共に，2004年～2006年に「植物を利用したイヌインターフェロンの生産技術開発」〔独立行政法人新エネルギー・産業技術総合開発機構（NEDO）助成事業〕において，バキュロウイルス発現イヌインターフェロンα-4（以下CaIFNα-4という）が犬歯肉炎に対し有効であることを確認した[5]．その後，CaIFNα-4蛋白質を発現する遺伝子組換えイチゴ（以下CaIFNα-4発現イチゴという）を作出し，同様に犬の歯肉に塗布することで，犬歯肉炎に対する有効性を確認した．そこで，動物病院24施設において，多施設無作為割り付け二重盲検プラセボ対象試験を2009年11月～2011年3月まで実施した．2011年10月に動物用医薬品製造販売承認申請を提出し，2013年10月に世界で初めて遺伝子組換え植物体を原薬とする動物用医薬品の承認を受けた．

犬歯周病は，犬における代表的な口腔疾患であり，3歳齢以上の犬の約8割が歯周病に罹患しているとされる[1-3, 6, 8]．歯周病の初期症状である歯肉炎は，歯の表面や歯周組織に蓄積したプラーク（歯垢）中の病原細菌によって引き起こされる疾患であり，主症状として歯肉に炎症，腫れ，および出血が見られる．歯肉炎を放置すると歯周炎へと進行し，歯周組織が破壊され最終的には歯の脱落といった重度の症状に至るため，犬のQOL（quality of life）は著しく低下してしまう．

歯周病に罹患した犬の歯垢中の細菌叢では，ポルフィロモナス属の割合が80%に及ぶことがあり，犬歯周病の主要な病原細菌であると言われている[4, 7]．さらに，病状の進行と病原細菌数の間には相関が見られ，加齢とともに憎悪することが分かっている．すなわち，この菌属の増殖を抑制することが，歯周病の予防・治療において効果的である．

歯周病が重症化し動物病院に来院する犬に対する治療方法は確立されており，歯石除去および抜歯等の外科的処置ならびに施術後の抗菌薬投与を行う．しかし，歯周病の初期段階である歯肉炎の段階における治療方法は確立されていない．人の歯肉炎予防と同様，犬歯肉炎の発症を抑える方法として，プラークコントロールによる歯石の付着防止が重要であり，ペット用歯磨き粉を利用したブラッシングを飼い主に推奨する獣医師が多いが，犬の場合にはブラッシングの習慣化が容易ではなく浸透していない．また，市販品のドライタイプペットフードには，物理的な歯石除去作用を利用した歯垢や歯石の付着を抑制する効果が期待できるが，歯垢を除去しても，病原菌そのものの抑制にはつながらない．

本剤によって，病原菌の増殖抑制，あるいは歯肉炎症の低減が提供され，より高度な歯肉炎改善効果が得られる．

3-2. 成分分量

本品1g中に主剤として改変イヌインターフェロンα－4発現イチゴ果実凍結乾燥粉末（遺伝子組換え）を（改変イヌインターフェロンα－4として）$1.0 \times 10^3 \sim 1.2 \times 10^3$LU，安定剤としてマルトース水和物（日本薬局方）を含む粒・散剤．

3-3. 製造用株

CaIFNα-4遺伝子は，紫外線で不活化したニューカッスル病ウイルスB1株により刺激したMDCK細胞のmRNAを鋳型として作製したcDNAライブラリーから，PCR法によりクローニングされた．これを植物発現ベクターpBE2113へ挿入し，組換え遺伝子とした．

イチゴ（英名：strawberry，学名：*Fragaria* × *ananassa* Duchesne）への導入には，*Rhizobium radiobacter* LBA4404株を利用したバイナリーベクター法を用いた．イチゴ（品種：エッチエス－138）の組織片をTiプラスミドとバイナリーベクターpBE2113を含む*R. radiobacter* LBA4404株の培養液に暴露して感染させ，プラスミド上にあるT-DNA領域をイチゴゲノム中に組み込ませた．再生培地に継代し組織片を完全な植物体まで再生させ，さらにカナマイシンを含む再生培地を用いて，カナマイシン耐性株を選抜した．

高発現系統は，PCR 法による遺伝子導入の確認の後，抗 CaIFN α 抗体を用いた ELISA 法による発現蛋白質量により選抜した．最終的に，系統 Ca40K を生産株とした．なお，定期的なゲノミック PCR 等の遺伝子解析および ELISA 法等による発現解析により，移入した核酸は組換え植物の染色体に安定的に組み込みまれ，かつ安定して発現していると考えられる．

CaIFN α -4 発現イチゴ果実凍結乾燥粉末（遺伝子組換え）の産業利用に関しては，「遺伝子組換え生物等の第二種使用等のうち産業上の使用等に当たって執るべき拡散防止措置等を定める省令」に適合していることが確認されている（経済産業省，平成 19・06・20 製第 3 号）．

3-4. 製造方法

原薬の調製は，ワーキングシードから水耕栽培，ランナー増殖および茎頂培養によって作製した製造用個体を水耕栽培に馴化し，果実収穫を目的とした栽培を実施する．水耕栽培開始後にイチゴ果実を収穫し，−70℃以下に保存する．凍結保存イチゴ果実を融解し，破砕機で破砕した後，凍結乾燥をする．原薬とマルトース水和物を攪拌混合し，規定量の改変イヌインターフェロン α -4 を含むように調製したものを最終バルクとし，小分充填機を用いてラミネートパウチ袋に規定量を充填，シリカゲルを投入後，熱シールで封をしたものを製剤とする．

3-5. 安全性試験成績

動物 GLP 省令および毒性試験法ガイドラインに従い，本剤の犬における安全性試験を実施した．1 群雌雄各 2 頭とする 3 群に，それぞれ常用量投与群，10 倍量投与群および無処置対照群とし，投与は，3 ないし 4 日間隔で週 2 回 10 週間連続，合計 20 回，用法に従い投与した．

観察期間中，全群全頭の一般状態，体重，血液学検査，剖検，器官重量および病理組織学所見では特筆すべき所見は認められず，安全性が確認された．

3-6. 効力を裏付ける試験成績

歯肉炎を発症しているビーグル犬を用い，試験群は，原薬の中間体（CaIFN α -4 発現イチゴ果実破砕液）を，25LU/kg/ 日，1 日 1 回犬の歯肉に 30 日間連続塗り込み投与した．対照群には，非組換えイチゴ果実破砕液を，同様に 30 日間連続塗り込み投与した．

測定項目は，各群について，投与開始 7 日前（−7），投与開始直前（0），投与開始後 15 日目および 30 日目に唾液中の歯周病原細菌数（BPB 数として測定）および歯肉炎指数（GI）の測定（全歯，頬側面）を実施した．

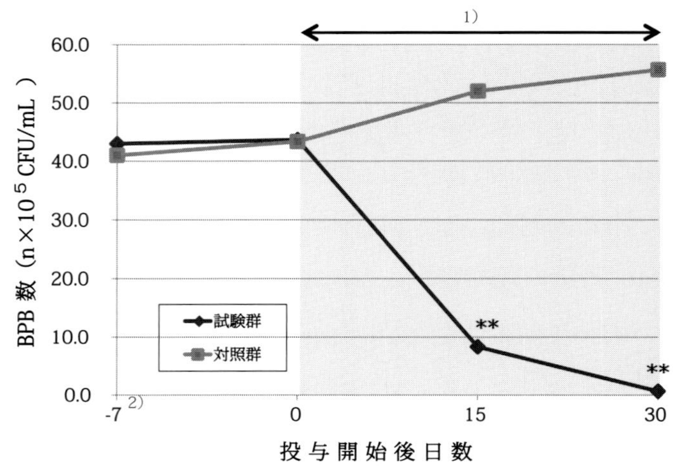

図 2-33　投与開始後における唾液中 BPB 数の推移
**：BPB 数の平均値が有意に低値（$p < 0.01$）
1)：投与期間を示す，2)：投与開始 7 日前を示す．

1）イヌインターフェロン α − 4 の歯周病原細菌減少効果

本剤原薬の中間体であるイヌインターフェロン α − 4 発現イチゴ果実破砕液を犬の歯肉に塗布し，当該犬の唾液中の歯周病原細菌を測定することで，その抗菌効果を確認し，投与との因果関係を検証した．その結果，唾液中の菌数（BPB 数[*6] として測定）は，試験群では原薬の中間体の歯肉塗布により減少し，投与開始後 15 日目および 30 日目には対照群のそれに対して有意に低値を示した（$p < 0.01$）．これに対して対照群では BPB 数が増加した（図 2-33）．

以上の成績から，イヌインターフェロン α − 4 により犬歯肉炎増悪の主要な要因の 1 つとされる歯周病原細菌を減少させることが可能であることが示された．

2）イヌインターフェロン α − 4 の歯肉炎指数減少効果

本剤原薬の中間体であるイヌインターフェロン α − 4 発現イチゴ果実破砕液を犬の歯肉に塗布し，当該犬の歯肉炎指数[*7] を測定することで，その抗炎症効果を確認し，投与との因果関係を検証した．その結果，試験群における歯肉炎指数は，投与開始後に減少し，投与開始後 15 日目および 30 日目には対照群に比べ有意に低値を示し（$p < 0.05$）（図 2-34），イヌインターフェロン α − 4 は顕著な歯肉炎改善効

[*6] BPB 数（black-pigment bacteria 数）：ポルフィロモナス属菌は，嫌気性桿菌で歯周病原細菌の 1 つであり，血液寒天培地上で黒色集落形成を作ることから他の菌との区別ができる．

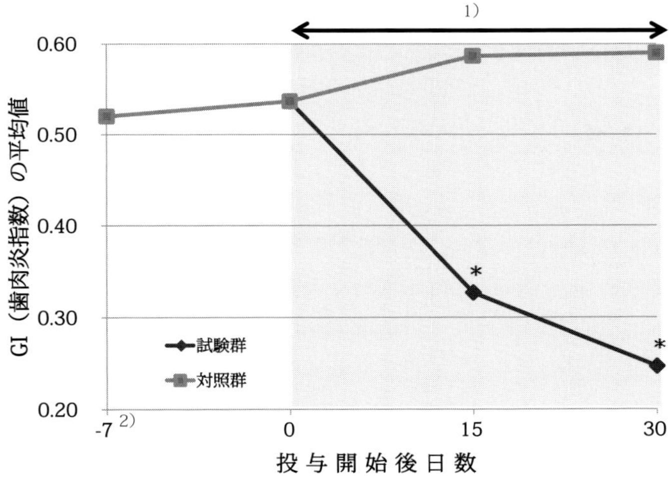

図 2-34 投与開始後における歯肉炎指数（GI）の推移
＊：歯肉炎指数の平均値が有意に低値（$p < 0.05$）.
1)：投与期間を示す，2)：投与開始7日前を示す.

果を示すことが確認された.

3）イヌインターフェロンα－4の歯肉塗布による歯周病原細菌数と歯肉炎指数との相関

本剤原薬の中間体であるイヌインターフェロンα－4発現イチゴ果実破砕液を犬の歯肉に塗布した時の歯周病原細菌数と歯肉炎指数との関連を確認し，投与との因果関係を検証した．その結果，試験群ではイヌインターフェロンα－4の投与により歯肉炎指数が減少した．これに対して対照群の歯肉炎指数は観察期間中増加した．唾液中のBPB数を測定したところ，試験群ではイヌインターフェロンα－4の投与によりBPB数が減少した．これに対して対照群ではBPB数が増加した．各群における歯肉炎指数とBPB数は平行した挙動を示し，高い相関関係が認められた（試験群：$r^2 = 0.9433$，対照群：$r^2 = 0.9292$）.

以上の成績から，症状のマーカーである歯肉炎指数の測定により，犬歯肉炎増悪の主要な要因の1つとされる歯周病原細菌数を推し量ることが可能であることが示唆され，歯肉炎指数が歯肉炎の改善もしくは増悪の判定指標となり得ることが示された.

3-7 臨床試験成績

1）有効性

国内における動物病院24施設を利用して，6～12か月齢の犬174頭を対象にプラセボ対照二重盲検比較試験を実施した．有効性は，犬の歯肉炎指数（GI値）を測定し，個体ごとの歯肉炎に対する効果で評価した.

判定基準は，被検犬の投与開始時のGI値に比べて投与開始後1か月目または2か月目のそれが減少した症例を「改善」と，被検犬の投与開始時のGI値に比べて投与開始後1か月目または2か月目のそれが変化しなかった症例を「変化無」と，被検犬の投与開始時のGI値に比べて投与開始後1か月目または2か月目のそれが増加した症例を「悪化」とした.

投与開始時に歯肉炎を発症していた症例は，124頭（実薬群：n＝85，プラセボ群：n＝39）であった．本症例においては両群間の成績に有意な差が認められ，本剤の投与による犬歯肉炎改善効果が実証された（カイ2乗検定，投与開始後1か月目および2か月目：$p = 0.0004$）（図2-35）.

投与開始後1か月目の症状と投与開始後2か月目の症状を比較したところ，本剤投与群とプラセボ群との間に有意な差が認められ，本剤の投与による犬歯肉炎改善効果が投与開始後2か月目にも持続することが実証された（$p = 0.0002$）（図2-36）．また，歯肉炎改善効果は，歯肉炎が重度であるほど顕著であった.

以上の成績から，6～12か月齢で体重2～20kgの範囲の様々な品種（25品種）の歯肉炎を発症した犬において，雌雄に関係なく本剤の投与〔3ないし4日間隔で週2回，5週間（計10回)〕によって歯肉炎を改善し，かつその効果

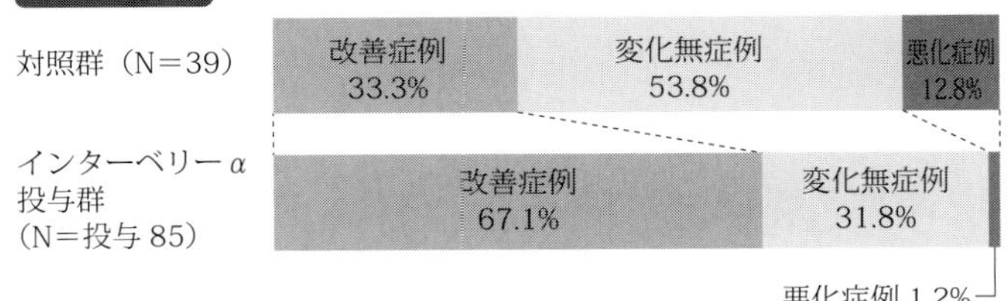

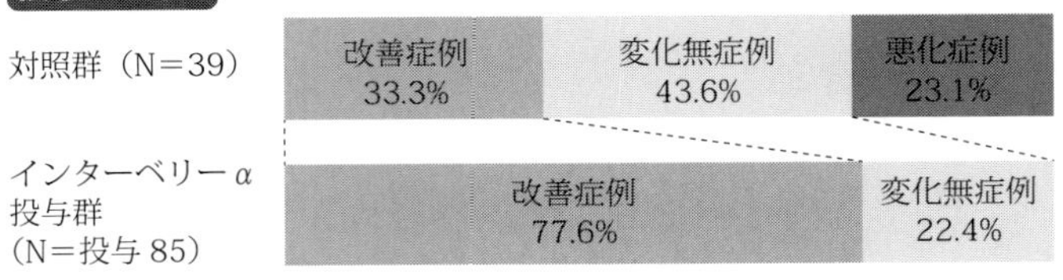

図 2-35 試験開始時に歯肉炎を発症していた症例（124症例）の試験結果

[*7] 歯肉炎指数：gingival index（GI）ともいい，Löe と Silness（1963）により提唱された指数．それぞれの歯を4面（頬・唇側面，舌・口蓋側面，近心面，遠心面）に分けて，以下の評価に従った点数をつけ，平均したものが，その歯や個人のGIになる.

GI	症　状
0	正常歯肉
1	歯肉に炎症．プローブで触診しても出血しない
2	歯肉に炎症．プローブで触診すると出血する
3	潰瘍形成，自然出血

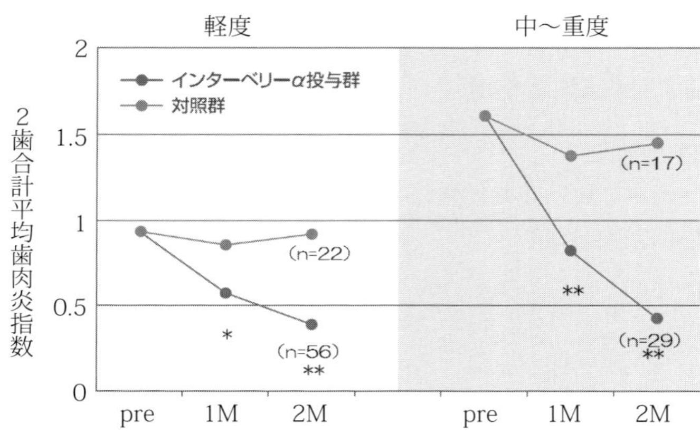

図 2-36　重症度別・観察日別歯肉炎指数（GI）改善率
Mann-Whitney U 検定　*：$p < 0.05$，**：$p < 0.01$

を持続することで歯肉炎の進行を抑制することが確認された．

2）安全性

症状および血液生化学検査等で本剤に起因する異常は認められず，安全であると判断した．

3-8．使用方法

1）用法・用量

対象動物の月齢，使用期間を 6 ～ 12 か月齢の歯肉炎指数が 1 以下の犬とする．

獣医師が本剤 1 包装分（2.75g：10 回分）を 1 回分ずつに分包する．分包後はラミネートパウチ袋に 1 回分に分包した本剤を入れ，チャックで封をする．飼い主は，投与（歯肉に塗り込み）する際，指先を水道水で濡らして本剤の 1 回分を 1 日 1 回，犬の歯肉に塗り込み投与する．投与は 3 ないし 4 日に 1 回の間隔で合計 10 回行う．

2）効能・効果

犬の歯肉炎指数が 1 以下の歯肉炎の軽減．

3）使用上の注意，特筆すべき副作用

効能・効果について定められた目的にのみ使用し，定められた用法・用量を獣医師の指導の下で厳守する．

歯肉炎の予防効果は認められない．

犬の口内に直接指を入れるため，必要があれば手袋等を着用する．投与者がイチゴ（バラ科植物）に対するアレルギーをもつ場合は，事前に医師に確認をする．犬が神経質な場合や飼い主が歯肉塗布に不慣れな場合等は，指を噛まれないように獣医師の指導を受ける等，事故を避けるように注意する．

対象月齢以外の犬に投与する場合は，獣医師の指示に従う．犬がイチゴ（バラ科植物）に対するアレルギーをもつ場合は，事前に獣医師に確認をする．

速やかに投与する．副作用が認められた場合には，速やかに獣医師の診察を受けること．

3-9　貯法・有効期間

冷暗所に保存する．有効期間は 27 か月間．

引用文献

1）Gorrel, C. et al.（2008）：Periodontal Disease, 29-74, Sounders.
2）Harvey, C.E.（2005）：*Vet. Clin. Small. Anim.* 31, 819-836.
3）Holmstrom, C.D.（2000）：獣医臨床シリーズ犬の歯科学（奥田綾子訳），7-10，学窓社.
4）Hormstrom, S.E. et al.（2013）：*J. Am. Anim. Hosp. Assoc.* 49, 75-82.
5）Ito A. et al.（2010）：*J. Vet. Med. Sci.* 72, 1145-1151.
6）Kato Y. et al.（2011）：*J. Vet. Dent.* 28, 84-89.
7）宮田　隆ら（2002）：歯周病と骨の科学，28-71，医歯薬出版.
8）Wiggs, R.B. et al.（1997）：Periodontology, 186-231, Lippincott-Raven.

4．組換え型 Derf2 −プルラン結合〔アレルミューン HDM 0.1/0.5/1/2/5/10〕

4-1．開発の経緯

犬アトピー性皮膚炎は，近年発生が増加している疾患で，生涯にわたる継続した管理，総合的な治療が必要とされている．しかし，唯一の根治療法として期待される減感作療法は，日本国内で動物用医薬品として承認を受けた減感作療法薬が存在しなかったこともあり，あまり普及しているとは言えない状況にあった．

アレルミューン HDM は，犬アトピー性皮膚炎の主要アレルゲンの 1 つであるコナヒョウヒダニ由来 Der f 2 を有効成分とする，国内初の犬アトピー性皮膚炎用減感作療法薬である．本剤において，カイコ−バキュロウイルス発現系を用いて作製した組換え型 Der f 2 に中性単純多糖であるプルランを結合させているが，これにより，Der f 2 のアレルゲン性が低下する等の作用が確認されている．2014 年に承認された．

4-2. 成分分量

1容器（凍結乾燥品）中，組換え型 Der f 2- プルラン結合体（Der f 2 として）をそれぞれ 0.1μg，0.5μg，1μg，2μg，5μg および 10μg 含有する．

4-3. 製造用株

1）株　名

コナヒョウヒダニアレルゲン（Der f 2）遺伝子導入カイコバキュロウイルス BmDF2 株．

2）組換え方法

カイコ核多角体病ウイルス（*Bombyx mori Nucleopolyhedrovirus*：BmNPV）を宿主とし，相同組換えにより作製した．

4-4. 製造方法

BmDF2 株をカイコに接種し感染させ，数日間飼育後，回収した体液からカラムクロマトグラフィーにより組換え型 Der f 2 を精製する．これにプルランを結合させ，原薬とする．原薬に緩衝剤等を加え，滅菌，充填，凍結乾燥後，製剤とする．

4-5. 安全性試験成績

11 ～ 16 か月齢のビーグル犬 16 頭を用い，常用量および 10 倍用量を投与した場合の安全性を評価した．なお，アナフィラキシーショックの発現の有無を確認するため，常用量追加投与での検討も実施した（表 2-44）．

常用量群（4 頭），10 倍用量群（4 頭）および対照群（2 頭）は 1 回目投与後 42 日目まで，常用量追加投与群（4 頭）および対照群（2 頭）は 1 回目投与後 70 日目まで観察を行った．

本試験の結果，いずれの試験群においても本剤投与の影響と思われる有害な所見は認められず，また，血清中 Der f 2 特異的 IgE 抗体の上昇も見られなかった（表 2-45）．以上より，本剤の犬における安全性が確認された．

表 2-44　安全性試験における試験群，投与量および投与回数

試験群	投与量	投与回数
常用量群	常用量	1 週間隔で本剤 0.1 ～ 10 を順に 6 回投与
10 倍用量群	10 倍用量	1 週間隔で本剤 0.1 ～ 10 の順に各 10 倍用量を 6 回投与
常用量追加投与群	常用量	1 週間隔で本剤 0.1 ～ 10 を順に 6 回投与後，引き続き 1 週間隔で本剤 10 を 4 回投与
対照群	注射用水	2 頭は 1 週間隔で 6 回，残り 2 頭は 1 週間隔で 10 回投与

表 2-45　安全性試験における評価項目

臨床検査	一般臨床観察，体温，投与部位観察，体重
血液学的検査	赤血球数，白血球数，Hb，Ht，血小板数
血液生化学検査	GLu，総コレステロール，アルブミン，BUN，Cre，AST，ALT，γ-GTP，総蛋白，A/G 比，CRP
剖検	
病理組織学的検査	
血清中 Der f 2 特異的 IgE 抗体測定	

4-6. 効力を裏付ける試験成績

減感作療法の作用機序の 1 つと考えられる抗原特異的 IgG 抗体の上昇作用を確認するため，本剤臨床試験の症例犬を対象に，投与前後の血清中 Der f 2 特異的 IgG 抗体を ELISA にて測定した．

本試験の結果，本剤の 5 回および 6 回投与により血清中 Der f 2 特異的 IgG 抗体の有意な上昇が確認された（図 2-37）．

4-7. 臨床試験成績

1）被験動物

犬アトピー性皮膚炎と診断されたコナヒョウヒダニ特異的 IgE 抗体陽性犬 143 頭（Willemse の診断基準を満たし，外部寄生虫の感染が認められず，表在性膿皮症，毛包炎およびマラセチア感染症の皮膚症状のない犬）．

2）投与方法

試験群，頭数および投与方法は表 2-46 の通りである．

3）評価方法

a）有効性評価

CADESI（canine atopic dermatitis extent and severity index）総スコア，痒みスコア，併用薬スコアについて，改善率（投与開始時と比較した投与 1 週目，4 週目の改善度合）により表 2-47 に従い判定を行い，有効率（著効と有効の割合）を求め，各群間で比較した．

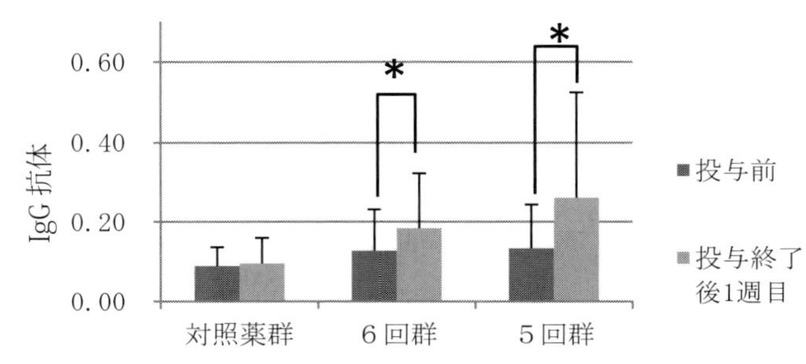

図 2-37　血清中 Der f 2 特異的 IgG 抗体の変動
$^{*}p < 0.05$，paired t-test

表 2-46　臨床試験における試験群，頭数および投与方法

試験群	頭数	投与方法
6 回投与群	40	1 週間隔で本剤 0.1 ～ 10 を順に投与
5 回投与群	34	1 週間隔で本剤 0.1~5 を順に投与
対照薬投与群	28	体重 1kg 当たりイヌインターフェロン－γ 1 万単位を週 3 回隔日，4 週間投与（計 12 回）

表 2-47　臨床試験における有効性判定法

著効	～≧ 75% 改善
有効	75% ＞～≧ 50% 改善
やや有効	50% ＞～＞ 0% 改善
無効	0% 改善
悪化	0% ＞改善

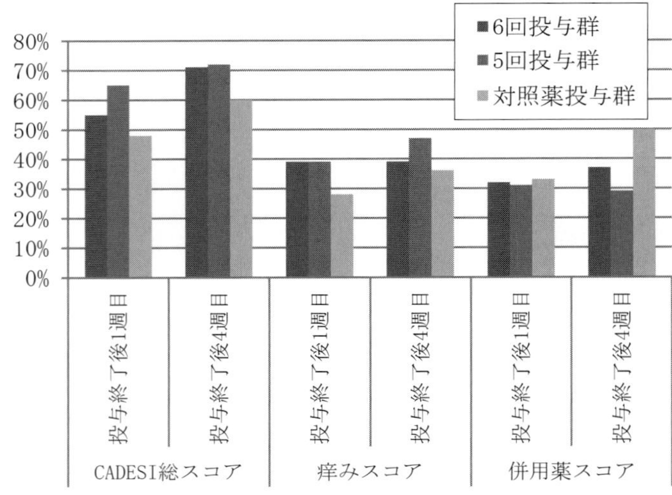

図 2-38　臨床試験における有効率

b）安全性評価

症状観察（投与後 30 分間の全身および投与部位の副作用の有無の確認），血液学的検査，血液生化学検査，有害事象の観察を行った．観察期間は投与終了後 4 週目までとした．

4）有効性評価結果（図 2-38）

投与終了 4 週後の CADESI 総スコアの有効率は，6 回投与群が 71%, 5 回投与群が 72%, 対照薬投与群が 60% であった．また，投与終了 4 週後の痒みスコアの有効率は，6 回投与群が 39%，5 回投与群が 47%，対照薬投与群が 36% であった．投与終了 4 週後の併用薬スコアの有効率については，6 回投与群が 37%, 5 回投与群が 29%, 対照薬投与群が 50% であった．

5）安全性評価結果

血液学的検査，血液生化学検査において，各群とも臨床的に問題となる所見は観察されなかった．治験薬と因果関係の可能性が否定できないと判断された有害事象症例は，本剤で 2 頭（投与部位の発赤，顔面腫脹），対照薬で 1 頭（走り回る等）であった．それ以外の顕著な有害事象は認められなかった．

4-8. 使用方法

1）用法・用量

用時，日本薬局方注射用水または日本薬局方生理食塩液を用い，1 本当たり 1mL に溶解する．犬の皮下にほぼ 1 週間隔でアレルミューン HDM 0.1，アレルミューン HDM 0.5，アレルミューン HDM 1，アレルミューン HDM 2，アレルミューン HDM 5 およびアレルミューン HDM 10 を，下記の順で 5 回ないし 6 回投与する．

1 回目：1 頭当たりアレルミューン HDM 0.1 を 1 本投与.
2 回目：1 頭当たりアレルミューン HDM 0.5 を 1 本投与.
3 回目：1 頭当たりアレルミューン HDM 1 を 1 本投与.
4 回目：1 頭当たりアレルミューン HDM 2 を 1 本投与.
5 回目：1 頭当たりアレルミューン HDM 5 を 1 本投与.
6 回目：1 頭当たりアレルミューン HDM 10 を 1 本投与.

2）効能・効果

犬：チリダニ（ハウスダストマイト）のグループ 2 アレルゲン（Der f 2 および Der p 2）の感作が認められるアトピー性皮膚炎の症状の改善.

3）使用上の注意

アトピー性皮膚炎と診断された犬で，かつチリダニ（ハウスダストマイト）のグループ 2 アレルゲン（Der f 2 および Der p 2）特異的 IgE 抗体検査で陽性と判定された犬あるいは皮内反応検査にてチリダニ（ハウスダストマイト）のグループ 2 アレルゲン抗原に対し陽性と判定された犬にのみ用いる．

有効成分は蛋白質であり，アナフィラキシーショックを起こす可能性がある．アナフィラキシーによる事故を最小限にとどめるため，投与後 30 分は観察を続ける．飼い主が動物病院から連れて帰る場合は，なるべく安静に努めながら帰宅させ，当日は帰宅後もよく観察するように指導する．

その他，使用説明書を参照のこと．

4-9. 貯法・有効期間

2 ～ 8℃で保存する．有効期間は 24 か月.

Ⅲ 生菌剤

1. 獣医用宮入菌末

1-1. 起源または発見（開発）の経緯

生菌剤はその名称の通り，生きた細菌を用いた素材であり，適当量を摂取させた宿主に対して有益な作用をもたらすもので，プロバイオティクスとも呼ばれている[3]（表 2-48）．図 2-39 に示す通り，プロバイオティクスには多様なメカニズムによる生体，特に消化器症状の改善作用が期待され，一部のプロバイオティクスは家畜の下痢の予防または治療，牛の第一胃内細菌の調節作用を主な適応として動物用医薬品に用いられている[6, 10]．

獣医用宮入菌末の主成分である酪酸菌（宮入菌，学名 *Clostridium butyricum* MIYAIRI 株）は，千葉医科大学（現：千葉大学医学部）の宮入近治博士が抗腐敗性の強い新たな嫌気性の芽胞形成菌として 1933 年に発見し，1935 年に報告したものである[12]．その後，本菌は各種腸管病原性細菌に対して著明な拮抗作用があることが基礎研究で示され，さらに，感染性腸炎や下痢症等への優れた治療効果が明らかとなり，70 年以上にわたって人および家畜をはじめとした動物の下痢症等の治療または予防を目的に臨床において使用されてきた．

表 2-48 生菌剤（プロバイオティクス）の特徴

定義	腸内細菌叢を正常化させることにより宿主に有益な作用をもたらす生きた微生物
使用菌属	*Bifidobacterium* spp., *Lactobacillus* spp., *Enterococcus* spp., *Leuconostoc* spp., *Clostridium* spp., *Bacillus* spp., *Saccharomyces* spp., *Aspergillus* spp., *Torulopsis* spp.
必要条件	宿主に対し無害であり，胃酸や胆汁酸により殺菌されず腸管内において増殖性を有する
作用機序	・菌体成分による宿主免疫応答の修飾 ・菌体または産生される酵素による腸管内の物質代謝や栄養素の補完および吸収改善 ・産生されるバクテリオシンや有機酸による腸管感染症の抑制 ・免疫応答および短鎖脂肪酸の産生による腸管内の炎症や潰瘍の抑制 ・発癌関連酵素の活性低下による大腸癌等の抑制
臨床的有用性	・消化不良等による単純性下痢症の予防および治療 ・消化管感染症の予防および治療 ・抗生物質起因下痢症（*Clostridium difficile* 腸炎）の予防および治療

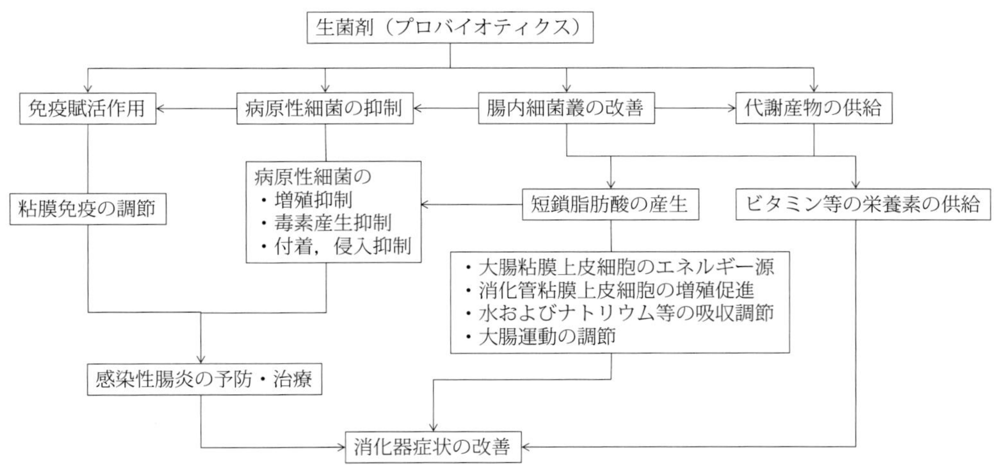

図 2-39 生菌剤（プロバイオティクス）の作用メカニズム

1-2. 成分分量

本剤 1g 中に医薬品原薬として宮入菌末 40mg を含む．また，賦形剤として乳糖水和物，沈降炭酸カルシウムおよびトウモロコシデンプンを含む．

1-3. 製造用菌株

酪酸菌（*C. butyricum* MIYAIRI588 株）が本剤の製造用菌株として用いられる．本菌株は土壌より分離された．なお，発見者の名前を由来として「宮入菌」とも呼ばれる．本菌は芽胞形成性の偏性嫌気性細菌であり，製剤中には生きた芽胞として存在し，投与後に消化管内において発芽・増殖し，短鎖脂肪酸の 1 種である酪酸を産生する．

1-4. 製造方法

原薬である宮入菌末は製造用菌株である酪酸菌（宮入菌）を所定の培地に培養後，遠心分離および乾燥工程を経て粉末化することで製造する．本原薬と賦形薬を混合および造粒し日本薬局方の細粒剤として製剤化する．

1-5. 安全性試験成績

1）単回投与毒性試験（急性毒性試験）

1 群雌雄各 10 匹のラット（Fischer 系，5 週齢）に，本剤の原薬である宮入菌末を技術的に投与可能な最大量である 5,000mg/kg 体重（5×10^{10} 個 /kg 体重）を経口投与しても死亡例は認められなかった．また，一般症状の観察ならびに観察終了時に解剖を行い，肉眼的検査を行ったが異常は認められなかった[22]．

2）反復投与毒性試験

a）亜急性毒性試験

1 群雌雄各 3 ～ 5 匹のビーグル犬（生後 6 か月）を用い，技術的に投与可能な宮入菌末の最大量 2,000mg/kg 体重（2.0×10^{10} 個 /kg 体重）を含む 4 用量群を設定し，5 週間の強制経口投与試験と，その後 5 週間の回復試験を実施した．本亜急性毒性試験の結果，全ての用量群において一般症状，臨床検査，生化学的検査，血液学的検査，尿検査，眼検査および病理学的検査を行ったが異常は認められなかった[23]．

b）慢性毒性試験

1 群雌雄各 20 匹のラット（Fischer 系，6 週齢）を用い，宮入菌末の混餌による技術的に投与可能な最大量 50,000ppm（1×10^{10} 個 /kg 飼料）を含む 4 用量群を設けて 12 か月間投与し，一般症状，臨床検査（血液学的検査，生化学的検査，尿検査），眼検査および病理学的検査を行ったが異常は認められなかった[21]．

3）その他の安全性試験

前述の安全性試験に加え，宮入菌末に対する細菌を用いた復帰変異原性試験および哺乳類培養細胞を用いた染色体異常試験においても異常は認められなかった[22]．さらに，催奇形性試験および細菌学的な安全性試験としての毒素遺伝子検出や薬剤感受性試験等の結果も報告されている[5]．

1-6. 効力を裏付ける試験成績

本剤中の酪酸菌は偏性嫌気性の芽胞形成細菌であり，製剤中では芽胞状態で存在する．投与後には，芽胞の環境抵抗性により胃酸や胆汁酸または併用される様々な薬剤の影響を受けることなく，小腸から大腸にかけて発芽し，嫌気条件下である大腸において増殖する．増殖時には酪酸等の短鎖脂肪酸や各種代謝産物を産生し，アンモニア等を産生する有害菌や腸管病原性細菌を直接的に，または腸内細菌叢のバランスを改善させることで抑制し，種々の腸の諸症状，例えば急性，慢性腸炎や抗生物質等の薬剤起因性下痢症を改善する．

1）病原性細菌に対する拮抗作用

試験管内における混合培養系において，酪酸菌は，腸管毒素原性大腸菌（Enterotoxigenic *Escherichia coli*），腸管出血性大腸菌（Enterohemorrhagic *E. coli*），赤痢菌（*Shigella* spp.），サルモネラ属菌（*Salmonella* spp.），コレラ菌（*Vibrio cholerae*），腸炎ビブリオ（*V. parahaemolyticus*）など，各種腸管病原性細菌の発育を抑制することが報告されている[9, 17]．この拮抗作用は，無菌マウスを用いた動物実験において，抗菌薬誘導下痢症や偽膜性大腸炎の原因菌である *Clostridium difficile* のマウス腸管内における増殖および毒素産生を抑制することで *C. difficile* 単独感染時の斃死率 85.7%（感染 2 日目）を 20% まで低下させる致死性腸炎防御作用として *in vivo* においても報告されている[8]．さらに，同様の無菌マウスを用いた腸管出血性大腸菌（EHEC O157:H7）感染モデルにおいて，酪酸菌は EHEC O157:H7 の増殖および毒素産生を抑制し，統計学的有意に致死率を抑制することも報告されている[17]（図 2-40）．

これら，酪酸菌による感染性腸炎防御作用のメカニズムは，多角的に検討されており，前述の病原性細菌の増殖抑制作用に加えて，酪酸菌存在下では ETEC 誘発下痢モデルにおいて顕著な水分貯留抑制作用を示すことや[2]，主な代謝産物である酪酸が，他の短鎖脂肪酸（酢酸やプロピオン酸）や乳酸と比較して ETEC による毒素産生を抑制することが関係するものと考えられる[19]．また，本菌は EHEC O157:H7 や *S.* Enteritidis の腸管系培養細胞への付着を抑制することで感染防御能を発揮し得る可能性も示唆されている[17, 18]（図 2-41）．

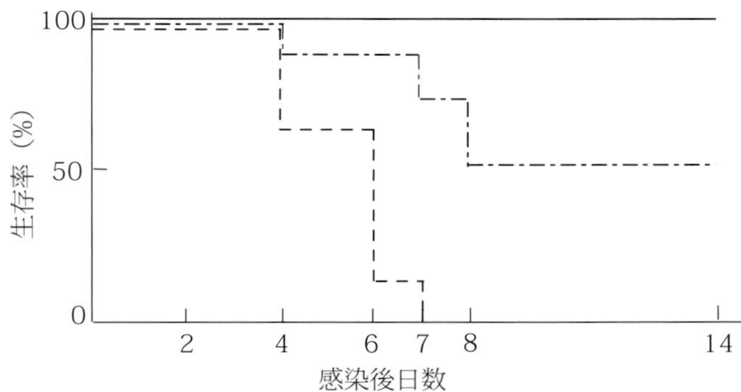

図 2-40 腸管出血性大腸菌 O157:H7 感染無菌マウスの生存率（各 n = 8）
- - - - -：単独感染マウス
———：感染前に酪酸菌を予防的に投与したマウス
-·-·-·-：感染後に酪酸菌を治療的に投与したマウス

2）代謝産物の生理活性

酪酸菌の代謝産物である酪酸は，短鎖脂肪酸の 1 種であり，消化管粘膜上皮細胞の増殖促進作用が知られている [15]．特に，成分栄養剤により消化管上皮細胞の増殖を抑制したラットモデルにおいて，酪酸菌は遠位結腸において腸管クリプト細胞の分化を促進し，その作用は乳酸菌（*Lactobacillus casei*）と比較して高いことが報告されている [4]．さらに，酪酸には腸管内における水・ナトリウムの吸収促進作用 [1]，結腸や直腸などの運動に対する一過性の亢進作用 [20] を示し，大腸粘膜上皮細胞の重要なエネルギー源として利用される．したがって，本剤の投与による下痢の治療効果は，酪酸を主とした代謝産物もメカニズムの一端を担っているものと考えられる．なお，酪酸菌により産生された酪酸は，ラットを用いた DSS 大腸炎モデルにおいて，Ulcer Index（潰瘍面積）や炎症パラメータである MPO（ミエロパーオキシダーゼ）活性を有意に低下させたことも報告されている [14]．

3）腸内細菌叢に与える作用

腸内細菌叢は環境やストレス，飼料により大きく変動するが，様々な薬剤も腸内細菌叢のバランスを破綻させる要因となる [10]．

嫌気性菌を減少させるメトロニダゾールを，ラットに投与することで人為的に腸内細菌叢が破綻した状態を誘導し，メトロニダゾール投与後に酪酸菌を投与した群（投与群）と投与しなかった群（非投与群）を比較すると，投与群においては，非投与群よりも糞便中の嫌気性菌数と短鎖脂肪酸濃度がより早く増加し，さらに糞便中の含水率と残存有機物量が有意に減少し，腸内環境が正常化された [11]．この結果は，薬剤による腸内環境破綻の 1 例ではあるが，酪酸菌による下痢症治療効果に腸内細菌叢の改善作用があることを示している．

1-7. 臨床試験成績

1）乳牛の消化不良に与える効果

泌乳中の乳牛で主に未消化繊維や穀実の混入や便の異臭を認めた 26 症例を対象として本剤 25g を 5 ～ 21 日間投与し，投与期間中の糞便性状等を観察した結果，糞便中未消化繊維

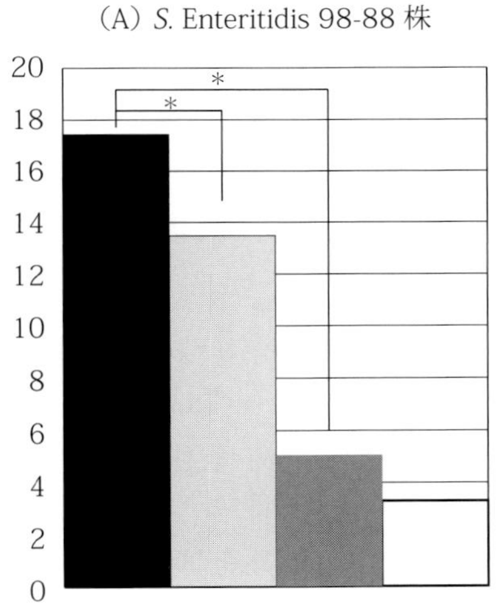

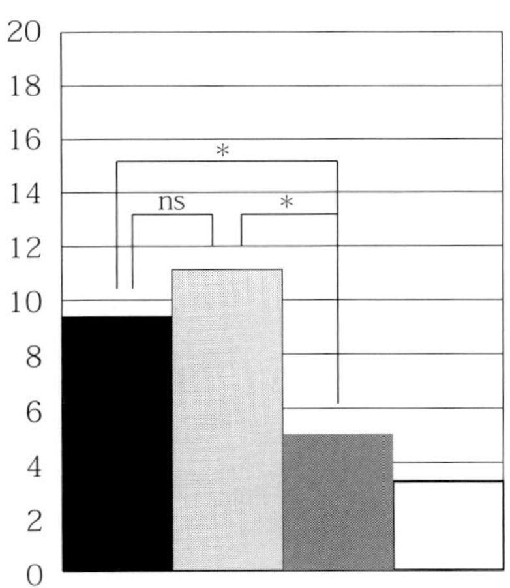

図 2-41 酪酸菌（*Clostridium butyricum* MIYAIRI588 株）または *Escherichia coli* K2 株による *Salmonella* Enteritidis の Caco-2 細胞への付着阻害作用
（A）*S.* Enteritidis 98-88 株および（B）*S.* Enteritidis 98-204 株を親脂性色素 PKH-2 で染色し，腸管上皮細胞の cell line である Caco-2 細胞に付着させフローサイトメータで測定した際の蛍光強度を比較．
□：Caco-2 細胞の自家蛍光強度，■：*S.* Enteritidis の単独付着時の蛍光強度，□：Caco-2 細胞への *S.* Enteritidis 付着前に *E. coli* K12 株を混合した時の蛍光強度，■：Caco-2 細胞への *S.* Enteritidis 付着前に酪酸菌を混合した時の蛍光強度
＊：$p < 0.05$，ns：統計学的有意差なし

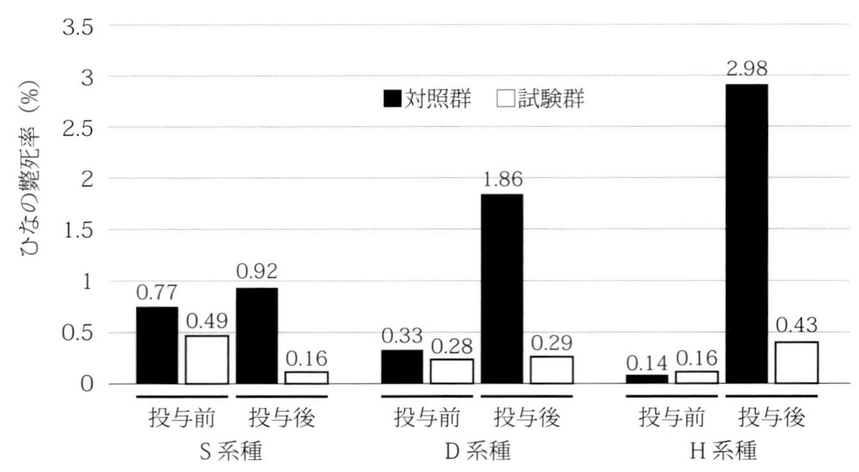

図 2-42　各鶏群の本剤投与前後の斃死率の比較

表 2-49　臓器中の大腸菌群および黄色ブドウ球菌検出率

検出菌	試験群	供試羽数	臓器			
			肝臓	肺	脾臓	腎臓
大腸菌群	対照群	32 羽	8（25%）	1（3%）	6（19%）	6（19%）
	本剤投与試験群	32 羽	0（0%）	3（9%）	3（9%）	3（9%）
黄色ブドウ球菌	対照群	30 羽	7（23%）	8（27%）	8（27%）	6（20%）
	本剤投与試験群	30 羽	6（20%）	6（20%）	3（10%）	3（10%）

等の減少および糞便の異臭改善作用が認められた．さらに，症状を伴った第一胃食滞，ケトーシスおよび第四胃左方変位の手術後の各症例において糞便性状の改善の他，採食速度や採食量の改善が認められた[7)]．

2）哺乳期子牛の下痢に対する効果

哺乳期の子牛の下痢の発症予防効果を検討するため，42 頭の子牛を通常哺乳のみを行う群（対照群 21 頭）および哺乳期間中に本剤を 1 日 2 回 1g ずつ全乳に混合して経口投与した群（試験群 21 頭）の 2 群に割り付け，実際の日常管理下における軟便や下痢の発症数を検討した．その結果，軟便発生率は対照群において 6.8% であったのに対し，試験群では 3.5% であり，水様便の発生率は対照群 1.4% に対して試験群 0.9% を示し，いずれも本剤投与群で低値を示した．また，軟便および水様便を合わせた下痢発症率は対照群における 8.2% に対し本剤投与の試験群において 4.4% となり，本剤の子牛の下痢予防効果が認められた[13)]．

3）ひなの育成率に与える効果（感染防御作用を含む）

ひなの育成率低下の要因には，鶏脳脊髄炎，伝染性ファブリキウス嚢病（IBD），マイコプラズマ感染症，ひな白痢等の感染症や輸送，ワクチネーション等のストレスが起因と考えられる大腸菌やブドウ球菌等による常在細菌により惹起される感染，さらには栄養障害等があげられる．

白色レグホーン種の S 系種（対照群 12,383 羽，試験群 9,858 羽），D 系種（対照群 9,772 羽，試験群 10,963 羽）および H 系種（対照群 15,073 羽，試験群 8,074 羽）を供試動物として，試験群には市販の配合飼料に本剤を生後 30 日から 43 日まで飼料に対し 0.2% 添加し，各供試鶏群の IBD 移行抗体保有率，期間中のひなの死亡率および本剤投与期間中に斃死したひなの各臓器中の大腸菌群およびブドウ球菌の検索を実施した．

各鶏群の斃死率では，対照群において生後 4 ～ 5 週に斃死率がピークを迎えたが，本剤投与試験群の斃死率は対照群の 15 ～ 17% に抑制された（図 2-42）．さらに，投与期間中に死亡したひなの各種臓器中の大腸菌群および黄色ブドウ球菌の検出率は，対照群に対し本剤投与試験群において低値を示した（表 2-49）[16)]．

1-8. 使用方法

1）用法・用量

本剤は鶏, 豚, 牛および馬に対する適応を有している．各々の畜種に対する用法および用量を表 2-50 に示した．

2）効能・効果

単純性下痢の予防・治療．

表 2-50 獣医用宮入菌末の畜種ごとの用法および用量

畜種	用法および用量
鶏	通常飼料 1kg 当たり $2 \times 10^7 \sim 6 \times 10^7$ 個（2 ～ 6g）を均一に混和して経口投与.
豚	通常 1 日 1 頭当たり哺乳期子豚 $2 \times 10^7 \sim 6 \times 10^7$ 個（2 ～ 6g），豚 $1 \times 10^8 \sim 3 \times 10^8$ 個（10 ～ 30g）を経口または飼料に混ぜて投与. 予防の場合は通常飼料 1kg 当たり $1 \times 10^7 \sim 3 \times 10^7$ 個（1 ～ 3g）を投与.
牛	通常 1 日 1 頭当たり哺乳期子牛 $2 \times 10^8 \sim 6 \times 10^8$ 個（20 ～ 60g），育成牛 $6 \times 10^8 \sim 15 \times 10^8$ 個（60 ～ 150g），成牛 $1 \times 10^9 \sim 3 \times 10^9$ 個（100 ～ 300g）を経口または飼料に混ぜて投与. 予防の場合は通常飼料 1kg 当たり $5 \times 10^7 \sim 10 \times 10^7$ 個（5 ～ 10g）を投与.
馬	通常 1 日 1 頭当たり育成馬 $6 \times 10^8 \sim 12 \times 10^8$ 個（60 ～ 120g），成馬 $1.2 \times 10^9 \sim 2 \times 10^9$ 個（120 ～ 200g）を経口または飼料に混ぜて投与. 予防の場合は通常飼料 1kg 当たり $5 \times 10^7 \sim 10 \times 10^7$ 個（5 ～ 10g）を投与.

全ての畜種において，症状に応じて適宜増減する.

3）使用上の注意

抗菌性物質との併用は避けることが指定されている.

1-9. 貯法・有効期限

湿気の多い場所，温度の高い場所ならびに直射日光を避けて保存する．有効期限は設定されていない.

引用文献

1）Engelhardt, W.V. et al.（1983）：Intestinal Transport（Gilles-Baillien, M. et al. eds), 26-45, Springer-Verlag.
2）藤田逸樹ら（1986）：薬理と治療 14, 4651-4655.
3）Fuller, R.（1989）：*J. Appl. Bacteriol.* 66, 365–378.
4）Ichikawa, H. et al.（1999）：*Dig. Dis. Sci.* 44, 2119-2123.
5）Isa, K. et al.（2016）：*Hum. Exp. Toxicol.* 35, 818-832.
6）伊藤喜久治（2005）：プロバイオティクスとバイオジェニクス 科学的根拠と今後の開発展望，167-177，エヌ・ティー・エス.
7）岩田一孝ら（1992）：家畜診療 344, 1-5.
8）Kamiya, S. et al.（1997）：*Rev. Med. Microbiol.* 8, S57-S59.
9）黒岩豊秋ら（1990）：感染症学雑誌 64, 257-263.
10）光岡知足（1991）：ビフィズス 5, 1-18.
11）宮川夏樹ら（2000）：医学と生物学 141, 1-6.
12）宮入近治（1935）：千葉医学会雑誌 13, 2141-2161.
13）中辻浩喜ら（1995）：北海道大学農学部農場研究報告 29, 55-61.
14）Okamoto, T. et al.（2000）：*J. Gastroenterol.* 35, 341-346.
15）Sakata, T.（1995）：Physiological and Clinical Aspects of Short-chain fatty acids（Cummings, J.H. et al. eds), 289-306, Cambridge University Press.
16）柴谷雅治ら（1984）：畜産の研究 38, 1152-1154.
17）Takahashi, M. et al.（2004）：*FEMS Immunol. Med. Miceobiol.* 41, 219-226.
18）高橋志達ら（2004）：日本臨床腸内微生物学会誌 1, 46-48.
19）Takashi, K. et al.（1989）：*Jpn. J. Pharmacol.* 50, 495-498.
20）Yajima, T. et al.（1986）：*Bifidobacteria Microlflora* 6, 7-14.
21）湯沢隆義ら（1987）：応用薬理 33, 683-694.
22）湯沢隆義ら（1987）：応用薬理 34, 215-221.
23）湯沢隆義ら（1987）：応用薬理 34, 223-237.

2. ナトキンL

2-1. 起源または発見（開発）の経緯

本剤は，牛，馬，豚，犬，猫および鶏の単純性下痢の予防・治療を効能または効果として 1973 年に動物用医薬品として承認された乳酸菌 *Streptococus faecalis* および枯草菌 *Bacillus subtilis var natto* BN を含む生菌剤（プロバイオティクス）である.

乳酸菌は，腸管内で増殖して乳酸等の抗菌作用を有する物質を産生することにより腸の働きを活性化させる一方，菌体成分が免疫組織を刺激することによって免疫力を高める．枯草菌は，芽胞として安定的に胃を通過した後，小腸上部から下部にかけて発芽・増殖して消化酵素を産生し，被投与動物の消化を助けると共に，病原菌や腐敗菌を排除し，乳酸菌やビフィズス菌等の発育を促すことにより，整腸作用をもたらす．本剤は，このような乳酸菌と枯草菌の働きの組合せにより腸管内における腸内細菌叢のバランスを改善し，所定の効能または効果を発揮する.

2-2. 成分分量

本品 1g 中，乳酸菌（*S. faecalis*）$4 \times 10^{7 \sim 8}$ 個，枯草菌（*B. subtilis var natto* BN）$2 \times 10^{7 \sim 8}$ 個を含有する．剤型は粉末.

2-3. 製造用株

1）*S. faecalis*

グラム陽性の単状，双状またはレンサ状の球菌の形態を呈する．10 ～ 50℃で発育し，至適温度は 40℃である．

炭酸カルシウムを加えた乳酸菌用培地で 37℃で 24 ～ 48 時間培養する時，コロニーは炭酸カルシウムを溶解した透明環を有する．

2）*B. subtilis var natto* BN

バージーの分類によるバチルス属に属する．

グラム陽性の桿菌で菌体のほぼ中央に卵形の芽胞を形成する．

20 ～ 45℃で発育し，至適温度は 37℃前後である．

普通寒天培地で 37℃で 24 ～ 48 時間培養する時，灰黄色菊華状の大きなコロニーを作る．

2-4. 製造方法

乳酸菌および枯草菌の量を菌数計算により求め，賦形剤と合わせた後，紛体混合機にて混合して製造する．

2-5. 安全性試験成績

1）*S. faecalis*

鶏 45 羽（体重 55 ～ 57g）を各 15 羽ずつ 3 群に分け，第一群には *S. fecalis* を 0.1%，第二群には 1%（通常使用の 10 倍）飼料に添加して 1 週間投与した．第三群は対照群とし，体重の消長を比較した．その結果，増体量および飼料要求率に異常は認められなかった（表 2-51）．

2）*B. subtilis var natto* BN（以下，BN 末という）

生後 30 日齢の同腹豚 9 頭（体重 9kg）を 3 群に分け，第一群には 1 頭当たり 5g（通常使用量）を，第二群には 30g（通常使用の 6 倍量）を各々 1 週間飼料に添加して，投与後の臨床所見および 1 週目，4 週目の増体重を，第三群の無投与区と比較し，本菌の豚に対する安全性を検討した．その結果，過量投与で臨床上の異常が認められなかった．さらに投与後の増体重は無投薬群に較べ若干増体率が高まる傾向を示し，過量投与による増体に及ぼす悪影響は観察されなかった（表 2-52）．

また，本剤は 1973 年の販売開始から 2016 年 8 月現在まで副作用に関する報告はなく，安全性の高い動物用医薬品である（フェカーリス菌部会，様式Ⅱ 動物用医薬品再評価申請資料 生菌剤 第 5 分冊）．

2-6. 効力を裏付ける試験成績－豚における用量設定試験－

哺乳子豚および肥育豚を用いて，本剤の用量設定試験を実施した．

哺乳子豚は，下痢症状を有する生後 27 日齢の豚 9 頭（体重約 5kg）を 4 群に分け，各群 2 頭からなる試験群の豚 6 頭に本剤 1g，2g および 5g を各々 1 日 1 回投与し，対照群 3 頭と治癒（下痢症状の消失）までの投薬日数を比較した．

肥育豚は，下痢症状を示す生後 3 か月齢の豚 10 頭（体重約 40 ～ 50kg）を 5 群に分け，各群 2 頭からなる試験群の豚 8 頭に本剤 5g，10g，15g および 20g を 1 日 1 回各々投与し，対照群 2 頭と治癒までの投薬日数を比較した．

用量設定試験の結果，下痢症状を有する豚の治癒に必要な投薬量は，哺乳豚では 1g 以上，肥育豚に対しては 10g 以上

表 2-51　鶏に対する *S. fecalis* の過剰投与の影響

試験区（飼料添加）		供試羽数	開始時生体重(g)	添加後 1 週目				
				生体重(g)	生長率(%)	増体重(g)	飼料給与量(g)	飼料要求率
S. fecalis	0.1%	15	57	108	189.4	51	150	2.94
	1%	15	56	106	189.3	50	142	2.84
無添加		26	52	100	192.3	48	145	3.02

表 2-52　豚に対する BN 末過量投与の影響

投薬量方法	体重			備考
	開始時	1 週後	4 週後	
BN 末 5g 1 週間飼料に添加	8.83kg（100.0%）	11.20kg（126.8%）	18.53kg（209.9%）	4 週 /1 週（165.5%） 皮毛光沢良
BN 末 30g 1 週間飼料に添加	8.87kg（100.0%）	11.30kg（127.4%）	18.63kg（210.0%）	4 週 /1 週（164.9%） 皮毛光沢良
無添加	8.70kg（100.0%）	10.97kg（126.1%）	17.80kg（204.6%）	4 週 /1 週（162.3%）

表 2-53 哺乳豚の下痢に対する治療効果

豚番号	投薬量	治癒までの投薬日数					
		1	2	3	4	5	6
1	5 g	○					
2		◎	○				
3	2 g	○	○				
4		○					
5	1 g	○	○				
6		◎	○	○			
7	無投薬	◎	◎	○	○	○	中止
8		◎	◎	◎	○	◎	
9		○	◎	○	○	○	

無投薬群は5日目で観察中止，○：軟便，◎：水様便

表 2-54 肥育豚の下痢に対する治療効果

豚番号	投薬量	治癒までの投薬日数					
		1	2	3	4	5	6
1	20 g	◎	○				
2		◎	○				
3	15 g	◎	○	○			
4		◎	◎	○			
5	10 g	◎	◎	○			
6		◎	○	○			
7	5 g	◎	◎	○	○	○	中止
8		◎	◎	◎	◎	◎	
9	無投薬	◎	◎	◎	◎	○	
10		◎	◎	◎	◎	◎	

豚番号7～10は5日目で試験中止，○：軟便，◎：水様便

であると考えられた（表 2-53 および表 2-54）.

2-7. 臨床試験成績

鶏における本剤の飼料効率の改善を検討するために，鶏45羽（55kg）を15羽ずつ3群に分け，本剤0.1および1%添加飼料をそれぞれ1週間投与し，対照（無添加）群と体重の増加を比較した．その結果，本剤を0.1%添加した場合の飼料要求率は対照群より低くなり，本剤の飼料効率改善効果を認めた（表 2-55）.

表 2-55 鶏に対する添加の効果

試験群（飼料添加）		供試羽数	開始時生体重(g)	添加後1週目				
				生体重(g)	生長率(%)	増体重(g)	飼料給与量(g)	飼料要求率
対照		15	55	102	184.6	47	144	3.06
ナトキンL	0.1%	15	55	108	196.4	53	145	2.74
	1%	15	55	107	194.5	52	148	2.85

2-8. 使用方法

1）用法・用量

成牛，成馬：1日20～30g
（乳酸菌4.4～6.6×10^9個，枯草菌2.2～3.3×10^9個）
子牛，子馬，成中豚：1日10～20g
（乳酸菌2.2～4.4×10^9個，枯草菌1.1～2.2×10^9個）
子豚，犬，猫，鶏：1日1～10g
（乳酸菌2.2×$10^{8\sim9}$個，枯草菌1.1×$10^{8\sim9}$個）
を内服させるかまたは飼料に混ぜて与える．1日2～3回に分けて与えてもよい．また，症状に応じ適宜増減してもよい．

2）効能・効果

牛，馬，豚，犬，猫，鶏：単純性下痢の予防・治療.

3）使用上の注意

対象動物に元気・食欲不振，発熱，異常呼吸音などの臨床異常が認められる場合は，健康状態および体質等を考慮して使用の可否を決める．また，抗生物質製剤を投与されている動物に投与した場合，本剤の効果が減弱するため，抗菌物質との併用は避ける.

2-9. 貯法・有効期間

気密容器に入れる．室温保存有効期間は3年.

3. ビオイムバスター錠

3-1. 起源または発見（開発）の経緯

犬および猫において，下痢を主訴とする動物病院への来院数は多い．本剤の開発当初，2003年に下痢を主訴として来院した犬・猫の割合は，犬・猫の疾病統計（多摩獣医臨床研究会，イヌ・ネコの疾病統計2003年）によると，犬で4.3%と全疾病の中で1番多く，猫でも全体の9番目の2.0%であった．なお，2015年のデータ（アニコム家庭動物白書2015 http://www.anicom-page.com/hakusho/book/）では，下痢を含めた消化器疾患は，犬で全体の14.6%，猫で9.8%となっている.

下痢は細菌感染や寄生虫感染および免疫疾患等，様々な原

因が相互に関連し合って発生する．薬物療法としては，①粘膜障害の補正・修復，②腸内細菌叢の異常の補正および修復，③腸管の消化不良・吸収不良の改善を行う治療方針が一般的である．

小動物病院では上述のような治療方針に基づき薬剤を選択するが，本剤の開発当初はその多くが人用の医薬品であった．また，動物用医薬品として承認・許可された消化酵素剤および生菌製剤製品もいくつかあったが，主に大動物用の製品であり，剤型，用法および用量が合わない，小動物病院への流通経路が確立されていない，小動物病院への適切な学術情報提供がなされていない，などの理由から小動物分野では必ずしも好まれて使用されていなかった．

本剤は，2009 年に製造販売承認を取得した．有効成分として，生菌剤の「有胞子性乳酸菌」，でんぷん，蛋白および脂肪消化力を有する酵素剤の「パンクレアチン」を配合した整腸剤であり，また，犬・猫用として小型犬や猫でも投与しやすい小型の錠剤で，かつ高嗜好性素材でマスキングをした利便性の高いものである．

3-2. 成分分量

主剤は有胞子性乳酸菌（30.0mg）およびパンクレアチン（60.0mg）.

矯味剤はフェカリス菌，アシドフィルス菌，ビフィズス菌，魚由来ペプチド，酵母エキス．

直径は約 8mm で，片面 1/4 割線入りの円形錠剤．

3-3. 製造方法

日本薬局方 製剤総則の錠剤の項に準じて，主剤，矯味剤およびその他の配合剤を混合，錬合，整粒，篩過，打錠して製した錠剤を PTP 包装およびピロー包装し，密閉容器（紙箱）に入れて製品とする．

3-4. 安全性試験成績

臨床試験（次項「3-5. 臨床試験成績」）において，有害事象，副作用等は認められず，また，2009 年の販売開始から 2016 年 8 月現在まで副作用に関する報告はなく，安全性が高い動物用医薬品である．

3-5. 臨床試験成績
－犬の下痢症に対する生菌配合整腸剤の治療効果[1]－

1）試験概要

a）供試犬

全国 7 都道府県 10 動物病院に来院し，急性下痢を主症状とする犬 54 頭を対象にした．

b）方 法

犬 54 頭を無作為にビオイムバスター投与群（以下 BB 群）と乳糖を主成分とするプラセボ投与群（以下 PL 群）に分け，各薬剤を 1 日 2 回経口投与した．

c）評価項目の設定

治療開始日を 0 病日（D0），その後の最終再来院日（1 週間以内）を治療最終日として，表 2-56 の 5 項目の臨床症状をそれぞれ 4 段階にスコア化した．スコア化は，飼い主からの問診または試験実施者の客観的判断により行った．

d）総合スコアと臨床総合グレード

表 2-57 の通り，D0 および治療最終日の総合スコアから臨床総合グレードを設定した．

e）治療最終日における項目別治療評価

表 2-58 の通り，「下痢の回数」，「下痢の状態」，「食欲」，「活動性」，「腹痛」の各項目別に治療最終日におけるスコア

表 2-56　評価項目と症状に対するスコア

項目	スコア	症状
下痢の回数	0	下痢なし
	1	単回下痢
	2	1 日あたり一過的な頻回下痢
	3	1 日あたり複数回にわたる頻回下痢
下痢の状態	0	正常便
	1	軟便
	2	下痢便
	3	水様便
食欲	0	食欲あり，残餌量が 1/3 未満
	1	食欲ややなし，残餌量が 1/3 以上 2/3 未満
	2	食欲なし，残餌量が 2/3 以上
	3	食欲廃絶，残餌量が全量
活動性	0	活動性あり
	1	活動性ややなし
	2	活動性なし
	3	活動性全くなし
腹痛	0	痛みなし
	1	腹部触診時の疼痛
	2	排便時の疼痛
	3	排便時や腹部触診時以外にも疼痛

表 2-57　総合スコアと臨床総合グレード

総合スコア	臨床総合グレード
0	完治
1 ～ 5	軽度
6 ～ 10	中等度
11 ～ 15	重度

表 2-58　スコア変動と治療効果

スコアの変動	治療効果
2 段階以上スコアの減少もしくは治療最終日の総合スコアが 0	改善
1 段階スコア減少	やや改善
スコア変化なし	改善なし
1 段階以上スコア増加	悪化

表 2-59　BB 群と PL 群における臨床総合グレードの分布

臨床総合グレード	BB 群（頭）		PL 群（頭）	
	D0	治療最終日*	D0	治療最終日*
完治	—	21	—	12
軽度	15	7	9	11
中等度	6	1	15	2
重度	8	—	1	—
計	29	29	25	25

*有意差あり（$p < 0.01$）

表 2-60　項目別治療効果

治療評価	下痢の状態		下痢の回数		食欲		活動性		腹痛	
	BB 群	PL 群	BB 群	PL 群	BB 群*	PL 群*	BB 群	PL 群	BB 群	PL 群
改善	27	17	24	16	29	16	28	19	27	25
やや改善	1	3	4	4	—	4	1	2	1	—
改善なし	1	5	1	5	—	4	—	3	1	—
悪化	—	—	—	—	—	1	—	1	—	—
計	29	25	29	25	29	25	29	25	29	25

*有意差あり（$p < 0.01$）

を D0 からの変動をもとに評価した．

f）統計解析

総合スコアの比較において，群内で D0 および治療最終日の比較を行う際，ウィルコクソンの符号符順位和検定を用いた．治療最終日における項目別治療評価については，カイ二乗検定を用いて群間比較を行った．

2）結果および考察

治療最終日の臨床総合グレードに対応する総合スコアは，表 2-59 の通り，BB 群と PL 群の両群で D0 に比べて有意に減少した．

項目別治療効果を比較したところ，表 2-60 の通り，「食欲」について BB 群と PL 群間に有意な差が認められた．

以上より，犬の急性下痢に対して，BB 群は PL 群に比べ，臨床総合グレードおよび各評価項目のスコアが改善傾向にあり，特に「食欲」に対する効果は有意に高いことが証明された．

3-6. 使用方法

1）用法・用量

表 2-61 に従って，1 日 2 回，経口投与する．

2）効能・効果

犬・猫の食欲不振，消化不良．単純性下痢．

表 2-61　犬・猫の体重別投与量

	体重	1 回量
犬	20kg 以上	3 錠
	5kg 以上 20kg 未満	2 錠
	5kg 未満	1 錠
猫	3kg 以上	1 錠
	1kg 以上 3kg 未満	1/2 錠
	1kg 未満	1/4 錠

3）使用上の注意

抗菌性物質製剤を投与されている動物に本剤を投与した場合，本剤の効果が減弱するため，抗菌性物質製剤との併用は避ける．

3-7. 貯法・有効期間

室温保存，有効期間は 3 年間．

引用文献

1）松鵜　彩ら（2009）：日本獣医師会雑誌 62, 789-795.

4. 動物用ビオスリー

4-1. 起源または発見（開発）の経緯

動物用ビオスリーは，乳酸菌（*Streptococcus faecalis* T-110 株），酪酸菌（*Clostridium butyricum* TO-A 株），糖化菌（*Bacillus mesentericus* TO-A 株）からなるプロバイオティクス（3 菌種配合剤）であり，1967 年に製造承認を取得し，以来，獣医療分野で 40 年以上にわたり使用されている動物用医薬品である．開発にあたり，動物の下部消化管は上部から下部に至る過程で消化管内容物中の嫌気性菌が数を増すことに着目し，好気性菌，通性嫌気性菌，偏性嫌気性菌が生菌製剤には必要な菌種であること，また配合する菌がそれぞれ拮抗することなく共生関係を維持できる組合せにすることが重要であることを考慮し，好気性菌には *B. mesentericus* TO-A，通性嫌気性菌には *S. faecalis* T-110，そして偏性嫌気性菌には *C. butyricum* TO-A を配合することとした．また本製品を開発する上では，各菌の有効性に加え，動物の嗜好性についても検討を加え製剤化した．

4-2. 成分分量

本品 lg 中には，ラクトミン（*S. faecalis* T-110）20mg（7×10^6 個以上），酪酸菌（*C. butyricum* TO-A）20mg（2×10^5 個以上），糖化菌（*B. mesentericus* TO-A）20mg（3×10^5 個以上）を含有する．剤型は粉末または微粒状である．

4-3. 製造用株

ラクトミン（*S. faecalis* T-110），酪酸菌（*C. butyricum* TO-A），糖化菌（*B. mesentericus* TO-A）．

4-4. 製造方法

GMP 管理下において含有する 3 菌を培養し，規定量を秤量・混合した後に包装・出荷する．

4-5. 安全性試験成績

対象動物における副作用については発売以来，報告されていない．

4-6. 効力を裏付ける試験成績

1）乳酸菌，酪酸菌共生下における連続流動培養での各種病原菌抑制作用

連続流動培養系における他種細菌の消長を検討した結果，乳酸菌と酪酸菌の共生下ではサルモネラ，メチシリン耐性黄色ブドウ球菌（MRSA），腸管出血性大腸菌 O-157，毒素原性大腸菌などの多種の腸管病原菌の増殖に対して，乳酸菌，酪酸菌それぞれ単独の存在下よりも極めて強い拮抗作用を示すこと（図 2-43 ～図 2-45）[1]，その一方でビフィズス菌に対しては増殖を促進することが確認された．

2）糖化菌のビフィズス菌増殖促進作用

土橋らにより，*B. mesentericus* TO-A 株のビフィズス菌増殖促進作用が最初に報告されており，同菌株の生菌体添加飼料をラットに 45 日間投与した結果，総菌数およびビフィズス菌の増加傾向が観察された [2]．

さらに Iino らは 1993 年に *B. mesentericus* TO-A 株の培養上清を添加することで各種ビフィズス菌の増殖速度が速まること [3]，1994 年に本菌の培養上清乾燥末（BM-S）あるいは生菌体乾燥末（BM-P）をラットに投与することで，非投与

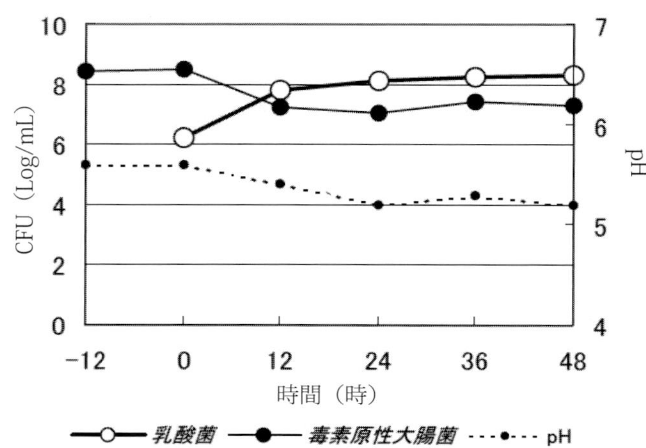

図 2-43　連続流動培養における乳酸菌と毒素原性大腸菌の混合培養

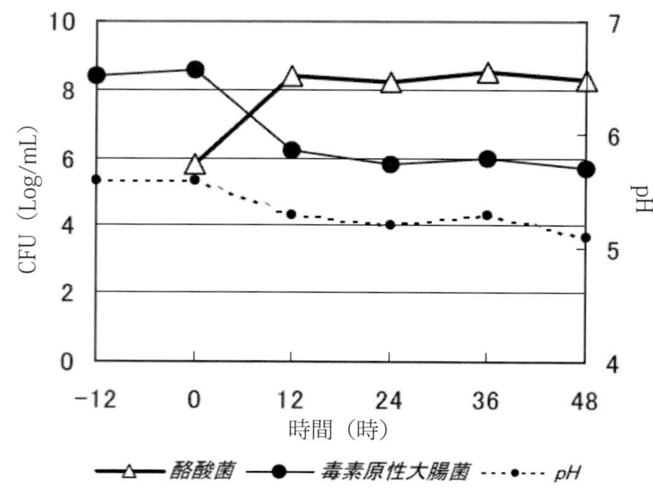

図 2-44　連続流動培養における酪酸菌と毒素原性大腸菌の混合培養

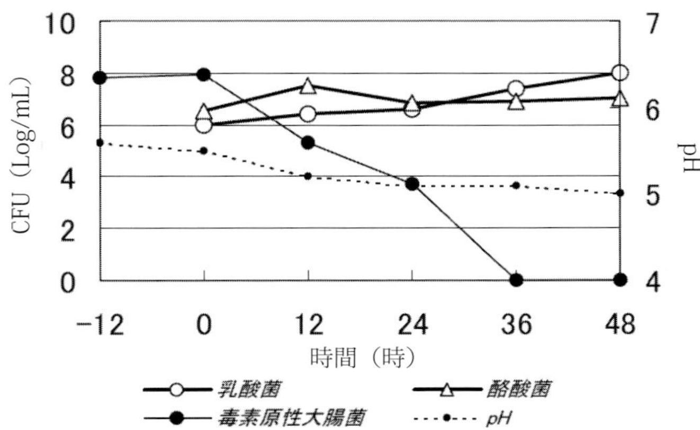

図 2-45　連続流動培養における乳酸菌，酪酸菌と毒素原性大腸菌の混合培養

群に比べ，盲腸内容物において BM-S 群，BM-P 群ともに対照群よりもビフィズス菌数および占有率が増加することを報告した[4]（表 2-62）．

3）腸管出血性大腸菌 O-157：H7 の幼若ウサギ感染モデルによる 3 種菌配合剤の評価

立川ら[5]は，幼若ウサギの *Escherichia coli* O-157：H7（以下 O-157）の感染に対する 3 種菌配合剤の連続投与による影響を検討した．O-157 接種後 3 日目より激しい下痢が幼若ウサギに認められたが，3 種菌を投与することにより明らかに下痢の発症率の低下が認められた．また，盲腸内の O-157 の菌数も 3 種菌投与により明らかに抑制され，腸粘膜の attaching and effacing lesion（AE 病変）の分布範囲も減少したことから，3 種菌配合剤投与による腸管内の O-157 増殖および下痢発症の抑制効果が示唆された．

4）腸管免疫に対する 3 種菌配合剤の影響

Huang ら[6]は，ブロイラーひな腸管の T 細胞分布に及ぼす 3 種菌配合剤の影響について検討した．若齢ひなにおいて 3 種菌配合剤添加区 7 日齢では腸管粘膜の $CD8^+$ T 細胞を有意に増加させ，細胞傷害性 $CD8^+$ T 細胞による腸管免疫を強化することが示唆された．

4-7. 臨床試験成績

1）犬，猫の下痢症に対する有効性

犬に関しては，下痢を主訴として来院した 15 頭に対し，本剤を用法・用量に従い飼料または飲水に混和して投与した結果，便性が有意に改善（$p < 0.01$）され，症状も含めた総合効果判定において 15 症例中 12 症例（80%）が有効以上と判定された．また嗜好性は 86.7% で良好で，副作用の発現は全ての症例で認められなかった[7]．

また猫に関しては，下痢を主訴として来院した 20 頭に対し，本剤を用法・用量に従い飼料または飲水に混和して投与した結果，20 症例中 16 症例（80%）が有効以上と判定された．また，嗜好性は 50% で良好で，副作用の発現は全ての症例で認められなかった[8]．

2）豚の下痢症に対する有効性

金井ら[9]の報告では，2 か所の農場にて本剤を用法・用量に従い投与した結果，一方の農場での 42 頭の検証では，下痢・軟便発生率が 25% 以上から投与 7 日目には約 5% に減少し，もう一方の農場での 31 頭での検証では，投与開始時 35% 以上だったものが，投与 7 日目には 10% に減少し，どちらにも死亡豚は見られなかった．

由地ら[10]は豚の大腸菌感染症の一種である浮腫病の防除対策として母豚，哺乳豚，離乳豚に本剤を用法・用量に従い予防的に投与した結果，浮腫病の発生率の低下および子豚の

表 2-62　Bacillus mesentericus TO-A 株の培養上清あるいは生菌体を投与したラット盲腸内細菌叢

菌群	対照群（n = 18）	培養上清乾燥末添加群（n = 18）	生菌体乾燥末添加群（n = 18）
総菌数	10.4 ± 0.8 *	10.1 ± 0.3	10.3 ± 0.3
Peptococcaceae	10.1 ± 0.9	9.7 ± 0.5	9.5 ± 0.45
Bacteroidaceae	9.9 ± 0.4	9.6 ± 0.5	9.6 ± 0.1
Eubacterium	9.5 ± 0.3	7.6 ± 0.2	9.6 ± 0.3
Bifidobacterium	8.1 ± 0.9	9.7 ± 0.6	9.7 ± 0.7
Bacillus	9.0 ± 0.4	9.2 ± 0.5	9.9 ± 0.5
Lactobacillus	9.8 ± 0.2	9.6 ± 0.2	9.3 ± 0.2
Enterobacteriacea	7.4 ± 0.8	7.1 ± 0.8	7.0 ± 0.6
Streptococcus	6.9 ± 0.6	6.5 ± 0.8	6.7 ± 0.3
Clostridium sp.	7.5 ± 0.3	4.2 ± 3.6	4.4 ± 3.0
Clostridium perfringens	5.3 ± 0.4	nd	nd

* Log/g 糞便．平均値±標準偏差，nd：検出限界以下

下痢発生率，死亡率の低下が認められた．

3）牛の下痢症に対する有効性

農林省福島種畜牧場の報告[11]によると，水溶性下痢症に罹患した子牛10頭に対し，本剤を用法・用量に従い投与した結果，全頭が治癒し副作用も認められなかった．

飛田ら[12]は中規模酪農場において発熱，食欲不振，下痢などを呈した成乳牛の糞便から *Salmonella* Typhimurium（ST）が分離されたため，サルモネラ感染症と診断された搾乳成牛の感染症事例に対し，本剤を用い検討した．初発生日から10日後にエンロフロキサシン製剤を，12日後から本剤を用法・用量に従い投与した結果，投与前には試験を実施した27頭全頭からSTが検出されたが，81日後には全ての成牛の糞便で陰性となったことが確認された．

福田ら[13]は，非感染性下痢症と診断された子牛11頭に対し，本剤による治療効果と抗菌剤を用いた治療効果について比較検討した結果，本剤の投与は抗生剤投与と同等の治療日数，治癒率および再発率を得られることが確認され，本剤の投与で十分な治療効果が得られることが確認された．

4）馬の下痢症に対する有効性

非感染性下痢症と診断された子馬30頭に対し，本剤を用法・用量に従い投与した結果，83%が治癒し副作用も認められなかった（未発表データ）．

5）鶏の下痢症に対する有効性

非感染性下痢症と診断された25,000羽に対し，本剤を用法・用量に従い投与した結果，便性状が改善し，飼料効率も改善された（未発表データ）．

4-8. 使用方法

1）用法・用量

成牛・成馬に対しては1回50～200g，子牛・子馬・成中豚に対しては1回20～50g，子豚・犬・猫・鶏に対しては1回1～3gを，1日3～4回投与する．

2）効能・効果

牛，豚，馬，鶏，犬および猫に適応を有しており，効能効果は「単純性の下痢症の治療および予防」である．

3）使用上の注意

抗菌性物質との併用は避ける．

4-9. 貯　法

湿気の多い場所，湿度の高い場所ならびに直射日光を避けて保存する．

引用文献　ABC順末

1）Sco, G. et al.（1989）：*Microbios Lctters* 40, 151-160.
2）土橋　昇ら（1986）：千葉県立衛生短期大学紀要 5, 3-8.
3）Iino, H. et al.（1993）：*Biomedical Lettcrs* 48, 73-78.
4）Iino, H. et al.（1994）：*Microbios* 80, 49-53.
5）立川高裕ら（1998）：感染症学雑誌 72, 1300-1305.
6）Huang, A. et al.（2013）：*J. Poult. Sci.* 50, 275-281.
7）内野富弥ら（1995）：小動物臨床 14, 17-23.
8）内野富弥ら（1995）：小動物臨床 14, 85-90.
9）金井　久ら（1996）：畜産の研究 50, 83-87.
10）由地裕之ら（2000）：家畜診療 47, 423-428.
11）農林省福島種畜牧場（1966）：試験結果報告書，41-1748号.
12）飛田府宣ら（1998）：家畜診療 45, 735-741.
13）福田達也ら（2016）：宮城県獣医師会会報 69-1, 19-23.

IV 飼料添加物

飼料添加物は，「飼料の安全性の確保及び品質の改善に関する法律」で規制されており，飼料の品質の低下の防止その他の省令で定める用途に供することを目的として飼料に添加，混和，浸潤その他の方法によって用いられる物で，農林水産大臣が農業資材審議会の意見を聴いて指定するものをいう．省令で以下の3種類の用途が定められている．①飼料の品質の低下の防止，②飼料の栄養成分その他の有効成分の補給，③飼料が含有している栄養成分の有効な利用の促進．このうち③は，いわゆる成長促進のことで，抗生物質，合成抗菌剤，生菌剤等が指定されている．

飼料添加物と動物用医薬品（飼料に添加して用いる飼料添加剤）との違いを表2-63に示した．動物用医薬品は○○病の治療・予防という効能効果を謳うことができるが，飼料添加物では効能効果が謳えない．また，動物用医薬品では後発品であっても製造販売承認が必要であるが，大臣が指定した飼料添加物は，他社が新たに指定を取る必要がなく，その基準・規格に合致さえすれば製造できる点が大きな相違である．

本書では，プロバイオティクスの1種として飼料添加物の生菌剤も収載した．飼料添加物の生菌剤として表2-64に示すように22種類が指定されており，それぞれが添加できる対象飼料が決められている．諸般の事情から本書には3種類のみの生菌剤について収載した．

表2-63 飼料添加物と動物用医薬品（飼料添加剤）の違い

	飼料添加物	動物用医薬品
規制法	飼料の安全性の確保及び品質の改善に関する法律	医薬品，医療機器等の品質，有効性及び安全性の確保に関する法律
使用目的	飼料の品質低下の防止等	動物の疾病の治療・予防
使用濃度	動物用医薬品より低濃度で使用	比較的濃い濃度で使用
添加方法	飼料工場で混ぜる	使用者が餌に混ぜる
製造要件	指定・登録	承認・許可

表2-64 飼料添加物である生菌剤が添加できる対象飼料

飼料添加物名	対象飼料			掲載頁
	牛用	豚用	鶏用	
エンテロコッカス　フェカーリス〔クロストリジウム　ブチリカム（その2）製剤およびバチルス　サブチルス（その4）製剤と混合して使用する場合に限る〕	○	○	○	
エンテロコッカス　フェシウム（その1）〔ラクトバチルス　アシドフィルス（その1）製剤と混合して使用する場合に限る〕	○		○	
エンテロコッカス　フェシウム（その2）〔ラクトバチルス　アシドフィルス（その6）製剤と混合して使用する場合に限る〕		○		
エンテロコッカス　フェシウム（その3）	○	○	○	
エンテロコッカス　フェシウム（その4）〔ビフィドバクテリウム　サーモフィラム（その2）製剤およびラクトバチルス　アシドフィルス（その5）製剤と混合して使用する場合に限る〕	○	○		
クロストリジウム　ブチリカム（その1）	○	○	○	210
バチルス　コアグランス		○		217
バチルス　サブチルス（その1）	○	○	○	215
バチルス　サブチルス（その2）	○	○	○	
バチルス　サブチルス（その3）	○	○	○	
バチルス　セレウス	○	○	○	
バチルス　バディウス		○		
ビフィドバクテリウム　サーモフィラム（その1）〔ラクトバチルス　サリバリウス製剤と混合して使用する場合に限る〕			○	

（つづく）

表 2-64　飼料添加物である生菌剤が添加できる対象飼料（つづき）

飼料添加物名	対象飼料			掲載頁
	牛用	豚用	鶏用	
ビフィドバクテリウム　サーモフィラム（その3）	○	○		
ビフィドバクテリウム　サーモフィラム（その4）	○			
ビフィドバクテリウム　シュードロンガム（その1）		○		
ビフィドバクテリウム　シュードロンガム（その2）	○	○		
ラクトバチルス　アシドフィルス（その2）			○	
ラクトバチルス　アシドフィルス（その3）	○			
ラクトバチルス　アシドフィルス（その4）		○		
ラクトバチルス　アシドフィルス（その5）	○	○		
ラクトバチルス　アシドフィルス（その6）		○		

注：鶏用飼料はうずら用を含む.

1. クロストリジウム ブチリカム（その1）（ミヤゴールド）

1-1. 発見および開発の経緯

家畜および家禽用の生菌剤は，「飼料の安全性の確保及び品質の改善に関する法律」（昭和28年法律第35号）第2条第3項に則り，その効果および安全性を審査された上で指定されるものである．表2-65に示す通り，我が国では11菌種が飼料添加物として用いられる生菌剤に指定されているが，同一菌種であっても実質的な審査および指定は菌株単位で行われているため，11菌種22菌株が指定されている．

生菌剤が畜産分野において期待されている有用性を表2-66に示した．その主な用途は増体促進および飼料効率の改善であり，さらには各種感染症予防を含む衛生対策への応用も期待される．生菌剤がこうした有用性を発揮するメカニズムには，宿主の生理に大きな影響を与える常在菌，特に腸内細菌叢の調節作用が重要であると考えられている[4]．この腸内細菌叢調節作用は，家畜や家禽からの各種病原性細菌の排除を可能にするほか，病原性細菌の食肉汚染を介する食中毒や腸管感染症の発症を予防する意味合いでも重要視されている．

また，近年の産業動物分野での抗菌性物質の多用による薬剤耐性菌増加は公衆衛生上の大きな問題として提起されており，その回避を目的とした使用低減を求める様々な措置が世界各国で実施されている．生菌剤は，こうした抗菌性物質の代替品としての応用が注目されている[12]．

酪酸菌（学名：*Clostridium butyricum* MIYAIRI588株）は抗腐敗性の芽胞形成偏性嫌気性菌として発見され[10]，70年以上にわたって人および動物用医薬品として臨床応用されて

表 2-65　飼料添加物に指定されている生菌剤

Enterococcus faecalis
Enterococcus faecium
Clostridium butyricum
Bacillus coagulans
Bacillus subtilis
Bacillus cereus
Bacillus badius
Bifidobacterium thermophilum
Bifidobacterium pseudolongum
Lactobacillus acidophilus
Lactobacillus salivarius

（2016年3月23日現在）

表 2-66　生菌剤に期待される有用性

定義	腸内細菌叢を正常化させることにより宿主に有益な作用をもたらす生きた微生物
必要条件	宿主に対し無害であり，胃酸や胆汁酸により殺菌されず腸管内において増殖性を有する
作用機序	・菌体成分による宿主免疫応答の修飾 ・菌体または産生される酵素による腸管内の物質代謝や栄養素の補完および吸収改善 ・産生されるバクテリオシンや有機酸による腸管感染症の抑制 ・免疫応答および短鎖脂肪酸の産生による腸管内の炎症や潰瘍の抑制
臨床的有用性	・体重増加 ・飼料効率の改善 ・病原性細菌の感染予防 ・感染性腸炎の予防 ・ビタミン等の栄養素の吸収促進 など

きた．また，本菌は前述の安全性および有効性の審査を経て生菌性飼料添加物の主成分飼料添加物「クロストリジウム ブチリカム （その1）」として1995年8月28日公布の農林水産省令第48号により指定され，市販されている．本品は，牛，豚，鶏を対象とし広く家畜生産分野で応用されているほか，ヨーロッパにおいて2009年に家禽用として，2011年には離乳期子豚用として，さらに2013年には七面鳥用として認可され，抗菌性飼料添加物の使用が全面禁止されている欧州各国において，代表的な生菌剤として使用されている．

1-2. 製造用菌株

酪酸菌「クロストリジウム ブチリカム（その1）（学名：*C. butyricum* MIYAIRI588株，国際寄託番号：FERM BP-2789)」が本剤の菌株として用いられる．なお，本菌株は我が国において生菌性飼料添加物として認められているほか，前述の通り，欧州において認可されている唯一の酪酸菌株である．

1-3. 製造方法

酪酸菌は所定の培地に培養後，遠心分離および乾燥工程を経て粉末化することで製造する．本プロセスは基本的に酪酸菌を用いた医薬品と同様に実施され，賦形物質（ブドウ糖，コーンスターチ，ゼオライト，トルラ酵母など）を混合することで製品化する．

1-4. 規格に関する事項

1）飼料中の定量法

飼料および飼料添加物の成分規格等に関する省令（1976年7月24日農林省令第35号，2017年1月26日農林水産省令第7号最終改正）中の「(18）生菌剤試験法」および「(19）生菌剤定量法」を準用する．

2）安定性

酪酸菌および製剤は，室温保存で2年間変化は認められなかった．

1-5. 効力に関する事項

1）鶏に対する増体促進および飼料要求率の改善

北城らは[6]，ブロイラーの飼料に所定量の酪酸菌飼料添加物を配合，給餌させた際の発育および腸内細菌叢に及ぼす影響について検討している．その結果，表2-67の通りに酪酸菌無添加対照区に比較して飼料摂取量，出荷率が高い傾向であり，飼料要求率は低値を示した．さらに，酪酸菌投与前後の回腸および盲腸部位におけるカンピロバクター菌数が対照区に比して低い傾向を示し，壊死性腸炎の原因菌である *Clostridium perfringens* も低値であったと報告されている（表2-68）．

表2-67 生菌剤（酪酸菌）の投与がブロイラーの発育に及ぼす影響

項目	対照区	投与区
餌付け羽数（羽）	7,300	7,300
出荷羽数（羽）	6,957	7,023
出荷率（%）	95.3	96.2
出荷総重量（kg）	18,298	18,819
平均体重（g/羽）	2,630	2,680
増体重（g/日）	46.1	47
飼料総摂取量（kg）	42,165	42,530
飼料（kg/羽）	6,061	6,056
飼料要求率	2.3	2.26
出荷日令（日）	57	57
生産係数（PS）	191.2	200.1

北城俊男ら[6]

また，ヨーロッパにおいて実施された全5回の大規模野外試験（全4,212羽）の結果をメタ解析したところ，酪酸菌配合飼料添加物ミヤゴールド投与では，無添加対照区に対して統計学的有意（$p < 0.05$）な成長促進効果が示されている（表2-69）[1]．

2）豚に対する効果

家畜の生産性に影響を与える腸内細菌叢の変動は，各種のストレスにより誘導され，生菌製剤は，これらのストレスによる腸内細菌叢の異常を改善することで生産性の向上に寄与することが知られている[13]．酪酸菌を用いた生菌性飼料添加物には哺乳期子豚の増体重改善作用が示されている[5]ことに加え，母豚の分娩，授乳時のストレス状態に，酪酸菌を母豚および哺乳期の子豚に摂取させた際の発育および育成率が検討されている．本研究の結果，表2-70に示す通り対照区に対して一腹当たりの子豚数が酪酸菌投与区において多く，育成率が高値（対照区92.0±11.4% vs 試験区94.0±11.2%）であった．さらに，本試験期間中の子豚の斃死率を調査したところ，対照区の斃死率が6.3±2.8%であったのに対し，酪酸菌投与区では4.0±4.0%と減少する傾向を示したことが報告されている[8]．

また，ブロイラーと同様にヨーロッパにおいて実施された全4回の繰り返し大規模野外試験（全1,020頭）の結果のメタ解析結果では，平均日増体重および飼料要求率ともに統計学的有意（$p < 0.05$）に酪酸菌投与が改善させることを示している（表2-71）[2]．

3）牛に対する効果

乳牛の健康に重要な役割を担うものとして第一胃内のルーメン内細菌叢のバランスの重要性が古くから知られており，

表 2-68　生菌剤（酪酸菌）の投与がブロイラーの腸内細菌叢に及ぼす影響

項目	区	回腸（log, CFU/g ± SD）		盲腸（log, CFU/g ± SD）	
		投与前	投与後	投与前	投与後
腸内細菌科	対照区	4.8 ± 1.2（3）	6.2 ± 0.9（5）	9.2 ± 1.1（3）	8.5 ± 0.7（5）
	投与区	3.9 ± 1.3（3）	4.9 ± 1.1（5）	8.4 ± 1.1（3）	8.0 ± 0.4（5）
スタフィロコッカス属	対照区	4.3 ± 0.7（3）	5.1 ± 0.9（5）	4.8 ± 1.3（3）	4.5 ± 1.0（5）
	投与区	4.8 ± 0.9（3）	4.3 ± 0.4（5）	4.5 ± 1.1（3）	4.4 ± 1.1（5）
サルモネラ属	対照区	ND（3）	ND（5）	ND（3）	ND（5）
	投与区	ND（3）	ND（5）	ND（3）	ND（5）
カンピロバクター属	対照区	4.9 ± 0.4（3）	6.3 ± 0.6（5）*	8.7 ± 0.3（3）	8.8 ± 0.2（5）
	投与区	5.3 ± 0.5（3）	5.7 ± 1.0（5）	9.2 ± 0.4（3）*	8.3 ± 0.3（5）
Clostridium perfringens	対照区	2.5（1）	3.1 ± 0.5（4）	5.1 ± 0.6（3）	6.0 ± 1.1（5）
	投与区	3.1 ± 0.6（2）	ND	4.8 ± 0.9（3）	4.9 ± 0.5（5）

供試羽数：投与前３羽，投与後５羽，検出羽数：（　）内数字，ND：検出限界以下
*$p < 0.05$

表 2-69　欧州において実施された全５回の野外試験成績（ブロイラー）

試験	供試羽数（1 群当たり）	酪酸菌投与菌数（生菌数 / 飼料 kg）	出荷体重（kg）	増体重（kg）	飼料摂取量（kg）	飼料：増体重（kg/kg）
1	2,560（16 ペン× 40 羽）	0	－	2.58	5.01	1.94
		1.0×10^8	－	2.61	5.03	1.93
		2.5×10^8	－	2.64*	5.04	1.91
		5.0×10^8	－	2.66*	5.08*	1.91*
2	2,400（20 ペン× 40 羽）	0	－	2.12	4.03	1.90
		2.5×10^8	－	2.15	4.05	1.89
		5.0×10^8	－	2.17*	4.07	1.87*
				平均日増体重（g）	平均飼料摂取量（g）	
3	810（30 ペン× 9 羽）	0	2.71	63.5	113	1.72
		2.5×10^8	2.75	64.3	115	1.72
		5.0×10^8	2.79*	65.5*	117	1.73
4	396（22 ペン× 9 羽）	0	2.50	58.5	106	1.84
		2.5×10^8	2.56*	59.9*	105	1.77*
5	396（22 ペン× 9 羽）	0	2.44	57.1	101	1.77
		2.5×10^8	2.51	58.5	102	1.75

*$p < 0.05$，対照区と比較して統計学的に有意差あり

その発達には酪酸を中心とした揮発性脂肪酸（VFA）が重要な働きを担っている[11)]．北城らは[7)]，６頭の乳牛を３頭ずつの２群に振り分け，一方には市販の濃厚飼料を中心とした乳牛用飼料を給与し，他方には同じ餌に酪酸菌を添加することで酪酸菌が第一胃内の細菌叢にどのような影響を与えるかを検討し，酪酸菌添加区の乳牛の第一胃では，乳酸菌群の統計学的な増加と大腸菌群の減少が認められることを報告している（$p < 0.05$）．また，本報告では第一胃内における酪酸菌の明確な増加と VFA の安定化も示唆されている．この結果は，酪酸菌による家畜の生産性向上効果の１つに，乳牛の健康状態の維持が含まれるものと考えられる．

また，哺育期間中の牛（ホルスタイン種）を用いた飼養試験では，対照区に対して酪酸菌とビール酵母およびビタミンA，ビタミン D_3 の併用投与により増体改善効果（$p < 0.05$）（表 2-72）が認められることと，体重増加のバラツキの減少も報告されている[9)]．さらに，本研究では酪酸菌投与により軟便または下痢の発症率は対照区と明確な差異は認められなかったものの，治療介入の回数には統計学的な差（$p < 0.001$）が認められ，酪酸菌投与が牛の下痢治療回数を減少させる可能性を示唆している（表 2-73）．

表 2-70 酪酸菌が子豚の育成率に与える影響

試験Ⅰ 母豚および子豚に酪酸菌製剤を投与

区		母豚頭数	1腹当たりの子豚数	1腹当たりの離乳子豚数	育成率（%）	差*（%）
試験Ⅰ-1						
	対照	9	7.9	7.3	94.1 ± 9.3	
	試験	9	9.7	9.6	97.8 ± 6.3	＋3.7
試験Ⅰ-2						
	対照	18	8.6	7.6	86.3 ± 15.7	
	試験	19	8.8	8	90.2 ± 12.4	＋3.9
試験Ⅰ-3						
	対照	11	8.2	7.4	91.2 ± 9.4	
	試験	16	9.5	8.5	90.1 ± 11.2	－1.1
（計）	対照	38	8.2 ± 0.3	7.4 ± 0.1	89.5 ± 13.3	
	試験	44	9.3 ± 0.4	8.7 ± 0.7	91.3 ± 11.7	＋1.8

試験Ⅱ 子豚のみに酪酸菌製剤を投与

区		母豚頭数	1腹当たりの子豚数	1腹当たりの離乳子豚数	育成率（%）	差*（%）
試験Ⅱ-1						
	対照	13	10.1	9.8	96.8 ± 4.8	
	試験	13	8.9	8.7	97.2 ± 5.6	＋0.4
試験Ⅱ-2						
	対照	8	7.5	7.1	95.3 ± 6.6	
	試験	9	8.8	8.8	100	＋4.7
試験Ⅱ-3						
	対照	3	8.7	7.7	95.5 ± 6.7	
	試験	4	8	8	100	＋4.5
（計）	対照	24	8.8 ± 1.1	8.2 ± 1.2	96.1 ± 5.7	
	試験	26	8.8 ± 0.1	8.5 ± 0.4	98.6 ± 4.1	＋2.5

まとめ

	区	母豚頭数	1腹当たりの子豚数	1腹当たりの離乳子豚数	育成率（%）	差*（%）
	対照	62	8.5 ± 0.8	7.8 ± 0.9	92.0 ± 11.4	
	試験	70	9.0 ± 0.6	8.6 ± 0.5	94.0 ± 11.2	＋2.0

* ［試験区の育成率］－［対照区の育成率］

北城俊男ら[8)]

表 2-71 ヨーロッパにおいて実施された全4回の野外試験成績（離乳後子豚）

試験	供試頭数（1群当たりの頭数）	酪酸菌投与菌数（生菌数 / 飼料 kg）	平均日増体重（kg）	平均飼料摂取量（kg）	飼料要求率
1	96	0	0.42	0.61	1.53
	（6頭×8ペン）	2.5×10^8	0.44	0.63	1.50
2	324	0	0.34	0.48	1.41
	（9頭×12ペン）	2.5×10^8	0.35	0.49	1.40
		5.0×10^8	0.35	0.49	1.40
3	120	0	0.34	0.58	1.71
	（5頭×12ペン）	2.5×10^8	0.39 *	0.62	1.58 *
4	480	0	0.27	0.49	1.76
	（10頭×24ペン）	2.5×10^8	0.27	0.45 **	1.70 *

*$p < 0.05$ または，**$p < 0.01$ で対照区と比較して統計学的に有意差あり

表 2-72　乳用雄子牛の哺育期間中の増体成績

		日齢（日）			体重（kg）			1日当り増体重（g）	
		導入時	離乳時	育成舎移動時	導入時	離乳時	育成舎移動時	導入～離乳	導入～育成舎移動
試験区*	Ⅰ	12.3 ± 5.1	47.9 ± 7.8	102.2 ± 7.9	47.8 ± 7.2	62.7 ± 7.5	119.8 ± 16.7	421[a)] ± 160	805 ± 156
	Ⅱ	10.2 ± 3.6	36.8 ± 2.9	100.9 ± 6.5	52.2 ± 6.8	61.8 ± 6.0	128.5 ± 18.6	358 ± 144	833 ± 143
対照区		14.4 ± 5.5	48.5 ± 5.5	103.1 ± 8.8	53.6 ± 8.3	64.3 ± 10.1	124.1 ± 22.8	321[b)] ± 194	787 ± 194

*酪酸菌製剤投与試験区

a)，b）間に 5% の危険率で有意差あり

表 2-73　乳用雄子牛の哺育期間中の軟便，下痢，治療回数と哺育期間中の死廃頭数

		軟便（日 / 頭）	下痢（日 / 頭）	治療（各群の延べ回数）	死廃頭数（頭 / 頭，%）	
試験区*	Ⅰ	2.6 ± 2.3	0.9 ± 1.1	3[a)]	0/15	1/31
	Ⅱ	2.3 ± 2.2	0.9 ± 1.0	2[a)]	1/16 (6.3%)	(3.2%)
対照区		2.8 ± 2.3	0.6 ± 0.9	25[b)]	3/18（16.7%）	

*酪酸菌製剤投与試験区

a)，b）間に 0.1% の危険率で有意差あり

1-6. 安全性に関する事項

1）安全性試験成績

単回投与毒性試験（急性毒性試験），反復投与毒性試験（亜急性毒性試験），慢性毒性試験およびその他の安全性試験は，「Ⅲ 生菌剤」「1. 獣医用宮入菌末」の項の「1-5. 安全性試験成績」（198 頁）を参照されたい．

2）対象畜種における安全性試験

a）家禽に対する安全性試験[3)]

鶏における最大投与耐用試験として，酪酸菌の配合菌数を飼料 1kg 当たり生菌数として 0，5×10^8，5×10^9 および 5×10^{10}（通常使用量の 100 倍以上の菌数）配合した 4 群を設け，1 日齢から 42 日齢までの増体量を含む飼養成績調査および試験終了時（43 日齢）の血液検査（ヘマトクリット，ヘモグロビン，平均赤血球ヘモグロビン濃度，白血球数および白血球分画）および生化学的検査（血清中アスパラギン酸アミノ基転移酵素：AST，アラニンアミノ基転移酵素：ALT，γグルタミン酸転移酵素：γ-GTP，尿酸値，アルブミンおよび総蛋白量）を実施し，各群間を分散分析（ANOVA）により判定した．その結果，飼養期間中の斃死率は 2% 以下で投与量間に差は認められなかった．また，飼養成績および血液検査結果にも酪酸菌投与による異常は認めず，本菌の家禽への安全性が認められている．

b）離乳期子豚に対する安全性試験[2)]

離乳期子豚 72 頭（試験開始時平均体重 8.1kg）を 3 群（各群 6 ペン，4 頭 / ペン）に分割し，飼料 1kg 当たりの生菌数を 0（陰性対照），5×10^8，5×10^{10}（通常使用量の約 200 倍）になるように配合した飼料を 42 日間給餌することで高用量耐用性試験を実施した．その結果，観察期間中の平均日増体重は 550 ～ 600g，平均飼料摂取量は 850 ～ 910g，飼料効率は 1.55 ～ 1.60 となり，一般的な飼養成績を示すと共に，有害事象は認められなかったことから，酪酸菌の離乳期子豚を用いた対象畜種に対する安全性が評価された．

1-7. 使用方法

1）目安となる用法・用量

鶏・豚・牛の飼料に 0.05 ～ 0.5% 添加．

2）用　途

家畜の成長促進および飼料効率の改善．

3）使用上の注意

飼料に均一になるように混合する．対象家畜・家禽以外の動物には使用しない．人体には用いない．粉埃の立つ場合があり，作業時にはメガネ，マスクを着用するのが望ましい．

1-8. 保存方法

吸湿を避けて密閉容器に保存すること．

引用文献

1）EFSA Panel on Additives and Products or Substances used in Animal Feed（FEEDAP）（2013）：*EFSA J.* 11, 3040-3049.
2）EFSA Panel on Additives and Products or Substances used in Animal Feed（FEEDAP）（2011）：*EFSA J.* 9, 1951-1966.
3）EFSA Panel on Additives and Products or Substances used in Animal Feed（FEEDAP）（2009）：*EFSA J.* 1039, 1-16.

4）伊藤喜久治（2005）：プロバイオティクスとバイオジェニクス　科学的根拠と今後の開発展望，167-177, エヌ・ティー・エス.
5）北城俊男ら（1989）：畜産の研究 43, 372-374.
6）北城俊男ら（1990）：畜産の研究 44, 82-84.
7）北城俊男ら（1990）：日畜会報 61, 344-348.
8）北城俊男ら（1991）：畜産の研究 45, 54-58.
9）黒岩豊秋ら（1982）：畜産の研究 36, 84-86.
10）宮入近治（1935）：千葉医学会雑誌 13, 2141-2161.
11）Sakata, T. et al.（1978）：*J. Dairy Sci.* 61, 1109-1113.
12）Steiner, T.（2006）：Management of gut health, Natural growth promoters as a key to animal performance, Nottingham University Press.
13）鈴木邦夫ら（1978）：腸内フローラと生体防御（光岡知足 編），47-66, 学会出版センター.

2. バチルス サブチルス（その1）〔グローゲン8，グローゲン9，グローゲン11〕

2-1. 起源または発見（開発）の経緯

1928年に市販納豆より分離.

1996年1月29日グローゲン8，グローゲン9の届出.

1996年12月12日バチルス サブチルス BN11（グローゲン11）の届出.

2-2. 製造用株

1928年に市販納豆より *Bacillus subtilis natto* BN株が分離された.

グラム陽性桿菌で，芽胞を形成する．嫌気条件下で発育しない．ゼラチン液化は+，硫化水素産生性は不明，インドール効果は−である.

糖分解能はグルコース+，ラクトース−，サッカロース+，マルトース+，マンニット+である.

2-3. 製造方法

「バチルス サブチルス（その1）」*B. subtilis natto* BN株（以下「BN株」と略）を培養した後，菌体を集め，乾燥し，でんぷん等を混和した粉末である.

2-4. 規格に関する事項

1）飼料中の定量法

希釈液として1号希釈液を用い，生菌剤定量法における試料溶液の調製に準じて1mL中に生菌を30～300個含む濃度に試料溶液を調製する．必要があれば，試料溶液は75℃の水浴中で，20分間加熱した後，流水で急冷したものを用いる．試験用寒天培地として4号培地を用い，生菌剤定量法第1法により操作し，1～2日間培養する.

2）安定性

a）BN株生菌剤の安定性

BN株の胞子を含有する生菌剤の安定性を検討した.

微生物試験結果から生菌数，耐熱性菌数，雑菌試験共に各々の製品規格を満足しており，吸湿した場合に特に憂慮された真菌は，増殖の傾向が全く認められなかった.

b）BN株の飼料中での安定性

BN株生菌剤を哺乳期子豚用後期飼料に添加し，その適当量を常用する包装容器に入れ，室温に保存し，保存期間（6か月）における安定性を試験した.

その結果，各試験飼料とも保存期間による経時変化は認められなかった.

2-5. 効力に関する事項

1）効果を裏付ける基礎試験成績

a）乳酸菌発育促進作用

BN株と乳酸菌（*Streptococcus faecalis*）とを混合し乳酸菌に及ぼす影響を検討した.

牛乳培地でBN株と乳酸菌を37℃で48時間混合培養し，乳酸菌の菌数を測定した.

その結果，乳酸菌の単独培養群と比較して，混合培養は約10倍増殖が促進された.

b）経口投与した時の糞便中での消長

BN株の腸管内での動態を知るため，マウスに経口投与し，経時的に糞便中での消長を観察した.

ストレプトマイシンとエリスロマイシンで前処理したマウスにBN株と *Clostridium butyricum* MB株（以下MB株と略）1日1回3日間経口投与した.

その結果，投与後2週間にわたって糞便中にBN株が検出された．非常在菌であるBN株が単に通過するだけでなく，腸管内で分裂，増殖する可能性を示唆した．一方MB株は投与後4日目ですでに検出されなかった.

c）離乳豚におけるBN株生菌剤の投与効果について[1]

BN株生菌剤（1g中にBN株の胞子を10^9個以上含有する製剤）を離乳直後の子豚に1日10^7および10^8個を10日間連続投与し，糞便中の腸内細菌叢および症状について観察した.

その結果，糞便中および空腸下部の乳酸菌（*Lactobacillus*）数が上昇する傾向が見られた．臨床的には，BN株投与前に見られた下痢，軟便がBN株投与後は全く認められなかった．

2）抗菌性飼料添加物との併用

a）抗生物質の影響

BN株に及ぼす影響について *in vitro* および *in vivo* の系で試験を行った．

37℃で5日間培養したBN株を液体希釈法（日本化学療法学会法）で，フラジオマイシン（以下FRMと略）およびオキシテトラサイクリン(以下OTCと略)のMICを測定した．BN株に対するMICはそれぞれ1.25μg/mLおよび0.16μg/mLであった．ラットにOTCまたはFRMを50mg/kgとBN株を10^7個強制投与し，糞便中および消化管各部位のBN株菌数を投与後3日間調査した．

その結果，糞便中および消化管各部位のBN株菌数は，BN株単独投与群とBN株＋OTC併用投与群およびBN株＋FRM併用投与群との間に有意差が認められなかった．OTCまたはFRM投与は，糞便あるいは腸管内BN株の動態に影響を及ぼさなかった．

b）抗菌性物質との併用による影響

BN株生菌剤（1g中にBN株の胞子を10^8個以上含有する製剤）と抗生物質を併用した場合の消化管内における生菌の消長を明らかにするため，子豚を用いて検討した．

BN株生菌剤を飼料に0.5%添加し7日間投与後，*in vitro* 試験でBN株に感受性が認められたノシヘプタイド（以下NHTと略），クロルテトラサイクリン（以下CTCと略）およびタイロシン（以下TSと略）をそれぞれ20ppm，55ppm，44ppm併用投与し，糞便中に排泄された菌数の推移から抗生物質のBN株に及ぼす影響を検討した．

その結果，糞便中のBN株菌数はNHT併用群，CTC併用群およびTS併用群ともBN株単独投与期間中と比較して有意差が認められず，豚の消化管においてNHT，CTCおよびTSは，BN株の動態に影響を及ぼさなかった．

3）効果を裏付ける野外応用による試験成績

a）採卵用種鶏への応用

BN株生菌剤（1g中にBN株の胞子を10^8個以上含有する製剤）を採卵用種鶏に添加し，92日齢から539日齢まで給与し，生存率，産卵成績および孵化成績が改善されるか検討した．

各群約2800羽を用い，対照区は市販種鶏用配合飼料（CP[*8]：16，ME[*9]：2750Kcal/kg）を給与した．またCP63の魚粉を23～45週齢まで2%添加した．試験区は13～45週齢までは0.05%，46～77週齢までは0.1%のBN株を添加した．

その結果，試験区は対照区と比較して生存率が2.4%，ヘンディー産卵率[*10]は1.6%，ヘンハウス産卵率[*11]も1.9%向上した．また，孵化成績については，対入卵受精率，対入卵発生率および可販ひな率がそれぞれ0.6%，1.4%，0.9%改善された．BN株は種鶏の腸内細菌叢のバランスを維持し，飼料の利用性を高めると共に有害菌の増殖を抑制し抗病力を高め，産卵率の向上および生存率の改善に作用したものと思われた．

b）哺乳子豚への応用

BN株生菌剤（1g中にBN株の胞子を10^8個以上含有する製剤）を哺乳期子豚用前期飼料（人工乳A）に添加し，7日齢から32日齢まで給与し，哺乳子豚の発育に及ぼす影響を検討した．

対照区は人工乳A，添加区はBN株生菌剤0.5%または乳酸菌製剤1%を給与し，離乳時生育率および一般性状を観察した．

この結果，哺乳豚にBN株あるいは乳酸菌製剤を給与することにより，増体重および生育率の改善が認められたが，BN株と乳酸菌製剤添加区の間に有意差はなく，効果は同等であった．

c）乳用雄子牛への応用

BN株生菌剤（1g中にBN株の胞子を10^8個以上含有する製剤）を生後7日齢前後のホルスタイン種雄子牛に給与し，発育および各種疾病に及ぼす影響を検討した．

29頭を用い，対照区は哺乳期子牛育成用配合飼料，試験区はBN株生菌剤を1日10g/頭，哺乳期子牛育成用代用乳配合飼料に哺乳期子牛育成用乳配合飼料を混合し60日間連続給与した．

その結果，1日10g/頭で導入後2か月間連続飼料添加投与することにより，発育が有意に改善された．また，哺乳期の下痢発生を抑制し，下痢による損耗防止に有効であることが認められた．

[*8] CP（粗蛋白質）：飼料中の蛋白質と非蛋白態窒素化合物（遊離のアミノ酸，アミド，ある種のアンモニア塩）の含量のこと．

[*9] ME（代謝エネルギー）：体内で消化吸収されたエネルギーから尿や発酵ガスなどのエネルギーを引いたもので，体内で代謝されたエネルギーのこと．

[*10] ヘンディー産卵率：期間内の総産卵個数を期間内の延べ稼働羽数で割って100を掛けた数字で，稼働している鶏の生産能力を表す．

[*11] ヘンハウス産卵率：期間内の総産卵個数を成鶏舎導入時の羽数で割った数字（＝ヘンハウス産卵数）を，期間日数で割った値に100を掛けた数字で，生存率も反映された導入群の生産能力を表す．

2-6. 安全性に関する事項

1）毒性試験：ラットに対する急性毒性試験

BN株の培養原液（1.0 × 10^9/mL）を10倍，100倍希釈して得られた各種濃度の菌液を，Wistar系雌雄ラット各群5匹にラット当たり0.5mL経口投与した．

その結果，BN株はラットに対して毒性，病原性および剖検による異常所見は認められず，LD_{50}は350mg/kg以上であった．

2）対象家畜等を用いた飼養試験成績：豚による飼養試験

BN株生菌剤（1g中にBN株の胞子を10^8個以上含有する製剤）を離乳豚に7週間連続飼料添加投与し，BN株の豚に及ぼす影響を検討した．

試験群の子豚には，基礎飼料にBN株生菌剤を0.1または1%添加したものを7週間給与した．対照群の子豚には，基礎飼料のみを同様に給与した．

その結果，1%添加群の発育，飼料摂取量，一般健康状態および病理学的所見において，BN株投与によると思われる特異的変化は認められなかった．

2-7. 使用方法

1）対象家畜

牛，豚，鶏

2）使用上の注意

使用する前に必ず記載事項をよく読む．牛用，豚用および鶏用飼料以外の飼料には使用しない．食品と区別し，小児の手の届かないような所に保存する．眼や皮膚に付着したり，吸い込まないように注意する．生菌製剤であり，開封後はコンタミネーションのないように注意する．使用済みの空袋は焼却等により安全に処理する．

2-8. 保存方法

密閉容器に保存する．

引用文献

1）村田英雄ら（1977）：日獣会誌 30, 645-649.

3. バチルス コアグランス〔飼料用ラクリス-10〕

3-1. 起源または発見（開発）の経緯

1949年中山大樹博士らによって緑麦芽から分離された*Bacillus coagulans*である．

本菌は胞子を形成するホモ型醗酵の通性嫌気性のグラム陽性桿菌で，耐酸性・耐熱性の乳酸生成菌である．また本菌は安定性が良く各種動物の腸内で発芽増殖するが，投与を中止すると1～2週間で腸管から排泄されてしまう特性を有している．

三共株式会社（現 第一三共株式会社）は，これらの利点を応用して本菌を1964年に医薬品として，また食品用生菌剤として各々商品化を行うと共に，各種動物への飼料添加試験を行い効果が確認されたので1966年に「飼料用ラクリス-10」として商品化を行った．

なお，本菌は日本薬局方外医薬品成分規格1991に「有胞子性乳酸菌」として収載されている．

3-2. 製造用株

B. coagulans P-22株（SANK 70258）．

両端半球状のまっすぐな桿菌で長連鎖をなすことは少ない．生活細胞（栄養細胞）の大きさは0.5～0.8μm × 10～25μmで，運動性を示さないが，若い細胞ではグラム陽性で運動性がある．胞子は細胞のTerminalまたはSubterminalに着生し，大きさは1.0～1.2μm × 1.4～1.7μmで卵形をしている．

3-3. 製造方法

1）製造用原体

冷蔵保存した製造用種菌をペプトン等を含む液体培地に接種して前培養した培養終了液を，本培養培地に移して好気的条件下で36～72時間本培養する（図2-46）．

2）製 剤

製造用原体を乾燥でんぷん等の賦形剤を用いて菌数を調整して製造する．1g中に有胞子性乳酸菌（*B. coagulans*）を10億個以上含有する（図2-46）．

3-4. 規格に関する事項

1）飼料中の定量法

飼料10gを精秤し，滅菌リン酸緩衝生理食塩液90mLを加え，十分混合して10倍試料原液を調製する．試料原液を必要に応じ滅菌生理食塩液で10倍段階希釈し，75℃で30分間加熱後急冷して，BCP加プレート寒天培地に混和し，以降は*B. coagulans*の定量法の規定を準用する．

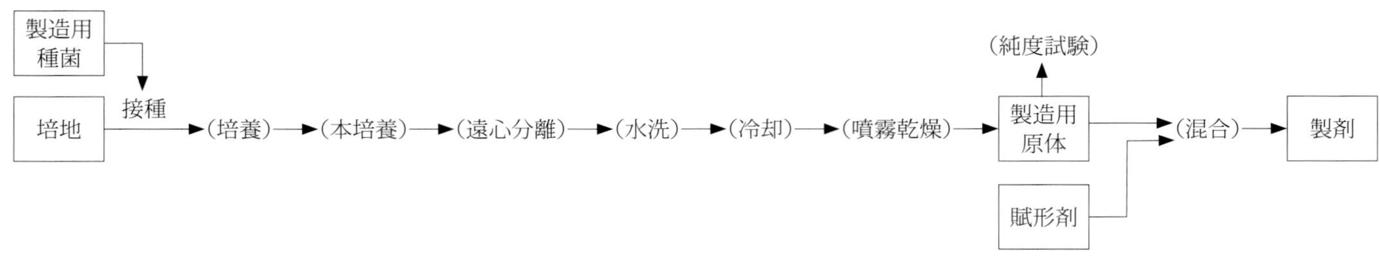

図 2-46　製造工程概略図

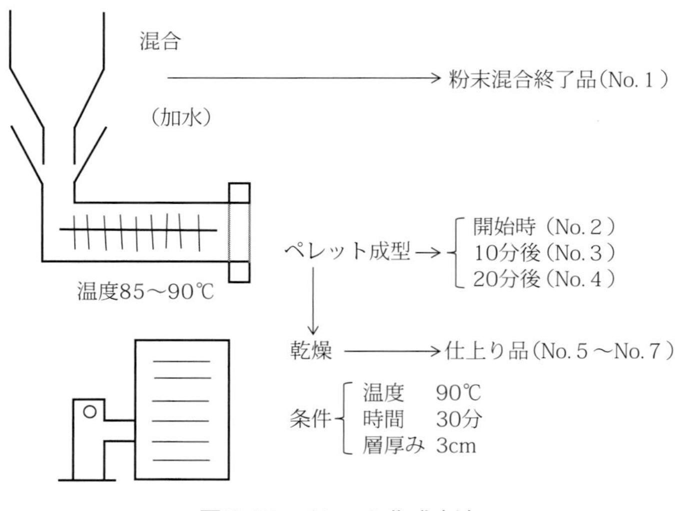

図 2-47　ペレット作成方法

表 2-74　配合飼料（ペレット）の安定性

供試 No.	菌数　(× 10^5/g)			
	スタート	1週	3か月	6か月
No.1	7.20	7.50	6.80	6.10
No.2	7.00	－	－	－
No.3	8.00	－	－	－
No.4	6.00	－	－	－
No.5	8.40	7.70	6.50	6.90
No.6	6.50	7.00	6.80	6.40
No.7	6.40	6.90	6.10	6.30

2）安定性

本菌は胞子を形成しており安定性に優れ，本菌および製剤は室温保存で，3か年経過で変化はほとんど認められなかった．また，配合飼料（ペレット）を作成（図 2-47）し室温保存で，6か月経過で変化はほとんど認められなかった（表 2-74）．

3-5. 効力に関する事項

1）効果を裏付ける基礎試験成績

a）*in vitro* 試験

① *B. coagulans* は試験管内の液体培地でも寒天平板上でも，供試した *Clostridium perfringens* PB6K，*C. perfringens* P61005 および *C. sporogens* の発育に対して抑制的に作用することが明らかにされた．

② *B. coagulans* を 10^7 個 /mL に増菌培養した培養液 9mL 中に，*Salmonella* Typhimurium をそれぞれ 10^2，10^3，10^4，10^5 個 /mL ずつ注入混釈して培養した結果，*S.* Typhimurium は混釈直後の 0 時間では 10^2 ～ 10^4/mL 程度の菌数が認められたが，24 時間以降はいずれの注入菌量でも全く検出されなかった．*B. coagulans* は常に 10^6 ～ 10^7/mL の菌数が測定されたことから，この発育抑制現象は明らかに本菌の影響によるものと推定された．

b）*in vivo* 試験

B. coagulans 投与によるマウスの小腸，盲腸部位における腸内菌叢（代表的な菌種 5 種を対象）の検索を行った結果，*B. coagulans* 投与期中（4 週）の後半で小腸，盲腸部で *Enterobacteriaceae* の菌数がやや減少し，逆に *Streptococcus* がやや増加する傾向が見られるが，マウスの腸内菌叢に対して著しい影響は見られなかった．なお，体重増加は順調で試験群と対照群の間で有意の差は認められなかった．

2）抗菌性試料添加物との併用

B. coagulans をオキシテトラサイクリンまたはタイロシンとともに飼料に混入してラットに給与し，糞中の菌数を測定したところ，本菌給与開始後 1 日には約 10^6/g となり，その後も同程度で推移した．抗生物質の併用開始後，いずれの測定時でも約 10^6/g で推移しており，本菌の生菌数の明らかな減少は特に認められなかった．

今回の試験におけるオキシテトラサイクリンおよびタイロシンの飼料中の濃度はそれぞれ約 70μg（力価）/g および約 40μg（力価）/g であり，*in vitro* での本菌に対する最少発育阻止濃度を越えているが，抗生物質の併用開始前後で糞便中の本菌の生菌数には大きな変動は認められず，おおよそ

表 2-75 豚に対する発育促進効果

群	区分	平均体重の変化（kg）					7 週齢における増体指数*
		0 週齢	1	3	5	7	
I	試験区	1.45	2.8	6.2	10.3	13.8	105
	対照区	1.5	2.7	5.9	9.0	13.2	100
II	試験区	1.45	2.8	6.3	11.0	15.6	121
	対照区	1.4	2.8	5.3	8.6	12.9	100
III	試験区	1.55	3.0	5.6	9.8	13.7	110
	対照区	1.55	2.8	5.3	8.3	12.5	100
IV	試験区	1.4	2.6	5.0	8.3	13.1	108
	対照区	1.35	2.8	5.3	8.8	12.1	100
V	試験区	1.45	2.6	6.1	9.6	14.4	112
	対照区	1.4	2.7	5.2	9.5	13.0	100

*各区共対照区を 100 とする

10^6/g で推移した．

3）効果を裏付ける野外応用による試験成績

①ランドレース種子豚 112 頭を試験区・対照区各 5 群ずつに分け，*B. coagulans* 製剤（10^8 個 /g 含有）を人工乳に 0.3% 添加し 7 週齢まで給与した結果，試験区は対照区に比べて増体重で有意な差が認められた（表 2-75）．

② 4 腹 37 頭の YLW 種子豚を試験区・対照区各 2 群ずつに分け，*B. coagulans* 製剤（10^9 個 /g 含有）を飼料に 0.03% 添加し，70 日齢まで給与した結果，対照区に比べ，いずれの区も増体重が大きくなった（表 2-76）．

表 2-76 各区の平均体重（kg）の変化

		30 日齢	70 日齢	増体重	増体指数*
I 区	試験区	6.80	26.00	19.20	144.9
	対照区	8.00	21.25	13.25	100
II 区	試験区	9.37	30.25	20.88	113.6
	対照区	9.13	27.50	18.37	100
III 区	試験区	7.30	27.60	20.30	101.5
	対照区	7.80	27.80	20.00	100
IV 区	試験区	7.10	27.50	20.40	113.3
	対照区	7.00	25.00	18.00	100

*各区共対照区を 100 とする

3-6. 安全性に関する事項

1）毒性試験

a）単回投与毒性試験

マウス（1 群 5 匹）に *B. coagulans*（1g 中菌数 5 × 10^9 個以上を含有）の 10% 水懸濁液それぞれ 1g/kg，5g/kg を胃内に注入し，7 日間観察したが死亡例は認められず，一般症状も特記すべきものは認められていない．

b）反復投与毒性試験

90 日間反復経口投与毒性試験に関する OECD ガイドラインに則り，6 週齢の雄および雌ラットに対し，*B. coagulans*（4.7 × 10^{11} 個 /g）を 0，500，1000，2000mg/kg/ 日投与した．ラット 1 群は 10 匹とした．状態，機能，生理学的挙動を 90 日観察し，その後組織病理学的検査を行った．その結果，雄雌いずれにおいても試験群に関わらず，死亡例や異常例，条件の違いによる変化は認められなかった[1)]．

2）対象家畜等を用いた飼養試験成績

国内および国外における臨床試験において，動物別に子豚 278 頭（9 か所），子牛 13 頭（3 か所），ひな 468 羽（3 か所）が供試されているが，全試験例において特に *B. coagulans* によると思われる副作用は全く認められていない．

また，ブロイラー種の初生ひな 1 群 40 羽（雄:20 羽，雌:20 羽）× 4 群を用い 8 週間連続投与したが，通常投与量の 50 倍量（2.5 × 10^{10}/kg 飼料）を投与しても安全であった．

3-7. 使用方法

1）用法・用量

通常，飼料・人工乳に 0.01 ～ 0.1% 添加して連続投与する．

2）対象家畜

対象家畜の豚への推奨添加量は 0.03%．

また，飼料用ラクリス TM-10 は豚，牛，鶏，馬用の飼料原料として使用され，豚 0.03%，牛 0.02%，鶏 0.01 ～ 0.03% の添加量を推奨している．

3）添加期間

B. coagulans は家畜に常在している菌ではないので，効果を継続させるために，哺乳期から肥育期までの全期間，飼料に添加して給与する．

4）使用上の注意

本品は粉末であるため，湿気を避け，換気の良い所で取扱う．

3-8. 保存方法

湿気を避け，室温で保存する．

引用文献

1）Akagawa, Y. et al.（2016）：*Fundam. Toxicol. Sci.* 3, 243-250.

第3章　将来展望

1. 新規ワクチンの開発研究

要約

バイオテクノロジーや免疫学の発達により様々な知見や技術がワクチンの開発にも応用されている．組換え生ワクチンは，投与対象動物に対して安全性が高いウイルスや細菌を遺伝子の運び屋（ベクター）として用い，標的とする病原体の感染防御抗原遺伝子を挿入，発現させるもので，従来の手法では開発が困難なワクチンの開発を可能にする．既に欧米を中心に多くのワクチンが承認されている．また，DNA ワクチンは，遺伝子を DNA のかたちで直接動物に投与して体内の細胞に取り込ませ，遺伝子発現させて感染防御抗原を作らせるもので，病原体が感染した場合と同様の免疫系を刺激できるが感染性がなく，保存や運搬が容易である．粘膜ワクチンは，多くの病原体が最初に接触する粘膜の免疫機能を高めるもので，経口，経鼻，点眼といった粘膜を介する経路により投与する．粘膜ワクチン開発には粘膜の構造と機能を理解することが必要である．優れた家畜用ワクチンの開発には家畜の粘膜免疫機構の理解を深める必要がある．

1-1. 組換え生ワクチン

1972 年に Berg らにより創始された遺伝子組換え技術は，遺伝子工学における基礎技術としてまたたく間に世界に浸透し，現在，分子生物学分野の研究に日常的に利用されている．遺伝子組換え技術の応用は研究領域に留まらず，医学，薬学，獣医学，食糧生産，食品加工といった広範な分野で活用され，いまや人々の生活に不可欠なものとなっている．1982 年には早くも米国で遺伝子発現技術を利用した大腸菌由来の組換え人インスリンが遺伝子組換え製剤として初めて承認され，それ以降，ホルモン，造血因子，抗体医薬など 400 種以上に及ぶ遺伝子組換え製剤がすでに医薬品としての承認を受け，上市されている[4, 20]．

医薬品製造における遺伝子組換え技術の利点は，製造コストの削減のみならず，開発期間の短縮，品質や収量の向上，品質の安定化ならびに均一化，製造工程における安全性の確保などを可能にすることにある．これらの特長は蛋白質製剤の製造はもとより，本書の主題であるワクチンの製造にも有益であり，これらの利点を生かした新規予防薬の開発が国内外で進められている．

1）遺伝子組換え技術を活用したワクチン開発戦略

遺伝子組換え技術を活用したワクチン開発のアプローチとしては，ウイルスおよび細菌ベクターワクチン，DNA ワクチン，組換えサブユニット抗原ワクチン，組換え植物由来の経口ワクチンなどがあげられ，その特徴は以下の通りである．

a）ウイルスおよび細菌ベクターワクチン

ウイルスや細菌のゲノム（またはプラスミド）に異種の病原微生物の中和抗原エピトープなどの感染防御抗原遺伝子を挿入し，それらを遺伝子の担体（ベクター）として利用するものである．ベクターとしては，その生物学的な特性から投与対象動物に対して病原性をもたないことが推定される生物もしくは安全性に関する知見が豊富に蓄積されているワクチン株が用いられることが多く，前者の例としては鶏痘ウイルスやカナリア痘ウイルスが，また後者の例としては黄熱ワクチンウイルスやワクチニアウイルスなどがある．概ね前者は宿主体内で増殖せず，ゲノム上に挿入された異種抗原遺伝子を宿主の体内に送達し，発現することで宿主の免疫応答を誘導する遺伝子の「運び屋」として機能する．一方，後者は宿主体内で複製を行うと共に異種抗原を生産して長期にわたり免疫を誘導する．このようなベクターワクチンを用いる利点として，

- 比較的大きな遺伝子を挿入することができる．
- 安全な病原体の取り扱いが可能になり，製造規模を拡大しやすい．
- 培養の困難な病原体に対するワクチンの開発が可能になる．
- 細胞性免疫が誘導できる．

などがあげられる．特に近年ではリバースジェネティクス（逆遺伝学）技術の普及により，ウイルスの再構成やゲノムの改変が容易になっており，新規ワクチンの開発期間の短

縮が可能になってきている．一方，ベクターとなる微生物の取扱いに当たっては，医薬品としての投与対象動物に対する安全性（病原性，宿主体内での残存性，宿主ゲノムへの挿入の有無など）は勿論のこと，「遺伝子組換え生物等の使用等の規制による生物の多様性の確保に関する法律（カルタヘナ法）」（2004 年）に基づく生物多様性への影響に配慮した取扱いが必要とされる．ワクチンとして臨床応用を目指す場合には，研究開発段階から法に基づく第一種使用（拡散防止措置を執らない遺伝子組換え生物の使用）の許可を得る必要がある．また，食用家畜への使用を勘案する場合には，通常のワクチンと同様に食品としての安全性の評価も必要となる．なお，ベクターワクチンや DNA ワクチンを投与された食用家畜の食品安全性の基準については，2008 年までに「消費者の健康ならびに貿易にかかる食品の国際基準を定める国際食品規格委員会（コーデックス委員会）」による検討がなされ，その結果，いわゆる「遺伝子組換え動植物」の議論とは区別し，家畜衛生上の問題として国際獣疫事務局（OIE）により検討が進められることとなっている（Report of the sixth session of the Codex adhoc international task force on foods derived from biotechnology. Joint FAO/WHO food standards programme Codex Alimentarius commission. http://www.fao.org/fao-who-codexalimentarius/sh-proxy/en/?lnk=1&url=https%253A%252F%252Fworkspace.fao.org%252Fsites%252Fcodex%252FMeetings%252FCX-802-06%252Fal30_34e.pdf，The application of biotechnology to the development of veterinary vaccines. OIE manual. http://www.oie.int/fileadmin/Home/eng/Health_standards/tahm/3.3_VACCINES_NEW_TECH.pdf）．

b）DNA ワクチン

哺乳類の細胞内で機能する発現プロモーターの下流に標的となる病原微生物の抗原遺伝子などを挿入した DNA をリポフェクション，遺伝子銃，電気穿孔法などの手法を用いて宿主細胞に導入するものである．細胞内でプロモーターの制御下にある遺伝子が発現して，抗原蛋白質として産生され，宿主の免疫応答を誘導する．

DNA ワクチンは，「加工・調整が容易である」「安価であり，大量合成が可能である」「化学的安定性が高く，長期保存に耐え，かつ低温での製品の管理を必要としない」といった優れた特長をもつため，有望なワクチンプラットフォームの 1 つと考えられる．現在，国内で承認されたワクチンはないが，カナダではサケの伝染性造血器壊死症ワクチンが承認を得ているほか [19]，米国では馬のウエストナイル熱ワクチンとして承認されており（CDC and Fort Dodge animal health achieve. First licensed DNA vaccine. CDC Press release. 2005. http://www.cdc.gov/media/pressrel/r050718.htm），現在，人用のワクチンとしての臨床試験も実施されている [11]．

c）組換えサブユニット抗原ワクチン

サブユニット抗原ワクチンは，病原体由来の感染防御抗原など，その構成成分の一部を投与することにより安全に宿主を免疫する手法として用いられている（The application of biotechnology to the development of veterinary vaccines. OIE manual. http://www.oie.int/fileadmin/Home/eng/Health_standards/tahm/3.3_VACCINES_NEW_TECH.pdf）．当初は *Haemophilus influenza* type B 菌体や B 型肝炎患者血液など，天然の原料から蛋白質画分（広義にはトキソイドやポリ多糖体も含む）を抽出，精製し，製剤としていたが，近年の分子生物学の発展に伴い，大腸菌，グラム陽性細菌，酵母，バキュロウイルスなど様々な高効率遺伝子発現系が開発されたことにより，現在では，これらを用いて試験管内で製造した組換え（リコンビナント）蛋白質製剤が主流となっている．サブユニット抗原ワクチンは，培養が困難で大量のワクチン原料を確保することが難しい病原体や，遺伝的・抗原的多様性の高い病原体に対するワクチンの迅速な開発，製造に適しており，人パピローマウイルスワクチンや豚サーコウイルス 2 型ワクチンなどがバキュロウイルス遺伝子発現系を用いて製造され [18, 25]（Inetervet Schering-Plougf Animal Health. Press release. 2009. http://www.tieraerztekammer.at/uploads/media/9765920090421_Press_Release_PORCILIS_PCV.pdf），医療，獣医療の現場で使用されている．ウイルスの主要な構造蛋白質を成分とするサブユニットワクチンでは，発現した組換え蛋白質の自動的な配向によりウイルス様中空粒子（virus-like particle：VLP）が形成されることがあり，天然のウイルスとの構造の類似性により，天然のウイルスに近い組織指向性や免疫刺激が期待できる．近年，これらの特性に基づいた薬剤輸送用担体としての VLP の機能に注目したドラッグデリバリー用素材としての開発が進んでいる [1, 13, 24]．また，一部の細菌にも自動的に配向して中空粒子をする表層蛋白質の存在が知られており，この組換え蛋白質を用いたドラッグデリバリーの研究も行われている [8]．

d）組換え植物由来の経口ワクチン

このワクチンは病原体由来の感染防御抗原を，植物体を用いて生産し，それを摂取することで経口的に免疫力を賦与することを意図したものであり，家畜用の飼料作物などへの応用が期待されている．植物で機能するプロモーターの下流に挿入した抗原遺伝子を遺伝子銃，組換え植物ウイルスベクター，組換えアグロバクテリウムなどを用いて植物体に移入し，選抜，栽培を行うことによって目的の組換え植物を作出する．現在，国内でワクチンとしての承認を受けているものはないが，同様の手法で作出された犬インターフェロン組換えイチゴを原料とするインターフェロン製剤の製造販売が承認されるなど，物質生産系としての植物体の有用性が実用レベルで示されている．当該製品は「カルタヘナ法」に基づく遺伝子組換え植物の拡散防止措置を施した閉鎖温室で栽培されたイチゴを原料としているが，家畜用飼料としての実用化を想定する場合は，大規模栽培に伴う隔離措置の設定や環境影響評価などに留意する必要がある．

経口ルートでのワクチネーションは点眼と並んで最も簡便な免疫手法の１つであり，ポリオの感染リスクのある地域に住む乳幼児に対して投与される経口ポリオワクチン（OPV）などがその代表的な例である．経口でのワクチン投与は省力的であるばかりでなく，病原体の侵入門戸となる扁桃や小腸パイエル板などのリンパ組織で局所免疫を誘導し，局所における感染防御を可能にすることが期待できる．しかし，経口的に摂取された抗原の大部分は通常の食物と同様に消化，吸収もしくは排泄されるため，抗原性を十分に発揮することが難しい．他のワクチン製剤との併用〔プライム–ブースト（prime-boost）戦略〕や効率的なデリバリー手法あるいは適切なアジュバントによる免疫応答の促進手法との組合せにより実用性を高める必要があろう．

遺伝子組換え技術を活用した新しいワクチンの概略は以上の通りである．DNA ワクチン以下についての解説は別項に譲り，以下にウイルスおよび細菌ベクター生ワクチンについて開発の現状を述べる．

2）ウイルスおよび細菌ベクターワクチンの開発状況について

これまでに承認を受けて製造されているウイルスベクターワクチンを表 3-1 に示す．このところ新規の申請件数はあまり増加していないが，臨床試験，前臨床試験に供されている製剤も数多い．国内では後述する２種のワクチンが動物用医薬品の承認を受けて製造販売されているほか，ニューカッスル病由来 F 遺伝子ならびに伝染性ファブリキウス囊病ウイルス由来 VP2 遺伝子を導入したマレック病ウイルス３型（七面鳥ヘルペスウイルス，HTV）の２種のウイルスが「カルタヘナ法」に基づく第一種使用の承認を取得している（MAFF. 2016. http://www.maff.go.jp/j/syouan/nouan/carta/torikumi/attach/pdf/index-9.pdf）．

細菌ベクターについては大腸菌，サルモネラ，リステリア，乳酸菌など多種類の菌を用いたベクターの研究開発が進められているが[21)]（MAFF. 2016. http://www.maff.go.jp/j/syouan/nouan/carta/torikumi/pdf/type2_microbe_table_160302.pdf），これまでに異種の病原体に由来する遺伝子を挿入した遺伝子組換えベクターワクチンとして承認を受けたものはない．

細菌ベクターの開発には，①宿主体内での増殖性，病原性，伝播性が低く，②経口での投与が可能で，③免疫増強効果をもつなどの特長を備えた菌種を利用することが望ましい．すでに承認されている生ワクチン製造に用いられる自然変異株

表 3-1　動物用医薬品として承認済されている遺伝子組換えウイルスベクターワクチン

ウイルスベクター	標的疾病	標的抗原	対象動物	承認の取得状況
カナリア痘	馬インフルエンザ	HA	馬	米国，ヨーロッパ
	ウエストナイル熱	PreM-Env	馬	米国，カナダ
	狂犬病	G	猫	米国，カナダ
	猫白血病	Env，Gag/Pol	猫	米国，カナダ，ヨーロッパ，日本
	犬ジステンパー	HA，F	犬，フェレット	米国，カナダ，南米
鶏痘	鳥インフルエンザ	HA（H5 亜型）	家禽	米国，カナダ，中米
	ニューカッスル病	HN，F	家禽	米国
	伝染性喉頭気管炎	gB	家禽	米国，カナダ，中南米
	鶏脳脊髄炎（混合）		家禽，鳩	米国，カナダ
ワクチニア	狂犬病	G	野生動物	米国，ヨーロッパ
ニューカッスル病	鳥インフルエンザ	HA（H5 亜型）	家禽	メキシコ
黄熱ウイルス（生または不活化）	ウエストナイル熱	PreM-E	馬	米国，カナダ，メキシコ
七面鳥ヘルペス	ニューカッスル病	HN，F	家禽	米国
	伝染性 F 囊病	VP2	家禽	米国，カナダ，ヨーロッパ
	伝染性喉頭気管炎	gI，gD	家禽	米国，カナダ
マレック病	ニューカッスル病	F	家禽	日本
豚サーコウイルス１型（不活化）	豚サーコウイルス２型	C	豚	米国，カナダ

の多くは①の条件を満たすと考えられるが，近年は病原性や栄養要求性に関わる遺伝子を特異的に破壊した遺伝子改変型の弱毒変異株が好まれる傾向にあり，このような株を利用した事例として *aroA* 遺伝子欠損型大腸菌を用いた鶏大腸菌症ワクチンが「カルタヘナ法」に基づく第一種使用の承認を取得している（MAFF. 2016. http://www.maff.go.jp/j/syouan/nouan/carta/torikumi/attach/pdf/index-9.pdf）．②の条件については，多くの腸内細菌が適合すると考えられるが，その中でもサルモネラ（*Salmonella enterica*），リステリア，乳酸菌などを用いた遺伝子組換えベクター開発の歴史が長い．特にマクロファージ寄生菌として知られるサルモネラは抗原提示細胞への抗原送達能に優れ，③にあげる免疫増強効果も期待されることから，糖代謝酵素欠損株などを用いたベクターワクチンが開発され，臨床試験が開始されている．また，経口ワクチンとして芽胞を利用する枯草菌ベクターの開発報告も散見される．③についてはプロバイオティクスの知見に基づき，乳酸菌を利用したベクター開発などが試みられている．

獣医学領域においては，これらの菌種に加えて，ローソニア，連鎖球菌，マイコプラズマなどの遺伝子改変型ワクチン株が作出されているほか，マイコプラズマ遺伝子組換え豚丹毒菌[16]，鶏インターフェロン遺伝子組換えマイコプラズマ[15]，異種抗原遺伝子組換えコリネバクテリウム[14]などのベクターワクチンについても報告されているが，現時点で実用段階に至っているものはない．

以下，本項では，現在最も普及しているカナリア痘，マレック病および黄熱の3種のウイルスベクターについて解説する．

a）カナリア痘ウイルスベクター

カナリア痘は鶏痘ウイルスと同じポックスウイルス科アビポックスウイルス属に属する大型の二本鎖DNAウイルスである．ゲノムサイズは360キロ塩基対に及び，300種以上の遺伝子が存在する．昆虫やエアロゾルなどによって伝播し，感染すると特徴的な皮膚病変やリンパ組織の腫大など呈して斃死する．アビポックス属のウイルスは系統樹上ではワクチニアウイルスや牛痘ウイルスなどのオルソポックスウイルスとは離れた位置にあり，宿主域を規定すると考えられる宿主域遺伝子群の類似性から鳥類でのみ複製，増殖が可能であると見なされているが，鳥類以外の動物種でも一過性の感染が成立し，初期遺伝子を発現することが報告されている[9, 17]．そのためアビポックス属のウイルスはワクチニアウイルスなどに比べて安全性の高いウイルスベクターとしてワクチン開発に利用されており，特にカナリア痘ウイルスワクチンから再分離された弱毒のALVAC株が好んで用いられている．

カナリア痘ウイルスをベクターとした最初のワクチンはTaylorらにより報告された狂犬病ウイルスG蛋白質遺伝子組換えウイルス（ALVAC-RG）ワクチンである[23]．これはワクチニアウイルスのH6プロモーター下に挿入した狂犬病ウイルスG蛋白質遺伝子をカナリア痘ウイルスゲノムの非必須配列と置換することにより作製したものである．猫および犬を用いた動物試験で致死量の狂犬病ウイルスによる攻撃を完全に防御し，その効果はすでに樹立されていた組換え鶏痘ウイルスベクターのそれよりも高かった．この成功に次いで，猫白血病，馬インフルエンザ，犬ジステンパー，ウエストナイル熱のワクチンがカナリア痘ウイルスベクターを用いて開発され，医薬品として承認を得ている．このうち国内では「猫白血病ウイルス由来防御抗原蛋白質発現遺伝子導入カナリア痘ウイルスALVAC（vCP97株）」の混合ワクチンが「ピュアバックス」の名称でメリアル・ジャパン株式会社から販売されている．これらのワクチンの利点として，「病原性復帰の危険がない」「投与した動物の体内で複製せず，水平伝播しない」「アジュバントを必要とせずに細胞性免疫を誘導できる」などがあげられる．複数回の投与によって誘導される抗カナリア痘ウイルス抗体の影響が少なく，異なるカナリア痘ベクターワクチンを投与した場合でもそれぞれの標的抗原に対して誘導される抗体の力価に干渉しないことが報告されている．これらの優れた特性を背景に当該ベクターを用いたHIVワクチンも開発され，第3相の臨床試験が実施されている．

b）マレック病ウイルスベクター

マレック病ウイルス（MDV）はヘルペスウイルス科マルディウイルス属のウイルスであり，血清型により1型，2型および3型（七面鳥ヘルペスウイルス，HVT）に分類される．感性鶏の羽毛やフケなどを介して伝播したウイルスを吸入することにより感染し，その後末梢神経に移行して長期間にわたり潜伏し，ウイルス抗原を発現する．この特性を利用してすでに海外では表3-1に示す遺伝子組換えマレック病ウイルスワクチンが開発されている．国内では，健康鶏から分離された1型マレック病ウイルス（MDV1）ゲノムの非必須領域であるgB蛋白質遺伝子領域にニューカッスル病ウイルス（NDV）由来のF遺伝子を挿入した組換えマレック病ウイルスが動物用医薬品として承認を受けており，「セルミューンN」の名称で販売されている[22]．このワクチンは鶏に対して病原性を示すことなく，また体外へも排泄されないため野外で水平感染を起こさない．孵化直後のひなに単回皮下投与することにより長期間免疫を賦与することができ，病原性MDV（RB1B株）およびNDV（佐藤株）の攻撃に対してそれぞれ89%，100%の防御効果を示したと報告されている．一方，米国では鶏用ワクチンのベクターとして，非病原性のHVTが利用されており，NDV由来のF遺伝子の他に，NDV由来のHN遺伝子，伝染性ファブリキウス嚢病ウイルス由来

VP2遺伝子，伝染性喉頭気管炎ウイルス由来gB遺伝子を挿入した組換え生ワクチンが承認を受けている．またH5およびH7亜型の鳥インフルエンザHA蛋白質遺伝子を挿入したHVTベクターの開発が進められている[10, 12]．

c）黄熱ウイルスベクター

黄熱はネッタイシマカなどの蚊によって媒介される熱帯アフリカおよび中南米の風土病で，フラビウイルス科フラビウイルス属の黄熱ウイルス（YFV）を原因とする．感染症予防法で第4類感染症に指定され，流行地への渡航に際しては予防接種が義務づけられている．この予防接種に用いられる黄熱生ワクチン株は1927年にTheilerらが黄熱患者から分離，継代して樹立した鶏胎化弱毒ウイルス株（YFV 17D株およびその派生株）で，副作用の少ない安全な黄熱ワクチン株として，現在も世界中で使用されている[5)]．

1999年，ニューヨークでのウエストナイル熱の初発例の報告以降，米国では様々な手法を用いてウエストナイル熱ワクチンの開発が進められているが[2, 6)]，その中でも同じフラビウイルス科に属するYFV 17D株を用いた遺伝子組換えベクターが有望視され，精力的に研究が進められてきた．その結果，YFVの構造蛋白質であるpre-membrane（prM）およびenvelope（E）遺伝子をウエストナイルウイルスの相同領域で置換した組換え型YFVが開発され，2006年に馬用のワクチンとして承認を得ている（現在，当該ウイルスは不活化製剤として販売されている）．ウエストナイルウイルス以外の他のフラビウイルスについてもYFV 17D株のベクター化が試みられて，日本脳炎ウイルス[3)]，デング熱ウイルス（血清型1-4型）由来の遺伝子を挿入した人用の組換えYFVベクターワクチンが開発されている[7)]．

ワクチンは畜産の経営にとって欠くべからざるものである．監視伝染病の防除のみならず生産コストの削減，就労者数の減少，抗菌剤使用の規制といった経営環境の変化の中で見落とされがちな慢性的，日和見的な感染症をコントロールする上でも，効果的，省力的で安全性の高いワクチンの必要性は高まっていくものと思われる．産業動物のみならず，全ての動物の健康が我々人類の健康と一体のものであるという「ワン・ヘルス」の観点からも，疾病対策の決め手となる優れたワクチンの開発とその実用化が期待される．

引用文献

1）Akahata, W. et al.（2010）：*Nature Medicine.* 16, 334-338.
2）Amanna, I.J. et al.（2014）：*Expert Rev. Vaccines.* 13, 589-608.
3）Appaiahgari, M.B. et al.（2010）：*Expert Rev. Vaccines.* 9, 1371-1384.
4）Ferrer-Miralles, N. et al.（2009）：*Microbial. Cell Factories.* 8, 17.
5）Frierson, J.G.（2010）：*Yale. J. Biol. Med.* 83, 77-85.
6）Guy, B. et al.（2010）：*Vaccine.* 28, 632-649.
7）Guy, B. et al.（2015）：*Vaccine.* 30, 7100-7111.
8）Habibia. N. et al.（2011）：*Biointerfaces.* 85, 366-372.
9）Haller, S.L. et al.（2014）：*Infect. Genet. Evol.* 21, 15-40.
10）Kilany, W.H. et al.（2016）：*PLoS. One.* 11:e0156747.
11）Ledgerwood, J.E. et al.（2011）：*J. Infect. Dis.* 203, 1396-1404.
12）Li, Y. et al.（2011）：*Vaccine.* 29, 8257-8266.
13）Ma, Y. et al.（2012）：*Adv. Drug Deliv Rev.* 64, 811-825.
14）Moore, R.J. et al.（1999）：*Vaccine.* 18, 487-497.
15）Muneta, Y. et al.（2008）：*Vaccine.* 26, 5449-5454.
16）Ogawa, Y. et al.（2009）：*Vaccine.* 27, 4543-4550.
17）Perkus, M.E. et al.（1995）：*J. Leukoc. Biol.* 58, 1-13.
18）Plotkin, S.（2014）：*Proc. Nat. Acad. Sci. USA.* 34, 12283-12287.
19）Salonius, K. et al.（2007）：*Curr. Opin. Investing. Drugs.* 8, 653-641.
20）Sanchez-Garcia, F. et al.（2015）：*Microbial. Cell Factories.* 15, 33.
21）Silva, A. et al.（2014）：*Braz. J. Microbiol.* 45, 1117-1129.
22）Sonoda, K. et al.（2000）：*J. Virol.* 74, 3217-3226.
23）Taylor, J. et al.（1991）：*Vaccine.* 9, 190-193.
24）Yan, D. et al.（2015）：*Appl Microbiol Biotechnol.* 99, 10415-10432.
25）Zhang, X. et al.（2015）：*Human Vacc. Immunother.* 11, 1277-1292.

1-2．DNAワクチン

1）はじめに

1990年にWolffらは様々なレポーター遺伝子（CAT，ルシフェラーゼ，βガラクトシダーゼ）を入れたプラスミドをマウスの筋肉に投与したところ，そのDNAの遺伝情報に基づく蛋白質が筋肉細胞内で産生され，長期間その発現が持続すると報告した．この結果を受けて，いくつかの研究グループはウイルス蛋白質を発現するプラスミドをマウスに筋肉内注射することにより，ウイルスに対する抗体のみならず，細胞傷害性T細胞（CTL）を誘導し得ること，これによりマウスに感染防御能を賦与できることを証明し，DNAワクチン開発の道を拓いた．

DNAワクチンとして，プラスミドが病原体の防御抗原をコードしている遺伝子をもっていること，それが宿主に導入されると，コードされている遺伝子の転写が起こり，特異的免疫反応を誘導する抗原蛋白質が翻訳されることが必要である．また，DNAワクチンは，様々な遺伝子デリバリー手法，サイトカインアジュバントやプライム−ブースト法（DNAワクチンで刺激後に組換え蛋白質で追加免疫する）のようなアプローチを利用することによって，近年さらに改善されてきている．

現在，人においては，人免疫不全ウイルス（HIV）感染症を始めとした感染症や腫瘍のような疾病について臨床試験に進んでいることから，その有効性，安全性については，それらの結果が待たれる．

獣医学領域においては，馬のウエストナイルウイルス感染症[4]，サケの伝染性造血器壊死症[15]，犬の悪性黒色腫に対するDNAワクチンが市販された．それ以外にも口蹄疫，牛伝染性鼻気管支炎，オーエスキー病，豚コレラ，狂犬病，犬ジステンパー，鳥インフルエンザ，鶏伝染性気管支炎，伝染性ファブリキウス嚢病，鶏コクシジウム症などに対するDNAワクチンの試験研究がなされている[5]．

2）DNAワクチンの特徴

現在あるワクチンのうち，弱毒生ワクチンは本来の感染成立過程に最も近いかたちで宿主の免疫系を発動すると考えられ，有効な免疫反応が惹起されることが期待される．逆に不活化ワクチン，ポリペプチドワクチン，組換え型蛋白質サブユニットワクチンは，投与による感染を危惧する必要がないことは最大の利点であるが，細胞性免疫，特にCTLの誘導が期待しにくいのでウイルスをはじめとする細胞内寄生病原体に対するワクチンとしては力不足である．DNAワクチンは，強いCTL誘導能と安全性を備えていると考えられており，従来のワクチンに比べて，製造方法の容易さ，生物学的安定性，コスト有効性，凍結乾燥品などの輸送の容易さは，大規模な投与や海外輸出を前提とした場合には大きな長所とみなされている．また，異なる遺伝子を同時に合わせた多価ワクチンを開発することも可能である．一方，DNAワクチンの欠点は，宿主ゲノムへの組込み，癌原遺伝子の活性化，腫瘍抑制遺伝子の不活化，抗核酸抗体の産生の可能性などがあげられている．

a）細胞傷害性T細胞（CTL）誘導能

DNAワクチンは，抗原そのものではなく抗原をコードする遺伝子を発現プラスミドに組み込み，それを投与することにより生体内で抗原を発現させ，その抗原蛋白質に対する免疫応答を惹起するというものである．発現された抗原蛋白質は，細胞内で酵素処理され主要組織適合性遺伝子複合体（major histocompatibility complex：MHC）クラスⅠと会合して抗原提示されワクチン効果を発揮する．そのため，不活化ワクチンで誘導される抗体産生はもとより，通常は生ワクチンでしか誘導されないCTLの応答も誘導できる．

外来抗原提示のプロセスとしては，大別して以下の2つの経路があるといわれている．宿主の細胞内で生成された外来抗原は細胞内で処理されて細胞表面のMHCクラスⅠ分子とともに提示され，CD8陽性CTLを活性化する．この際に抗原が細胞内の粗面小胞体でMHCクラスⅠ分子と結合することが重要であり，DNAワクチンから合成された抗原もこの経路を辿ると考えられる．他方，細胞外に存在する外来抗原は抗原提示細胞に取り込まれて処理を受け，MHCクラスⅡ分子とともに提示され，CD4陽性ヘルパーT細胞を活性化して抗体産生を誘導する．細胞内寄生性の病原体（ウイルス，結核菌など）が感染すると，感染細胞を直接的に破壊できるCTLが誘導され，病原体を駆逐する方向に働く．細胞外寄生体の感染が起こるとヘルパーT細胞が活性化され，サイトカインの分泌を介して免疫応答が最適化され，細胞外の病原体の排除に有効な中和抗体産生を誘導する．投与されるDNAに含まれるCpGモチーフも独自の機序を介して免疫応答の誘導に大きく貢献していることが報告され，CTLは複数の系を介して誘導されていると考えられる．

b）全身性メカニズム

DNAワクチンによる抗原提示機構に関しては，DNAが直接，樹状細胞などの抗原提示細胞に入るか，または一度筋肉細胞の中に入って抗原蛋白質が発現し，それがクロス−プライミング[*1]の機構で樹状細胞などに取り込まれ，抗原提示されると考えられている．従来，DNAワクチンの免疫原性は，ビルトイン−アジュバント[*2]の働きをしているCpGモチーフに起因しており，それはCpGモチーフの唯一のレセプターであるToll-likeレセプター（TLR）9によって認識されると考えられてきた．しかし，近年，この機構よりもプラスミドDNAのアジュバント効果はその2重らせん構造に媒介されるということが示された．すなわち，DNAの右巻の二重らせん構造（B-DNA）が細胞内でTANK-binding kinase-1（TBK-1）というシグナル伝達分子を介した自然免疫系の活性化が重要であり，さらにDNAワクチンの効果のうち，抗体の産生のためには樹状細胞などの免疫細胞でのTBK-1依存性の自然免疫活性化が重要で，またT細胞による細胞性免疫の活性化のためには，DNAを取り込んだ筋肉細胞などの非免疫細胞でのTBK-1の活性化が重要であるということである[8]．

c）DNAワクチンの構築

感染症に対するDNAワクチンを作製する際には，抗原遺伝子発現に関するコドンの影響を考慮しなければならない．微生物と哺乳類ではアミノ酸をコードするコドンの使用頻度が異なり，微生物DNAの塩基配列をそのままDNAワクチ

[*1] クロス−プライミング（Cross-priming）：抗原提示細胞が外来性抗原を取り込みプロセシングした後，MHCクラスⅠ分子と共に細胞傷害性T細胞へ提示し活性化させる現象．

[*2] ビルトイン−アジュバント（built-in adjuvant）：DNAワクチンのような合成されたワクチンの中に，ワクチン抗原の免疫原性を高めるために組み込まれたアジュバントのこと．

ンに用いると，哺乳類の宿主細胞では翻訳効率が低いため抗原産生量が低下し，結果的に免疫誘導能も低くなる可能性がある．AT-rich であるリステリアやマラリア原虫のような遺伝子は哺乳類（マウス，人）の遺伝子と GC 含量が対照的であるため，マウスや人の DNA ワクチンを開発する際にコドン使用頻度の影響は深刻であるが，GC-rich な結核菌のような遺伝子は哺乳類の遺伝子と GC 含量がほぼ同じであり，その結果コドン使用頻度も比較的類似していることから，GC 含量の高い病原体に対する DNA ワクチンの作製に関しては，コドンの影響を配慮する必要がないのかもしれない．

d）投与方法

DNA ワクチンの導入法として現在試みられている投与法として，筋肉内や皮下に注射針を用いて注入する方法に加えて，金粒子にプラスミド DNA をコードした後，皮膚に遺伝子銃を用いて導入するもの，高圧を利用して皮膚に浸透させるもの，皮膚パッチ[*3]，エレクトロポレーション[*4]などの針なし注射のアプローチが DNA ワクチンの遺伝子導入効率を上げるために開発されている．

e）安全性

DNA ワクチンは，一般的に従来のワクチンより安全で安定性が高いと考えられている．プラスミドは生物でなく，自立的に増殖しないことから，病原性復帰または 2 次感染のリスクはない．外来の DNA を個体に投与する場合の懸念事項は，宿主の遺伝子に組み込まれて突然変異の原因となる可能性と抗 DNA 抗体の産生のような DNA に対する免疫応答である．しかし，今までのところ宿主の遺伝子に組み込まれる確率は低く，自然に起こる変異の確率を超えるものではないと考えられている．抗 DNA 抗体の産生とそれに引き続く懸念について，サルを用いた研究や臨床試験において追跡調査されているが，異常な免疫反応の上昇または自己免疫に対する臨床的マーカーの変化の証拠は報告されていない．

3）ワクチン開発研究の現状

DNA ワクチン研究においては，従来から多くの微生物について感染実験モデルが作られその効果が試されてきた．2016 年の米国国立衛生研究所データベースによると，DNA ワクチンの臨床試験について現在進行中のものは 100 件あり，その内訳はウイルス感染症が 69 件（HIV 感染症 38 件，インフルエンザ 15 件，A 型，B 型，C 型を含むウイルス性肝炎 9 件，ヘルペス科ウイルス感染症 4 件，他）であった．また，腫瘍に関するものは 22 件（ウイルス感染によるものを含む）あり，前立腺癌（5 件），黒色腫（4 件）であった．現在，第 2 相試験が 22 件実施されている．また，人獣共通感染症として鳥インフルエンザ（H5N1 亜型），ベネズエラ馬脳炎の DNA ワクチンも検討されている．

インフルエンザワクチンは，ヘマグルチニン（HA），ノイラミニダーゼ（NA）などを抗原として使用しており，インフルエンザの抗原変異性のために毎年新たなワクチンを準備しなければならないことが難点である．加えて実際に流行する株がワクチンに対応したものとは限らないために，その有効性も不確定であった．2007 年に季節性インフルエンザワクチンにおいてワクチン株と流行株の不一致が明らかになり，30% しかカバーできる量がないこと，DNA ワクチンであれば特定のインフルエンザ株の 2 ～ 4 倍短縮した時間で開発できることから，数か月のうちにワクチン製剤を供給できる能力があったであろうことが推定された．インフルエンザの防御能は特に抗体と関係している．第一世代の DNA ワクチンはそのプラットホームのため液性免疫誘導能の低いことが短所であったが，第二世代のプラットホームに取り込まれた新しいアプローチは，様々な抗原に対して液性免疫反応の誘導を可能にした．それにより，1 種類のコンセンサス H5 抗原を使った H5N1 インフルエンザ DNA ワクチンで複数のクレードに属する H5N1 亜型ウイルスに対する防御抗体を誘導できること，この手法で誘導できた交差防御を示す抗体は 90 年以上前の 1918 年に流行したスペイン風邪や 2009 年に流行した豚インフルエンザウイルスにも有効であることが示された[16)]．抗原性の異なったインフルエンザウイルス株における交差中和のコンセプトは将来のインフルエンザワクチン開発において非常に重要であろう．

AIDS 患者から原因ウイルスである HIV-1 が発見されて以来，HIV-1 の感染を防止する，もしくは感染した HIV-1 を制御するワクチンの開発は困難を極めている．HIV-1 特異的免疫反応を増加させる方法として，組換え蛋白質を用いた DNA ベースのものとウイルスベースのワクチンを組み合わせる異種プライム－ブーストアプローチが研究されてきた．幅広い HIV-1 特異的免疫を誘導するために抗体反応を誘発する組換え型蛋白質ワクチンと T 細胞反応を誘導する DNA またはウイルスベクターワクチンを組み合わせる概念は，近年の有効性評価試験において，その成績は明るい兆しを示している．この試験では HIV-1 特異的 T 細胞を誘導する複数の抗原をもつウイルスベクターをプライム因子とし，HIV-1

[*3] 皮膚パッチ：ワクチン抗原を保持した粘着性のパッチ．皮膚表面に貼るだけでワクチン効果を誘導できる．親水性ゲルパッチ，表面に微細な針により角質層に孔をあけワクチン抗原を送達させるもの，針自体にワクチン抗原が含まれ皮膚に刺さると針が溶けてワクチンと共に吸収されるものなどがある．

[*4] エレクトロポレーション：皮膚への電圧負荷により一時的に角質層に孔をあけて，ワクチン抗原を皮膚内へ送る手法．角質層だけでなく細胞膜にも孔をあけることができるため細胞内へ直接抗原を送達可能であり，抗原特異的な抗体産生だけでなく細胞傷害性 T 細胞の誘導も可能である．

特異的抗体を産生するための組換えgp120蛋白質をブースト因子として連結している．この異種プライム–ブースト法によって，31%の被験者はHIV感染防御の有効性を示した．一方で，すでに感染が見られた被験者のウイルス量には影響を与えなかった[12)]．もう1つの同様のコンセプトをもった異種プライム–ブースト戦略は，DNAでプライミングを行い，組換え蛋白質を用いてブーストするものである．例えば，多抗原を用いた多価DNAワクチンでプライミングを行い，組換えHIV-1エンベロープ蛋白質でブーストをかけて，異なるサブタイプに交差反応する抗体と細胞性反応を誘導するものがある．

DNAでプライミングしウイルスでブーストするという複合法は，抗原特異的$CD8^+$T細胞反応の強さに相乗的な増強効果を示す．第1相試験において，HIV-1のマルチクレードDNAワクチンでプライミングしアデノワクチンベクター（Ad5）でブーストする方法は，液性免疫に加え細胞性免疫を誘導する能力があることを示した[3)]．他のウイルスベクターについて，第2相試験において多抗原DNAによるプライミングとそれに続いて同じ抗原を有する改変ワクチニアウイルス（MVA）でブーストする方法について評価した試験も2015年に終了している（HVTN 205）．

2つの子宮頸癌ワクチンが2006年，2009年に開発された．しかし，原因ウイルスである人パピローマウイルス（HPV）は全世界的に流行していることから，これらのワクチンは重い経済的負担と物流の問題からその普及を妨げられている．これらの予防的HPVワクチンは高いレベルの細胞性免疫を誘導しないことから，すでに定着してしまったHPV感染，またはHPV関連病変をクリアできなかった．したがって，強い細胞性免疫を誘導できるDNAワクチンは，この目的のため理にかなったアプローチとなる．

いくつかのHPV感染症の治療目的としての候補ワクチンには，抗原としてHPV-16およびHPV-17のE6，E7腫瘍蛋白質を用いている．1つの興味深いDNAワクチン戦略として，同じベクター内に複数の抗原をコードした融合コンセンサス抗原を用いる方法がある．例として，HPV-16とHPV-18のE6/E7融合コンセンサス抗原を用いたDNAワクチンをエレクトロポレーションでサルに導入した試験では，有望な結果が得られ，現在第1相試験で評価されている．また，治療目的で開発されたHPV DNAワクチンの臨床試験も行われている（ZYC101, Eisai）．それは複数のHPV-16 E7特異的CTLエピトープをコードするDNAワクチンをマイクロカプセル化したもので，2つの異なった第1相試験において良い結果が得られている．

獣医学領域においても様々なDNAワクチンの研究開発が行われている．大動物のDNAワクチンは概して，マウスでその効果が示される程には有効ではないことが多い．その理由は遺伝子導入効率やプラスミドベクターの抗原発現効率の低さによると考えられている．それにもかかわらず，いくつかのグループは抗原提示細胞へワクチン抗原を特異的に導入したもの，CpGオリゴデオキシヌクレオチドを用いたプライム–ブースト法を用いたもの，生体にDNAをエレクトロポレーションにより導入したもの，などの革新的なテクノロジーを用いて免疫反応の著しい改善をはかっている．

魚類ウイルスのDNAワクチン研究において，これらのアプローチが特に効果的であった．とりわけ，食用魚種のための最初のDNAワクチン（Apex-IHN）は，大西洋サケを伝染性造血器壊死症（IHN）から予防するために，カナダで2005年に承認された[15)]．IHN病は野生のサケの風土病で，今まで発生がなかった養殖場で飼育されたサケに壊滅的な発生を引き起こす．DNAワクチンはIHNウイルスの表面糖蛋白質をコードし，筋内に投与される[10)]．

馬のウエストナイルウイルスに起因する感染症を予防するDNAワクチン（West Nile-Innovator DNA）は，魚のDNAワクチンとほぼ同時期に米国農務省から認可された．ウエストナイルウイルス感染症（ウエストナイル熱）は，日本脳炎ウイルス複合群に属しているフラビウイルスに起因し，主にアフリカおよび一部のアジア地域の風土病であった．しかし，ウエストナイル熱は1999年に初めて北米州の米国ニューヨーク市において鳥，馬，人に発生が認められ，それ以降，北米から南米にまで急激に拡大した．このDNAワクチンは，ウエストナイルウイルスのエンベロープ蛋白質をコードしており，アジュバントと共に投与される[13)]．このDNAワクチンは，メーカーがウエストナイルウイルスワクチンを市場に出すような商品としてよりも，むしろDNAワクチン構築基盤技術の一部として生産されたものである．

IHNVやウエストナイルウイルスのDNAワクチンの成功は，何か特定の技術的進歩があったというよりも，サケの筋肉へのDNA取込みが通常ではないくらい高い効率を示すものであったこと[10)]，ウエストナイルウイルスは非常に高い免疫原性をもつウイルス様粒子を自然に産生する性質をもっていたこと[14)]，などからこれらの開発は幸運によるものが大きいと考えられている．

伴侶動物において，より長くなった寿命に伴う自然発生的腫瘍の増加やオーナーにとっての高い価値感によって，伴侶動物の治療は重要な関心事になっている．犬悪性黒色腫（メラノーマ）は，犬において最も重要度の高い口腔腫瘍である．犬悪性黒色腫は人の悪性黒色腫に類似し，治療もむなしくほとんどの犬たちは診断後1年以内に死亡する．いくつかのグループは，犬悪性黒色腫に対する第3相試験にかかる抗癌ワクチンを有しており，メリアル社は犬悪性黒色腫に対する DNA ワクチンを 2006 年に米国農務省から条件付きライセンスで発売した．これらの実験的ワクチンは，主として人の癌ワクチンの研究がベースになっており，人の顆粒球マクロファージ・コロニー刺激因子が導入された犬の腫瘍細胞[7]，または人 gp100[1]，人のチロシナーゼをもった DNA ワクチン[2]での免疫手法をとっている．後ろ 2 つは，人のメラノサイト特異蛋白による免疫であり，異種抗原と自己抗原との間の交差反応を介して自己抗原に対する免疫寛容を破壊することをベースとしている．これらの研究において，少数ではあるが完全な疾病の寛解や生存期間の延長が見られ，総合的な反応率は約 17% と推定された．しかし，この研究は小規模であり，犬種や臨床状態が異なること，病歴や病気のステージに当てはまる対照が限定的であったことから，免疫パラメータ間の明らかな相関関係や腫瘍をコントロールできる可能性を示すことはできなかった．

4）今後の展望

これまでのワクチンの生産は病原体を大量に培養する必要があったが，DNA ワクチンは少量の病原体から感染防御抗原をコードする遺伝子をクローニングすれば，大腸菌でそのプラスミドを増やして精製するという一般的な方法で，従来に比べて短期間にワクチンの生産ができる．また，プラスミドは温度安定性が高いことから，世界規模でのワクチン利用を考えた場合，貯蔵や輸送に厳密な温度管理が必要とされることの多かったこれまでのワクチンと比べて大きな利点がある．さらに，組換え DNA 技術を用い容易に DNA ワクチンに種々の工夫を凝らすことができ，DNA ワクチンによって希望する免疫系のみを発動することが可能となってきた．それらの利点の 1 つは，2015 年に出現したばかりのジカ熱に対する DNA ワクチンが，2016 年の終わりには米国において第 1 相試験が終了するというように具現化されようとしている[11]．一方で，DNA ワクチンの有効性は，未だ現行手法により作製されるワクチンには及ばない．現在までに，獣医学領域ではサケの伝染性造血器壊死症（ノバルティス社），馬のウエストナイル熱（フォートダッジ社），犬の悪性黒色腫（メリアル社），豚成長ホルモン放出ホルモン治療（VGX アニマルヘルス社）への応用が成功しているのみで，人においては実用化されているものはない．

DNA ワクチンは有望であるものの，市場性を獲得するためには克服するべき技術的および経済的課題が存在するのも否めない．今後は細胞に効率的に取り込まれる DNA ベクターの形態やデリバリー様式の開発，ワクチンベクターと抗原の最適化，宿主の免疫反応を直接的に増強するアジュバントの開発等のアプローチがより一層重要になっていくものと思われる．動物用としての DNA ワクチンの長所の 1 つに，感染とワクチン投与動物とを識別する（differentiating infected from vaccinated animals：DIVA）ことができる可能性がある．マーカー DNA ワクチンの有用性については，口蹄疫や鳥インフルエンザで報告されているが[6, 9]，将来マーカー DNA ワクチンを用いることによって効果的な疾病根絶プログラムの作成が期待される．

引用文献

1）Alexander, A. et al.（2006）：*Cancer Immunol. Immunother.* 55, 433-442.

2）Bergman, P.J. et al.（2003）：*Clin. Cancer Res.* 9, 1284-1290.

3）Catanzaro, A.T. et al.（2006）：*J. Infect. Dis.* 194, 1638-1649.

4）Davis, B.S. et al.（2001）：*J. Virol.* 75, 4040-4047.

5）Dhama, K. et al.（2008）：*Vet. Res. Commun.* 32, 341-356.

6）Grubman, M.J.（2005）：*Biologicals* 33, 227-234.

7）Hogge, G. et al.（1999）：*Cancer Gene Ther.* 6, 26-36.

8）Ishii, K.J. et al.（2008）：*Nature* 451, 725-729.

9）Lee, C.-W. et al.（2004）：*Vaccine* 22, 3175-3181.

10）Lorenzen, N. and S. LaPatra（2005）：*Rev. Sci. Tech.* 24, 201.

11）Morrison, C.（2016）：*Nature Reviews Drug Discovery* 15, 521-522.

12）Pitisuttithum, P. et al.（2006）：*J. Infect. Dis.* 194, 1661-1671.

13）Powell, K.（2004）：*Nat. Biotechnol.* 22, 799-801.

14）Seregin, A. et al.（2006）：*Virology* 356, 115-125.

15）Simard, N. et al.（2006）：Proceedings of the International Veterinary Vaccine and Diagnostics ConferenceNorway.

16）Wei, C.-J. et al.（2010）：*Sci. Transl. Med.* 2, 24ra21-24ra21.

1-3．粘膜ワクチン（経口，経鼻，点眼等）

1885 年に Pasteur が弱毒化狂犬病ウイルスを注射することで狂犬病の予防ができることを報告して以来，現在に至るまで様々な感染症に対する注射型のワクチンが開発されてきた．その約 70 年後の 1954 年には，腸管粘膜を介する急性灰白髄炎（ポリオ）の感染を弱毒化したポリオウイルスの経口投与で予防できることも明らかにされた．ポリオ経口ワクチン以降，粘膜面で異物侵入の防御に働く IgA クラスの抗体の発見[2]や，全身性の免疫と一線を画して発動する粘膜免疫機構の存在などが相次いで明らかにされ[1, 9]，粘膜を介する免疫応答と感染予防の作用機序が科学的に裏付けられてきた．現在人の医療分野では，粘膜免疫機構に立脚して様々な感染症に対する粘膜ワクチンが考案され始めている．

一方，家畜においては，鶏で弱毒化生ウイルス株の粘膜経路投与により免疫応答が誘導されることが従来から知られていたことから，点眼，飲水あるいは噴霧で用いる感染症ワクチンが開発されているが，牛，豚では，それらの家畜で問題となる感染症の多くが呼吸器，消化器などの粘膜が感染局所となる疾患であるにもかかわらず，まだ積極的に粘膜ワクチンを利用するには至っていない．以下に，今後これら家畜種においての粘膜ワクチン開発の基になる免疫学的な研究知見を紹介する．将来的には，家畜においても粘膜免疫機構の解明が進むに従い，各家畜の感染症に対する粘膜ワクチンの開発も進むものと考えられる[3)]．

1）粘膜面による防御と粘膜局所の免疫誘導組織

粘膜面は，粘液層と上皮細胞層で構成され，食餌成分や様々な病原体微生物などに対して，第一線の監視・防御の場としても重要な働きがある．例えば腸管の上皮細胞層を覆う粘液層は，その粘液自体の粘着性や腸管蠕動運動によって異物を排出させるなど，物理的なバリアーとしての働きがあり，さらに粘液は多様な抗菌性のペプチドを分泌して病原微生物を分解するなど[8)]，化学的なバリアーとしての働きをもつ[10)]（図3-1）．

粘膜局所で粘膜免疫機構を司る各組織の免疫担当細胞には，ある程度の共通性が認められる．そこに共通する細胞は，主にリンパ球，マクロファージ，樹状細胞であり，これらは全身免疫でも機能する免疫担当細胞である．粘膜周囲ではそれらが集積して組織化された場所を，粘膜関連リンパ組織（mucosa-associated lymphoid tissue：MALT）と呼ぶ．

腸管での MALT は，腸管関連リンパ組織（gut-associated lymphoid tissue：GALT）と呼ばれ（図 3-2），MALT の中で

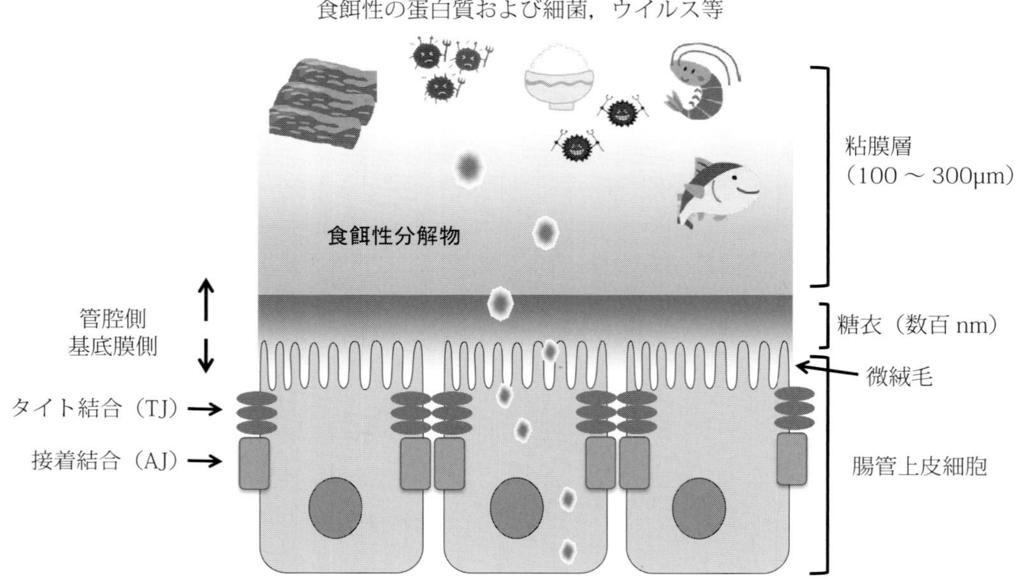

図 3-1　腸管上皮層の防御機構

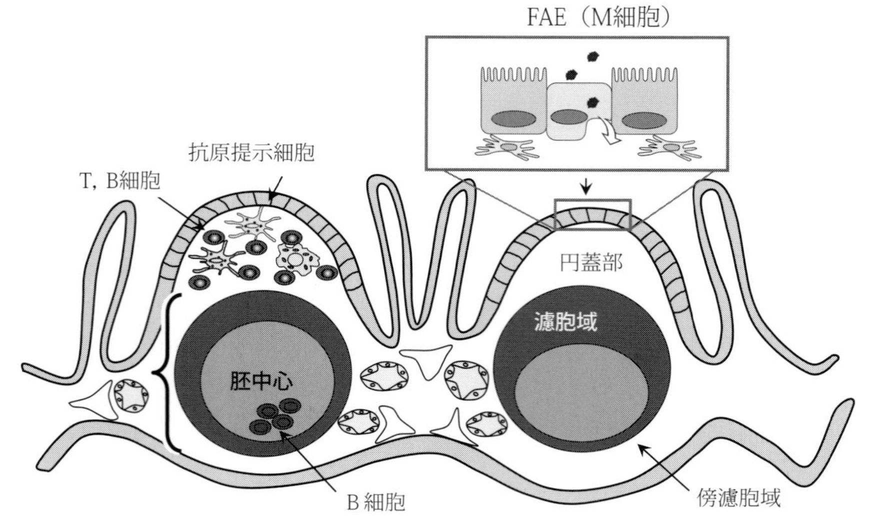

図 3-2　腸管関連リンパ組織

も特に解析が進んでいる[5]．人の GALT には，パイエル板，クリプトパッチ，孤立リンパ濾胞，虫垂など，濾胞を形成している組織が観察され，2 次リンパ装置としての機能があることが知られている．パイエル板は経口投与された抗原（ワクチン抗原を含む）に対する免疫応答を担い，腸管管腔側に多数の免疫担当細胞を抱えて隆起したドーム様の組織学的に特殊な形態を突き出すように配置している．ドーム状に被覆された上皮細胞層には，濾胞関連上皮層（follicle-associated epithelium：FAE）があり，この中には粘膜層の形態を基本的に担う微絨毛で覆われている円柱上皮細胞と，それらとは形状の異なる微絨毛が未発達な微小襞細胞〔microfold（M）細胞〕が存在する[4]（図 3-3）．

一方，呼吸器系における MALT では，口腔の最奥部から咽頭が始まる鼻腔底において鼻咽頭関連リンパ組織（nasopharynx-associated lymphoid tissue：NALT）の存在が明らかになっている．牛の場合，咽頭扁桃，耳管扁桃，口蓋扁桃，舌下扁桃は，重層上皮に覆われた 2 次リンパ濾胞の集合体から成り立っており，Waldeyer 扁桃輪と呼ばれる輪状のリンパ組織群を形成している（図 3-4）．これらのリンパ組織は，腸管のパイエル板と共通性があり，粘膜下部に抗原を移動させる M 細胞と同じような機能をもつ細胞がある．呼吸器粘膜での M 細胞は，病原性微生物やその他の外来異物に対して免疫応答を誘導する門戸となり，呼吸器系の粘膜免疫応答の重要な起点となっている．

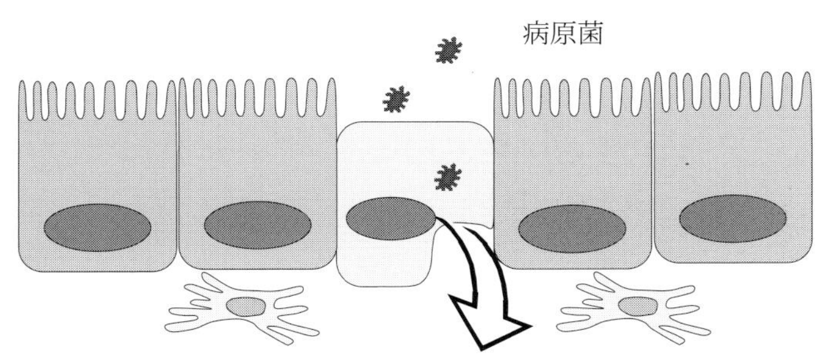

図 3-3　微小襞細胞〔microfold（M）〕細胞

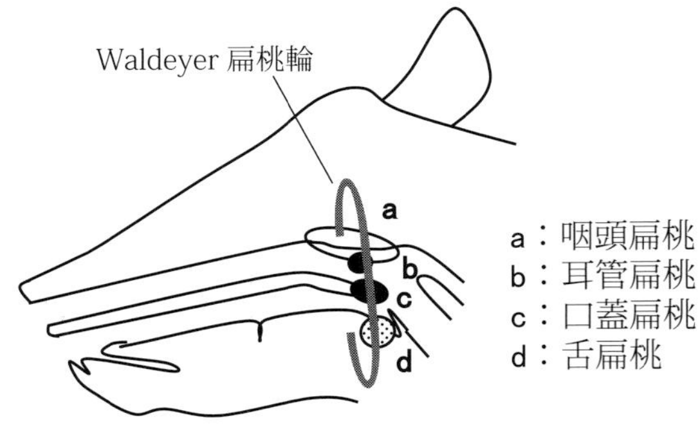

図 3-4　Waldeyer 扁桃輪と扁桃組織

このGALT や NALT のように，粘膜下部で粘膜免疫を活性化させることのできるリンパ関連組織を，粘膜免疫機構では「誘導組織」と呼んでいる．消化器系では GALT，呼吸器系では NALT がそれぞれの特徴的な免疫誘導組織として働くことが明らかにされてきたが，眼窩と鼻腔を結んでいる涙腺（または涙管）にも粘膜免疫を司る 2 次リンパ組織が存在していることが明らかにされている．この組織は涙道関連リンパ組織と（tearduct- associated lymphoid tissue：TALT）と呼ばれており，眼領域から侵入した病原微生物やその他の異物抗原に対しての免疫誘導の場として重要な役割を果たしている．鶏では，古くから点眼により弱毒化ウイルスが細胞性免疫を誘導させることが知られており，TALT を活用した粘膜ワクチンがいくつか開発されている．

2）免疫寛容

粘膜面での監視・防御機能を免疫生物学的に考える上で重要な点は，粘膜面が生体にとって有益であれ有害であれ，様々な異物の取り込み口になっていることである．腸管の場合，粘膜面には多様な蛋白質，脂質，ビタミンなどの食餌成分も存在し，一方で，それとは別に病原性があるなしに関わらず膨大な量の細菌叢も存在している．それらは生体からすると本来は異物であり，免疫監視の対象になるはずであるが，腸管ではこれらの中から有益な成分のみを見分けて粘膜組織を通過させ基底膜側へ移動させている．基本的に腸管の粘膜免疫系は有益な物質に対しては排除する免疫応答はとらず，無視や無応答にする消極的な免疫応答，いわゆる「寛容」状態を保つ抑制系制御の機能をもっている（図 3-5）．このように経口経由で体内に入り込んだ異物に対して寛容を示すことを経口免疫寛容，呼吸器経由で体内に入り込む異物に対して寛容を示すことを経鼻免疫寛容という．

3）実行組織で発揮される免疫機能

GALT や NALT に代表される抗原刺激を認識する誘導組織に加え，各所の粘膜表面には数多くのリンパ球や白血球が存在する部位があり，そこでは実際に抗原特異的な抗体を産生する形質細胞や細胞傷害活性をもつ細胞が多くみられ免疫応答を効果的に発動させている[12]．それらの機能が発揮される組織を粘膜免疫機構では「実行組織」と呼んでいる（図 3-6）．

口腔免疫により侵入した異物（ワクチン抗原を含む）は，腸管のパイエル板に存在する M 細胞により取り込まれ，パイエル板の樹状細胞により処理され，直下の濾胞領域の胚中心でヘルパー T 細胞の存在下で B 細胞を抗原特異的な形質細胞に分化させる．その後その細胞は，腸管指向性（腸管リンパ節で効果的に働くことをケモカインにより指示され，腸

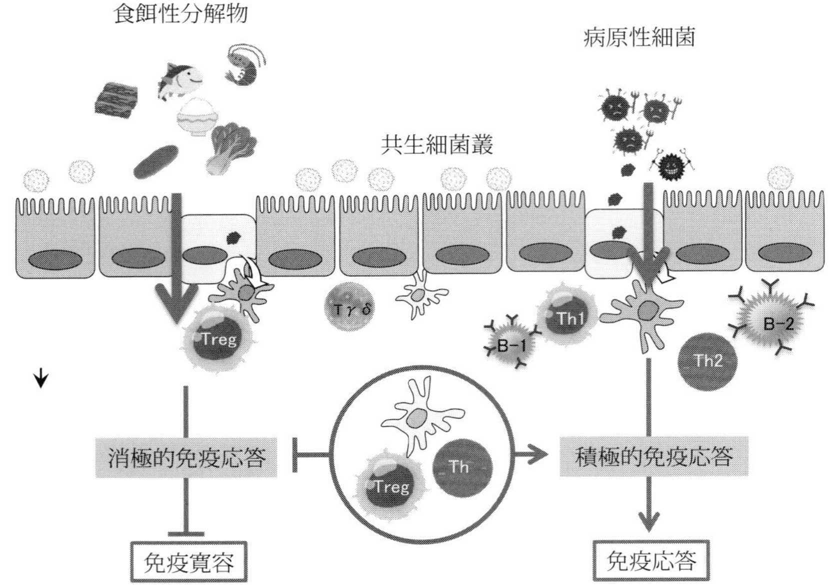

図 3-5　粘膜面における寛容と免疫応答

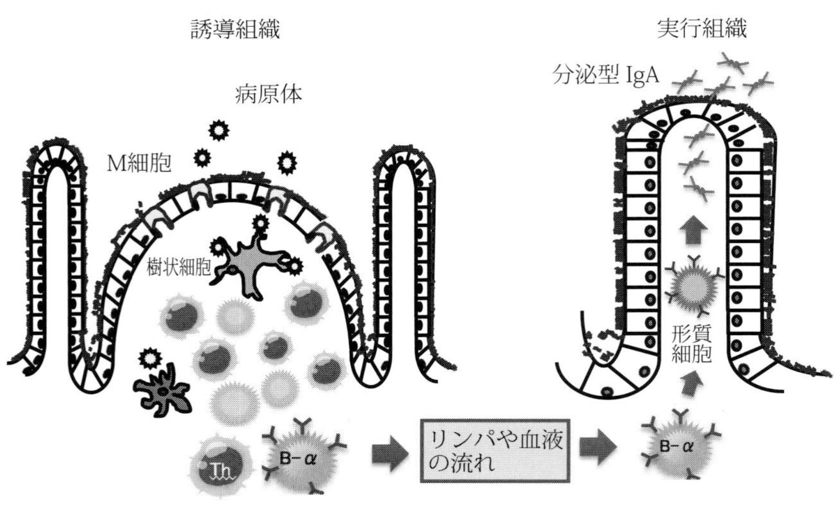

図 3-6　粘膜免疫における誘導組織と実行組織

管に向う特性）を獲得する[6]．これらのリンパ球は，リンパ管，腸管膜リンパ節を通って胸管へと移行し，さらに血遊を介して全身を循環した後に腸管免疫固有層の小静脈を介して腸管粘膜の実行組織へと形質細胞として移動（ホーミング）する（図 3-6）[7]．しかしながら腸管指向性を獲得した特異的な免疫細胞が帰巣する部位は，必ずしも腸管の血管内皮細胞に限られるものではなく，遠隔のほかの粘膜表面に帰巣することができる[11]．そのため，例えば GALT で感作を受けたリンパ球の一部は，呼吸器，泌尿器，乳腺といった他の粘膜免疫担当組織へも遊走することができる．この粘膜免疫機構でリンパ球が循環する経路のことを共通粘膜免疫システム（common mucosal immune system：CMIS）と呼んでいる（図 3-7）．人における経口からのポリオワクチン投与で，腸管でのポリオウイルス感染を予防できる粘膜ワクチンの成功は CMIS のシステムがあるためであり，誘導組織と実行組織とが異なった場所であってもワクチン効果が発揮される理論的な根拠になっている．将来の家畜における粘膜ワクチンの利用においても，ワクチン抗原をどの粘膜関連リンパ組織を介して投与するかはこのシステムの存在を考えて行う必要がある．

4）実行組織で微生物感染を阻止する分泌型 IgA 抗体

実行組織では，主に粘膜での感染防御に働く IgA クラスの抗体が重要な役割をもっている．実行組織の粘膜上皮細胞の下に多数存在している形質細胞は，IgA クラスの抗体が産生

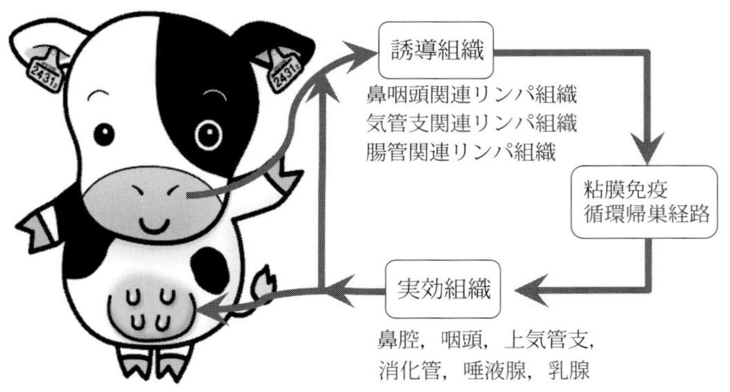

図 3-7　共通粘膜免疫システムとリンパ球循環帰巣経路

表 3-3　粘膜感染症に対する人のワクチンの開発状況

投与経路	対象	組成	承認あるいは開発状況
経口	ポリオ	弱毒化生ウイルス	承認（日本）
	ロタ	弱毒化生ウイルス	承認（日本）
	コレラ	不活化菌体	承認（海外）
	腸チフス	弱毒化菌体	承認（海外）
	コレラ	組換えコレラ B サブユニット	開発中（日本）
舌下	スギ花粉	スギ花粉成分	承認（日本）
	スギ花粉	組換えスギ花粉抗原等	開発中（日本）
経鼻	インフルエンザ	弱毒化生ウイルス	承認（海外）
	エイズ	組換えセンダイウイルス	開発中（日本）

されるようにクラススイッチされている．その形質細胞から産生された IgA 抗体は，2 量体の分泌型 IgA 抗体となり粘膜上皮細胞の管腔側に上皮細胞を通過して移動し，粘膜層に大量に貯留される．この分泌型 IgA 抗体は，直接微生物を殺菌する作用はもたず，基本的に微生物がもつ接着分子に特異的に結合することにより病原微生物の上皮細胞への付着および定着を阻止する働きをもっている．一部の分泌型 IgA 抗体は，病原微生物が産生する毒素や酵素に結合することによりその効果を失わせる中和作用ももち，毒素が原因となる下痢などを防ぐ働きがある．また，抗原特異的に活性化された粘膜免疫系は，分泌型 IgA 抗体の他に全身免疫で誘導される抗原特異的 IgG 抗体も血中に分泌させることが可能であり，いわゆる二重の免疫防御を発揮させることができる特徴を粘膜免疫機構はもっている．一方，注射によって全身免疫を誘導させるワクチン抗原の投与では，産生される抗体は基本的に IgG 抗体であり，粘膜層で病原菌を阻止する抗原特異的な分泌型 IgA 抗体の誘導はできない．（表 3-2）．

5）人および家畜における粘膜ワクチンの開発の現状

国内外において人医療用として承認されている粘膜ワクチンの状況を参考として（表 3-3）に示す．人用に開発されている粘膜ワクチンの数に対し，家畜における粘膜ワクチンは少なく，我が国では現在唯一，牛伝染性鼻気管炎ウイルス（IBR）と牛パラインフルエンザ 3 型（PI3）の 2 種のウイルスに対する牛の呼吸器病用の粘膜生ワクチンが，2015 年にゾエティス・ジャパン株式会社から発売されたのみである．海外ではこれに RS ウイルスを加えて 3 種の呼吸器関連ウイルスに対するワクチンも同社から販売されている．これらのワクチンに用いられている生ウイルス株は，36℃前後の体温環境で最もよく増殖し，39℃前後で増殖が抑制されるという温度感受性株としての特徴を有している．したがってこのウイルス株は体温が低い上部気道粘膜（鼻腔内）で増殖し，体温の高い体内深部になると増殖が抑制されるものであり，生ワクチンの特徴である効率的な免疫賦与作用を有し，かつ不活化ワクチンが有する安全性も担保している．鶏用ではニューカッスル病，鶏伝染性喉頭気管炎（ILT），鶏脳脊髄炎（AE），トリニューモウイルス感染症（AP），鶏コクシジウム症など，一部の生ウイルス株のワクチンが点眼，飲水あるいは噴霧ワクチンとして開発され内外の各動物医薬企業からすでに販売されている．

表 3-2　全身免疫系と粘膜免疫系

	全身免疫	粘膜免疫
自然免疫	単核球 顆粒球	リゾチーム ラクトフェリン
獲得免疫	抗原提示細胞	M 細胞下の 抗原提示細胞
（抗原認識）	全身性所属リンパ節	粘膜関連リンパ組織
	⬇	⬇
（特異的抗体）	血清 IgG	分泌型 IgA ＋ 血清 IgG

引用文献

1）Bienenstock, J. et al.（1984）：*Immunology Today* 5, 305.
2）Heremans, J.F.（1959）：*Clin. Chem. Acta.* 4, 639-646.
3）Hershberg, R.M. et al.（1998）：*J. Cli, Invest* 102, 792-803.
4）Kiyono, H. et al.（2008）：The Mucosal Immune System, Fandamental Immunology 6th. ed.（William, E.P. ed.）, 983-1030, Lippincott-Reven.
5）Kiyono, H. et al.（2004）：*Nst. Rev. Immunol.* 14, 699-710.
6）Kunisawa, J. et al.（2008）：*Trends Immunol.* 29, 505-513.
7）Mestecky, J. et al.（1980）：*J. Reticuloendothel. Soc.* 28, 45–60.
8）Mukherjee, S. et al.（2008）：*Cell Mol. Life Sci.* 65, 3019-3027.
9）Ogra, P.L, et al.（1999）：Mucosal Immunology 4th. ed.（Jiri, M. et al. eds）, Academic Press.

10）大野博司（2007）：実験医学 25, 3196-3204.
11）Sumith, P.D. et al.（2013）：Principles of Mucosal Immunology（Thomas, T. et al. eds), 413-428, Routledge.
12）Willams, I.R.（2004）：*Immunol. Res.* 29, 283-292.

2. ワクチン開発の新しい手法

要約

より優れたワクチンの開発を目指して新たな手法とそれを用いたワクチンの開発が試みられている．プラットフォームベクターワクチンは感染防御抗原を載せる土台（プラットフォーム）として多様な動物種に使用できるプラットフォームや多様な疾病に対応でききプラットフォームとなり得るベクターワクチンである．ウイルス等の改変によりワクチンを作出するのではなく，遺伝子の側からワクチン株を構築していくのがリバースジェネティクスによるワクチン開発である．クオラムセンシングは細菌間の情報伝達機構で，病原因子の生産などをコントロールしている．これを阻害することで病原因子の生産を特異的に抑制しようとするのが抗クオラムセンシングで，菌を殺さないので薬剤耐性菌の問題を回避できる．遺伝子組換え技術により植物に感染防御抗原を生産させ，可食部に蓄積させれば食べるワクチンとなり得る．米など穀類に蓄積させれば耐熱性も高い．種々の脂質や高分子などを用いた微粒子に抗原の徐放や特定部位への送達などを行わせる，様々な機能をもったドラッグデリバリーシステム（DDS）も開発が進められている．

2-1. プラットフォームベクターワクチン

1）プラットフォームベクターワクチンとは何か

プラットフォームとは，「物事の土台」になるものを指し示す概念である．具体的な例をあげれば，駅のプラットフォームが最も身近なところであり，まさに多くの利用客が列車を乗降する土台，足場となっている．また，近年ではプラットフォーム構築を志向することが経営戦略の1つとなっている．例えば，パソコンを動作させる基盤となるオペレーティングシステム（OS）やコミュニケーションツールであるSNSもプラットフォームの一種であり，他のアプリケーションやサービスなどを享受する土台となる．そして，OSもSNSも多種多様なプラットフォームが乱立するのではなく，少数のものにより寡占的な状態が作り出されていくことが多い．高度な利便性をもつプラットフォームは多くの人々やサービスを引き寄せて，その中に取り込み，他との競争に打ち勝って，さらに大きなプラットフォームへと成長していくからである．

では，プラットフォームになるベクターワクチンとは，いったいどういったものであろうか．どういった土台を提供するベクターワクチンが，プラットフォームベクターワクチンとなり得るのであろうか．プラットフォームベクターワクチンのコンセプトは近年の分子生物学や生物工学の発展に伴って，この世の中に出現してきたため，おそらく現状ではまだしっかりと定義が確立したものではない．ただ，現段階においていえるのは，私見になるかも知れないが，このコンセプトは異なる2つのタイプに分類できるということである．この2つとは，「多様な動物種を対象にしたプラットフォーム」および「多様な疾病を予防するプラットフォーム」となり得るベクターワクチンである．いずれ近い将来，それぞれのコンセプトおよび語義がきちんと定義され，おそらく異なった呼称で呼ばれるようになるだろう．本稿では，それぞれの呼称は将来への課題として脇に置き，以下，両者のコンセプトの違いが分かるように解説していきたい．

2）多様な動物種のプラットフォームとなるベクターワクチン

ベクターを選択する上で，最も重要なのは，宿主（ワクチンの投与対象となる動物種）との相性ではないだろうか．宿主に対して激烈な病原性を発揮するものは実用的ではないし，あまりに貧弱な増殖力では宿主の免疫に打ち負かされてしまい，ワクチン抗原を発現することさえままならない．そのため，ともすれば，人には人用ベクター，牛には牛用ベクターなどのように，投与対象となる宿主毎に適したベクターを開発していくことが自然な流れとなる．ただし，その反面，欠点も併せもつことになる．宿主毎にベクターを開発するということは自ずから開発コストの押し上げ要因となるし，製品の製造や品質管理の手法もベクター毎に異なれば，製造コストにも悪影響を及ぼす．最終的には，それらのコストは販売価格に転嫁されるため，例え製品の性能が良くとも市場や社会に受け入れられないものになってしまう可能性がある．

この問題を技術的にブレイクスルーするのが，「多様な動物種のプラットフォームとなるベクターワクチン」である．実は，このタイプのベクターワクチンはすでに実用化されており，Pouletらは2007年に公開した論文の中で，「The canarypox vector platform」という表現を用いて，このベクターワクチンのプラットフォームたる優位性を説いている[6]．一連の製品群には，犬ジステンパー，猫白血病ウイルス感染症および馬インフルエンザなどを対象とするワクチンが存在するが，全ての製品においてベクターとして同一のカナリア痘ウイルスを利用している点が特徴である．本ウイルスは，人工的にゲノム内に組み込まれた外来の抗原遺伝子（上記したジステンパーウイルスのH遺伝子や狂犬病ウイルスのG遺伝子など）を投与された動物（の細胞内）に届けて，ワクチン抗原を発現させることでワクチン効果を発揮する．しかも，本ウイルスが投与動物の細胞内で増殖しないためか，それ自体に対する宿主側の免疫応答は生じず，異なる抗原遺伝子を搭載した本ウイルスを追加で投与しても効果を発揮するという．ウイルスをベクターとして用いたワクチンとしては，この性状は極めてユニークである．例えば，鶏に対して鶏痘ウイルスをベクターとして用いたワクチンを投与する場合，初回の投与では問題ないが，2回目以降の投与では鶏痘ウイルス自体に対する鶏の免疫応答が生じてしまい，ワクチン効果の発揮前に速やかに鶏の体内から排除されてしまうのである．

現段階では，カナリア痘ベクターワクチンは犬，フェレット，猫および馬が投与対象動物となっているが，さらに他の動物種へと水平展開する研究が進行している．このベクターワクチンは外来の抗原遺伝子がゲノムに組み込まれているが，性状は元になったカナリア痘ウイルスと同じである．そのため，全ての製品が同じウイルスの培養条件，製造工程および製造施設を利用できるであろう．また，新規のワクチン開発においては，検討すべき点が，どの抗原（遺伝子）を利用すれば最適なワクチン効果を発揮するのかに絞り込まれる．将来，出現してくる新興感染症に対しても，このタイプのプラットフォームベクターワクチンは大きな戦力となるはずである．対象の病原体にとってクリティカルな抗原（遺伝子）さえ突き止められれば，プラットフォームを活用して迅速にワクチン製造が開始できるからである．現代では，病原体を分離する技術が確立していなくとも，その病原体のゲノム解析を完了できるまでになっている．これらの技術を組み合わせれば，病原体を分離する前に，延いては病原体が特定される前に，ワクチン開発が完了してしまうことさえ期待できてしまう．多様な動物種のプラットフォームとなるベクターワクチンは，ワクチンの開発や製造工程に関しても優れたプラットフォームになり得るのである．

3）多様な疾病を予防するプラットフォームとなるベクターワクチン

実はカナリア痘ウイルスベクターは，様々な疾病に対するワクチンとしても水平展開できるため，「多様な疾病を予防するプラットフォーム」のコンセプトも一部包含しているといえる．ただし，以下に解説するワクチンは，1つのワクチン株で複数の疾病を予防する多価（マルチバレント）のベクターワクチンである．しかも，プラットフォームと呼ぶからには同時に搭載する抗原遺伝子は1つや2つではなく，さらに上位を指向したコンセプトである．なぜ，このようなコンセプトのワクチンが必要とされるのか．それは，今後，畜産分野を中心にしてワクチン投与の簡素化，省力化が必ず重要な課題となるためである．他の食料資源との競争にさらされて，生産コストを引き下げるべく，畜産分野でもすでに生産の大規模化が進行し，作業従事者あたりの飼養頭羽数が増加してきている．家畜や家禽を1頭，1羽ずつ保定してワクチンを投与する労働集約的な作業は，今後益々敬遠されるものになっていく．当然のことながら，少ない作業で，最大限の効果を発揮する多価化されたワクチンが必要とされてくる．

4）特に養鶏分野で望まれるのは多価のワクチンである

養鶏分野は最も集約化，大規模化が発展しているために，他の畜種と比較して感染症対策においてワクチンを利用した予防対策への依存度が高い．しかも，その利用方法は，極めて高度に省力化が図られている．具体例をあげてみよう．一般的な採卵鶏の場合，その生涯において10回（10種ではなく，10回である．現行でも混合ワクチンがあるため，ワクチンの種類や対象となる疾病は投与回数よりも多い）を超えてワクチンを投与される．農場によっては，20回を超えるところもあるかもしれない．ところが，そのうち，最も手間のかかる注射するタイプの不活化ワクチンは多くて2回，ほとんどの場合は1回のみである．一方，残りの大多数のワクチンでは，飲水に混合されたり，希釈液を噴霧されたりする方法が採用されている．鶏を保定する必要のない省力的な投与方法が大半なのである．このため，養鶏分野では，省力的な投与方法に向く生ワクチンの利用が極めて大多数を占める状況となっている．

採卵鶏の更新サイクルは1年半～2年ほどであるが，ワクチンが投与されるのは，卵を生み出す前の約3か月間（3か月齢になるまでの期間）にほぼ限定される．一方，肉用鶏の出荷日齢は，出荷が早いものでは40日ほどであるため，さらにワクチンが投与される期間は短い．このため，養鶏分野では，短期間になるべく多くのワクチンを効率よく投与しなくてはならない．そこで，養鶏分野で最も希求されてくるのは，省力的な投与方法が利用できて，かつ1回の投与で大多数の疾病を予防することのできる，多価のワクチンなのである．現状で，この条件を満たすことができるのは，生ワクチン株を利用したベクターワクチンであろう．これまでにも，鶏痘ウイルス，マレック病ウイルスおよび七面鳥ヘルペスウイルスなどをベクターとして利用し，ニューカッスル病，鳥インフルエンザおよび伝染性ファブリキウス囊病などのウイルスの抗原遺伝子を搭載したベクターワクチンの報告がある[4, 10, 12]．ただ，現状では，実用化されているものの中ではベクターに搭載される抗原遺伝子は単独のものであり，複数搭載したものは見当たらない．研究レベルでは，2014年にZhangらは，マレック病ウイルスに鳥インフルエンザウイルスとニューカッスル病ウイルスの抗原遺伝子を同時に導入し，抗原を発現させたことを報告している[14]．今後さらに多数の抗原遺伝子を搭載させるためには技術開発を待つ必要はあるが，マレック病ウイルスは，ウイルスの中では大きいゲノムサイズをもっていることから外来遺伝子の受け入れ余地が高く，養鶏分野では最も期待されているベクターワクチンのプラットフォームである．ただ，ベクターに導入される抗原遺伝子は，プロモーター部位など付随する部分も含めると，少なくとも1種類につき1～2kbの長さに及ぶ．マレック病ウイルスのゲノムサイズは180kbほどとされているので，例えば10種の抗原遺伝子を導入するとなると，ゲノムの約1割を外来のもので占めてしまうことになる．そのような状況で，果たしてマレック病ウイルスのゲノムが本来の機能を発揮し，正常な性状を示すことができるのか疑問ではある．多数の抗原遺伝子を搭載するプラットフォームを指向するのであれば，さらに大きなゲノムサイズをもったベクターが望ましいのではないだろうか．

5）プラットフォームとしての鶏コクシジウム生ワクチン株の可能性

鶏のコクシジウム症を引き起こすのはアイメリア属に分類される，日本では鶏コクシジウム原虫と呼ばれる一群の寄生虫である．国内外含め，すでに鶏コクシジウム症に対する生ワクチンは実用化されているが，このワクチンは寄生虫分野では唯一といって良い程の大きな成功を収めたワクチンである．もともとは野外分離株（非弱毒株）を利用した鶏群の計画感染に端を発したものであるが，今日に至って世界中で生ワクチンが広く普及することになった最も大きな要因は，鶏コクシジウム原虫を弱毒化する実用的な技術が確立されたことにある[5]．鶏の体内で早期に増殖する原虫集団のみを次代に用いる極めてユニークな継代方法を重ねて得られる系統（株）は，早熟株もしくは早熟化弱毒株と呼ばれている．そして，弱毒化した早熟株であっても親株と変わらず免疫原性を保有することから，安全で有効な生ワクチン株として多くの製剤で採用されることとなった．

近年，研究ツールの進歩とも相まって，コクシジウム原虫を含むアピコンプレクサ門原虫を対象とした分子生物学的および遺伝子工学的研究の進展が目覚ましい．次々とゲノム解析やトランスクリプトーム解析の結果が公開され，遺伝子を改変された多種多様な原虫が研究で利用されている[3, 13]．研究手法の発展に伴い，鶏コクシジウム生ワクチン株をベクターとして活用し，多様な疾病を予防するプラットフォームにするコンセプトが現実味を帯びてきた．ウイルス感染症などに対する防御免疫を誘導する抗原遺伝子を複数搭載した鶏コクシジウム生ワクチン株を作り出せば，単味でありながら多価という理想的な生ワクチンが誕生するのである[2]．モデル遺伝子ではあるが，鶏コクシジウム原虫に複数の外来遺伝子を導入し，蛋白質の発現を確認した報告がすでにある[13]．

鶏コクシジウム生ワクチン株をベクターとして利用することには，どのようなメリットおよびデメリットがあるだろうか．まず，外来の遺伝子を導入する上で，鶏コクシジウム原虫のゲノムが示す好適な性質をあげておきたい．そのサイズは55～60Mbもの大きさがあり，前述したマレック病ウイルスと比較して約300倍の大きさがある[8]．100Kbもの長さがある外来の遺伝子（群）を導入するとしても，ゲノム長の1%にも満たず，本来のゲノムの機能に影響を与える可能性は低い．このため，異なる抗原遺伝子を搭載させて多価化を進めるだけでなく，個々の抗原遺伝子の発現量を高めるために同一の遺伝子を複数個導入するマルチコピー化にも適している．また，鶏コクシジウム原虫の特性として，外来の遺伝子をゲノム内に取り込む確率が極めて高く，薬剤耐性遺伝子を併用して薬剤耐性スクリーニングを併用しなくとも形質転換させた原虫を得られる利点も大きい[3]．導入された外来の遺伝子は染色体の中に取り込まれて安定的に存在するため，形質転換された性質は細胞分裂後にも次の世代へと引き継がれていく．ゲノムに外来の抗原遺伝子を導入されたベクターは遺伝子組換え生物に該当することとなる．問題となるのは生物多様性への影響の有無であり，ベクター化されたワクチン株が病原性や伝播性を増大していてはならないとされる．しかし，もともと鶏コクシジウム原虫は寄生する宿主特異性と臓器特異性が極めて厳密であり，鳥類の中でも鶏の腸管内のみでしか増殖することができない．外来の抗原遺伝子を導入したとしても，これらの特異性が変化する可能性は低く，鶏以外の宿主と干渉しあうことは起きないため，環境中の生物多様性への影響は問題にならないのではないだろうか．

鶏コクシジウム原虫自体がもつ免疫誘導能においても，いくつか利点があげられる．鶏コクシジウム原虫の感染は親鶏から付与される移行抗体の影響を受けないため，孵化してすぐにワクチン投与が可能である．平飼い状態で飼育される鶏ではワクチン株感染後に糞便中へ排泄される新生ワクチン株（オーシスト）に常に曝露される状態にあり，断続的に繰り返し感染を受けるので終生にわたり高レベルの免疫が維持される．また，鶏コクシジウム原虫は腸管粘膜の細胞内外に寄生するという特性から，粘膜免疫と全身免疫および細胞性免疫と液性免疫と，いくつもの系を刺激することができるのも，多様な疾病を対象とするプラットフォームとして望ましい[7, 11]．マレック病ウイルスなどのウイルスベクターと比較したとしても，十分に匹敵するだけの能力もしくは補完し合える能力を鶏コクシジウム原虫生ワクチン株はもっているといえる．鶏コクシジウム原虫を例としてあげたように，「多様な疾病を予防するプラットフォームとなるベクターワクチン」は，原理的には単一の宿主のみを対象としたプラットフォームである．しかしながら，このタイプのベクターワクチンも前述したカナリア痘ウイルスベクターと同様に，１つのベクターを土台にして複数の疾病を予防するための抗原遺伝子を搭載させていくために，ワクチンの開発や製造工程に関しても優れたプラットフォームになり得るのである．

引用文献

1）Blake, D.P. et al.（2011）：*Int. J. Parasitol.* 41, 263-270.
2）Clark, J.D. et al.（2012）：*Vaccine.* 30, 2683-2688.
3）Clark, J.D. et al.（2008）：*Mol. Biochem. Parasitol.* 162, 77-86.
4）Ishihara, Y. et al.（2016）：*Avian Dis.* 60, 473-479.
5）Jeffers, T.K.（1975）：*J. Parasitol.* 61, 1083-1090.
6）Poulet, H. et al.（2007）：*Vaccine.* 25, 5606-5612.
7）Shirley, M.W. et al.（2005）：*Adv. Parasitol.* 60, 285-330.
8）Shirley, M.W.（2000）：*Int. J. Parasitol.* 30, 485-493.
9）Sibley, L.D. et al.（2002）：*Philos. Trans. R. Soc. Lond. B Biol. Sci.* 357, 81-88.
10）Sonoda, K. et al.（2000）：*J. Virol.* 74, 3217-3226.
11）Wallach, M.（2010）：*Trends Parasitol.* 26, 382-387.
12）Webster, R. G. et al.（1991）：*Vaccine.* 9, 303-308.
13）Yin, G. et al.（2011）：*Int. J. Parasitol.* 41, 813-816.
14）Zhang, Z. et al.（2014）：*PLoS One.* 9, e90677.

2-2. リバースジェネティクス法によるウイルス病ワクチンの開発

遺伝子改変が可能なクローン化ゲノムDNAまたはcDNAから感染性ウイルスを作出する技術，いわゆるリバースジェネティクス（RG）法は，様々なウイルスの基礎研究を推進する強力なツールとしてだけでなく，ウイルス病ワクチンの新たな開発手法としても注目されている．すなわち，ウイルスの弱毒変異や蛋白質の分子機能などの既知の情報を活用することで，ワクチン株として望ましい性質をもつウイルス株を，あらかじめ定めたデザインに基づき開発することが可能となった．ここでは，非分節マイナス鎖RNAウイルスのRG法の原理を解説しながら，本法による狂犬病生ワクチンの開発について概説する．さらに，RG法によるワクチン開発の課題についても議論したい．

1）ウイルスのリバースジェネティクス法の歴史

リバースジェネティクス（RG）は，「逆遺伝学」と直訳される．一般的な分子生物学では「生体からクローン化遺伝子」を得るのに対し，生体の遺伝子改変技術では反対に「クローン化遺伝子から生体」を作製する．したがって，本技術とほぼ同義の言葉として，「RG法」が使われるようになった．現在，様々な動植物，微生物などでRG法が確立され，多岐にわたる分野で活用されている．

単純なゲノム構造をもつウイルスでは，比較的早い段階でRG法が樹立された．特に，DNAウイルスでは，ウイルスから抽出されたゲノムDNAを培養細胞内に導入することで感染性ウイルスの回収が可能であったため，早くからウイルスの遺伝子改変が可能であった．また，プラス鎖RNAウイルスについても，完全長ゲノムcDNAから合成したRNAを細胞に導入することで感染性ウイルスを回収できるため，1970年代後半から1980年前半には複数のウイルスでRG法が確立された[1, 18, 22]．

一方，マイナス鎖RNAウイルスのRG法は長期にわたり確立には至らなかった．大きな障害となったのは，プラス鎖RNAウイルスとは異なり，マイナス鎖RNAウイルスのゲノムRNAが感染性をもたないことであった．そんな中，1994年，Schnellら[20]が非分節マイナス鎖RNAウイルスとして初めて，狂犬病ウイルスのRG法を樹立することに成功した．マイナーな改良が加えられながら，現在も，基本的にはSchnellらが確立したものと同じ原理で，様々な非分節マイナス鎖RNAウイルスのRG法が確立され，活用されている[4, 8, 10, 11, 19]．

2）非分節マイナス鎖RNAウイルスのRG法の原理

非分節マイナス鎖RNAウイルスのRG法の原理では，リボヌクレオプロテイン複合体（RNP）*5を人工的に培養細胞内で合成することが鍵となる．そのためには，完全長ゲノムRNAを発現するゲノム・プラスミド，ウイルスN，PおよびL蛋白質を発現する3種類のヘルパー・プラスミド，合計4種類のプラスミドを細胞に導入する必要がある（図3-8）．

通常，ゲノム・プラスミドから供給するRNAにはプラス鎖を用いる．さらに，RNP構造の形成に重要な役割を担うゲノム末端の配列構造を，本来のウイルスのものと同一にするため，プラス鎖ゲノムRNAの5'末端側に，自己切断活性をもつδ型肝炎ウイルスのリボザイム（Rbz）*6を付加することが一般的である．

ゲノム・プラスミドから合成された完全長プラス鎖ゲノムRNAと，ヘルパー・プラスミドから発現されたN，PおよびL蛋白質が相互作用することで，アンチゲノムRNPが産生される．次に，ヘルパー・プラスミドからのN，PおよびL蛋白質の発現下で，アンチゲノムRNPからゲノムRNPが産生されると，通常の感染細胞と同様の複製サイクルが回り始める．結果的として，感染性ウイルス粒子が出現する．

ウイルスの遺伝子改変を行う場合は，組換え大腸菌を用い

---

*5 リボヌクレオプロテイン複合体（RNP）：RNAおよび蛋白質の複合体．RNAウイルスのRNPは，ゲノムRNAとウイルス蛋白質から構成され，ヌクレオカプシドとも呼ばれる．

*6 リボザイム（Rbz）：酵素活性を有するRNAの総称．通常，Rbzの酵素活性の発現にはRNAの高次構造が重要となる．

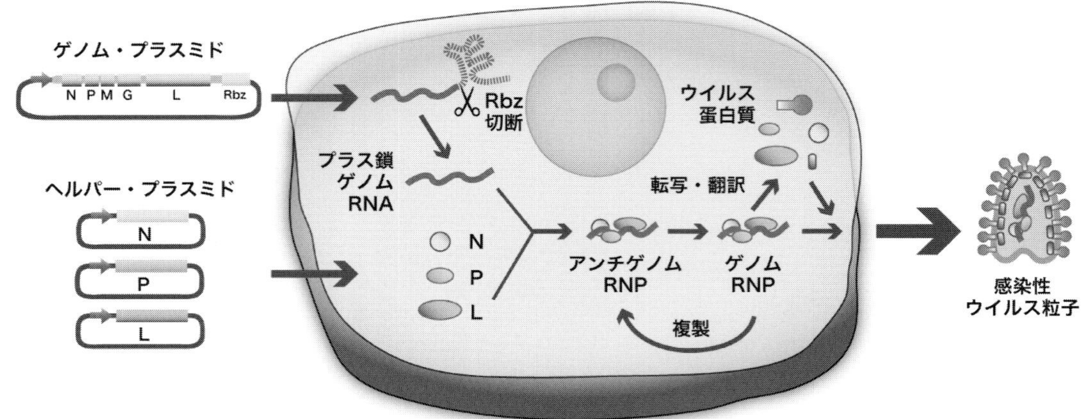

図 3-8　非分節マイナス鎖 RNA ウイルスの RG 法の原理

た常法の遺伝子クローニング技術を用いて，ゲノム・プラスミド上のウイルス cDNA を操作する必要がある．操作されたゲノム・プラスミドと各種ヘルパー・プラスミドを細胞に導入することで，任意の遺伝的特徴をもつように改変されたウイルスを得ることができる．ただし，実施した遺伝子改変がウイルスの増殖能力を著しく低下させる場合，感染性ウイルスは回収されない，もしくは効率よく増殖しない．

3）RG 法によるウイルス病ワクチンの開発

ウイルスの遺伝子改変を可能にする RG 法は，基礎研究分野だけでなく，ウイルス病ワクチンの開発においても強力なツールとなる．従来のワクチン開発法では，培養細胞等でウイルスを長期連続継代する手法が実施されてきた．しかし本法には，多くの時間が必要となる上，長期継代の過程でゲノム上に発生する変異を人為的に制御することができないため，開発の成功が偶然に左右されるという欠点があった．

一方，RG 法を用いたワクチン開発では，様々な分野の基礎研究によって得られた情報に基づき，ワクチンをデザインすることが可能である（図 3-9）．例えば，ある生ワクチン株の安全性を向上させたい場合，既知の弱毒変異の導入や，免疫回避を担うウイルス蛋白質の改変を計画する．このようなデザインに基づき，RG 法によってワクチン候補株を作製した後，常法にしたがい，生産性，安全性，免疫効果などを検証する．これらの検証結果をフィードバックしながらワクチン株のデザインを修正することで，候補株に改良を重ねることができる．最終的に完成したワクチン株は，従来法では得ることが難しい特長を有すると期待できる．

4）RG 法による新規狂犬病生ワクチンの開発の実際

狂犬病ウイルスの RG 法が確立されて以来，本法による新規狂犬病生ワクチンの開発を目的とした研究が活発に行われてきた．ここでは，これまでの研究により樹立された生ワクチン候補株を３つの型に分類し（図 3-10），各々の特徴を解説する．ただし実際は，これらの型を組み合わせた「複合型」の候補株を樹立した研究が多数を占めている．

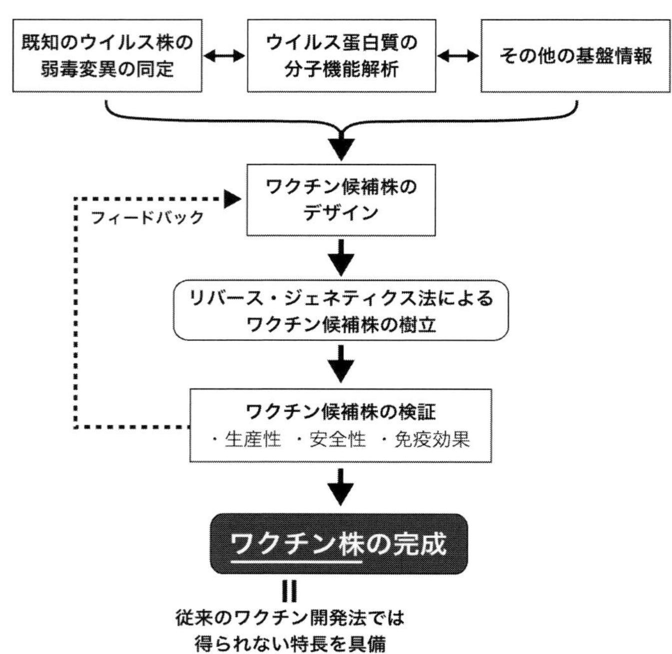

図 3-9　RG 法を用いたウイルス病ワクチン開発の流れ

a）変異導入型

既存の弱毒株の遺伝子解析や，各ウイルス蛋白質の分子機能解析によって弱毒化効果が期待できる変異が見出される．このような変異を RG 法によりゲノムに導入することで，高度に弱毒化されたウイルス株の樹立が期待できる．特に，G 蛋白質 333 位への弱毒変異（代表例：Glu）の導入は，以前より広く活用されている[5, 7, 14, 16]．最近，ウイルスの自然免疫回避機序を分子レベルで解析した結果，N 蛋白質 273 および 394 位ならびに P 蛋白質 265 および 287 位に弱毒変異が同定された[12, 25]．すなわち，これらの変異を導入する

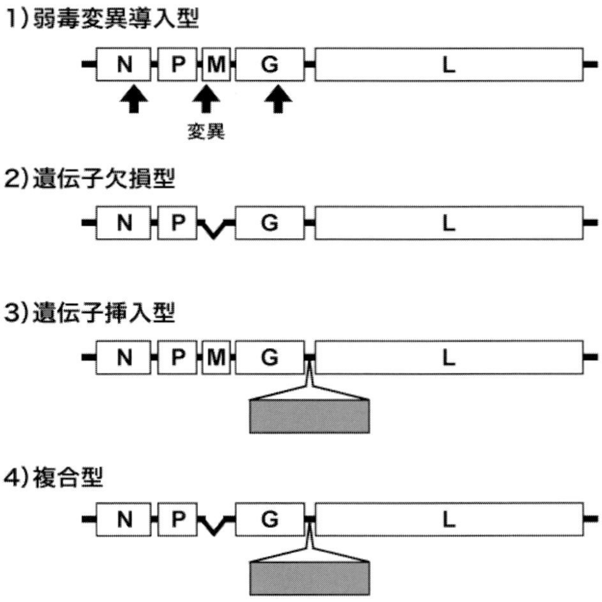

図 3-10　RG 法により樹立された狂犬病生ワクチン候補株の分類

ことで自然免疫を活性化するような生ワクチン候補株を作出できる可能性がある．

このような知見に基づき，複数の変異によって高度かつ安定に弱毒化された生ワクチン候補株が樹立されている．具体的には，高度に弱毒化された Ni-CE 株の RG 法を用いて，本株が本来有している変異に加え，G 蛋白質 333 位にも弱毒変異を有する Ni-CE 変異株，Ni-CE（G333Glu）株が確立された [16]．多面的な検証により Ni-CE（G333Glu）株は，高度かつ安定な弱毒性状をもつことが確認されている．

変異導入による生ワクチン候補株の開発では，従来法では不可能であった，弱毒変異を人為的に任意の数だけ導入できるという長所がある．特に，生ワクチンの安全性を向上させる上で有用な手法と言える．後述の遺伝子の欠損や挿入による開発と比較すると，得られる候補株は，従来法のものに類似した特徴をもつ．

b）遺伝子欠損型

狂犬病ウイルスを構成する 5 つの蛋白質は，いずれもウイルスの増殖環の形成に必須な役割を担っている．すなわち，特定のウイルス遺伝子を欠損させることで，ウイルスの自律的な増殖能を欠失させることが可能となる．したがって，遺伝子欠損型の生ワクチン候補株は，極めて高い安全性をもつことが予想される．ただし，G 遺伝子は，防御免疫誘導の主体を担う G 蛋白質をコードするため，ワクチン開発の目的では欠損の対象とはならない．

一方，子孫ウイルスの出芽・放出に関与する M 蛋白質をコードする M 遺伝子は，欠損の対象として適している．M 遺伝子欠損ウイルスは，転写・複製に必須な N，P および L 蛋白質，ならびに免疫誘導に必須な G 蛋白質を細胞で発現しつつも，M 蛋白質の欠損により感染性子孫ウイルスを産生することができず，感染を拡大することができない [13]．この特徴から，M 遺伝子欠損ウイルスは，免疫誘導能を維持しながら，極めて高い安全性を有する生ワクチン株として期待されている [3, 9]．なお，RG 法により M 遺伝子欠損ウイルスを作出するためには，ヘルパー・プラスミドに M 蛋白質発現プラスミドを追加する必要がある．また，M 遺伝子欠損ウイルスを増殖させるためには，M 蛋白質を発現する培養細胞を樹立することが望ましい．

これまで，遺伝子欠損型生ワクチン候補株として，M 遺伝子欠損ウイルスに加え，P 遺伝子欠損ウイルスも確立されている [2, 3, 15]．狂犬病ウイルスを含む非分節マイナス鎖 RNA ウイルスは相同組換えを起こす可能性が極めて低いため [21]，野外において欠損遺伝子が復帰するリスクは無視できる．したがって，極めて高い安全性が遺伝子欠損型生ワクチンの最大の長所である．一方で，遺伝子欠損型生ワクチンには生産性に課題が残る．ウイルス蛋白質を発現する遺伝子欠損ウイルス増殖用の培養細胞では，感染細胞と同等の発現量を得ることが極めて難しいため，高い感染価のウイルス液を作製することが困難となる．特に M 蛋白質は細胞毒性が強く [9]，人工的な発現系を用いて高い発現量を得ることは容易ではない．

c）遺伝子挿入型

ウイルスの転写シグナルと共に外来遺伝子をゲノムに挿入することで，その蛋白質を発現する狂犬病ウイルスを作出することができる．この方法により，免疫活性化因子を発現する遺伝子挿入型生ワクチン候補株が作出され，免疫効果の増強が試みられている．これまでに，チトクローム c（cyt c），腫瘍壊死因子 α（TNF α），顆粒球単球コロニー刺激因子（GM-CSF），マクロファージ炎症蛋白質 1 α（MIP-1 α M），マクロファージ由来ケモカイン（MDC），インターフェロン α 1（IFN α 1）などを発現するウイルスが報告された [6, 17, 23, 24]．全般に，これらの遺伝子挿入ウイルスは，高い免疫誘導能をもつことが実際に確認され，それに付随した弱毒化も観察されている．

また，免疫誘導に重要なウイルス G 蛋白質を高発現化するため，G 遺伝子を追加で挿入したウイルスも作出されている [5, 7]．このような G 遺伝子挿入ウイルスは，高い中和抗体誘導能をもつことが確認されている．

このような遺伝子挿入型生ワクチンの最大の長所として，高い免疫効果があげられる．一方で，ウイルス増殖に本来の不必要な挿入遺伝子には容易に変異が導入されてしまうという懸念がある．例えば，挿入遺伝子の途中で終止コドンが出現すれば，同遺伝子からの機能的蛋白質の発現が停止する可能性が極めて高い．したがって，培養細胞および投与動物の体内における挿入遺伝子の安定性を検証する必要がある．

5）今後の課題

RG法は，前述のように，デザインに基づく生ワクチン候補株の樹立を可能にしたため，感染症の制圧に大きく貢献する潜在能力をもつ．そのメリットの一方で，遺伝子改変ウイルスをワクチン（特に，生ワクチン）として実用化するには大きな障壁が存在する．実際，遺伝子改変された狂犬病ウイルスがワクチンとして実用化された事例は，著者の知る限り存在しない．カルタヘナ議定書の関連法規による遺伝子組換え生物の使用規制を遵守し，かつ環境面および安全面の懸念をどのように払拭するのかが，実用化の鍵となる．そのためには，多面的なリスク評価に必要な情報を蓄積することが課題となる．

さらに，RG法のメリットを最大限に活用することで，優れた特性をもつワクチンの開発を継続していくことも重要である．すなわち，ワクチン候補株のデザインを行う上で必須となる基盤情報のさらなる蓄積と，そのワクチン開発への応用も今後の課題と言える．遺伝子改変ウイルスの使用に対する社会的同意を得るためにも，最大のメリットを有するワクチンの開発が望まれる．

引用文献

1）Ahlquist, P. et al.（1984）：*Proc. Natl. Acad. Sci. USA* 81, 7066-7070.
2）Cenna, J. et al.（2008）：*Vaccine* 26, 6405-6414.
3）Cenna, J. et al.（2009）：*J. Infect. Dis.* 200, 1251-1260.
4）Collins, P. L. et al.（1995）：*Proc. Natl. Acad. Sci. USA* 92, 11563-11567.
5）Faber, M. et al.（2002）：*J. Virol.* 76, 3374-3381.
6）Faber, M. et al.（2005）：*J. Virol.* 79, 15405-15416.
7）Faber, M. et al.（2009）：*Proc. Natl. Acad. Sci. USA* 106, 11300-11305.
8）Garcin, D. et al.（1995）：*EMBO J.* 14, 6087-6094.
9）Ito, N. et al.（2005）：*Microbiol. Immunol.* 49:971-979.
10）Kato, A. et al.（1996）：*Genes Cells* 1, 569-579.
11）Lawson, N.D. et al.（1995）：*Proc. Natl. Acad. Sci. USA* 92, 4477-4481.
12）Masatani, T. et al（2011）：*Virus Res.* 155,168-174.
13）Mebatsion, T. et al.（1999）：*J. Virol.* 73, 242-250
14）Morimoto, K. et al.（2002）：*Vaccine* 19, 3543–3551.
15）Morimoto, K. et al.（2005）：*Virus Res.* 111, 61-67.
16）Nakagawa, K. et al.（2012）：*Vaccine* 30, 3610–3617.
17）Pulmanausahakul, R. et al.（2001）：*J. Virol.* 75, 10800–10807.
18）Racaniello, V. R. et al.（1981）：*Science* 214, 916-919.
19）Radecke, F. et al.（1995）：*EMBO J.* 14, 5773-5784.
20）Schnell, M.J. et al.（1994）：*EMBO J.* 13, 4195-4202.
21）Spann, K.M. et al.（2003）：*J. Virol.* 77, 11201-11211.
22）Taniguchi, T. et al.（1978）：*Nature* 274, 2293-2294.
23）Wang, Y. et al.（2014）：*Virology* 468-470 ,621-630.
24）Wen, Y. et al.（2011）：*J. Virol.* 85, 1634-1644.
25）Wiltzer, L. et al.（2013）：*J. Infect. Dis.* 209 1744-1753.

コラム　「リバース–ワクチノロジー（逆ワクチン学）」

これまでのワクチン開発方法には，病原微生物を継代して毒力の弱いものの選別を繰り返すことで，無毒に近い変異株を得て弱毒生ワクチンとして使用する方法と，病原微生物の構成成分のうち，感染防御抗原を探し出し，不活化抗原として使用する方法とがある．どちらの方法をとるにしても開発には10年余の長時間を必要とする．このようなワクチン開発手法に対して，ゲノム解析技術の進歩によって，病原体の全ゲノム解読が短期間にできるようになったこともあり，遺伝子配列から作られる蛋白質のアミノ酸配列も簡単に知ることができる．すなわち病原体遺伝子のうち，感染防御抗原として有望な蛋白質をゲノム情報から予測し，その成分を遺伝子組換え技術を用いて合成する．この方法は従来のワクチン開発とは逆に，病原微生物の遺伝子配列から始めることから，逆ワクチン学といわれ，これまでの伝統的なワクチン開発方法に比べごく短時間でワクチン開発ができる．近年，細菌の全ゲノム解読が短期間にできるようになり，1,500を超える菌株の全ゲノム配列が解読され米国国立生物工学情報センターのデーターベース上で閲覧できる．細菌のゲノム上に存在する遺伝子の予測やそれから得られる蛋白質の性質を予測するプログラムも開発されている．第2世代シーケンサーを利用して自分の目的とする病原体の全遺伝子を解析し，ワクチンとなり得る蛋白質を作り出す遺伝子の予測を行い,数百もの候補遺伝子から組換え蛋白質を調製しワクチン効果を検討して絞り込んでいく手法である．

似たものに，核酸から生きたウイルスを作出するリバースジェネティクス（逆遺伝学）法がある．弱毒ウイルスの開発は，経験的に動物や多くの細胞に継代してなされてきたが，リバースジェネティクス技術を用いる遺伝子操作でウイルス-ゲノムを自由に改変し弱毒ウイルスを作ることが可能となった．この方法は人工的に変異を導入したウイルスを簡単に作出することができるという画期的な方法である．

2-3. 抗クオラムセンシング

細菌界で広くみられる環境応答機構の 1 つにクオラムセンシングと呼ばれる細胞間情報伝達機構があり，このシステムは同種菌の生育密度に応じ，細菌の生産するオートインデューサー（AI）と呼ばれるホルモン様情報伝達物質を介して物質の生産を制御する [3]．黄色ブドウ球菌や緑膿菌等の病原細菌ではクオラムセンシングによって，多くの病原因子の生産が制御されている．

抗生物質の使用は薬剤耐性菌の出現および選択的増加を招く恐れがあるが [16, 17]，クオラムセンシングの阻害は殺菌・静菌効果を示さずに病原因子の生産を特異的に抑制するため，薬剤耐性菌の問題を回避する新しい感染症防除の方法として期待されている [4, 13]．生体内でクオラムセンシングを阻害する手法の 1 つにクオラムセンシング関連物質に対するワクチンがあり，主に黄色ブドウ球菌に対する研究が行われている．

クオラムセンシングの詳細は菌種によって異なるが，AI，クオラムセンシング関連因子発現，標的遺伝子発現との関係からなる基本的仕組は同じである．ここでは黄色ブドウ球菌を中心に，クオラムセンシングの仕組，クオラムセンシングの阻害，クオラムセンシングを標的にしたワクチン研究事例について概要を記す．

1）オートインデューサー（図 3-11）

AI は菌種特異性から AI-1，AI-2，AI-3 の 3 クラスに分けられる [3]．主要な AI である AI-1 は菌種特異性が高く，各々の細菌は基本的に自身が産生するもののみに反応する．多くのグラム陰性菌ではアシル化ホモセリンラクトン類，グラム陽性菌ではペプチド（autoinducing peptide：AIP）が AI-1 として機能する．黄色ブドウ球菌や緑膿菌では多くの病原因子の発現が AI-1 を介するクオラムセンシングによって制御されている．

4,5- ジヒドロキシ -2,3- ペンタンジオンを前駆体とする AI-2 は構造特異性が低く，他種菌間の情報伝達にも利用されるのではないかと考えられている．さらに細菌間だけではなく，動植物との相互作用に関係すると考えられる AI-3 も報告されている．

2）黄色ブドウ球菌のクオラムセンシング（図 3-11, 図 3-12）

黄色ブドウ球菌におけるクオラムセンシングに対応する *agr*（accessory gene regulator）と呼ばれる遺伝子座は，その多様性から agr- Ⅰ，- Ⅱ，- Ⅲ，- Ⅳの 4 つのサブグループに分けられ，それぞれ順に AIP-1，-2，-3，-4 という異なった AIP を産生する [8]．生合成された AIP 前駆体 AgrD は細胞膜蛋白質 AgrB による構造修飾を受けて AIP になり，細胞外へ放出される．各型の AIP はそれぞれに対応する受容体 AgrC と結合して AgrC がリン酸化され，続いて AgrA がリン酸化される．リン酸化 AgrA は P3 プロモーターを活性化して RNA Ⅲの発現を促進し，RNA Ⅲにより転写調節される様々な毒素等の病原因子の発現を誘発する．リン酸化 AgrA は P2 プロモーターによって調節される *agrA*，*agrB*，*agrC*，*agrD* 遺伝子の発現も誘発し，クオラムセンシングのサイクルが回る．また AgrA は RNA Ⅲ非依存性にバイオフィルム形成に関与するフェノール可溶性モジュリン（PSM α および β ）の発現を促進する．

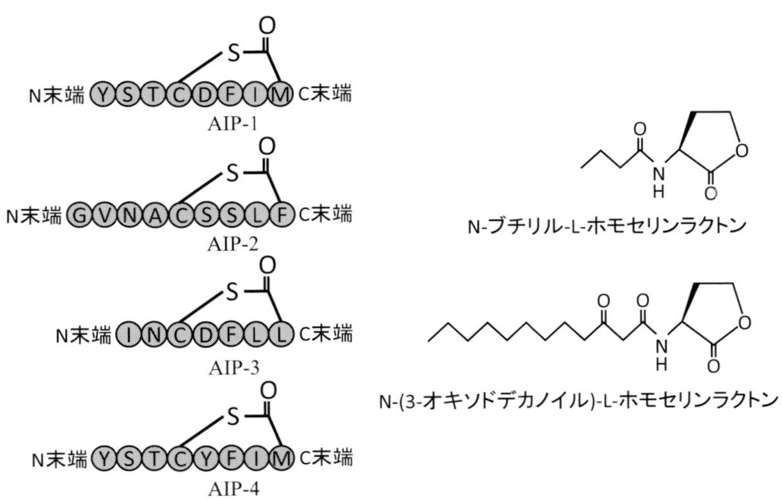

図 3-11　黄色ブドウ球菌および緑膿菌の AI-1
黄色ブドウ球菌については autoinducing peptide（AIP)-1 ～ -4 の 4 種類のペプチドが，緑膿菌については 2 種類のホモセリンラクトン類が AI-1 として同定されている．

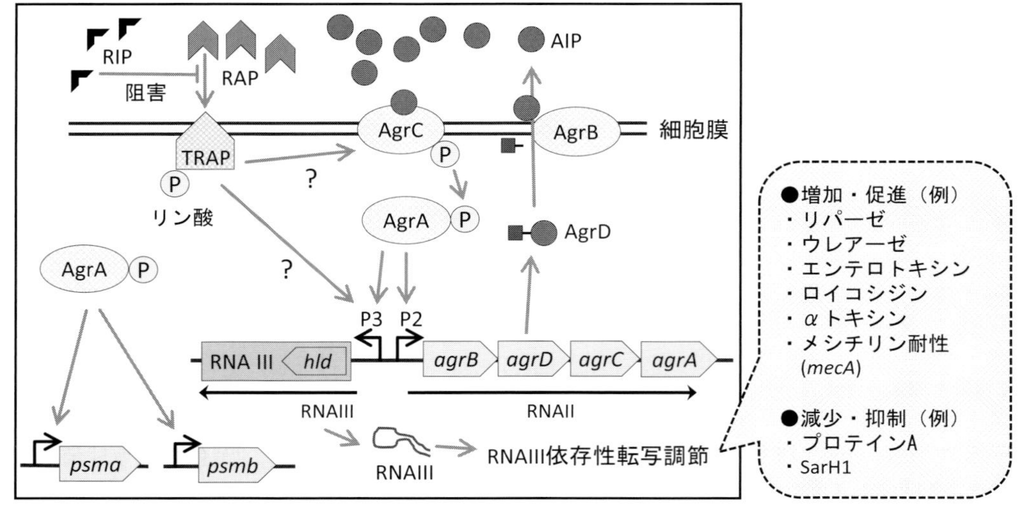

図 3-12　黄色ブドウ球菌におけるクオラムセンシングの概略
hld：δトキシン遺伝子

RNA Ⅲの活性化にはリン酸化された target of RNA Ⅲ activating protein（TRAP）も関与すると報告されている[2]．TRAP のリン酸化は RNA Ⅲ activating protein（RAP）が結合することにより起こり，その過程は RNA Ⅲ inhibiting peptide（RIP）により抑制される[18]．この TRAP を介する RNA Ⅲ 発現調節は AIP を介するものと相互に関係すると想定されているが，その詳細は解明されていない．

3）クオラムクエンチング：クオラムセンシングの阻害

クオラムセンシングによる情報伝達の阻害はクオラムクエンチングと呼ばれる．クオラムセンシングが阻害された細菌は病原因子を発現しない異物粒子となり，宿主の自然免疫で排除できるであろうという期待がもたれ，AI 合成阻害剤，AI 拮抗剤，AI 分解酵素，AI 吸着剤の利用等のクオラムクエンチング手法が研究されてきている[6, 14]．抗 AI 抗体等のクオラムクエンチング抗体もクオラムセンシング阻害ツールの1つであり，クオラムクエンチング抗体を用いた受動免疫によってマウスを黄色ブドウ球菌の致死的感染からほぼ完全に防御した実験例がある[12]．

Park らは黄色ブドウ球菌 AIP-4 の構造を模した合成抗原をマウスに免疫して作製したモノクローナル抗体 AP4-24H11 をヌードマウスに投与し，*agr*-Ⅳグループの黄色ブドウ球菌により誘発した皮膚膿瘍に対する防御効果を調査した[12]．このモノクローナル抗体は AIP-4 と結合してその機能を中和するクオラムクエンチング抗体の機能をもつことが確認されている．この抗体を投与しなかった対照マウスでは皮膚膿瘍が形成され，ほとんどの個体が 1 日以内に死亡したのに対し，投与したマウスでは膿瘍の形成は阻止され，全個体が 8 日間の観察期間終了まで生存した．

4）クオラムセンシングを標的にしたワクチンの開発研究事例

a）黄色ブドウ球菌に対する抗クオラムセンシングワクチン

黄色ブドウ球菌のクオラムセンシングの阻害を狙ったワクチンに関して，AIP，RAP，TRAP を標的にした研究が報告されている．AIP を標的としたワクチンについて，本来のエピトープと構造が異なるがエピトープ同様に抗体に認識される配列，いわゆるミモトープ[*7]を抗原に用いることが検討されている．O'Rourke らはペプチドライブラリーをスクリーニングし，前述のモノクローナル抗体 AP4-24H11 が認識する 6 および 7 アミノ酸からなる直鎖のペプチドを得た[11]．さらにこれらのペプチドを提示したウイルス様粒子を抗原に用いたワクチンをマウスの黄色ブドウ球菌皮内感染モデルに適用し，潰瘍縮小等の症状軽減効果を観察している．

全ての *agr* サブグループの AIP に対応するワクチンを想定した場合，4 種類の抗原が必要になると考えられる．さらにクオラムクエンチングに効果的な AIP のエピトープである環状構造をもつペプチド抗原等を合成する場合，その調製に高いコストがかかるという問題点があるが，ワクチン抗原に利用できる短い直鎖のミモトープが得られることにより抗原調整コストは低減できると考えられる．

Balaban らは RAP を抗原としたワクチンの効果をマウス

[*7] ミモトープ：本来の抗原にある抗体認識部位（エピトープ）とは基本構造が異なるが，同じように抗体が認識するアミノ酸配列・ペプチドである．呼称はエピトープを模倣すること，mim（ic）＋（epi）tope に由来する．本来のエピトープ同様の抗体応答を誘発することが期待されるため，糖鎖，特殊な構造のペプチド等の代替抗原として利用できると考えられる．

の黄色ブドウ球菌皮内感染実験モデルを用いて調査し，RAP ワクチンは発症率低下および病巣サイズの縮小等に有効であると報告している[1]．TRAP は各種ブドウ球菌間での相同性が高いため，ブドウ球菌共通ワクチン抗原として有効な可能性がある．Yang らは TRAP ミモトープを菌体表面に発現させた大腸菌をマウスに免疫することにより，黄色ブドウ球菌の腹腔内感染における致死を防ぎ，皮下病巣を縮小できると報告している[19]．Yu らは組換え体として作製した TRAP, iron-regulated surface determinant B の一部分（tIsdB），両者の混合物，あるいは両者のキメラ蛋白質をマウスに免疫し，そのマウスに致死数の黄色ブドウ球菌（無莢膜の Wood 46 株，莢膜 5 型の Newman 株あるいは莢膜 8 型の HLJ/855/23-1 株）を腹腔内接種して 10 日間の生存率等を調べた[20]．IsdB は細菌の生存に必要な鉄の取り込みに働く菌体表面蛋白質である．ワクチン抗原を投与しなかったマウスは全て死亡したが，どの菌株を接種した場合でも TRAP および tIsdB それぞれを単独で免疫したマウスの 30 ～ 40% および 30 ～ 50% が生き残り，それらの蛋白質にワクチン抗原としての有効性が認められた．キメラ蛋白質をワクチン抗原に用いた場合，TRAP および IsdB をそれぞれ単独に用いた場合よりも有意に高い生存率（60 ～ 70%）をもたらすことが観察された．TRAP および tIsdB を混合して免疫した場合の感染防御効果は，それぞれを単独で免疫した場合と有意差はなかった．

さらにこの研究グループは *Streptococcus dysgalactiae* 由来のグリセルアルデヒド -3- リン酸脱水素酵素（GapC）を上記のキメラ蛋白質に組み込んだ GapC，tIsdB，TRAP からなるキメラ蛋白質（GIT）を作製し，これを抗原としたワクチンのマウスの致死性腹腔内感染に対する防御効果を 7 日間の生存率で調べた[21]．レンサ球菌 GapC は細胞質および細胞表面のハウスキーピング酵素で，黄色ブドウ球菌 GapC に高い相同性をもつ．黄色ブドウ球菌の腹腔内接種について，IsdB および TRAP を単独で免疫した場合の生存率がそれぞれ 40% および 30% であったのに対し，GIT を免疫した場合の生存率は 90% であった．これらの結果は TRAP がキメラ蛋白質ワクチン抗原の構成成分として有効であることを示唆した．またこのワクチンは *S. dysgalactiae* 等のレンサ球菌に対しても有効性を示した．

TRAP をワクチン抗原に用いる試みは，牛の乳房炎を対象にした野外試験についても行われている．Leitner らはコアグラーゼ陰性ブドウ球菌（CNS）*Staphylococcus chromogenes* による乳房炎の予防等を目的に，未経産および経産の乳用牛群について組換え黄色ブドウ球菌 TRAP を抗原としたワクチンを行い，分娩後の乳房内細菌感染の状況，乳中体細胞数，乳量等を調査した[9]．ワクチン投与した未経産および経産牛に血中抗 TRAP 抗体価の上昇が確認され，その分娩後，対照牛と比べて有意な新規の乳房内 *S. chromogenes* 感染率の低下，体細胞数低減，さらに乳量の増加が見られた．黄色ブドウ球菌に対する効果については明らかにされていないが，この結果は黄色ブドウ球菌由来 TRAP がある種の CNS に対しても有効なワクチン抗原となることを示唆する．ワクチン投与牛における体細胞数減少と乳量増加については，ワクチンがブドウ球菌感染分房における乳腺のダメージを防いだ結果ではないかと考察されている．

TRAP はブドウ球菌の毒性発現や黄色ブドウ球菌の病原性に関する主要な調節因子であることが報告されている[7]．一方，TRAP の不活性化は黄色ブドウ球菌の毒性，病原因子発現およびバイオフィルム形成に影響しないという報告もあり[15]，TRAP を抗原に用いたワクチンの感染防御機序については未解明なところがある．

b）緑膿菌に対する抗クオラムセンシングワクチン

緑膿菌 AI-1 のうちの 1 つである N-(3- オキソドデカノイル)-L- ホモセリンラクトン（3-oxo-C_{12}-HSL）（図 3-11）を抗原に用いたワクチンの動物実験における有効性が報告されている．Miyairi らは 3-oxo-C_{12}-HSL をキャリア蛋白質に結合させたものをワクチン抗原としてマウスを免疫し，肺に感染させた緑膿菌に対する防御効果を 7 日間の生存率で調べた[10]．対照マウスの全てが死亡したのに対し，ワクチンを受けたほとんどのマウスに延命と生存率の改善（40%）が見られた．Golpasha らは 3-oxo-C_{12}-HSL を緑膿菌 V 抗原（PcrV）に結合させた抗原（3-oxo-C_{12}-HSL-PcrV）を免疫したマウスについて，実験的に誘発した火傷に致死数量の緑膿菌を感染させて生存率を調べた[5]．ワクチン抗原を投与しなかったマウスは 4 日以内に全て死亡したが，PcrV のみを免疫した場合は 64%，3-oxo-C_{12}-HSL-PcrV を免疫した場合は 78 ～ 86% のマウスが 14 日間の実験期間終了まで生存した．この結果は 3-oxo-C_{12}-HSL が緑膿菌感染症に対する複数成分ワクチンの構成要素として有効であることを示唆した．

人の感染症を対象とする抗クオラムセンシング研究では，メシチリン耐性黄色ブドウ球菌等の多剤耐性菌を対象にしたクオラムクエンチング剤の開発が中心であり，クオラムクエンチング抗体についても受動免疫治療を想定した研究が主である[4,13]．抗クオラムセンシングは動物を対象とする場合も，ブドウ球菌等の常在菌に対する抗生物質使用低減を考慮した感染症防除法としての利用が考えられる[3]．しかし牛乳房炎等の酪農畜産における感染症に関しては広く予防的な対策が重要であるものも多く，その場合はワクチンによる防除が適している．

抗クオラムセンシングワクチンについては現在，ほとんどが実験動物における感染防御試験の段階である．いくつかの抗クオラムセンシングワクチンに有意な感染防御効果を認める実験結果が報告されているが，抗原親和性の高い抗体を用いた受動免疫に相当するような明確な効果は得られていない．ワクチン効果を高めるには，アジュバントや免疫方法の工夫も必要になるであろう．感染防御効果が完全に近くなくとも，感染率低減や損耗防止により生産性向上に寄与するワクチンも考えられる．抗クオラムセンシングはコンポーネントワクチンの構成要素としても有望と考えられ，将来，抗クオラムセンシングを取り入れたワクチンの開発が期待される．

引用文献

1) Balaban, N. et al.（1998）：*Science* 280, 438-440.
2) Balaban, N. et al.（2001）：*J. Biol. Chem.* 276, 2658-2667.
3) Boyan, F. et al.（2009）：*Vet. Microbiol.* 135, 187-195.
4) Doulgeraki, A.I. et al.（2017）：*Res. Microbiol.* 168, 1-15.
5) Golpasha, I.D. et al.（2015）：*Bosn. J.Basic Med. Sci.* 15, 15-24.
6) Kalia, V.C. et al.（2011）：*Crit. Rev. Microbiol.* 37, 121-140.
7) Korem et al.（2005）：*Infect. Immun.* 73, 6220-6228.
8) Le, K.Y. et al.（2015）：*Front. Microbiol.* 6, Article 1174.
9) Leitner, G. et al.（2011）：*Vet. Immunol. Immunopathol.* 142, 25-35.
10) Miyairi et al.（2006）：*J. Med. Microbiol.* 55, 1381-1387.
11) O'Rourke, J.P. et al（2014）：*PLoS ONE* 9: e111198.
12) Park, J. et al.（2007）：*Chem. Biol.* 14, 1119-1127.
13) Savoia, D.（2014）：*Future Microbiol.* 9, 917-928.
14) Singh, R.P. et al.（2016）：*Adv. Exp. Med. Biol.* 901, 109-130.
15) Shaw, L.N. et al.（2007）：*Infect. Immun.* 75, 4519-4527.
16) 高橋俊夫ら（2006）：感染症学雑誌 80, 185-195.
17) Toutain, P.L. et al.（2016）：*Front. Microbiol.* 6, Article 1196.
18) Yang, G. et al.（2003）：*Peptides* 24, 1823-1828.
19) Yang, G. et al.（2005）：*J. Biol. Chem.* 280, 27431-27435.
20) Yu, L. et al.（2013）：*Microbiol. Immunol.* 57, 857-864.
21) Yu, L. et al.（2014）：*J. Med. Microbiol.* 63, 1732-1740.

2-4. 組換え植物を用いた食べるワクチン

1）概　要

植物をバイオリアクターとした医薬品等の有用物質生産が近年注目されている．植物での有用物質の生産の利点は，現在医薬品生産に用いられている哺乳類培養細胞や大腸菌等のバクテリアの培養過程で問題となる動物由来のウイルスやプリオン等の病原体，バクテリア由来のエンドトキシンの混入がなく安全であり，必要に応じて生産規模を容易に調整（生産拡大の容易さ）できることである．さらに，大型タンク培養等の高価な施設を必要とせず温室や圃場で生産でき，食べることのできる作物（穀類，果物，野菜，藻類）で生産すれば，そのまま経口投与可能で抽出・精製にかかる費用を削減でき，安価に生産できる．また穀類の種子中で生産した場合，室温で保存しても数年間安定であり，輸送や保存に不可欠な冷蔵装置を要しない．従来の注射によるワクチン投与は手間と熟練を要する作業であるが，ワクチン抗原を含む組換え作物を経口で投与できればこれらの作業を省くことができ，動物にとっても負担が少ない．

2）植物をバイオリアクターとしたワクチンの発現系

植物でのワクチン等の有用物質生産系は，以下の4つに大きく分類できる．

①核ゲノムに遺伝子を導入し，植物培養細胞，毛状根，ウキクサ，コケや藻類をバイオリアクターとして植物培養装置中で大量増殖し，組換え成分を細胞から抽出・精製するか，細胞そのものや粗抽出物を凍結・乾燥して利用する．また，培養液中に有用成分を分泌させ精製して利用する方法も可能である．精製して利用する場合，従来の医薬品と製造過程が類似しており，植物由来の医薬品製造において最もハードルが低く，すでにこの方法で製造された動物用や通常の医薬品が認可されている．

②最も一般的な方法として，バイオマス（生物生産量）の高いタバコやジャガイモ，穀類や豆類などの作物の核ゲノムに遺伝子を導入し，恒常的発現プロモーター（CaMV35S，ユビキチンプロモーター）で発現させたり，組織特異的プロモーター（塊茎特異的や胚や子葉特異的また胚乳特異的プロモーター）を用いて塊茎，種子など特異的組織に発現させ，目的とする有用物質を大量に生産する．

③母性遺伝する葉緑体ゲノムに遺伝子を導入し，有用成分を葉緑体中に蓄積させる方法がタバコやレタス等で開発されている．葉緑体においては，細胞当たりのゲノム数が100～1000コピーあること，ポリシストロニック[*8]に一度に複数遺伝子を発現できること，発現させた遺伝子にサイレンシング[*9]が起きないことなどから目的の遺伝子産物を大量に生産できる．また母性遺伝することから花粉を介した遺伝子の拡散がないのも大きな利点となっている．問題点は医薬品（抗体やサイトカイン等）の安定性や活性に関与する糖鎖修飾を付加できないことである．

④植物RNAウイルスベクターを用いて，コート蛋白質との融合蛋白質としてウイルス粒子の形で細胞中に発現させたり，植物ウイルスの複製機能を含むバイナリーベクター[*10]

[*8] ポリシストロニック：複数の遺伝子単位を同時に転写調節するシステム．
[*9] サイレンシング：転写時や転写後の遺伝子発現（転写産物）の抑制．
[*10] バイナリーベクター：2種類（あるいはそれ以上）の宿主用の複製開始点が含まれているベクター．

を介しアグロバクテリウム[*11]のT-DNAの特性を利用して一過的に核中で遺伝子発現させ，短期間（2週間程度）で目的産物を細胞質中に多量に蓄積させる方法である．遺伝子の導入には減圧や注射でタバコやアラビドプシスの葉に目的遺伝子を組み込んだバイナリーベクターを，アグロバクテリアを介して取り込ませる．

上記4つの発現法はそれぞれに長所，短所があるため，目的とする医薬品の用途に応じて，使い分ける必要がある．パンデミックな感染症に対するワクチンのように緊急性を要する場合は，1か月程度で抽出・精製した最終産物を提供できる一過的発現システムが優れている．一方，安価で多量に医薬品を生産したい場合には，目的遺伝子を核ゲノムや葉緑体ゲノムに導入した遺伝子組換え作物を圃場や温室で栽培し，葉や種子中に抗体やワクチン等の医薬品成分を蓄積させることで可能になる．

現在までに動物ワクチンの生産に使用された作物として，果実（トマト），葉（アルファルファ，ピーナッツ，レタス，タバコ），塊茎（ジャガイモ），種子（トウモロコシ，イネ，オオムギ，アラビドプシス）また培養細胞（タバコ，ニンジン）などがある．遺伝子を導入する植物や発現させる組織によって，発現レベルや蓄積された抗原蛋白質の安定性，さらに単位面積当たりの収量や花粉の飛散に伴う遺伝子の拡散などが異なることから，それぞれの植物の特徴に配慮して，目的に応じて導入する宿主を選ぶことが大切である．特に重要な点として，植物中での抗原蛋白質の生産は大腸菌や酵母さらに動物や昆虫での発現と異なり，精製することなく植物の形で経口投与が可能なことがあげられる．これにより，精製した蛋白質と異なり，植物細胞中に蓄積された有用成分は細胞膜の外側に存在する植物特異的な細胞壁の存在により，消化管中の強酸性状態にある胃酸や消化酵素の分解に対して耐性を示す．さらに，腸管の免疫関連組織に抗原蛋白質を効率良く搬送させることが可能となる．また目的有用成分を局在化させる細胞内小器官により，細胞内に蓄積できる蓄積量や消化酵素への耐性度，翻訳後修飾が大きく影響を受ける．例えば，穀類種子の蛋白質顆粒へ局在化することで，発現された抗原蛋白質等は細胞壁と蛋白質顆粒の二重の膜によりカプセル化された状態となり，消化酵素に対する耐性を高めることができる．さらに種子中に蓄積させた場合，完熟過程で脱水化された状態になることから，果実や葉，塊茎等などに蓄積させた場合より極めて常温下の保存で安定である．

植物でワクチンや抗体等の有用物質を産生した場合，哺乳類中で産生される有用物質と翻訳後修飾される糖鎖修飾が異なっている．植物においては分泌蛋白質として小胞体を介して内膜系のゴルジ体を通過する過程で，植物特有なN型糖鎖修飾が見られる．一方，哺乳類ではN型糖鎖修飾部位にα1-6フコース，β1-4ガラクトースやシアル酸が付加される．さらに，植物においてはO型の糖鎖修飾も観察されている．これら糖鎖修飾の違いは一部抗体等において活性や安定性の違いをもたらすことが報告されている．またこれら植物特有の糖鎖がアレルギーを誘発することも報告されている．そこで植物特有のN型糖鎖修飾を避けるためこれら生合成関連遺伝子をノックアウトさせた植物を宿主とした有用物質生産がタバコやコケ等で進められている．

3）経口型の粘膜ワクチン（食べるワクチン）

病原性のウイルスや細菌により誘発される多くの感染症では，原因となる病原体が呼吸器・消化器，性殖器を被う粘膜組織から侵入し，病気を誘発する．特にウイルスによる感染症に対して，有効な治療薬が家畜にないため，ワクチン投与は極めて有効な感染防御手法となる．現在使われているほとんどのワクチンは，不活化あるいは弱毒化した病原体を注射で投与して行われている．注射によるワクチン投与は全身系の免役応答を誘導できるが，病原体の入り口となる粘膜免疫系を誘導できない．また弱毒化ワクチンは高い免疫原性を示すが，まれに病原性が回帰する可能性があり，安全性という点でも問題である．そこでこれらの点に配慮して，組換え技術を用いて病原体の構成成分の一部の抗原部分のみを発現させた組換えサブユニットワクチンを用いた経口型の粘膜ワクチンの開発が注目されている．

感染症の原因となる病原体に対して感染口の粘膜から免疫を誘導すれば，粘膜免役のみならず全身免疫が宿主に誘導され，抗原特異的なIgGやIgAが産出されることで，2段構えで効率良く感染を防御できると期待される．特に経口投与は，体内の最大の免役組織（生体で産生されるIgAの約70%を担う）を有する腸管関連免役組織を利用できる点にある．しかしながら，注射用に精製した抗原蛋白質（ワクチン）を経口投与すると，ほとんどが腸管免役関連組織に到達前に消化酵素により分解されてしまい，注射での投与に比較し，少なくとも20～50倍量が必要とされる．したがって，効率良く抗原特異的粘膜免疫応を誘導させるためには，抗原蛋白質が胃や腸での消化分解から免れ，腸管関連免役組織に効率良く搬送するシステムの構築が不可欠となる．植物で抗原蛋白質を産生すると，細胞壁の存在により消化酵素による分解を免れることから，「食べるワクチン」としての利用が可能となる．

腸管関連リンパ組織に到達できた抗原は，粘膜誘導組織であるパイエル板の特殊上皮層に存在する抗原の取込み口であるM細胞を介して抗原提示細胞に取り込まれ，プロセス

[*11] アグロバクテリウム：植物への遺伝子導入に用いられている土壌細菌．

された後，パイエル板のナイーブ CD4$^+$T 細胞に抗原提示し Th2 細胞を分化誘導する．取り込まれた抗原に対して免疫反応が誘導される場合，抗原特異的 Th2 細胞は濾胞中の B 細胞を活性化し，クラススイッチにより B 細胞に特徴的な IgA を産生できる形質細胞へと分化誘導する．抗原特異的 sIgA 陽性 B 細胞（sIgA＋B 細胞）は一旦同組織を離れ，腸間膜リンパ節を介して胸管に入り，粘膜免疫循環帰巣経路により血流にのって粘膜固有層に移行する．最終的に Th2 サイトカインの影響を受け，形質細胞に分化・成熟し，抗原特異的な 2 量体や多量体は上皮細胞によって作られる分泌成分と結合して分泌型 IgA が形成され，腸管粘膜面に抗原特異的 IgA 抗体を大量に供給することで，外来抗原の侵入の防御に貢献する．他方，M 細胞以外の取り込みとして，粘膜固有層より抗原提示細胞（樹状細胞やマクロファージ）が腸管上皮細胞間の細胞間隙より樹状突起を伸ばして抗原を取り込み，抗原を取り込んだ抗原提示細胞は腸間膜リンパ節に遊送され，特異的 T 細胞に抗原提示し，B 細胞のクラススイッチを誘導し，抗原に対する免役応答を誘導する．

腸管免役においては，抗原を経口投与した場合，食物蛋白質や腸内細菌に対する免疫反応で通常観察される免疫寛容と同様な免疫反応が誘導される可能性もある．投与する病原性の抗原に対して無応答を示す免疫寛容の誘導を回避し，免疫反応を効率的に誘導するためには，投与回数や投与量を十分考慮する必要がある．また植物中で発現させた抗原が病原体の本来の形態と同じウイルス様粒子を形成することで，免疫反応誘導の効率を高めることが可能となる．インフルエンザや肝炎ウイルス由来の抗原蛋白質をサブユニットワクチンとして植物中で発現させるとウイルス様粒子が形成される（ロタウイルスや狂犬病ウイルスも同様）．タバコの葉での一過的発現においてもウイルス様粒子の形態をもつ抗原蛋白質の蓄積が観察されている．さらに，免疫原性を高めるアジュバント効果を期待する場合には，コレラや易熱性大腸菌の抗原蛋白質（CT や LT）の中から毒素活性を有する A サブユニットを除いた B サブユニット（CTB や LTB）との融合蛋白質として発現させることで，免疫原性や腸管関連免疫組織へのデリバリー効率を高めることが可能となる．

4）植物をバイオリアクターとした動物用ワクチン開発の現状

1993 年口蹄疫ウイルスの VP1 由来エピトープを植物ウイルスのカウピーモザイクウイルスの外皮蛋白質と融合させタバコの葉で発現されて以降，およそ 20 年間にわたって家畜等動物に重篤な感染症を引き起こす病原体に対するワクチンが多くの植物で生産されてきた．表 3-4 に，これまでに植物で生産された動物用ワクチンとそれらの有効性についてまとめた．さらに代表的な動物感染症に対するワクチンについて説明を加えた．

a）ニューカッスル病

ニューカッスル病は，鶏に激しい下痢，肺炎，神経症状を起こす感染症で，高い死亡率と強い感染力から鳥類の病気の中で最も恐れられている．ダウ・アグロサイエンス社は鶏ニューカッスル病の主要抗原となるウイルスの表面の糖蛋白質，ヘマグルチニンおよびノイロミダーゼを発現するタバコ培養細胞を無菌の培養装置を用いて大量増殖し，抽出・精製を行った．注射用ワクチンとして開発され，2006 年米国農務省から世界初の組換え植物由来の動物医薬用ワクチンとして認可された．一方，ジャガイモの塊茎，タバコの葉またトウモロコシやイネの種子を用いて，F 蛋白質が発現された．この抗原を発現させた植物が鶏等に経口投与されたところ，抗原特異的な IgG，IgA が産生され，感染防御が示された．

b）鶏伝染性気管支炎

鳥類の気道，腸，腎臓と生殖系に影響を及ぼす感染性の高い鳥類の病原ウイルスで，肉や卵生産に甚大な影響を及ぼす．抗原蛋白質として S1 糖蛋白質がジャガイモの塊茎で発現された．鶏への 2 ～ 3 回の経口投与で感染防御効果が見られ，弱毒ウイルスワクチンと同程度の有効性（60 ～ 80% 生存率）を示した．

c）伝染性ファブリキウス嚢病

伝染性ファブリキウス嚢ウイルス（IBDV）に感染した幼鶏は生後 3 ～ 6 週間に発症し，多くは死亡する．IBDV は 2 つのセグメントをもつ二本鎖の RNA ウイルスで，セグメント A の VP2 殻蛋白質（VP2）が，アラビドプシスやイネ種子で発現された．生後 2 週間目の幼鶏に 1 週間毎に 4 回，組換え米 5g を経口投与したところ，IBDV の感染から防御された．さらに，VP2 抗原はタバコの葉で RNA ウイルスによる一過的発現においても産生された．抽出・精製された VP2 抗原蛋白質を幼鶏に筋肉投与したところ，抗原特異的な中和抗体が生産された．

d）狂犬病

狂犬病ウイルスは人を含めた全ての哺乳類に感染し，感染により脳神経の障害が生じ高い確率で死に至る．狂犬病ウイルス粒子の表面蛋白質（B 蛋白質）を発現させた狂犬病ワクチンがトマト，タバコ，トウモロコシで開発されている．特に，G 蛋白質遺伝子をユビキチンプロモーターで発現させたトウモロコシの種子を羊に経口投与したところ，狂犬病の発症が防御された（83% の生存率）．G 蛋白質由来の B 細胞エピトープおよび N 蛋白質由来の T 細胞エピトープをアルファルファモザイクウイルスのコート蛋白質に融合させ，ウイルスベクターを用いて発現されたタバコやホウレンソウも開発された．

表 3-4　植物で生産された動物用ワクチン

病名	抗原蛋白質	導入植物体	プロモーター	発現レベル	投与法	有効性
ニューカッスル病	ヘマグルチニン-ノイラミニダーゼ	タバコ培養細胞	CaMV35S	不明	皮下（鶏）	感染防御
	F 蛋白質	トウモロコシ種子	ユビキチン	0.9 〜 3%	経口（鶏）	感染防御
	F 蛋白質	イネ種子	グルテリン Gt1，ユビキチン	2.5 〜 5.5μg/g 生重量	経口（マウス）	感染防御
伝染性気管支炎	S1 糖蛋白質	ジャガイモ塊茎	CaMV35S	2.5μg/g 生重量	経口（鶏）	感染防御
伝染性ファブリキウス嚢病	VP2 蛋白質	イネ種子胚乳	グルテリン GluB-4	40.2μg/ 粒	経口（鶏）	感染防御
	VP2 蛋白質	アラビドプシシ葉	CaMV35S	0.5 〜 4.8%	経口（鶏）	感染防御
	VP2 蛋白質	タバコ葉（一過的）	Rbcs	1%	筋肉（鶏）	抗体産生
口蹄疫	VP1 蛋白質	アルファルファ葉	CaMV35S	不明	腹腔内（マウス）	感染防御
	VP1 蛋白質	タバコ葉	CaMV35S（BaMV のコート蛋白質との融合）	200 〜 500μg/g 生重量	腹腔内（マウス），筋肉（豚）	感染防御
	P1，3C プロテアーゼ	アルファルファ葉	CaMV35S	0.005 〜 0.01%	腹腔内（マウス）	感染防御
	P1，3C プロテアーゼ	トマト果実	CaMV35S	不明	筋肉（豚）	感染防御
豚伝染性胃腸炎	S 糖蛋白質	アラビドプシス葉	CaMV35S	0.06%	腹腔内（マウス）	抗体産生
	S 糖蛋白質	タバコ葉	改変 CaMV35S	0.20%	筋肉（豚）	抗体産生
	S 糖蛋白質	トウモロコシ種子	ユビキチン	13mg/kg	経口（豚）	抗体産生
大腸菌性下痢症	F4 繊毛（FaeG）	アルファルファ葉	CaMV35S	1%	経口（豚）	感染防御
	F4 繊毛（FaeG）	オオムギ種子	トリプシンインヒビター	0.04 〜 1%	皮下（マウス）	感染防御
	F4 繊毛（FaeG）	タバコ葉（葉緑体ゲノム）	psbA	11.3%，2mg/g 生重量	なし	
豚流行性下痢	スパイク蛋白質のエピトープ COE	タバコ葉	CaMV35S	8 〜 20μg/g 生重量	経口，皮下（マウス）	抗体産生
牛疫	ヘマグルチニン	落花生葉	CaMV35S	0.2 〜 1.3%	経口（牛）	抗体産生
牛伝染性鼻気管炎	D 糖鎖蛋白質（gDc）	タバコ葉（一過的発現）	T7RNA polymerase	20μg/ 生重量	筋肉，皮下（マウス，牛）	抗体誘導，症状改善
牛ウイルス性下痢症	E2 蛋白質	アルファルファ葉	CaMV35S	1μg/g 生重量	筋肉（豚）	感染防御
ロタウイルス病	VP6 蛋白質	アルファルファ葉	CaMV35S	0.06 〜 0.28%	経口（マウス）	感染防御
	VP8 蛋白質	タバコ（葉緑体）	rrn	600μg/g 生重量	経口（マウス）	感染防御
	VP2，VP6	トマト果実	CaMV35S	1%	経口（マウス）	感染防御
牛乳頭腫症	L1 コート蛋白質	タバコ葉（一過的発現）	CaMV35S	183μg/g 生重量	経口（兎）	免疫誘導
ブルータング	VP2，VP3，VP5，VP7	タバコ葉（一過的発現）	CaMV35S	200μg/g 生重量	皮下（羊）	感染防御
ウサギウイルス性出血病	VP60 構造蛋白質	ジャガイモ塊茎	CaMV35S	6 〜 18μg/g 生重量	経口（兎）	感染防御（一部）
	VP60 構造蛋白質	アラビドプシス葉	CaMV35S	0.3 〜 0.8%	腹腔内，経口（マウス）	抗体産生
皮膚乳頭腫	V2（2L21 ペプチド）と CTB の融合	タバコ葉緑体	rrn	31.1%（7.49 mg/g 生重量）	腹腔内（マウス）	抗体産生
狂犬病	B 蛋白質	タバコ葉	CaMV35S	0.38%	腹腔内（マウス）	感染防御
	B 蛋白質	トウモロコシ種子	ユビキチン	25μg/g 生重量	経口（羊）	感染防御
	B 細胞エピトープ由来エピトープ	タバコ葉	T7 RNA polymerase	不明	経口（マウス）	感染防御（症状改善）
	N 蛋白質	トマト果実	CaMV35S	1 〜 5%	腹腔内（マウス）	感染防御（一部）
嚢虫症	S3Pvac（KETc1，KETc12，KETc7）	パパイヤ	2xCaMV35S	不明	皮下（マウス） 経口（兎）	感染防御 感染防御
回虫症	As16 と CTB の融合	イネ種子胚乳	グルテリン GluB-1	50μg/ 粒	経口（マウス）	抗体産生

e）口蹄疫

VP1殻蛋白質の全長およびB細胞エピトープが中和抗体を誘導するための抗原として利用され，アラビドプシス，アルファルファ，ジャガイモの核ゲノムに遺伝子導入された．VP1を発現している組換え植物の葉や塊茎等を経口投与したマウスでは中和抗体が産生され，口蹄疫の発症が阻止された．またタバコモザイクウイルスを用いたウイルスベクターで一過的に発現された．さらにVP1の126～164番目のペプチドをタケモザイクウイルス（BaMV）の外皮蛋白質と融合して発現させたところ，ウイルス様粒子として蓄積された．このウイルス様粒子を豚に筋肉注射で投与したところ，口蹄疫ウイルス感染から防御された．またカプシド蛋白質の前駆体P12Aと3Cプロテアーゼを抗原蛋白質として発現されたトマトも開発されており，ウイルス様粒子が形成されることで抗体誘導能が高まり，抽出物の投与でウイルス感染が防御された．

f）ロタウイルス下痢症

ロタウイルスは牛の下痢症の主要因の1つである．ロタウイルスのVP6がまずアルファルファの葉で発現された．マウスに経口投与したところ，抗原特異的な中和抗体が産生された．さらに，ワクチン投与されたマウスから産まれた子供においても，ロタウイスルの感染から防御され下痢が緩和された．さらに，ロタウイルスの殻蛋白質VP2およびVP6，またVP2，VP6およびVP7を共発現させたトマトやタバコも作出された．これら組換え植物より抽出した抗原蛋白質をマウスに投与したところ，抗原特異的なIgGやIgA抗体が産生された．VP8をタバコの葉緑体中で発現させると，生重量当たり600μg/gと高度に蓄積され，マウスに経口投与すると高い中和活性を有する抗体が産生された．これらの殻蛋白質を発現させた組換え体にはウイルス様粒子が形成されており，高い抗体産生能を示した．

g）大腸菌性下痢症（毒素原性大腸菌）

小腸の刷子縁への接着に関与する大腸菌の繊毛K88（主要サブユニットFaeG）がタバコやアルファルファの葉およびオオムギの種子で発現された．これら組換え植物からの抽出物をマウスに経口投与したところ抗原特異的なIgGやIgAが産生された．またアルファルファ葉緑体で発現したものに関しては，可溶性蛋白質の11.3%と大量の蓄積が可能となった．

投与されたマウスからの血清は，大腸菌の豚小腸の刷子縁への接着を阻害することが *in vitro* で示された．

h）寄生虫

嚢虫症は有鈎条虫と呼ばれる寄生虫（サナダムシ）の幼虫が寄生することによって生じる組織感染症で，脳などを侵した場合てんかん発作のような神経症状を引き起こす．こうした寄生虫に対して，パパイヤでKETc7，Ketc1，Ketc12のペプチド（S3PVac）が発現され，ウサギへの経口投与で感染防御が確認されている．また回虫の寄生（卵からの孵化）を防御するワクチンについてもS16抗原を発現させたコメが開発され，マウスへの経口投与で有効性が示されている．

5）植物で生産されたワクチンの取扱い

医薬品として製造するには常に同じ品質のワクチンを製造する必要がある．このため，GMP（適性製造基準）で製造することが求められる．精製したワクチン抗原の場合，植物中で発現させた組換え体の抽出・精製過程がGMPの対象になる．一方，植物体そのものや粗抽出物を食べるワクチンとして利用する場合，抗原が生産される過程（組換え体中で抗原蛋白質が発現・蓄積される過程が製造過程に相当）をGMPの対象として取り扱わなければならなくなる．栽培過程がGMPの対象となるならば，自然下の圃場栽培は困難であることから，栽培過程を厳密に調整することが可能な植物工場での栽培が必須となる．しかし，植物工場で栽培したワクチン抗原を産生する野菜や果物でも，葉や果実中に蓄積させる抗原量は成長段階で大きく変化する．不安定で均一性のない抗原を蓄積した果実や葉は，食べるワクチンとしての医薬品利用はできない．そこで抗原を発現させた葉や果実を医薬品として使用する場合には，収穫後フリーズドライ（凍結乾燥）で濃縮して均一化し，組織中に蓄積されている抗原量を定量して抗原量が安定であることを確かめてから使用することが必要となる．日本では犬の歯周病の予防を目的とした凍結乾燥のイチゴで生産した犬インターフェロン－αが組換え植物の最初の動物医薬品として認可されている．

参考文献

1）Liew, P.S. et al.（2015）：*Adv. Virol* 936940.
2）Manuela, D. et al.（2007）：*Transgenic Res.*16, 315.
3）Kolotilin, I. et al.（2014）：*Vet Res.* 45, 117.
4）Takeyama, N. et al.（2015）：*Adv. Vaccines* 3, 139.

2-5．微粒子等を用いたドラッグデリバリーシステム

ドラッグデリバリーシステム（drug delivery system：DDS）とは薬の効果の最適化や副作用の軽減等を目的として，薬の体内動態（吸収・分布・代謝・排泄）を適切に制御するシステムである．日本でのDDS研究は約30年の歴史があり，薬学・医学・工学を中心とする研究者によって発展してきた．そのほとんどの研究で，DDSの効果の立証は動物実験によって行われていることからも，DDSの概念や方法の多くは動物用としても適用可能であり，獣医学の分野においてDDSを利用することは，高いポテンシャルを秘めている研究領域

であると考えられる．

1）ワクチン DDS の概念と戦略

ワクチン開発においてその効率を高める手法として，生ワクチン化等によって抗原の免疫原性を高めるという方法もあるが，抗原の体内動態を適切に制御して，製剤の最適化をはかるのが DDS を活用した方法である．

主に皮下投与されたワクチン抗原は，一般的には抗原提示細胞に取り込まれ，従属のリンパ節へ運ばれた後，リンパ節内の免疫細胞の間で抗原情報の受け渡しが行われ，抗原特異的な免疫が産生される．微粒子を用いた DDS の研究では抗原を適切な微粒子に封入し，これらの体内動態の制御を行っている．例えば皮下で徐々に分解するような微粒子に抗原を封入すると，投与部位から徐々に抗原が放出され，長時間の連続的な投与を行っているのと同様の効果が得られる．このような DDS を「徐放」という（図 3-13A）．また抗原提示細胞内の動態[20]に注目すると（図 3-13B），ウイルス感染等によって抗原提示細胞の細胞質に発現された内因性の抗原は major histocompatibility complex（MHC）クラスⅠ分子によって抗原提示される．このように提示される免疫はキラーT 細胞を中心とした細胞性免疫と呼ばれ，癌ワクチン等で働く主要な免疫である．一方で，細胞外から侵入した外因性の抗原は，樹状細胞やマクロファージにより細胞内に取り込まれた後，リソソームによって分解され，MHC クラスⅡ分子によって抗原提示が行われる．このように提示される免疫は体液性免疫と呼ばれ，抗体を中心とした免疫である．DDS では抗原提示細胞内での動態によって作られる免疫が大きく異なる点に注目し，pH 変化に応答してリソソームを脱出するような微粒子に抗原を封入し，外因性の抗原であっても MHC クラスⅠ分子を経由して細胞性免疫を誘導可能にする研究等が行われている．

2）ワクチン DDS に用いられる微粒子

ミョウバンやエマルションなどはアジュバント（免疫賦活剤）として臨床現場で用いられており，投与部位での炎症の惹起と徐放によって高い免疫誘導を示すと考えられており，古くから DDS の概念はワクチンに応用されてきた[21]．近年ではこれらの古典的なアジュバントとは一線を画すインテリジェントな DDS キャリアが数多く開発されている．

a）リポソーム

リポソームとは 1960 年代に開発された脂質 2 分子膜で構成される人工ベシクル（小胞）であり，最も典型的かつ歴史も古い DDS キャリアである[19]．DDS キャリアで用いられるリポソームは主にリン脂質で構成されており，薬はその内水相や 2 分子膜に封入される（図 3-14A）．ワクチン DDS の研究においては，1974 年の Gregoriadis らの報告[4]を皮切りに多くの研究がなされた．1990 年代には抗原の単独投与よりもリポソームに封入したほうが，免疫産生が向上することが一般的に認識され[7]，ミョウバンやエマルションのような非生物由来のアジュバントと同様に，抗原を投与部位に蓄積し，連続的に徐放する作用があると考えられていた．さらに重要な特性として，細胞性免疫も顕著に活性化することも明らかとなった．この理由として抗原封入リポソームは，抗原提示細胞に取り込まれ，リソソームで分解される過程で膜融合を起こし，結果的に抗原提示細胞の細胞質に抗原をデリバリーする性質があることが提案された[8]．このようなリポソームを用いた実用化に近い研究として Tecemotide（別名 L-BLP25）を紹介する．Tecemotide は MUC1 という癌細胞表面に高発現している糖蛋白質に含まれる 25 残基のエピトープペプチド（癌抗原）と，Lipid A と呼ばれるグラム陰

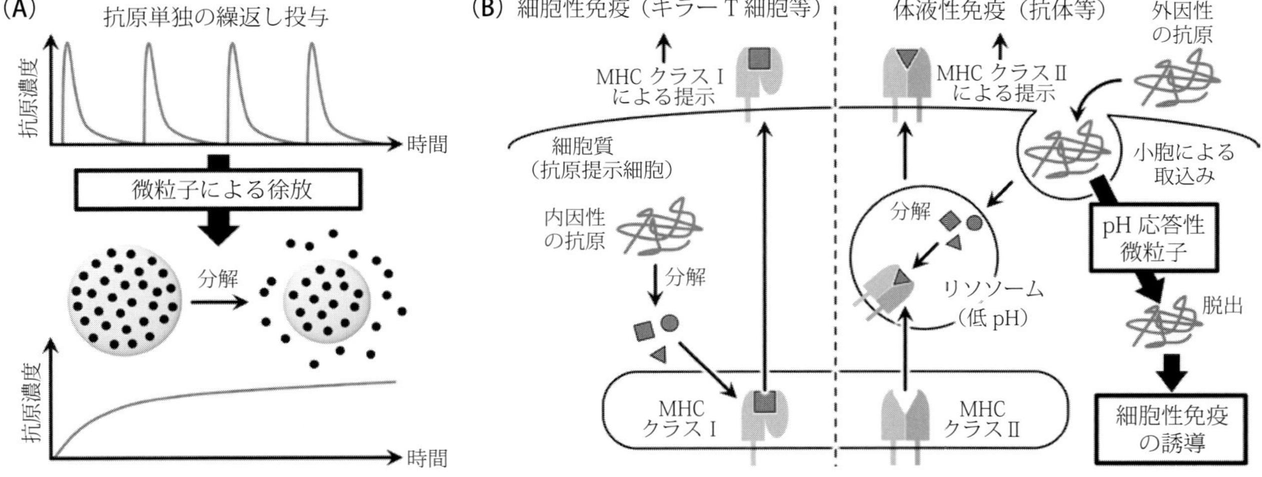

図 3-13　微粒子を用いたワクチン DDS の戦略の例（A）DDS キャリアによる徐放，（B）DDS キャリアによる抗原提示細胞内動態の制御

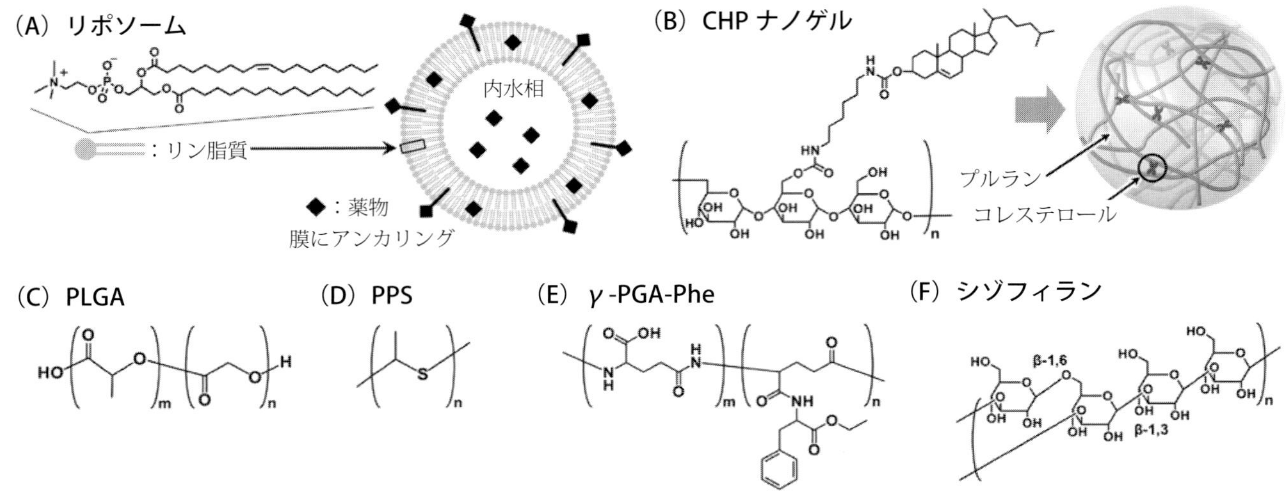

図 3-14　ワクチン DDS に利用される微粒子とその構成成分

性細菌のエンドトキシンの構成成分をアジュバントとして封入したリポソームであり，2001 年にカナダでの臨床第 1 相試験の結果が公表され[14]，2013 年より非小細胞肺癌患者を対象に臨床第 3 相試験が始まったことが発表された．

最近の基礎研究では高度に機能化されたリポソームが開発されており，抗原の徐放や，抗原提示細胞内における細胞質へのデリバリーをより最適化したリポソームについて紹介する．2011 年に Irvine らは多層膜リポソームに架橋性の脂質を導入し，多層膜架橋型リポソームを開発した．通常のリポソームによる抗原の徐放性は 1 週間以内であるが，多層膜架橋型リポソームは 1 か月にわたって抗原を徐放可能であり，抗体やキラー T 細胞の産生が顕著に向上することが明らかとなった[11]．我が国の研究例として，2010 年に河野健司らの研究グループによって，酸性 pH に応答するポリマーを修飾したリポソームが開発され，樹状細胞の細胞質への効率的な抗原送達に成功した[22]．2014 年にはモデル癌抗原を封入し，顕著に腫瘍の縮小が確認される等，細胞性免疫の活性化が必要な癌ワクチンに適した DDS キャリアが開発されている[23]．

b）ナノゲル

水中で高分子鎖などが架橋され，液体を主成分としながら系全体としては流動性の無い固体状態であるものをヒドロゲルといい，その大きさが 100nm 以下のサイズのものをナノゲルという．1993 年にコレステロール修飾プルラン（cholesterol-bearing pullulan：CHP）が，コレステロールの疎水性相互作用によって水中で自己集合し，ナノゲルを形成することが発見された（図 3-14B）[3]．さらに CHP ナノゲルは蛋白質やペプチドと容易に複合化し，安定な製剤を得ることが見いだされたことから，ワクチンは当初から CHP ナノゲルの DDS 応用における重要なターゲットとして臨床試験も含めた技術開発が進められてきた[17]．1998 年には，担癌マウスモデルの実験で CHP ナノゲルを用いた癌ワクチンによる抗腫瘍効果が確認され，2000 年代より人への臨床試験がスタートした．現在までに癌抗原蛋白質と複合化した CHP ナノゲルの臨床試験は，40 名以上の患者に対して実施・報告されており，その繰り返し投与による安全性などが確認されている．また基礎研究として癌抗原ペプチドを用いたワクチンへの応用研究も始まり，CHP ナノゲルによるリンパ節への効率的なデリバリーや，髄質マクロファージを介した新しい抗原提示経路によって，抗腫瘍効果が達成されたこと等が報告された[12]．

さらに CHP ナノゲルの他のワクチンへの応用として，経鼻ワクチンの開発も盛んに行われている．2010 年に CHP にアミノ基（$-NH_2$）を導入したカチオン性の $CHP-NH_2$ ナノゲルは，鼻腔内粘膜と強く相互作用し，粘膜上から抗原を効率よく徐放する特性があることがマウスによる実験において明らかとなった[13]．同様の徐放機構がカニクイザルなどの霊長類においても働き，肺炎レンサ球菌の経鼻ワクチンの評価では，血清や鼻洗浄液だけでなく気管支肺胞洗浄液においても高い抗体産生が確認された．一方で，大脳や嗅球における残存は確認されず，中枢神経系への影響は見られなかったことが報告されており，次世代経鼻ワクチンとして実用化を視野に研究が進められている[6]．

c）PLGA ナノ粒子

ポリ乳酸 / グリコール酸〔poly（lactic-co-glycolic acid）：PLGA〕は，外科縫合糸をはじめとして様々な応用がされている生分解性ポリマーである（図 3-14C）．PLGA はナノメートルサイズの微粒子として加工することも可能であり，

PLGAナノ粒子を用いたワクチンは，抗原の長期徐放や[5)]，経口投与ワクチンにおける消化液からの分解を防ぐ等の目的で利用されている[24)]．

d）PPSナノ粒子

ポリ硫化プロピレン〔poly（propylene sulfide）：PPS〕（図3-14D）は，25nmという非常に小さなナノ粒子を形成し，リンパ節へのデリバリーではこのサイズのナノ粒子が適していることが提案された[15)]．近年ではこのPPSナノ粒子に核酸アジュバントであるCpGを結合し，キラーT細胞の活性化にも成功している[18)]．

e）γ-PGAナノ粒子

ポリγグルタミン酸（γ-polyglutamic acid：γ-PGA）は納豆粘質物由来の天然高分子であり（図3-14E），γ-PGAにフェニルアラニンを結合したγ-PGA-Pheは水中で抗原を封入した微粒子を形成する[1)]．γ-PGA-Pheナノ粒子を用いたワクチンは抗原提示細胞への効率的な取込みを促進し，MHCクラスⅠおよびⅡの両方の経路で免疫の活性化が促進された[2, 10)]．

f）シゾフィラン

シゾフィランはグルコースがβ-1,3（まれにβ-1,6）結合した多糖である（図3-14F）．シゾフィランはポリデオキシアデニン等の核酸と三重らせん構造を形成するユニークな特性をもち[16)]，抗原提示細胞の表面に存在するdectin-1に認識され特異的に取り込まれることも知られている．この特性よりシゾフィランとCpG（核酸アジュバント）の複合体は，インフルエンザのスプリットワクチン[*12]において非常に有効であることが明らかとなっている[9)]．

動物用ワクチンへのDDSの応用は，今後大いに発展が期待される分野であり，工学，薬学，獣医学など様々な分野の研究者による積極的な異分野融合がなされることが重要と思われる．

[*12] スプリットワクチン：インフルエンザワクチンにおいて，ウイルス粒子から膜成分を取り除いたもので，主にヘマグルチニンを成分としたワクチンである．日本のインフルエンザワクチンは全てスプリットワクチンが使用されており，全粒子ワクチンと比較すると感染力がないため安全であるが，ワクチン効果は低いことが知られている．

引用文献

1）Akagi, T. et al.（2005）：*J. Control. Release* 108, 226-236.
2）Akagi, T. et al.（2007）：*Biomaterials* 28, 3427-3436.
3）Akiyoshi, K. et al.（1993）：*Macromolecules* 26, 3062-3068.
4）Allison, A.C. et al.（1974）：*Nature* 252, 252-252.
5）Demento, S.L. et al.（2012）：*Biomaterials* 33, 4957-4964.
6）Fukuyama, Y. et al.（2015）：*Mucosal Immunol.* 8, 1144-1153.
8）Gregoriadis, G. et al.（1996）：*J. Control. Release* 41, 49-56.
7）Gregoriadis, G.（1990）：*Immunol. Today* 11, 89-97.
9）Kobiyama, K. et al.（2014）：*PNAS* 111, 3086-3091.
10）Kurosaki, T. et al.（2012）：*Pharm. Res.* 29, 483-489.
11）Moon, J.J. et al.（2011）：*Nat. Mater.* 10, 243-251.
12）Muraoka, D. et al.（2014）：*ACS Nano* 8, 9209-9218.
13）Nochi, T. et al.（2010）：*Nat Mater* 9, 572-578.
14）Palmer, M. et al.（2001）：*Clin. Lung Cancer* 3, 49-57.
15）Reddy, S.T. et al.（2007）：*Nat. Biotechnol.* 25, 1159-1164.
16）Sakurai, K. et al.（2001）：*Biomacromolecules* 2, 641-650.
17）Tahara, Y. et al.（2015）：*Adv. Drug Deliv. Rev.* 95, 65-76.
18）Titta, A.d. et al.（2013）：*PNAS* 110, 19902-19907.
19）Torchilin, V.P.（2005）：*Nat. Rev. Drug Discov.* 4, 145-160.
20）Villadangos, J.A. et al.（2007）：*Nat. Rev. Immunol.* 7, 543-555.
21）Wilson-Welder, J.H. et al.（2009）：*J. Pharm. Sci.* 98, 1278-1316.
22）Yuba, E. et al.（2010）：*Biomaterials* 31, 943-951.
23）Yuba, E. et al.（2014）：*Biomaterials* 35, 3091-3101.
24）Zhu, Q. et al.（2012）：*Nat. Med.* 18, 1291-1296.

コラム　「ビロソームワクチン」

ビロソーム（virosome）とは，ウイルス（virus）とギリシア語の体（some）を結合させた造語であり，リポソームなどと同じ使い方である．インフルエンザウルイスワクチンを例にして述べる．不活化インフルエンザウイルスワクチンには，全粒子ワクチン，脂質エンベロープを可溶させたサブビリオン（スプリット）ワクチンと精製インフルエンザウイルスのヘマグルチニン（HA）とノイラミニダーゼ（NA）を含むサブユニットワクチンの3つがある．ワクチンの免疫効果を高めるためにアジュバントが添加されるが，近年リポソームが抗原を膜に保持できることを応用して，インフルエンザウイルスを模倣したリポソーム（ビロソーム）が作られている．インフルエンザのビロソームワクチンはリン脂質二重層膜にウイルスエンベロープ糖蛋白質のHAおよびNAを組み込んだ球状の単層の粒子である．ビロソームHAワクチンは，精製HAワクチンよりも免疫効果が高く全粒子ワクチンと同じ程度の免疫効果をもつ．不活化インフルエンザウイルスワクチンは孵化鶏卵で増殖させたウイルスエンベロープの可溶化させたスプリットワクチンがあるが，これには卵アレルギーのアレルゲンが含まれる．しかしビロソームワクチンは卵アレルゲンがスプリットワクチンの1/1,000以下に抑えられ卵アレルギーの子供にも使用できる．この方法はインフルエンザウイルスだけに留まらず，他のエンベロープウイルスについても広く応用され得る．類似したものにウイルス様粒子（VLP）ワクチンがある．これは自然のインフルエンザウイルスの形態をしているが核酸はなくカプシドのみでHA，NAを発現させた粒子である．

コラム　「コールドチェーン（低温流通体系）の不要なワクチン」

通常ワクチンの流通には低温に保って輸送，保存するコールドチェーンが整備されている必要がある．このため発展途上国などのコールドチェーンが整備されていない地域ではワクチンによる有効な感染症予防ができず，ワクチンのロスも生じている．天然痘の撲滅もワクチンの耐熱性の高さが大きな要因の1つであった．このように，耐熱性があり，長期間常温保存できるワクチン開発を可能にする技術は発展途上国などでの感染症予防に大きく貢献するばかりでなく，ワクチンの輸送や保存のコスト低減にも資するものである．

このような技術としてまずあげられるのはcarbohydrate glassであろう．これは生ワクチンにトレハロースと蔗糖を加えゆっくり乾燥させてガラス状の薄膜にしたもので，45℃で4～6か月間ウイルス力価や免疫原性の低下がなく，37℃で1年以上保存してもほとんどロスがないということである．このようにして調製したワクチンは溶解液を加えて溶かすだけですぐ使用できる．このほかに生分解性のナノポリマーを用いる技術も検討されている．

コンポーネントワクチンとしては「2-4．組換え植物を用いた食べるワクチン」にも触れられているが，組換え遺伝子発現技術により穀類の種子中にワクチン抗原を蓄積させた場合，室温で数年間保存できる．また，遺伝子組換えイチゴでインターフェロンを生産，蓄積させたサイトカイン製剤「インターベリー」は凍結乾燥されており40℃で6か月安定だというデータもあるので，このような手法もワクチンとして応用できる可能性がある．また「1-2．DNAワクチン」にも触れられているようにDNAの凍結乾燥品は常温保存できる．

一方，絹蛋白質であるフィブロインの溶解物とワクチンを混合し，乾燥して薄膜にすることによりワクチンを60℃で6か月以上保存できるという方法が報告されて注目されたが，その後データに明らかな誤りがあり結論に確信がもてないとして著者ら自身が論文を取り下げている．しかし，カイコは遺伝子発現系として蛋白質を効率良く生産して絹蛋白質であるセリシン層やフィブロイン層の中に蓄積し，繭の状態では常温で安定に保存できることが分かっているので，この性質を生かしながらワクチンとして使用可能な性状にできれば有望な素材となり得る．

3. ワクチンアジュバントとワクチン投与方法の現状と研究開発

要約

アジュバントは，ワクチンの効果に大きな影響を及ぼす．ワクチンアジュバントについて，近年その効果のメカニズムが分子レベルで明らかになってきたアラムアジュバントやパターン認識受容体とそのリガンド等についての最新の知見ならびに，ワクチンの投与方法についても，従来の筋肉内注射に代わる投与方法となる粘膜投与型の動物用ワクチンについて具体的なワクチンの例をあげながら研究開発の現状や，今後の方向性について概説する．

3-1. ワクチンアジュバント

ワクチンに添加するアジュバントとワクチンをどのような経路で投与するか（投与方法）は，ワクチンの効果を高めるための重要なポイントである．ここでは，動物用ワクチンを念頭において，ワクチンアジュバントと注射（筋肉内や皮下）に代わるワクチン投与方法の現状と研究開発の展望について述べる．

アジュバントとはラテン語の“Adjuvare”に由来し，“Help”あるいは“Aid”という意味の「助ける（援助する）もの」を語源とする．つまり，ワクチンアジュバントとはワクチン抗原と共に投与された場合に宿主の細胞性免疫および液性免疫（免疫応答）を強める物質のことである．動物用ワクチンにおけるアジュバントは，ワクチンの効果を強化するという点にとどまらず，防御免疫を誘導するのに必要なワクチン抗原の量を減らしたり，投与回数を減らしたりする上でも重要であり，ワクチンの生産や使用コストを下げるのにも貢献する．さらに，省力化や大規模化が進む現在の畜産現場においては，なるべく手間をかけない簡便な投与手法により，かつ少ない投与回数で複数の疾病を防除できる多価ワクチンが望まれており，多様なワクチン抗原に対する最適な免疫応答を一度の免疫で惹起できるアジュバントの選択が必要となる．また，アニマルウェルフェアの観点からは，動物に対してなるべく痛みや侵襲，副作用の少ないワクチンやワクチンアジュバントの開発が必要である．このように，動物用ワクチンにおけるアジュバントや投与方法の研究開発には多くの改良すべき点が残されている．

ワクチンアジュバントとしては，従来より，細菌の毒素や菌体成分，水酸化アルミニウム塩やリン酸アルミニウム塩（通称アラム），マイクロスフィア，リポソーム類，ミネラルオイルやウォーター / オイルエマルジョン，オイル / ウォーターエマルジョン，免疫刺激複合体（immune stimulating complex：ISCOM）に代表されるサポニン類，サイトカイン類，CpG オリゴデオキシリボヌクレオチド（CpG ODN）などの核酸成分等が様々に研究されてきたが，実際に動物用のワクチンアジュバントとして実用化されているものは限られている[1]．最近では，抗原提示細胞であるマクロファージや樹状細胞上の病原体の構成成分の認識受容体であるパターン認識受容体（pattern recognition receptors：PRRs）[*13] とそのリガンドによる自然免疫応答のシグナル伝達機構に関わる分子群に関する研究の進展により，これまで不明であったアジュバントの作用機序が明らかとなり，PRRs に対するアゴニストが新しい世代のワクチンアジュバントとして期待されるようになっている．図 3-15 には代表的なワクチンアジュバントとワクチン抗原との相互作用について図示する．

とりわけ，様々なアジュバントの中で，最も広く使用されているアラムアジュバントの作用機序が解明されつつある点は，近年の大きな進展の 1 つである．アラムのアジュバント効果については，アルミニウム塩に吸着した抗原が体内で徐々に放出される徐放効果が主な作用機序と考えられていたが，2008 年に Eisenbarth et al. のグループの報告を皮切りにいくつかのグループから，アラムによる自然免疫系の活性化には，細胞内の PRRs の 1 つである NALP3（あるいは

*13 パターン認識受容体：細菌の LPS やべん毛，ウイルスの DNA や RNA といった病原体が保有する構成成分に特有のパターンを認識する受容体の総称であり，Toll-like receptors（TLRs）はその代表的な分子群である．

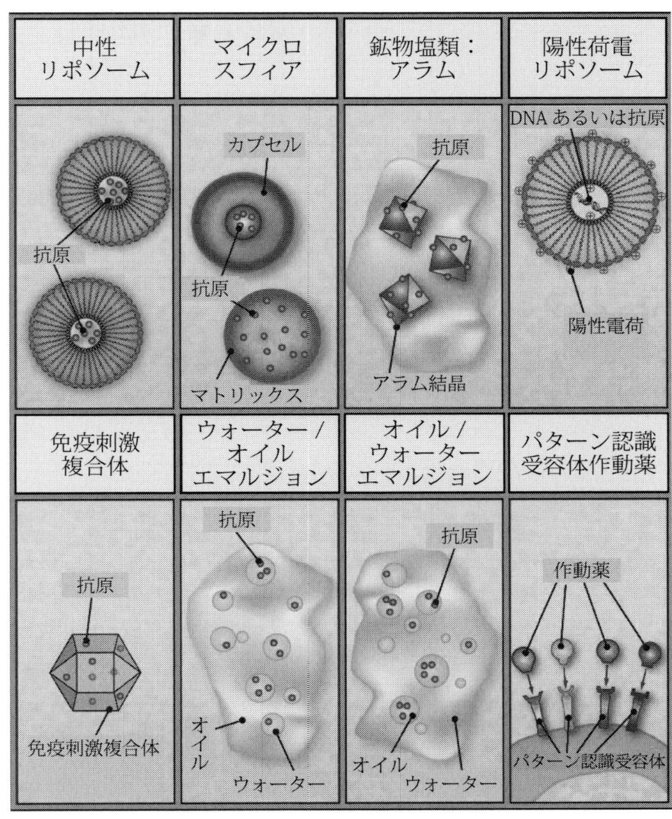

図 3-15　ワクチンアジュバントとワクチン抗原の相互作用（Basic Veterinary Immunology, University Press of Colorado, p265, Figure 15.7. を許諾を得て転載）

NLRP3）という分子を介したインフラマソームの活性化が大きく関与していることが報告された[2,5,7]．インフラマソームとは NALP3（NLRP3）とそのアダプター分子である ASC および Caspase-1 からなる複合体であり，感染や炎症によりそれらが活性化されると Caspase-1 の作用により，炎症性サイトカインの前駆体である Pro-IL-1 β や Pro-IL-18 から活性型である IL-1 β や IL-18 の誘導を起こす．このようなインフラマソーム経路の活性化がアラムのアジュバント作用にとって重要であると考えられる．しかし，最近の報告ではインフラマソームに依存しない経路も報告されており[6]，さらなる研究の集積が必要である．

また，PRRs の中で最も研究のよく進んでいる toll-like receptors（TLRs）については，TLR4 と LPS，TLR5 と flagellin，TLR7 や TLR8 と一本鎖 RNA やその合成化合物，TLR9 と CpG ODN 等について，それぞれの TLRs とそのリガンドやアゴニストについて活発な研究開発が進んでおり，動物用ワクチンのアジュバントとしても将来的に利用可能になってくるのではないかと考えられる．一方で，宿主側の TLRs 等の PRRs の遺伝的多様性がワクチンやワクチンアジュバントの効果に影響を及ぼすことも十分に考えられ，今後の

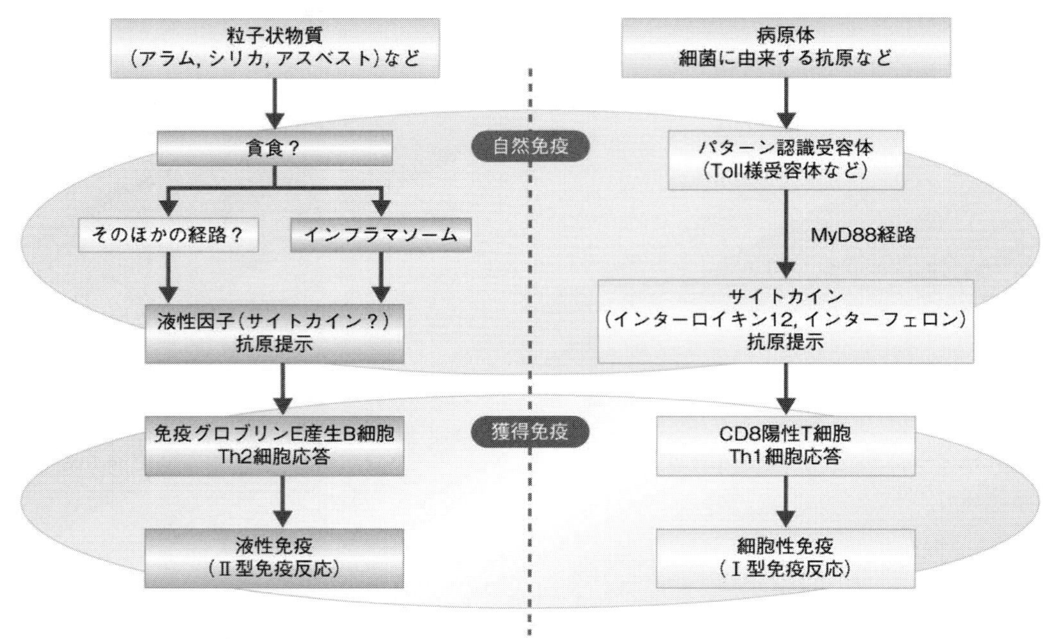

図 3-16　細胞性免疫および液性免疫を誘導するアジュバントとその作用機序の違い
（© 2011 黒田悦史 Licensed under クリエイティブ・コモンズ表示 2.1 日本）（http://first.lifesciencedb.jp/archives/2755）

研究の推進が望まれる．

さらに，TLRs とそのリガンドによるアジュバント効果は，Th1 型の免疫応答や細胞性免疫を誘導するのに対し[10]，アラム等の粒子状物質によるアジュバント効果は，Th2 型の免疫応答や液性免疫を誘導することが明らかとなっており[8]，対象とするワクチンがどのような免疫応答の誘導を必要とするのかに応じた適切なアジュバントのデザインや選択も可能になってくることが考えられる．図 3-16 には細胞性免疫および液性免疫を誘導するアジュバントとその作用機序の違いについて図示する．このように，アジュバントの作用機序と効果については多くの研究が進められており，近い将来に有用なワクチンアジュバントの開発が期待できる．

3-2. ワクチンの投与方法

ワクチンの投与方法については，現状では動物用ワクチンの多くが，筋肉内や皮内・皮下等への注射により投与されており，改良の余地は大きい．中でも，多くの病原体の進入門戸となる粘膜面に有効な防御免疫応答を誘導できる粘膜ワクチンへの期待は大きく，経口・経鼻・点眼等の粘膜投与型の動物用ワクチンがすでにいくつか実用化されている．表 3-5 に農林水産省・動物医薬品検査所の動物用医薬品等データベース（http://www.nval.go.jp/asp/asp_dbDR_idx.asp）より検索した，動物用ワクチン製品のうち，投与経路が，注射以外の経路（経口・経鼻・点眼等）であるワクチンの例（一部）について示す．現状では，これらの投与方法で，効果的な防御免疫を誘導できるのは，鶏大腸菌症不活化ワクチンと魚類の一部ワクチンを除いて，アジュバントを必要としない弱毒生ワクチンによる粘膜ワクチンに限られている．今後は，前述のような新しいワクチンアジュバントとの組合せにより，不活化ワクチンやコンポーネントワクチンで，粘膜投与を可能とする動物用ワクチンの研究開発が望まれる．

この点に関しては多くの研究論文が最近示されており，特に経口投与型の粘膜ワクチンで必ず問題となる経口免疫寛容について，新生子豚に少量のオボアルブミン（OVA）を CpG-ODN と共にマイクロ粒子に内包して，経口的に接種させると，その後にワクチン接種した際の免疫寛容による免疫応答の低下を阻止することができるという報告[9]や，鶏のニューカッスルウイルスや H9N2 型の鳥インフルエンザウイルスに対して，ナノ粒子とポリマーをアジュバントに用いた不活化ワクチンのスプレーによる粘膜投与により，良好な感染防御を示したとする報告[3]は非常に興味深い．また，農研機構動物衛生研究部門においても，高病原性鳥インフルエンザウイルスに対する点眼ワクチンの有効性を報告[4]しており，今後の実用化が期待されるところである．

さらに，米国では昨年，子牛の消化器病や呼吸器病の原因となる牛コロナウイルス感染に対する経鼻投与型の改変生ワクチン（Bovilis Coronavirus）が承認されており（MERCK Animal Health ウェブサイト http://www.merck-animal-health-usa.com/products/bovilis-coronavirus/productdetails_130_121070.aspx），今後我が国でも子牛の

表 3-5　注射に代わる投与方法で投与される動物用ワクチンの例

投与方法	具体的ワクチンの例（一般的名称）	対象動物	アジュバントの有無	備考
経口	ローソニア・イントラセルラリス弱毒生ワクチン	豚	無	飲水添加，飼料添加も可
	豚伝染性胃腸炎生ワクチン	豚	無	強制経口投与
	鶏脳脊髄炎生ワクチン	鶏	無	強制経口投与，飲水添加
経鼻	牛 IBR・PI3 弱毒生ワクチン	牛	無	
飼料添加	鶏コクシジウム感染症生ワクチン	鶏	無	散霧可の製品もあり
	ブリ α 溶血性レンサ球菌症不活化ワクチン	ブリ	無	
浸漬	アユ・ビブリオ病不活化ワクチン	アユ	無	
散霧・噴霧	鶏大腸菌症弱毒生ワクチン	鶏	無	他にも生ワクチン製品多数あり
点眼	鶏大腸菌症不活化ワクチン	鶏	有（脂質アジュバント）	他にも生ワクチン製品多数あり
発育鶏卵内接種	マレック病生ワクチン	鶏	無	自動卵内接種機により投与
	鶏伝染性ファブリキウス嚢病生ワクチン	鶏	無	自動卵内接種機により投与

IBR：牛伝染性鼻気管炎ウイルス
PI3：牛パラインフルエンザ３型ウイルス
（農林水産省　動物用医薬品検査所　動物用医薬品等データベースより検索した一部の製品について記載.）

コロナウイルス対策に利用可能な粘膜ワクチンとなることが期待される．また，2016 年５月から我が国での販売が開始された牛乳房炎用多価不活化ワクチン（Startvac，http://www.startvac.com/wps/portal/startvac/）は現状では筋肉内接種のワクチンであるが，乳腺という粘膜を介しての病原体の侵入により引き起こされる疾病であることから今後は粘膜投与型乳房炎ワクチンの研究開発も望まれる．

また，鶏では自動卵内接種機を用いた発育鶏卵内接種（Inovo，イノボ）によるワクチンの投与がすでに実用化されており，マレック病ワクチン等で利用されている．大規模化かつ多頭飼育化の進む畜産現場において，ワクチン投与の省力化・機械化・自動化という観点から今後も普及の進むワクチンの投与方法であると考えられる．

さらに，アニマルウェルフェアへの配慮から，動物にとってより痛みや侵襲の少ない投与方法によるワクチンの開発も望まれている．侵襲の少ないワクチンの投与方法として，ワクチン抗原を組み込んだ遺伝子組換え植物や米等を利用した食べるワクチン（摂食ワクチン）や飲むワクチン（飲水ワクチン），ワクチン抗原を含むパッチ等の素材を皮膚等に貼り付ける貼るワクチン（貼付ワクチン），ワクチン抗原を特殊なインジェクター等のデバイスを用いてデリバリーする針なし注射ワクチン（ニードルレスワクチン）や人のインフルエンザワクチンで使用されるようになっている噴霧ワクチン（スプレーワクチン）等があげられ，今後このような多様な投与方法による動物用ワクチンの研究開発が進展することが期待される．

引用文献

1）Callahan, G.N. et al.（2014）：Basic Veterinary Immunology, 253-269. University Press of Colorado.
2）Eisenbarth, S.C. et al.（2008）：*Nature* 453, 1122-1126.
3）El Naggar et al.（2017）：Veterinary World, 10, 187-193.
4）Hikono et al.（2013）：Vet Immunol Immunopathol, 151, 83-89.
5）Kool, M. et al.（2008）：*J. Immunol.* 181, 3755-3759.
6）Kuroda, E. et al.（2011）：*Immunity* 34, 514-526.
7）Li, H. et al.（2008）：*J. Immunol.* 181, 17-21.
8）Lindblad, E.B.（2004）：*Immunol. Cell Biol.* 82, 497-505.
9）Pasternak et al.（2015）：*BMC Vet. Res.* 11, 50.
10）Vasilakos, J.P. et al.（2013）：*Expert. Rev. Vaccines.* 12, 809-819.

第 4 章　動物用医薬品開発のためのガイドラインと承認まで

1.ガイドラインの現状と研究会が作成したガイドライン案

農林水産省では，動物用医薬品の有効性，安全性を確保するため，動物用医薬品の承認申請資料に関する国際標準の作成，動物用医薬品の承認申請資料作成のためのガイドライン作成等を目的とした補助事業「動物用医薬品安全等対策事業」を 2000 年から実施している．

動物用医薬品の承認申請資料作成のためのガイドラインの目的は，承認申請資料を作成するために必要な試験法等について，動物用医薬品製造販売業者と規制当局とで共通認識を形成し，申請および審査を効率的に進めることにある．

この補助事業で作成された「ガイドライン（案）」は表 4-1 のとおりである．これらのガイドライン（案）は，農林水産省の確認を経て，正式なガイドラインとして通知される．表 4-1 に記載したガイドライン（案）のうち，一部はネット上で公開されており，表 4-1 にその URL を記載した．動物用ワクチン–バイオ医薬品研究会は，当補助事業の実施主体あるいは協議会の主要メンバーとして，各種のガイドライン作成に関わってきた．

本節では，表 4-1 に示したガイドラインのうち，ワクチンおよびバイオ医薬品に関連するもの 5 件を紹介する．このうち，「動物用遺伝子組換え生ワクチン安全性評価等ガイドライン（案）」は全文がネット上で公開されていること，また次節の「2．遺伝子組換え生ワクチン承認までのステップ」で承認までのステップが詳述されていることから，概要のみを紹介した．ネット上で公開されていない 4 件のうち，「動物用がんワクチン等の臨床試験ガイドライン（案）」および「プラスミド DNA ワクチンの承認申請ガイドライン（案）」については，その全文を引用した[注)]．「牛の乳房炎ワクチンの承認申請資料作成のための臨床試験ガイドライン（案）」および「乳房炎治療サイトカイン製剤臨床試験ガイドライン（案）」については，大部になること，また考え方に共通する部分が多いことから，まとめてその概要を紹介する．

なお，抗菌剤以外の乳房炎用医薬品の臨床試験については，その作用機序の特殊性から，これまでとは異なる概念で実施する必要がある．この点について詳細に解説した総説が，「家畜衛生学雑誌」第 43 巻第 1 号（2017）に掲載される予定であるので，こちらも参照されたい．

これらのガイドライン（案）には，理解を深めるための解説書（Q&A）も作成されているが，紙幅の都合上割愛した．農林水産省の補助事業で作成されたこれらのガイドライン（案）の著作権は実施主体に帰属しているが，ネット上で公開されていないガイドライン（案）およびそれらの解説書についても，実施主体に依頼すれば入手することができるので，適宜入手して参考にされたい．

1-1．ガイドラインの紹介

A．動物用がんワクチン等の臨床試験ガイドライン（案）

（全文引用）

1．目的

本ガイドラインは，動物のがんに対する自己由来の細胞・組織を加工した動物用医薬品（以下「がんワクチン等」という．）の承認取得を目的として実施される臨床試験の計画，実施，評価方法等について，現時点で妥当と思われる方法と，その一般的指針をまとめたものである．

なお，動物用医薬品としての有効性及び安全性を評価するための十分な試験成績が得られるならば，本ガイドライン以外の方法によることもできる．その場合は，十分な科学的根拠をもって，その試験の妥当性を主張することが必要である．

2．定義

本ガイドラインにおいて使用される用語の定義は，以下のとおりである．

1)「がん」とは，悪性腫瘍をいう．

[注)] ガイドラインの引用箇所は，本書の構成に従わずに，ガイドライン原文のどおりの章・節・項構成・言葉づかいになっている．ガイドラインは基本的に法令引用を含めて原本を忠実に引用しているが，明らかな誤字と思われる個所は修正している．また図表番号は調整した．

表 4-1　農林水産省「動物用医薬品の承認申請資料作成のためのガイドライン作成事業」で作成されたガイドライン（案）

年度	ガイドライン名	実施者	本書での取り扱い	備考
2007	動物用がんワクチン等の臨床試験ガイドライン（案）	財団法人畜産生物科学安全研究所	全文引用	
2008	犬，猫及び食用動物を対象とする忌避剤を含む防虫・殺虫剤及び消毒剤の臨床試験ガイドライン（案）	財団法人畜産生物科学安全研究所	本表のみ	
2009	動物用体外診断用医薬品の性能試験及び臨床試験ガイドライン（案）	財団法人畜産生物科学安全研究所	本表のみ	
2010	牛の乳房炎ワクチンの承認申請資料作成のための臨床試験ガイドライン（案）	動物用医薬品開発試験ガイドライン協議会（財団法人畜産生物科学安全研究所*）	概要解説	
2011	プラスミド DNA ワクチンの承認申請ガイドライン（案）	動物用医薬品開発試験ガイドライン協議会（財団法人畜産生物科学安全研究所）	全文引用	
	牛の乳房炎治療サイトカイン製剤の臨床試験ガイドライン（案）	動物用医薬品開発試験ガイドライン協議会（財団法人畜産生物科学安全研究所）	概要解説	
2012	第二次選択薬臨床試験ガイドライン（案）	動物用医薬品開発試験ガイドライン協議会（財団法人畜産生物科学安全研究所）	本表のみ	
	犬・猫を対象とした遺伝子組換え技術により作出した腫瘍溶解性ウイルスを用いた抗腫瘍薬の規格設定及び有効性等の評価ガイドライン（案）	動物用医薬品開発試験ガイドライン協議会（財団法人畜産生物科学安全研究所）	本表のみ	
2013	犬猫を対象とした輸血用血液製剤の製造及び品質管理に関するガイドライン（案）	一般財団法人生物科学安全研究所	本表のみ	http://www.riasbt.or.jp/about/contribution/blood-products-gl
	動物用遺伝子組換え生ワクチン安全性評価等ガイドライン（案）	動物用ワクチン-バイオ医薬品研究会	概要解説	http://www.jsavbr.jp/topics.php?id=17
2015	動物細胞加工製品（同種由来）の品質及び安全性確保に関する指針（素案）及び動物細胞加工製品（自己由来）の品質及び安全性確保に関する指針（素案）	動物用ワクチン-バイオ医薬品研究会	本表のみ	http://www.jsavbr.jp/topics.php?id=33

*協議会事務局（現 一般財団法人生物科学安全研究所）

2)「細胞・組織の加工」とは，細胞・組織の人為的な増殖，細胞・組織の活性化等を目的とした薬剤処理，生物学的特性改変，非細胞・組織成分との組み合わせ 等を施すことをいう．なお，組織の分離・細切，細胞の分離・単離，抗生物質による処理，洗浄，ガンマ一線等による滅菌，冷凍，解凍等は加工とみなさない．

3)「がんワクチン等」とは，自己のがんを治療することを目的に，自己由来のがんの細胞・組織を採取し，加工してワクチンとしたもの，自己由来の樹状細胞を加工したもの及び自己由来のリンパ球等を活性化したもので，自己のみに使用するものをいう．

4)「ワクチン療法」とは，自己から摘出したがん組織やそれから得られた抗原を加工した後，自己に投与する療法をいう．

5)「細胞療法」とは，樹状細胞療法や活性化リンパ球療法のように，自己から採取した細胞を体外で加工した後，自己に戻す療法をいう．

6)「DTH（Delayed Type Hypersensitivity）反応」とは，体内に自己のがん組織に対する細胞性免疫反応が成立したか否かを調べる反応をいう．

7)「QOL（Quality of Life）評価」とは，日常生活における充実感や満足感を数値化して評価することをいう．

8)「非臨床試験」とは，臨床試験を行う前に安全性と有効性を裏付けるために実施する試験をいう．

3．適用範囲

本ガイドラインは，動物のがんに対する療法のうち，がんワクチン等を用いるワクチン療法及び細胞療法で，がんの増大，転移や再発の抑制，又は延命，症状コントロール等の何らかの臨床的有用性を証明するために実施する臨床試験に適用する．

4．一般的原則

1）動物用医薬品の臨床試験の実施に関する基準の準拠

臨床試験は，薬事法（昭和35年法律第145号）第80条の2及び動物用医薬品の臨床試験の実施の基準に関する省令（平成9年農林水産省令第75号．以下「GCP省令」という．）に準拠して実施すること．また，被験動物の安全及び福祉の確保に配慮して実施すること．

2）非臨床試験の実施

臨床試験の実施に当たっては，あらかじめがんワクチン等の安全性と有効性を裏付ける複数の症例を収集しておくこと．なお，文献報告がある場合には参考として添付すること．

3）その他

がんワクチン等を製造する施設要件，人的要件等は，添付資料としてまとめたので，参考とすること．

5．がんワクチン等の安全性の確保

がんワクチン等の臨床試験の実施に際して，以下の情報を収集すること．

1）製造方法

（1）原材料となる細胞・組織の起源及び由来，選択理由

原材料として用いられる細胞・組織について，自己由来又は自己由来以外の別を明らかにするとともに，細胞・組織の入手方法及びその生物学的特徴について説明し，当該細胞・組織を選択した理由を明らかにすること．

（2）原材料となる細胞・組織の特性

原材料となる細胞・組織について，形態学的特徴，増殖特性などを明らかにすること．

（3）細胞・組織の採取・保存・運搬

① 採取者及び採取機関等の適格性

採取者及び採取機関等の概要を説明するとともに，採取が適切に行われていることを確認する方法及び確認結果を示すこと．

② 採取行為及び利用の妥当性

細胞の採取部位，採取方法が科学的及び倫理的に適切に行われたものであることを説明すること．

③ 採取方法

細胞・組織の採取方法及び用いられる器具，微生物汚染防止や取り違え防止のための方策等を具体的に示すとともにその妥当性を説明すること．

④ 採取した細胞・組織の試験検査

採取した細胞・組織について行う試験検査の項目（採取収率，生存率，細胞・組織の特性解析，微生物試験等）と，がんワクチン等の原材料として受け入れ，使用するための各項目の基準値について明らかにすること．

⑤ 細菌，真菌，ウイルス等の不活化・除去

採取した細胞・組織について，その生存率や表現型，遺伝形質及び特有の機能その他の特性及び品質に影響を及ぼさない範囲で，可能な場合は細菌，真菌，ウイルス等を不活化又は除去する処理を行うこと．この点に関する方策と評価方法について説明すること．

⑥ 採取した細胞・組織の一部保管

製品の製造や治療の成否の検証，被験動物が感染症を発症した場合等の原因究明のために，採取した細胞・組織の一部等の適当な試料について，適切な期間これを保存することを考慮すること．

⑦ 保存方法

採取した細胞・組織を一定期間保存する必要がある場合には，保存条件や保存期間及びその設定の妥当性について説明をすること．また，取り違えを避けるための手段や手順等について具体的に説明すること．

⑧ 運搬方法

採取細胞･組織を運搬する必要がある場合には，運搬容器，運搬手順（温度管理等を含む）を定め，その妥当性について説明すること．

（4）細胞・組織以外の原材料について

細胞・組織とともに最終製品の一部を構成する細胞・組織以外の原材料がある場合には，その品質及び安全性に関する知見について明らかにすること．

（5）製造工程について

① 総論

a 製造工程中に培養工程が含まれる場合は，培地の組成，培養条件，培養期間，収率等を具体的に記載すること．

b 培地，添加成分（血清添加物，成長因子，抗生物質等），細胞の処理に用いる試薬等のすべての成分についてその適格性を明らかにし，製品規格を設定すること．各成分の製品規格の設定に当たっては，最終製品の適用経路等を考慮すること．その他，工程管理上必要と思われる試験，無菌試験，エンドトキシン試験等を行うこと．

c 適用される最終製品に含有している可能性のある培地成分や操作のために用いられた試薬等については，生体に悪影響を及ぼさないものを選択し，その存在許容量で安全性上の問題がないことを示すこと．

② 血清成分

血清は，細胞活性化又は増殖等の加工に必須でなければ使用しないこと．血清使用が避けられない場合には，以下の点を考慮し，血清からの細菌，真菌，ウイルス，プリオン等の混入・伝播を防止すること．

a 由来を明確にする．

b 牛海綿状脳症発生地域からの血清を避ける等感染症リスクの低減に努める．

c 由来動物種に特異的なウイルスやマイコプラズマに汚染されていないことを確認した上で使用する.

d 細胞の活性化，増殖に影響を与えない範囲で細菌，真菌，ウイルス等に対する適切な不活化処理及び除去処理を行う.

2）品質管理

（1）最終製品について適切な規格及び試験方法を設定すること．なお，最終製品が少量である等のため，品質検査を行うことが不適切な場合には，各製造工程で適切な規格及び試験方法を設定することや，製造施設，製造に使用する試薬，製造方法等を規定することで代替してもよい.

（2）品質検査として以下の例示を参考にして，適切に設定すること.

① 無菌試験

② エンドトキシン試験

③ 迷入ウイルス否定試験

④ ホルマリン等で処理した場合には，それらの定量試験

3）安定性

製造後，直ちに使用することが原則であるが，保存する場合，使用形態，最終製品の品質（細胞・組織の生存率・力価等に基づき）等を十分考慮し，適切な貯法及び有効期限を設定すること.

6. 治験実施計画書

治験実施計画書には，GCP 省令で規定されるもののほか，以下の内容を記載すること.

1）試験の目的

簡潔に試験目的を記述し，対象動物と評価する治療方法を明確に表現すること.

2）対象疾患

試験の目的により以下の情報を明らかにすること.

（1）組入れ基準

がん種，がんのステージ，年齢，細胞•組織の採取可能性，病変の評価可能性，前治療，既往疾患及び併発疾患，併用薬•併用療法，臓器機能（臨床検査値），被験動物所有者の同意の取得等について可能な限り記載すること.

（2）除外基準

試験に組入れることができない症例に関する規定を記載すること．可能な限り，具体的な疾患又は病態を特定すること.

3）治療方法

① 計画治療

試験で評価する計画治療の内容を詳細に記載すること.

② 治療中止・完了基準

計画治療完了とみなす治療内容，原病の増悪・再発，治療中止とすべき有害事象，治療期間延長の許容範囲等の判断基準を記述すること.

③ 併用療法（化学療法・理学療法含む）

推奨される併用療法，許容される併用療法，許容されない併用療法等について記述すること.

④ 後療法

計画治療中止・終了後の他の治療に関する規定を記述すること.

4）評価項目と評価スケジュール

治療開始前に症例としての適格性を確認し，治療期間中及び治療終了時に，安全性（有害事象）及び有効性評価のために実施する検査項目とその頻度について記述すること.

評価項目として以下の例示を参考にし，適切に選択すること.

（1）安全性評価

① 一般状態

② アレルギー反応

③ 投与部位の状態

④ 血液学的検査値・血液生化学的検査値

（2）有効性評価

① 生存期間

② 再発の有無

③ 症状の軽減

④ 特異性を示す免疫反応（DTH 反応）

⑤ 血液学的検査値（Complete blood count）・血液生化学的検査値

⑥ QOL の改善

⑦ がんのサイズ

⑧ その他（X 線•超音波検査等の画像診断，腫瘍の増減•変化がわかる検査値，サイトカイン等）

5）効果判定とエンドポイント

上述の評価項目から適切な効果判定とエンドポイントを設定すること.

6）有害事象の把握およびその評価基準と対策

有害事象の定義，把握方法，重篤な有害事象発生時の報告，対処方法について記述する.

7）統計解析

試験データの集計，統計学的手法について記述すること.

8）倫理

被験動物所有者に対する説明文書と同意の取得方法（インフォームド・コンセント）について記述すること.

B. 牛の乳房炎ワクチンの承認申請資料作成のための臨床試験ガイドライン（案）および乳房炎治療サイトカイン製剤臨床試験ガイドライン（案）の概要

牛の乳房炎は，発生数の多さとこれによる経済的損失の大

きさから，酪農業にとって極めて重要な疾病である．細菌を中心とした100種以上の微生物が乳房炎の発症に関与しているといわれている．しかし，乳房炎発症にはこれらの病原微生物のみならず，牛の遺伝形質，栄養，気候，搾乳衛生管理，牛舎の構造等，多くの要因が関与しており，酪農現場ではその対策に苦慮している．乳房炎の治療薬としては抗菌性物質が使用されているが，上述のように発症要因が多岐にわたっていることから完治に至らないことが多く，また薬剤耐性菌の問題もあり，乳房炎を効果的に予防できるワクチンやサイトカイン等の新たな治療薬の実用化が求められている．しかし，これらの製剤は効果・効能の設定が困難である．例えばサイトカインの薬理作用は多様である反面，直接的な抗微生物活性をもつわけではないので，効果は限定的である．このような薬剤については，これまでの治療薬で使用されたガイドラインを適用できず，その開発が遅れている．そこで，乳房炎ワクチンや乳房炎治療用サイトカイン製剤の特徴を反映した臨床試験用ガイドライン（案）が作成された．

両ガイドライン（案）ともに以下のような項目で構成されているので，順を追って概説する．

1）目的
2）定義
3）適用範囲
4）一般的原則
5）治験実施計画書の作成
6）臨床試験のガイドライン

1）目的

ガイドラインの目的は上述のとおりである．

2）定義

「乳房炎」，「乳房炎ワクチン」，「乳房炎治療サイトカイン」等について，以下のとおり定義されている．

- 「牛の乳房炎」とは，牛の乳腺組織の炎症による疾患である．炎症は様々な原因，誘因，要因によって起こるが，乳房炎の原因の多くは乳房内に侵入し，増殖する病原性微生物である．乳房炎か否かは，分房毎の臨床症状の有無，乳汁の体細胞数スコア又は色調スコア等で診断する．
- 「乳房炎と診断された牛」とは，乳房炎とされた分房を1つ以上保有する牛をいう．
- 「臨床型乳房炎」とは，乳房の熱感・腫脹・硬結や乳汁性状の異常などの局所症状を示す乳房炎，又は局所症状とともに食欲不振，体温上昇などの全身症状を示す乳房炎をいう．
- 「潜在性乳房炎」とは，全身及び乳房局所の臨床症状がなく，乳汁も肉眼的に正常であるが，乳汁中の体細胞数の上昇（21万個 /mL 以上），乳房炎原因微生物の分離のいずれか或いは両方を示すものをいう．
- 「有意な乳房炎原因微生物」とは，微生物学的検査において，乳汁1 mLあたり250 CFU以上（黄色ブドウ球菌については100 CFU以上）検出される微生物をいう．但し，乳汁1 mLあたり250 CFU以上の微生物が同時に3種類以上検出された場合は，有意な乳房炎原因微生物とはしない．
- 「乳房炎ワクチン」とは，牛の乳房炎に対して使用されるワクチンをいう．
- 「サイトカイン」とは，免疫システムの細胞から分泌される蛋白質で，特定の細胞に情報伝達をするものをいう．
- 「乳房炎治療サイトカイン」とは，牛の乳房炎の治療，抗菌剤併用療法，症状緩和，乳汁中の体細胞数の減少等に使用されるサイトカインをいう．

3）適用範囲

ガイドラインの適用範囲は，それぞれの製剤の臨床試験である．

4）一般的原則

一般原則として，臨床試験は動物用医薬品の臨床試験の実施の基準に関する省令（GCP省令）や各種の指針に沿って実施すること，また，被検薬の物理・化学的性状，安全性，効果を裏付ける基礎試験などの情報を確保する必要があることが解説されている．

5）治験実施計画書の作成

治験実施計画書の作成にあたっては，治験実施計画書にはGCP省令で規定された事項を適切に記載し，①治験の目的，②被験動物・施設の選定に関する事項，③治験の方法，について具体的な記載内容に留意して記載する必要があることが解説されている．

このうち，③治験の方法では，試験群の設定，割付けと予後因子，動物の頭数等について以下のように記載されている．

(1) 試験群の設定

臨床試験は検証的試験であり，無作為化された並行群間比較試験を基本の試験デザインとする．したがって，被験薬投与群及び対照群（対照薬投与群及びプラセボ投与群，あるいはいずれか一方）を設定する．原則として，対照薬としては日本において承認された薬剤であって，効能及び効果が被験薬の予定される効能及び効果と同一なものとする．全身及び乳房・乳頭の症状がない潜在性乳房炎で経済的効果を期待する場合には，治療行為自体を選択しないという群として，プラセボ投与群が設定される場合もある．なお，試験群の設定根拠についても記載する．群の割付け情報は，盲検化する必要がある．

(2) 割付けと予後因子

割付けは原則として，無作為抽出法による．無作為抽出は臨床試験の偏り（バイアス，bias）を少なくするための重要な手段であるため，割付け方法の詳細を記載する必要がある．効能又は効果の判定に影響を与える予後因子に関しては，層別に割り付けることで，試験群に偏りがないようにする必要がある．想定される複数の予後因子をすべて層別に割り付ける事は困難であることから，層別すべき重要な予後因子を割付因子として選択する必要がある．例えば農場，産歴，乳頭口スコアのような因子がそれで，事前の検討から適切に設定し割り付けることが望ましい．

(3) 動物の頭数

原則として，60頭以上とするが，統計学的に検出力が担保される症例数の方が望ましい．なお，被験薬の投与経路が乳房に直接注入する方法であって，効果を裏付ける基礎試験の成績から被験薬の影響，効果が注入した乳房に限局することが明らかな場合に限り，1分房を1症例とし，原則として40頭60分房以上で試験することができるが，その場合対照群は分房単位ではなく個体単位で設定する．

6) 臨床試験のガイドライン

臨床試験のガイドラインがそれぞれのガイドライン（案）のメインの部分であり，被験動物・施設に関する基準，試験群の設定，割付け，症例数，試験実施方法，併用療法，治験終了・中止基準，検査項目・検査時期，有効性の評価方法，安全性の評価方法について詳しく解説されている．以下，重要なポイントについて概略を紹介する．

(1) 被験動物・施設に関する基準

被験動物・施設に関する基準では，組入れ基準としてa. 背景因子に関する基準，b. 被験動物に関する基準，c. 乳房炎と診断する基準，d. 乳房・乳頭に関する基準が定められている．予定している効能又は効果により，適切な乳房炎を選択し，目的の効能又は効果を反映する適切な症例の定義や臨床スコアを厳密に設定することが重要であり，臨床スコアについては，全身症状スコア，乳房スコアおよび乳汁スコアについて，表を用いて具体的に解説されている．また，乳頭口は微生物の侵入を防ぐバリアであることから，乳頭口スコア3以下の牛を使用することとされている．治験を実施する施設については，動物用医薬品等取締規則において2か所以上で実施することとされている．牛乳房炎の治験実施施設の単位については，①動物飼育施設（牧場）単位，②診療施設（1診療所の1獣医師グループ）が担当する複数牧場を含む地域，③複数の診療施設を含んだ地域等が想定されると，本ガイドラインの解説書（以下，Q&A）において解説されている．

(2) 試験群の設定及び割付け

試験群の設定及び割付けでは，前述のように無作為化された並行群間比較試験を基本の試験デザインとし，被験薬投与群及び対照群（対照薬投与群及びプラセボ投与群，あるいはいずれか一方）を設定して，無作為抽出法により割付ける．臨床試験の偏り（バイアス）をすくなくするため，牛乳房炎の臨床試験の場合は，重要な予後因子を層別に無作為割付けした方がよい．この点についてQ&Aでは，有効性評価に影響を与える予後因子としては，環境的な因子として，地域，季節，診療施設，農場など，個体の因子として臨床スコアの重症度，乳頭口スコア，産次数，泌乳ステージ，病歴，繁殖成績，ボディー・コンディション・スコアー，ロコモーションスコアー等が考えられることが例示されている．一方，これらの因子を全て層別因子とすることは困難であることから重要な予後因子を選択し，あまり複雑にならないよう層別することが重要であるとされている．

(3) 症例数

症例数については，統計手学的に検出力が担保できる数を設定すべきであり，原則60頭以上とされている．

(4) 併用療法

併用療法については，原則として試験期間中は，併用薬は使用しないこと，但し，試験期間中に発生した他の併発症治療等のため薬剤を使用した場合は，その理由，薬剤名，投与経路，投与量，投与期間等を記録すること，被験薬の評価に影響を与える治療薬・免疫賦活剤・免疫抑制剤は使用しないことが，それぞれ明示されている．なお，搾乳時に行うディッピングは許容される．

(5) 検査項目・検査時期

検査項目・検査時期では，先ず被験動物の背景因子，すなわち品種，年齢，体重，牛舎環境，牛体管理，搾乳形態，病歴（乳房炎並びにその他の主要な既往症，併発症）及び治療歴，ワクチン投与歴などを調査することが記載されている．また，検査項目の設定に当たっては，効果を裏付ける基礎試験，用量設定試験及び安全性試験から適切に設定することが重要であり，①臨床スコア，②乳汁中体細胞数，③乳量，④家畜共済における臨床病理検査要領（平成17年3月，16経済第8829号農林水産省経済局長通知）に準拠した微生物学的検査，⑤免疫応答，⑥乳汁中ラクトフェリン，免疫グロブリン，α1酸性糖蛋白質，ハプトグロビン等の濃度，N-acetyl-β-D-glucosaminidase活性，電気伝導度，その他のマーカーの検査を，被験薬投与前及び投与後2時点以上で経時的に実施することとされている．

(6) 有効性の評価方法

有効性の評価方法は，臨床的意義と薬理試験等から適切に設定されるべきである．有効性に関して科学的に説得力のある根拠を提示するためには，個体の評価項目として，試験の主要な目的に直結した，臨床的に最も適切で説得力のある根拠を与えうる「主要評価項目」と，主要な目的を補足するための「副次評価項目」を設定する．

ガイドラインにおいては，個体の評価項目を中心にして記載されているが，牛群の管理に必要な項目を評価項目とすることも可能であり，それを主要及び副次評価項目に分けることで，牛群治療効果や生産性の向上を目指した治療法の有効性を評価できると考えられる．

また，乳牛の治療を要求するのは牧場主あるいは動物飼育担当者であり，治療を実施するのは獣医師であるが，上記の評価項目ではこれらのクライアントが満足する治療法であるかどうかは評価できない．治療法に対する満足度を評価することで，新薬の需要や生産現場での意義等について有用な情報が得られる可能性がある．

a．主要評価項目

一つの効能又は効果に対しては，一つの主要評価項目を設定すべきである．臨床試験の設計前には探索的な薬理試験等の様々な試験の結果が得られているので，これらの結果から，開発している製剤が牛乳房炎に対してどのような効能又は効果があるかについては予測がついているはずであり，その予測が正しいかどうか判定するための臨床試験における主要評価項目もおのずと決まるはずである．Q&A では，予定される効能又は効果の証明に関連性が高い主要評価項目について表で例示されているので，これを引用する（表 4-2）．具体的には，臨床スコアの各項目（全身症状，乳房，及び乳汁），乳汁中体細胞数，乳量，並びに乳房炎発生率等を主要評価項目のための検査項目とする．

i）全身症状，乳房及び乳汁のスコアなどの臨床スコアによる評価

すべての個体の臨床スコア（被験薬投与後の試験期間の最大値あるいは累積値）を群間で比較し，被験薬投与群の臨床スコアがプラセボ投与群より有意に低い場合，或いは対照薬投与群と同等以下（非劣性）の場合を有効と評価する．また，両群における臨床型乳房炎発症牛の臨床スコアの最大値を比較し，その程度（重症度）がプラセボ投与群より有意に低い場合を有効と評価する．また，いずれの場合も，被験薬投与前は，比較群間に有意な差を認めてはならない．

ii）乳房炎発生率による評価

本評価は，乾乳期治療の場合に適用する．被験薬投与群の乳房炎発生率が，プラセボ投与群と比較して有意に低い場合，或いは対照薬投与群と同等以下の場合を有効と評価する．

iii）乳量による評価

本評価は，主に潜在性乳房炎の場合に適用する．乳量について比較を行う場合には，同泌乳期，同季節に得られた乳量のスコア（前月対比の乳量の増減をスコア化したもの）を用い，被験薬投与群のスコアがプラセボ投与群のそれより有意に低い場合，或いは対照薬投与群と同等以上の場合を有効と評価する．また，乳量によるその他の評価方法として，乳房炎の発生時期に応じた一定期間の総乳量で比較しても良い．

表 4-2　予定される効能又は効果の証明に関連性が高いと考えられる主要評価項目

予定される効能又は効果	関連性が高いと考えられる主要評価項目
泌乳期臨床型乳房炎の治療，症状緩和など	臨床スコア．ただし，全身症状スコア，乳房スコア及び乳汁スコアの総和とする．又は，適切な薬理試験で反応した臨床スコア（全身症状スコア，乳房スコア，乳汁スコア）を選択する．
泌乳期臨床型乳房炎の第一次選択抗菌薬無効症例に対する症状緩和	臨床スコア．ただし，全身症状スコア，乳房スコア及び乳汁スコアの総和とする．又は，適切な薬理試験で反応した臨床スコア（全身症状スコア，乳房スコア，乳汁スコア）を選択する．
乾乳期乳房炎の治療	①臨床スコア．ただし，乳房スコア及び乳汁スコアの総和とする．又は，適切な薬理試験で反応した臨床スコア（乳房スコア，乳汁スコア）を選択する． ②乳房炎発生率
潜在性乳房炎の治療後乳量の改善	乳量
泌乳期臨床型乳房炎の治療後乳量の改善※1)	乳量
泌乳期潜在性乳房炎の治療	乳汁中体細胞数
抗菌剤療法による乳房炎治療後の乳腺組織の修復と乳量の改善※2)	乳量
全身症状のない泌乳期臨床型乳房炎の抗菌剤療法時の，抗菌剤感受性試験判定前の症状緩和又は悪化抑制など	乳房及び乳汁スコアの総和
黄色ブドウ球菌性の臨床型乳房炎に対する抗菌剤治療後の症状の維持	乳房症状悪化又は黄色ブドウ球菌検出までの期間

注：本表は，乳房炎治療サイトカイン製剤臨床試験ガイドライン（案）の解説書（Q&A）（案）より引用
※1) 泌乳期臨床型乳房炎の治療，症状緩和という効能又は効果が示されることが前提となる．
※2) 乳腺組織の修復を証明する薬理成績も必要となる．

iv）乳汁中体細胞数による評価

体細胞数について，被験薬投与前と，投与後1時点以上で計測する．投与後の検査時期は，効果を裏付ける基礎試験で有効とされた時期あるいは効果が期待できるとされる時期に基づき設定する．被験薬投与群の検査値がプラセボ投与群に比較して有意に低い場合，或いは対照薬投与群と同等以下の場合に有効と評価する．但し，被験薬投与前は両群間に有意な差を認めてはならない．

b．副次評価項目

副次評価項目は，主要評価項目を支持する補足的な項目である．薬理試験等で見出されたバイオマーカーを副次評価項目に設定することで，主要評価項目が顕著に改善しなかった場合にも，バイオマーカーの改善が治療効果と相関することが確かめられていれば，ある程度の有効性として，効能・効果の表現に留意して認められる場合もある．ガイドラインでは副次評価項目を以下の4つに分類している．

i）効果判定に選択しなかった主要評価項目

予定する効能又は効果を説明するために設定した主要評価項目のうち選択されなかった主要評価項目はすべて副次評価項目とする必要がある．ただし，泌乳期治療の場合には乳房炎発生率は除く．

ii）微生物学的評価項目

供試分房当たりの微生物検出率（%）及び平均微生物数（CFU/mL/分房）の2項目を有効性評価の指標として用いる．なお，当該微生物の検出とは，「2）定義」で規定されているとおり，黄色ブドウ球菌以外では菌数250 CFU/mL以上，黄色ブドウ球菌では菌数100 CFU/mL以上のことをいう．被験薬投与群の投与後における微生物の分房検出率或いは平均微生物数のいずれかが，プラセボ投与群に比較し有意に低い場合，或いは対照薬投与群と同等以下の場合に有効と判定する．ただし，被験薬投与前の平均微生物数は，両群間で有意差があってはならない．

iii）免疫応答を反映した評価項目（免疫応答バイオマーカー）

サイトカイン製剤の場合には，その薬理作用から考えると，免疫応答は仮に臨床効果と密接に関連する副次評価項目にならなかった場合でも，臨床試験の結果を解釈する上で重要な情報となる可能性がある．とくに臨床試験の組入れ及び除外基準は臨床現場で確認できる検査内容をもとに設定されており，このような検査によって得られる情報だけでは有効症例又は無効症例の結果解釈が困難となることが予想されるため，免疫応答に関する評価が結果の解釈に役立つ可能性がある．なお，サイトカイン等の薬理作用によっては免疫抑制が乳房炎に対する治療効果を示すこともあるので，有効性の判断基準の設定には十分注意する．一方，免疫を亢進するサイトカイン製剤では，一過性に増えた乳汁中体細胞が，その後乳房炎の症状緩和に働くことも想定されるため，有効性及び安全性の観察時点は十分考慮する必要がある．また，原則として，同一個体における治験薬投与前後の試料（血清，乳汁や細胞）を用いて免疫応答を評価することとし，採取できなかった個体の成績は有効性評価から除外する．採取できなかった理由が，乳量の激減等であれば，重大な有害事象・副作用として，記録する必要がある．

ワクチンの場合は，液性免疫応答が副次的評価項目として設定可能である．サイトカイン製剤では，ワクチンとは異なり通常，特異的な抗体の産生を誘導することはない．ただし，抗体の産生を制御するサイトカイン製剤であって，抗体の制御が乳房炎の治療又は症状の緩和と関連することが薬理試験等で明らかな場合などでは，液性免疫応答を副次評価項目として設定可能な場合もある．

サイトカインの薬理作用によって変動する細胞性免疫の応答性が，乳房炎の治療又は症状緩和と関連していることが薬理試験で確認されている場合には，被験薬の投与前と投与後をペアで測定することで，副次評価項目として設定が可能となる場合もある．細胞性免疫の種類によっては急性に応答する場合もあれば，応答するまでに時間のかかる現象もあるので，投与後，測定する期間を十分とる等の適切な測定時点を検討する必要がある．細胞性免疫応答は特に個体差が大きい場合が多いので，同一個体での投与前をベースラインとして，投与後の値を変化率や差で評価することにより，ばらつきの少ないデータで被験薬投与群と対照群とを比較できる．また，同一個体での絶対値の前後比較は，治療反応個体と無効症例の結果解釈に有用かも知れない．

iv）その他のマーカーによる評価

乳房炎の状態を把握するためのマーカー（ラクトフェリンや免疫グロブリン等）や，サイトカインの薬理作用を直接反映しているマーカーは，個体差が大きい場合が多いので，同一個体での投与前をベースラインとして，投与後の値を変化率や差で評価することにより，ばらつきの少ないデータで，被験薬投与群と対照群とを比較できる．また，同一個体での絶対値の前後比較は，治療反応個体と無効症例の結果解釈に有用かも知れない．測定点に関しては，被験薬投与前と被験薬投与後は複数時点で実施する．投与後の検査時期は効果を裏付ける基礎試験で有効とされた時期あるいは効果が期待できるとされる時期に基づき設定する．

効果判定に選択しなかった主要評価項目及び微生物学的評価項目については，乳房炎発症との関係性が獣医学的に既成の事実とされており，必須の副次評価項目である．一方，免疫応答を反映した評価項目及びその他のマーカーを副次的評価項目とする場合には，乳房炎との関連性を十分に説明する必要がある．また，事前の薬理試験結果から予定している効能又は効果と密接に関連した副次評価項目その他のマーカーであることが明らかな場合には，そのことを記載する必要がある．

c. 有効性の評価基準

主要評価項目における有効性の評価基準については，主要評価項目を一つ選択し，かつ比較するための測定時点を一時点設定する（累積値の場合は，累積するための測定項目と測定時点を決定する）．選択された一時点の主要評価項目（累積値を主要評価項目にした場合はその累積値）が全症例で対照群との比較において，統計学的に有意差が認められた場合に，その予定された効能又は効果について有効と評価する．全症例での比較において差は認められるものの，統計学的な有意差がなかった主要評価項目について，施設，被験動物の予後因子をもとに抽出した集団（被験薬投与群として 20 頭以上を含む）の統計学的解析において有意差が認められる場合には，臨床試験実施前に設定した当該主要評価項目と密接に関連があると考えられる副次評価項目について，全症例を用いた統計学的解析を行い，有意差が認められた場合には，当該主要評価項目についても有効と判定する．ただし，臨床試験実施前のプロトコールにおいて，(i) 予後因子の種類の決定とその選択の妥当性の説明，(ii) 主要評価項目と密接に関連があると考えられる副次評価項目の決定とその選択の妥当性の説明の 2 点が，事前にかつ明確に記載されていなければならない．

(7) 安全性の評価方法

安全性の評価方法では，本ガイドラインに記載した主要評価項目のための測定観察事項すべてについて知見を得た上で，確認された有害事象の内容及びその発現頻度，臨床症状の観察の解析結果から評価する．有害事象の発現頻度を試験群間で比較（全有害事象,有害事象の種類別）するとともに，有害事象の内容について検討し，薬理作用等から被験薬投与との因果関係が示唆される有害事象は副作用とする．重篤性に関しては，そのグレードを十分検討する必要がある．有害事象の重篤性については，以下のとおり分類するとされている．

① グレード 1：投与個体の乳房炎の軽度な悪化（自然に回復した場合）

② グレード 2：中程度の悪化であり，投与個体の乳房炎の悪化（他の治療法で回復した場合）

③ グレード 3：投与個体の死亡，異常産，乳房炎の重篤化（他の治療法で回復しなかった場合），治療反応性がないことによる淘汰，空胎期間の延長による経済コスト増加，投与個体の易感染化，投与個体が原因となった同居牛への乳房炎の蔓延等

C. プラスミド DNA ワクチンの承認申請ガイドライン（案）

（全文引用）

Ⅰ．目的

プラスミド DNA ワクチンの製造販売承認申請に必要な試験資料については，有効性（感染予防，症状軽減等）に係る試験は，従来型のワクチンと同様の試験設定が応用できると思われるが，プラスミド DNA ワクチンは，従来型のワクチンとは成分や免疫誘導の作用機序が異なるため，品質管理方法や安全性の評価方法には独自の基準が必要となる．また，薬理作用が完全に解明されているとはいえないため，薬理試験の設定に工夫が必要である．更に，がんワクチンのような治療を目的とする場合は，臨床試験において一般薬で用いられる評価基準を組み合わせる必要がある．

このような背景から，プラスミド DNA ワクチンの製造販売承認申請を行うために必要とされる試験・資料のうち，従来型のワクチン（生物学的製剤）とは異なると考えられる試験・資料に焦点をあて，試験法のガイドラインを作成する．本ガイドラインは，プラスミド DNA ワクチンの開発の促進と迅速な承認審査に資し，新たなプラスミド DNA ワクチン製剤の実用化に寄与するものと考える．

Ⅱ．ガイドラインが適用されるプラスミド DNA ワクチンの範囲

このガイドラインはワクチンとする遺伝子配列を組み込み，生体に免疫反応を惹起することにより予防あるいは治療効果を付与することを目的とするプラスミド DNA ワクチンに対して適用される．

Ⅲ．定義

本ガイドラインにおいて使用される用語の定義は，以下の通りである．

1.「ワクチンプラスミド」とは，DNA ワクチンの本体であるプラスミドのことで，大腸菌由来で骨格構造に非真核生物由来の複製･選択マーカー，一つのクローニング領域，ウイルス性プロモーター及び終止コドンからなる，いわゆる“第 1 世代プラスミド”とワクチン抗原遺伝子の発現に要する遺伝子配列から構成される，大きさはおおよそ 10 Kbp 以下のもの（以下「第 1 世代ワクチンプラスミド」という）と第 1 世代ワクチンプラスミド以外のもの（以下「非第 1 世代ワクチンプラスミド」という）に区別される．

2.「ベクタープラスミド」とは，ワクチンプラスミドにおいて抗原遺伝子（あるいは加えてアジュバント等としてのサイトカイン遺伝子等）の発現に要する遺伝子配列を含まないプラスミドの骨格部分に相当する配列からなるプラスミドをいう．

3.「クリアランス」とは，物質の排泄能力の大きさのことである．プラスミドDNAワクチンにおいては，接種部位のプラスミドは主として内因性ヌクレアーゼにより分解され消失する．
4.「LTR」とは，宿主DNAに組み込まれたレトロウイルスDNA（プロウイルスDNA；レトロウイルスゲノムRNAは，ゲノム複製過程で逆転写酵素によりDNAに変換され，宿主DNAに組み込まれる（プロウイルスと呼ぶ）．）の両端にある長い末端反復配列（long terminal repeat）をいう．宿主DNAに組み込まれた全てのウイルス遺伝子は2個のLTRにより挟まれる構造をとる．LTRはウイルスゲノムの宿主細胞DNAへの取り込み（インテグレーションと呼ぶ）やウイルス遺伝子の転写調整（プロモーター/エンハンサー活性）などの役割を担う．
5.「インテグレーション認識配列」とは，レトロウイルスDNAが宿主DNAに組み込まれる際，インテグラーゼが認識・作用するLTR中の特異的基質配列のことをいう．レトロウイルス種間には，一部の共通塩基を除きインテグラーゼ認識配列の同一性は認められないものの，各ウイルスDNA両端のLTRの各末端10数塩基がそれに相当すると報告されている．
6.「DDS」とは，Drug Delivery Systemの略で，薬物輸送システムといい，目的とする臓器や細胞などにワクチン等を効果的に送り込む技術のことをいう．
7.「MS菌」とは，Master Seed菌の略で，ワクチンプラスミドにより形質転換されたプラスミドDNAワクチンを製造するための菌株をいう．製造番号により管理された均一の集団で，適切な容器に小分けされ，適切な条件で保存管理される．規定の範囲内で継代され，WS菌及びPS菌の作製に用いられる．
8.「WS菌」及び「PS菌」とは，Working Seed菌及びProduction Seed菌の略で，WS菌はMS菌に由来し製品の製造に直接用いない菌株であり，PS菌はWS菌に由来し製品の製造に直接用いる菌株をいう．MS菌から規定の範囲内で継代され，製造番号により管理された均一の集団で，適切な容器に小分けされ，適切な条件で保存管理される．
9.「スーパーコイル型プラスミド」とは，プラスミドDNAがコイル状に巻いたもの．閉環状プラスミドと同義．小さく折りたたまれていることから，アガロースまたはポリアクリルアミド電気泳動においては開環状あるいは直鎖状のDNAよりも早く陽極側に移動する．
10.「リンカー」とは，プラスミドを構築する際に，各構成遺伝子の結合に用いる（あるいは各構成遺伝子間に生じる）短い塩基配列をいう．

Ⅳ．試験あるいは資料

プラスミドDNAワクチンに独特と考えられる試験，必要とされる資料及びそれらの内容は以下の通りである．プラスミドDNAワクチン承認申請に当たっては，このガイドラインに加えて既存の生物学的製剤（ワクチン）に関するガイドラインをも考慮する必要がある．

1．物理的，化学的試験

1）ワクチンプラスミドに関する情報

（1）ワクチンプラスミドの構成及び機能に関する情報

ワクチン抗原遺伝子の構成，その由来及び遺伝子として有する機能並びに産生する物質について記載すること．ワクチン抗原遺伝子の隣接領域及び調節系の構成，ワクチンプラスミドの構成，構築の流れ，全塩基配列及び塩基数，制限酵素切断地図，各構成要素の機能・配列の由来を記載すること．各構成遺伝子に加え，リンカー，各構成遺伝子の接続部位などの配列も含め，既知有害配列との相同性を解析し，考察すること．

ワクチンプラスミドを構成する際に使用するベクタープラスミドについても名称及び由来，特性を記載すること．使用するベクタープラスミドについて，DNAワクチンとしての承認実績があればその旨記載すること．

ワクチンプラスミドが真核細胞における複製能を有しないことを示す情報或いは成績を示すこと．

（2）ワクチンプラスミドを増殖させる宿主に関する情報

宿主となる微生物の学名（属及び種）及び株名などの分類学上の位置，由来，増殖温度域，増殖速度，栄養要求性，薬剤感受性，病原性や生理活性物質等の産生が知られている場合にはその内容，生理活性物質の性状など，当該微生物の微生物学的性状・特性について記載し，必要に応じて関連資料を添付すること．

宿主として利用される株が産業利用された歴史を有する場合には，その内容及び期間を記載し，必要に応じて関連資料を添付すること．

（3）クリアランスに関する情報

対象動物の接種部位におけるプラスミドの残留性は，基本的な情報としてすべてのプラスミドDNAワクチンについて求められる．

既にプラスミドDNAワクチンとして使用実績があり安全性が確認されたプラスミドベクターを含むプラスミドDNAワクチン以外のワクチンであって，ワクチンプラスミドの対象動物における接種部位残留性が宿主DNA 1 μgあたりプラスミド30,000コピー以上の第1世代ワクチンプラスミド及びすべての非第1世代ワクチンプラスミドは，インテグレーションのリスクについて記載すること．

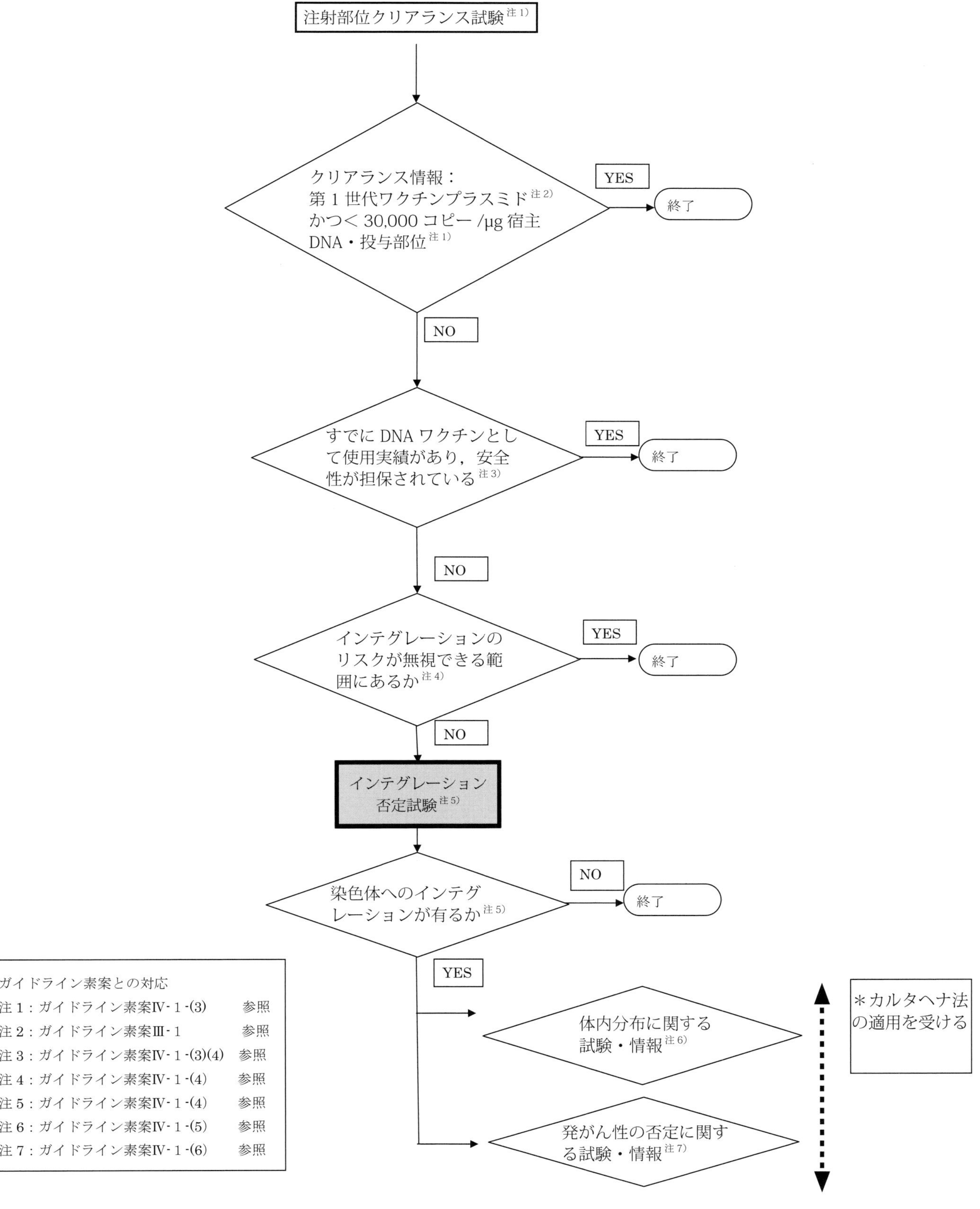

図4-1　インテグレーション否定試験等必要性判断フローチャート

（4）対象動物染色体へのインテグレーションの否定

インテグラーゼ認識配列を含むプラスミドDNAワクチンならびにLTRあるいはほ乳動物等由来の配列のようにインテグレーションの可能性がある配列を含むプラスミドDNAワクチン，又は接種部位（接種部位に限局して存在させ効果を期待するワクチンに限る）における60日後の残留が30,000コピー/μg宿主DNA以上のプラスミドDNAワクチン（既にプラスミドDNAワクチンとして使用実績があり安全性が確認されたベクタープラスミドを含むプラスミドDNAワクチンを除く）などインテグレーションが無視できない場合は，対象動物由来細胞または対象動物を用いインテグレーションを否定する試験を実施すること．

なお，インテグレーションが確認された場合はカルタヘナ法が適用される．インテグレーション否定試験の必要性を判断するための判断フローチャートを図4-1に示す．

（5）体内分布に関する情報

インテグレーションが確認されたプラスミドDNAワクチンについて，対象動物におけるワクチンプラスミドの体内分布に関する情報を準備しなくてはならない．対象動物におけるワクチンプラスミドの分布はプラスミドDNAワクチンの接種量及び接種方法に影響される可能性がある．そのため，試験は最高濃度を有するバッチを使用し，承認申請する用法・用量，接種方法で投与した後にワクチンプラスミドの挙動を特定するようデザインする．

なお，リスク評価手法に基づき，プラスミドの1つの型で得られた分布情報は，抗原遺伝子サイズがほぼ同じで，同様の骨格構造を有する他のプラスミド（複製開始点は異なっていてもよい）にも適用できる．また，文献的に体内分布が報告されているベクターに関しては，文献情報による代用が可能である．ただし，いずれの場合も投与法（DDS，投与ルートなど）が同等であり，体内分布の考察において投与法が影響しないと考えられる場合に限定される．

（6）発がん性の否定

インテグレーションが確認されたプラスミドDNAワクチンについて，発がん性の否定を行うこと．

（7）野外株との組換えの可能性に関する情報

病原性に関連する遺伝子を使用する場合には，クリアランスや体内分布に関する情報，又は野外株の宿主内における増殖部位等の科学的根拠に基づき，当該遺伝子の野外株との組換えの可能性について記載すること．

2）MS菌，WS菌及びPS菌に関する情報

（1）MS菌，WS菌及びPS菌の確立の手順，試験法

MS菌の確立の際にはプラスミドの全塩基配列を解析すること．シードについてはその同定法を記載すること．MS菌，WS菌及びPS菌の保存法について記載し，保存による影響及び復帰時の安定性ついて試験し，考察を行うこと．また，プラスミド保持率，プラスミド配列，発現の継代安定性について試験し，考察を行うこと．さらに夾雑菌の否定，バクテリオファージの否定を行うこと．なお，抗原産生以外の機能を期待する遺伝子を含む場合にはそれらの発現安定性についての考察も行うこと．

3）規格，検査法に関する資料

各工程について規格及び検査法を定めること．規格及び検査法は，不純物（宿主DNA，RNA，蛋白，LPSの混入量），スーパーコイルの比率，制限酵素切断パターン，目的遺伝子の *in vitro* 及び *in vivo* における発現，抗原産生以外の機能を期待する遺伝子を含む場合にはその発現，機能などについての確認に関連した内容とする．

2．製造方法に関する資料

1）組換え体の培養工程

培養工程中に保存を行う場合には保存方法及びその影響について考察する．

2）プラスミドの精製工程

宿主及び夾雑物除去法について記載する．

3）最終バルク調製工程

アジュバント，安定剤等を添加する場合にはその影響を考察する．

3．対象動物に対する安全性に関する試験

生物学的製剤で実施される通常の安全性試験に準ずる．なお，高用量試験については，想定されるワクチンプラスミドDNA含有量の出荷時最大量（マキシマム・リリース・タイター）の10倍量を用いて実施する．

D．動物用遺伝子組換え生ワクチン安全性評価等ガイドライン（案）の概要

海外では動物の感染症に対する遺伝子組換え生ワクチンが多く実用化されており，日本でも2種類の組換え生ワクチンが承認され，今後開発が活発に行われるものと思われる．しかし，これらのワクチン開発に必要な安全性や有効性に関する試験法のガイドラインがない．遺伝子組換え生ワクチンの安全性に対する評価は，遺伝子組換え体であることから，より厳密に行う必要があるが，承認審査において，それらの試験方法そのものが問題となるなど，迅速な審査に支障をきたしている．そこで，遺伝子組換え生ワクチンに関する試験実施方法の定型化，審査基準の明確化を図り，動物用医薬品の申請者の負担軽減及び審査の迅速化に資するため，このガイドラインが作成された．

本ガイドラインの構成は，

Ⅰ．目的

Ⅱ．本ガイドラインの適用範囲

Ⅲ．定義
Ⅳ．物理的・化学的試験
Ⅴ．製造方法
Ⅵ．安全性に関する試験法とその評価法
Ⅶ．環境影響に関する試験法とその評価法
Ⅷ．人への安全性に関する試験方法とその評価法
Ⅸ．薬理試験

となっており，特に「Ⅳ．物理的・化学的試験」，「Ⅶ．環境影響に関する試験法とその評価法」及び「Ⅷ．人への安全性に関する試験方法とその評価法」で，遺伝子組換え生ワクチンに特異的な事項について記載されている．

承認までの具体的ステップについては、次節を参照されたい。

参考文献

1）清水裕仁ら（2017）：牛乳房炎用医薬品の臨床試験 －適切かつ効率的な試験実施の手引き－，家畜衛生学雑誌 43：1-20.

2. 遺伝子組換え生ワクチン承認までのステップ

本節では，動物用の遺伝子組換え生ワクチンの製造販売承認を取得するにあたって，従来型の生ワクチンに加え，特別に必要とされる手続きを中心に解説する．そのため，製造販売業の許可等，動物用医薬品の製造販売にあたり当然必要とされる手続きについては省略する．動物用ワクチンの許認可制度については，『動物用ワクチン－その理論と実際－』[1]を参照されたい．また，承認申請等に当たっては，農林水産省および動物医薬品検査所のホームページ等を参照し，最新の情報を収集するようご留意願いたい．

2-1. 遺伝子組換え生ワクチンに関する規制

遺伝子組換え生ワクチンは，遺伝子組換えを行ったウイルス，細菌等の遺伝子組換え生物等を不活化せずに有効成分として含有するワクチン（動物用医薬品）であり，その製造販売等に当たっては，「医薬品，医療機器等の品質，有効性及び安全性の確保等に関する法律」（昭和 35 年法律第 145 号．以下「医薬品医療機器等法」という）に基づく農林水産大臣の承認が必要である．加えて，その製造，使用等は，「遺伝子組換え生物等の使用等の規制による生物の多様性の確保に関する法律」（平成 15 年法律第 97 号．以下「カルタヘナ法」という）が規制する遺伝子組換え生物等の使用等に該当するため，「医薬品医療機器等法」の承認に先立って，「カルタヘナ法」に基づく手続きが必要となる．

2-2. 医薬品，医療機器等の品質，有効性及び安全性の確保等に関する法律（「医薬品医療機器等法」）

この法律は，動物用を含む医薬品，医薬部外品，化粧品，医療機器および再生医療等製品の品質，有効性及び安全性の確保並びにこれらの使用による保健衛生上の危害の発生および拡大の防止のために必要な規制を行うことを目的としている．動物用医薬品の製造販売をしようとする者は，農林水産省令で定めるところにより，申請書に臨床試験の試験成績に関する資料その他の資料を添付して申請し，品目ごとにその製造販売についての農林水産大臣の承認を受けなければならない．

2-3. 遺伝子組換え生物等の使用等の規制による生物の多様性の確保に関する法律（「カルタヘナ法」）

国際的に協力して生物の多様性の確保を図ることを目的とし，輸出に関する措置等の他，国内における遺伝子組換え生物等の使用等により生ずる生物多様性影響の防止に関する措置として，遺伝子組換え生物等の第一種使用等，第二種使用等，生物検査および情報の提供を規定している．

1）使用等とは

「カルタヘナ法」では，「食用，飼料用その他の用に供するための使用，栽培その他の育成，加工，保管，運搬及び廃棄並びにこれらに付随する行為をいう．」と定義されており，基礎開発段階から臨床応用段階までの各ステージにおけるワクチン製造用株の作出，保管や遺伝子組換え生ワクチンの製造，品質検査，動物への接種等の遺伝子組換え生物等を用いる行為すべてが該当する．

2）遺伝子組換え生物等の第一種使用等

第一種使用等とは，拡散防止措置を執らないで行う使用等をいう．一般的な農場等の臨床現場における遺伝子組換え生ワクチンの接種等がこれに該当する．第一種使用等をしようとする者は，遺伝子組換え生物等の種類ごとにその第一種使用等に関する規程（以下「第一種使用規程」という）を定め，主務大臣（動物用の遺伝子組換え生ワクチンの場合には，農林水産大臣および環境大臣）の承認を受けなければならない．また，承認を受けようとする者は，遺伝子組換え生物等の種類ごとにその第一種使用等による生物多様性影響について評価を行い，その結果を記載した生物多様性影響評価書等を提出しなければならないこととされている．

3）遺伝子組換え生物等の第二種使用等

第二種使用等とは，施設，設備その他の構造物の外の大気，水または土壌中への遺伝子組換え生物等の拡散を防止する意図をもって行う使用等であって，拡散防止措置を執って行う使用等をいう．遺伝子組換え生物等の拡散を防止できる機能

を有する施設内や実験室の安全キャビネット内での遺伝子組換え生物等の取扱い等が該当する．遺伝子組換え生物等の第二種使用等をする者は，執るべき拡散防止措置が主務省令により定められている場合には，その使用等をする間，当該拡散防止措置を執らなければならない．一方，執るべき拡散防止措置が定められていない場合には，その使用等をする間，あらかじめ主務大臣（動物用の遺伝子組換え生ワクチンの場合には，製造用株の作出等の研究開発段階は文部科学大臣，製造等の産業利用段階は農林水産大臣等）の確認を受けた拡散防止措置を執らなければならない．

2-4. 承認までの流れ

1）研究開発

遺伝子組換え生ワクチンを含む動物用医薬品の製造販売承認を取得するためには，「医薬品医療機器等法」に基づき，申請する製剤の品質，有効性および安全性を証明しなければならない．新薬に該当する動物用ワクチンの場合には，「動物用医薬品等取締規則」（平成16年農林水産省令第107号）および「医薬品，医療機器等の品質，有効性及び安全性の確保等に関する法律関係事務の取扱いについて」（平成12年3月31日付け12畜A第729号農林水産省畜産局長通知）に基づき，承認申請書に以下の資料を添付して農林水産大臣に申請し，審査を受けることになる．遺伝子組換え生ワクチンの場合にも，原則としてこれに従う．

① 起源または発見（開発）の経緯，外国での使用状況等に関する資料
② 物理的・化学的・生物学的性質，規格，試験方法等に関する資料（構造決定，物理的，化学的恒数，生物学的性質およびその基礎実験資料，規格および検査方法設定資料並びにそれらの実測値等に関する資料）
③ 製造方法に関する資料
④ 安定性に関する資料（経時的変化等製品の安定性に関する資料）
⑤ 安全性に関する試験資料（対象動物について，通常投与量の最高量以上を投与し，または使用し安全性を確認した試験資料）
⑥ 薬理作用に関する資料（効力を裏付ける試験資料）
⑦ 臨床試験の試験成績に関する資料（効能または効果を裏付ける臨床試験資料）

2）カルタヘナ法に基づく承認及び確認

a）第一種使用規程承認

「動物薬事事務の取扱いについて」（平成26年11月25日付け26消安第4184号農林水産省消費・安全局畜水産安全管理課長通知）に基づき，遺伝子組換え生ワクチンを用いて「1）研究開発」の⑦の資料を得ることを目的とした臨床試験を行う際には，事前に「カルタヘナ法」に基づく第一種使用規程の承認を受けなければならない．動物用の遺伝子組換え生ワクチンの第一種使用規程の承認は，第一種使用規程承認申請書（記載項目を表4-3に示す）に生物多様性影響評価書（記載項目を表4-4に示す）および緊急措置計画書を添付して（モニタリング計画書が必要になる場合がある），農林水産大臣および環境大臣に申請する．申請に際しては，臨床試験における使用に限定せず，「医薬品医療機器等法」による製造販売承認後の使用を含めることが可能である．各書類の記載内容の詳細は，「遺伝子組換え生物等の規制による生物の多様性の確保に関する法律施行規則」（平成15年財務省，文部科学省，厚生労働省，農林水産省，経済産業省，環境省令第1号），「遺伝子組換え生物等の第一種使用等による生物多様性影響評価実施要領」（平成15年財務省，文部科学省，厚生労働省，農林水産省，経済産業省，環境省告示第2号）および「農林水産大臣がその生産又は流通を所管する遺伝子組換え生ワクチンに係る第一種使用規程の承認の申請について」（平成19年12月10日付け19消安第9000号，環自野発第071210002号農林水産省消費・安全局長，環境省自然環境局長通知）を参照されたい．なお，第一種使用規程の承認申請に当たっては，申請する遺伝子組換え生ワクチンを我が国の通常のワクチン接種条件の下で使用した場合の特性を科学的見地から明らかにしておく必要がある．そのため，実験室や外国の自然条件の下での使用等により得られた知見では当該特性が明らかでない遺伝子組換え生ワクチンの第一種使用等をする場合は，第一種使用等が予定されている環境と類似の環境での使用等について情報収集を行い，当該遺伝子組換え生ワクチンを我が国の通常のワクチン接種条件の下で使用した場合の特性を明らかにすることとされている．その場合には，模擬環境試験として，第一種使用規程承認申請が必要である．

表4-3　第一種使用規程の記載項目

・遺伝子組換え生物等の種類の名称
・遺伝子組換え生物等の第一種使用等の内容
・遺伝子組換え生物等の第一種使用等の方法

「カルタヘナ法」第4条第4項および第5項に基づき，生物多様性影響に関し専門の学識経験を有する者の意見を聴いた上で，第一種使用規程に従って第一種使用等をする場合に野生動植物の種または個体群の維持に支障を及ぼす恐れがある影響その他の生物多様性影響が生ずる恐れがないと認められる場合に限り，農林水産大臣および環境大臣は，申請された第一種使用規程の承認を行う．なお，農林水産省および環境省では，申請書および添付資料（またはそれらに関する審

表 4-4　生物多様性影響評価書の記載項目

○生物多様性影響の評価に当たり収集した情報

1　宿主（核酸またはその複製物が移入される生物）または宿主の属する分類学上の種に関する情報
（1）分類学上の位置付けおよび自然環境における分布状況
（2）使用等の歴史および現状
（3）生理学的および生態学的特性
イ　基本的特性
ロ　生息または生育可能な環境の条件
ハ　捕食性または寄生性
ニ　繁殖または増殖の様式
ホ　病原性
ヘ　有害物質の産生性
ト　その他の情報
2　遺伝子組換え生物等の調製等に関する情報
（1）供与核酸に関する情報
イ　構成および構成要素の由来
ロ　構成要素の機能
（2）ベクターに関する情報
イ　名称および由来
ロ　特性
（3）遺伝子組換え生物等の調製方法
イ　宿主内に移入された核酸全体の構成
ロ　宿主内に移入された核酸の移入方法
ハ　遺伝子組換え生物等の育成の経過
（4）細胞内（宿主内）に移入した核酸の存在状態および当該核酸による形質発現の安定性
（5）遺伝子組換え生物等の検出および識別の方法並びにそれらの感度および信頼性
（6）宿主または宿主の属する分類学上の種との相違
3　遺伝子組換え生物等の使用等に関する情報
（1）使用等の内容
（2）使用等の方法
（3）承認を受けようとする者による第一種使用等の開始後における情報収集の方法
（4）生物多様性影響が生ずるおそれのある場合における生物多様性影響を防止するための措置
（5）実験室等での使用等または第一種使用等が予定されている環境と類似の環境での使用等の結果
（6）国外における使用等に関する情報
（7）接種動物の体内における挙動に関する情報
イ　接種動物の体内における遺伝子組換え生物等の消長に関する情報
ロ　接種動物体および接種動物の排泄物、血液・体液、卵等からの遺伝子組換え生物等の環境への拡散の有無に関する情報
ハ　接種動物において当該遺伝子組換え生物等が垂直感染する可能性の有無に関する情報
ニ　野生動植物への伝播の可能性の有無に関する情報
ホ　その他必要な情報

○項目ごとの生物多様性影響の評価

（1）他の微生物を減少させる性質
（2）病原性
（3）有害物質の産生性
（4）核酸を水平伝達する性質
（5）その他の性質

○生物多様性影響の総合的評価

査報告書）や学識経験者の意見についてパブリックコメントを実施し，提出された意見・情報を考慮した上で，承認の可否を判断することとしている．

現在，第一種使用規程が承認されている遺伝子組換え生ワクチンを表 4-5 に示す．承認された遺伝子組換え生ワクチンに係る第一種使用規程承認申請書，生物多様性影響評価書の概要，学識経験者の意見等については，日本版バイオセーフティクリアリングハウス（J-BCH）の LMO（living modified organism）関連情報（http://www.biodic.go.jp/bch/bch_3.html）から検索が可能である．

b）第二種使用等拡散防止措置確認

「医薬品医療機器等法」に基づく承認申請や「カルタヘナ法」

表 4-5「カルタヘナ法」に基づき第一種使用規程を承認した遺伝子組換え生ワクチン一覧（承認順）（2016 年 9 月 23 日現在）

生物名	名称および承認取得者	接種対象動物
ポックスウイルス	猫白血病ウイルス由来防御抗原蛋白発現遺伝子導入カナリア痘ウイルス ALVAC（vCP97 株）（FeLV-*env, gag, pol, Canarypox virus*）【メリアル・ジャパン株式会社】	猫
ヘルペスウイルス	ニューカッスル病ウイルス由来 F 蛋白遺伝子導入マレック病ウイルス 1 型 207 株〔NDV-F, *Herpesviridae Alphaherpesvirinae Mardivirus Gallid herpesvirus 2*(Marek's disease virus serotype 1)〕（セルミューン N）【一般財団法人化学及血清療法研究所】	鶏
大腸菌	*aroA* 遺伝子欠損鶏大腸菌 EC34195 株（ポールバック *E. coli*）（*Escherichia coli*）【ゾエティス・ジャパン株式会社】	鶏
ヘルペスウイルス	ニューカッスル病ウイルス由来 F 蛋白質遺伝子導入七面鳥ヘルペスウイルス HVT-NDV/F 株〔NDV-F, *Meleagrid herpesvirus 1*（Herpesvirus of turkey, Turkey Herpesvirus, Marek's disease virus serotype 3)〕【株式会社インターベット】	鶏
ヘルペスウイルス	伝染性ファブリキウス嚢病ウイルス由来 VP2 蛋白発現遺伝子導入七面鳥ヘルペスウイルス vHVT013-69 株（IBDV *VP2, Meleagrid herpesvirus 1*）【メリアル・ジャパン株式会社】	鶏

出典：農林水産省ホームページ（http://www.maff.go.jp/j/syouan/nouan/carta/torikumi/attach/pdf/index-9.pdf）

に基づく第一種使用規程の承認申請にあたり必要な試験を実施する場合や遺伝子組換え生ワクチンの製造を行う場合等に遺伝子組換え生物等の第二種使用等をする場合であって，執るべき拡散防止措置が定められていない場合には，あらかじめ主務大臣の確認を受けた拡散防止措置を執る必要がある．

遺伝子組換え生ワクチン開発の段階に応じて，研究開発に係る遺伝子組換え実験での使用等については文部科学大臣，産業上の使用等については農林水産大臣等に確認を申請する．遺伝子組換え生ワクチン（「1）研究開発」の⑦の資料を得ることを目的とした臨床試験に使用する治験薬を含む）の製造，治験薬の品質検査等は，産業上の利用等に該当し，農林水産大臣等への確認申請が必要である．

農林水産分野の拡散防止措置の確認にあたっては，第二種使用等拡散防止措置確認申請書に根拠となる成績，作業手順，作業区域の図面等の資料を添付した上で，農林水産大臣に申請する．第二種使用等拡散防止措置確認申請書の記載内容の詳細は，遺伝子組換え生物等の第二種使用等のうち産業上の使用等に当たって執るべき拡散防止措置等を定める省令（平成 16 年財務省，文部科学省，厚生労働省，農林水産省，経済産業省，環境省令第 1 号）および「農林水産大臣がその第二種使用等をする者の行う事業を所管する遺伝子組換え生物等の第二種使用等に係る拡散防止措置の確認の申請について」（平成 16 年 10 月 20 日付け 16 消安第 5284 号農林水産省消費・安全局長，農林水産技術会議事務局長通知）を参照されたい．申請に係る農林水産大臣の確認にあたっては，拡散防止措置に関し専門の学識経験を有する者の意見を聴いた上で行われる．

3)「医薬品医療機器等法」に基づく承認

承認申請された動物用の遺伝子組換え生ワクチンは，申請書および添付資料に基づき，当該品目の品質，有効性および安全性に関する審査を受ける．承認に際して，申請に係る製剤が，すでに承認を与えられているものと有効成分，分量，用法，用量，効能，効果等が明らかに異なるときは，農林水産大臣は，薬事・食品衛生審議会の意見を聴かなければならない．また，当該ワクチンが食用動物を対象としたものである場合には，当該ワクチンに含まれる成分等の残留性の程度について，厚生労働大臣の意見を聴かなければならず，食品安全基本法（平成 14 年法律第 48 号）に基づき，食品安全委員会の評価を受ける必要がある．

なお，遺伝子組換え生ワクチンは，「カルタヘナ法」に基づき承認された第一種使用規程に基づき使用する必要があるため，当該品目の使用上の注意として，『本剤は，定められた用法・用量以外の投与を行った場合には，「遺伝子組換え生物等の使用等の規制による生物の多様性の確保に関する法律」に違反するため，必ず定められた用法・用量で使用すること．』および『本剤は，効能・効果において定められた目的以外の使用を行った場合は，「遺伝子組換え生物等の使用等の規制による生物の多様性の確保に関する法律」に違反するため，必ず効能・効果において定められた目的にのみ使用すること．』の 2 つを記載するように指導している．

2-5. おわりに

「医薬品医療機器等法」に基づき承認されている動物用の遺伝子組換え生ワクチンは，2016 年 8 月時点で 3 製剤であり，今後の発展が期待される分野である．従来型の生ワクチンの「医薬品医療機器等法」に基づく承認申請に加えて行う必要がある「カルタヘナ法」に基づく手続きについて，農林水産省ではホームページ（http://www.maff.go.jp/j/syouan/nouan/carta/tetuduki/index.html）に「承認・確認の申請や手続き等に関する情報」を掲載し，手続きマニュアル等を配付している．遺伝子組換え生ワクチンの承認申請にご活用いただきたい．

引用文献

1）中村成幸（2010）：動物用ワクチン―その理論と実際―，53-58，文永堂出版．

3. 動物用再生医療等製品の研究開発（法規制も含めて）

3-1. はじめに

再生医療を簡単に定義すると，機能障害，機能不全に陥った組織・臓器に対して，組織工学手法を応用，いい換えると，細胞を積極的に利用して，その機能の再生を図るものといえる．2006 年山中伸弥博士らによる人工多能性幹細胞（iPS 細胞）作出は，私たちに再生医療の可能性すなわち医学，獣医学上の大きなイノベーションへの期待を抱かせ，さらに 2012 年ノーベル生理学・医学賞受賞により再生医療に対する社会の期待はさらに増大した．一方，生きている細胞を培養等の加工を施して人や動物に用いる場合にも，医薬品あるいは医療機器と同等の安全性が担保されることが再生医療の確立，普及には不可欠であるが，iPS 細胞等の多分化能をもつ細胞には当初より癌化等のリスクが指摘されるなど安全性に対する課題があることも事実であった．また，生きた培養細胞や組織（再生医療製品）は，通常の医薬品のように均質な性状を示すものではなく，いわばヘテロな集団であることから，これまでの薬事法における医薬品に係る安全性および有効性の確保の考え方では解決できない技術的課題や規制等の制度的問題が存在することは容易に予測できることであった．

そのため，国はまず「薬事法」を改正し 2014 年 11 月 25 日，「医薬品，医療機器等の品質，有効性及び安全性の確保等に関する法律」（昭和 35 年 8 月 10 日法律第 145 号．以下「医薬品医療機器等法」という）を施行した．これにおいて，新たに再生医療等製品が定義され，その特性を踏まえた安全性確保のための規制の構築と迅速な実用化のための条件および期限付き承認制度が創設され，再生医療等製品の開発の促進が図られることとなった．

3-2. 再生医療等製品の法的位置づけ

前述のとおり，再生医療に用いる生きた細胞や組織の安全性と有効性を確保し，期待の大きい再生医療等製品を速やかに実用化し国民に提供するための新たな規制制度を設けることを意図した法改正が行われた．新たな「医薬品医療機器等法」では従前の医薬品，医薬部外品，化粧品，医療機器からなる医薬品等とは別に，新たに細胞加工製品と遺伝子治療製品からなる再生医療等製品（表 4-6）を加え，その特性を踏まえた規制を構築するとした．このうち細胞加工製品を人または動物の身体の構造または機能の再建，修復または形成，および疾病の治療または予防のために用いる，人または動物の細胞に培養その他の加工を施したものと定義し，加えて，①均質でないこと，②効能，効果または性能を有すると推定されるもの，③効果に比べ著しく有害な作用を有するものでないことを要件に，条件および期限付き承認を与える制度を創設した．これは生きた細胞集団が不均質であるという特性を踏まえ，有効性が推定でき安全性が確認できたものについては迅速な提供を実現することが公益に資するとの基本的考え方に沿ったもの考えられる．なお，法の趣旨はこの最大 7 年間の期限付き承認期間のうちに有効性と安全性を検証するためデータをさらに収集し，本承認を得ることを求めている．

こうした新たな法制度の下で，2015 年 9 月，2 つの再生医療等製品が承認された．1 つは条件および期限付き承認制度の初適用となった，標準治療で効果不十分な虚血性心疾患による重症心不全治療のための人（自己）骨格筋由来細

表 4-6　再生医療等製品の定義

製品分類	定義	細分類	細胞の種類
動物細胞加工製品	細胞に培養その他の加工を施したもの	①動物体細胞加工製品（②④を除く）	血液細胞，軟骨細胞等
		②動物体性幹細胞加工製品(④を除く)	間葉系幹細胞，造血幹細胞，神経幹細胞等
		③動物胚性幹細胞加工製品	ES 細胞由来細胞
		④動物人工多能性幹細胞加工製品	iPS 細胞由来細胞
遺伝子治療用製品	細胞に導入され体内で発現する遺伝子を含有させたもの	①プラスミドベクター製品	
		②ウイルスベクター製品	
		③遺伝子発現治療製品（①②を除く）	

胞シート（ハートシート，テルモ株式会社），２つ目は通常承認の造血幹細胞移植後の急性移植片対宿主病治療のための人（同種）骨髄由来間葉系幹細胞（テムセル HS 注，JCR ファーマ株式会社）で，２つとも人体性幹細胞加工製品である．2015 年度末における「医薬品医療機器等法」による製造販売承認を受けている再生医療等製品は，すでに「薬事法」による医療機器としての承認を取得し上市されていた重症熱傷治療用の人（自己）表皮由来細胞シート（JACE，株式会社ジャパン・ティッシュ・エンジニアリング）と重症の膝関節外傷性軟骨欠損症治療用の人（自己）軟骨由来組織（JACC，株式会社ジャパン・ティッシュ・エンジニアリング）を含め４製品となったが，これらは全て人体用再生医療等製品である．

3-3. 動物再生医療の現状

獣医学領域における再生医療は，医学分野での先行成果を応用し，活性化リンパ球療法（CAT 療法）や間葉系幹細胞治療（MSC 治療）等が大学・研究機関や一部の民間診療機関において研究的あるいは試験的治療として取り組まれているが，治療効果等の科学的評価が明確でない症例も多いのが現状である．現在多く取り組まれている動物再生医療について日本獣医再生医療学会の直近２年次大会から見てみると，癌免疫療法としての CAT 療法と馬における腱や軟骨再生，犬・猫における骨折癒合不全や脊髄損傷に対する MSC 治療，創傷治癒への多血小板血漿（PRP）療法等である〔日本獣医再生医療学会第 10 回年次大会（2015），第 11 回年次大会（2016）抄録〕．犬・猫の MSC 治療については，近年，肝炎，腎炎など様々な内科的疾患への応用も行われている．これらに用いる細胞加工製品は，いずれも治療を行う動物診療施設内で使用する細胞を培養して調製される院内製剤[3]として患畜に投与されており，「医薬品医療機器等法」による承認を受けて必要な治療現場に適時適切に供給可能な動物用再生医療等製品は 2016 年度末時点では存在しない．

細胞療法以外の補充療法等については，より高度な組織工学手法を用いた細胞シートや人工組織を活用した動物再生医療として，角膜再生[5]や生体内組織形成技術を応用した人工心臓弁[2]の研究例等があるものの，これらは基礎研究段階といってよい．同様に動物の iPS 細胞についても基礎研究の段階である．

こうした動物再生医療の現状に対して，臨床研究や治療試験において体系的な取組みが少なく，治療効果が明確でない症例が多い，組織・臓器の修復機序が明確でない，投与する細胞の定性的，定量的評価が十分でない，対象症例の病態と治療の有効性の相関性等の科学的データが十分でないなどの問題が指摘され，これまでの症例データの集積とその奏功解析や科学的検証に耐え得る対照症例を置いた臨床研究などが必要と指摘されている[4]．

こうした，治療効果の詳細が科学的に明確とはいえない段階にある動物再生医療が先行実施されている現状は，動物再生医療の適正な発展と社会的容認を妨げる危惧があることから，動物再生医療の適用対象疾患と適用基準，科学的根拠が明確な効果判定基準，使用される院内製剤の品質確保，動物再生医療の安全確保のための基準，治療時の様々なリスクへの対処法を含めた治療に当たってのインフォームド・コンセント等，動物再生医療の適切な実施に当たって求められる科学的，倫理的な視点からの順守すべき統一的指針を早急に策定することが求められ，日本獣医再生医療学会と日本獣医再生・細胞療法学会が連携して獣医療における再生医療および細胞療法に関する指針の策定を急いでいる．

また，動物再生医療が発展，普及するためには再生医療を取り巻く様々な科学的，倫理的課題に対する適切な取組みと共に，安全性と有効性が担保された再生医療等製品が必要な時に必要なところで手に入るという，社会的基盤の構築が必要である．このための動物用再生医療等製品の開発研究および安全性や有効性の評価のための基盤づくりが，産学官連携のもとで始まっている．

3-4. 動物用再生医療等製品の開発をめぐる情勢

前述のように，現在，動物再生医療に用いる「医薬品医療機器等法」で承認された動物用再生医療等製品は存在しない．これは，獣医学領域で再生医療等製品の開発の基盤となる細胞・組織工学の基礎的研究蓄積が多くないことに加え，均質でないという特性を有する MSC など生きた細胞や組織自体を，これまでの動物用医薬品（動物薬）と同じ視点での厳しい規制基準，すなわち，動物用医薬品としての有効成分規格が厳格に規定された品質を保持し，その有効性と安全性が科学的に担保された製品として，獣医療に適用可能なコストで開発することに多くの困難が伴うことが容易に予測できたことも，大きな要因の１つと考えられる．こうした従前の薬事に関する規制制度の課題を解決する目的で「医薬品医療機器等法」が施行されたのは前述のとおりである．また，再生医療および再生医療等製品の開発における大きな課題が，高額なコストをいかに抑えるかという問題である．例えば，世界初の iPS 細胞を用いた臨床研究として注目を集めた理化学研究所 高橋政代博士らによる加齢黄斑変性患者への網膜色素上皮細胞移植は，コストの詳細は明らかではないが新聞報道等によれば１億円に近いコストが掛かっているともいわれ，前出の市販製品である重症熱傷治療用の人（自己）表皮由来細胞シート（JACE）は 10cm × 8cm の細胞シートが１枚 30 万円強であり，１治療 40 枚までが保険適用とされている．当該製品の救命効果から考えれば決して高額とはいえないが，人再生医療に比して医療保険制度が完備されていない動物再生医療においては，患畜（所有者）当たりの医療費負担限度額が 1 桁ないし 2 桁低いと想定されることから一層大きな課題である．こうしたことから，動物用再生医療等製品の品質，安全性や有効性の確保に対する適切な規制の構築が，動物用再生医療等製品の開発促進にとって大きな鍵となっている．

動物再生医療自体が，個別の臨床研究や治療試験といった取り組みでその有効性の評価が十分とはいえない現状のなかで，開発した再生医療等製品の有効性をどのような科学的根拠で評価するのかといった問題も現状明確な答えがない．また，動物細胞，特に犬，猫の免疫細胞や MSC など動物再生医療に密に関係する細胞群に関する研究は，人での基礎研究成果を応用している場合も多く，対象動物の免疫細胞や MSC の細胞表面マーカーに対する科学的基礎知見が乏しく，犬，猫や馬，牛等の細胞加工製品の規格設定などにも科学的，技術的課題が多いのが現状である．こうした問題は，現状の MSC 治療における有効性の評価においても科学的合理性をもって評価することを困難にしている要因ともいえる．動物細胞加工製品は利用する細胞により 4 つに区分される（表 4-6）が，胚性幹細胞（ES 細胞）と人工多能性幹細胞（iPS 細胞）の利用については倫理的課題や造腫瘍性などのリスク，細胞そのものの確立技術等多くの課題があると考えられ，具体的な動物細胞加工製品の開発は，CAT 療法や MSC 治療が中心の動物再生医療の現状から，それに用いる製品としてリンパ球を主とする体細胞加工製品と，骨髄や脂肪組織由来の MSC を用いる体性幹細胞加工製品が開発の中心と考えられる．例えば MSC の場合には，活性を有する培養細胞がその本体であり，同種由来細胞，自己由来細胞いずれを用いるにしても，無菌動物でないドナー動物から骨髄や脂肪組織といった幹細胞を含む組織を採取し，培養等の加工を施し細胞活性を維持したままの MSC を回収し，規格に適合していることを確認し，これを治療施設へ輸送し，患畜へ投与するという一連の製造工程，流通工程を通じて細胞加工製品の安全性や有効性をどのように担保するのかについては，これまでの一般薬や生ワクチン等の生物学的製剤の規制基準のままでは適切に対応できないと考えられる．こうした新しい製剤を迅速に実用化するためには，その特性に沿った適切な規制基準が必要との理解のもとで，「医薬品医療機器等法」に再生医療等製品を新たに規定し不均質な細胞加工製品という特性を踏まえた新たな規制の構築を可能とする法改正が行われたのは前述のとおりである．

これを受けて，これまで「医薬品医療機器等法」による承認の実績がない動物用再生医療等製品，特に細胞加工製品の品質や安全性および有効性をどのように担保し，どのような基準に従って評価すべきかなどについての詳細は，開発する事業者とそれを審査する国との間で共有できるガイドライン等の整備が，動物用再生医療等製品の効率的な開発と迅速な承認審査には欠かせないことから，農林水産省は 2014 年度より，動物用再生医療等製品の品質と安全性を確保するためのガイドラインの策定を目指した補助事業を立ち上げ，動物用ワクチン–バイオ医薬品研究会が事業実施主体として専門家による検討委員会を組織して素案の策定を開始した．

3-5．動物用再生医療等製品の品質及び安全性確保のためのガイドライン

前述のように，動物用再生医療等製品の品質と安全性を確保するための指針を策定する目的は，動物用再生医療等製品の開発をより効率的に促進し，「医薬品医療機器等法」による承認申請と承認審査をより効率的に行い，ひいては動物用再生医療等製品の迅速な提供と動物再生医療の発展普及を促進することである．このため，2014 年度からその取組みが開始され，2015 年度末の時点で，「動物細胞加工製品（同種由来）の品質及び安全性確保に関する指針（素案）」と「動物細胞加工製品（同種由来）の品質及び安全性確保に関する指針解説書（素案）」，「動物細胞加工製品（自己由来）の品質及び安全性確保に関する指針（素案）」と「動物細胞加工製品（自己由来）の品質及び安全性確保に関する指針解説書（素案）」が，動物用ワクチン–バイオ医薬品研究会から公表されている（http://www.jsavbr.jp/topics.php?id=33）．これらは，動物再生医療に関わるアカデミア，臨床獣医師，ベンチャーを含む動物薬開発企業，人の再生医療等製品に関する各種指針の策定や製品の開発に関わる学識経験者などからなる検討委員会に，オブザーバーとして農林水産省からも動物薬事の専門家が加わり，2 年間にわたり検討をした結果である．基本的には，厚生労働省が 2008 年に策定した「ヒト（自己）由来細胞・組織加工医薬品等の品質及び安全性の確保に関する指針」〔厚生労働省医薬食品局長通知（平成 20 年 2 月 8 日付薬食発第 0208003 号）「ヒト（自己）由来細胞や組織を加工した医薬品又は医療機器の品質及び安全性の確保について」〕と「ヒト（同種）由来細胞・組織加工医薬品等の品質及び安全性の確保に関する指針」〔厚生労働省医薬食品局長通知（平成 20 年 9 月 12 日付薬食発第 0912006 号）「ヒト（同種）由来細胞や組織を加工した医薬品又は医療機器の品質及び安全性の確保について」〕をたたき台とし，内外の関連通知を参考に動物に特異な条件を加味して構成されており，人用再生医療等製品も動物用再生医療等製品も同一法令による規制を受けるという原則に整合するよう策定されている．

表 4-7　指針の内容（目次項目）

第 1 章　総則
　第 1　目的
　第 2　定義
第 2 章　製造方法
　第 1　原材料及び製造関連物質
　第 2　製造工程
　第 3　最終製品の品質管理
第 3 章　再生医療等製品の安定性
第 4 章　安全性試験
第 5 章　薬理試験
第 6 章　体内動態
第 7 章　診療試験を始めるにあたって

同種由来細胞及び自己由来細胞の両指針（素案）の構成は基本的に同一であり，その章立てを表 4-7 に示す．これらは，再生医療等製品として細胞加工製品を開発して「医薬品医療機器等法」による製造販売承認を申請する場合に求められる品質および安全性を確保するための資料を効率よく整備するために有用な構成となっている．以下に同種由来の細胞加工製品に関する指針の概要を示す．

第 1 章：総則には，同種由来細胞を加工したものの品質と安全性の確保のための基本的な技術要件を定めるという目的と，再生医療等製品としての基本的要件となる「細胞の加工」の定義について人為的な増殖・分化，薬剤処理などを示し，単に組織の細切や細胞の分離，洗浄や滅菌操作は加工とはみなさないなどが示されている．

第 2 章：製造方法では，「原材料」としてドナー動物の選択基準や適格性を定めてその妥当性を明らかにすることを求めている．また，「製造関連物質等」については培養用培地や添加物質等用いる資材の適格性を明らかにし，血清などの生物由来原料については「動物用生物由来原料基準」（平成 15 年農林水産省告示第 1911 号）はじめ既存の関連法令および通知の遵守を求め，特にウイルス等のリスク要因の不活化等に関する情報を十分評価する事などを求めている. また，細胞と共に用いるマトリックスやスキャフォールドなどの非細胞成分と組み合わせる場合や細胞に遺伝子改変を加える場合にはその品質や安全性に関する知見を明らかにすることを求めている.「製造工程」では，製品のロットの形成の有無や製造方法を明確にしてその妥当性を検討し，製品の一定性を保持することが必要としている．原材料の受け入れからウイルス等の微生物の不活化・除去，原料組織からの細胞の分離，培養，細胞の株化やバンク化等各工程における方法とその妥当性に加え，取り違えやクロスコンタミネーションの防止対策等の明示や加工細胞の特性解析についても示されている．次に「最終製品の品質管理」については，最終製品の規格と試験方法を設定し，その根拠を示す．しかし，対象とする細胞・組織の種類，製造方法や製品の安定性や使用目的の違いにより一様ではないことが予想されるため，それらを十分考慮して設定することが必要である旨の指摘がある．規格の具体的な項目として細胞数，生存率，目的細胞の確認，純度，目的外生理活性物質および不純物などの試験，無菌試験やマイコプラズマ否定試験，エンドトキシン試験，ウイルス等の試験のほか，効能試験，力価試験，力学的適合試験等の項目がある．

第 3 章：再生医療等製品の安定性は，いわゆる「生もの」の生きた細胞からなる細胞加工製品にとって極めて重要な性状であるが，中間製品，最終製品について，それぞれ保存・流通期間や保存形態を考慮した適切な安定性試験により貯法と有効期限を設定し，その妥当性を明らかにすること，運搬する場合の容器，手順についても，製品の安定性に重要な影響を及ぼすため，その妥当性を明示することが求められている．

第 4 章：安全性試験は，他の動物用医薬品でのそれと同様に極めて重要であり，臨床上の適用に関連する有用な安全情報を収集する目的のものである．また，使用する動物の基準や投与に関する基準，観察項目等の安全性試験の詳細は，既存の「動物用医薬品の安全性試験法ガイドライン」〔農林水産省動物医薬品検査所長通知（平成 12 年 3 月 31 日付 12 動薬 A 第 418 号），別添 2 動物用医薬品等の承認申請資料のためのガイドライン等の 10〕を参照することとし，標準的な試験の基準を示している．また，「動物用再生医療等製品の安全性に関する非臨床試験の実施の基準に関する省令」（平成 26 年農林水産省令第 60 号）に従うべきことが同時に示されている．

第 5 章：薬理試験については，動物用再生医療等製品の効力・性能を推定するための薬理情報を収集することを求めているものである．技術的に可能かつ科学的合理性がある範囲で，有効性や用法・用量を規定する薬効・薬理試験を実施することが基本であるが，当該製品による治療が有効であることが文献的に明らかな時などには，通常の動物用医薬品等に求められる試験を実施する必要がない場合もある. これは，前述のように「医薬品医療機器等法」に新たに規定された再生医療等製品の条件および期限付き承認制度に特徴的な要件である「効能，効果又は性能を有すると推定されるもの」を反映したものと考えることができる．

第 6 章：体内動態は，細胞加工製品が有効で安全であることの傍証となる情報を収集することを目的とする. しかし，具体的には投与した同種由来細胞や導入遺伝子の発現産物の体内分布を明らかにすることは技術的に困難な場合も多く想定され，技術的に可能でかつ科学的合理性がある範囲での試験に限定していることが特徴である．できないことを敢えて求める規制にはなっていない．

第 7 章：「臨床試験を始めるにあたって」と題され，治験実施計画書の作成にあたっての留意点が示されている．

3-6. 動物用再生医療等製品の開発に関わる産学官連携のプラットホーム

動物用再生医療等製品の開発をめぐる情勢にも記述したとおり，動物用再生医療等製品の開発には，利用する動物の幹細胞に関する科学的知見の蓄積が十分でない，製品の特性を踏まえた適切な規制基準に関する検討が途上であるなど，様々な技術的，社会的課題が存在する．例えば，動物再生医療の臨床研究，治療試験として多く取り組まれている現状から，大きなニーズが期待される主要な研究開発ターゲットと予想される犬の間葉系幹細胞を規定する細胞表面マーカーなど，製剤開発には不可欠な細胞性状について未だ明確とはなっていない．現状では，人の間葉系幹細胞に関する国際細胞治療学会のポジションペーパー[1]による①プラスチックシャーレへの接着性，②骨，軟骨，脂肪細胞への分化能，③ CD73，CD90，CD105 陽性，CD45 等の陰性，という 3 要件を踏襲し，研究開発には人用の単クローン抗体などの研究資材が用いられているが，動物細胞加工製品として開発し，製品の品質と安全性，有効性を確保するためには，犬，猫，馬といった動物固有の幹細胞マーカーを明らかにし，それを検出する特異抗体などの研究開発資材を開発する必要がある．こうした科学的基盤の構築は，全ての製品開発者と動物再生医療の受益者が共有する利益であり，開発者個々が担うべきことというより，前競争的課題として関係する産学官すべてのセクターが協力して取り組み，社会基盤の 1 つとして整備していくことでより効率的な民間企業等による個別の製品開発が可能となると考えられる．生きた細胞という特殊性をもつ細胞加工製品の品質と安全性，有効性を担保するための規制基準についても，その特性を踏まえて過剰な規制を排した適切な規制制度でなければ，動物用再生医療等製品の効率的な研究開発を妨げ，イノベーションとして動物再生医療の発展普及を妨げることになるため，規制する「官」と開発する「産」と科学技術的基盤を提供する「学」を交えて議論し，協働する場，すなわち動物用再生医療等製品の開発に関わる産学官連携のプラットホームが必要であることが前述の「動物用再生医療等製品の品質と安全性確保のためのガイドライン」を検討する過程で指摘された．そこで，人再生医療分野の産業化を効率的に進めるため関連企業により結成された一般社団法人再生医療イノベーションフォーラム（FIRM：https://firm.or.jp/）の活動等を参考に，動物再生医療推進協議会（CARM：http://animalcarm.jp/）が動物用医薬品，医療機器，試薬・培地，科学機器・設備等のメーカー，バイオベンチャー，獣医療保険，受託検査・試験機関などの企業・団体に加え，動物再生医療関連 2 学会とバイオ医薬品関連学術団体のアカデミアを構成会員として 2015 年に結成され，動物用再生医療等製品の開発に関する技術的課題，規制等の制度的課題を整理し，前述の前競争的課題等については具体的解決を目指す共同研究を，制度的課題については適正な規制基準の設定等の検討と規制当局との対話窓口としての役割を担うこととして活動を開始した．

動物再生医療を巡っては，科学的基礎研究成果が不十分なまま人再生医療分野の成果を応用する形で臨床現場での臨床研究や試験的治療が先行し，使用される動物用再生医療等製品（細胞加工製品）についても，都度診療施設における院内調製製剤として，品質の確保が制度的に担保されていないなど様々な技術的，倫理的課題が指摘されてきたのが現状である．こうした現状に対して，関連学会の協働による獣医療における再生医療および細胞療法に関する指針の策定が開始され，国の補助事業により「動物用再生医療等製品の品質及び安全性確保のための指針」の素案が作成され，動物再生医療推進協議会をプラットホームに産学官の協働により動物用再生医療等製品の開発の促進が期待できる状況が，2014 年 11 月の「医薬品医療機器等法」の施行を契機に短時間のうちに整えられてきたといえる．近い将来，動物用再生医療等製品，特に現場ニーズの高い MSC 治療のための細胞加工製品などが開発，承認され，希望する多くの患畜に届けられる日が来るものと思われる．そして，科学的課題，技術的課題，倫理的課題が克服され，社会に受け入れられた動物再生医療のイノベーションが全ての関係者の努力により実現することが期待される．

引用文献

1）Dominici, M. et al.（2006）：*Cytotherapy* 8, 315-317.
2）水野壮司（2015）：JSAVBR News Letter 12, 9-10.
3）岡田邦彦（2014）：JSAVBR News Letter 10, 16-17.
4）佐々木伸雄（2014）：JSAVBR News Letter 10, 2-4.
5）都築圭子（2016）：動物用ワクチン−バイオ医薬品研究会 2016 シンポジウム講演要旨，7-8.

付表　動物用生物学的製剤一覧

2016 年 4 月 1 日現在の動物用ワクチン，血清および診断薬をまとめたものである．承認はあるが，製造販売を中止している製剤等は除外した．詳細については，製造販売業者に問合せ願いたい．本文中に収載されているワクチンは，製剤名の後にその頁を記載した．

付表の取りまとめに当たりご協力を頂いた日本動物用医薬品協会事務局および同協会会員に深謝いたします．

【ワクチン】

（注：網掛けは，シードロット製剤として承認されたもの）

製剤名	製品名	製造販売業者
【牛用ワクチン】		
呼吸器系感染症に対するワクチン		
イバラキ病生ワクチン	イバラキ病ワクチン－KB	京都微研
牛伝染性鼻気管炎生ワクチン	IBR ワクチン－KB	京都微研
牛 RS ウイルス感染症生ワクチン	“京都微研„牛 RS 生ワクチン	京都微研
牛流行熱（アジュバント加）不活化ワクチン	牛流行熱ワクチン・K－KB	京都微研
牛流行熱・イバラキ病混合（アジュバント加）不活化ワクチン（**78 頁**）	“京都微研„牛流行熱・イバラキ病混合不活化ワクチン	京都微研
牛伝染性鼻気管炎・牛パラインフルエンザ混合生ワクチン（**69 頁**）	ティーエスブイ 2	ゾエティス
牛伝染性鼻気管炎・牛ウイルス性下痢–粘膜病・牛パラインフルエンザ・牛 RS ウイルス感染症混合生ワクチン	“京都微研„牛 4 種混合生ワクチン・R	京都微研
牛伝染性鼻気管炎・牛ウイルス性下痢–粘膜病 2 価・牛パラインフルエンザ・牛 RS ウイルス感染症混合（アジュバント加）不活化ワクチン（**73 頁**）	ストックガード 5	ゾエティス
	“京都微研„キャトルウィン－5K	京都微研
	ボビバック 5	共立
	ボビバック B5	共立
牛伝染性鼻気管炎・牛ウイルス性下痢–粘膜病・牛パラインフルエンザ・牛 RS ウイルス感染症・牛アデノウイルス感染症混合生ワクチン（**72 頁**）	“京都微研„牛 5 種混合生ワクチン	京都微研
	ボビエヌテクト 5	日生研
牛伝染性鼻気管炎・牛ウイルス性下痢–粘膜病 2 価・牛パラインフルエンザ・牛 RS ウイルス感染症・牛アデノウイルス感染症混合生ワクチン（**73 頁**）	“京都微研„カーフウィン－6	京都微研
牛伝染性鼻気管炎・牛ウイルス性下痢–粘膜病 2 価・牛パラインフルエンザ・牛 RS ウイルス感染症・牛アデノウイルス感染症混合ワクチン	“京都微研„キャトルウィン－6	京都微研
マンヘミア・ヘモリチカ（1 型）感染症不活化ワクチン（油性アジュバント加溶解用液）（**79 頁**）	リスポバル	ゾエティス
牛ヒストフィルス・ソムニ（ヘモフィルス・ソムナス）感染症（アジュバント加）不活化ワクチン	“京都微研„牛ヘモフィルスワクチン－C	京都微研
ヒストフィルス・ソムニ（ヘモフィルス・ソムナス）感染症・パスツレラ・ムルトシダ感染症・マンヘミア・ヘモリチカ感染症混合（アジュバント加）不活化ワクチン（**79 頁**）	“京都微研„キャトルバクト 3	京都微研
牛伝染性鼻気管炎・牛ウイルス性下痢–粘膜病・牛パラインフルエンザ・牛 RS ウイルス感染症・牛アデノウイルス感染症・牛ヒストフィルス・ソムニ（ヘモフィルス・ソムナス）感染症混合（アジュバント加）ワクチン（**76 頁**）	“京都微研„キャトルウィン－5Hs	京都微研
消化器系感染症に対するワクチン		
牛疫生ワクチン（**79 頁**）	牛疫組織培養予防液	動衛研
牛コロナウイルス感染症（アジュバント加）不活化ワクチン	“京都微研„キャトルウィン BC	京都微研
牛サルモネラ症（サルモネラ・ダブリン・サルモネラ・ティフィムリウム）（アジュバント加）不活化ワクチン（**80 頁**）	ボビリス　S	インターベット
	牛サルモネラ 2 価ワクチン	科飼研
牛大腸菌性下痢症（K99 保有全菌体・FY 保有全菌体・31A 保有全菌体・O78 全菌体）（アジュバント加）不活化ワクチン（**81 頁**）	牛用大腸菌ワクチン［imocolibov］	科飼研

製剤名	製品名	製造販売業者
牛ロタウイルス感染症３価・牛コロナウイルス感染症・牛大腸菌性下痢症（K99 精製線毛抗原）混合（アジュバント加）不活化ワクチン（**80 頁**）	“京都微研„牛下痢５種混合不活化ワクチン	京都微研
流死産・生殖障害を示す感染症に対するワクチン		
アカバネ病生ワクチン（**81 頁**）	アカバネ病生ウイルス予防液	化血研
	アカバネ病生ワクチン	京都微研
	アカバネ病生ワクチン“日生研”	日生研
アカバネ病・チュウザン病・アイノウイルス感染症混合（アジュバント加）不活化ワクチン（**81 頁**）	牛異常産 ACA 混合不活化ワクチン“化血研”N	化血研
	日生研牛異常産３種混合不活化ワクチン	日生研
	“京都微研„牛異常産３種混合不活化ワクチン	京都微研
アカバネ病・チュウザン病・アイノウイルス感染症・ピートンウイルス感染症混合（アジュバント加）不活化ワクチン（**82 頁**）	“京都微研„牛異常産４種混合不活化ワクチン	京都微研
アカバネ病・イバラキ病・チュウザン病・アイノウイルス感染症混合（アジュバント加）不活化ワクチン（**84 頁**）	ボビバック　ACAI　4	共立
皮膚・体表・外貌の異常を示す感染症に対するワクチン		
牛クロストリジウム感染症３種混合（アジュバント加）トキソイド	“京都微研„牛嫌気性菌３種ワクチン	京都微研
牛クロストリジウム感染症５種混合（アジュバント加）トキソイド（**88 頁**）	“京都微研„キャトルウィン－C15	京都微研
乳房炎（黄色ブドウ球菌）・乳房炎（大腸菌）混合（油性アジュバント加）不活化ワクチン（**89 頁**）	スタートバック	共立
神経症状・運動障害を示す感染症に対するワクチン		
破傷風（アジュバント加）トキソイド	破傷風トキソイド「日生研」	日生研
牛クロストリジウム・ボツリヌス（C・D 型）感染症（アジュバント加）トキソイド（**93 頁**）	“京都微研„キャトルウィン－BO2	京都微研
黄疸を示す感染症に対するワクチン		
牛レプトスピラ病（アジュバント加）不活化ワクチン	スパイロバック	ゾエティス
急死を伴う感染症に対するワクチン		
炭疽生ワクチン（**93 頁**）	炭そ予防液“化血研”	化血研
【馬用ワクチン】		
呼吸器系感染症に対するワクチン		
馬インフルエンザ不活化ワクチン	エクエヌテクト FLU	日生研
	馬インフルワクチン“化血研”	化血研
馬ウイルス性動脈炎不活化ワクチン（アジュバント加溶解液）（**98 頁**）	日生研 EVA 不活化ワクチン	日生研
馬鼻肺炎生ワクチン（**95 頁**）	エクエヌテクト ERP	日生研
馬鼻肺炎（アジュバント加）不活化ワクチン（**95 頁**）	馬鼻肺炎不活化ワクチン“日生研”	日生研
馬インフルエンザ不活化・日本脳炎不活化・破傷風トキソイド混合（アジュバント加）不活化ワクチン（**94 頁**）	エクエヌテクト JIT	日生研
	馬インフル・日脳・破傷風３種混合ワクチン“化血研”	化血研
消化器系感染症に対するワクチン		
馬ロタウイルス感染症（アジュバント加）不活化ワクチン	日生研馬ロタウイルス病不活化ワクチン	日生研
神経症状・運動障害を示す感染症に対するワクチン		
ウエストナイルウイルス感染症（油性アジュバント加）不活化ワクチン（**99 頁**）	ウエストナイルイノベーター	ゾエティス
日本脳炎（アジュバント加）不活化ワクチン	“京都微研„日本脳炎ワクチン・K	京都微研
日本脳炎・ゲタウイルス感染症混合不活化ワクチン（**99 頁**）	日生研日脳・馬ゲタ混合不活化ワクチン	日生研
【豚用ワクチン】		
呼吸器系感染症に対するワクチン		
豚オーエスキー病（gⅠ－，tk＋）生ワクチン	スバキシン オーエスキー	共立
豚オーエスキー病（gⅠ－，tk＋）生ワクチン（アジュバント加溶解用液）（**101 頁**）	スバキシン オーエスキー フォルテ ME	共立

製剤名	製品名	製造販売業者
豚オーエスキー病（gⅠ－，tk－）生ワクチン	オーエスキー病生ワクチン・ノビポルバック10	松研
	オーエスキー病生ワクチン・ノビポルバック50	松研
	ポーシリス Begonia・10	松研
	ポーシリス Begonia・50	松研
豚オーエスキー病（gⅠ－，tk－）生ワクチン（酢酸トコフェロールアジュバント加溶解用液）（**101頁**）	ポーシリス　Begonia　DF・10	松研
	ポーシリス　Begonia　DF・50	松研
豚インフルエンザ（アジュバント加）不活化ワクチン（**102頁**）	"京都微研"豚インフルエンザワクチン	京都微研
豚インフルエンザ不活化ワクチン（油性アジュバント加溶解用液）	フルシュア	ゾエティス
豚インフルエンザ・豚丹毒混合（油性アジュバント加）不活化ワクチン	フルシュアER	ゾエティス
豚インフルエンザ・豚パスツレラ症・マイコプラズマ・ハイオニューモニエ感染症混合（アジュバント加）不活化ワクチン	"京都微研"マイコミックス3	京都微研
豚繁殖・呼吸障害症候群生ワクチン（**101頁**）	インゲルバックPRRS生ワクチン	ベーリンガー
ヘモフィルス・パラスイス（2・5型）感染症（アジュバント加）不活化ワクチン	日生研グレーサー病2価ワクチン	日生研
	グレーサーバスター	科飼研
豚アクチノバシラス・プルロニューモニエ感染症（1型部分精製・無毒化毒素）（酢酸トコフェロールアジュバント加）不活化ワクチン（**110頁**）	ポーシリス　APP-N	松研
	ポーリスAPP-N「IV」	インターベット
豚アクチノバシラス・プルロニューモニエ（2型）感染症（アジュバント加）不活化ワクチン	"京都微研"豚ヘモフィルスワクチン	京都微研
豚アクチノバシラス・プルロニューモニエ（1・2・5型，組換え型毒素）感染症（アジュバント加）不活化ワクチン	日生研豚APワクチン125RX	日生研
豚アクチノバシラス・プルロニューモニエ（1・2・5型，組換え型毒素）感染症（アジュバント・油性アジュバント加）不活化ワクチン（**111頁**）	スワインテクトAPX-ME	日生研
豚アクチノバシラス・プルロニューモニエ（1・2・5型）感染症・豚丹毒混合（油性アジュバント加）不活化ワクチン（**115頁**）	"京都微研"ピッグウィン－EA	京都微研
豚アクチノバシラス・プルロニューモニエ（1・2・5型，組換え型毒素）感染症・マイコプラズマ・ハイオニューモニエ感染症混合（アジュバント加）不活化ワクチン（**114頁**）	日生研豚APM不活化ワクチン	日生研
パスツレラ・ムルトシダ（アジュバント加）トキソイド	豚パスツレラトキソイド"化血研"	化血研
豚ボルデテラ感染症精製・豚パスツレラ症混合（油性アジュバント加）不活化ワクチン	"京都微研"ピッグウィンAR-BP2	京都微研
ボルデテラ・ブロンキセプチカ・パスツレラ・ムルトシダ混合（アジュバント加）トキソイド（**102頁**）	スイムジェン ART_2	化血研
ボルデテラ・ブロンキセプチカ・パスツレラ・ムルトシダ混合（アジュバント加）トキソイド（組換え型）	スイムジェン $rART_2$	化血研
ボルデテラ・ブロンキセプチカトキソイド・パスツレラ・ムルトシダトキソイド・豚丹毒混合（アジュバント加）ワクチン（組換え型）（**107頁**）	スイムジェン $rART_2$/ER	化血研
豚ボルデテラ感染症精製（アフィニティークロマトグラフィー部分精製）・パスツレラ・ムルトシダトキソイド・豚丹毒（組換え型）混合（油性アジュバント加）不活化ワクチン（**103頁**）	スワイバックコンポBPE	共立
豚ボルデテラ感染症不活化・パスツレラ・ムルトシダトキソイド混合（アジュバント加）ワクチン	日生研AR混合ワクチンBP	日生研
豚ボルデテラ感染症不活化・パスツレラ・ムルトシダトキソイド混合（油性アジュバント加）ワクチン	日生研ARBP混合不活化ワクチンME	日生研
豚ボルデテラ感染症・豚パスツレラ症（全菌体・部分精製トキソイド）混合（油性アジュバント加）不活化ワクチン	アラディケーター	ゾエティス
豚ボルデテラ感染症不活化・パスツレラ・ムルトシダトキソイド・豚丹毒不活化混合（アジュバント加）ワクチン	日生研ARBP・豚丹毒混合不活化ワクチン	日生研
豚ボルデテラ感染症・豚パスツレラ症（粗精製トキソイド）・マイコプラズマ・ハイオニューモニエ感染症混合（アジュバント加）不活化ワクチン（**103頁**）	マイコバスターARプラス	科飼研
マイコプラズマ・ハイオニューモニエ感染症（アジュバント加）不活化ワクチン	マイコバスター	科飼研
	日生研MPS不活化ワクチン	日生研
	ハイオレスプ	メリアル

製剤名	製品名	製造販売業者
マイコプラズマ・ハイオニューモニエ感染症（カルボキシビニルポリマーアジュバント加）不活化ワクチン	レスピフェンド MH	ゾエティス
	インゲルバック マイコフレックス	ベーリンガー
マイコプラズマ・ハイオニューモニエ感染症（油性アジュバント加）不活化ワクチン（**115 頁**）	レスピシュア	ゾエティス
	レスピシュア　ワン	ゾエティス
マイコプラズマ・ハイオニューモニエ感染症（アジュバント・油性アジュバント加）不活化ワクチン	エムパック	インターベット
消化器系感染症に対するワクチン		
豚コレラ生ワクチン（**115 頁**）	豚コレラ生ウイルス乾燥予防液	松研
	スワイバックC	共立
	豚コレラ生ワクチン	日生研
	豚コレラ生ワクチン「科飼研」	科飼研
	豚コレラワクチン－KB	京都微研
豚コレラ・豚丹毒混合生ワクチン	豚コレラ・豚丹毒混合生ワクチン「科飼研」	科飼研
	松研豚コレラ・豚丹毒混合生ワクチン	松研
豚伝染性胃腸炎生ワクチン（母豚用）（**116 頁**）	豚伝染性胃腸炎生ウイルス乾燥予防液	化血研
豚伝染性胃腸炎濃縮生ワクチン（母豚用）	日生研豚 TGE 生ワクチン	日生研
豚伝染性胃腸炎（アジュバント加）不活化ワクチン	日生研豚 TGE 濃縮不活化ワクチン	日生研
豚流行性下痢生ワクチン	日生研 PED 生ワクチン	日生研
豚伝染性胃腸炎・豚流行性下痢混合生ワクチン（**116 頁**）	日生研 TGE・PED 混合生ワクチン	日生研
	スイムジェン TGE/PED	化血研
豚大腸菌性下痢症（K88ab・K88ac・K99・987P 保有全菌体）（アジュバント加）不活化ワクチン（**116 頁**）	豚大腸菌コンポーネントワクチン“化血研”	化血研
豚大腸菌性下痢症不活化・クロストリジウム・パーフリンゲンストキソイド混合（アジュバント加）ワクチン（**117 頁**）	リターガード LT-C	ゾエティス
豚増殖性腸炎生ワクチン（**117 頁**）	エンテリゾール　イリアイティス FC	ベーリンガー
	エンテリゾール　イリアイティス TF	ベーリンガー
流死産・生殖障害を示す感染症に対するワクチン		
日本脳炎生ワクチン	日生研日本脳炎生ワクチン	日生研
	“京都微研„日本脳炎ワクチン	京都微研
日本脳炎不活化ワクチン	動物用日脳 TC ワクチン“化血研”	化血研
	日生研日本脳炎 TC 不活化ワクチン	日生研
日本脳炎（アジュバント加）不活化ワクチン	“京都微研„日本脳炎ワクチン・K	京都微研
豚パルボウイルス感染症生ワクチン	“京都微研„豚パルボ生ワクチン	京都微研
	豚パルボ生ワクチン“カケツケン”	化血研
豚パルボウイルス感染症不活化ワクチン	豚パルボワクチン“カケツケン”	化血研
	“京都微研„豚パルボワクチン・K	京都微研
豚パルボウイルス感染症（油性アジュバント加）不活化ワクチン	パルボテック	メリアル
日本脳炎・豚パルボウイルス感染症混合生ワクチン	“京都微研„日本脳炎・豚パルボ混合生ワクチン	京都微研
	日本脳炎・豚パルボ混合生ワクチン“化血研”	化血研
日本脳炎・豚パルボウイルス感染症・豚ゲタウイルス感染症混合生ワクチン（**117 頁**）	“京都微研„豚死産 3 種混合生ワクチン	京都微研
皮膚・体表・外貌の異常を示す感染症に対するワクチン		
豚サーコウイルス（2 型）感染症（1 型－2 型キメラ）（デキストリン誘導体アジュバント加）不活化ワクチン	フォステラ PCV	ゾエティス
	フォステラ PCV“化血研”	化血研
豚サーコウイルス（2 型・組換え型）感染症（カルボキシビニルポリマーアジュバント加）不活化ワクチン（**118 頁**）	インゲルバック サーコフレックス	ベーリンガー
豚サーコウイルス（2 型・組換え型）感染症（酢酸トコフェロール・油性アジュバント加）不活化ワクチン	ポーシリス PCV	インターベット

製剤名	製品名	製造販売業者
豚サーコウイルス（2型）感染症不活化ワクチン（油性アジュバント加懸濁用液）（118頁）	サーコバック	メリアル
豚サーコウイルス（2型・組換え型）感染症（カルボキシビニルポリマーアジュバント加）・豚繁殖・呼吸障害症候群・マイコプラズマ・ハイオニューモニエ感染症（カルボキシビニルポリマーアジュバント加）混合ワクチン（122頁）	インゲルバック3フレックス	ベーリンガー
豚サーコウイルス（2型・組換え型）感染症・マイコプラズマ・ハイオニューモニエ感染症混合（カルボキシビニルポリマーアジュバント加）不活化ワクチン（119頁）	インゲルバック フレックスコンボ ミックス	ベーリンガー
豚丹毒生ワクチン（126頁）	日生研豚丹毒生ワクチンC	日生研
	豚丹毒ワクチン－KB	京都微研
	豚丹毒生ワクチン「科飼研」	科飼研
	松研豚丹毒生ワクチン	松研
豚丹毒（アジュバント加）不活化ワクチン（126頁）	日生研豚丹毒不活化ワクチン	日生研
	エリシールド	エランコ
豚丹毒（酢酸トコフェロールアジュバント加）不活化ワクチン	ポーシリス　ERY	松研
豚丹毒（アジュバント加）ワクチン（組換え型）	スワイバック ERA	共立
神経症状・運動障害を示す感染症に対するワクチン		
豚ストレプトコッカス・スイス（2型）感染症（酢酸トコフェロールアジュバント加）不活化ワクチン（126頁）	ポーシリス　STREPSUIS	松研

【鶏用ワクチン】

製剤名	製品名	製造販売業者
呼吸器系感染症に対するワクチン		
トリニューモウイルス感染症生ワクチン（128頁）	ノビリス APV 1194	インターベット
	ネモバック	メリアル
トリニューモウイルス感染症（油性アジュバント加）不活化ワクチン	ノビリス TRT inac	インターベット
ニューカッスル病生ワクチン（129頁）	ハッチパック　アビニュー	メリアル
	日生研ニューカッスル生ワクチンS	日生研
	ND生ワクチン“化血研”S	化血研
	ニューカッスル病生ウイルス予防液	科飼研
	アビ　VG/GA	メリアル
	ノビリス　ND CLONE30・1000	インターベット
	ノビリス　ND CLONE30・2500	インターベット
ニューカッスル病（油性アジュバント加）不活化ワクチン	“京都微研„ND・OEワクチン	京都微研
鶏伝染性気管支炎生ワクチン（129頁）	IB/H120生ワクチン（NBI）	NBI
	IB生ワクチン「メリアル」H120	メリアル
	“京都微研„IB生ワクチン	京都微研
	“京都微研„ポールセーバー　IB	京都微研
	日生研C-78・IB生ワクチン	日生研
	日生研MI・IB生ワクチン	日生研
	ガルエヌテクト S95-IB	日生研
	鶏伝染性気管支炎生ウイルス予防液	化血研
	IB TM生ワクチン“化血研”	化血研
	アビテクト IB/AK	化血研
	アビテクト IB/AK1000	化血研
	ポールバック IB　H120	共立
	IB生ワクチン（H120G）	ワクチノーバ
	IB生ワクチン「NP」	科飼研
	ノビリス IB　MA5・1000	インターベット
	ノビリス IB　MA5・5000	インターベット
	ノビリス IB　4-91	インターベット

製剤名	製品名	製造販売業者
鶏伝染性喉頭気管炎生ワクチン（**136 頁**）	ILT 生ワクチン“化血研”	化血研
	“京都微研„ILT ワクチン	京都微研
	エルティバックス	共立
	日生研 ILT 生ワクチン	日生研
鳥インフルエンザ（油性アジュバント加）不活化ワクチン（**136 頁**）	レイヤーミューン AIV	セバ
	オイルバックス AI	化血研
	“京都微研„ポールセーバー AI	京都微研
	ナバック AI	日生研
ニューカッスル病・鶏伝染性気管支炎混合生ワクチン（**130 頁**）	日生研 NB 生ワクチン	日生研
	ポールバックコンビ	共立
	NB 生ワクチン（B1 ＋ H1 20G）	ワクチノーバ
	ニューカッスル・IB 混合生ワクチン“カケツケン”	化血研
	アビテクト NB/TM	化血研
	ND・IB 生ワクチン「NP」	科飼研
	“京都微研„NB 生ワクチン	京都微研
	ノビリス MA5 ＋ CLONE 30・1000	インターベット
	NB/B1 ＋ H120 生ワクチン（NBI）	NBI
	NB（C）混合生ワクチン	ワクチノーバ
ニューカッスル病・鶏伝染性気管支炎混合（油性アジュバント加）不活化ワクチン	NB オイル「NP」	科飼研
ニューカッスル病・鶏伝染性気管支炎 2 価混合（油性アジュバント加）不活化ワクチン	オイルバックス NB_2	化血研
ニューカッスル病・鶏伝染性気管支炎・産卵低下症候群－1976 混合（油性アジュバント加）不活化ワクチン	ビニューバックス NBE	メリアル
	タロバック NBEDS	ワクチノーバ
ニューカッスル病・鶏伝染性気管支炎 2 価・鶏伝染性ファブリキウス嚢病混合（油性アジュバント加）不活化ワクチン	オイルバックス NB_2G	化血研
ニューカッスル病・鶏伝染性気管支炎・産卵低下症候群－1976・トリニューモウイルス感染症混合（油性アジュバント加）不活化ワクチン	ビニューバックス NBES	メリアル
ニューカッスル病・鶏伝染性気管支炎 2 価・鶏伝染性ファブリキウス嚢病・産卵低下症候群－1976 混合（油性アジュバント加）不活化ワクチン	日生研 NBBEG 不活化オイルワクチン	日生研
ニューカッスル病・鶏伝染性気管支炎 2 価・鶏伝染性ファブリキウス嚢病・トリニューモウイルス感染症混合（油性アジュバント加）不活化ワクチン（**130 頁**）	ノビリス TRT ＋ I Bmulti ＋ G ＋ ND	インターベット
ニューカッスル病・鶏伝染性気管支炎 2 価・鶏伝染性ファブリキウス嚢病・トリレオウイルス感染症混合（油性アジュバント加）不活化ワクチン（**130 頁**）	オイルバックス NB_2GR	化血研
鶏伝染性コリーザ（A・C 型）（アジュバント加）不活化ワクチン	日生研コリーザ 2 価ワクチン N	日生研
	コリーザ AC 型ワクチン「NP」	科飼研
鶏大腸菌症生ワクチン（**137 頁**）	ガルエヌテクト CBL	日生研
鶏大腸菌症（O78 型全菌体破砕処理）（脂質アジュバント加）不活化ワクチン（**140 頁**）	“京都微研„ポールセーバー EC	京都微研
鶏大腸菌症（組換え型 F11 線毛抗原・ベロ細胞毒性抗原）（油性アジュバント加）不活化ワクチン（**140 頁**）	ノビリス　E. coli inac	インターベット
マイコプラズマ・ガリセプチカム感染症生ワクチン	ノビリス MG6/85	インターベット
	“京都微研„ポールセーバー MG	京都微研
	Mg 生ワクチン	ワクチノーバ
マイコプラズマ・ガリセプチカム感染症凍結生ワクチン（**141 頁**）	Mg 生ワクチン（NBI）	NBI
マイコプラズマ・ガリセプチカム感染症（アジュバント加）不活化ワクチン	日生研 MG 不活化ワクチン N	日生研
マイコプラズマ・ガリセプチカム感染症（油性アジュバント加）不活化ワクチン	日生研 MG オイルワクチン WO	日生研
	オイルバスター MG	科飼研
	オイルバックス MG	化血研
	Mg 不活化ワクチン（MG-Bac）	ゾエティス
マイコプラズマ・シノビエ感染症凍結生ワクチン（**141 頁**）	MS 生ワクチン（NBI）	NBI

製剤名	製品名	製造販売業者
鶏伝染性コリーザ（A・C型）・マイコプラズマ・ガリセプチカム感染症混合（アジュバント・油性アジュバント加）不活化ワクチン	日生研ACM不活化ワクチン	日生研
ニューカッスル病・鶏伝染性気管支炎・鶏伝染性コリーザ（A・C型）液状混合（アジュバント加）不活化ワクチン	“京都微研„ニワトリ4種混合ワクチン	京都微研
ニューカッスル病・鶏伝染性気管支炎・鶏伝染性コリーザ（A・C型菌処理）混合（アジュバント加）不活化ワクチン	ND・IB・コリーザAC型ワクチン「NP」	科飼研
ニューカッスル病・鶏伝染性気管支炎・鶏伝染性コリーザ（A・C型）混合（油性アジュバント加）不活化ワクチン	ND・IB・コリーザAC型オイル「NP」	科飼研
ニューカッスル病・鶏伝染性気管支炎2価・鶏サルモネラ症（サルモネラ・エンテリティディス）混合（油性アジュバント加）不活化ワクチン	レイヤーミューンSE-NB	セバ
ニューカッスル病・鶏伝染性気管支炎2価・鶏伝染性コリーザ（A・C型）混合（アジュバント加）不活化ワクチン	日生研NBBAC不活化ワクチン	日生研
ニューカッスル病・鶏伝染性気管支炎3価・鶏伝染性コリーザ（A・C型）混合（油性アジュバント加）不活化ワクチン	“京都微研„ニワトリ6種混合オイルワクチン	京都微研
ニューカッスル病・鶏伝染性気管支炎・鶏伝染性コリーザ（A・C型）・マイコプラズマ・ガリセプチカム感染症混合（油性アジュバント加）不活化ワクチン	“京都微研„ニワトリ5種混合オイルワクチン－C	京都微研
ニューカッスル病・鶏伝染性気管支炎3価・産卵低下症候群-1976・鶏伝染性コリーザ（A・C型）・マイコプラズマ・ガリセプチカム感染症混合（油性アジュバント加）不活化ワクチン（**131頁**）	“京都微研„ポールセーバーOE8	京都微研
ニューカッスル病・鶏伝染性気管支炎2価・鶏伝染性コリーザ（A・C型組換え融合抗原）混合（油性アジュバント加）不活化ワクチン	オイルバックス5R	化血研
ニューカッスル病・鶏伝染性気管支炎2価・鶏伝染性コリーザ（A・C型組換え融合抗原）・マイコプラズマ・ガリセプチカム感染症混合（油性アジュバント加）不活化ワクチン	オイルバックス6R	化血研
ニューカッスル病・鶏伝染性気管支炎2価・産卵低下症候群-1976・鶏伝染性コリーザ（A・C型）・マイコプラズマ・ガリセプチカム感染症混合（油性アジュバント加）不活化ワクチン（**131頁**）	オイルバックス7	化血研
ニューカッスル病・鶏伝染性気管支炎2価・産卵低下症候群-1976・鶏伝染性コリーザ（A・C型組換え融合抗原）・マイコプラズマ・ガリセプチカム感染症混合（油性アジュバント加）不活化ワクチン（**132頁**）	オイルバックス7R	化血研
消化器系感染症に対するワクチン		
鶏伝染性ファブリキウス嚢病生ワクチン（大ひな用）（**142頁**）	日生研IBD生ワクチン	日生研
鶏伝染性ファブリキウス嚢病生ワクチン（ひな用）（**141頁**）	IBD生ワクチン（バーシン）	ワクチノーバ
	IBD生ワクチン“化血研”L	化血研
	BURSA-M生ワクチン「NP」	科飼研
	アビバックBD	共立
	“京都微研„IBD生ワクチン	京都微研
	ノビリス　ガンボロD78・1000	インターベット
	ノビリス　ガンボロD78・2500	インターベット
	ビュール706	メリアル
	IBD生ワクチン（バージ2）	ゾエティス
鶏伝染性ファブリキウス嚢病生ワクチン（ひな用中等毒）（**142頁**）	アビテクト　IBD/TY2	化血研
	IBD生ワクチン（NBI）	NBI
	ノビリス　ガンボロ228E・1000	インターベット
	バーサバックV877	ゾエティス
鶏伝染性ファブリキウス嚢病凍結生ワクチン	バックスオンIBD-CA	ワクチノーバ
鶏サルモネラ症（サルモネラ・エンテリティディス）（アジュバント加）不活化ワクチン	サレンバック（SALENVAC）	インターベット
鶏サルモネラ症（サルモネラ・エンテリティディス）（油性アジュバント加）不活化ワクチン（**142頁**）	レイヤーミューンSE	セバ
	アビプロSE	ワクチノーバ
鶏サルモネラ症（サルモネラ・エンテリティディス・サルモネラ・ティフィムリウム）（アジュバント加）不活化ワクチン	“京都微研„ポールセーバーSE/ST	京都微研

製剤名	製品名	製造販売業者
鶏サルモネラ症（サルモネラ・エンテリティディス・サルモネラ・ティフィムリウム）（油性アジュバント加）不活化ワクチン（143 頁）	オイルバックス SET	化血研
鶏サルモネラ症（サルモネラ・エンテリティディス・サルモネラ・ティフィムリウム・サルモネラ・インファンティス）（油性アジュバント加）不活化ワクチン（143 頁）	鶏サルモネラ不活化３混・KS	共立
	オイルバックス SETi	化血研
鶏コクシジウム感染症（ネカトリックス）生ワクチン（147 頁）	日生研鶏コクシ弱毒生ワクチン（Neca）	日生研
鶏コクシジウム感染症（アセルブリナ・テネラ・マキシマ）混合生ワクチン（147 頁）	日生研鶏コクシ弱毒３価生ワクチン（TAM）	日生研
鶏コクシジウム感染症（アセルブリナ・テネラ・マキシマ・ミチス）混合生ワクチン	パラコックス－5	科飼研
流死産・生殖障害を示す感染症に対するワクチン		
産卵低下症候群 -1976（アジュバント加）不活化ワクチン	日生研 EDS 不活化ワクチン	日生研
産卵低下症候群 -1976（油性アジュバント加）不活化ワクチン	オイルバックス EDS-76	化血研
	EDS-76 オイルワクチン－C	京都微研
	日生研 EDS 不活化オイルワクチン	日生研
	オイルバスター EDS	科飼研
	タロバック EDS	ワクチノーバ
皮膚・体表・外貌の異常を示す感染症に対するワクチン		
鶏痘生ワクチン（147 頁）	日生研穿刺用鶏痘ワクチン	日生研
	日生研乾燥鶏痘ワクチン	日生研
	鶏痘生ワクチン（ポキシン）	ワクチノーバ
	鶏痘生ワクチン（チック・エヌ・ポックス）	ワクチノーバ
神経症状・運動障害を示す感染症に対するワクチン		
鶏脳脊髄炎生ワクチン（148 頁）	AE 乾燥生ワクチン	日生研
	AE 生ワクチン	ワクチノーバ
	AE 液状生ワクチン	ワクチノーバ
	AE 生ワクチン（NBI）	NBI
	AE 生ワクチン・KS	共立
鶏脳脊髄炎・鶏痘生ワクチン	バックスオン AE・Pox（液状）	ワクチノーバ
トリレオウイルス感染症生ワクチン（148 頁）	ノビリス Reo 1133	インターベット
トリレオウイルス感染症（油性アジュバント加）不活化ワクチン	ノビリス Reo inac	インターベット
	オイルバックス Reo	化血研
マレック病（七面鳥ヘルペスウイルス）生ワクチン（148 頁）	MD 生ワクチン（2H）	ワクチノーバ
	マレック病生ワクチン	ワクチノーバ
	アビテクト HVT	化血研
	ポールバック MD HVT	共立
マレック病（マレック病ウイルス１型）凍結生ワクチン（149 頁）	MD 生ワクチン（CVI）	ワクチノーバ
	アビテクト MD1	化血研
	ポールバック MD cvi	共立
	バックスオン MD（CVI）－N	ワクチノーバ
マレック病（マレック病ウイルス１型・七面鳥ヘルペスウイルス）凍結生ワクチン（149 頁）	２価 MD 生ワクチン（H＋C）	ワクチノーバ
	バックスオン MD（H＋C）－N	ワクチノーバ
マレック病（マレック病ウイルス２型・七面鳥ヘルペスウイルス）凍結生ワクチン（149 頁）	２価 MD 生ワクチン（HVT＋SB-1）	ワクチノーバ
	２価ＭＤ生ワクチン（H＋S）2000	ワクチノーバ
	ポールバック MD HVT＋SB-1	共立
マレック病（マレック病ウイルス２型・七面鳥ヘルペスウイルス）・鶏痘混合生ワクチン（150 頁）	イノボ鶏痘 /2 価 MD 生ワクチン（H＋S）	ワクチノーバ
貧血を示す感染症に対するワクチン		
鶏貧血ウイルス感染症生ワクチン（150 頁）	ノビリス CAV P4	インターベット

製剤名	製品名	製造販売業者
【魚用ワクチン】		
サケ科魚類のワクチン		
さけ科魚類ビブリオ病不活化ワクチン（**151 頁**）	ピシバック ビブリオ	共立
ブリ，マダイ等のワクチン		
イリドウイルス病不活化ワクチン（**151 頁**）	イリド不活化ワクチン「ビケン」	阪大微研
イリドウイルス病（油性アジュバント加）不活化ワクチン	ノルバックスイリド　mono	インターベット
ぶりα溶血性レンサ球菌症不活化ワクチン(注射型)	ポセイドン「レンサ球菌」	科飼研
	Mバックレンサ注	松研
	マリンジェンナー　レンサ 1	バイオ科学
ぶりα溶血性レンサ球菌症（酵素処理）不活化ワクチン	アマリン レンサ	日生研
ぶりα溶血性レンサ球菌症 2 価不活化ワクチン	ピシバック 注 レンサα2	共立
ぶりα溶血性レンサ球菌症・類結節症混合（油性アジュバント加）不活化ワクチン（**152 頁**）	ノルバックス　類結 / レンサ Oil	インターベット
ぶりビブリオ病・α溶血性レンサ球菌症混合不活化ワクチン	ピシバック 注 ビブリオ＋レンサ	共立
	“京都微研„マリナコンビ－2	京都微研
	マリンジェンナー　ビブレン	バイオ科学
ぶりビブリオ病・α溶血性レンサ球菌症・ストレプトコッカス・ジスガラクチエ感染症混合不活化ワクチン（**152 頁**）	ピシバック 注 LSV	共立
ぶりビブリオ病・α溶血性レンサ球菌症・類結節症混合（油性アジュバント）混合不活化ワクチン	ノルバックス　PLV3 種 Oil	インターベット
イリドウイルス感染症・ぶりビブリオ病・α溶血性レンサ球菌症混合不活化ワクチン	ピシバック 注 3 混	共立
	イリド・レンサ・ビブリオ混合不活化ワクチン「ビケン」	阪大微研
	マリンジェンナー　イリドビブレン 3 混	バイオ科学
イリドウイルス病・ぶりビブリオ病・α溶血性レンサ球菌症・類結節症混合（多糖アジュバント加）不活化ワクチン（**156 頁**）	“京都微研„マリナ－4	京都微研
イリドウイルス病・ぶりビブリオ病・α溶血性レンサ球菌症・類結節症混合（油性アジュバント加）不活化ワクチン（**153 頁**）	ピシバック 注 LVPR/oil	共立
マハタのワクチン		
まはたウイルス性神経壊死症不活化ワクチン（**159 頁**）	オーシャンテクト VNN	日生研
ヒラメのワクチン		
ひらめβ溶血性レンサ球菌症不活化ワクチン	Mバックイニエ	松研
	マリンジェンナ-ヒラレン 1	バイオ科学
ひらめストレプトコッカス・パラウベリス（Ⅰ型・Ⅱ型）感染症・β溶血性レンサ球菌症混合不活化ワクチン（**161 頁**）	松研 M バック IP レンサ	松研
ひらめエドワジエラ症（多糖アジュバント加）不活化ワクチン	“京都微研„マリナ－Ed	京都微研
【犬用ワクチン】		
呼吸器系感染症に対するワクチン		
ジステンパー・犬パルボウイルス感染症混合生ワクチン	ノビバック PUPPY DP	インターベット
ジステンパー・犬アデノウイルス（2 型）感染症・犬パラインフルエンザ・犬パルボウイルス感染症混合生ワクチン	デュラミューン MX5	ゾエティス
	ノビバック DHPPi	インターベット
	ユーリカン 5	メリアル
	キャニバック 5	共立
ジステンパー・犬アデノウイルス（2 型）感染症・犬パラインフルエンザ・犬パルボウイルス感染症・犬コロナウイルス感染症混合生ワクチン	“京都微研„キャナイン－6 Ⅱ SL	京都微研
ジステンパー・犬アデノウイルス（2 型）感染症・犬パラインフルエンザ・犬パルボウイルス感染症・犬コロナウイルス感染症混合ワクチン	デュラミューン MX6	ゾエティス
	バンガードプラス 5/CV	ゾエティス
ジステンパー・犬アデノウイルス（2 型）感染症・犬パラインフルエンザ・犬パルボウイルス感染症・犬レプトスピラ病混合ワクチン	犬用ビルバゲン DA2PPi/L	ビルバック
	ノビバック DHPPi ＋ L	インターベット
	ユーリカン 7	メリアル

製剤名	製品名	製造販売業者
ジステンパー・犬アデノウイルス（2型）感染症・犬パラインフルエンザ・犬パルボウイルス感染症・犬コロナウイルス感染症・犬レプトスピラ病混合ワクチン（**166頁**）	デュラミューン MX8	ゾエティス
	バンガードプラス 5/CV-L	ゾエティス
ジステンパー・犬アデノウイルス（2型）感染症・犬パラインフルエンザ・犬パルボウイルス感染症・犬コロナウイルス感染症・犬レプトスピラ病（カニコーラ・イクテロヘモラジー・グリッポチフォーサ・ポモナ）混合（アジュバント加）ワクチン（**167頁**）	バンガードプラス 5/CV-L4	ゾエティス
ジステンパー・犬アデノウイルス（2型）感染症・犬パラインフルエンザ・犬パルボウイルス感染症・犬コロナウイルス感染症・犬レプトスピラ病（カニコーラ・コペンハーゲニー・ヘブドマディス）混合ワクチン（**167頁**）	“京都微研„キャナイン－9 Ⅱ SL	京都微研
ジステンパー・犬アデノウイルス（2型）感染症・犬パラインフルエンザ・犬パルボウイルス感染症・犬コロナウイルス感染症・犬レプトスピラ病（カニコーラ・コペンハーゲニー・ヘブドマディス・オータムナリス・オーストラリス）混合ワクチン	“京都微研„キャナイン－11	京都微研
犬アデノウイルス（2型）感染症・犬パラインフルエンザ・犬ボルデテラ感染症（部分精製赤血球凝集素）混合不活化ワクチン（**172頁**）	キャニバック KC-3	共立
消化器系感染症に対するワクチン		
犬パルボウイルス感染症生ワクチン（**175頁**）	バンガードプラス CPV	ゾエティス
	ユーリカン P-XL	メリアル
神経症状・運動障害を示す感染症に対するワクチン		
狂犬病組織培養不活化ワクチン（**176頁**）	狂犬病 TC ワクチン“化血研”	化血研
	日生研狂犬病 TC ワクチン	日生研
	狂犬病ワクチン－TC	京都微研
	松研狂犬病 TC ワクチン	松研
出血・黄疸を示す感染症に対するワクチン		
犬レプトスピラ病不活化ワクチン	ノビバック LEPTO	インターベット
犬レプトラピラ病（カニコーラ・イクテロヘモラジー・グリッポチフォーサ・ポモナ）不活化ワクチン（アジュバント加溶解用液）	バンガード L4	ゾエティス
犬レプトスピラ病（カニコーラ・コペンハーゲニー・ヘブドマディス・オータムナリス・オーストラリス）不活化ワクチン（**176頁**）	“京都微研„キャナイン－レプト 5	京都微研

【猫用ワクチン】

製剤名	製品名	製造販売業者
呼吸器系感染症に対するワクチン		
猫ウイルス性鼻気管炎・猫カリシウイルス感染症・猫汎白血球減少症混合生ワクチン（**179頁**）	猫用ビルバゲン CRP	ビルバック
	フェロガード プラス 3	ゾエティス
	ノビバック TRICAT	インターベット
	フェロセル CVR	ゾエティス
猫ウイルス性鼻気管炎・猫カリシウイルス感染症 2 価・猫汎白血球減少症混合ワクチン	ピュアバックス RCP	メリアル
猫ウイルス性鼻気管炎・猫カリシウイルス感染症 3 価・猫汎白血球減少症混合ワクチン	“京都微研„フィライン－CPR-NA	京都微研
猫ウイルス性鼻気管炎・猫カリシウイルス感染症・猫汎白血球減少症混合（油性アジュバント加）不活化ワクチン	フェロバックス 3	ゾエティス
	“京都微研„フィライン－CPR	京都微研
猫ウイルス性鼻気管炎・猫カリシウイルス感染症 3 価・猫汎白血球減少症・猫白血病（組換え型）混合（油性アジュバント加）不活化ワクチン	“京都微研„フィライン－6	京都微研
猫ウイルス性鼻気管炎・猫カリシウイルス感染症 2 価・猫汎白血球減少症・猫白血病（猫白血病ウイルス由来防御抗原たん白遺伝子導入カナリア痘ウイルス）混合ワクチン	ピュアバックス RCP-FeLV	メリアル
猫ウイルス性鼻気管炎・猫カリシウイルス感染症 2 価・猫汎白血球減少症・猫白血病（猫白血病ウイルス由来防御抗原たん白遺伝子導入カナリア痘ウイルス）・猫クラミジア感染症混合ワクチン（**180頁**）	ピュアバックス RCPCh-FeLV	メリアル
猫ウイルス性鼻気管炎・猫カリシウイルス感染症・猫汎白血球減少症・猫白血病・猫クラミジア感染症混合（油性アジュバント加）不活化ワクチン	フェロバックス 5	ゾエティス

製剤名	製品名	製造販売業者
猫ウイルス性鼻気管炎・猫カリシウイルス感染症３価・猫汎白血球減少症・猫白血病（組換え型）・猫クラミジア感染症混合（油性アジュバント加）不活化ワクチン（179 頁）	“京都微研„フィライン−７	京都微研
皮膚・体表・外貌の異常を示す感染症に対するワクチン		
猫白血病（アジュバント加）ワクチン（組換え型）	リュウコゲン	ビルバック
猫免疫不全ウイルス感染症（アジュバント加）不活化ワクチン（184 頁）	フェロバックス FIV	ゾエティス

【血清】

製剤名	製品名	製造販売業者
破傷風抗毒素	破傷風血清	松研

【診断薬】

製品名	使用目的	製造販売業者
【牛用診断薬】		
アカバネエライザキット	抗体検出	JNC
IDEXX BVDV Ag エリーザキット	抗原検出	アイデックス
牛白血病エライザキット	抗体検出	JNC
牛白血病抗体アッセイキット「日生研」	抗体検出	日生研
カンピロバクター・フェタス凝集反応用菌液（ちつ粘液凝集反応用菌液）	抗体検出	動衛研
牛カンピロバクター病診断用蛍光標識抗体	抗原検出	動衛研
牛肺疫診断用アンチゲン	抗体検出	動衛研
炭疽沈降素血清	抗原検出	動衛研
ツベルクリン	その他	化血研
ブルセラ急速診断用菌液	抗体検出	化血研
ブルセラ病診断用菌液	抗体検出	動衛研
ブルセラ補体結合反応用可容性抗原	抗体検出	動衛研
牛ブルセラエライザキット	抗体検出	JNC
ヨーニン	その他	動衛研
ヨーネ病補体結合反応用抗原	抗体検出	動衛研
ヨーネライザ・スクリーニング KS	抗体検出	共立
ヨーネジーン・KS	遺伝子検出	共立
ヨーネスクリーニング・プルキエ	抗体検出	京都微研
アナプラズマ CF 抗原“化血研”	抗体検出	化血研
ニッピブル BSE 検査 キット	抗原検出	ニッピ
フレライザ BSE	抗原検出	富士レビオ
【馬用診断薬】		
日生研精製伝貧ゲル沈抗原	抗体検出	日生研
馬パラチフス急速診断用菌液	抗体検出	動衛研
“京都微研„日本脳炎検査用抗原	抗体検出	京都微研
【豚用診断薬】		
“京都微研„豚コレラ－FA	抗原検出	京都微研
豚コレラ　エライザキットⅡ	抗体検出	JNC
“京都微研„日本脳炎検査用抗原	抗体検出	京都微研
“京都微研„豚パルボ検査用抗原	抗体検出	京都微研
ADV（g I）　エリーザ　キット	抗体検出	アイデックス
ADV（S）　エリーザ　キット	抗体検出	アイデックス
AD 抗原ラテックス「科飼研」	抗体検出	科飼研
PRRS　X3 エリーザ　キット	抗体検出	アイデックス
日生研アグテック SE	抗体検出	日生研
日生研アグテック AP 2	抗体検出	日生研
豚 A. P. 感染症診断用ゲル沈抗原「科飼研」A	抗体検出	科飼研
AR 抗原－KB	抗体検出	京都微研
SEP・CF 抗原「科飼研」	抗体検出	科飼研
鳥型ツベルクリン（PPD）	その他	動衛研
マイコライザ MH	抗体検出	共立
IDEXX M.hyo エリーザキット	抗体検出	アイデックス

製品名	使用目的	製造販売業者
【鶏用診断薬】		
AI エリーザキット	抗体検出	アイデックス
エスプライン A インフルエンザ	抗原検出	富士レビオ
ポクテム　トリインフルエンザ	抗原検出	シスメックス
ポクテム S　トリインフルエンザ	抗原検出	シスメックス
ニューカッスル病ウイルス赤血球凝集素	抗体検出	化血研
ND エリーザ　キット	抗体検出	アイデックス
IB エリーザ　キット	抗体検出	アイデックス
IBD エリーザ　キット	抗体検出	アイデックス
AE エリーザ　キット	抗体検出	アイデックス
ひな白痢急速診断用菌液	抗体検出	動衛研
コリーザ A 型 HA 抗原「NP」	抗体検出	科飼研
コリーザ C 型 HA 抗原「NP」	抗体検出	科飼研
マイコプラズマ・ガリセプチカム急速凝集反応用菌液	抗体検出	日生研
マイコプラズマ・シノビエ急速凝集反応用菌液	抗体検出	日生研
鶏のロイコチトゾーン症寒天ゲル内沈降反応用抗原	抗体検出	科飼研
【犬用診断薬】		
キャナイン－CPV/GIA キット	抗原検出	京都微研
キャナイン－フィラリア・キット	抗原検出	京都微研
抗体チェッカー CPV	抗体検出	アドテック
スナップ・パルボ	抗原検出	アイデックス
チェックマン CPV	抗原検出	アドテック
チェックマン CDV	抗原検出	アドテック
ブルセラ・カニス凝集反応用菌液	抗体検出	化血研
スナップ・ジアルジア（対象動物：犬および猫）	抗原検出	アイデックス
CHW Ag　テストキット　極東	抗原検出	極東製薬
スナップ・ハートワーム RT	抗原検出	アイデックス
エキット	抗原検出	わかもと
ラピッドベット－H 犬血液型判定キット II	抗原検出	共立
【猫用診断薬】		
チェックマン FeLV	抗原検出	アドテック
チェックマン FIV	抗体検出	アドテック
スナップ・FeLV/FIV コンボ	抗体検出（FIV）抗原検出（FeLV）	アイデックス
キャットラボ FeLV/FIV	抗原・抗体検出	アリスタ
FIV Ab/FeLV Ag テストキット　極東	FIV：抗体検出，FeLV：抗原検出	極東製薬

【製造販売業者略名一覧】（50 音順）

製造販売業者名	略　名
アイデックスラボラトリーズ株式会社	アイデックス
アドテック株式会社	アドテック
アリスタヘルスアンドニュートリションサイエンス株式会社	アリスタ
株式会社インターベット	インターベット
エランコジャパン株式会社	エランコ
一般財団法人化学及血清療法研究所	化血研
株式会社科学飼料研究所	科飼研
共立製薬株式会社	共立
極東製薬工業株式会社	極東製薬
シスメックス株式会社	シスメックス
JNC 株式会社	JNC
セバ・ジャパン株式会社	セバ
ゾエティス・ジャパン株式会社	ゾエティス
日生研株式会社	日生研
株式会社ニッピ	ニッピ
日本バイオロジカルズ株式会社	NBI
国立研究開発法人 農研機構 動物衛生研究部門	動衛研
バイオ科学株式会社	バイオ科学
一般財団法人阪大微生物病研究会	阪大微研
株式会社微生物化学研究所	京都微研
株式会社ビルバックジャパン	ビルバック
富士レビオ株式会社	富士レビオ
ベーリンガーインゲルハイムベトメディカジャパン株式会社	ベーリンガー
松研薬品工業株式会社	松研
メリアル・ジャパン株式会社	メリアル
わかもと製薬株式会社	わかもと
ワクチノーバ株式会社	ワクチノーバ

索　引

外国語および外国語から始まる用語（ABC 順）

日本語（五十音順）

動物用ワクチンとバイオ医薬品
－新たな潮流－

定価（本体 9,000 円＋税）

2017 年 7 月 25 日　初版 第 1 刷発行

＜検印省略＞

編集代表　小　沼　　操
発行者　福　　毅
印　刷　株式会社平河工業社
製　本　株式会社新里製本所
発　行　文永堂出版株式会社
〒113-0033　東京都文京区本郷 2 丁目 27 番 18 号
TEL 03-3814-3321　FAX 03-3814-9407
URL https://buneido-shuppan.com

ISBN 978-4-8300-3267-7 C3061

共立製薬のワクチンラインアップ

劇 動物用医薬品 要指示 指定

■ キャニバック® 5

ジステンパー・犬アデノウイルス（2型）感染症・犬パラインフルエンザ・犬パルボウイルス感染症混合生ワクチン（シード）

■ キャニバック® KC-3

犬アデノウイルス（2型）感染症・犬パラインフルエンザ・犬ボルデテラ感染症（部分精製赤血球凝集素）混合不活化ワクチン（シード）

■ フェリバック® 3

猫ウイルス性鼻気管炎・猫カリシウイルス感染症・猫汎白血球減少症混合（油性アジュバント加）不活化ワクチン（シード）

■ スタートバック®

乳房炎（黄色ブドウ球菌）・乳房炎（大腸菌）混合（油性アジュバント加）不活化ワクチン

■ ボビバック® 5／ボビバック® B5

牛伝染性鼻気管炎・牛ウイルス性下痢－粘膜病2価・牛パラインフルエンザ・牛RSウイルス感染症混合（アジュバント加）不活化ワクチン

■ スバキシン®　オーエスキー

豚オーエスキー病（gⅠ－，tk＋）生ワクチン（シード）

■ スバキシン®　オーエスキー　フォルテＭＥ

豚オーエスキー病（gⅠ－，tk＋）生ワクチン（アジュバント加溶解用液）（シード）

■ スワイバック®　ＥＲＡ

豚丹毒（アジュバント加）ワクチン（組換え型）

■ ＡＥ生ワクチン・ＫＳ

鶏脳脊髄炎生ワクチン（シード）

■ 鶏サルモネラ不活化３混・ＫＳ

鶏サルモネラ症（サルモネラ・インファンティス・サルモネラ・エンテリティディス・サルモネラ・ティフィムリウム）（油性アジュバント加）不活化ワクチン

劇 動物用医薬品 指定

■ ピシバック® 注３混

イリドウイルス病・ぶりビブリオ病・α溶血性レンサ球菌症（Ⅰ型）混合不活化ワクチン

■ ピシバック® 注 LVPR/oil

イリドウイルス病・ぶりビブリオ病・α溶血性レンサ球菌症（Ⅰ型）・類結節症混合（油性アジュバント加）不活化ワクチン